Innere Medizin für Zahnmediziner

Mit einem Beitrag zur
Neurologie und Psychiatrie

Hermann Wagner
Nobert van Husen

unter Mitarbeit von
Andreas Engelhardt
Alexander Horn
Matthias Schneider
Bernhard Wörmann

180 Abbildungen,
92 Tabellen

1997
Georg Thieme Verlag
Stuttgart · New York

Zeichnungen von Katharina Schumacher, München
Einbandgestaltung von Renate Stockinger, Stuttgart

Die Deutsche Bibliothek – CIP-Einheitsaufnahme

Wagner, Hermann:
Innere Medizin für Zahnmediziner : mit einem Beitrag zur Neurologie und Psychiatrie ; Tabellen / Hermann Wagner ; Norbert van Husen. Unter Mitarb. von Andreas Engelhardt ... – Stuttgart ; New York : Thieme, 1997
NE: Husen, Norbert van:

Wichtiger Hinweis:

Wie jede Wissenschaft ist die Medizin ständigen Entwicklungen unterworfen. Forschung und klinische Erfahrung erweitern unsere Erkenntnisse, insbesondere was Behandlung und medikamentöse Therapie anbelangt. Soweit in diesem Werk eine Dosierung oder eine Applikation erwähnt wird, darf der Leser zwar darauf vertrauen, daß Autoren, Herausgeber und Verlag große Sorgfalt darauf verwandt haben, daß diese Angabe **dem Wissensstand bei Fertigstellung des Werkes** entspricht.

Für Angaben über Dosierungsanweisungen und Applikationsformen kann vom Verlag jedoch keine Gewähr übernommen werden. **Jeder Benutzer ist angehalten,** durch sorgfältige Prüfung der Beipackzettel der verwendeten Präparate und gegebenenfalls nach Konsultation eines Spezialisten festzustellen, ob die dort gegebene Empfehlung für Dosierungen oder die Beachtung von Kontraindikationen gegenüber der Angabe in diesem Buch abweicht. Eine solche Prüfung ist besonders wichtig bei selten verwendeten Präparaten oder solchen, die neu auf den Markt gebracht worden sind. **Jede Dosierung oder Applikation erfolgt auf eigene Gefahr des Benutzers.** Autoren und Verlag appellieren an jeden Benutzer, ihm etwa auffallende Ungenauigkeiten dem Verlag mitzuteilen.

Rüdigerstraße 14, D-70469 Stuttgart
Printed in Germany

Satz und Druck: Druckhaus Götz GmbH, Ludwigsburg
Gesetzt auf CCS Textline (Linotronic 630)

ISBN 3-13-103481-5 1 2 3 4 5 6

Vorwort

Die Innere Medizin hat als das große zentrale Gebiet der Medizin zahlreiche Wechselbeziehungen mit anderen Fachrichtungen, insbesondere auch mit der Zahnheilkunde. Für den Zahnarzt sind Kenntnisse über internistische Krankheiten bei seiner täglichen Arbeit unverzichtbar und erleichtern darüber hinaus die immer wichtiger werdende Kommunikation mit den ärztlichen Kollegen verschiedenster Disziplinen.

Der Inhalt dieses Buches ist bewußt auf den zahnärztlichen Kollegen abgestimmt. Anatomische, pathologisch-anatomische und pathophysiologische Vorbemerkungen leiten die einzelnen Kapitel ein. Der wichtigste Platz wird der Schilderung des klinischen Krankheitsbildes eingeräumt. Der Notfallmedizin in der zahnärztlichen Praxis wurde ein eigenes Kapitel eingerichtet. Ein kurzer Abriß der Neurologie und Psychiatrie komplettiert das Buch.

Für zahlreiche Röntgenbilder und Patientenabbildungen ist den Herren Chefärzten Prof. Dr. med. W. Rödl und Dr. med. Dipl.-Phys. R. Heyder, Strahleninstitut, sowie Prof. Dr. med. E. Guthy, Chirurgische Klinik, und Dr. med. M. Hausel, Abteilung für Unfall- und Wiederherstellungschirurgie des Klinikums Weiden, zu danken. Herr Prof. Dr. med. U. Gerlach, em. Direktor der Medizinischen Klinik, Abt. B, der Universität Münster, sowie Herr Prof. Dr. med. W. Wiegelmann, Chefarzt der Inneren Abteilung, Herz-Jesu-Krankenhaus Münster, unterstützten uns mit zahlreichen Abbildungen.

Für wertvolle substantielle Hinweise und Anregungen sowie kritisches Korrekturlesen wird den Herren Oberärzten Dr. med. A. Haustein und Dr. med. W. Schwirzer sowie Frau Dr. med. Th. Schaechtl und Frau Dr. med. A. Hofmann-Würf der Medizinischen Klinik I, Klinikum Weiden, gedankt.

Den Mitarbeitern des Thieme Verlages, insbesondere Herrn Dr. Ch. Urbanowicz sowie Herrn R. D. Zeller, gebührt für ihr großes Engagement und die großzügige Ausstattung des Buches besonderer Dank.

Weiden i. d. OPf.
im Dezember 1996

Für die Verfasser
H. Wagner

Anschriften

Priv.-Doz. Dr. med. Andreas Engelhardt
Neurologische Klinik mit Poliklinik
Universität Erlangen-Nürnberg
Schwabachanlage 6
91054 Erlangen

Prof. Dr. med. Norbert van Husen
Chefarzt der Inneren Abteilung
Raphaelsklinik
Klosterstraße 75
48143 Münster

Dr. med. Alexander Horn
Oberarzt der Medizinischen Klinik I
Klinikum Weiden
Söllnerstraße 16
92637 Weiden

Prof. Dr. med. Matthias Schneider
Leitender Arzt – Rheumatologie
Klinik für Nephrologie und Rheumatologie
der Medizinischen Einrichtungen
der Heinrich-Heine-Universität Düsseldorf
Moorenstraße 5
40225 Düsseldorf

Prof. Dr. med. Hermann Wagner
Chefarzt der Medizinischen Klinik I
Klinikum Weiden
Söllnerstraße 16
92637 Weiden

Priv.-Doz. Dr. med. Bernhard Wörmann
Zentrum für Innere Medizin
Hämatologie und Onkologie
Georg-August-Universität Göttingen
Robert-Koch-Straße 40
37075 Göttingen

Inhaltsverzeichnis

3 Krankheiten der Atmungsorgane 39

A. Horn und H. Wagner

4 Krankheiten der Verdauungsorgane 67

N. van Husen, A. Horn und H. Wagner

6 Krankheiten des Stoffwechsels 129

A. Horn und H. Wagner

9 Blutkrankheiten 243

B. Wörmann

10 Infektionskrankheiten 271

N. van Husen

11 Akute Vergiftungen 291

N. van Husen

12 Neurologie und Psychiatrie 301

A. Engelhardt

13 Internistische Notfälle 341

A. Horn und H. Wagner

14 Leitsymptome und Blickdiagnosen 357

H. Wagner und A. Horn

15 Referenzliste für Laboratoriumswerte bei Erwachsenen 375

H. Wagner

1 Krankheiten des Herzens

N. van Husen, A. Horn und H. Wagner

Vorbemerkungen und Untersuchungsmethoden

Das Herz ist ein muskulöses Hohlorgan mit insgesamt 4 Herzhöhlen. Man unterscheidet einen rechten, dem Lungenkreislauf zugeordneten Herzanteil von einem linken, der den Körperkreislauf aufrechterhält. Auf beiden Seiten sind Vorhof (Atrium) und Kammer (Ventrikel) zu differenzieren.

Abb. 1.**1** zeigt schematisch die Herzanatomie. Rechts erfolgt die Trennung zwischen Vorhof und Kammer durch die dreizipflige Trikuspidalklappe, links durch die Mitralklappe. Die dem linken Ventrikel entspringende Hauptschlagader (Aorta) sowie die aus dem rechten Ventrikel entstammende A. pulmonalis sind jeweils durch Rückschlagklappen gesichert (Aorten- bzw. Pulmonalklappe).

Das Herz arbeitet in regelmäßigem Wechsel von Kontraktion (Systole) und Dilatation (Diastole). Die Muskelerregung nimmt ihren Ausgang vom Sinusknoten und läuft über den Atrioventrikularknoten (AV-Knoten) und das Reizleitungssystem des His-Bündels sowie über die Tawara-Schenkel und die Purkinje-Fasern zur Kammermuskulatur.

Bei jeder Herzkontraktion wird ein Teil des im Ventrikel befindlichen Blutes in die Gefäße gepumpt (sog. Schlagvolumen). Es beträgt etwa 60–100 ml. Die Ejektionsfraktion (Verhältnis des Schlagvolumens zum enddiastolischen Ventrikelvolumen, Normalwert 66 ± 6%) ist ein guter Para-

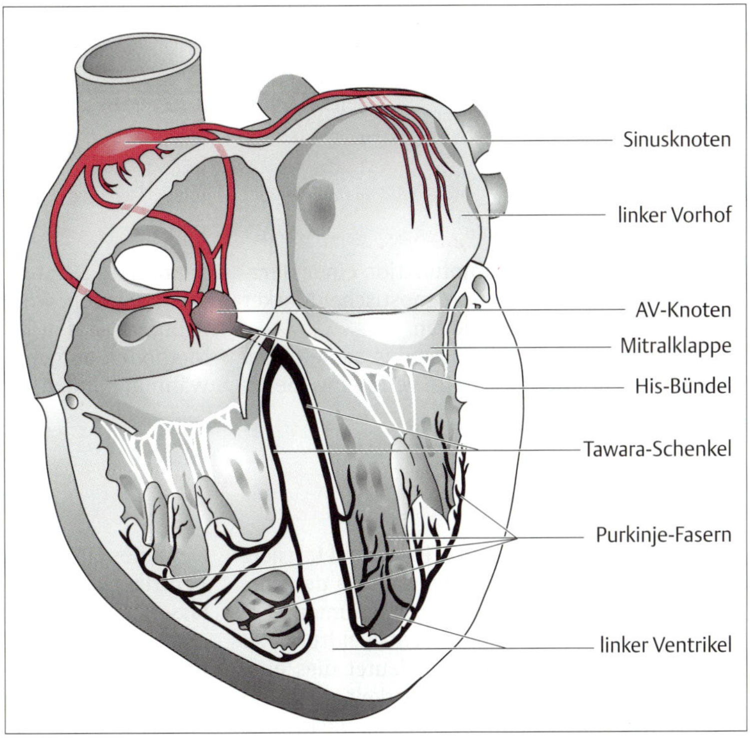

Abb. 1.**1** Schematisierte Darstellung der Herzkammern und des Reizleitungssystems.

Tabelle 1.1 Untersuchungsmethoden bei Herzkrankheiten

Methode	Aspekt
Eingehende Anamnese	Eruiert Symptome einer Herzkrankheit
Klinische Untersuchung – Inspektion – Palpation – Auskultation	Suche nach faßbaren Symptomen einer Herzerkrankung
Ruhe-EKG	Grundorientierung über Herzrhythmus und Stromkurvenverlauf
Belastungs-EKG	Koronare Herzkrankheit
Langzeit-EKG	Rhythmusstörungen
Röntgenuntersuchung des Thorax in 2 Ebenen	Dokumentation der Herzgröße und -funktion, Beurteilung der Lunge und deren Gefäße
Echokardiographie	Funktionsmorphologie des Herzens inkl. der Klappen
Transösophageale Echokardiographie (TEE)	Vorhofthromben
Phonokardiogramm	Schallschreibung der Herzklappen
Myokardszintigraphie	Durchblutung und Stoffwechsel der Herzmuskulatur
Rechtsherzkatheter (Einschwemmkatheter)	Beurteilung des kleinen (Lungen-)Kreislaufs und des rechten Herzens
Linksherzkatheter	Beurteilung des großen Kreislaufs, der Herzkranzgefäße und des linken Herzens
Laboruntersuchungen (Herzmuskelenzyme)	Untergang von Herzmuskulatur
Lungenfunktionsuntersuchungen	Lungenkrankheiten als Ursache bzw. Differentialdiagnose der Herzerkrankung

meter für die integrale Pumpfunktion einer Herzkammer und ein wichtiger prognostischer Marker bei zahlreichen Herzkrankheiten.

Zur Untersuchung des Herzens stehen dem Arzt zahlreiche Methoden zur Verfügung, deren detaillierte Darstellung den Rahmen dieses Kapitels sprengen würde. Zur Orientierung für den Zahnarzt sind in Tab. 1.1 die praktisch relevanten Methoden aufgeführt, die in diesem Kapitel Erwähnung finden.

Herzinsuffizienz

Definition. Herzinsuffizienz ist charakterisiert durch Unfähigkeit des Herzens, das von der Körperperipherie benötigte Herzzeitvolumen bei normalem enddiastolischen Ventrikeldruck zu fördern. Aus klinischer Sicht bedeutet dies eine verminderte körperliche Belastbarkeit aufgrund einer ventrikulären Funktionsstörung. Die Insuffizienz des Herzens kann den rechten oder linken Ventrikel betreffen oder beide Herzkammern umfassen (Globalinsuffizienz).

Ätiologie und Pathophysiologie. Pathophysiologisch können für die Entwicklung einer Herzinsuffizienz u. a. folgende Faktoren eine Rolle spielen:

- Vorlast (Preload), d. h. die enddiastolische Füllung der Herzkammern,
- Nachlast (Afterload), d. h. der Druck, gegen welchen das Herz das Blut in die Aorta bzw. A. pulmonalis auswerfen muß,
- Kontraktilität des Herzmuskels,
- Herzfrequenz,
- Herzrhythmus.

Zur Änderung der Vorlast führt beispielsweise eine Überwässerung bei Nierenversagen, ebenso aber die Hypovolämie oder die Regurgitation bei Klappeninsuffizienz. Änderungen der Nachlast können z. B. durch eine Aortenstenose, arterielle Hypertonie oder Lungenembolie hervorgerufen werden.

Änderungen der Kontraktilität beruhen häufig auf Durchblutungsstörungen der Herzkranzgefäße, Anämie, Hypoxie und Gabe von negativ inotropen Medikamenten. Auch infektiös-toxische Einflüsse können eine Rolle spielen. Die Herzfrequenz sowie der Herzrhythmus sind ebenfalls von Bedeutung bei der Entstehung einer Herzinsuffizienz.

Klinik. Als Leitsymptom der *Linksherzinsuffizienz* gilt die Dyspnoe (Tab. 1.**2**). Besonders bei Belastung klagen die Kranken über Atemnot (Belastungsdyspnoe), die bei fortschreitender Krankheit auch in Ruhe bestehen kann (Ruhedyspnoe). Bei weiterer Zunahme der Herzinsuffizienz kommt es schließlich zur Orthopnoe, bei welcher der Kranke aufrecht sitzend versucht, durch Einsatz der Atemhilfsmuskulatur die quälende Luftnot zu lindern. Die Patienten können nicht mehr flach liegen, da bei Linksherzinsuffizienz infolge des dann vermehrten venösen Rückstroms zum Herzen eine noch stärkere Lungenstauung resultiert. Charakteristisch für Linksherzinsuffizienz ist die anfallsweise nächtliche Luftnot (paroxysmale nächtliche Dyspnoe), die auch als Asthma cardiale bezeichnet wird. Ein für den Zahnarzt wichtiges Symptom der Linksherzinsuffizienz ist die Zyanose, die oft zuerst im Bereich der Lippen bemerkt wird. Sie hat ihre Ursache in ungenügender Sauerstoffsättigung des Blutes infolge gestörten Gasaustausches in der Lunge bei chronischer Lungenstauung (zentrale Zyanose). Zusätzlich spielt auch die vermehrte Sauerstoffausschöpfung des peripheren Blutes bei verlängerter Kreislaufzeit eine Rolle (periphere Zyanose). In schweren Fällen entsteht ein Lungenödem, das am Brodeln über der Lunge und dem blutig-schaumigen Sputum zu erkennen ist.

Das inadäquate Herzzeitvolumen führt zu Hypotonie, Schwäche, rascher Ermüdbarkeit und Schwindel. Die ausgeprägteste Form des Vorwärtsversagens ist der kardiogene Schock.

Bei *Rechtsherzinsuffizienz* staut sich das venöse Blut im großen Kreislauf zurück (Tab. 1.**2**). Symptome sind gestaute Halsvenen, gestaute Lebervenen sowie ein Stauungsmagen. Dies führt häufig zu Druckgefühl im Oberbauch, mitunter auch zum Erbrechen, wodurch eine orale Medikation unsicher wird. Stauung der Nieren führt zur Proteinurie. Darüber hinaus entwickeln sich kardiale Ödeme, die typischerweise in den abhängigen Körperpartien auftreten: bei ambulanten Patienten in den Beinen und bei liegenden Kranken am Rücken (Anasarka). Erst eine Flüssigkeitsretention von 3 – 5 Litern wird klinisch bemerkt. Noch später treten Ergüsse in den Körperhöhlen auf (Aszites, Pleuraerguß). Dabei handelt es sich um Transsudate, die durch ihr spezifisches Gewicht $< 1{,}015$ g/l von den entzündlich bedingten Exsudaten unterschieden werden können.

Keineswegs immer können die einzelnen Symptome einer Herzinsuffizienz ausschließlich

Tabelle 1.**2** Symptome bei Herzinsuffizienz

Linksherzinsuffizienz	Klinische Symptome	Rechtsherzinsuffizienz	Klinische Symptome
Lungenstauung („Rückwärtsversagen“)	Belastungsdyspnoe	Halsvenenstauung	
	Ruhedyspnoe	Stauungsleber	Druckgefühl im Oberbauch
	Orthopnoe	Stauungsmagen	Übelkeit, Erbrechen
	Asthma cardiale	Stauungsniere	Proteinurie
	Lungenödem	Ödeme, Anasarka	Nykturie
	Zyanose	Aszites	gespannter Leib
„Vorwärtsversagen“	Hypotonie, Schock	Pleuraerguß	Dyspnoe

dem rechten oder linken Herzen zugeordnet werden. Nicht selten ist die Rechtsherzinsuffizienz auch verursacht durch eine Linksherzinsuffizienz. Man spricht dann von globaler Herzinsuffizienz.

Diagnose. Eine Herzinsuffizienz wird klinisch diagnostiziert anhand des Zusammentreffens der typischen Symptome (Tab. 1.**2**). Es muß jedoch betont werden, daß jedes Symptom für sich allein auch bei anderen Erkrankungen auftreten kann.

Eine klinisch brauchbare Schweregradeinteilung der Herzinsuffizienz erfolgt nach den NYHA-Kriterien („New York Heart Association"):

Stadium I	Keine Einschränkung der körperlichen Leistungsfähigkeit.
Stadium II	Leichte Einschränkung der körperlichen Leistungsfähigkeit.
Stadium III	Deutliche Einschränkung: Beschwerden schon bei leichter körperlicher Belastung.
Stadium IV	Hochgradige Einschränkung der Leistungsfähigkeit: Beschwerden schon in Ruhe.

Therapie. Grundsätzlich gilt es, zwischen kausaler und symptomatischer Behandlung der Herzinsuffizienz zu unterscheiden. Kausal ist beispielsweise eine Herzoperation zur Korrektur eines Herzklappenfehlers (S. 13 ff) oder die Stabilisierung des Herzrhythmus mittels Schrittmacher (S. 21 f). Die davon abzugrenzende symptomatische Therapie umfaßt allgemeine und spezielle Maßnahmen.

Allgemein gilt, daß Patienten mit höhergradiger Herzinsuffizienz körperlicher Schonung bedürfen. Sie sollten mit aufgerichtetem Oberkörper und leicht herabhängenden Beinen gelagert werden (sog. Herzlagerung). Die Ernährung sollte kochsalzarm sein, um die Ausschwemmung von Ödemen zu begünstigen. Bei Übergewicht ist eine unterkalorische Ernährung ratsam. Die Flüssigkeitszufuhr sollte auf 1000 ml täglich begrenzt werden. Bei starker Unruhe empfiehlt sich eine leichte Sedierung des Kranken.

Die medikamentöse Therapie dient der Senkung der Vor- und Nachlast.

Saluretika werden zur Vorlastsenkung eingesetzt, wenn durch Flüssigkeitsrestriktion kein ausreichender Erfolg zu erzielen oder Eile geboten ist. Häufig verwendete Präparate sind Furosemid und Thiazide. Das Risiko dieser gut wirksamen Medikamente liegt in der Hypokaliämie, weswegen auch gern Aldosteronantagonisten vom Spironolactontyp verwendet werden.

Die Verminderung der Nachlast, aber auch der Vorlast, wird erreicht durch Vasodilatatoren, von denen sich sog. Nitropräparate (Nitroglyzerin, Isosorbitdinitrat) und ACE-Hemmer bewährt haben. Bei Lungenödem kann die auch in der Praxis mögliche Gabe von Nitroglyzerin-Zerbeißkapseln innerhalb kurzer Zeit die Luftnot lindern.

Die klassische Behandlung der Herzinsuffizienz beruht auf der Stärkung der Herzkraft durch Digitalispräparate. Die gebräuchlichen Herzglykoside unterscheiden sich durch ihre Halbwertzeit. Bei Niereninsuffizienz muß die Digoxindosis herabgesetzt werden. Gefahren der Digitalistherapie liegen bei Überdosierung in der Entwicklung von Herzrhythmusstörungen und gastrointestinalen Beschwerden in Form von Appetitlosigkeit, Übelkeit, Erbrechen sowie zentralnervösen Störungen (Verwirrtheit, Apathie, Schwindel, Sehstörungen).

Prognose. Sie hängt ab von der Ursache und dem Ausmaß des bereits eingetretenen Schadens. In den NYHA-Stadien III und IV beträgt die Letalität 20–40% pro Jahr.

Luftnot und Ödeme sind Leitsymptome einer Herzinsuffizienz. Diese wird behandelt durch Wasserentzug mittels Diuretika sowie durch Vasodilatatoren bzw. Stärkung der Herzkraft durch Digitalispräparate.
Bei Orthopnoe ist eine Flachlagerung des Patienten für zahnärztliche Eingriffe wegen der dann zunehmenden Luftnot kontraindiziert.
Die Zyanose der Lippen und Schleimhäute deutet auf Erkrankungen der Lunge oder des Herzens hin und sollte vom Zahnarzt beachtet werden.

Entzündliche und degenerative Herzkrankheiten

Krankheiten des Endokards

Rheumatische Endokarditis

Ätiologie. Ursächlich liegt der rheumatischen Endokarditis eine Infektion mit β-hämolysierenden A-Streptokokken zugrunde. Ein solcher Infekt kann beispielsweise die Tonsillen betreffen. Nach einer Latenzzeit von etwa 2–3 Wochen, in welcher Antikörper gebildet werden, entwickelt sich das akute rheumatische Fieber als Zweiterkrankung. Es ist zu betonen, daß bei dieser Erkrankung primär keine bakterielle Besiedlung der Herzklappen vorliegt. Die Krankheit manifestiert sich vornehmlich an den bindegewebigen Strukturen des Körpers, so z.B. an den Herzklappen oder den großen Gelenken.

Histologisch findet man eine ödematöse Schwellung und fibrinoide Entzündung der befallenen Herzklappen. Warzenförmige Veränderungen gelten als typisch. Durch fortschwelende Entzündung der Herzklappen kann daraus ein Herzfehler entstehen (S. 13 ff).

Klinik. Der einer rheumatischen Endokarditis vorausgehende Streptokokkeninfekt kann klinisch völlig inapparent sein, jedoch auch als eitrige Tonsillitis verlaufen. Typischerweise beginnt die akute rheumatische Endokarditis mit Fieber sowie Arthralgien der großen, seltener der kleinen Gelenke. Als Ausdruck der Beteiligung des Herzens können sich eine Tachykardie, Herzgeräusche infolge von Klappenläsionen sowie Zeichen der Herzinsuffizienz entwickeln. Besonders oft befallen ist die Mitralklappe. Darüber hinaus können bei rheumatischem Fieber auch Hautveränderungen wie ein Erythema anulare und rheumatische Knötchen an der Streckseite der großen Gelenke auftreten.

Diagnose. Sie stützt sich auf die beschriebenen klinischen Zeichen. Laborchemisch findet sich eine ausgeprägte Leukozytose und eine starke Beschleunigung der Blutsenkung. Serologisch ist der Antistreptolysin-Titer erhöht. Im EKG sieht man gelegentlich einen AV-Block I. Grades oder Rhythmusstörungen. Echokardiographisch kann man morphologische Veränderungen an den Klappen sowie funktionell gestörte Strömungsverhältnisse nachweisen.

Therapie. Zwei Ziele werden mit der Therapie der akuten rheumatischen Endokarditis verfolgt:

Die Beseitigung des evtl. noch fortbestehenden Streptokokkeninfektes, und die Eindämmung der entzündlichen Reaktion an den Herzklappen. Dem erstgenannten Ziel dient die hochdosierte und langfristige Behandlung mit Antibiotika wie z.B. Penizillin – im Falle einer Allergie auch mit Cephalosporinen oder Erythromycin. Antiphlogistisch wirken nichtsteroidale Antirheumatika (z.B. Azetylsalizylsäure) sowie Glukokortikoide. Diese Behandlung muß langfristig durchgeführt werden.

Prognose. Trotz prinzipiell guter Behandlungsmöglichkeiten sind Rezidive häufig und treten bei jedem zweiten Patienten auf. Entscheidend ist die Fokussanierung (z.B. Tonsillektomie *oder evtl. Zahnsanierung*) sowie eine medikamentöse Dauerprophylaxe (z.B. Benzyl-Penizillin 1,2 Mio. i. m. alle 3 Wochen 10 Jahre lang). Die Dauerprophylaxe wird maximal bis zum 25. Lebensjahr gegeben, danach erfolgt nur noch eine gezielte Penizillinprophylaxe bei diagnostischen oder therapeutischen (z.B. auch zahnärztlichen!) Eingriffen. Die Spätprognose hängt von der Entwicklung sowie vom Ausmaß eines Herzklappenfehlers ab. Die Prognose wird insbesondere dadurch getrübt, daß durch rheumatische Entzündung veränderte Herzklappen den Boden für eine bakterielle Endokarditis bilden (s.u.).

Die akute rheumatische Endokarditis ist eine allergisch durch Streptokokkenantigene – beispielsweise im Gefolge einer Tonsillitis oder eines Zahnfokus – ausgelöste Erkrankung vornehmlich der Mitralklappe. Bei Vorliegen eines Zahnfokus ist die systematische und umfassende Herdsuche und die Sanierung aller beherdeten Zähne Voraussetzung für die erfolgreiche Therapie. Durch Penizillinprophylaxe können Rezidive verhindert werden.

Infektiöse Endokarditis

Definition. Es handelt sich um eine mikrobielle, meist bakterielle Besiedlung der oft vorgeschädigten Herzklappen. In Betracht kommen Streptokokken, Staphylokokken und gramnegative Keime. Seltener sind Pilze.

Ätiologie. Pathophysiologische Voraussetzungen für eine mikrobielle Endokarditis sind eine Eintrittpforte, eine dadurch mögliche Bakteriämie sowie in den meisten Fällen eine Vorschädigung der Herzklappen, um ein Angehen der Infektion zu erleichtern. Eine Bakteriämie tritt mit unterschiedlicher Häufigkeit bei ärztlichen Eingriffen auf. Tab. 1.**3** gibt dafür Anhaltspunkte.

Neben rheumatischen Erkrankungen prädisponieren z. B. angeborene Herzerkrankungen (offener Ductus Botalli, S. 10 f), künstliche Herzklappen oder intravenöser Drogengebrauch zur infektiösen Endokarditis. Besonders oft betroffen sind Mitral- und Aortenklappe.

Klinik. Schweres Krankheitsgefühl, septische Temperaturen und Tachykardie können im Vordergrund stehen. Aber auch schleichende Verläufe mit unspezifischem Krankheitsgefühl, Appetitlosigkeit und Blässe kommen vor, wobei die Grunderkrankung oft die Entwicklung einer bakteriellen Endokarditis klinisch überdeckt.

Auskultatorisch finden sich Herzgeräusche als Folge des sich entwickelnden ungenügenden Klappenschlusses. Als Ausdruck der Sepsis findet sich eine Milzvergrößerung. Auch lassen sich als Mikroinfarkte gedeutete petechiale Blutungen an den Fingern, den Hand- und Fußflächen sowie im Augenhintergrund finden. Rezidivierende Embolien in allen Organen – auch Hirnembolien – finden sich bei $^{3}/_{4}$ aller Kranken.

Infolge der geschwürigen Klappenzerstörung entwickelt sich eine Herzinsuffizienz (S. 2 ff). Laborchemisch imponiert eine starke Beschleunigung der Blutsenkung, eine Leukozytose, eine Anämie sowie eine Proteinurie und Erythrozyturie als Ausdruck der Mitbeteiligung der Nieren. Bei längerem Verlauf kommt es zur Hypergammaglobulinämie.

Tabelle 1.**3** Bakteriämieraten bei ausgewählten Eingriffen

Zahnextraktion	
– ohne Gingivitis	35%
– mit Gingivitis	70%
Zahnchirurgischer Eingriff	40–90%
Zähneputzen	40%
Tonsillektomie	30–40%
Gastroskopie	5%
Koloskopie	5%
Transurethrale Prostataresektion	10%
Urethradilatation	30%

Diagnose. Die Diagnose basiert auf dem klinischen Befund, der Herzauskultation und dem echokardiographischen Klappenbefund. Sie wird gesichert durch den mikrobiologischen Nachweis der auslösenden Bakterien in der Blutkultur.

Therapie. Entscheidend ist der frühzeitige Beginn (gleich nach der Entnahme der Blutkultur) einer hochdosierten und ausreichend langen (4–6 Wochen) Antibiotikabehandlung. Bewährt haben sich Penizillinpräparate (bei Allergie Cephalosporine) bzw. Carbapeneme (Zienam) oder Glukopeptid-Antibiotika (Teicoplanin, Vancomycin).

Liegt bereits ein mikrobiologisches Resultat mit Resistenzbestimmung vor, kann gezielt antibiotisch behandelt werden. Der Erfolg der Behandlung zeigt sich am Rückgang des Fiebers sowie an den rückläufigen blutchemischen Entzündungszeichen. Selbstverständich wird man bei einer schweren Erkrankung die übliche konventionelle Therapie ausschöpfen, wie Bettruhe, Korrektur einer evtl. bestehenden Hypertonie und Gabe von Digitalis bei drohender Herzinsuffizienz. Gelingt trotz ausreichender antibiotischer Behandlung keine Besserung, so ist an einen Pilzbefall der Herzklappen zu denken. Bei rasch fortschreitender Zerstörung der Klappen kann die Indikation zum chirurgischen Klappenersatz bestehen.

Prognose. Sie hängt ab von der Art der Keime, einer frühzeitigen und effektiven antibiotischen Behandlung sowie dem Ausmaß der vorbestehenden Klappenschädigung.

Prophylaxe. Da die Prognose der bakteriellen Endokarditis im Einzelfall ernst ist, kommt der Prophylaxe entscheidende Bedeutung zu. Wie in Tab. 1.**3** dargelegt, ist in Abhängigkeit vom Befund bei zahnärztlichen Eingriffen gehäuft mit einer Bakteriämie zu rechnen. Aus diesem Grunde sollten zahnärztliche Eingriffe, bei denen mit einer Gingivablutung zu rechnen ist, bei Risikopatienten zurückhaltend indiziert werden. Ist der Eingriff unumgänglich, zeigt Tab. 1.**4** gestaffelt nach dem Risiko solche Erkrankungen, bei denen wegen des erhöhten Endokarditisrisikos eine Prophylaxe notwendig ist. Nach gegenwärtigem

Tabelle 1.4 Endokarditisrisiko ausgewählter Erkrankungen

Stark erhöhtes Risiko:
- Herzklappenprothesen
- Zustand nach bakterieller Endokarditis

Mäßig erhöhtes Risiko:
- angeborene Herzfehler
- erworbene Herzfehler
- operierte Herzfehler
- Mitralklappenprolapssyndrom mit Klappeninsuffizienz
- hypertrophe obstruktive Kardiomyopathie (HOCM)

Kenntnisstand ist bei Herzschrittmacherträgern keine Endokarditisprophylaxe erforderlich.

Die Endokarditisprophylaxe sollte mit einem bakteriziden Antibiotikum so durchgeführt werden, daß zum Zeitpunkt des zahnärztlichen Eingriffs eine ausreichend hohe Serumkonzentration die Wahrscheinlichkeit einer Klappenbesiedlung minimiert. Die Auswahl des Antibiotikums orientiert sich dabei an dem zu erwartenden Keimspektrum.

Als Standardempfehlung gilt 1 Stunde vor dem Eingriff Amoxicillin 3 g per os oder (bei Penizillinallergie) Clindamycin 600 mg p. o.

Bei stark erhöhtem Risiko sollten nach dem Eingriff alle 6 h 750 mg Amoxicillin bzw. 300 mg Clindamycin (insgesamt 7 Dosen) verabreicht werden.

Die infektiöse Endokarditis ist eine meist bakteriell bedingte Erkrankung der Herzklappen, deren Auftreten bei prädisponierten Patienten durch Antibiotikaprophylaxe bei zahnärztlichen Eingriffen deutlich reduziert werden kann.

Krankheiten des Myokards

Kardiomyopathien

Definition und Ätiologie. Der Begriff Kardiomyopathie umfaßt alle Schädigungen des Herzmuskels, die nicht auf eine koronare Herzkrankheit, ein Herzklappenvitium, Perikarderkrankungen oder eine arterielle Hypertonie zurückzuführen sind. Ätiologisch sind primäre von sekundären Kardiomyopathien zu unterscheiden (Tab. 1.5). Unter anatomischen und funktionellen Aspekten werden bei den primären Kardiomyopathien eine dilatative, hypertrophische und restriktive Form unterschieden (Abb. 1.2).

Tabelle 1.5 Einteilung der Kardiomyopathien

1. *Primäre Kardiomyopathien*
   (Ursache meist unbekannt; der hypertrophisch obstruktiven Kardiomyopathie liegt meistens eine Texturstörung des Myokards zugrunde)
   Dilatative Kardiomyopathie
   Hypertrophische Kardiomyopathie mit und ohne Obstruktion
   Restriktive Kardiomyopathie
2. *Sekundäre Kardiomyopathien*
   Entzündlich ≙ Myokarditis
   - Infektiös (Viren, Bakterien, Pilze, Protozoen, Parasiten)
   - Nicht infektiös (Autoimmunerkrankungen u. a.)

   Nicht entzündlich
   - Stoffwechselstörungen (Hämochromatose, Amyloidose, Oxalose, Beriberi u. a.)
   - Systemerkrankungen (Sarkoidose u. a.)
   - Hormonelle Störungen (Hypo-, Hyperthyreose, Phäochromozytom, Akromegalie)
   - Noxen (Medikamente, Alkohol, Arsen)

Klinik. Die *hypertrophische Kardiomyopathie (HCM)* kann trotz der deutlichen lumenwärtigen Dickenzunahme des Herzmuskels lange Zeit klinisch stumm bleiben. Treten Symptome auf, sind diese zumeist uncharakteristisch und umfassen Angina pectoris sowie Rhythmusstörungen (S. 21 ff) und Schwindel. Bei der *hypertrophisch obstruktiven Kardiomyopathie (HOCM)* steht im späteren Krankheitsverlauf die Belastungsdyspnoe im Vordergrund. Auskultatorisch hört man bei der HOCM oft ein Systolikum, welches bei der nichtobstruktiven Form (HCM) fehlt. Im EKG erkennt man Zeichen der Linksherzhypertrophie.

Bei der *dilatativen Kardiomyopathie (DCM)* führen klinisch die Zeichen der biventrikulären Herzinsuffizienz (S. 2 ff) mit Dyspnoe und Arrhythmien.

Diagnose. Die klinische Verdachtsdiagnose einer Kardiomyopathie wird gesichert durch die Echokardiographie, die im Falle der HCM die Wandverdickung, im Falle der DCM die Herzerweiterung eindrucksvoll erkennen läßt (Abb. 1.2). Weiterführend kann evtl. eine Linksherzkatheteruntersuchung oder eine Myokardbiopsie notwendig werden.

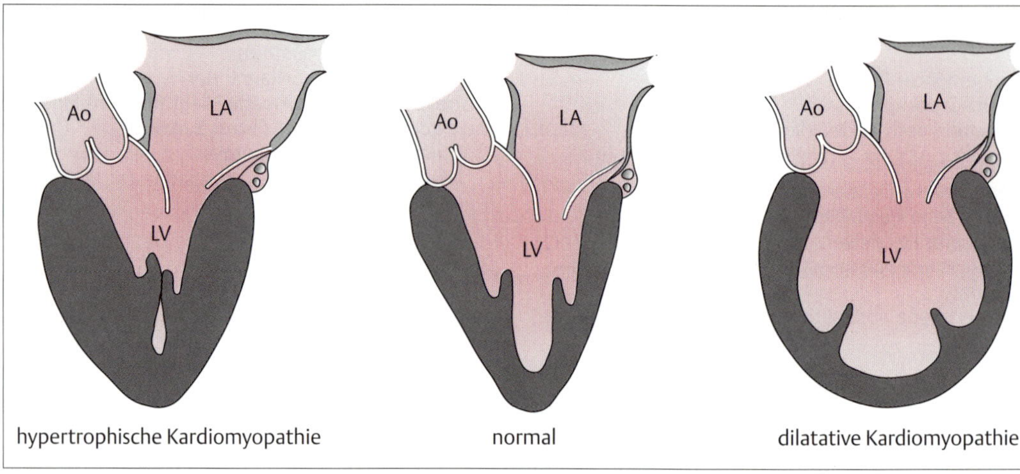

Abb. 1.2 Veränderungen der Herzmuskulatur bei Kardiomyopathie. Ao = Aorta, LA = linkes Atrium, LV = linker Ventrikel.

Therapie. Sie erfolgt bei der symptomatischen hypertrophischen obstruktiven Kardiomyopathie (HOCM) zunächst medikamentös mit Kalziumantagonisten (dadurch deutliche Prognoseverbesserung) und β-Blockern. Ist diese Therapie ineffektiv, kann eine operative Revision durchgeführt werden. Bei Entwicklung einer Herzinsuffizienz frühzeitige Herztransplantation.

Die Therapie der dilatativen Kardiomyopathie (DCM) folgt den üblichen Maßnahmen bei Herzinsuffizienz mit Gabe von Diuretika, ACE-Hemmern, Nitraten und Digitalis. Leider ist im Endstadium häufig eine Herztransplantation notwendig. Ob die derzeit diskutierte Gabe von Wachstumshormon bei der dilatativen Kardiomyopathie eine Prognoseverbesserung bringt, bleibt abzuwarten.

Myokarditis

Definition und Ätiologie. Unter Myokarditis versteht man eine durch entzündliche Infiltrate charakterisierte Erkrankung des Herzmuskels (entzündliche Kardiomyopathie, Tab 1.**5**). Ursächlich kommen in erster Linie verschiedene Viren in Betracht, von denen Coxsackie-, Influenza- und Adenoviren häufiger gefunden werden. Auch nach bakteriellen Infekten kann eine Myokarditis auftreten – nicht selten vergesellschaftet mit einer Endokarditis oder Perikarditis. Selten kommen auch Pilze, Protozoen oder Parasiten als Ursache in Betracht. Verschiedenartige Noxen wie Alkohol, Drogen oder Chemotherapeutika können ebenfalls Ursache einer Myokarditis sein. Schließlich können sich auch Bindegewebserkrankungen wie Lupus erythematodes und andere Kollagenosen als Myokarditis manifestieren.

Klinik. Eine Myokarditis kann klinisch vollkommen stumm verlaufen, jedoch auch mit uncharakteristischen Zeichen wie Kopfschmerzen, Abgeschlagenheit und Fieber einhergehen. Atemnot und Herzsensationen lenken den Blick auf die Herzerkrankung.

Die klinische Untersuchung zeigt häufig Herzrhythmusstörungen. Bei Mitbeteiligung des Endokards können Herzgeräusche, bei Perikardbeteiligung Perikardreiben auskultiert werden. Im Elektrokardiogramm können verschiedenartige Störungen der Erregungsbildung, -leitung sowie -rückbildung beobachtet werden. Echokardiographisch und röntgenologisch sieht man – mitunter erst im weiteren Krankheitsverlauf – eine Größenzunahme des Herzens. Als Ausdruck der Linksherzinsuffizienz kann eine Lungenstauung auftreten.

Laborchemisch findet sich eine beschleunigte Blutsenkung sowie eine Leukozytose.

Der Nachweis eines Antikörpertiters gegen Viren macht die virale Ätiologie wahrscheinlich.

Diagnose. Sie ist klinisch meist nur verdachtsweise zu stellen. Sie wird erhärtet durch die Verlaufbeobachtung und kann durch eine Endomyokardbiopsie gesichert werden.

Therapie. Die akute Myokarditis wird symptomatisch mit strenger Bettruhe behandelt. Bei Zeichen von Herzinsuffizienz (S. 2 ff) wird in typischer Weise mit Diuretika, Digitalis und Nachlastsenkern behandelt. Bestehen Herzrhythmusstörungen, müssen evtl. Antiarrhythmika eingesetzt werden. Läßt sich eine medikamentös angehbare Ätiologie der Myokarditis wahrscheinlich machen, wird entsprechend kausal behandelt.

Prognose. Sie ist bei der Virusmyokarditis nach Überwindung der akuten Phase häufig gut. Es gibt jedoch Verlaufsformen, die zu einer schweren Herzinsuffizienz führen.

Krankheiten des Perikards

Akute Perikarditis

Definition. Unter Perikarditis versteht man eine Entzündung des viszeralen und/oder parietalen Blattes des Herzbeutels.

Ätiologie. Ganz verschiedene Ursachen können zu einer akuten Perikarditis führen. Zu nennen sind Infektionen mit Bakterien (u. a. Tuberkulose), Pilzen sowie Viren, akutes rheumatisches Fieber, Kollagenosen und allergische Erkrankungen. Auch nach einem Herzinfarkt sowie bei bestimmten Stoffwechselerkrankungen (z. B. Gicht) kann sich eine Perikarditis entwickeln. Schließlich können auch direkte Einwirkungen durch Trauma sowie Operation oder Entzündungen bzw. Tumoren aus der Nachbarschaft des Herzens zur Perikarditis führen.

Klinik. Die Symptome einer Perikarditis können von denen der Grunderkrankung überlagert sein. Nicht selten werden jedoch Schmerzen hinter dem Brustbein und Engegefühl angegeben. Als typisch gilt die wechselnde Ausprägung der Schmerzen in Abhängigkeit von der Atemtiefe und Körperlage. Fieber findet man bei infektiöser Perikarditis bei über der Hälfte der Patienten. Bei größerem Perikarderguß können Atemnot und Blutdruckabfall hinzutreten.

Insbesondere bei rascher Füllung des kaum erweiterungsfähigen Herzbeutels beispielsweise durch eine Blutung (sog. Herzbeuteltamponade) können erhebliche Beschwerden auftreten.

Diagnose. Eine Perikarditis ist anzunehmen, wenn bei der körperlichen Untersuchung ein Reiben über dem Perikard zu hören ist. Dies ist jedoch nur möglich, solange noch keine seröse Ausschwitzung stattgefunden hat. Mit zunehmender Flüssigkeitsansammlung im Perikardbeutel (Perikardtamponade) findet man als Zeichen der venösen Einflußstauung gestaute Halsvenen. Die Herztöne werden leiser. Elektrokardiographisch sieht man eine Niedervoltage. Echokardiographisch kann der Perikarderguß weit besser als auf einer Thoraxübersichtsaufnahme quantitativ beurteilt werden.

Therapie. Symptomatisch ist Bettruhe ratsam. Die kausale Therapie richtet sich nach der Grunderkrankung. Häufig wird eine Antibiotikagabe notwendig sein. Bei starker Ergußbildung kann eine Perikardpunktion in kurzer Zeit eine dramatische Besserung durch Beseitigung der Einflußstauung erzielen. Erforderlichenfalls kann so auch gleichzeitig Material für diagnostische Zwecke (u. a. Tumorzellen) gewonnen werden.

Prognose. Sie hängt bei der akuten Perikarditis zumeist entscheidend von der auslösenden Grunderkrankung ab.

Konstriktive Perikarditis

Definition. Unter konstriktiver Perikarditis versteht man eine narbige Schrumpfung des Herzbeutels, der dann oft sekundär verkalkt.

Ätiologie. Ursächlich kommen die vorstehend für die akute Perikarditis genannten Ursachen in Betracht. Insbesondere Tuberkulose, bakterielle Infektionen und rezidivierend ablaufende Perikarditiden sind zu nennen.

Klinik. Bei konstriktiver Perikarditis stehen oft die Zeichen der Einflußstauung mit Halsvenenstauung, Hepatomegalie und Aszites im Vordergrund. Mitunter besteht auch Luftnot, selten nur Orthopnoe.

Diagnose. Die konstriktive Perikarditis wird an den typischen klinischen Zeichen erkannt. Die Diagnose wird echokardiographisch gesichert. Röntgenologisch können evtl. Kalkspangen im Perikard nachgewiesen werden.

Therapie. Die Indikation zur operativen Dekortikation (Entschwielung) des Herzens und Perikardektomie sollte frühzeitig gestellt werden, da ansonsten wegen Myokardatrophie postoperativ eine akute Herzdilatation droht.

Patienten mit größerem Perikarderguß oder höhergradiger konstriktiver Perikarditis tolerieren bei zahnärztlichen Eingriffen oft keine Flachlagerung.

Herzfehler

Man unterteilt die Herzfehler in angeborene – überwiegend im Kindesalter diagnostizierte – und im späteren Leben erworbene Herz-(Klappen-)fehler.

Angeborene Herzfehler

Ätiologie. Ursächlich kommen verschiedene Faktoren wie genetisch determinierte Fehlbildungen, Virusinfekte in der Frühschwangerschaft (z.B. Röteln) oder Schädigung durch Strahlen- und Medikamentenexposition in Betracht. Die angeborenen Herzfehler werden unter hämodynamischen Gesichtspunkten unterteilt in Fehlbildungen mit Links-Rechts-Shunt, mit Rechts-Links-Shunt und solche ohne Shunt. Tab. 1.**6** orientiert über die relative Häufigkeit verschiedener angeborener Herzfehler, von denen die für den Zahnarzt wichtigeren nachfolgend besprochen werden sollen.

Tabelle 1.**6** Häufigkeitsverteilung angeborener Herzfehler

Ventrikelseptumdefekt	30%
Vorhofseptumdefekt	10%
Offener Ductus Botalli	10%
Pulmonalstenose	7%
Aortenstenose	6%
Reitende Aorta	6%
Fallot-Tetralogie	6%
Transposition der großen Gefäße	4%

Fehlbildungen mit Links-Rechts-Shunt

Bei dieser Art der Fehlbildung, zu der etwa die Hälfte aller angeborenen Herzfehler gehört, tritt Blut aus dem linken großen Kreislauf in den rechten, kleinen Kreislauf über (Abb. 1.**3**). Die chronische Druckerhöhung kann durch strukturelle Veränderungen im kleinen Kreislauf schließlich zur Shuntumkehr führen (Eisenmenger-Reaktion). Dann besteht eine zentrale Zyanose.

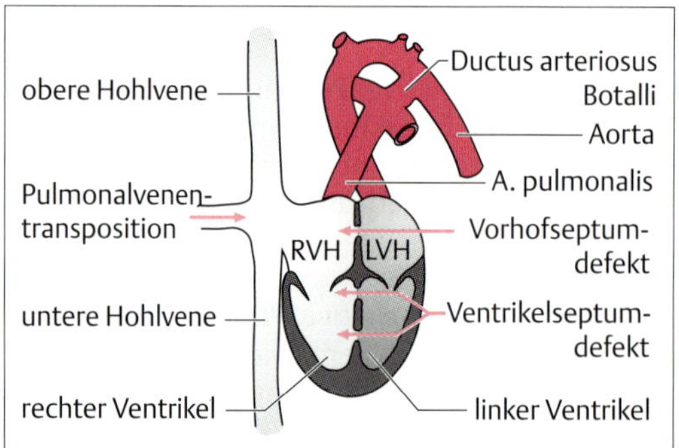

Abb. 1.**3** Schematische Darstellung der mit Links-Rechts-Shunt einhergehenden Herzfehler.

Offener Ductus arteriosus Botalli

Definition. Postnatal persistierende Verbindung zwischen Aorta und Arteria pulmonalis.

Klinik und Diagnose. Die Persistenz des üblicherweise innerhalb von 3 Monaten nach der Geburt sich schließenden Ductus arteriosus Botalli kann klinisch lange Zeit stumm bleiben. Wegen des deutlich höheren Druckes im großen Kreislauf bildet sich stets ein Links-Rechts-Shunt. Die Symptomatik hängt ab vom Durchmesser des Ductus arteriosus bzw. vom Shuntvolumen. Die häufig asthenischen Patienten klagen über Atemnot bei Belastung. Herzklopfen und Herzstiche können hinzutreten. Infolge des Shunts findet man eine ungewöhnlich große Blutdruckamplitude.

Palpatorisch findet man einen Pulsus celer et altus. Auskultatorisch hört man über dem Herzen ein schwirrendes sog. Maschinengeräusch. Im EKG kann man mitunter Zeichen einer Linksherzbelastung erkennen. Echokardiographisch kann man bei großem Shuntvolumen eine Vergrößerung des linken Vorhofes erkennen. Röntgenologisch sieht man eine Prominenz der Lungenhili infolge der vermehrten Gefäßfülle. Durch Einschwemmkatheteruntersuchung kann das Shuntvolumen abgeschätzt werden.

Therapie. Bei offenem Ductus arteriosus Botalli ist stets eine konsequente Endokarditisprophylaxe notwendig (S. 5 ff). Die definitive Therapie besteht im operativen Verschluß des Ganges. Alternativ kann auch transfemoral mittels eines Katheters der Gang verschlossen werden.

Prognose. Unbehandelt ist die Prognose wegen der Komplikationen (Endokarditis, Eisenmenger-Reaktion, Herzinsuffizienz) ernst. Bei rechtzeitiger Operation vor Eintritt von Komplikationen ist die Lebenserwartung normal.

Vorhofseptumdefekt

Definition. Offene Verbindung zwischen den beiden Vorhöfen, wobei wegen des Druckgradienten ein Links-Rechts-Shunt resultiert (Abb. 1.**3**).

Klinik und Diagnose. Ein kleiner Vorhofseptumdefekt kann ohne klinische Symptomatik rein zufällig entdeckt werden. Bei größeren Defekten wird oft über uncharakteristische Beschwerden wie Leistungsschwäche, Ermüdbarkeit oder Luftnot bei Belastung geklagt. Auskultatorisch findet man über dem Herzen ein Systolikum sowie eine fixierte Spaltung des 2. Herztones. Im EKG erkennt man fast immer einen (meist inkompletten) Rechtsschenkelblock. Vorhofflimmern weist auf eine Überdehnung des Vorhofs hin. Echokardiographisch kann – insbesondere transösophageal – der Defekt unmittelbar dargestellt werden.

Therapie und Prognose. Obschon unter den angeborenen Herzfehlern der Vorhofseptumdefekt wohl die günstigste Prognose hat, sollte ein größerer Defekt (Links-Rechts-Shunt > 30% des Herzminutenvolumens) stets operativ verschlossen werden, bevor sich eine prognostisch ungünstig zu bewertende pulmonale Hypertonie entwickelt.

Ventrikelseptumdefekt

Definition. Offene Verbindung zwischen dem rechten und linken Ventrikel (Abb. 1.**3**).

Klinik und Diagnose. In Abhängigkeit vom Shuntvolumen variiert die klinische Symptomatik von völliger Beschwerdefreiheit über uncharakteristische Leistungsminderung bis hin zu Luftnot.

Auskultatorisch hört man ein lautes „bandförmiges" Systolikum. Im EKG finden sich mit zunehmender Vitiumgröße die Zeichen der Rechtsherzbelastung.

Echokardiographisch gelingt meist der Nachweis des Defektes und der Shuntströmung. In Abhängigkeit vom Ausmaß des Defektes sind linker Vorhof und Kammer und schließlich auch die rechte Kammer vergrößert. Röntgenologisch sieht man die vermehrte Gefäßfülle der Lunge.

Therapie. Jeder Ventrikelseptumdefekt sollte operativ verschlossen werden.

Die ansonsten obligate Endokarditisprophylaxe kann ein Jahr nach erfolgreichem Verschluß unterbleiben.

Herzfehler mit Links-Rechts-Shunt verursachen abhängig vom Shuntvolumen eine zunehmende Belastung des kleinen (Lungen-)Kreislaufs mit später drohender Shuntumkehr infolge pulmonaler Hypertonie (Eisenmenger-Reaktion). Die Kenntnis dieser Krankheitsbilder ist wegen der erforderlichen Endokarditisprophylaxe von Bedeutung. Jeder offene Ductus Botalli und Ventrikelseptumdefekt sowie jeder Vorhofseptumdefekt mit einem Shuntvolumen > 30% sollte (i. d. R. operativ) verschlossen werden.

Fehlbildungen mit Rechts-Links-Shunt

In dieser Gruppe werden solche Fehlbildungen zusammengefaßt, bei denen es aufgrund der Druckverhältnisse zu einem Blutübertritt vom kleinen in den großen Kreislauf kommt.

Fallot-Tetralogie

Definition. Als Fallot-Tetralogie wird die Kombination eines Ventrikelseptumdefektes mit einer Pulmonalstenose (meist subvalvulär durch Hypertrophie des Infundibulums), einer über dem Ventrikelseptumdefekt reitenden Aorta und einer daraus resultierenden Rechtsherzhypertrophie bezeichnet.

Klinik. Leitsymptom ist die zentrale Zyanose infolge des Übertrittes von noch nicht sauerstoffgesättigtem (arterialisiertem) Blut aus dem rechten Ventrikel in den großen Kreislauf. Als Ausdruck des daraus resultierenden Sauerstoffmangels finden sich Trommelschlegelfinger und Polyglobulie. Auskultatorisch hört man ein deutliches Systolikum über dem Herzen. Im EKG finden sich die Zeichen der Rechtsherzbelastung. Aufgrund der ausgeprägten Symptomatik wird das Syndrom meist im frühen Kindesalter diagnostiziert.

Therapie. Die Behandlung der Fallot-Tetralogie besteht in vollständiger Korrektur aller beschriebenen Anomalien.

Fehlbildungen mit Rechts-Links-Shunt sind charakterisiert durch eine ausgeprägte zentrale Zyanose. Sie werden in aller Regel bereits im frühen Kindesalter erkannt und operativ versorgt.

Herzfehler ohne Shunt

In dieser Gruppe, die etwa 1/4 aller angeborenen Fehlbildungen des Herzens ausmacht, werden Verengungen der Ausflußbahnen des Herzens sowie der herznahen großen Gefäße zusammengefaßt.

Aortenisthmusstenose

Definition. Unter Aortenisthmusstenose versteht man eine Einengung im Bereich des Anfangsteils der Aorta descendens. Die seltenere präduktale Aortenisthmusstenose (infantile Form) mit Zyanose der unteren Körperhälfte (Rechts-Links-Shunt über den offenen Ductus Botalli, der distal der Stenose in die Aorta einmündet) wird bereits im Säuglingsalter operiert und ist daher für den Zahnarzt nicht von Belang. Die folgenden Ausführungen beziehen sich auf die häufigere postduktale Aortenisthmusstenose (Erwachsenenform).

Klinik. Die klinische Symptomatik der meist jugendlichen Patienten ist oft spärlich. Charakteristischerweise findet sich eine deutliche Blutdruckdifferenz zwischen den oberen und unteren Extremitäten. Infolge des oft erhöhten Blutdrucks oberhalb der Stenose leiden die Patienten unter Druckgefühl im Kopf und Schwindel bei minderdurchbluteten unteren Extremitäten mit vorzeitiger Ermüdbarkeit der Beine und Kältegefühl.

Diagnose. Eine Aortenisthmusstenose wird diagnostiziert aus der Blutdruckdifferenz zwischen oberen und unteren Extremitäten bei auskultatorisch nachweisbarem spindelförmigem Systolikum, welches auch im Rücken zu hören ist. Das EKG ist bei der Mehrzahl der Patienten unauffällig. Echokardiographisch kann man insbesondere transösophageal mit dem sog. Schluckecho die Aortenisthmusstenose anschallen und ausmessen.

Therapie. In Abhängigkeit vom erhöhten Druckgradienten ist die Indikation zur Korrektur der Stenose gegeben. Diese gelingt in klassischer Weise operativ oder durch transluminale Angioplastie.

Prognose. Unbehandelt ist die Prognose getrübt durch die Hypertoniefolgen mit frühzeitiger Arteriosklerose in den der Stenose vorgeschalteten Gefäßabschnitten (Apoplex, Herzinfarkt, Linksherzinsuffizienz, Aortenruptur).

Auch nach ihrer Korrektur bedarf jede Aortenisthmusstenose einer konsequenten Endokarditisprophylaxe.

Pulmonalstenose

Definition. Die häufigste Form der Pulmonalstenose ist die valvuläre Form (Einengung der Klappe durch Kommissurverschmelzung oder eine bikuspide Klappe). Davon sind die subvalvuläre Infundibulumstenose (z. B. bei Fallot-Tetralogie) und die seltenen supravalvulären bzw. peripheren Stenosen zu unterscheiden.

Klinik. In leichten Fällen sind die Patienten oft beschwerdefrei: Viele erreichen das Erwachsenenalter mit allenfalls uncharakteristischen Symptomen wie verminderter Leistungsfähigkeit oder Druckgefühl über dem Herzen. Auskultatorisch findet sich ein relativ lautes Systolikum mit einem gespaltenen zweiten Herzton. Im EKG sieht man die Zeichen der Rechtsherzbelastung. Röntgenologisch kann neben Hinweisen auf eine Rechtsherzvergrößerung in ausgeprägten Fällen eine verminderte Gefäßzeichnung der Lungen auffallen.

Diagnose. Der Druckgradient kann dopplerechokardiographisch abgeschätzt und durch Rechtsherzkatheter objektiviert werden. Die Höhe des

Gradienten ist die Grundlage für die Schweregradeinteilung der Pulmonalstenose.

Therapie. Die Indikation zur Korrektur ergibt sich aus dem Schweregrad der Stenose. Während früher operativ vorgegangen werden mußte, wird heute der Ballondilatation (Valvuloplastie) wegen des geringeren Risikos bei vergleichbar guten Resultaten der Vorzug gegeben.

Prognose. Sie ist bei der Pulmonalstenose belastet durch eine drohende bakterielle Besiedlung, weswegen die Endokarditisprophylaxe obligat ist.

Herzfehler ohne Shunt sind mit einem Viertel aller angeborenen Herzfehler nicht selten. Die Aortenisthmusstenose ist wegen der Hypertonie im vorgeschaltenen Stromgebiet von besonderer Bedeutung. Eine Endokarditisprophylaxe ist stets erforderlich!

Erworbene Herzklappenfehler

Ätiologie. Häufigste Ursache eines erworbenen Herzklappenfehlers ist eine rheumatische Endokarditis (S. 5). Besonders häufig ist die Mitralklappe betroffen. Seltenere Ursachen umfassen bakterielle, virale, mykotische oder luetische Infektionen sowie arteriosklerotische Veränderungen. Durch entzündliche Verdickung können die Klappen verkleben, woraus eine Stenose resultiert. Es kann jedoch auch eine narbige Schrumpfung des Klappenapparates oder beispielsweise eine bakterielle Zerstörung eintreten, woraus eine Klappeninsuffizienz resultiert. Nicht selten beobachtet man eine Kombination von Stenose und Insuffizienz (sog. kombiniertes Vitium).

Mitralklappenfehler

Mitralstenose

Ätiologie. Eine Mitralstenose ist bei den meisten Patienten Folge einer rheumatischen Endokarditis, die lange (10 – 30 Jahre) zurückliegt und an die sich die Patienten häufig nicht erinnern. Seltener ist sie Folge einer bakteriellen Endokarditis.

Klinik. Eine Mitralstenose kann lange Zeit klinisch stumm bleiben. Sie wird erst manifest bei Verkleinerung der Mitralklappenöffnungsfläche auf etwa $^1/_3$ der Norm. Durch Blutrückstau vor der verengten Mitralklappe kommt es zur Aufweitung des linken Vorhofs (Abb. 1.**4**) und häufig zu Vorhofflimmern. Darüber hinaus kann durch Blutrückstau in den Lungen Atemnot bis hin zum Lungenödem und zu Bluthusten auftreten. Im Spätstadium der Erkrankung entwickelt sich auf dem Boden einer pulmonalen Hypertonie eine zunehmende Überlastung des rechten Herzens mit Zeichen der Einflußstauung.

Vorhofflimmern bewirkt eine Abnahme der Herzleistung um ca. 20% und disponiert in besonderem Maße zur Bildung von Vorhofthromben, die die Quelle der häufigen arteriellen Embolien bei Patienten mit Mitralstenose sind (v. a. Gehirn, aber auch Extremitäten, Nieren u. a.).

Diagnose. Die Patienten zeigen oft eine durch erweiterte Blutgefäße hervorgerufene rötlich-zyanotische Hautverfärbung der Wangen (sog. Mitralbäckchen). Typisch ist der Auskultationsbe-

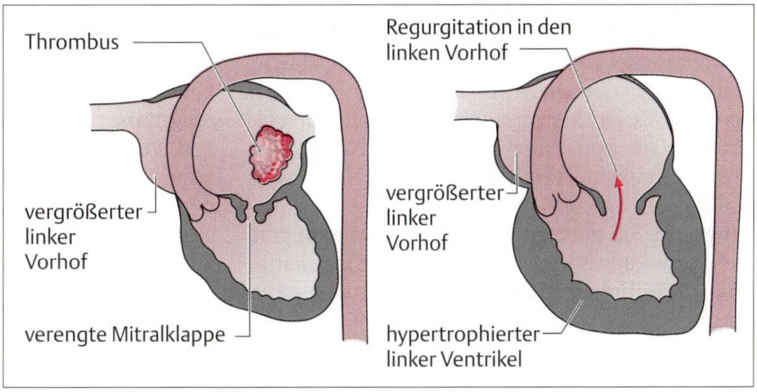

Abb. 1.**4** Form- und Strukturänderungen des Herzens bei Mitralstenose (links) und Mitralinsuffizienz (rechts).

fund mit Mitralöffnungston, daran anschließendem mesodiastolischen Decrescendogeräusch und paukendem 1. Herzton. Im EKG findet sich ein P mitrale oder Vorhofflimmern. Echokardiographisch kann neben der obligatorischen Vergrößerung des linken Vorhofs die Mitralstenose dargestellt und in Annäherung quantifiziert werden. Mit der transösophagealen Echokardiographie kann nach Thromben in den Herzohren gesucht werden. Weitergehende Aussagen zur Mitralstenose mit Quantifizierung des Druckgradienten bzw. der Mitralklappenöffnungsfläche sind durch eine Linksherzkatheteruntersuchung möglich.

Therapie. Bei leichtergradigen Formen der Mitralstenose ist eine klinische Verlaufsbeobachtung oft hinreichend. Eine Endokarditisprophylaxe ist stets obligat.

Bei klinisch manifester höhergradiger Mitralstenose orientiert man sich bei der Behandlung an der klinischen Symptomatik. Akut eintretendes Vorhofflimmern führt wegen der spontan meist tachykarden Kammerfrequenz (160 – 190/min) oft zu einer bedrohlichen Verschlechterung bis hin zum Lungenödem. Vordringliches therapeutisches Ziel ist die Senkung der Kammerfrequenz unter 100/min (Digitalis, ggf. zusätzlich β-Blocker oder Verapamil). Der Versuch einer medikamentösen oder elektrischen Kardioversion ist bei der Mitralstenose nur in Ausnahmefällen gerechtfertigt (neu aufgetretenes Vorhofflimmern bei leichtgradiger Stenose). Bei nicht indizierter bzw. nicht erfolgreicher Kardioversion ist eine Antikoagulanzienbehandlung z. B. mit Dicumarol angezeigt, die das Risiko eine arteriellen Embolie (20%) um ca. $^2/_3$ zu senken vermag. Steht die Lungenstauung im Vordergrund, wird entwässernd z. B. mit Furosemid behandelt.

Wegen der drohenden Gefahr einer irreversiblen pulmonalen Hypertonie bei chronischer Druckerhöhung im Lungenkreislauf sollte eine Mitralstenose mit einer Klappenöffnungsfläche von 1,5 cm^2 oder weniger frühzeitig korrigiert werden. Als Methoden stehen dafür die Valvuloplastie (Ballondilatation), die Kommissurotomie und der Klappenersatz zur Verfügung.

Prognose. Sie wird beeinflußt vom Schweregrad der Erkrankung und von den aus den Komplikationen Vorhofflimmern, Embolie und pulmonale Hypertonie resultierenden Folgen.

Eine Mitralstenose kann nicht selten aufgrund der typischen Mitralbäckchen (Facies mitralis) vermutet werden. Haben diese Patienten Vorhofflimmern, sind sie oft auf eine Antikoagulanzienbehandlung eingestellt. Eine Endokarditisprophylaxe ist stets erforderlich.

Mitralinsuffizienz

Definition. Als Mitralinsuffizienz bezeichnet man die mangelnde Schlußfähigkeit der Mitralklappe mit daraus resultierender Blutregurgitation (Abb. 1.**4**).

Ätiologie. Eine Mitralinsuffizienz kann durch eine Vielzahl von Erkrankungen entstehen. Zu nennen sind beispielsweise rheumatische Erkrankungen, eine infektiöse Endokarditis (S. 5 ff), ein Abriß der Papillarmuskeln nach Herzinfarkt oder eine Degeneration des Klappenhalteapparates (Mitralklappenprolaps-Syndrom).

Klinik. Obschon es infolge der Mitralinsuffizienz in der Systole zu einem Rückstrom von Blut in den linken Vorhof (sog. Pendelblut) kommt, kann die klinische Symptomatik lange spärlich sein. Erst bei (beginnender) Dekompensation des linken Ventrikels wird die Erkrankung mit Atemnot bei Belastung manifest. Die klinische Symptomatik wird darüber hinaus durch Begleitumstände wie eine gleichzeitig bestehende Mitralstenose (sog. kombinierter Mitralklappenfehler) beeinflußt.

Diagnose. Sie kann in typischen Fällen auskultatorisch an dem charakteristischen systolischen Geräusch über der Herzspitze mit Fortleitung in die Axilla gestellt werden (Decrescendo- oder Bandgeräusch, direkt im Anschluß an den 1. Herzton). Kombinierte Mitralklappenfehler sind schwerer einzuordnen. Im EKG finden sich Zeichen der Linksherzbelastung sowie ein P mitrale. Echokardiographisch erkennt man den vergrößerten linken Ventrikel und Vorhof. Mit Dopplertechnik kann das Pendelblutvolumen abgeschätzt werden. Die Vergrößerung des unter Durchleuchtung arteriell pulsierenden linken Vorhofes läßt sich auch röntgenologisch erkennen. Durch Herzkatheteruntersuchungen kann auch bei kombiniertem Mitralvitium eine exakte Diagnose gestellt werden.

Therapie. Die medikamentöse Therapie ist abhängig vom Schweregrad der Mitralinsuffizienz. Bei bereits manifester Linksherzdekompensation folgt die Behandlung den üblichen Kriterien mit Vor- und Nachlastsenkung. Immer ist eine Endokarditisprophylaxe erforderlich. Eine Antikoagulanzienbehandlung ist auch bei bestehendem Vorhofflimmern nicht obligat, da infolge des großen Pendelblutvolumens nur selten Thrombosen entstehen und daher die Emboliegefahr im Vergleich zur Mitralstenose relativ gering ist. Bei hochgradiger Mitralinsuffizienz sowie beispielsweise bei akutem Papillarmuskelabriß ist ein chirurgischer Klappenersatz notwendig.

Eine Mitralinsuffizienz ist eine lange kompensierte Herzerkrankung, bei der immer eine Endokarditisprophylaxe erforderlich ist. Bei Vorhofflimmern oder instabilem Sinusrhythmus ist eine Antikoagulanzienbehandlung im Einzelfall zu erwägen.

Aortenklappenfehler

Aortenklappenstenose

Ätiologie. Während die Aortenisthmusstenose (S. 12) angeboren ist, ist die Aortenklappenstenose – insbesondere in Verbindung mit einem Mitralklappenfehler – oft rheumatischer Genese. In der Altersgruppe über 70 Jahre ist die degenerativsklerotische Aortenstenose die häufigste Herzklappenerkrankung. Bei der seltenen angeborenen Aortenstenose findet sich oft eine bikuspidale Klappenanlage.

Klinik. Eine Aortenklappenstenose kann lange Zeit klinisch stumm bleiben. Hämodynamisch wirksam wird eine Aortenklappenstenose erst, wenn sich die Öffnungsfläche auf $^1/_4$ der Norm vermindert. Infolge der vermehrten Herzarbeit kommt es zur Linksherzhypertrophie (Abb. 1.**5**). Erst spät kommt es zu ausgeprägter Müdigkeit (infolge des zu kleinen Schlagvolumens), Dyspnoe, Angina pectoris und Schwindel bis hin zur Synkope.

Diagnose. Kleiner, langsam ansteigender Puls und kleine Blutdruckamplitude in Verbindung mit einem rauhen, in die Karotiden fortgeleiteten Systolikum begründen den dringenden Verdacht auf eine Aortenklappenstenose. Im EKG sieht man die Zeichen der Linksherzhypertrophie. Das Röntgenbild zeigt ein linkshypertrophiertes, in typischer Weise aortal konfiguriertes Herz.

Echokardiographisch kann die Linksherzhypertrophie und mit Dopplertechnik die Aortenklappenstenose quantitativ beurteilt werden. Bei gleichzeitiger Angina pectoris ist zur Beurteilung der Herzkranzgefäße eine Koronarangiographie erforderlich.

Therapie. Bei leichten asymptomatischen Formen der Aortenklappenstenose kann unter regelmäßiger klinischer Kontrolle abgewartet werden. Stets ist eine Endokarditisprophylaxe nach den üblichen Kriterien erforderlich (S. 5 ff). Bei höhergradiger Stenose ist körperliche Schonung ratsam. Diuretika sind nur mit Vorsicht anzuwenden. Bei drohen-

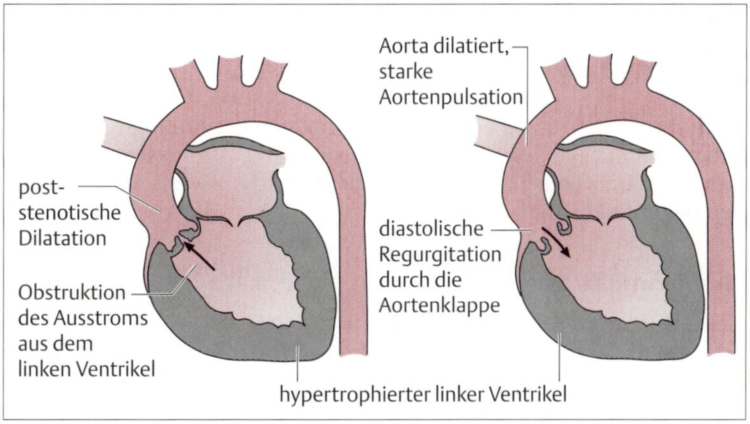

Abb. 1.**5** Form- und Strukturänderungen des linken Herzens bei Aortenstenose (links) und Aorteninsuffizienz (rechts).

dem Pumpversagen muß mit Katecholaminen therapiert werden. Bei höhergradiger Aortenklappenstenose ist wegen der ansonsten ernsten Prognose eine Operation indiziert, auch wenn noch keine wesentlichen klinischen Beschwerden bestehen.

Prognose. Sie ist bei Auftreten von Symptomen schlecht (5-Jahres-Überlebensrate 20%) und läßt sich durch einen operativen Klappenersatz deutlich bessern.

Eine Aortenklappenstenose kann über Jahrzehnte klinisch stumm bleiben. Wird sie manifest, ist die Prognose ernst, sofern nicht eine operative Korrektur vorgenommen werden kann. Stets ist eine Endokarditisprophylaxe notwendig.

Aortenklappeninsuffizienz

Definition. Unter Aortenklappeninsuffizienz versteht man eine mangelnde Schlußfähigkeit der Aortenklappe.

Ätiologie. Die Schlußunfähigkeit der Aortenklappe ist oft Folge eines rheumatischen Fiebers, kann aber u.a. auch aus einer infektiösen Endokarditis, einer Lues oder einer angeborenen bikuspidalen Aortenklappe resultieren.

Klinik. Eine Aortenklappeninsuffizienz kann infolge der großen Kompensationsbreite des linken Ventrikels lange Zeit asymptomatisch bleiben, während sich unbemerkt eine Linksherzhypertrophie entwickelt (Abb. 1.**5**). Später finden sich die Zeichen der Herzinsuffizienz und der gesteigerten Herzarbeit mit Herzklopfen, Schlaflosigkeit, Schweißneigung und evtl. Angina pectoris.

Diagnose. Charakteristisch ist die infolge der Regurgitation große Blutdruckamplitude. Auskultatorisch findet sich ein Diastolikum rechts parasternal (Decrescendo unmittelbar nach dem 2. Herzton). Im EKG erkennt man Zeichen der Linksherzhypertrophie. Die Röntgenuntersuchung zeigt die aortale Konfiguration des Herzens. Echokardiographisch kann das Regurgitationsvolumen abgeschätzt werden. Mit der Herzkatheteruntersuchung können die Regurgitationsfraktion bestimmt und begleitende andere Herzvitien ausgeschlossen werden.

Therapie. In Abhängigkeit vom klinischen Stadium der Aortenklappeninsuffizienz kann in typischer Weise konservativ behandelt werden. Bei Auftreten von Belastungsdyspnoe und (bei asymptomatischen Patienten) bei Hinweisen auf eine Schädigung des linken Ventrikels bzw. in Einzelfällen ab einer Regurgitationsfraktion von 30% ist ein operativer Klappenersatz indiziert. Stets ist eine Endokarditisprophylaxe erforderlich.

Prognose. Sie ist ernst bei Auftreten einer Linksherzinsuffizienz oder einer Angina pectoris.

Ähnlich der Aortenklappenstenose kann die Aortenklappeninsuffizienz lange Zeit asymptomatisch bleiben, um dann rasch progredient zu verlaufen. Um eine bakterielle Klappenbesiedlung zu vermeiden, ist stets eine Endokarditisprophylaxe erforderlich.

Koronare Herzkrankheit

Als koronare Herzkrankheit wird eine Krankheitsentität bezeichnet, welche die Koronarinsuffizienz und ihre Folgeerkrankungen – vornehmlich den Herzinfarkt – umfaßt.

Koronarinsuffizienz

Definition. Unter Koronarinsuffizienz versteht man das Mißverhältnis zwischen aktuellem Sauerstoffangebot und Sauerstoffbedarf des Herzmuskels.

Ätiologie. Eine Koronarinsuffizienz kann aus vermehrtem Sauerstoffbedarf resultieren, beispielsweise infolge einer Hypertrophie des Herzmuskels bei Aortenklappenfehler (S. 15 f), oder – weit häufiger – aus einer verminderten Perfusion des Herzmuskels infolge einer Koronarsklerose.

Aufgrund epidemiologischer Langzeituntersuchungen sind *Risikofaktoren* zur Entstehung einer koronaren Herzkrankheit herausgearbeitet worden. Als Risiken erster Ordnung gelten Zigarettenrauchen, Hyperlipidämie (S. 30 ff), arterielle

Hypertonie (S. 25 ff), Diabetes mellitus und Hyperfibrinogenämie).

Risiken zweiter Ordnung sind Übergewicht, Bewegungsmangel und Streß. Auch eine erbliche Belastung kann von Bedeutung sein.

Klinik. Eine koronare Herzkrankheit kann in jedem Lebensalter auftreten. Männer sind etwa doppelt so häufig betroffen wie Frauen. Leitsymptom ist der Herzschmerz (Angina pectoris). Das klinische Symptomenspektrum ist enorm. Es reicht vom Organgefühl („ich spüre plötzlich, daß ich ein Herz habe“) bis hin zum Vernichtungsschmerz der schweren Angina pectoris mit thorakalem Engegefühl und Todesangst. Der typische Angina-pectoris-Anfall wird durch körperliche oder psychische Belastung ausgelöst und dauert selten länger als $^1/_4$ Stunde. Oft strahlen die Schmerzen in die linke Schulter und den linken Arm aus, sie können aber auch den Hals und Unterkiefer betreffen!

Diagnose. Die körperliche Untersuchung des Patienten trägt meist nur wenig zur Diagnose einer koronaren Herzkrankheit bei. Die üblichen Laboratoriumsuntersuchungen fallen bei Angina pectoris in charakteristischer Weise normal aus. Von großer Bedeutung ist demgegenüber das Elektrokardiogramm. Schon das Ruhe-EKG hilft, den Angina-pectoris-Anfall von einem frischen Herzinfarkt (S. 18 ff) abzugrenzen. Häufig ist jedoch auch im Angina-pectoris-Anfall das Ruhe-EKG unauffällig. Bei diesen Patienten kann ein Belastungs-EKG indiziert sein, um die Verdachtsdiagnose einer koronaren Herzkrankheit weiter abzusichern bzw. auszuschließen. Dabei wird der Patient unter standardisierten Bedingungen belastet, während im fortlaufend geschriebenen EKG nach typischen Veränderungen (z. B. ST-Strecken-Absenkung) gesucht wird. Jedoch ist eine Reihe von Kontraindikationen wie frischer Herzinfarkt oder manifeste Herzinsuffizienz zu beachten. Zudem liefert das Belastungs-EKG nur bei etwa 80 – 90% der Patienten mit einer koronaren Herzkrankheit sichere Hinweise. Auch gibt es Situationen wie z. B. eine Schenkelblockbildung, in der das Belastungs-EKG nicht deutbar ist. In Zweifelsfällen kann es erforderlich werden, durch eine Myokardszintigraphie oder eine Koronarangiographie weitergehende Informationen zu gewinnen. Eine neue, nichtinvasive Methode mit hoher Aussagekraft ist die Streßechokardiographie.

Differentialdiagnose. Neben dem Herzinfarkt (S. 18 ff) sind insbesondere funktionelle Herzbeschwerden von der Angina pectoris differentialdiagnostisch abzugrenzen (Tab. 1.7). Diese sind mitunter bereits anamnestisch daran zu erkennen, daß die Beschwerden nicht durch die oben genannten Belastungen ausgelöst werden, typischerweise auf die Herzspitze projiziert werden und mit unterschiedlicher Intensität oft tagelang bestehen. Nicht selten werden die Beschwerden auch auffallend ausführlich geschildert. Auf die

Tabelle 1.7 Differentialdiagnose des Herzinfarktes

Aspekt	Funktionelle Herzbeschwerden	Angina pectoris	Herzinfarkt
Auslösende Ursachen	keine Ursachen erkennbar	Belastung Aufregung	oft nachts keine Ursache erkennbar
Schilderung der Beschwerden	ausführlich	bagatellisierend	wortkarg
Schmerzintensität	lästig, gering	stark	sehr stark
Schmerzdauer	sehr variabel oft tagelang	eher kurz oft $<$ 5 Minuten	$>$ 30 Minuten
Schmerzlokalisation	oft Herzspitze	ausstrahlend oft li. Arm	wie bei Angina pectoris
Verhalten des Schmerzes bei Belastung	eher besser	Zunahme	Belastung unmöglich
Ansprechen des Schmerzes auf Nitropräparat	oft unverändert oder späte Linderung	meist rasche Linderung	Besserung oder fehlendes Ansprechen

unten erläuterte Therapie mit Nitropräparaten sprechen Patienten mit funktionellen Beschwerden nicht oder nur mit ungewöhnlicher Latenz an.

Therapie. Die **Akuttherapie** des Angina-pectoris-Anfalls besteht in Gabe von Nitropräparaten. Diese können wegen ihrer raschen Resorption auch perlingual, z. B. als Nitroglyzerin-Zerbeißkapsel oder als Spray, gegeben werden. Besteht ein zunehmender Bedarf an antianginösen Medikamenten bzw. nehmen Dauer, Schwere und Häufigkeit der Angina-pectoris-Episoden zu, spricht man von einer instabilen Angina. Diese gilt als prognostisch ungünstig und erfordert wegen der hohen Infarktgefahr die umgehende Klinikeinweisung.

Zur **Langzeitbehandlung** der Angina pectoris bei koronarer Herzkrankheit verwendet man neben Nitropräparaten in Depotform oder als Herzpflaster auch β-Rezeptorenblocker und Kalziumantagonisten.

Die **kausale Therapie** der Angina pectoris besteht in Besserung der koronaren Herzkrankheit durch Beseitigung signifikanter Koronarstenosen. Dazu kann in geeigneten Fällen die sog. perkutane transluminale Koronarangioplastie (PTCA) eingesetzt werden. Unverändert hat auch die Koronarchirurgie mit einem operativ angelegten Bypass ihren Stellenwert.

Prophylaxe. Entscheidende Bedeutung kommt der Prophylaxe der koronaren Herzkrankheit durch Verminderung der oben genannten Risikofaktoren zu. Dazu gehören die Normalisierung des Körpergewichts, die Optimierung der Stoffwechselparameter, die Einstellung einer eventuell vorhandenen Hypertonie und insbesondere die Nikotinabstinenz.

Prognose. Sie hängt bei der koronaren Herzerkrankung entscheidend vom Ausmaß der bereits eingetretenen Veränderungen der Herzkranzgefäße sowie vom konsequenten Abbau der o. g. Risikofaktoren ab.

Ein oft durch Aufregung ausgelöster Angina-pectoris-Anfall ist stets ein ernster Hinweis auf eine koronare Herzkrankheit und bedarf immer eingehender Abklärung. Therapie der Wahl auch in der zahnärztlichen Praxis ist die sofortige Nitroglyzerin-Gabe in Form eines Sprays oder von Zerbeißkapseln.

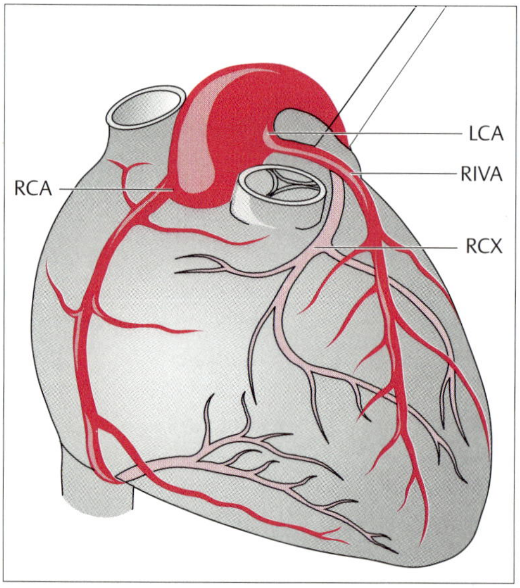

Abb. 1.**6** Schematische Darstellung der Herzkranzgefäße.
RCA: rechte Koronararterie, LCA: linke Koronararterie, RIVA: R. interventricularis anterior, RCX: R. circumflexus

Herzinfarkt (s. auch S. 17)

Definition. Unter einem Herzinfarkt versteht man eine umschriebene Herzmuskelnekrose infolge einer unzureichenden Sauerstoffzufuhr durch meist thrombotischen Verschluß des versorgenden Abschnitts der Herzkranzgefäße (Abb. 1.**6**).

Ätiologie. Ein Herzinfarkt entwickelt sich in der Regel auf dem Boden einer koronaren Herzkrankheit. Der akute Infarkt wird meist ausgelöst durch das Aufbrechen einer arteriosklerotischen Plaque und Bildung eines gefäßverschließenden Thrombus.

Klinik. Dem Herzinfarkt gehen bei vielen Patienten Prodromalerscheinungen im Sinne einer Angina pectoris voraus. Jedoch beobachtet man nicht selten auch Kranke, bei denen das Infarktereignis die Erstmanifestation einer koronaren Herzkrankheit ist.

Im Gegensatz zur Angina pectoris, die oft im Gefolge einer Belastung auftritt, überrascht der Infarkt den Kranken auch in völliger Ruhe (Tab. 1.**6**). Der Infarkt manifestiert sich mit besonders starken und lang anhaltenden Herzschmerzen, charakteristischerweise begleitet von starkem Engegefühl bis hin zur Todesangst. Die Schmerzen können nicht selten auch bis in den linken Unterkiefer (!) ausstrahlen. Die Haut ist blaß und kaltschweißig. Übelkeit und Erbrechen können hinzutreten.

Diagnose. Wichtigste klinische Untersuchungsmethode bei Verdacht auf einen Herzinfarkt ist das EKG, das bei etwa 3/4 aller Patienten mit Herzinfarkt typische Veränderungen zeigt (Abb. 1.**7**). Diese durchlaufen zeitabhängig charakteristische Stadien, an denen das Alter des Infarktes abgeschätzt werden kann. Darüber hinaus liefert das EKG Hinweise auf die Lokalisation und Größe des Infarktes.

Laborchemisch lassen sich als Ausdruck des Unterganges von Myokardzellen deren Inhaltsstoffe (Herzenzyme) im Blut erhöht nachweisen. Als weitgehend spezifisch gilt die Herzmuskel-Kreatinkinase (CK-MB). Auch mit diesem Parameter kann das Ausmaß des Infarktes abgeschätzt werden. Ähnlich dem EKG zeigen auch die Laborbefunde zeitabhängig nach dem Infarkt ein typisches Verlaufsmuster (Abb. 1.**8**), welches das Infarktalter abzuschätzen erlaubt. Echokardiographisch können Ort und Ausmaß der Herzmuskelnekrose am Funktionsausfall der Herzwand abgeschätzt werden.

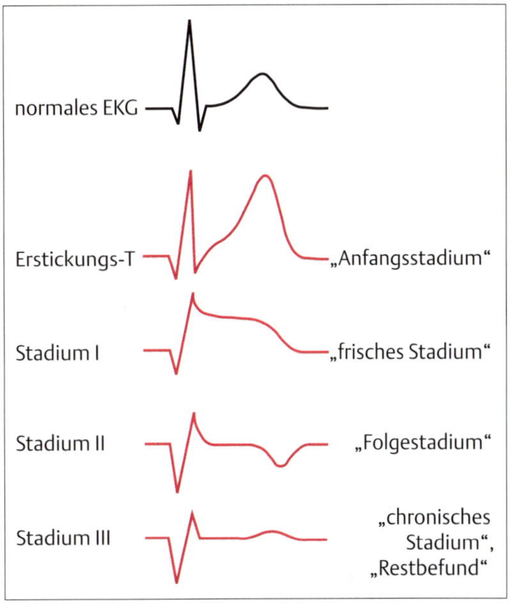

Abb. 1.**7** Stadienabhängige EKG-Veränderungen im Verlauf eines Herzinfarktes.

Ein Herzinfarkt ist anzunehmen, wenn zwei der drei Hauptzeichen (klinische Symptomatik, EKG, Herzenzyme) positiv sind.

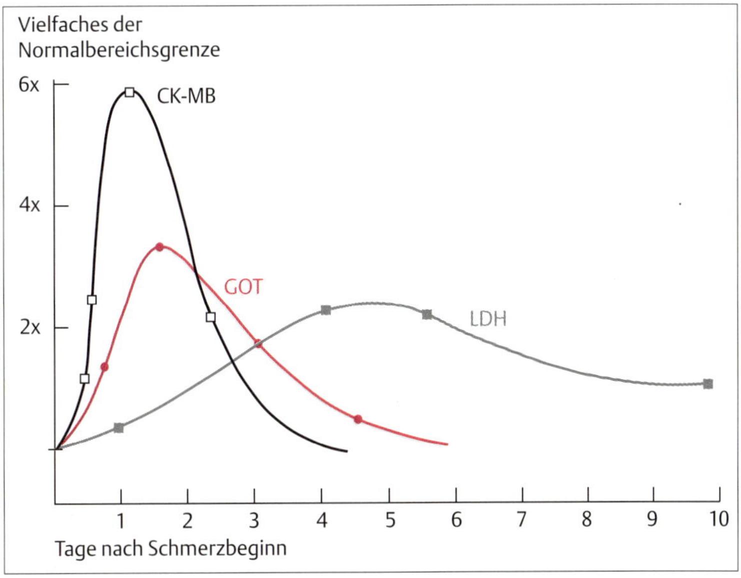

Abb. 1.**8** Serumaktivität bestimmter Enzyme nach Herzinfarkt.
GOT = Glutamat-Oxalazetat-Transaminase,
LDH = Laktat-Dehydrogenase,
CK-MB = Herzmuskel-Kreatinkinase.

Differentialdiagnose. Der Herzinfarkt ist differentialdiagnostisch gegenüber der Angina pectoris (Tab. 1.**6**) abzugrenzen. Eine Lungenembolie kann mitunter einen Infarkt vortäuschen. Selten können Krankheiten im Bauchraum wie Magenperforation oder akute Pankreatitis einen Infarkt vortäuschen; andererseits können die Schmerzen beim Hinterwandinfarkt in den Bauchraum ausstrahlen.

Komplikationen. Dazu gehören beim akuten Myokardinfarkt Herzrhythmusstörungen, von denen insbesondere ventrikuläre Tachykardien und Kammerflimmern gefürchtet sind. Darüber hinaus kann es infolge von Pumpversagen des linken Ventrikels zu einem Lungenödem kommen. Eine Spätkomplikation ist das Herzwandaneurysma, sehr selten die Herzwandruptur.

Therapie. Jeder Angina-pectoris-Anfall, der trotz ausreichender Therapie mit Nitropräparaten (S. 18) länger als 30 Minuten dauert, muß bis zum Beweis des Gegenteils als dringend infarktverdächtig eingestuft werden. Die Therapie beginnt bei diesen Patienten bereits vor Krankenhauseinweisung mit folgenden **Notmaßnahmen:**

- Strengste Bettruhe zur Verminderung des kardialen Sauerstoffbedarfs. Bei sich abzeichnendem kardiogenem Schock Oberkörper hoch und Beine tief lagern, um einem Lungenödem vorzubeugen,
- Sedierung mit z. B. Diazepam nach Anlage eines venösen Zugangs (wichtig: keine i. m.-Injektionen),
- O_2-Gabe per Nasensonde,
- Nitroinfusion unter Blutdruckkontrolle,
- Azetylsalizylsäure (ASS 500 mg i. v. oder oral), Heparin (5000 IE i. v.),
- Schmerzbeseitigung, z. B. mit Morphin,
- Prophylaxe von Herzrhythmusstörungen durch β-Blocker (wenn keine Zeichen einer Herzinsuffizienz vorliegen),
- sofortiger Transport in ein Akutkrankenhaus mit Arztbegleitung – bei instabilen Kreislauf- oder Rhythmusverhältnissen mit dem Notarztwagen unter Sauerstoffgabe.

Nach Aufnahme des Patienten in ein Akutkrankenhaus erfolgt die weitere Versorgung dort auf einer Intensivstation. Wichtigstes Ziel ist jetzt die Begrenzung der Infarktgröße und eine Verhinderung von Infarktkomplikationen. Dies gelingt nur, wenn diese Maßnahmen innerhalb von 6–12 Stunden nach Beginn der klinischen Symptomatik begonnen werden.

Die erwiesen wirksame **Standardtherapie** umfaßt:

- Nitropräparate (Verbesserung der Koronarperfusion),
- β-Blocker (Senkung der Herzfrequenz – Ausgangswert > 70/Min. – bei Patienten < 65 Jahre),
- Thrombozytenaggregationshemmer (Azetylsalizylsäure) und Heparin (Hemmung der Thrombusbildung)
- Fibrinolytika (Auflösung des Koronarverschlusses).

Wenn ein entsprechend gerüstetes Herzkatheterlabor zur Verfügung steht, wird ein akuter Myokardinfarkt idealerweise durch Akut-PTCA versorgt. Dieses invasive Vorgehen verbessert die Prognose insbesondere bei ausgedehnten Vorderwandinfarkten erheblich. Ist eine Akut-PTCA nicht durchführbar, so besteht die Therapie der Wahl in einer systemischen Lysebehandlung, sofern der Beginn des Infarktereignisses weniger als 6 (bis 12) Stunden zurückliegt. Auf das Vorliegen von Kontraindikationen wie Schädel-Hirn-Trauma, weniger als 2 Wochen zurückliegende Operationen oder schwere allgemeine Gefäßsklerose ist streng zu achten.

Zur systemischen Fibrinolyse bei Infarktpatienten stehen heute verschiedene Substanzen zur Verfügung: Streptokinase, Urokinase und rekombinanter Gewebsplasminogen-Aktivator (rTPA). Dabei ist der möglichst frühzeitige Einsatz (vor Entwicklung irreversibler Herzmuskelnekrosen) wichtiger als die Wahl eines bestimmten Präparates. Der Erfolg der Lysetherapie ist klinisch zu erkennen an der rasch rückläufigen Angina pectoris, der Rückbildung der infarkttypischen EKG-Veränderungen und dem fehlenden bzw. geringeren Anstieg der Infarktenzyme. Ein Lyseerfolg ist in Abhängigkeit vom Therapiezeitpunkt bei etwa $^2/_3$ der Patienten zu erwarten.

Nach erfolgreicher Akutbehandlung des Infarktes stellt sich das Problem des erneuten Verschlusses der oft vorbestehenden Koronarstenose. Aus diesem Grunde ist nach Lyse eine effektive Antikoagulation mit z. B. Heparin und langfristig eine Thrombozytenaggregationshemmung mit Azetylsalizylsäure oder Ticlopidin erforderlich.

Im Intervall sollte eine Koronarangiographie durchgeführt werden, um die Indikation zu einer perkutanen transluminalen Angioplastie (PTCA) oder einer aortokoronaren Bypass-Operation (ACVB) zu prüfen.

Die intensivmedizinische Behandlung der Infarktpatienten hat darüber hinaus zum Ziel, Komplikationen des Herzinfarktes wie Rhythmusstörungen oder myokardiales Pumpversagen zu erkennen und nach den üblichen Regeln gezielt zu behandeln.

Der Verhinderung eines Zweitinfarktes (Sekundärprävention) dienen verschiedene Medikamente wie Kalziumantagonisten, β-Rezeptorenblocker, ACE-Hemmer, Antikoagulanzien oder Thrombozytenaggregationshemmer. Diese Behandlung muß neben der Reduzierung der die Koronarsklerose begünstigenden Risikofaktoren (S. 16 ff) langfristig durchgeführt werden.

Prognose. Sie ist trotz aller Fortschritte der Akutbehandlung ernst. Etwa 20% der Patienten sterben in den ersten Stunden nach dem Herzinfarkt. Die Spätprognose wird vom Ausmaß des Infarktes sowie von Rhythmusstörungen bestimmt.

Der Herzinfarkt ist bei der weiten Verbreitung der koronaren Herzkrankheit ein im mittleren und höheren Lebensalter häufiges Ereignis. Auch der Zahnarzt muß daher einen Herzinfarkt verdachtsweise erkennen und Notmaßnahmen einleiten können.

Herzrhythmusstörungen

Die Herzaktionen nehmen ihren Ausgang von rhythmischen Erregungen des im rechten Vorhof lokalisierten Sinusknotens. Von dort breitet sich die Erregung diffus über den Vorhof und den Atrioventrikularknoten (AV-Knoten) zum His-Bündel – einem spezifischen Reizleitungssystem – aus, um über die Tawara-Schenkel (Abb. 1.**1**) zur Herzmuskulatur zu gelangen. Ist die Erregungsleitung im Bereich der Tawara-Schenkel unterbrochen, spricht man von einem Schenkelblock. Die Tätigkeit des Sinusknotens wird durch das autonome Nervensystem beeinflußt. Ein erhöhter Sympathikotonus steigert die Herzfrequenz, wohingegen ein erhöhter Vagotonus diese vermindert. Die normale Herzfrequenz des gesunden Erwachsenen beträgt etwa 60 – 80 Schläge/Minute. Bei Kindern und Jugendlichen sind höhere Herzfrequenzen normal.

Störungen der Erregungsbildung und -ausbreitung können auf allen Stufen des so skizzierten Erregungsweges auftreten. Die klinischen Zeichen einer Herzrhythmusstörung werden im wesentlichen beeinflußt durch die Ventrikelfrequenz, den Grad der Frequenzunregelmäßigkeit und die Möglichkeiten zur Aufrechterhaltung des Kreislaufs bei gegebener Kompensationsbreite. Unter praktischen Gesichtspunkten unterscheidet man bradykarde und tachykarde Rhythmusstörungen sowie Extrasystolen.

Bradykarde Herzrhythmusstörungen

Definition. Von Bradykardie spricht man bei Frequenzen von < 60/Minute. Diese Frequenz kann bei sportlich trainierten Menschen normal sein. Ursache einer ausgeprägteren Bradykardie kann eine Störung der Reizbildung oder Reizleitung – oft im Bereich des AV-Knotens – sein.

Klinik. Beschwerden infolge einer Bradykardie treten meist bei Frequenzen von < 40/Minute oder bei längeren Pausen zwischen zwei Herzaktionen auf. Bei vollständiger Blockierung des AV-Knotens spricht man von einem AV-Block III. Grades. Oft wird dann die Herzaktion durch Anspringen einer niederfrequenten sog. Kammerautomatie aufrechterhalten. Ist die Zeitspanne bis zum Ersatzrhythmus zu lang, bricht der Kreislauf schlagartig zusammen (sog. Adam-Stokes-Anfall).

Diagnose. Eine symptomatische Bradykardie kann leicht klinisch am Puls erkannt werden. Eine weitergehende Zuordnung gelingt mit dem EKG. Zeigt dieses im registrierten Zeitraum keine signifikante Bradykardie, ist gegebenenfalls ein Langzeit-EKG erforderlich, um bradykarde Rhythmusereignisse zu erfassen.

Therapie. Bei gesicherter symptomatischer Bradykardie kann als Akuttherapie versuchsweise Atropin (0,5 – 2 mg i. v.) gegeben werden. Weiterführend ist stets zu klären, ob es sich um eine medikamentös (u. a. Digitalis, β-Blocker) induzierte Bradykardie handelt oder ob diese Folge einer extrakardialen Erkrankung (z. B. Hypothyreose) ist. Bei gutem Ansprechen einer primär kardialen Bradykardie auf Atropin kann dieses in Depotform gegeben werden.

Patienten mit einem Adam-Stokes-Anfall benötigen oft einen Herzschrittmacher. Dieser wird in der Pektoralistasche subkutan implantiert, und die Elektroden werden transvenös im Herzen verankert. Die heute gebräuchlichen Schrittmachermodelle sind programmierbar und wenig störanfällig, ihre Batterien haben eine lange Lebensdauer.

Prognose. Bei bradykarden Herzrhythmusstörungen hängt sie an der ermittelten Ursache. Gelingt eine exakte Zuordnung, so ist nach Implantation eines Herzschrittmachers die Prognose prinzipiell gut.

Die symptomatische Bradykardie und insbesondere ein Adam-Stokes-Anfall sind bedrohliche Ereignisse, die einer umgehenden Abklärung zugeführt werden müssen.

Tachykarde Herzrhythmusstörungen

Definition.

(Sinus-) Tachykardie	Puls > 100 Schläge/Minute
Vorhofflattern	Vorhoffrequenz 200–300/ Minute
Vorhofflimmern	Vorhoffrequenz > 300/ Minute
Paroxysmale Tachykardie	Anfallsartige Steigerung der Herzfrequenz auf 120–200/ Minute

Ätiologie. Eine Sinustachykardie kann Folge körperlicher Belastung oder eines erhöhten Sympathikotonus (Aufregung!) sein. Sie tritt u. a. auf bei Fieber, Hyperthyreose sowie bei Lungenembolie.

Bei Vorhofflattern/-flimmern werden in der Regel nicht alle Vorhofaktionen auf den Ventrikel übergeleitet. Man unterscheidet einen 2 : 1-, 3 : 1- oder 4 : 1-AV-Block. Besteht kein definierbares Überleitungsverhältnis, spricht man von absoluter Arrhythmie. Ursächlich liegen oft organische Erkrankungen des Herzens zugrunde wie eine Vorhofüberdehung (z. B. bei Herzfehler), eine Herzmuskelentzündung oder eine arteriosklerotische Schädigung des Reizleitungssystems.

Klinik. Patienten mit leichter bis mittelschneller Sinustachykardie sind meist beschwerdefrei. Auch bei Vorhofflattern/-flimmern klagen die Kranken zumeist nicht über Beschwerden, sofern die Kammerfrequenz insgesamt noch im Normalbereich liegt (sog. normofrequente absolute Arrhythmie).

Bei paroxysmaler Tachykardie wird das plötzlich einsetzende Herzrasen oft als sehr unangenehm empfunden, zumal bei marginal kompensierter Herzinsuffizienz der Übergang von Sinusrhythmus in eine paroxysmale Tachykardie oder Vorhofflimmern durch mangelnde Ventrikelfüllung zu Beschwerden im Sinne einer beginnenden kardialen Dekompensation führt. Dadurch sinkt das Herzminutenvolumen ab. Schwindel bis hin zur Ohnmacht kann auftreten.

Diagnose. Der entscheidende Weg zur Diagnose einer tachykarden Herzrhythmusstörung ist das EKG, mit welchem Vorhofaktionen und ihre Überleitung zur Herzkammer beurteilt werden können. Gelingt es nicht – beispielsweise bei einer paroxysmalen Tachykardie – diese aktuell zu fassen, kann durch ein Langzeit-EKG die diagnostische Ausbeute deutlich gesteigert werden.

Therapie. Die Behandlung der unkomplizierten *Sinustachykardie* richtet sich nach der Grunderkrankung und ist ansonsten symptomatisch.

Eine *paroxysmale Tachykardie* kann oft durch einfache Maßnahmen unterbrochen werden:

- Valsalva-Manöver: Man läßt den Patienten tief einatmen, den Atem anhalten und pressen.
- Bulbusdruckversuch: Mit dem Daumen etwa 10 Sekunden auf die Bulbi oculi drücken.
- Karotisdruckversuch: Unter EKG-Kontrolle mit dem Daumen die Karotisgabel massieren.
- schnell ein großes Glas kaltes Wasser trinken.

Gelingt es nicht, dadurch die paroxysmale Tachykardie zu beenden, ist eine medikamentöse Therapie mit Verapamil (5–10 mg langsam i. v.) unter EKG-Kontrolle indiziert. Zusätzlich kann eine rasche Digitalisierung im Einzelfall hilfreich sein.

Bei *Vorhofflattern/-flimmern* richtet sich das akute therapeutische Vorgehen nach der Art der Überleitung auf die Ventrikel und zielt langfristig auf die Wiederherstellung des Sinusrhythmus bzw. eine Embolieprophylaxe.

Liegt eine schnelle Überleitung bei Vorhofflimmern vor, muß mit Digitalis, Verapamil oder β-Blockern eine Senkung der Kammerfrequenz < 100/min herbeigeführt werden.

Prophylaxe. Patienten mit Vorhofflimmern unterliegen auch ohne Vorliegen eines Mitralvitiums einem erheblichen Risiko, eine arterielle Embolie zu erleiden.

Der Versuch, wieder einen Sinusrhythmus herzustellen, sollte immer dann unternommen werden, wenn der Vorhof noch nicht zu sehr überdehnt ist und bis vor kurzem ein Sinusrhythmus bestanden hat. Nach mindestens 14tägiger Embolieprophylaxe wird unter Digitalisierung mit Chinidin in steigender Dosis versucht, wieder einen Sinusrhythmus zu etablieren. Sehr wirksam ist auch Sotalol. Gelingt dies trotz ausreichender Bemühungen nicht, kann nach entsprechender Aufklärung des Patienten unter Digitalispausierung eine elektrische Kardioversion versucht werden. In i. v. Kurznarkose wird dazu R-Zacken-getriggert ein Gleichstromimpuls in steigender Stärke appliziert. Ist es gelungen, den Sinusrhythmus wiederherzustellen, sollte dieser mit Sotalol oder Dauerdigitalisierung stabilisiert werden. Bei stabilem Sinusrhythmus kann die Antikoagulanzientherapie dann nach 4 Wochen beendet werden.

Bei nicht indizierter bzw. nicht erfolgreicher Kardioversion muß eine Antikoagulanzienbehandlung (z. B. Marcumar) dauerhaft zur Embolieprophylaxe durchgeführt werden, sofern keine Kontraindikationen bestehen. Bei hoher Wirksamkeit (Verhinderung von ca. 65% aller Embolien) ist das Blutungsrisiko bei der heute üblichen „Low-dose"-Marcumarisierung gering (Zielwert: Quick ca. 30–40% bzw. INR 2–3). Patienten mit Vorhofflimmern sollte der Zahnarzt immer nach dem evtl. Vorliegen einer Marcumarbehandlung befragen.

Bei symptomatischer paroxysmaler Tachykardie kann durch Karotisdruckversuch eine Koupierung versucht werden.
Vorhofflimmern ist eine häufige Ursache einer arteriellen Embolie. Die Patienten stehen daher oft unter einer Antikoagulanzientherapie, die nur kurzfristig unterbrochen werden kann.

Extrasystolen

Definition. Als Extrasystolen bezeichnet man Sonderschläge des Herzens, die in den physiologischen Grundrhythmus eingestreut sind. Man unterscheidet nach dem Entstehungsort supraventrikuläre von ventrikulären Extrasystolen und unterteilt diese nach ihrem Auftreten in vereinzelte Extrasystolen, Couplets, Triplets und salvenförmige Extrasystolen. Eine gängige Klassifikation der Extrasystolen stammt von Lown (Tab. 1.**8**).

Klinik. Bereits physiologisch treten vereinzelt Extrasystolen auf. Eine Schädigung des Reizleitungssystems durch Nikotin oder Alkohol, Infektionen sowie eine arteriosklerotische Herzerkrankung, begünstigt die Entstehung von Extrasystolen.

Klinisch reicht das Beschwerdebild von Palpitationen (subjektiv empfundenes Herzstolpern) bis hin zu Synkopen infolge ventrikulärer Tachykardie bei nicht selbstterminierenden Salven.

Diagnose. Sie gelingt heute zumeist durch ein Langzeit-EKG, wodurch die Art der Extrasystolie und ihre Häufigkeit abgeschätzt werden können. Spezielle intrakardiale Ableitungen geben Auskunft über atypische Leitungsbahnen, welche eine Arrhythmie begünstigen können.

Therapie. Die Indikation zur Therapie ventrikulärer Extrasystolen sollte streng gestellt werden. Sie ist gegeben bei hämodynamisch wirksamer Extrasystolie und bei prognostisch ungünstigen Formen (salvenförmige ventrikuläre Extrasystolen) zur Prophylaxe des plötzlichen Herztodes.

Zur medikamentösen Behandlung stehen verschieden zu bewertende Antiarrhythmika zur Verfügung. Dabei muß stets zwischen dem antiarrhythmischen und dem proarrhythmogenen Effekt der Medikamente abgewogen werden.

Zur nichtmedikamentösen Therapie kommt die chirurgische Unterbrechung oder eine Katheterablation aberranter Leitungsbahnen in Betracht. Darüber hinaus stehen heute implantierbare Kardiovertersysteme zur Verfügung, welche

Tabelle 1.**8** Klassifikation der ventrikulären Arrhythmien nach Lown

Klasse	Arrhythmie
0	Keine ventrikulären Extrasystolen (VES)
I	Monotope VES < 30/Std.
II	Monotope VES > 30/Std.
III a	Polytope VES
b	Ventrikulärer Bigeminus
IV a	Couplets, Salven (bis 5 VES)
b	längere Salven
V	R-auf-T-Phänomen

eine ventrikuläre Tachykardie elektrisch in einen normofrequenten Sinusrhythmus überführen können.

Prognose. Sie hängt entscheidend von den hämodynamischen Auswirkungen und von der in jedem Einzelfall zu prüfenden Chance einer medikamentösen oder nichtmedikamentösen Therapie ab.

Extrasystolen sind eine häufige Form der Rhythmusstörung. Eine Behandlung ist nach heutiger Kenntnis nur bei prognostisch ungünstigen Formen indiziert.

2 Krankheiten des Kreislauf- und Gefäßsystems

N. van Husen, A. Horn und H. Wagner

Kreislaufregulationsstörungen

Arterielle Hypertonie

Definition und Ätiologie. Eine Erhöhung des arteriellen Blutdrucks über 140/90 mmHg wird als *arterielle Hypertonie* bezeichnet. Die erhöhten Blutdruckwerte sollten durch mindestens 2 separate Kontrollmessungen bestätigt werden, bevor die Diagnose gestellt wird. Die in gewisser Weise willkürliche Festlegung dieser Grenzwerte gründet sich auf die Erkenntnis, daß bei anhaltend erhöhten Blutdruckwerten mit dem gehäuften Auftreten kardiovaskulärer Folgeerkrankungen (s. u.) zu rechnen ist und daß eine adäquate Therapie zu einer Verminderung von Morbidität und Mortalität führt.

Nach der Höhe des diastolischen Blutdrucks wird die arterielle Hypertonie in verschiedene **Schweregrade** eingeteilt:

Leichte Hypertonie	90–104 mmHg
Mittelschwere Hypertonie	105–114 mmHg
Schwere Hypertonie	> 115 mmHg

Die Höhe des systolischen Blutdrucks ist ebenfalls, selbst bei normalem diastolischen Blutdruck, relevant für die kardiovaskuläre Risikoabschätzung:

Grenzwertige systolische Hypertonie (pathologisch bei Alter < 65 Jahre)	140–159 mmHg
Systolische Hypertonie	> 160 mmHg

Mit der Entwicklung entsprechender Meßgeräte nimmt die *Langzeit-Blutdruckmessung* über 24 Stunden einen zunehmend wichtigen Platz in der Hypertoniediagnostik ein. Wenngleich die optimalen Parameter zur Meßdurchführung und Interpretation noch diskutiert werden, gelten derzeit die folgenden Kriterien für die Diagnose einer arteriellen Hypertonie:

Durchschnittlicher Blutdruck	> 135/85 mmHg
Häufigkeit von Werten > 140/90 mmHg	> 25%

Nur in ca. 10% der Fälle läßt sich die arterielle Hypertonie auf eine ursächliche Grunderkrankung zurückführen (*sekundäre Hypertonie*, Tab. 2.**1**). Fast ausnahmslos handelt es sich dabei um Erkrankungen der Nieren oder des Endokriniums.

In der überwiegenden Mehrzahl der Fälle ist die Ursache der Hypertonie jedoch unbekannt (*essentielle* oder *primäre Hypertonie*). Die Genese ist vermutlich multifaktoriell, neben einer genetischen Disposition spielen Ernährungsfaktoren (Übergewicht, Kochsalzzufuhr) oft eine entscheidende Rolle für die Krankheitsmanifestation.

Tabelle 2.**1** Ursachen der arteriellen Hypertonie

Primäre (essentielle) Hypertonie

Sekundäre Hypertonien

Renale Hypertonie
- Renovaskuläre Hypertonie
  - Nierenarterienstenose
  - Lupus erythematodes disseminatus
  - Panarteriitis nodosa
- Renoparenchymatöse Hypertonie
  - Glomerulonephritis
  - Chronische Pyelonephritis
  - Analgetikanephropathie
  - Zystennieren

Endokrine Hypertonie
- Phäochromozytom
- Cushing-Syndrom
- Conn-Syndrom
- Adrenogenitales Syndrom

Neurogene Hypertonie

Aortenisthmusstenose

Iatrogene Hypertonie
- Glukokortikoide, Ovulationshemmer u. a.

Oft tritt die essentielle arterielle Hypertonie zusammen mit anderen Störungen des *„metabolischen Syndroms"* auf (stammbetonte Adipositas, pathologische Glukosetoleranz bzw. Diabetes mellitus Typ II, Hyperlipidämie, Hyperurikämie, essentielle Hypertonie).

Klinik. Patienten mit einer Bluthochdruckerkrankung sind oft symptomlos. Bestehen Beschwerden, sind diese unabhängig von der Ursache der arteriellen Hypertonie zumeist uniform an die Blutdruckhöhe gekoppelt. Häufige Beschwerden sind dann Druckgefühl im Kopf, Kopfschmerzen, Ohrensausen, Augenflimmern und Schwindelerscheinungen. Zu diesen letztlich uncharakteristischen Symptomen können sich die Folgen der durch Hypertonie verursachten Organschäden gesellen: so z. B. Angina pectoris als Ausdruck der koronaren Herzkrankheit und Linksherzüberlastung oder nachlassende geistige Leistungsfähigkeit als Folge der chronischen hypertensiven Enzephalopathie.

Bei plötzlicher starker Blutdruckerhöhung – zumeist auf dem Boden einer vorbestehenden Hochdruckerkrankung – spricht man von hypertensiver Krise. Diese kann sowohl bei der primären als auch bei sekundären Hypertonien auftreten, sie ist bei adäquater Blutdrucktherapie jedoch ungewöhnlich. Sie ist charakterisiert durch starke Erhöhung insbesondere des diastolischen Blutdruckes > 120 mmHg. Starke pulsierende Kopfschmerzen, Übelkeit, sich abzeichnende Verwirrtheit oder zunehmende Luftnot bis hin zum Lungenödem (S. 56 ff) sowie eine rasche Verschlechterung der Nierenfunktion kennzeichnen das klinische Bild. Auch die plötzliche Unterbrechung einer regelmäßigen antihypertensiven Medikation (s. u.) kann eine Hochdruckkrise auslösen.

Komplikationen. Typische Komplikationen der Hochdruckkrankheit ergeben sich überwiegend aus der hochdruckbedingten frühzeitigen Arteriosklerose:

- Koronare Herzkrankheit; Linksherzhypertrophie mit Herzinsuffizienz,
- Schlaganfall durch arteriosklerotische Veränderungen der Hirngefäße, seltener (15%) durch hypertonische Massenblutung,
- arterio-arteriolosklerotische Schrumpfnierenbildung (Frühsymptom: Mikroalbuminurie),
- Bauchaortenaneurysma, Aortendissektion.

Diagnose. Sie basiert bei einer arteriellen Hypertonie auf der exakten Blutdruckmessung. Der Blutdruck ist jedoch keine konstante Größe, sondern unterliegt starken Schwankungen. Faktoren wie körperliche Belastung, Aufregung und Streß können den Blutdruck situativ steigern. Daher sind stets wiederholte Messungen zu verschiedenen Zeiten und an unterschiedlichen Meßpunkten notwendig, um die Diagnose einer arteriellen Hypertonie abzusichern. Gelegentlich kann auch eine ambulante Langzeitmessung des Blutdrucks helfen, die Diagnose einer Hypertonie zu etablieren bzw. auszuschließen (s. o.).

Wichtigste Maßnahme nach Diagnosesicherung ist die Abgrenzung einer kausal behandelbaren sekundären Hypertonie (Tab. 2.**1**). Anamnestisch kann eine familiäre Häufung auf eine primäre essentielle Hypertonie deuten. Blutdruckmessung an Armen und Beinen hilft, eine Aortenisthmusstenose zu erkennen (S. 12).

Bei den Laborproben weisen pathologischer Urinstatus und erhöhtes Serum-Kreatinin auf eine renal-parenchymatöse Hochdruckursache hin. Als Screening-Methode zum Nachweis einer Nierenarterienstenose hat sich die Duplex-Sonographie etabliert. Vermehrte Katecholaminausscheidung im Urin läßt an ein Phäochromozytom denken (S. 197). Erhöhte Kortisolmengen im 24-Stunden-Urin, eine Aufhebung der zirkadianen Rhythmik der Kortisolsekretion sowie deren fehlende Supprimierbarkeit nach Dexamethason-Gabe führen zur Diagnose eines Cushing-Syndroms (S. 192 ff). Erniedrigung des Serumkaliumspiegels und hohes Serumnatrium lassen ein Conn-Syndrom vermuten (S. 194). Eine zentrale Hypertonie durch z. B. Enzephalitis oder Hirntumoren ist ausgesprochen selten. Hinsichtlich weiterer seltener sekundärer Hypertonieformen wird auf die Besprechung der jeweiligen Krankheitsbilder in diesem Buch verwiesen.

Therapie. Ist es diagnostisch gelungen, die arterielle Hypertonie auf eine Grunderkrankung zurückzuführen, wird man eine kausale Therapie durchführen, deren Prinzipien bei den entsprechenden Krankheitsbildern abgehandelt werden. Gelingt das nicht oder liegt eine essentielle Hypertonie vor, so umfaßt die dann erforderliche symptomatische Hochdrucktherapie Allgemeinmaßnahmen und die Gabe von antihypertensiven Medikamenten.

Zu den **Allgemeinmaßnahmen** gehören:

- Regelung der Lebensführung mit Optimierung der Streßbewältigung,

- Normalisierung des Körpergewichts (bei Adipositas),
- natriumarme Kost (< 6 g NaCl/Tag),
- Abbau evtl. weiterer kardiovaskulärer Risikofaktoren wie Rauchen, Hyperlipidämie, Diabetes mellitus.

Durch diese auch als Basistherapie apostrophierten Allgemeinmaßnahmen gelingt es bei Patienten mit leichter arterieller Hypertonie oft, innerhalb von 2–3 Monaten eine ausreichende Senkung des Blutdrucks zu erzielen, was gegebenenfalls durch eine Langzeit-Blutdruckmessung objektiviert werden sollte. Bleibt die Blutdruck-Einstellung unbefriedigend, besteht die Indikation zur **medikamentösen Behandlung** der Hypertonie, wozu prinzipiell die in Tab. 2.**2** aufgeführten Substanzen zur Verfügung stehen. Diese werden gewöhnlich additiv zur oben skizzierten Basistherapie stufenweise eingesetzt. In einer 1. Stufe wird ein Präparat gegeben, in einer 2. Stufe werden dann zwei, in einer 3. Stufe drei Substanzen eingesetzt.

Diuretika unterstützen die blutdrucksenkende Wirkung der natriumarmen Kost und werden daher oft zuerst eingesetzt. Mitunter reicht schon eine Medikation 3mal/Woche. Das Risiko gerade stärker wirkender Diuretika liegt in der Entwicklung einer Hypokaliämie – vor allem, wenn gleichzeitig Laxanzien genommen werden. Aus diesem Grunde sind gelegentliche Kontrollen des Serumkaliums notwendig.

β-Blocker beeinflussen den Blutdruck im wesentlichen durch Senkung des Herzminutenvolumens. Nebenwirkungen umfassen Herzinsuffizienz, Bradykardie und Verschlechterung einer obstruktiven Lungenerkrankung (S. 45 ff).

Kalziumantagonisten senken den Blutdruck durch Verminderung des peripheren Widerstandes. Bereits kurz nach sublingualer Gabe von Nifedipin tritt die Wirkung ein. Zu den Nebenwirkungen gehören Kopfschmerz und Flush sowie die Tendenz zu tachykarden Rhythmusstörungen. Verapamil und Diltiazem begünstigen eher eine Bradykardie.

Tabelle 2.**2** Antihypertensiva

Diuretika
β-Blocker
Kalziumantagonisten
ACE-Hemmer (Inhibitoren des angiotensin converting enzyme)
Antisympathotonika

ACE-Hemmer wirken ebenfalls durch Absenkung des peripheren Widerstandes. Die auf dem Markt befindlichen ACE-Hemmer unterscheiden sich durch ihre Halbwertzeit, was sich in unterschiedlich häufiger täglicher Medikamentengabe niederschlägt. Wesentliche Nebenwirkung ist die unerwünscht starke Blutdrucksenkung insbesondere bei exsikkierten Patienten, weswegen die Therapie einschleichend erfolgen sollte. Bei vorbestehender Niereninsuffizienz ist Vorsicht geboten.

Auch *Antisympathotonika* wirken durch periphere Vasodilatation. Hierzu gehören z. B. α_1-Blocker wie Prazosin und Urapidil. Substanzen wie Clonidin stimulieren zentrale α_2-Rezeptoren. Nebenwirkungen umfassen Orthostase, Natriumretention und Sedierung. Die medikamentöse Hochdrucktherapie erfolgt gewöhnlich langsam einschleichend, um Nebenwirkungen frühzeitig erkennen zu können. In der Einstellphase ist eine regelmäßige Blutdruckkontrolle im Liegen und Stehen wichtig, um einer iatrogenen orthostatischen Hypotonie vorzubeugen.

Bei einer Hochdruckkrise (s. o.; vgl. S. 350 ff) ist rasches therapeutisches Handeln zwingend. Die Behandlung umfaßt Ruhigstellung des oft aufgeregten Patienten, sublinguale Applikation von Nifedipin (5–20 mg) und bei mangelndem Erfolg evtl. i. v. Gabe eines rasch wirkenden Diuretikums vom Typ des Furosemid (40–80 mg). Bei fehlender Wirkung kann eine Ampulle Clonidin i. v. gegeben werden.

Prognose. Sie hängt bei sekundärer Hypertonie an der Grunderkrankung und bei essentieller Hypertonie an der Güte der Blutdruckeinstellung sowie den bei Diagnosestellung bereits eingetretenen Spätschäden wie z. B. Arteriosklerose (S. 30). Nach dem klinischen Verlauf spricht man auch von einer sog. benignen und malignen Hypertonie. Der Nutzen einer guten Einstellung des Hochdruckkranken ist um so überzeugender zu belegen, je schwerer die Hypertonie ist.

Die arterielle Hypertonie ist charakterisiert durch Blutdruckwerte > 160/90 mmHg. Die u. a. durch Streßsituationen ausgelöste hypertensive Krise ist eine lebensbedrohliche Situation, deren Erkennung und Behandlung in den Grundzügen jedem Arzt bekannt sein muß.

Arterielle Hypotonie

Definition. Unter Hypotonie versteht man eine abnorme Erniedrigung des arteriellen Blutdrucks. Man unterscheidet die akute Hypotonie (Kreislaufschock) von der chronischen Hypotonie, d.h. der dauerhaften Erniedrigung des Blutdrucks. Für letztgenannte Form werden Grenzwerte von < 100/60 mmHg angenommen. Von Hypotonie als Krankheit kann man erst sprechen, wenn unter Ruhe- oder Belastungsbedingungen bei diesem Blutdruckniveau eine ausreichende Durchblutung z. B. des Gehirns oder der Nieren nicht gewährleistet ist.

Chronische Hypotonie

Ätiologie. Ganz verschiedene Ursachen können zu einer chronischen Hypotonie führen. Wie im Falle der arteriellen Hypertonie wird auch bei der Hypotonie zwischen primärer konstitutioneller Hypotonie und sekundärer Hypotonie unterschieden. Tab. 2.**3** gibt einen Überblick über wichtige Ursachen und nennt beispielhaft einige Krankheitsbilder.

Klinik. Patienten mit chronischer Hypotonie klagen oft über Müdigkeit, Konzentrationsschwäche, morgendliche Unlustgefühle und Schwindelanfälle – insbesondere beim raschen Aufstehen (orthostatische Dysregulation). Dieser Sonderform der Hypotonie liegt eine ungenügende Regulation des venösen Gefäßsystems zugrunde, wodurch es beim Aufstehen zu einer Minderdurchblutung des Gehirns und dadurch hervorgerufen zu Schwindelattacken kommt. Typisch für diese Form der Hypotonie sind eine deutliche Tachykardie und ein flacher Puls. Manche Patienten bekommen in dieser Situation auch Schweißausbrüche.

Tabelle 2.**3** Ursachen der chronischen Hypotonie und exemplarische Krankheitsbeispiele

Primär konstitutionelle Hypotonie	
Sekundäre Hypotonie	
– kardiovaskulär	Herzinsuffizienz, Aortenstenose
– hypovolämisch	Dehydration, Blutungen Hypalbuminämie, Varikosis
– endokrin	Nebenniereninsuffizienz Hypothyreose
– infektiös-toxisch	
– medikamentös	Antihypertensiva Psychopharmaka

Diagnose. Eine chronische Hypotonie kann aufgrund des Beschwerdebildes vermutet und die Diagnose durch Blutdruckmessung gesichert werden. Da situativ bedingt gerade in der Arztpraxis eher hypertone Werte gemessen werden, kommt wiederholten Blutdruckmessungen besondere Bedeutung zu. Bewährt hat sich dazu die ambulante automatische Langzeit-Blutdruckmessung, wodurch Schwankungen im Tagesverlauf verläßlich erfaßt werden können.

Hilfreich ist auch der sog. Stehversuch nach Schellong. Dabei werden Puls und Blutdruck zunächst im Liegen und danach im freien Stand über etwa 7 – 10 Minuten gemessen.

Therapie. Die Behandlung der sekundären Hypotonie orientiert sich an der zugrundeliegenden Erkrankung (Tab. 2.**3**) und wird bei der Besprechung der jeweiligen Krankheitsbilder abgehandelt. Liegt eine konstitutionelle Hypotonie vor, so ist eine Therapie nur indiziert, sofern glaubhaft hypotoniebezogene Beschwerden bestehen.

Diätetisch empfiehlt sich die Meidung gefäßerweiternder Substanzen wie Alkohol. Eine eher kochsalzreiche Ernährung erhöht tendenziell den erniedrigten Blutdruck.

Bewährt hat sich insbesondere die sog. physikalische Therapie mit regelmäßigem, langsam gesteigerten sportlichen Training, um die ungenügende Kreislaufregulation zu verbessern. Oft sind auch Wechselbäder, Kneipp-Anwendungen, Wassertreten oder Kuren in einem milden Reizklima hilfreich. Orthostase begünstigende Situationen sollten bestmöglich gemieden werden. Stützstrümpfe können den venösen Rückfluß zum Herzen verbessern helfen.

Gegen die morgendlichen „Startschwierigkeiten" helfen oft Kaffee und Tee.

Eine medikamentöse Therapie der konstitutionellen Hypotonie ist selten und dann meist nur vorübergehend indiziert. Zur Verfügung stehen

- Mineralokortikoide (begünstigen Natriumretention),
- Mutterkornalkaloide (venöse Tonisierung),
- Sympathomimetika (Erhöhung des peripheren Gefäßwiderstandes).

Nach Besserung der klinischen Symptomatik sollte die Medikation schrittweise reduziert werden.

Prognose. Sie ist bei der konstitutionellen chronischen Hypotonie prinzipiell gut. Bei der sekundären Hypotonie hängt die Prognose von der Grunderkrankung ab.

Eine konstitutionelle Hypotonie kann für uncharakteristische Beschwerden wie Müdigkeit, Konzentrationsschwäche oder Leistungsminderung verantwortlich sein. Sie wird durch Verbesserung der Kreislaufregulation mit physikalischen Anwendungen und körperlichem Training therapiert.

Akute Hypotonie (Kreislaufschock)

Definition. Unter einem Kreislaufschock versteht man ein akutes Mißverhältnis zwischen Flüssigkeitsmenge und Fassungsvermögen des Gefäßsystems. Der Schock ist gekennzeichnet durch raschen Abfall des arteriellen Blutdrucks und Anstieg der Pulsfrequenz (vgl. auch S. 346 ff).

Ätiologie. Ein Kreislaufschock kann durch verschiedene Ursachen ausgelöst werden. Tab. 2.**4** gibt eine Übersicht über häufige Ursachen der akuten Hypotonie. Die wohl häufigste Art der akuten Hypotonie ist der vasodilatative Schock. In der zahnärztlichen Praxis dürften vegetative Regulationsstörungen die häufigste Form des vasodilatativen Schocks sein. Diese können bei vollkommen gesunden Menschen auftreten oder sich auf eine vorbestehende chronische Hypotonie (s. o.) aufpfropfen. Psychische Ursachen wie Angst, Ekel, der Anblick blutender Wunden oder eine Blutentnahme kommen ebenso ursächlich für eine vegetative Regulationsstörung in Betracht wie somatische Ursachen (u. a. starke Schmerzen, Entzündung des Peritoneums, Verwundungen). Auch ein anaphylaktischer Schock kann durchaus in der zahnärztlichen Praxis auftreten.

Tabelle 2.**4** Ursachen eines Kreislaufschocks

Vasodilatativer Schock – vegetative Regulationsstörung – anaphylaktischer Schock – infektiös-toxische Gefäßschädigung
Volumenmangelschock – Blutverlust – Flüssigkeitsverlust
Kardiogener Schock – Herzrhythmusstörungen – Herzinfarkt – Herzinsuffizienz – Lungenembolie – Pericarditis constrictiva

Klinik. Unabhängig von der zugrundeliegenden Ursache ist das klinische Bild des Schockpatienten geprägt durch das Spektrum der in Tab. 2.**5** wiedergegebenen Symptome. Diese können sich unterschiedlich rasch nacheinander entwickeln. Unbehandelt kommt es in Folge des zunehmenden Blutdruckabfalls zum Kollaps des Kranken und zur Ohnmacht.

Einen drohenden Schock kann man u. a. mit dem sog. Schockindex erfassen, d. h. dem Quotienten aus Herzschlägen pro Minute und systolischem Blutdruck (gemessen in mmHg). Er beträgt bei Gesunden etwa 0,5 und steigt bei drohendem oder manifestem Schock auf > 1. Puls und Blutdruckmessung helfen, den klinisch gestellten Verdacht auf einen Kreislaufschock zu erhärten.

Therapie. Der Kreislaufschock ist eine bedrohliche Situation und muß daher unverzüglich effektiv behandelt werden. Dazu muß der Patient sofort flach gelegt werden. Um das zirkulierende Blutvolumen zu erhöhen, sollten die Beine angehoben werden (sog. Autotransfusion). Bei vielen Patienten mit ausschließlich vegetativer Kreislaufdysregulation ist damit die akute Hypotonie bereits ausreichend beherrschbar. Die zusätzliche Gabe der oben für die Behandlung der chronischen Hypotonie empfohlenen Medikamente (S. 28) kann notwendig werden.

Bestehen klinisch Hinweise auf einen Volumenmangelschock – beispielsweise infolge einer starken Blutung – sollte das Kreislaufvolumen durch Infusionen (z. B. physiologische Kochsalzlösung) aufgefüllt werden. Bei einem anaphylakti-

Tabelle 2.**5** Klinische Zeichen eines Kreislaufschocks

Unruhe, Blässe
Schweißausbruch, kalte Extremitäten
Schwindelgefühl
Schwarzwerden vor den Augen
Tachykardie, kleiner flacher Puls
Blutdruckabfall
Schockindex > 1

schen Schock sollten hochdosiert Glukokortikoide (z. B. 250 mg Prednison i. v.) sowie Suprarenin gegeben werden. Bei einem kardiogenen Schock orientiert sich die Behandlung an der kardialen Grunderkrankung.

Der vasodilatativ ausgelöste Kreislaufschock ist eine der häufigsten fachfremden Gesundheitsstörungen in der zahnärztlichen Praxis. Seine Erkennung, Prophylaxe und die Grundzüge der Therapie müssen daher auch dem Zahnarzt vertraut sein.

Krankheiten des peripheren Gefäßsystems

Arterienkrankheiten

Periphere arterielle Verschlußkrankheit (pAVK)

Definition. Als periphere arterielle Verschlußkrankheit bezeichnet man eine durch Verengung oder Verschluß einer meist größeren Arterie ausgelöste Mangeldurchblutung im entsprechenden Versorgungsgebiet mit dem dazu korrespondierenden klinischen Beschwerdebild.

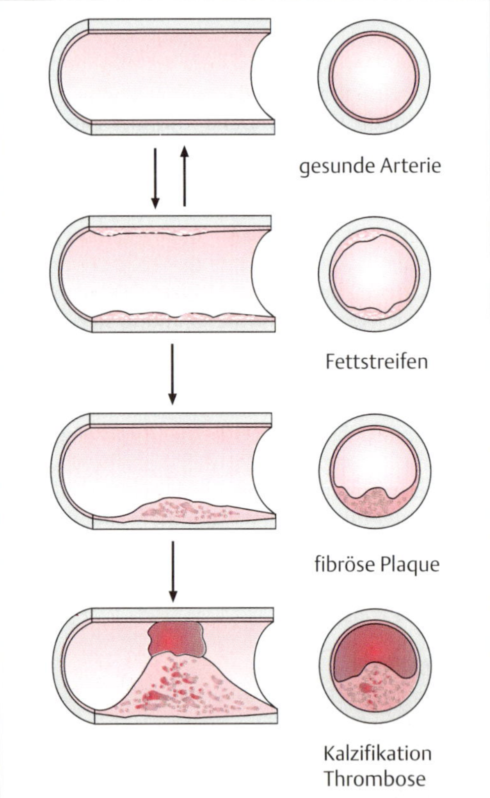

Abb. 2.**1** Schematisierte Darstellung der Arteriosklerose-Entwicklung. Einzelheiten s. Text.

Ätiologie. Ursächlich liegt einer arteriellen Verschlußkrankheit sehr häufig eine Arteriosklerose zugrunde. Diese wird ihrerseits begünstigt durch die in Tab. 2.**6** aufgeführten Risikofaktoren. Darüber hinaus spielen Alter, Geschlecht und die genetische Anlage eine Rolle. Exemplarisch sei auf die Zuckerkrankheit hingewiesen, durch welche das Arterioskleroserisiko vervierfacht wird. Abb. 2.**1** verdeutlicht anschaulich, wie sich aus einer gesunden Arterie durch Fetteinlagerung und fibröse Plaques schließlich eine obliterierende Arteriosklerose entwickelt.

Klinik. Eine Arteriosklerose der großen Arterien kann lange Zeit klinisch stumm bleiben. Insbesondere bei nur langsam fortschreitendem Verschluß entwickelt sich oft ein Kollateralkreislauf, welcher für eine gewisse Restperfusion sorgt. Erste Symptome der Erkrankung finden sich dann zumeist bei Belastung, d. h. bei vermehrtem Sauerstoffbedarf der nur grenzwertig perfundierten Extremität. Klinisches Symptom ist dann ein Sauerstoff-

Tabelle 2.**6** Risikofaktoren einer Arteriosklerose

I. Ordnung – Hypertonie – Zigarettenrauchinhalation – Hyperlipidämie – Diabetes mellitus
II. Ordnung – Hyperurikämie – Übergewicht – Bewegungsmangel
Sonstige – psychosozialer Streß

mangelschmerz, der in Ruhe bald nachläßt. Man spricht z.B. beim Auftreten von Wadenschmerzen nach Belastung (z.B. Treppensteigen, Gehen) von Claudicatio intermittens (vorübergehendes Hinken). Mit zunehmender Gefäßobstruktion tritt der Schmerz auch in Ruhe auf. In noch späteren Stadien bilden sich Nekrosen infolge der ungenügenden Durchblutung. Tab. 2.**7** zeigt schematisch eingeteilt die Krankheitsstadien der arteriellen Verschlußkrankheit.

Diagnose. In klassischen Fällen kann die Diagnose bereits aufgrund der typischen Beschwerden vermutet und bei fehlenden Pulsen im minderperfundierten Gebiet gestellt werden. Weitere nichtinvasive Untersuchungsverfahren wie Bestimmung der Gehstrecke unter Standardbedingungen, Oszillographie und Ultraschalldopplerverfahren bzw. Duplex helfen, die noch vorhandene Durchblutung klinisch zu objektivieren bzw. Stenosegrad und Verschlußlokalisation zu bestimmen. In Zweifelsfällen können mit einer Arteriographie die genaue Lokalisation des Verschlusses und ein evtl. entstandener Umgehungskreislauf bildlich dargestellt werden.

Therapie. Die konservative Therapie der arteriellen Verschlußkrankheit besteht im Sinne einer Sekundärprävention immer in der Verminderung bzw. Ausschaltung der für die Entstehung der Arteriosklerose verantwortlichen Risikofaktoren.

Darüber hinaus wird versucht, körpereigene Kompensationsmechanismen wie Kollateralenbildung durch entsprechendes Training zu verbessern (Tab. 2.**8**). Stadienabhängig haben auch gefäßerweiternde Mittel – systemisch oder intraarteriell – ihren Platz in der Behandlung der pAVK. Bei höhergradigen Stenosen und kurzstreckigem Verschluß kann radiologisch interventionell durch *p*erkutane *t*ransluminale *A*ngioplastie (PTA) oder operativ eine Wiedereröffnung des verschlossenen Gefäßes erreicht werden. Bei langstreckigem Verschluß kann operativ ein Umgehungskreislauf angelegt werden (Bypass-Operation).

Prognose. Sie hängt ab vom bereits eingetretenen Krankheitsstadium und von der Beherrschung der atherogenen Risikofaktoren.

Die arterielle Verschlußkrankheit ist meist das Spätstadium einer fortgeschrittenen Arteriosklerose und erfordert eine konsequente konservative, evtl. auch interventionelle oder chirurgische Therapie, um dem Verlust der betroffenen Extremität vorzubeugen.
Zu beachten ist die häufige Assoziation der pAVK mit einer koronaren Herzkrankheit (50% der Patienten im Stadium II, 90% in den Stadien III und IV).

Tabelle 2.**7** Stadien der peripheren arteriellen Verschlußkrankheit

Stadium	Beschwerden	Klinischer Befund	Gefäßbefund
I	Beschwerdefreiheit oder uncharakteristische Mißempfindungen	Gefäßgeräusche, Pulsdifferenzen	gering- oder mäßiggradige Stenosierung, guter Kollateralkreislauf
II	Claudicatio intermittens a) Gehstrecke > 200 m b) Gehstrecke < 200 m	Oszillogramm und Belastungstests pathologisch	hochgradige Stenose
III	ischämischer Ruheschmerz	fehlende Pulse, trophische Störungen	Verschluß mit wenigen Kollateralen
IV	Nekrose/Gangrän a) traumatisch (kompliziertes Stadium II) b) hypoxisch	Gangrän, Nekrosen	Verschluß mit wenig oder keinen Kollateralen

Tabelle 2.8 Therapieprinzipien der peripheren arteriellen Verschlußkrankheit

Stadium	Zielsetzung	Prinzip	Verfahren
I–IV	Sekundärprävention	Beeinflussung von Risikofaktoren	Nikotinabstinenz Diabeteseinstellung Hypertoniebehandlung Hyperlidpidämiebehandlung Gewichtsreduktion
		Progressionsprophylaxe	Aggregationshemmer
II	Verbesserung der Leistungsbreite	Erhöhung des Wirkungsgrades muskulärer Arbeit	Gehtraining
		Erhöhung des prä-/poststenotischen Druckgradienten	ggf. Infusion von Vasodilatanzien
		Eröffnung der arteriellen Hauptstrombahn	Katheterdilatation (evtl. mit lokaler Fibrinolyse), ggf. Bypass
III und IV	Erhöhung der Ruhedurchblutung bzw. Abheilung von Gewebsdefekten	Erhöhung des prä-/poststenotischen Druckgradienten	
		– periphere Widerstandssenkung	Infusion von Vasodilatanzien
		– Erhöhung des Vorschubs	Behandlung der Herzinsuffizienz
		Verbesserung der Fließeigenschaften des Blutes	isovolämische Hämodilution
		Eröffnung der arteriellen Hauptstrombahn	Katheterdilatation (evtl. mit lokaler Fibrinolyse); Bypass
		Infektbekämpfung	Antibiotika intraarteriell oder intravenös, Nekrosenabtragung

Arterielle Embolie

Definition. Unter einer arteriellen Embolie versteht man den plötzlichen embolischen Verschluß der arteriellen Strombahn. Die arterielle Embolie stellt somit einen Sonderfall der arteriellen Verschlußkrankheit dar.

Ätiologie. Häufigste Ursache für eine arterielle Embolie ist ein losgerissener wandständiger Thrombus aus dem Herzen (90%) oder den großen Gefäßen (z.B. aus einem Aneurysma, S. 34f). Die Thromben werden mit dem Blutstrom bis zur vollständigen Okklusion in die Peripherie getrieben. Auslösend ist oft eine Rhythmusänderung oder eine plötzliche Blutdruckerhöhung.

Klinik. Leitsymptom der arteriellen Embolie ist ein plötzlicher peitschenhiebähnlicher Schmerz, der von hypoxämiebedingten bohrenden Schmerzen abgelöst wird. Die betroffene Extremität ist pulslos, blaß und kalt.

Diagnose. Eine typische Anamnese und der klinische Untersuchungsbefund führen leicht zur (Verdachts-)Diagnose einer arteriellen Embolie. Sie wird gesichert durch die oft als digitale Subtraktionsangiographie (DSA) durchgeführte Arteriographie.

Therapie. Eine arterielle Embolie muß *sofort stationär* eingewiesen werden. Eine sofortige Schmerzlinderung durch i.v.-Analgetika ist oft erforderlich. Die betroffene Extremität muß *tief gelagert* werden. In unmittelbarem Anschluß an die diagnostische DSA gelingt nicht selten die lokale Lyse mittels intraarterieller Gabe eines Thrombolytikums. Gelingt keine Auflösung des Thrombus, muß eine operative Rekanalisierung durchgeführt werden. In Abhängigkeit von der auslösenden Ursache ist eine längerfristige Antikoagulanzientherapie – gegebenenfalls auch die Gabe von Thrombozytenaggregationshemmern – erforderlich.

Die arterielle Embolie ist ein aufgrund typischer Symptome leicht diagnostizierbarer Notfall, der eine sofortige stationäre Krankenhausbehandlung notwendig macht.

Lungenembolie

Definition. Unter Lungenembolie versteht man den plötzlichen Verschluß (eines Teiles) des Stromgebietes der A. pulmonalis. Diese Sonderform der arteriellen Embolie unterscheidet sich von den bisher besprochenen Erkrankungen dadurch, daß der Thrombus aus dem venösen System – meist den tiefen Bein- oder Beckenvenen – stammt. Entsprechend den hämodynamischen Gegebenheiten wird der Thrombus in die Lungenarterie transportiert und führt dort zum plötzlichen Perfusionsausfall eines Lungenbezirkes.

Da klinisch die pulmonalen Folgen im Vordergrund stehen, wird dieses Krankheitsbild bei den Lungenerkrankungen (S. 57 ff) besprochen. Vgl. auch S. 349 ff.

Apoplex (s. auch S. 317 ff)

Definition. Unter Apoplex (Schlaganfall) versteht man eine plötzliche Durchblutungsstörung im Gehirn, die durch eine arterielle Embolie, eine Stenose bzw. Thrombose der hirnversorgenden Arterien oder weit seltener durch eine Hirnblutung hervorgerufen werden kann. Tab. 2.**9** gibt eine Übersicht über wahrscheinliche Ursachen fokaler neurologischer Defizite in Abhängigkeit vom Lebensalter.

Klinik. Der Schlaganfall beginnt oft ohne Vorboten. Die Patienten fallen „wie vom Schlag getroffen" um oder bemerken beim morgendlichen Aufstehen, daß sie eine Extremität oder gar eine Körperseite nicht mehr willentlich bewegen können. Nicht selten besteht auch Bewußtlosigkeit unterschiedlicher Tiefe. Bei zerebraler Minderperfusion können einem Schlaganfall sog. transitorisch-ischämische Attacken (TIA) vorausgehen. Dabei handelt es sich um fokale neurologische Ausfälle, die definitionsgemäß innerhalb von 24 h vollständig abklingen.

Tabelle 2.**9** Wahrscheinliche Ursachen fokaler neurologischer Defizite in Abhängigkeit vom Lebensalter

10–20 J.	Ruptur eines kongenitalen Aneurysmas Embolie
20–35 J.	Ruptur eines kongenitalen Aneurysmas Multiple Sklerose Tumor
35–60 J.	Ischämie im Karotisgebiet Embolie Subdurales Hämatom Tumor
> 60 J.	Ischämie oder Thrombose im Karotisgebiet Intrazerebrale Blutung bei Hypertonie Subdurales Hämatom Tumor

Diagnose. In typischen Fällen ist die Diagnose eines Schlaganfalles leicht. Der Kranke „schaut den intrazerebralen Herd an", d. h. er blickt von der gelähmten Seite weg. Neben einer sorgfältigen klinisch-internistischen/-neurologischen Untersuchung hilft die Computertomographie, die klinisch wichtige Differentialdiagnose zwischen intrazerebraler Blutung (etwa 15 % der Kranken) und Hirninfarkt zu stellen. Stenosen der hirnversorgenden Arterien lassen sich doppler- und duplexsonographisch (Abb. 2.**2**) sowie angiographisch zuverlässig nachweisen. Tab. 2.**10** gibt wichtige Anhaltspunkte.

Therapie. Die Behandlung des Schlaganfalls orientiert sich bestmöglich an der zugrundeliegenden Erkrankung. Lebhaft diskutiert wird die Fibrinolyse für Fälle mit kurzer Symptomdauer (3–6 Stunden) bei sicherem Ausschluß einer Blutung. Diese Behandlung ist beim apoplektischen

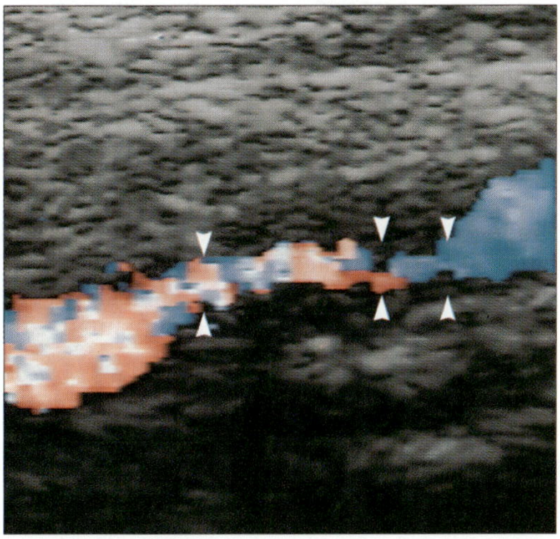

Abb. 2.**2** Hochgradige Stenose der A. carotis interna links (▼▼). Rechts im Bild prästenotisch regelrechter Fluß (blau), dann kranialwärts starke intra- und poststenotische Geschwindigkeitserhöhung und Turbulenzen (Mischung aus rot, blau und weiß).

Tabelle 2.**10** Hinweise zur Differentialdiagnose des Schlaganfalls

		Intrazerebrale Blutung	Zerebrale Ischämie
Klinik	anamnestisch Hypertonie	15%	85%
	Prodromi	selten	40%
	äußere Auslösung	selten	1/3
	schwere Bewußtseinstrübung	80%	1/3
	Zeichen der intrakraniellen Drucksteigerung	70%	selten
Befund	Doppler/Duplex	selten pathologisch	häufig pathologisch
	CCT	verminderte KM-Absoprtion	vermehrte KM-Absorption
	Liquor xanthochrom/blutig	80%	20%
	Raumforderung bei DSA	90%	5%

Insult jedoch noch nicht allgemein anerkannt. Die etablierte Therapie besteht in der Kontrolle der Vitalfunktionen unter Einschluß der Atmung (O_2-Messung bzw. Pulsoxymetrie), des Blutdrucks (nicht zu aggressiv senken, systolische Werte bis ca. 200 mmHg werden in der Akutsituation toleriert), des Blutzuckers sowie des Volumen- und Elektrolythaushaltes. Zu achten ist auch auf eine penible Dekubitus- und Thromboseprophylaxe. Eine frühzeitige krankengymnastische und ggf. logopädische Behandlung ist entscheidend für die Rehabilitation.

Eine Rezidivprophylaxe gelingt durch die Behandlung der Risikofaktoren sowie Gabe eines Thrombozytenaggregationshemmers (Azetylsalizylsäure 100–300 mg/Tag oder Ticlopidin 2mal 250 mg/Tag). Bei kardialer Emboliequelle (z. B. absoluter Arrhythmie) Antikoagulation. Bei hochgradiger Stenose der A. carotis ist eine Operationsindikation dann gegeben, wenn bei einem erneuten ischämischen Ereignis weitere neurologische Defizite zu befürchten wären.

Prognose. Sie ist grundsätzlich ernst und auch im Einzelfall schwer zu stellen. Sie hängt ab vom Ausmaß des eingetretenen Schadens und von der Fähigkeit des intakt gebliebenen Gehirnanteils zur Kompensation.

Der Apoplex ist eine häufige Ursache einer plötzlichen Bewußtseinsstörung oder Lähmung. Er kann in jeder Situation auch ohne Vorboten auftreten. Die sofortige Einweisung in ein Akutkrankenhaus zur Einleitung einer Frühbehandlung ist auch bei transitorisch-ischämischen Attacken erforderlich.

Gefäßfehlbildungen

Aneurysmen

Definition. Unter einem Aneurysma verum versteht man eine Aussackung der Gefäßwand. Bei einem Aneurysma dissecans kommt es zu einer dissezierenden Auftrennung der Gefäßwandschichten. Oft findet das Blut weiter peripher wieder Anschluß an das Gefäßlumen. Das Aneurysma spurium tritt oft nach Arterienpunktionen auf (Abb. 2.**3**).

Ätiologie. Häufigste Ursache einer Aneurysmabildung ist die Arteriosklerose. Seltener sind luetische Aneurysmen, Mykosen sowie Kollagenkrankheiten.

Klinik. Größe und Lokalisation eines Aneurysmas bestimmen wesentlich die klinische Symptomatik. Bei dem nicht seltenen Aortenaneurysma führt eine akute Dissektion zu einem starken Schmerz, der oft retrosternal zwischen den Schulterblättern oder im Epigastrium lokalisiert ist. Mitunter sind jedoch auch größere Aneurysmen ein Zufallsbefund.

Diagnose. Ein Aneurysma kann je nach Lokalisation (Duplex-)sonographisch, durch transösophageale Echokardiographie oder arteriographisch bzw. mittels kontrastunterstützter Computertomographie erkannt werden.

Therapie. Ein Aneurysma verum der Bauchaorta sollte wegen der Rupturgefahr ab einem Durchmesser von 5 cm operiert werden. Dissezierende Aneurysmen werden soweit wie möglich operativ behandelt.

Prognose. Sie ist beim nicht operablen Aneurysma ungünstig, da insbesondere bei Aortenaneurysmen eine Ruptur droht.

Ein Aortenaneurysma ist eine potentiell lebensbedrohliche Erkrankung, die unverzüglich diagnostiziert und ggf. behandelt werden muß.

Morbus Osler (s. S. 266, Abb. 9.**10**)

Definition. Als Morbus Osler bezeichnet man dominant vererbliche Teleangiektasien an Haut und Schleimhäuten mit einer Neigung zu Blutungen.

Klinik. Leitsymptom der mit dem Lebensalter zunehmenden Teleangiektasien ist eine selten vor dem 30. Lebensjahr symptomatisch werdende Blutung aus dem Nasen-Rachen-Raum, der Mundschleimhaut oder dem Gastrointestinaltrakt. Auch Lungenblutungen können selten auftreten. Die Patienten entwickeln eine chronische Anämie.

Diagnose. Teleangiektasien stellen sich bei sorgfältiger Inspektion als punktförmige Knötchen von 1–3 mm Größe, z.B. an der Mundschleimhaut, dar. Charakteristischerweise blassen sie auf Spateldruck hin ab.

Therapie. Die Behandlung des Morbus Osler ist symptomatisch. Sie besteht in Eisensubstitution sowie bei fortgeschrittener Anämie in Gabe von Erythrozytenkonzentraten. Können umschriebene Osler-Herde – insbesondere im Magen-Darm-Trakt – als Blutungsquelle identifiziert werden, so kommt eine endoskopgestützte Unterspritzung oder Laserkoagulation in Betracht.

Aufgrund des typischen Bildes kann ein Morbus Osler auch vom Zahnarzt als Zufallsbefund relativ leicht erkannt werden.

Entzündliche Arterienerkrankungen

Definition. Als entzündliche Gefäßerkrankungen werden verschiedene Arterienerkrankungen zusammengefaßt, die durch fibrinoide und zelluläre Entzündungsreaktionen der Gefäßwand charakterisiert sind. Eine ausführliche Darstellung findet sich auf S. 237 ff.

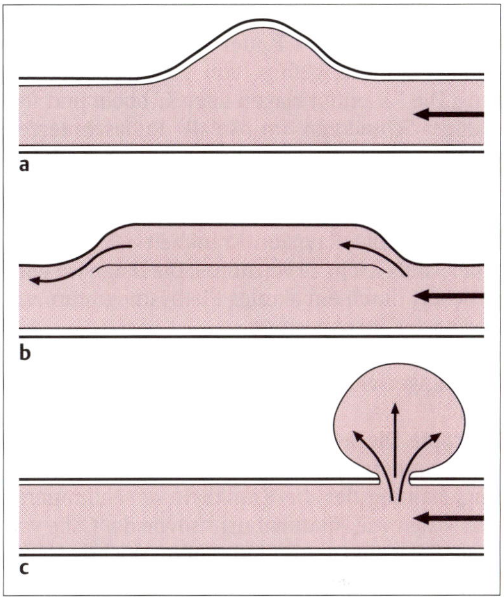

Abb. 2.**3** Arterielle Aneurysmen
a Aneurysma verum
b Aneurysma dissecans
c Aneurysma spurium

Erwähnt seien in diesem Zusammenhang die *Endangitis obliterans*, die auch als Winiwarter-Buerger-Krankheit bezeichnet wird. Im Gegensatz zur Arteriosklerose tritt sie bei jüngeren Patienten auf, die rauchen. Befallen sind die kleinen Gefäße vorwiegend der unteren Extremitäten. Die Behandlung ist symptomatisch, die wichtigste Maßnahme sofortige und permanente Nikotinkarenz.

Funktionelle Durchblutungsstörungen

Raynaud-Krankheit

Definition. Als Raynaud-Krankheit wird eine rezidivierende akrale Vasospastik – beispielsweise der Finger – bezeichnet, die zu intermittierenden Durchblutungsstörungen führt.

Klinik. Die Ätiologie der Raynaud-Krankheit ist unbekannt. Frauen sind weit häufiger als Männer betroffen. Die Beobachtung, daß sich die Krankheit nach der Menopause bessert, läßt eine hormonelle Überempfindlichkeit vermuten. Kälteexposition, aber auch Aufregung, lösen typischerweise einen Raynaud-Anfall aus. Dieser ist charakterisiert durch das Trikolore-Phänomen: symmetrisches Abblassen z. B. der Finger mit anschließender Zyanose, gefolgt von schmerzhafter Rötung. Die Patienten klagen über Kribbeln und stechende Schmerzen im Anfall, Ruheschmerzen oder Hautveränderungen liegen nie vor. Auch Nase, Ohren und Füße können betroffen sein.

Diagnose. Die Raynaud-Krankheit ist bei typischer Klinik leicht zu vermuten. Die Diagnose wird gesichert durch ein akrales Plethysmogramm vor und nach Kälteexposition.

Differentialdiagnostisch sind organische Erkrankungen wie z. B. Arteriosklerose abzugrenzen.

Therapie. Die Behandlung der Raynaud-Krankheit ist symptomatisch und besteht vornehmlich in Ausschaltung der die Krankheit verschlimmernden Noxen wie Nikotinabusus sowie der Gabe von Vasodilatanzien vom Nifedipintyp. Wichtig ist die Vermeidung jeglicher Kälteexposition.

Kälteexposition und psychischer Streß können die typischen Raynaud-Attacken mit blaßlivider Verfärbung der Akren auslösen und sind daher zu meiden.

Venenkrankheiten

Varikose

Definition. Als Varikose bezeichnet man die knötchenförmige Aufweitung oft geschlängelt verlaufender oberflächlicher Venen.

Ätiologie. Eine Varikose entsteht nicht selten aufgrund erblicher Prädisposition. Äußere Einflüsse spielen jedoch zusätzlich eine Rolle: Übergewicht, stehende Arbeitsweise oder Schwangerschaft (Graviditätsvarikose).

Klinik. Die Varikose ist eine häufige Erkrankung, von der etwa die Hälfte der Bevölkerung – Frauen häufiger als Männer – mit zunehmendem Alter betroffen ist. Leichtgradige Varizen werden oft nur als Schönheitsfehler betrachtet. Bei stärkerer Ausprägung wird über Spannungs- und Schweregefühl in den Beinen geklagt. Die Varikose disponiert zur Entwicklung einer Thrombophlebitis (s. u.).

Diagnose. Die Varikose ist leicht äußerlich zu erkennen. Gegebenenfalls müssen Lymphgefäßkrankheiten (S. 38) oder evtl. auch eine arterielle Durchblutungsstörung ausgeschlossen werden. Mit technischen Verfahren werden die Funktionen der Venenklappen überprüft.

Therapie. Sie zielt auf Verbesserung der venösen Strömungsverhältnisse. Dazu bedient man sich physikalischer Anwendungen wie Bürstenmassage, Kneipp-Güsse, Hochlagerung des Beines sowie gymnastischer Übungen und Kompressionsstrümpfe geeigneter Kompressionsklasse. Besteht Übergewicht, sollte dieses abgebaut werden. Medikamentös gibt man gern Roßkastanienextrakte zur Linderung der Beschwerden. Unter kosmetischen Aspekten kann eine Verödungsbehandlung der Varizen durchgeführt werden. In fortgeschrittenen Fällen muß eine Operation (z. B. mit Venenstripping) erfolgen.

Bei einer Varikose ist zu unterscheiden zwischen Varizenträgern und Varizenkranken. Mit physikalischen Maßnahmen und Kompressionsstrümpfen kann das Leiden oft ausreichend gelindert werden. Bei fortgeschrittener Erkrankung kommen Verödung oder Venenstripping in Betracht.

Thrombophlebitis

Definition. Als Thrombophlebitis bezeichnet man eine mit Thrombusbildung einhergehende Entzündung oberflächlicher Venen.

Ätiologie. Häufigste Ursache einer Thrombophlebitis ist die Varikose.

Klinik. Eine Thrombophlebitis ist gekennzeichnet durch eine schmerzhafte Verhärtung und Rötung eines subkutanen Venenstranges meist der unteren Extremitäten. Oft besteht eine deutliche Hyperthermie. Da die tiefen Venen frei sind, fehlt ein ausgeprägtes Ödem. Die Diagnose wird klinisch gestellt. Duplexsonographisch sollte eine Beteiligung der tiefen Venen ausgeschlossen und die Ausdehnung der Thrombophlebitis dokumentiert und ggf. kontrolliert werden.

Therapie. Durch Salben- oder Alkoholumschläge wird eine Abschwächung der entzündlichen Reaktion angestrebt. Eine Immobilisation sollte vermieden werden. Der Patient sollte mit regelrecht angelegtem Kompressionsverband umherlaufen, um ein appositionelles Thrombuswachstum bis ins tiefe Venensystem zu verhindern. Nur im Stadium der akuten Entzündung kann evtl. eine Hochlagerung des Beines notwendig sein. Dann empfiehlt sich eine gleichzeitige Antikoagulation. Bei Ausdehnung bis an die Krosse sollte diese chirurgisch ligiert werden.

Prognose. Sie ist bei der oberflächlichen Thrombophlebitis meist gut, sofern die Thrombose nicht auf die großen tiefen Venen übergreift.

Phlebothrombose

Definition. Unter einer Phlebothrombose versteht man eine Thrombose der tiefen Beinvenen.

Ätiologie. Ursächlich liegt sehr oft eine Blutstase zugrunde, wie sie durch Bettlägerigkeit (u.a. nach Operationen) begünstigt wird. Auch Änderungen im labilen Gleichgewicht zwischen gerinnungshemmenden und -aktivierenden Faktoren können eine Rolle spielen, beispielsweise bei Karzinomen, gegen Ende der Schwangerschaft oder bei angeborenem Antithrombin-III-Mangel.

Klinik. Bei $^{3}/_{4}$ der Patienten beginnt die Krankheit in den Venen der Wadenmuskulatur. Die Patienten klagen oft über Schmerzen in der betroffenen Muskulatur etwa wie bei Muskelkater. Bei vollständigem Verschluß kommt es in Folge der venösen Abflußbehinderung zu einem Ödem. Bei einer Thrombose der großen Beckenvenen kann es zu einer Stauung und Blaufärbung des gesamten Beines kommen. Eine Sonderform ist die Achselvenenthrombose (Paget-v.-Schroetter-Syndrom), die sich nicht selten nach ungewohnter Arbeit mit den Armen entwickelt.

Diagnose. Eine Phlebothrombose wird an dem typischen klinischen Bild mit Druckschmerz im Bereich der befallenen Venenloge erkannt. Die Diagnose wird gesichert durch Venen-Duplex-Sonographie oder Phlebographie. Differentialdiagnostisch muß evtl. eine arterielle Durchblutungsstörung ausgeschlossen werden (Tab. 2.**11**).

Tabelle 2.**11** Differentialdiagnose des akuten Gefäßverschlusses

Aspekt	Arteriell	Venös
Anamnese	arterielle Gefäßerkrankung	Bettruhe Phlebitiden
Schmerz	stark	mäßig
Hautfarbe	blaß	Zyanose
Hauttemperatur	kühl	normal
Venen	kollabiert	gestaut
Arterienpuls	fehlt	tastbar
Ödem	fehlt	zunehmend

Therapie. Bei Verdacht auf eine tiefe Beinvenenthrombose ist eine sofortige stationäre Einweisung erforderlich. Sofern keine Kontraindikation wie z.B. eine frische Operation besteht, kann eine lokale oder systemische Lysebehandlung mit Streptokinase oder Urokinase erfolgen. Dabei wird durch Aktivierung des Fibrinolysesystems der Thrombus aufgelöst. Dies gelingt jedoch nur bei frischen Thromben. Die Nachbehandlung besteht in Heparinisierung und späterer Antikoagulation mit Dicumarol. Bei älteren Thrombosen wird von vornherein mit Heparin behandelt.

Gelingt es nicht, die Durchgängigkeit der thrombosierten Vene wiederherzustellen, kann ein *postthrombotisches Syndrom* entstehen. Dies ist insbesondere dann zu befürchten, wenn sich kein adäquater Kollateralkreislauf entwickelt. Das postthrombotische Syndrom der unteren Extremität wird hervorgerufen durch einen chronisch venösen Rückstau und ist gekennzeichnet durch zunehmend derbe Stauungsödeme, trophische Störungen der Haut und daraus resultierende Ulzera. Diese Situation bedarf einer besonders konsequenten Behandlung mit Kompressionsstrümpfen. Bestehen bereits Hautulzera, muß dermatologisch behandelt werden.

Prognose. Sie ist bei der tiefen Beinvenenthrombose belastet durch die hohe Inzidenz von Lungenembolien (S. 57 ff, 349 ff). Aus diesem Grund kommt der Thromboseprophylaxe größte Bedeutung zu. Dazu sollen Patienten möglichst frühzeitig mobilisiert werden. Durch Kompressionsverbände bzw. -strümpfe wird für eine Beschleunigung des venösen Blutflusses gesorgt. Medikamentös muß bei allen gefährdeten Patienten eine Prophylaxe mit Low-dose-Heparin durchgeführt werden.

Die Phlebothrombose ist wegen der drohenden Komplikationen (Lungenembolie, postthrombotisches Syndrom) eine gefürchtete Erkrankung, die frühzeitig diagnostiziert und einer Lyse- bzw. Antikoagulanzienbehandlung zugeführt werden muß.

Lymphgefäßkrankheiten

Vorbemerkungen

Das Lymphgefäßsystem beginnt ähnlich wie das Venensystem mit einem weitverzweigten Kapillarnetz in der Peripherie, in welchem die Lymphe aus dem Gewebe drainiert wird. Über Lymphknoten, die an verschiedenen Stellen entlang der Lymphwege lokalisiert sind, fließt die Lymphe zum Ductus thoracicus, der in den linken Venenwinkel mündet. Die Flußrichtung der Lymphe wird durch Lymphklappen gesteuert. Der Transport erfolgt indirekt durch Kontraktion der umgebenden Muskeln. Eine Blockade des Lymphflusses führt zur Lymphstauung, z. B. an den Extremitäten (Lymphödem) oder in der Bauchhöhle (chylöser Aszites).

Lymphangitis

Definition. Unter Lymphangitis versteht man eine von lokalen Entzündungsherden ausgehende Entzündung der Lymphbahnen.

Klinik. Eine Lymphangitis erkennt man an einem roten und druckdolenten Streifen entlang dem Verlauf einer Lymphbahn. Die regionären Lymphknoten sind angeschwollen und dolent. Laienhaft wird die Krankheit auch als Blutvergiftung bezeichnet, obschon dank der zahlreichen Lymphstationen die Erreger nur selten auf dem Lymphweg bis in das Blut gelangen.

Therapie. Die Behandlung besteht in evtl. chirurgischer Sanierung des die Lymphangitis auslösenden Entzündungsherdes sowie in Gabe von Antibiotika.

Lymphangitis ist eine akute Entzündung der Lymphbahnen, die sofortiger Behandlung bedarf, um eine Keimverschleppung in die Blutbahn (Sepsis) zu verhindern.

Lymphödem

Definition. Unter Lymphödem versteht man eine nicht schmerzhafte Weichteilschwellung, hervorgerufen durch eine lymphatische Abflußstörung.

Ätiologie. Lymphödeme können primär – meist erblich (durch Fehlanlage der Lymphgefäße) – auftreten oder die Folge eines die Lymphbahnen verlegenden Prozesses sein (z. B. Trauma, Operation, Tumor, Infektion).

Klinik. Die Schwellung entwickelt sich beim primären Lymphödem meist von distal nach proximal, beim sekundären Lymphödem von proximal nach distal. Frische Ödeme sind unter Dellenbildung leicht eindrückbar; chronische Ödeme sind derb. Diese begünstigen die Entwicklung eines Erysipels. Beim lymphatischen Ödem sind im Gegensatz zum venösen immer die Zehen beteiligt.

Diagnose. Sie wird gestellt nach Ausschluß arterieller und insbesondere venöser Durchblutungsstörungen der betroffenen Region. Eine Lymphographie ist speziellen Fragestellungen vorbehalten.

Therapie. Ein Lymphödem wird primär konservativ behandelt. Durch periodische Hochlagerung der betroffenen Extremität, durch Massage sowie Bandagierung wird versucht, das Ödem zurückzudrängen. Intermittierende Diuretikagabe unterstützt diese Behandlung. In schweren Fällen kann operativ das gestaute Gewebe reseziert werden.

Beim primären und sekundären Lymphödem richtet sich die Behandlung nach der Grunderkrankung. Durch konservative Therapie kann das Ödemleiden nicht selten hinreichend gelindert werden.

3 Krankheiten der Atmungsorgane

A. Horn und H. Wagner

Anatomie und Physiologie

Die zentrale Funktion der Lunge besteht im Gasaustausch. Die 300–400 Millionen Alveolen in der Lunge eines Erwachsenen bilden eine Austauschoberfläche von ca. 100 m^2. Durch die Wände der Alveolen tritt Sauerstoff in die Blutkapillaren über. Er wird an Hämoglobin gebunden und mit dem Blutfluß zu den Körperzellen transportiert, die ihn für ihre Stoffwechselvorgänge benötigen. Als Endprodukt des Zellstoffwechsels fällt Kohlendioxid an, welches im Blut zur Lunge transportiert und dort abgeatmet wird. Durch verstärktes Abatmen von CO_2 kann die Lunge zur Regulierung des Säure-Basen-Haushaltes beitragen (Abb. 3.**1**).

In der Lunge wird Sauerstoff in den Körper aufgenommen und CO_2 nach außen abgegeben. Durch das Abatmen von CO_2 ist die Lunge an der Regulation des Säure-Basen-Haushaltes beteiligt.

Die Luft gelangt durch die Atemwege zu den Alveolen. Der An- und Abtransport der Luft wird als Ventilation bezeichnet. Auf die Einatmungsphase (Inspiration) folgt die Ausatmungsphase (Exspiration). Die Gesamtheit der an der Ventilation beteiligten Faktoren wird als „Atemmechanik" bezeichnet.

Anatomisch werden obere und untere Atemwege unterschieden (Abb. 3.**2**). Die oberen Atemwege umfassen die paarig angelegte Nasenhöhle mit ihren Nebenhöhlen und den Pharynx. Im Pharynx kreuzen sich Speise- und Luftweg, die während des Schluckaktes funktionell voneinander getrennt werden. Die unteren Atemwege werden vom Kehlkopf, der Trachea und den Bronchien mit ihren Aufzweigungen gebildet.

Die Trachea teilt sich an der Carina in den rechten und linken Hauptbronchus. Der Bronchialbaum zweigt sich über Lappen-, Segment- und Subsegmentbronchien in insgesamt 18–25 Teilungsgenerationen bis zu den Bronchioli terminales auf, die das Ende des konduktiven Bronchialbaumes darstellen. In die Wand der Trachea sind 12 bis 20 Knorpelspangen eingelagert, die das Lumen weitgehend formkonstant halten. Dieses Bauprinzip setzt sich in den großen Bronchien fort, weiter peripher finden sich vielgestaltige Knorpelplatten und -fragmente in den Bronchialwänden. In den kleinen Bronchiolen sind keine Knorpelelemente mehr nachweisbar. Durch ihre kräftig entwickelte glatte Muskulatur können sie

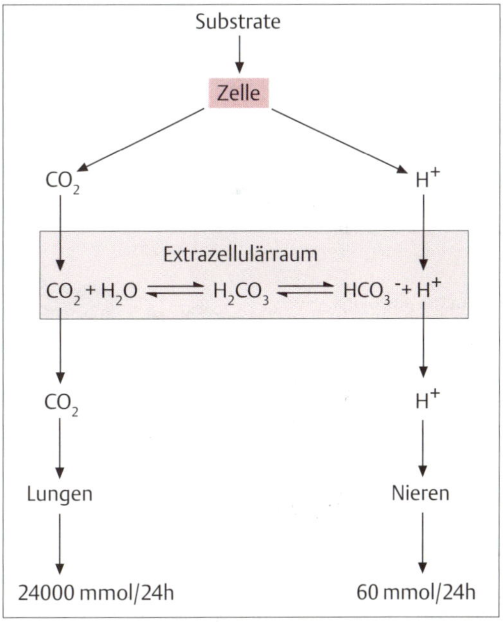

Abb. 3.**1** Rolle der Lunge im Säure-Basen-Haushalt. Zielgröße im Säure-Basen-Haushalt ist die Konstanthaltung der extrazellulären H^+-Konzentration (Norm: pH = 7,4). Über das Bikarbonat-Puffersystem sind die Eliminationswege von Protonen (Niere) und CO_2 (Lunge) verknüpft. Somit kann die Lunge bei akuten Säurebelastungen in wenigen Minuten zur Elimination großer Mengen H^+ beitragen.

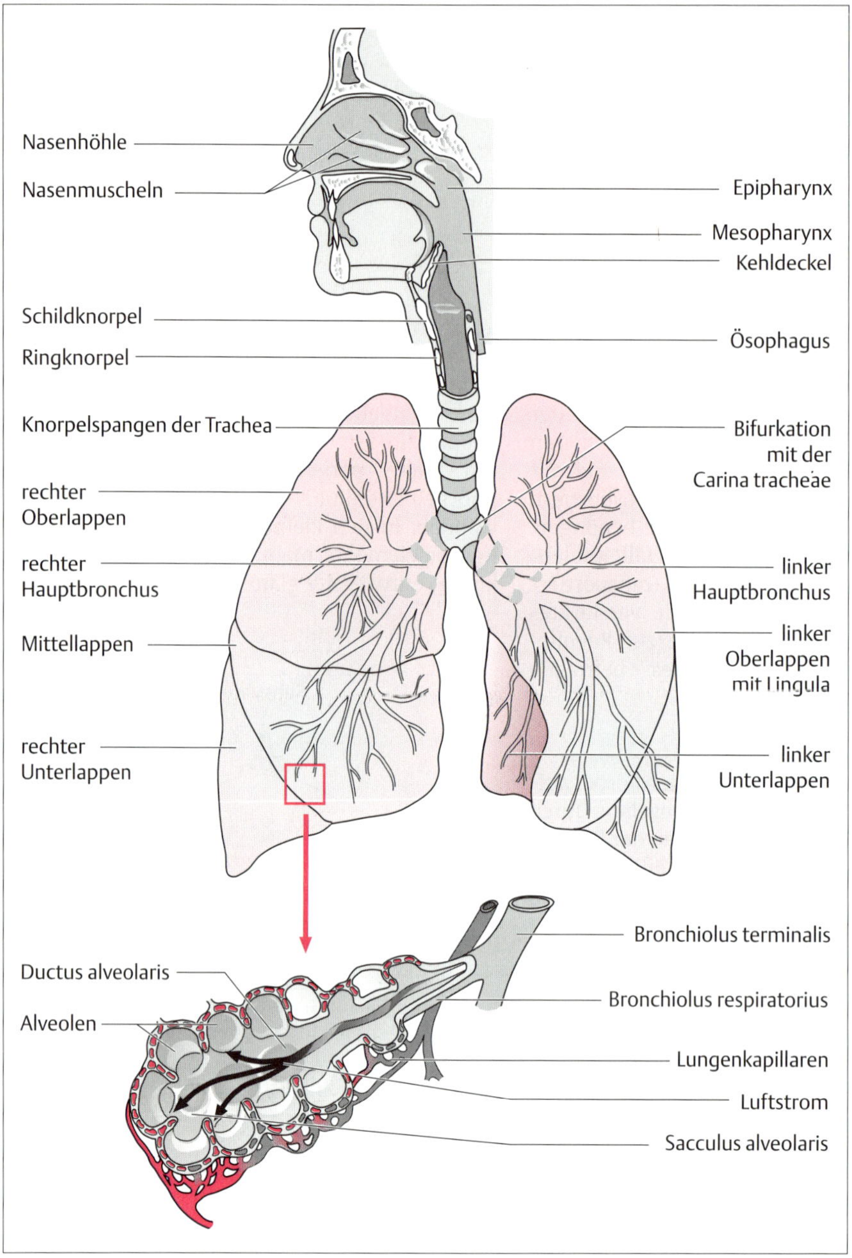

Abb. 3.**2** Anatomie der Atemwege und der Lunge.

ihr Lumen stark einengen und somit den Atemwegswiderstand variieren. Mit den Bronchioli respiratorii, den Ductus und Sacci alveolares und den Alveolen folgen schließlich die Strukturen, in denen der Gasaustausch stattfindet (Abb. 3.**2**).

Die Lungen werden dorsal, lateral und ventral von der Thoraxwand begrenzt. Medial schließt sich das Mediastinum an, kaudal trennt das Zwerchfell den Thoraxraum vom Abdomen. Die rechte Lunge gliedert sich in 3 Lappen (Ober-, Mittel- und Unterlappen), während der linke Lungenflügel nur einen Ober- und Unterlappen besitzt. Die Lappengrenzen sind an der Lungenoberfläche sichtbar. Die Oberfläche der Lunge und die Innenseite der Thoraxwand werden von der Pleura visceralis bzw. parietalis überzogen, zwischen denen sich ein kapillärer Verschiebespalt für die Exkursionen der Lunge bei der In- und Exspiration befindet. Die mechanische Festigkeit der Thoraxwand, die durch das Knochen-Knorpelgerüst aus Wirbelsäule, Rippen und Brustbein gewährleistet wird, ist die Voraussetzung für die Umsetzung der Kontraktion der Atemmuskulatur (Zwerchfell und Atemhilfsmuskulatur) in einen Luftstrom in die Alveolen. Durch den elastischen Zug der Lungen wird der Brustkorb aus seiner Ruhestellung etwas ausgelenkt, die Muskelkuppeln des Zwerchfells werden vorgespannt, so daß die Inspiration mit weniger Atemarbeit bewerkstelligt werden kann.

Die eingeatmete Luft wird auf ihrem Weg zu den Alveolen erwärmt, angefeuchtet und gereinigt. Tubuloalveoläre Drüsen in der respiratorischen Schleimhaut produzieren einen Schleim geeigneter Viskosität, an dem eingedrungene Fremdstoffe adsorbiert werden. Kinozilien an der Oberfläche der Epithelzellen tauchen in diesen Schleimfilm ein und befördern ihn durch ihr koordiniertes Schlagen rachenwärts. Dort kann er verschluckt oder abgehustet werden. Die Riechregion ist im oberen Teil der Nasenhöhle eingelagert und stellt einen weiteren Schutzfaktor für den Respirationstrakt dar. Eine wesentliche Bedeutung hat schließlich der Hustenreflex, durch den eingeatmete Fremdpartikel oder Schleim aus den unteren Atemwegen entfernt werden.

Rechtes Herz und Pulmonalgefäße stellen zusammen den kleinen Kreislauf dar, der sich durch niedrige Drucke und einen geringen Flußwiderstand auszeichnet. Daneben wird das Lungenparenchym über die Bronchialarterien auch von Gefäßen des großen Kreislaufs versorgt. Das von der rechten Herzkammer ausgeworfene Blut tritt über die Pulmonalarterien in den Lungenwurzeln (Hili) zusammen mit Bronchien, Nerven und Lymphgefäßen in die Lunge ein. Es wird in der Lunge mit Sauerstoff aufgesättigt (arterialisiert) und über die Pulmonalvenen zur linken Herzhälfte geleitet.

Untersuchungsmethoden

Anamnese und körperliche Untersuchung

Die Leitsymptome respiratorischer Krankheiten sind Husten, Auswurf, Atemnot und Thoraxschmerzen.

Inspektion. Bei der Inspektion beachtet man die Form des Thorax und die Symmetrie der Atembewegungen. Die Atemfrequenz beträgt für Erwachsene in Ruhe normalerweise 10–18/min (Kinder 20–30/min). Bei obstruktiven Atemwegserkrankungen ist die Exspirationsphase im Vergleich zur Inspiration verlängert. Eine Störung von Tiefe und Rhythmik der Atmung weist in der Regel auf eine schwere Grundkrankheit hin (Abb. 3.**3**).

Ein Stridor (pfeifendes Atemgeräusch) tritt bei Atemwegsobstruktionen auf (inspiratorisch bei extrathorakalem Hindernis, z.B. Kehlkopfödem; exspiratorisch bei intrathorakalem Hindernis). Eine Zyanose zeigt eine verminderte Arterialisierung des Blutes an. Sie wird erst sichtbar, wenn mindestens 5 g% deoxygeniertes Hämoglobin im Blut vorliegen (cave bei Anämien!).

Perkussion. Der normale Perkussionsbefund über der Lunge wird als sonor bezeichnet. Bei vermehrtem Luftgehalt wird der Klopfschall hypersonor (z.B. Pneumothorax, Lungenemphysem), bei pathologischer Vermehrung von Flüssigkeit oder soliden Anteilen wird er gedämpft (z.B. bei Pleuraerguß, Pleuraschwarte, Pneumonie, Atelektase, Tumor).

Auskultation. Sie ergibt über der Trachea und den großen Bronchien ein „Bronchialatmen". Der hohe Luftgehalt der gesunden Lunge wirkt als Schalldämpfer, so daß das Atemgeräusch über der Peripherie der gesunden Lunge leiser ist und ein geringeres Frequenzspektrum umfaßt („Vesikuläratmen"). Bei einer Infiltration des Lungenparenchyms (Verminderung des Luftgehaltes, z.B. Pneumonie) wird die Schalleitung verbessert, so daß das Atemgeräusch über der Lunge dem Bronchialatmen ähnlich wird („bronchiales Atemgeräusch"). Die verbesserte Fortleitung hoher Fre-

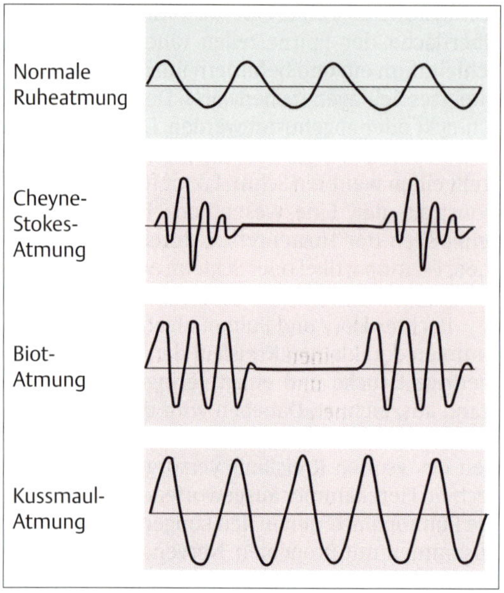

Abb. 3.**3** Pathologische Atmungsformen. Die Cheyne-Stokes-Atmung tritt auf bei zerebralen Durchblutungsstörungen, Vergiftungen (z. B. Urämie) und schwerer Herzinsuffizienz. Ähnlich wie die Biot-Atmung (Schädigung der Atmungszentren z. B. bei Hirnverletzungen und erhöhtem Liquordruck) ist sie durch eine periodische Apnoe im Wechsel mit tiefen Atemzügen charakterisiert. Die Kußmaul-Atmung ist durch besonders tiefe Atemzüge gekennzeichnet und tritt bei metabolischer Azidose (z. B. diabetischer Ketoazidose) auf. Sie ist eine Sonderform der Hyperventilation.

quenzen führt zu einer positiven Bronchophonie (geflüsterte Worte wie „66" auskultatorisch gut zu verstehen), die verbesserte Fortleitung tiefer Frequenzen zu einem verstärkten Stimmfremitus (im Seitenvergleich mit der flachen Hand deutlicher spürbare Vibration der Körperwand, wenn der Patient „99" sagt).

Wenn der Abstand der in den Bronchien schwingenden Luftsäule zur Körperoberfläche vergrößert wird, werden die Atemgeräusche abgeschwächt (z.B. Pneumothorax, Pleuraerguß oder -verschwartung, Atelektase). Der Stimmfremitus ist ebenfalls abgeschwächt oder aufgehoben.

Rasselgeräusche beweisen die Existenz von Luft und Flüssigkeit in den Bronchien. Je nach Viskosität der pathologischen Flüssigkeit klingen sie „trocken" (zäher Schleim: Giemen, Pfeifen und Brummen z.B. bei Bronchialasthma) oder „feucht" (flüssiges Exsudat oder Transsudat: z.B. bei Bronchopneumonie, dekompensierter Herzinsuffizienz). Bei Pneumonie werden die Obertöne der Rasselgeräusche besser fortgeleitet, so daß sie einen klingenden Charakter annehmen.

Die körperliche Untersuchung bei Lungenkrankheiten zielt in erster Linie auf die Erfassung von veränderten Schalleitungseigenschaften des Lungenparenchyms und/oder der Thoraxwand.

Spezialuntersuchungen

Sputumuntersuchungen

Das Sputum ist makroskopisch auf Menge, Farbe und Beschaffenheit zu untersuchen. Mikroskopisch können Bakterien, Pilze und maligne Zellen nachgewiesen werden. Kulturen ermöglichen die genaue Artdiagnose vorhandener Erreger und die Bestimmung ihrer Empfindlichkeit gegen Antibiotika (Antibiogramm).

Bildgebende Verfahren

Die Röntgenaufnahme des Thorax ist die am häufigsten eingesetzte Methode und hat eine überragende diagnostische Bedeutung bei vielen Krankheiten der Lunge und Pleura. Sie kann ergänzt werden durch Schichtaufnahmen, Durchleuchtung und Computertomographie. Die Lungenperfusionsszintigraphie ist geeignet zum Nachweis von Perfusionsausfällen in der Lungenperipherie (z.B. Lungenembolie, Abb. 3.**12**). Angiographisch lassen sich zentrale Verschlüsse und Gefäßanomalien nachweisen.

Endoskopische Verfahren

Mit der Bronchoskopie steht ein Verfahren zur Verfügung, das neben der direkten Inspektion auch eine Entnahme von Gewebeproben erlaubt und daher in der Karzinomdiagnostik überragende Bedeutung hat. Mittels einer bronchoalveolären Lavage (BAL) können Zellen und Sekret aus den distalen, dem Bronchoskop nicht zugänglichen Anteilen des Bronchialbaumes herausgespült und mikroskopisch und kulturell untersucht werden. In besonderen Fällen wird die Lavage auch zu therapeutischen Zwecken eingesetzt, um zähes Sekret aus den Bronchien zu entfernen.

Lungenfunktionsprüfungen

Spirometrie und Plethysmographie

Die Spirometrie (Abb. 3.**4**) und Plethysmographie dienen der Messung der Atemvolumina und der Atemwegswiderstände. Sie erlauben die Einteilung in restriktive und obstruktive Ventilationsstörungen. Erstere sind durch eine Verminderung aller Atemvolumina definiert, letztere durch einen erhöhten Atemwegswiderstand; Mischformen sind möglich.

Blutgasanalyse

Die Messung von Sauerstoff und Kohlendioxid im arteriellen Blut liefert einen weiteren Parameter der pulmonalen Funktionsdiagnostik (Tab. 3.**1**). Da die Löslichkeit von Kohlendioxid die von Sauerstoff um den Faktor 20 übersteigt, liegt häufig nur

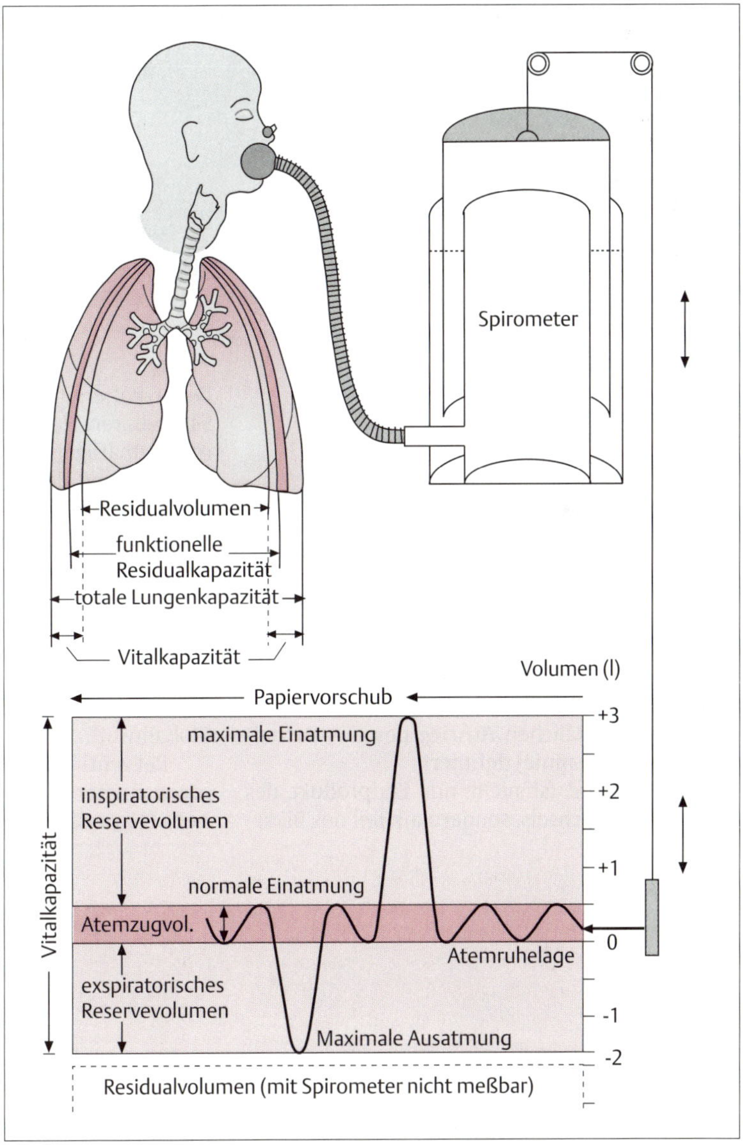

Abb. 3.**4** Spirometrie (nach Silbernagl/Despopoulos).

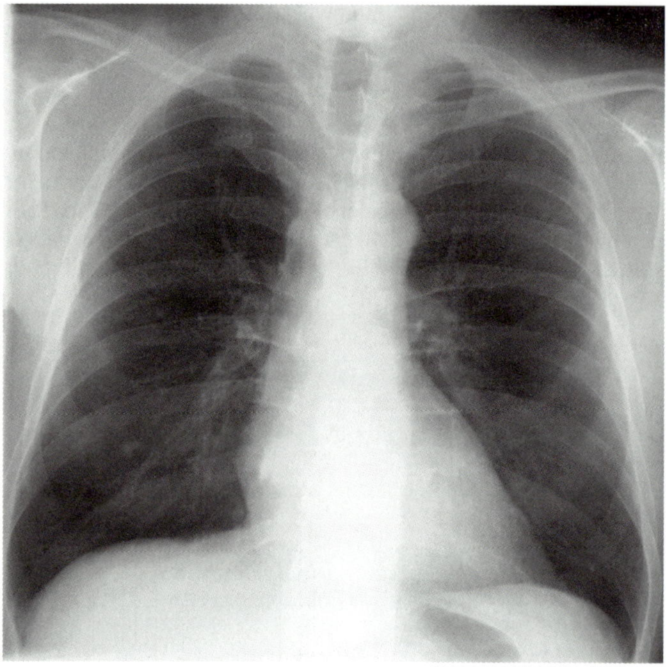

Abb. 3.**5** Normalbefund: Beide Lungen voll entfaltet und frei belüftet. Herz und Gefäßband unauffällig.

Tabelle 3.**1** Normale Blutgasanalyse

pO_2	70–100 mmHg
pCO_2	35–45 mmHg
pH	7,36–7,44
HCO_3^-	22–26 mmol/l
BE	± 2 mmol/l

eine isolierte Verminderung des O_2-Partialdruckes (Hypoxämie) vor (respiratorische Partialinsuffizienz). Eine respiratorische Globalinsuffizienz ist durch den zusätzlichen Anstieg des CO_2-Partialdruckes (Hyperkapnie) definiert.

Kohlendioxid ist nicht nur Endprodukt des aeroben Stoffwechsels, sondern als Teil des Bikarbonat-Puffersystems ein wichtiges Stellglied im Säure-Basen-Haushalt (Abb. 3.**1**), so daß in einer routinemäßigen Blutgasanalyse meist auch der pH-Wert und der Basenexzeß gemessen werden. Der Basenexzeß (BE) erlaubt die einfache Berechnung der zur Korrektur nötigen Mengen von Säure oder Base.

Lungenerkrankungen führen meist zunächst zu einer respiratorischen Partialinsuffizienz (Hypoxämie) und erst in Spätstadien evtl. zu einer Globalinsuffizienz.

Bei ventilatorischem Versagen findet sich hingegen immer eine respiratorische Globalinsuffizienz (Hypoxämie und Hyperkapnie).

Krankheiten

Chronisch-obstruktive Lungenkrankheiten

Die chronisch-obstruktiven Lungenkrankheiten umfassen folgende drei Krankheitskomplexe:

- chronische Bronchitis,
- Asthma bronchiale,
- Lungenemphysem.

Sie sind die häufigsten Krankheiten der Atmungsorgane und zeigen eine weiter zunehmende Inzidenz. Mischformen sind häufig. Die fortgeschrittenen Stadien dieser Krankheiten sind charakterisiert durch erhöhten Atemwegswiderstand, bronchiale Hyperreagibilität und Dyspnoe. Sie sind die häufigste Ursache der respiratorischen Insuffizienz und des Cor pulmonale.

Chronische Bronchitis

Definition. Die chronische Bronchitis wird klinisch definiert durch Husten und Auswurf (produktiver Husten) über je mindestens 3 Monate in zwei aufeinanderfolgenden Jahren (WHO).

Ätiologie. Die mit Abstand führende Ursache für die Entstehung einer chronischen Bronchitis ist der Zigarettenrauch (ca. 90%), der zusätzlich den schädigenden Einfluß anderer Noxen verstärkt. Weitere Ursachen sind eine erhöhte Luftverschmutzung mit SO_2 und Staub sowie feucht-kalte Witterung. In Einzelfällen ist eine Belastung am Arbeitsplatz durch organische und anorganische Stäube oder Lösungsmittel (z. B. Toluoldiisozyanat in Plastikfabriken) verantwortlich. Als endogene Auslöser kommen in Frage: IgA-Mangel, α_1-Proteinaseninhibitormangel und primäre ziliäre Dyskinesie.

Pathologische Anatomie. Neben entzündlichen Veränderungen der Bronchialschleimhaut (Ödem, Infiltration, Vernarbung) findet sich eine Hypertrophie und Hyperplasie der schleimbildenden Drüsen, die vermehrte Mengen eines abnorm zähen Schleimes bilden. In den kleinen Bronchien findet sich neben intraluminalen Schleimpfröpfen eine hypertrophierte glatte Muskulatur. Das respiratorische Flimmerepithel wird durch Rauchen zunächst inaktiviert (sistierender Schleimtransport), später zerstört (Plattenepithelmetaplasien).

Klinik und Diagnostik. Die Symptomatik der chronischen Bronchitis beschränkt sich häufig auf Husten und Schleimproduktion. Bei vielen Patienten sind die Beschwerden im Herbst und Winter verstärkt. Der Großteil des Auswurfes wird in den Morgenstunden produziert. Er ist gewöhnlich weißlich und zäh, bei bakterieller Superinfektion wird er gelb, gräulich oder grün. Bei zusätzlicher Atemwegsobstruktion in fortgeschritteneren Stadien (chronisch-obstruktive Bronchitis) stellen sich Belastungsdyspnoe und Leistungsabfall ein. Episoden akuter Luftnot können eintreten, wenn unspezifische Noxen wie Kälte und Staub aufgrund einer bronchialen Hyperreagibilität zu einer akuten Erhöhung des Atemwegswiderstandes führen; eine ähnliche Wirkung kann auch von Infekten ausgehen (Infektasthma). Das irreversible Spätstadium ist durch respiratorische Insuffizienz, Zyanose und der Entwicklung eines Cor pulmonale gekennzeichnet. Jeder Infekt der Atemwege kann durch die eingeschränkte pulmonale Reserve lebensbedrohlich werden.

Je nach dem Grad der Entzündung bestehen BKS-Beschleunigung und Leukozytose.

Die Röntgenuntersuchung dient vornehmlich dem Ausschluß anderer Krankheiten, die die Symptome der chronischen Bronchitis nachahmen können, z. B. Bronchialkarzinom und Tuberkulose.

Komplikationen. Die chronische Entzündung kann zur Destruktion der Wandstrukturen und Bildung von Bronchiektasen führen. Durch die reduzierte Abwehrlage in den Atemwegen neigen Patienten mit chronischer Bronchitis zu eitriger Bronchitis, Bronchopneumonie und Lungenabszeß. Häufigste Erreger sind Haemophilus influenzae und Pneumokokken. Bakterielle Infektionen werden durch Viren und Mykoplasmen begünstigt.

Therapie. Die langfristig wichtigste Aufgabe besteht in der Ausschaltung auslösender Noxen (Rauchen!). Vorhandene Infektquellen (z. B. Sinusitis) sind zu sanieren. Während einer akuten Exazerbation ist eine antibiotische Therapie angezeigt. Die Expektoration kann durch Sekretolytika, Aerosolbehandlungen (Ultraschallvernebler) und Klopfmassage unterstützt werden. Bei chronisch asthmoider Bronchitis zusätzlich spasmolytische Therapie (Asthma bronchiale, S. 46). Eine aktive

Immunisierung gegen Influenza (jährlich) und Pneumokokken (alle 5 Jahre) sollte erfolgen.

Jeder 2. Raucher über 40 Jahre leidet an einer chronischen Bronchitis. Fast alle Patienten mit einer chronischen Bronchitis sind Raucher.

Die vermehrte Karzinominzidenz bei Rauchern sollte bei einer zahnärztlichen Untersuchung der Lippen und der Mundhöhle beachtet werden.

Asthma bronchiale

Definition. Das Asthma bronchiale ist gekennzeichnet durch eine anfallsartig auftretende Atemnot, die durch eine reversible Atemwegsobstruktion verursacht wird.

Ätiologie und Pathogenese. Die paroxysmale Obstruktion der Atemwege im Asthmaanfall wird durch eine abnorme Reagibilität der Bronchiolen und durch entzündliche Vorgänge ausgelöst und ist die Folge von

- Schleimhautschwellung (Ödem),
- erhöhtem Tonus der Muskulatur in den kleinen Bronchien (Bronchospasmus),
- Obliteration des Lumens durch zähen, glasigen Schleim (Dyskrinie).

Entsprechend der auslösenden Ursachen unterscheidet man das extrinsisch-allergische vom intrinsisch-nichtallergischen Asthma. Mischbilder sind häufig und liegen bei ca. 80% der erwachsenen Asthmatiker vor. Die restlichen 20% verteilen sich zu gleichen Teilen auf rein intrinsische bzw. extrinsische Formen.

Das *allergische Asthma* beruht auf einer Sensibilisierung der Atemwege auf Umweltallergene. Eine Allergenexposition führt zu einer IgE-vermittelten Allergiereaktion vom Typ I (Soforttyp). Durch die Degranulation von Mastzellen werden Mediatoren wie Histamin und Bradykinin in großen Mengen freigesetzt, die Folgen sind Bronchospasmus, Schleimhautödem und Dyskrinie. Hausstaubmilbe, Pollen, Tierhaare und -schuppen sowie berufliche Noxen (z.B. Mehl) stellen häufige Allergene dar.

Alle anderen Asthmaformen werden als *intrinsisches Asthma* bezeichnet. Als auslösende Ursachen können Infektionen, chemische und physikalische Noxen (z.B. Staub, kalte Luft), körperliche Anstrengungen (besonders bei Kindern) und pseudoallergische Reaktionen (z.B. nach Gabe von Azetylsalizylsäure) auftreten.

Durch die wiederholte Reizung entwickelt sich bei allen Asthmaformen im Laufe der Jahre eine unspezifische Hyperreagibilität des Bronchialsystems, so daß das Spektrum der anfallsauslösenden Noxen immer weiter wird. Eine wirkungsvolle Expositionsprophylaxe wird dadurch immer schwieriger.

Atopische Erkrankungen (allergische Rhinitis, Asthma, Neurodermitis) treten familiär gehäuft auf. Die Anlage zur gesteigerten IgE-Bildung wird autosomal-dominant vererbt.

Klinik. Die anfallsweise auftretende Atemnot im Asthmaanfall geht mit exspiratorischem Stridor und quälenden Hustenattacken einher, die jedoch nur kleine Mengen eines zähen und glasigen Sputums fördern. Die vermehrte Atemarbeit vermag der Patient nur in aufrechter Haltung und unter Einsatz der Atemhilfsmuskulatur zu leisten (Orthopnoe). In Abhängigkeit von der Schwere des Anfalles ist der Patient kaltschweißig, blaß oder gar zyanotisch und tachykard. Der Klopfschall über der Lunge ist hypersonor, die Zwerchfelle stehen tief. Auskultatorisch fallen trockene Rasselgeräusche (Giemen, Pfeifen und Brummen) und eine Verlängerung des Exspiriums auf. In schweren Fällen mit erheblicher Lungenüberblähung (Volumen pulmonum auctum) sind aufgrund des drastisch reduzierten Luftflusses kaum Atemgeräusche auskultierbar („silent chest").

Der vermehrte Luftgehalt der Lungen zeigt sich in der Röntgenaufnahme durch eine vermehrte Strahlentransparenz, tiefstehende Zwerchfelle und eine schmale Herzsilhouette.

Im EKG finden sich eine Sinustachykardie und evtl. Zeichen der Rechtsherzbelastung. Im Blut finden sich häufig eine Eosinophilie und eine Erhöhung des IgE.

Der Asthmaanfall dauert normalerweise Stunden, manchmal auch Tage (Status asthmaticus). Im anfallsfreien Intervall kann versucht werden, das auslösende Allergen zu bestimmen. Eine genaue Anamnese kann hier wegweisend sein (jahreszeitliche Verteilung, Assoziation mit bestimmten Orten, Tierkontakte, Berufstätigkeit etc.). Vermutete Allergene können durch einen Karenzversuch mit Re-Expositionstest gesichert werden. In unklaren Fällen können folgende allergologische Zusatzuntersuchungen weiterhelfen:

1. Hauttests: Sie werden sowohl als Suchtest auf häufige ubiquitäre Allergene und berufliche Allergene als auch als Bestätigungstest eingesetzt. Nach Aufbringen des Allergens auf die Haut wird diese angeritzt („Pricktest") oder das Allergen wird direkt intrakutan injiziert (Intrakutantest). Die Testbewertung erfolgt nach 20 Minuten anhand des Durchmessers einer evtl. entstehenden Quaddel.
2. Nachweis spezifischer IgE-Antikörper im Serum (RAST = Radio-Allergo-Sorbent-Test, EAST = Enzym-Allergo-Sorbent-Test).
3. Schleimhaut-Provokationstest (konjunktival, nasal, inhalativ, oral): z. B. Inhalation des Allergens unter kontrollierten Bedingungen mit Messung der resultierenden Atemwegsobstruktion.

Ein positiver Hauttest oder der Nachweis spezifischer IgE-Antikörper im Serum beweisen nicht, daß das betreffende Antigen für die Symptome des Patienten verantwortlich ist. Die Kausalität ist erst durch eine meßbare Reaktion im Schleimhaut-Provokationstest oder im Re-Expositionstest belegt.

Therapie. Der wirkungsvollste Ansatz in der Behandlung des an Asthma leidenden Patienten liegt in der Meidung der auslösenden Noxe(n). Der Versuch einer Hyposensibilisierung (Induktion protektiver IgG-Antikörper, die das Antigen abfangen, bevor es an die IgE-Moleküle binden kann) verspricht nur bei einer Minderheit der Patienten (unter 45 Jahre, expositionsbezogene Beschwerden, asthmafreies Intervall) Aussicht auf Erfolg. Mastzellstabilisatoren sollen die Freisetzung der Mediatoren verhindern (Cromoglicinsäure, auch als Aerosol).

Im Anfall werden bronchospasmolytisch und antiödematös-entzündungshemmend wirkende Substanzen eingesetzt, die in leichteren Fällen als Dosieraerosol verabreicht werden, z. B. β-Sympathomimetika und Glukokortikoide. Zusätzlich stehen Theophyllinpräparate zur Verfügung. Bei schweren Fällen ist eine parenterale Zufuhr der genannten Medikamente erforderlich. Sekretolytika, Dampfinhalationen und Klopfmassagen fördern die Lockerung des Schleims. Durch Atemgymnastik kann eine Verbesserung der Atemmechanik erreicht werden.

Ein Asthmaanfall sollte nicht bagatellisiert werden. Eine Klinikeinweisung mit Notarztbegleitung ist erforderlich.

Lungenemphysem

Definition. Ein Lungenemphysem ist definiert als irreversible Erweiterung der Lufträume distal der Bronchioli terminales infolge einer Zerstörung von Lungengewebe (WHO). Davon zu unterscheiden sind lokale Überblähungen in der Umgebung schrumpfender Lungenprozesse sowie bei Thoraxdeformitäten.

Ätiologie und pathologische Anatomie. Das häufigere zentrilobuläre Emphysem wird pathologisch-anatomisch vom panlobulären Emphysem unterschieden.

Das *zentrilobuläre Emphysem* entsteht auf dem Boden inhalativer Noxen (Rauchen!) und ist daher häufig mit einer chronischen Bronchitis vergesellschaftet. Hier sind die Bronchioli terminales und respiratorii sowie die Ductus alveolares vom Zerstörungsprozeß betroffen.

Beim *panlobulären Emphysem* erfaßt die Zerstörung den gesamten Azinus, insbesondere die Alveolen. Dieses Schädigungsmuster tritt z. B. beim homozygoten α_1-Proteinaseninhibitormangel (früher: „α_1-Antitrypsinmangel") auf.

Eine wesentliche Rolle bei der Destruktion des Lungengewebes spielt das gestörte Gleichgewicht von Proteasen und Antiproteasen („Proteasen-Antiproteasen-Konzept"). Elastin- und kollagenspaltende Enzyme, die z. B. im Rahmen von Entzündungsreaktionen aus Granulozyten in der Lunge freigesetzt werden, können beim homozygoten α_1-Proteinaseninhibitormangel nicht wie üblich neutralisiert werden. Die Folge ist ein sich im 3. bis 4. Lebensjahrzehnt manifestierendes panlobuläres Lungenemphysem mit Tendenz zur raschen Progredienz. Der α_1-Proteinaseninhibitor kann auch durch Produkte im Zigarettenrauch inaktiviert werden, der darüber hinaus direkt gewebetoxische Oxidanzien enthält. Wichtige Proteasequellen sind die körpereigenen Granulozyten, daneben aber auch Mikroorganismen wie Streptococcus pneumoniae, Haemophilus influenzae und Pseudomonas-Stämme, die bei einer chronischen Bronchitis auftreten können.

Pathophysiologie. Die Zerstörung des Lungengewebes hat weitreichende Konsequenzen:

- Verminderung der Gasaustauschfläche,
- Verminderung des Gesamtgefäßquerschnittes (Summe der Querschnitte aller Lungenkapillaren),
- Verminderung der elastischen Fasern im Lungenparenchym.

Die Atemmechanik ist irreversibel gestört. Durch Verminderung der elastischen Rückstellkräfte ist die Atemmittellage zur Inspirationslage hin verschoben. Ferner kollabieren die kleinen knorpellosen Bronchiolen nun während der Exspiration, da das Lumen nicht mehr durch die in die Bronchiolenwände einstrahlenden elastischen Fasern aufgespannt wird. Dies führt zu einer erheblichen Erhöhung des Atemwiderstandes und der Atemarbeit.

Kapillarverlust und Konstriktion der Arteriolen in den minderbelüfteten Alveolen (Euler-Liljestrand-Reflex) führen schließlich zu pulmonaler Hypertonie und zum Cor pulmonale. Die sackförmigen terminalen Lufträume können sich zu Blasen (Bullae) erweitern, welche rupturieren können (Gefahr des Spontanpneumothorax) (Abb. 3.**6**; 3.**14 b**).

Klinik. Klassischerweise werden zwei Typen des Emphysematikers einander gegenübergestellt (Tab. 3.**2**). Zu beachten ist, daß beim häufigeren Typ des „blue bloater" meist auch das klinische Beschwerdebild der chronischen Bronchitis besteht (s. o.)

Diagnose. Die mannigfaltigen Zeichen des Lungenemphysems sind in Tab. 3.**3** aufgelistet. Laborchemisch ist auf das Vorliegen einer Polyglobulie und eines α_1-Antiproteasenmangels zu achten.

Therapie. Emphysematische Lungenveränderungen sind irreversibel. Zusätzliche bronchitische oder asthmoide Komponenten sind entsprechend der beschriebenen Richtlinien zu behandeln. Exogene Noxen sind zu meiden (Nikotin etc.). Infektionen müssen energisch behandelt werden, da sie die grenzwertige Lungenfunktion selbst bei nur kleinen Veränderungen rasch zur Dekompensation bringen können. Aus diesem Grund empfiehlt sich auch eine gezielte Infektprophylaxe (Impfung gegen Influenza und Pneumokokken).

Bei schwerem α_1-Proteinaseninhibitormangel muß eine Substitutionsbehandlung durchgeführt werden. In Zukunft wird diese Krankheit

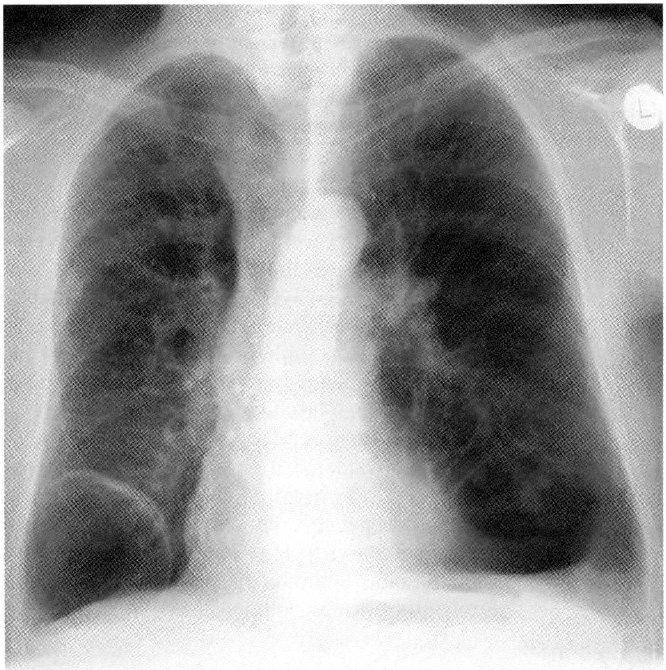

Abb. 3.**6** Emphysemthorax. Tiefstehende abgeflachte Zwerchfellhälften. Vermehrte Strahlentransparenz beider Lungen. Grob-bullöses Emphysem mit bis zu 8 cm großen Bullae im rechten und linken Unterfeld. Hilusgefäße verbreitert im Sinne der Pulmonalsklerose. Lumensprung der Gefäße vom Zentrum zur Peripherie als Ausdruck der pulmonalen Hypertonie. Aortenschatten verstärkt im Sinne der Aortensklerose.

Tabelle 3.2 Typen des Emphysematikers

	„pink puffer"	„blue bloater"
Bronchitis	selten	häufig
Emphysemtyp	panlobulär	zentrilobulär
Obstruktion	leicht	hoch
Diffusionskapazität	vermindert	normal
O_2-Partialdruck	65–75 mmHg	45–60 mmHg
CO_2-Partialdruck	35–40 mmHg	45–60 mmHg
Dyspnoe	ausgeprägt	mäßig
Akute respiratorische Insuffizienz	oft terminal	wiederholt
Cor pulmonale	terminal	häufig

Tabelle 3.3 Typische Zeichen des Lungenemphysems

Inspektion
- Faßthorax
- horizontal verlaufende Rippen
- geblähte Schlüsselbeingruben
- Einsatz der Atemhilfsmuskulatur
- Preßlippenatmung
- verminderte Atembreite (= Differenz des Brustumfanges zwischen maximaler Ein- und Ausatmung, normal 5–10 cm)

Perkussion
- tiefstehende, vermindert atemverschiebliche Zwerchfelle
- hypersonorer Klopfschall

Auskultation
- leises Vesikuläratmen
- leise Herztöne
- evtl. trockene Rasselgeräusche

Röntgen
- vermehrte Strahlentransparenz der Lungen
- tiefstehende Zwerchfelle
- horizontal verlaufende Rippen
- evtl. Bullae

Lungenfunktionsprüfung
- Erhöhung von Residualvolumen und Totalkapazität
- Atemwegsobstruktion
- respiratorische Partial- oder Globalinsuffizienz

vermutlich durch eine somatische Gentherapie behandelt werden können.

Bronchiektasen

Definition. Bronchiektasen sind irreversible sackförmige oder zylindrische Erweiterungen von Bronchien.

Ätiologie. Bronchiektasen können angeboren oder erworben sein. Eine anhaltende entzündliche Reizung (nach Masern, Keuchhusten; chronische Bronchitis, Bronchusstenose mit Sekretretention) führt schließlich zur Zerstörung der Wandstrukturen.

Klinik. Besonders morgens entleert der Patient große Mengen eines übelriechenden Auswurfes, der sich über Nacht in den Bronchiektasen angesammelt hat. Mehrere hundert Milliliter eitrigen Sputums können pro Tag entleert werden. Daneben bestehen häufige Hustenanfälle. Auskultatorisch hört man feuchte Rasselgeräusche. Fieber, BKS-Erhöhung und Leukozytose können auftreten. Die Diagnose kann aus konventionellen Röntgenaufnahmen vermutet und computertomographisch (heutzutage kaum mehr bronchographisch) gesichert werden.

Der chronische Eiterherd kann zu Bronchopneumonien, Lungenabszessen, Pilzabsiedlungen und zu einer Amyloidose führen. Durch hämatogene Streuung können z.B. Hirnabszesse entstehen. Ferner können Lungenblutungen durch Gefäßarrosion auftreten.

Therapie. Lokal begrenzte Bronchiektasen werden chirurgisch saniert (Segmentresektion, Lobektomie). In ausgedehnteren Fällen muß konservativ therapiert werden. Dies erfordert den Einsatz von Antibiotika in Phasen akuter Exazerbation, während eine prophylaktische Dauertherapie nicht indiziert ist. Von hohem Stellenwert sind eine sorgfältige Bronchialtoilette (morgendliche Expektoration in Knie-Ellenbogen-Lage), Inhalationen, Atemgymnastik und Vibrationsmassage. Zusätzlich schädigende Noxen (Zigarettenrauch) sind zu meiden.

Akut entzündliche und allergische Krankheiten

Akute Tracheobronchitis

Definition und Ätiologie. Die akute Entzündung der unteren Luftwege wird meist durch virale, seltener durch bakterielle Erreger verursacht.

Klinik. Hauptsymptome sind Husten und Auswurf, die gelegentlich mit Fieber oder hustenabhängigem retrosternalen Schmerz einhergehen. Eine gleichzeitig bestehende Rhinitis oder Konjunktivitis sprechen für einen viralen Infekt. Bei eitrigem Auswurf liegt eine bakterielle Genese oder eine bakterielle Superinfektion zugrunde. Letztere wird bei viralen Infekten durch die geschädigten Abwehrmechanismen der Schleimhaut begünstigt. In der Regel heilt die Krankheit nach wenigen Tagen spontan aus. Andernfalls sollte durch eine Röntgenaufnahme nach einer primär atypischen Pneumonie gefahndet werden.

Therapie. Symptomatisch. Antitussiva nur bei nichtproduktivem Reizhusten; produktiver Husten sollte nicht gedämpft werden, da er die Bronchien reinigt. Antibiotika nur bei Hinweisen auf eine bakterielle Genese oder Superinfektion.

Lungenentzündung (Pneumonie)

Definition. Eine Pneumonie ist eine Entzündung des Lungenparenchyms, d. h. der Strukturen distal der Bronchioli terminales.

Ätiologie, Pathogenese und pathologische Anatomie. Eine Pneumonie kann durch Bakterien, Viren, Mykoplasmen, Pilze und Parasiten hervorgerufen werden. Als seltene Ursachen können allergische, autoimmun-rheumatische und toxische (Urämie, Giftgase) Prozesse zugrundeliegen.

Der entzündliche Prozeß (Ödem, Exsudat und zelluläre Infiltration) manifestiert sich in Abhängigkeit vom Erregertyp in wechselnder Ausprägung in den terminalen Lufträumen oder/und im Insterstitium der Alveolenwände.

Das Auftreten einer Pneumonie wird durch Störungen der lokalen oder allgemeinen Abwehr begünstigt („sekundäre Pneumonie"). Primäre Pneumonien sind seltener und entstehen in einem vormals gesunden Organismus.

Klinik. Die klassische Pneumonieform, die durch Pneumokokken hervorgerufene *Lobärpneumonie,* ist heute selten. Sie beginnt aus voller Gesundheit akut mit Schüttelfrost, hohem Fieber (Kontinua über etwa 1 Woche) sowie schwerem Krankheitsgefühl. Husten, eitriger (bei Beimengung von Erythrozyten rostbrauner) Auswurf und atemabhängige Thoraxschmerzen (Folge einer Begleitpleuritis) sind weitere charakteristische Symptome. Bei ausgedehntem Befund tritt Dyspnoe auf.

Die häufigsten bakteriellen Pneumonien sind heute *Bronchopneumonien* durch Strepto- und Staphylokokkenpneumonien, E. coli u. a., die häufig nach Aspiration, als bakterielle Superinfektion nach Virusinfekten oder als hypostatische Pneumonie bei Herzinsuffizienz und Bettlägerigkeit auftreten. Gramnegative Keime finden sich häufiger bei hospitalisierten Patienten. Die klinischen Symptome sind prinzipiell ähnlich wie bei der Lobärpneumonie, häufig jedoch etwas schwächer ausgeprägt.

Als charakteristische Befunde bei der körperlichen Untersuchung finden sich gedämpfter Klopfschall, feuchte Rasselgeräusche sowie ein bronchiales und klingendes Atemgeräusch. Bakterielle Pneumonien gehen mit Leukozytose, Linksverschiebung und BKS-Beschleunigung einher. Röntgenologisch zeigen sich flächenhafte Verschattungen mit positivem Aerobronchogramm, die sich an die Lappengrenzen halten (Lobärpneumonie, Abb. 3.**7**), oder fleckförmige Verschattungen in variabler Lokalisation (Bronchopneumonie, Abb. 3.**8**). Der flächige Charakter bei den Verschattungsformen ist Folge der starken Exsudation in die terminalen Lufträume. Die Erregeridentifizierung durch Gramfärbung und Sputumkulturen ist anzustreben.

Pneumonien, deren klinisches Bild von dem der klassischen (bakteriellen) Pneumonie abweicht, werden als *„atypische Pneumonien"* bezeichnet. Viren (Adeno-, Influenza-, Parainfluenza- und RS-Viren). Mykoplasmen (Mycoplasma pneumoniae) und Legionellen (Legionärskrankheit) sind die häufigsten Ursachen, selten treten Infektionen mit Rickettsien (Q-Fieber) und Chlamydien (Ornithose) auf. Eine zunehmende Rolle spielen opportunistische Infektionen bei Patienten mit Immunschwächekrankheiten wie AIDS (Zytomegalievirus, Pneumocystis carinii, Pilze).

Häufige Symptome sind Fieber (ohne Schüttelfrost) und sonstige Allgemeinsymptome sowie trockener Reizhusten. Die Leukozytenzahl kann normal oder erniedrigt sein und zeigt häufig eine relative Lymphozytose, die BKS ist nur mäßig beschleunigt. Da die Pneumonie sich als interstitielle Infiltration mit spärlicher oder fehlender alveolärer Reaktion manifestiert, ist der Auskultationsbefund häufig uncharakteristisch. Das Röntgenbild zeigt vorwiegend netzartig-retikuläre Verschattungen (interstitielle Pneumonie). Zur Identifizierung des Erregers sind serologische Untersuchungen hilfreich.

Komplikationen. Eitrige Lungenentzündungen können zu Lungenabszeß, Pleuritis und Pleuraempyem führen. Weitere mögliche Komplikationen sind Lungenödem und Schock.

Therapie. Neben supportiven Maßnahmen (Bettruhe!) beruht die Behandlung der Pneumonie auf Antibiotika. Bis zum Erhalt der Sputumkulturen, die eine erregeradaptierte Therapie entsprechend dem Antibiogramm erlauben, muß zunächst eine empirische Antibiose entsprechend dem zu erwartenden Erregerspektrum bzw. dem Grampräparat eingeleitet werden (z.B. Tetrazykline oder Ampicillin bei nichthospitalisierten Patienten. Cephalosporine und Aminoglykoside bei im Krankenhaus erworbenen Pneumonien). Mykoplasmen und Chlamydien sind intrazelluläre Keime

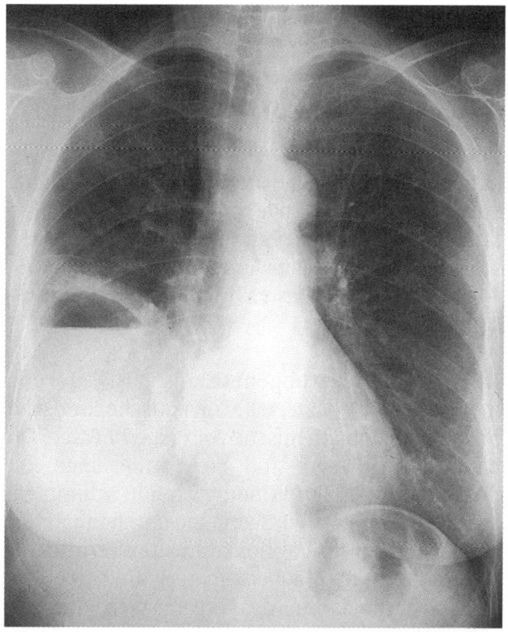

Abb. 3.**7** Abszedierende Lobärpneumonie des rechten Unterlappens. Der rechte Unterlappen ist homogen verschattet. An seiner Obergrenze Darstellung eines Abszeßspiegels.

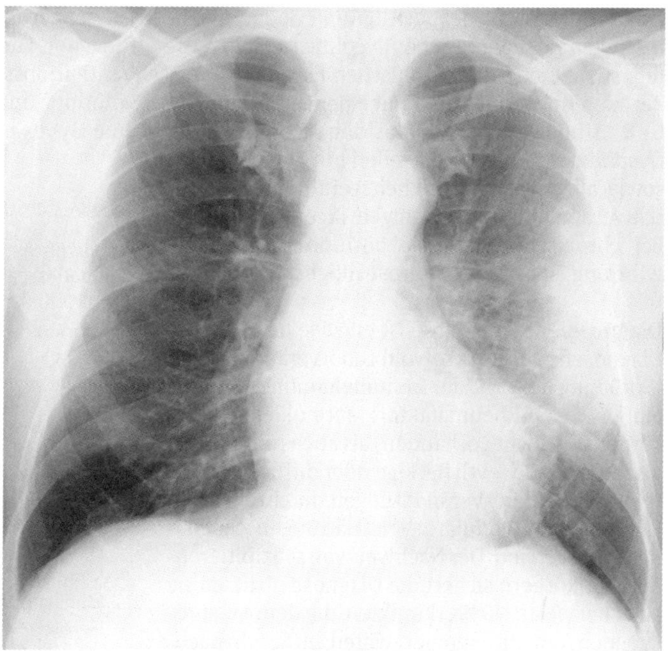

Abb. 3.**8** Bronchopneumonie des linken Oberlappens und der Lingula. Flächige Verschattungen im linken Mittelfeld (Oberlappenbasis) und im linken Unterfeld mit Auslöschung des Herzrandes (Lingula).

und werden wie Legionellen mit Erythromycin oder Tetrazyklinen behandelt.

Exogen-allergische Alveolitis

Definition. Bei der exogen-allergischen Alveolitis handelt es sich um eine immunologisch induzierte Entzündung des Lungenparenchyms (Alveolen, Interstitium) nach wiederholter Inhalation verschiedener organischer Antigene.

Häufig handelt es sich um eine *Berufskrankheit* (meldepflichtig).

Ätiologie und Pathogenese. Als Auslöser kommen zahlreiche bakterielle, mykotische, tierische, pflanzliche und chemische Antigene in Frage. Die häufigsten Formen sind die Farmerlunge, die durch thermophile Aktinomyzeten in schimmeligem Heu ausgelöst wird, und die durch Inhalation von Antigenen aus Vogelexkrementen verursachte Vogelhalterlunge (Taubenzüchterkrankheit).

Nach Inhalation des organischen Antigens (Allergens) kommt es unter Vermittlung präzipitierender Antikörper vom Typ IgG zu einer Hypersensitivitätsreaktion vom Typ III. Daneben spielen auch zellvermittelte Hypersensitivitätsreaktionen eine Rolle. Bei chronischer Exposition kann sich eine Lungenfibrose entwickeln.

Klinik. In Abhängigkeit von der Häufigkeit und Intensität der Antigenexposition und anderen Faktoren kann die allergische Alveolitis in einer akuten, subakuten oder chronischen Form auftreten. Bei akutem Verlauf treten mit einer Latenzzeit von 6–8 Stunden nach Exposition akut Husten, Dyspnoe und Fieber (bisweilen mit Schüttelfrost) sowie allgemeines Krankheitsgefühl auf. Die Beschwerden klingen in wenigen Tagen spontan ab. Bei chronischer Antigenexposition ist die Entwicklung einer Lungenfibrose möglich.

Diagnose. Die Anamnese ist entscheidend für die Diagnosefindung, da sowohl Laborveränderungen (Erhöhung der BKS, der Immunglobuline, oft auch ein positiver Rheumafaktor; antinukleäre Antikörper sind nicht vorhanden) als auch röntgenologische Befunde (evtl. fleckige oder diffuse Infiltrate oder noduläre Veränderungen, in chronischen Fällen retikulonoduläre Verschattungen) uncharakteristisch sind. Der Nachweis von präzipitierenden Antikörpern sichert die Diagnose nicht, da sie auch bei vielen Nichterkrankten, die dem entsprechenden Antigen exponiert waren, im Serum nachgewiesen werden können. In unklaren Fällen ist daher ein inhalativer Provokationstest erforderlich. Darüber hinaus können Bronchiallavage und Lungenbiopsie zur Diagnosesicherung beitragen.

Therapie. Expositionsprophylaxe (ggf. Berufswechsel!). Bei subakuten und chronischen Formen vorübergehender Einsatz von Kortikosteroiden.

Lungenfibrosen

Definition. Die Lungenfibrose ist charakterisiert durch eine Vermehrung von Bindegewebe im Lungengerüst im Sinne einer irreversiblen Vernarbung von Lungengewebe.

Ätiologie. Die Lungenfibrose kann bei verschiedenartigen Erkrankungen auftreten (Tab. 3.**4**). Die Diagnose einer idiopathischen Lungenfibrose setzt den Ausschluß aller anderen Ursachen voraus.

Klinik. Patienten mit Lungenfibrose leiden an Dyspnoe, Tachypnoe und trockenem Husten. In fortgeschrittenen Stadien können Zyanose, Trommelschlegelfinger und ein Cor pulmonale bestehen. Diese uncharakteristischen Symptome gehen einher mit eher hochstehenden Lungengrenzen, inspiratorischem Knisterrasseln und vermehrter Lungengerüstzeichnung im Röntgenbild. Die Prüfung der Lungenfunktion ergibt eine restriktive Ventilationsstörung mit eingeschränkten Lungenvolumina, in Spätstadien ist in der Blutgasanalyse eine Hypoxämie nachzuweisen.

Tabelle 3.**4** Ursachen der Lungenfibrose

Idiopathische Entzündungen: Idiopathische Lungenfibrose (Hamman-Rich-Syndrom)
Systemerkrankungen (Sklerodermie, Morbus Bechterew u. a.)
Sarkoidose
Lungenfibrose durch exogene Noxen: Lungenfibrose durch inhalative Noxen – Pneumokoniosen („Steinstaublunge“: Silikose, Asbestose) – exogen-allergische Alveolitis Lungenfibrose durch nichtinhalative Noxen – Strahlenfibrose – Medikamente (Busulfan, Bleomycin) – Herbizide (Paraquat)

Therapie. Bei nichtidiopathischen Formen steht die Behandlung der Grundkrankheit bzw. das Meiden der auslösenden Noxe im Vordergrund. Die Therapie der etablierten Lungenfibrose ist symptomatisch, z. B. eine Sauerstoff-Langzeittherapie.

Pneumokoniosen

Definition. Unter Pneumokoniosen (griech. konis = Staub) versteht man Lungenalterationen aufgrund von chronischer Staubinhalation (Staublungen).

Die inerten Pneumokoniosen nach Inhalation von Eisen, Aluminium u. a. haben keinen Krankheitswert, während die Silikose und die Asbestose aktive Pneumokoniosen darstellen, die zu Invalidität und Berufsunfähigkeit führen können.

Silikose (Steinstaublunge)

Die Silikose ist die häufigste Pneumokoniose, die bevorzugt bei Bergarbeitern auftritt. Betroffen sind auch Arbeiter aus der Glas- und Keramikindustrie sowie in Metallhütten und Walzwerken (Formsand). Sie wird als entschädigungspflichtige Berufskrankheit anerkannt.

Ätiologie und Pathogenese. Die Silikose wird durch Inhalation von kristallinem SiO_2 verursacht. Freies SiO_2 kommt in der Natur als Quarz vor, andere kristalline Formen (Cristobalit und Tridymit) entstehen in der Industrie als Nebenprodukte beim Erhitzen amorpher Silikate.

In der Pathogenese der Silikose wird den Alveolarmakrophagen eine wesentliche Rolle zugeschrieben, deren anhaltende Aktivierung schließlich zu vermehrter Bildung von kollagenem und retikulärem Bindegewebe im Interstitium der Lunge führt. Auch nach Beendigung der Antigenexposition ist ein Fortschreiten des fibrotischen Umbauprozesses möglich. In seltenen Fällen können die einzeln stehenden Knötchen konfluieren und ausgedehnte silikotische Bezirke bilden, die normale Lungenstrukturen komprimieren oder obliterieren (progressive massive Fibrose).

Die fibrotischen Veränderungen treten meist nach langjähriger Exposition mit einer Latenzzeit von 15–20 Jahren auf (chronische Silikose). Bei massiver Staubexposition (z. B. Sandstrahlgebläse in geschlossenen Räumen, Tunnelbau) sind jedoch auch akute Silikosen mit einer Expositionszeit von weniger als einem Jahr beschrieben worden; zusätzlich zu den vorbeschriebenen Veränderungen können sich hier hyaline Exsudate in die Alveolen entwickeln.

Klinik. Trotz oft ausgedehnter röntgenologischer Veränderungen ist die chronische Silikose häufig relativ symptomlos. In schweren Fällen treten Belastungsdyspnoe und graues Sputum auf. Schließlich kann sich ein Cor pulmonale entwickeln.

Die Silikose disponiert den Patienten zur Entwicklung einer chronisch-obstruktiven Bronchitis. Die Infektanfälligkeit der Lunge ist erhöht; 10% der Patienten entwickeln eine Lungentuberkulose (Siliko-Tbc), die durch eine langwierige Therapie und hohe Rezidivneigung gekennzeichnet ist.

Charakteristische röntgenologische Veränderungen sind verstärkte Lungengerüstzeichnung, Knötchen- und Schwielenbildung (Abb. 3.**9**). Sie zeigen häufig keine enge Korrelation mit der Lungenfunktion. Letztere kann im Einzelfall vorwiegend restriktive oder obstruktive Veränderungen aufweisen.

Therapie. Expositionsprophylaxe. Meidung zusätzlicher Noxen (Zigarettenrauch!). Konsequente Behandlung von Infekten (Antibiotika) und obstruktiven Störungen (Asthma bronchiale, S. 46). Bei positivem Tuberkulintest sollte tuberkulostatisch behandelt werden.

Die Silikose ist die häufigste Fibrose. Bei optimaler Behandlung einer Obstruktion und interkurrierender Infekte ist ein lebensverkürzender Effekt der Silikose nicht gesichert.

Asbestose

Ätiologie und Pathogenese. Asbest ist ein Oberbegriff für mineralische Silikate, die umfassenden Einsatz bei der Wärmeisolation, bei der Herstellung von Autobremsen u. a. finden. Die spindelförmigen Fasern können nach Erreichen der Alveolen nicht mehr eliminiert werden, wenn ihre Länge die Größe der Alveolarmakrophagen überschreitet (ca. 15 µm). Eine anhaltende Aktivierung der Alveolarmakrophagen ist die Folge, die durch Ausschüttung von Mediatoren die Fibroblasten zur Bindegewebsbildung anregen. Die fibrotischen Folgeschäden korrelieren mit der Intensität und Dauer der Exposition, die in den meisten Fällen mindestens 10 Jahre lang vor der Krankheitsmanifestation bestanden hat.

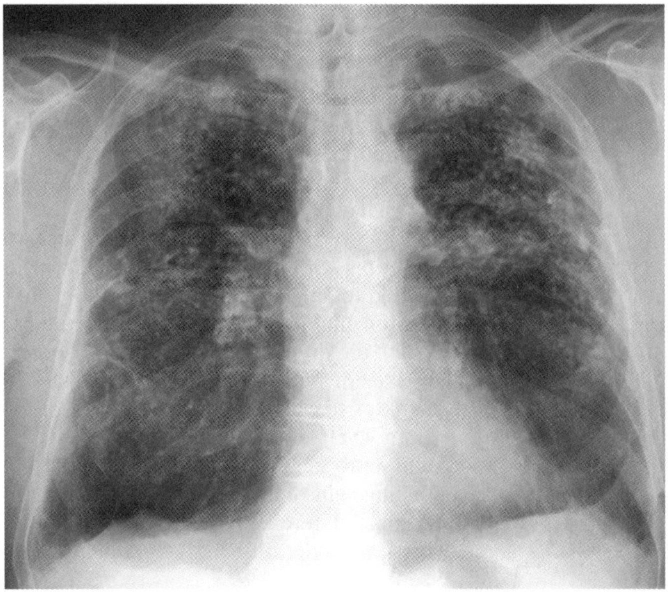

Abb. 3.**9** Silikose II. Deutliches Lungenemphysem mit tiefstehenden, abgeflachten Zwerchfellhälften und basalen Zipfelschwielen. Disseminiert über beiden Lungen linsengroße, teils konfluierende und sehr dichte (verkalkte) knotige Verschattungen. Verkalkte Hiluslymphknoten perihilär rechts, infrahilär und tracheobronchial links imponieren als Ringschatten. Aufgrund der massiven Schrumpfung vikariierendes Emphysem thoraxwandnahe im rechten Oberfeld und supradiaphragmal rechts.

Asbestfasern haben neben der fibrogenen auch eine kanzerogene Wirkung, für die kein Schwellenwert existiert. Das häufigste asbestinduzierte Malignom ist das Bronchialkarzinom (Adeno- oder Plattenepithelkarzinom, S. 60 f), dessen Entstehung durch gleichzeitiges Zigarettenrauchen überadditiv gefördert wird. Pleuramesotheliome sind in ca. 80 % der Fälle mit einer früheren (20 – 35 Jahre zurückliegenden) Asbestexposition assoziiert (S. 65).

Klinik. Neben den generell bei Lungenfibrosen anzutreffenden Veränderungen (s. dort) können sich als charakteristische Befunde Pleuraverdickungen und -verkalkungen im Röntgenbild zeigen.

Therapie. Eine spezifische Therapie steht nicht zur Verfügung. Expositionsprophylaxe (Verzicht auf asbesthaltige Materialien, Staubbekämpfung), Meidung zusätzlicher Noxen (Zigarettenrauch).

Fibrosen unbekannter Ätiologie

Sarkoidose

Pathogenese. Die Sarkoidose (Morbus Boeck) ist eine chronisch-granulomatöse Multisystemerkrankung unbekannter Ätiologie. Am Ort der Krankheitsmanifestation bilden sich epitheloid- und riesenzellhaltige nichtverkäsende Granulome, die zur Sicherung der Diagnose histologisch nachgewiesen werden müssen (DD Tuberkulose, Berylliose, Fremdkörperreaktion u. a.).

Epidemiologie und Klinik. Gehäuft tritt die Sarkoidose zwischen dem 15. und 40. Lebensjahr auf. Die Inzidenz beträgt in der Bundesrepublik ca. 50 Fälle pro 100 000 Einwohner.

Die Sarkoidose kann als akute, subakute oder chronische Krankheit vorkommen. Bei ca. 90 % der Patienten ist die Lunge am Krankheitsgeschehen beteiligt. Weitere wichtige Manifestationsorte sind Lymphknoten, Augen, Haut und Nervensystem.

Bei akuten und subakuten Formen (20 – 40 % aller Fälle) treten binnen weniger Wochen Fieber, Abgeschlagenheit, Appetitlosigkeit und Gewichtsverlust auf. Meist entwickeln die Patienten auch respiratorische Beschwerden wie Husten oder Dyspnoe.

Besondere Erscheinungsformen der akuten Sarkoidose sind das *Löfgren-Syndrom* (Abb. 3.**10 b**) und das *Heerfordt-Syndrom.* Ersteres ist durch die Symptomtrias Erythema nodosum, bihiläre Lymphadenopathie und (Sprunggelenks-)Arthritis gekennzeichnet. Es tritt bevorzugt bei jungen Frauen auf und geht oft mit Fieber, Husten und BKS-Beschleunigung einher. Das Heerfordt-Syndrom ist charakterisiert durch Fieber, Uveitis anterior, Parotisschwellung und Fazialislähmung.

Häufiger ist die *chronische Verlaufsform der Sarkoidose* (40 – 70% aller Fälle) mit über Monate sich allmählich entwickelnden respiratorischen Beschwerden (Reizhusten, Belastungsdyspnoe) bei fehlenden Allgemeinsymptomen. Asymptomatische Formen werden in 10 – 20% der Fälle als röntgenologischer Zufallsbefund entdeckt. Die Hälfte der Patienten tragen irreversible pulmonale Schädigungen davon, bei ca. 10% entwickelt sich eine progressive Lungenfibrose.

Nach dem Thorax-Röntgenbefund wird die Sarkoidose in verschiedene Typen eingeteilt (Tab. 3.**5**, Abb. 3.**10 a**). Auch bei den Typen III und IV können die Veränderungen in individuell wechselndem Ausmaß reversibel sein.

Tabelle 3.**5** Einteilung der Sarkoidose

Typ 0:	röntgenolog. Normalbefund	selten; bei extrapulmonaler Sarkoidose
Typ I:	bihiläre Lymphadenopathie (polyzyklische Hilusvergrößerung)	reversibel; häufig bei akuten Formen
Typ II:	bihiläre Lymphadenopathie mit Lungenbefall (retikulonoduläre Lungenzeichnung)	
Typ III:	Lungenbefall ohne Lymphadenopathie	
Typ IV:	Lungenfibrose	irreversible Lungenfunktionsminderung

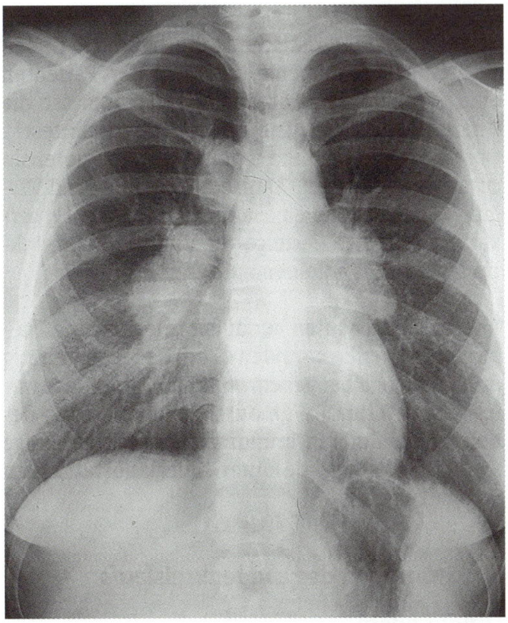

Abb. 3.**10 a** Sarkoidose II. Deutliche Vergrößerung der Hiluslymphknoten beidseitig und der Tracheobronchiallymphknoten rechts (bihiläre Adenopathie). Kaudal rechts bereits hilifugale streifige Ausläufer als Übergang der Sarkoidose I in die Sarkoidose II.

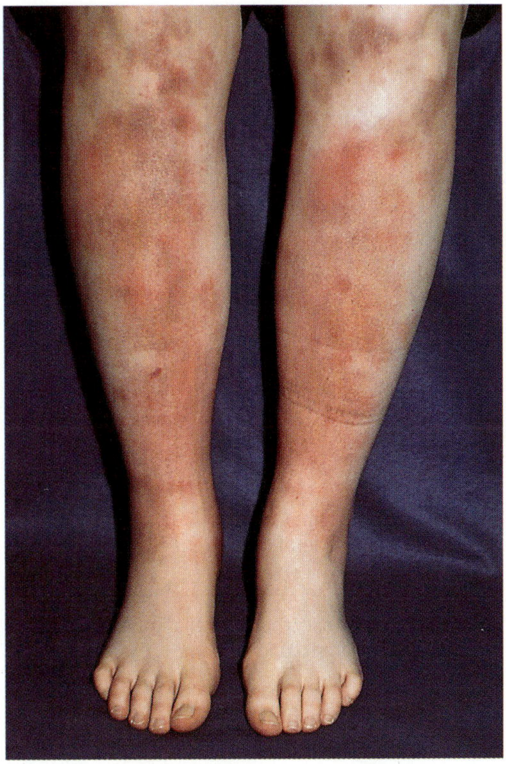

Abb. 3.**10 b** Klinisches Bild: Erythema nodosum bei akuter Sarkoidose (Löfgren-Syndrom).

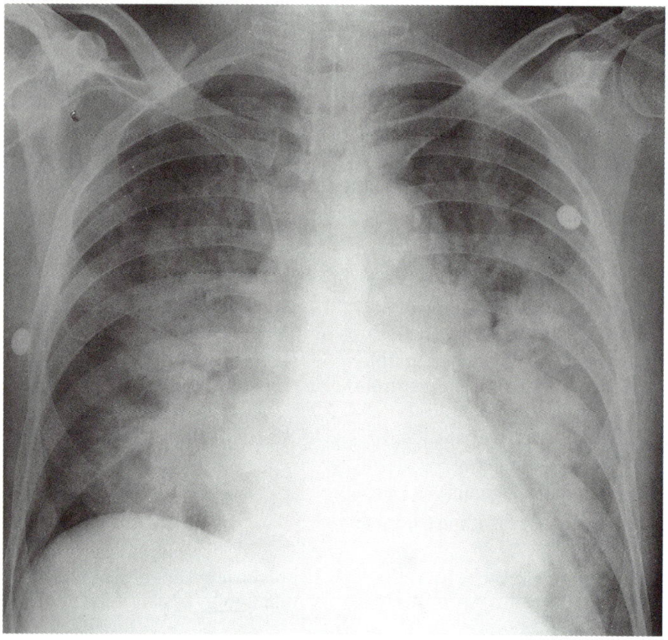

Abb. 3.**11 a** Intraalveoläres Lungenödem mit schmetterlingsartiger bilateraler, wolkig-flächiger Verschattung beider Lungen im Kernbereich.

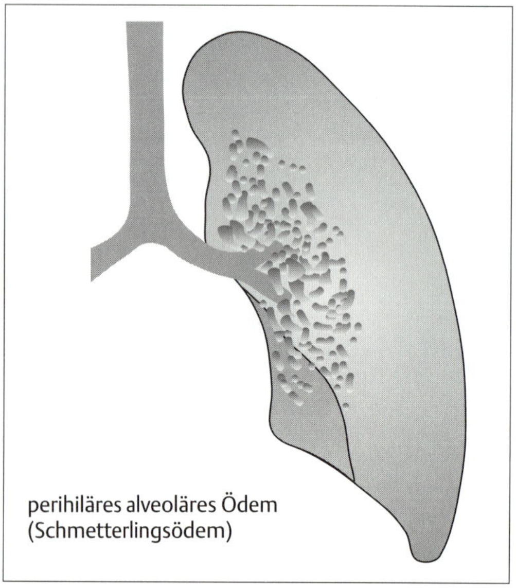

Abb. 3.**11 b** Schematische Darstellung der linken Lunge bei intraalveolärem Lungenödem.

Als charakteristische Laborbefunde finden sich eine Lymphopenie, bei 50% der Patienten eine Hypergammaglobulinämie. Typisch ist die Anergie der Haut (negativer Tuberkulintest!). Das im aktiven Stadium erhöhte ACE („angiotensin converting enzyme") kann zur Therapie- und Verlaufskontrolle dienen. Selten kann eine Hyperkalzämie infolge gesteigerter Vitamin-D-Produktion in den Granulomen auftreten.

Therapie. Bei akuten Verlaufsformen ist eine Therapie mit Kortikosteroiden in der Regel nicht nötig und wird auch bei der chronischen Sarkoidose nur in ausgewählten Fällen durchgeführt. Wegen der defekten zellulären Immunität empfehlen einige Autoren, die Steroide unter tuberkulostatischem Schutz zu geben.

Störungen des Lungenkreislaufs

Lungenödem

Definition. Ein Lungenödem ist durch einen pathologischen Übertritt von Flüssigkeit aus den Blutkapillaren in das Interstitium und den Alveolarraum gekennzeichnet (Abb. 3.**11 a, b**).

Ätiologie und Pathogenese. Ein Lungenödem tritt bei Störungen des Starling-Gleichgewichtes zwischen hydrostatischem und onkotischem Druck und der Gefäßpermeabilität auf. Bei einer Erhöhung des pulmonalen Kapillardruckes auf über 20 mmHg ist mit einem Lungenödem zu rechnen.

Die häufigste Ursache für eine Erhöhung des hydrostatischen Druckes in der Mikrozirkulation des kleinen Kreislaufes liegt in einer akuten Linksherzinsuffizienz, die sich oft in der Folge von Herzinfarkt und hypertensiven Entgleisungen entwikkelt. Ein verminderter onkotischer Druck (normal ca. 25 mmHg) liegt bei Hypalbuminämie oder als Folge einer Überwässerung bei Oligo-/Anurie vor. Allergische Reaktionen (anaphylaktischer Schock) und toxische Noxen (Giftgase, Magensaftaspiration, Bakterientoxine) bewirken eine erhöhte Permeabilität der Kapillarwände und können ebenfalls zum Lungenödem führen.

Klinik. Die Symptome und klinischen Zeichen werden vom Ausprägungsgrad des Lungenödems bestimmt. Zunächst entsteht ein Ödem im Interstitium der Lunge (interstitielles Lungenödem), das mit Dyspnoe und Tachypnoe einhergeht. Besonderes Augenmerk ist auf die Lageabhängigkeit der Beschwerden zu richten: der Patient verspürt in sitzender Haltung relative Erleichterung, während die Beschwerden sich im Liegen verschlimmern (Orthopnoe). Der Auskultationsbefund kann uncharakteristisch sein oder ein verschärftes Atemgeräusch zeigen. In einigen Fällen kommt es durch eine Schwellung der Bronchiolenwände zu Giemen (Asthma cardiale). Feuchte Rasselgeräusche treten erst auf, wenn Flüssigkeit in die terminalen Lufträume übertritt (alveoläres Lungenödem). In schwersten Fällen kann das Brodeln bereits ohne Stethoskop gehört werden, schaumiges Sputum wird produziert. Zyanose und Hypoxämie sind dann regelmäßig vorhanden.

Therapie. Beim Lungenödem handelt es sich um einen internistischen Notfall. Folgende **Sofortmaßnahmen** sind zu ergreifen:

- sitzende Lagerung,
- Sedierung,
- Sauerstoffzufuhr.

Bei kardialem Lungenödem wird zusätzlich eine Senkung der Vorlast durch Nitrate und Diuretika angestrebt; letztere sollten bei Polyglobulie jedoch nicht eingesetzt werden. Stattdessen kann in diesem Fall ein Aderlaß durchgeführt werden.

Besondere zugrundeliegende Ursachen sind dem jeweiligen Befund entsprechend zu behandeln (z.B. Senkung des Blutdruckes, Behandlung von Herzrhythmusstörungen, Dialyse, Eiweißsubstitution). Bei allergisch-toxischer Genese sind Kortikosteroide indiziert (nach Reizgasinhalation bereits prophylaktisch! Überwachung ist für mindestens 12 Stunden erforderlich).

Wenn die obengenannten Maßnahmen keine prompte Besserung erbringen, sollte mit einer Intubation und maschinellen Beatmung (Überdruckbeatmung) nicht gezögert werden.

Lungenembolie

Definition. Die Verschleppung eines Thrombus in die Pulmonalarterie bzw. deren Aufzweigungen wird als Lungenembolie bezeichnet.

Pathophysiologie. Das embolisierende Blutgerinnsel entstammt in 90% der Fälle dem Einzugsgebiet der unteren Hohlvene. Eine erhöhte Disposition zu Thrombose und Embolie besteht beim Zusammentreffen von drei Faktoren (Virchow-Trias):

- Strömungsverlangsamung,
- Aktivierung der Gerinnung,
- Schädigung der Gefäßwand.

Besonders gefährdet sind Patienten bei Immobilisation und in der postoperativen und postportalen Phase. Rechtsherzinsuffizienz, Varikose, Malignome und Infektionskrankheiten stellen weitere disponierende Faktoren dar.

Die Embolisation führt zu einer Obliteration des Gefäßlumens und zu Gefäß- und Bronchokonstriktion. Dies bedeutet eine akute Rechtsherzbelastung. Störungen des pulmonalen Gasaustausches, Myokardischämie und Linksherzversagen können folgen.

Klinik. Charakteristisch sind das plötzliche Einsetzen der Beschwerden sowie ein fast immer auftretender inspirationsabhängiger Schmerz im Thorax oder oberen Abdomen(!).

Kleine Lungenembolien können relativ blande mit mäßiger Atemnot und Tachykardie verlaufen. Massive Lungenembolien führen zu Dyspnoe, Zyanose und Blutdruckabfall (Schock). Der zentrale Venendruck (ZVD) und der Pulmonalarteriendruck sind erhöht. Ein thorakales Beklemmungsgefühl als Folge der (absoluten oder relativen) Myokardischämie kann auftreten. Anhand einfacher Parameter kann die Lungenembolie in verschiedene

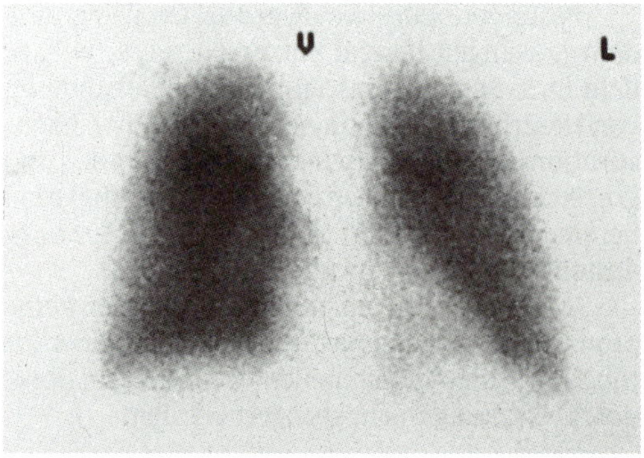

Abb. 3.**12a** Lungenperfusionsszintigramm (Ansicht von ventral): Normalbefund. Beide Lungenflügel zeigen eine homogene Belegung.

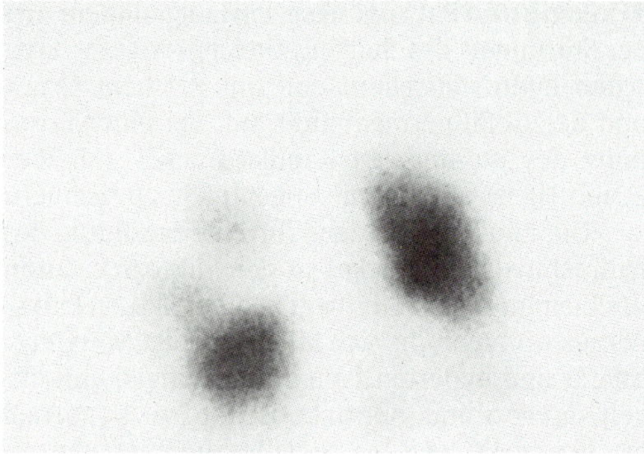

Abb. 3.**12b** Lungenperfusionsszintigramm (Ansicht von ventral): Lungenembolie. Multiple Perfusionsausfälle in beiden Lungenflügeln als Hinweis auf eine beidseitige Lungenembolie, rechts betont.

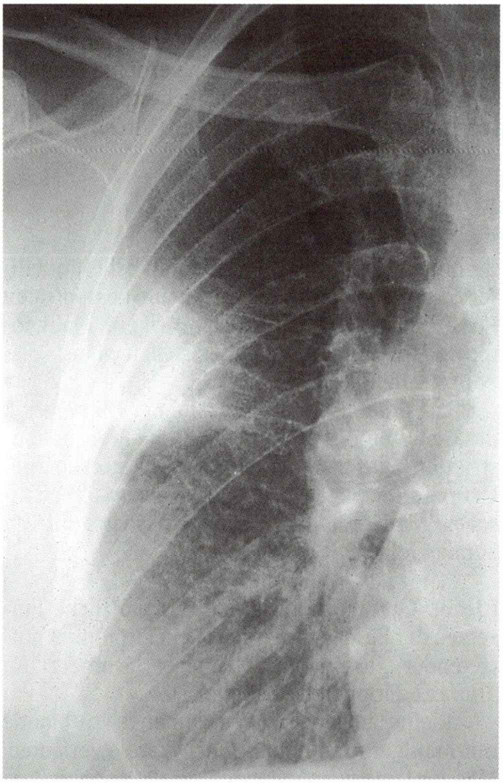

Abb. 3.**12c** Röntgen: Teilaufnahme der rechten Lunge bei Lungeninfarkt. Typische keilförmige Konfiguration des Lungeninfarktes, welcher mit seiner Basis der Pleura breit aufsitzt.

Schweregrade eingeteilt werden, die prognostische und therapeutische Relevanz haben (Tab. 3.**6**):

Tabelle 3.**6** Schweregrade der Lungenembolie

Schweregrad	Blutdruck	P_aO_2	Therapie
I	normal	normal	Heparin
II	normal	< 80 mmHg	Heparin
III	erniedrigt	< 70 mmHg	Lyse
IV	Schock	< 60 mmHg	Lyse

Nur in der Hälfte der Fälle hat die Embolie einen Lungeninfarkt zur Folge (Abb. 3.**12c**). Zumindest bei kleineren Embolien und regelrechter linksventrikulärer Funktion reicht die Perfusion über die Aa. bronchiales zur Ernährung des Parenchyms aus. Der sonst einsetzende hämorrhagische Infarkt manifestiert sich durch blutiges Sputum und starke atemabhängige Schmerzen. Ein hämorrhagischer Pleuraerguß tritt auf, wenn der Infarkt die Pleura erreicht. Infarzierte Bezirke disponieren zur Entwicklung einer Infarktpneumonie und eines Lungenabszesses.

Rezidivierende Mikroembolien können bei weitgehender Symptomlosigkeit der Einzelepisoden zu allmählich sich entwickelnder Rechtsherzdekompensation führen.

Massive Lungenembolien können angiographisch gesichert werden (DSA, ggf. Pulmonalisangiographie). Die Perfusionsszintigraphie der Lungen hat sich zum Nachweis peripherer Perfusionsausfälle bewährt (Abb. 3.**12a, b**).

Therapie. Halbsitzende Lagerung, Sedierung und Analgesie. O_2-Zufuhr (Nasensonde, ggf. Beatmung), Schockbehandlung. Bei fehlenden Kontraindikationen Lysetherapie bei Schweregrad III und IV, sonst Vollheparinisierung.

Bei Versagen aller konservativen Maßnahmen kann als letzte Maßnahme eine operative Embolektomie (Trendelenburg-Operation) erwogen werden, deren Letalität jedoch bei 30–50% liegt.

Wegen der hohen Rezidivgefahr (ca. 30%) wird eine Heparinbehandlung mit anschließender oraler Antikoagulanzientherapie (z.B. Markumar) durchgeführt. Auslösende Faktoren, soweit beeinflußbar, sind zu beseitigen (Varizentherapie, Mobilisation, Antiemboliestrümpfe etc.).

Nur ca. 25% der Fälle zeigen klinische Symptome einer tiefen Beinvenenthrombose vor dem Auftreten einer Lungenembolie.

Cor pulmonale

Definition. Als Cor pulmonale wird eine Hypertrophie und/oder Dilatation des rechten Ventrikels bezeichnet, die als Folge einer primären Widerstandserhöhung im kleinen Kreislauf auftritt.

Pathogenese. Die Widerstandserhöhung im Lungenkreislauf kann durch verschiedene Mechanismen hervorgerufen werden, die beim einzelnen Patienten in individueller Gewichtung nebeneinander vorliegen können:

- Parenchymverlust mit Untergang von Kapillaren (irreversibel),
- Euler-Liljestrand-Reflex: Vasokonstriktion als Folge alveolärer Hypoventilation (potentiell reversibel),
- Gefäßobstruktion.

Gefäßobstruktionen werden meist durch rezidivierende Mikroembolien verursacht, selten liegt eine primäre Pulmonalsklerose oder eine Vaskulitis vor (Cor pulmonale vasculare). Lungenparenchymerkrankungen können durch Kapillarverlust und Vasokonstriktion zum Cor pulmonale führen (Cor pulmonale parenchymale). Extrapulmonale Erkrankungen können ebenfalls auslösend wirken, wenn die alveoläre Ventilation in erheblichem Maße beeinträchtigt wird (z.B. Pleuraschwarte, Thoraxdeformitäten etc.).

Klinik. Die Symptomatik des Cor pulmonale hängt vom Grad der pulmonalen Widerstandserhöhung und von der kardiopulmonalen Funktionsreserve ab. In Anfangsstadien kann sie sehr diskret sein und sich nur als Belastungsdyspnoe mit Sinustachykardie manifestieren. Das Vollbild ist gekennzeichnet durch Dyspnoe, Zyanose und die Zeichen der Rechtsherzdekompensation (Beinödeme, Halsvenenstauung, Stauung der Lebervenen etc.).

Im Röntgenbild zeigt sich ein prominenter Pulmonalisbogen und ein Kalibersprung der Lungengefäße (peripher fehlende Gefäßzeichnung). Das vergrößerte rechte Herz füllt in der Seitaufnahme den Retrosternalraum aus.

Als Zeichen der Rechtsherzbelastung können sich im EKG finden:

- Drehung der Herzachse nach rechts (Indifferenz-, Steil- bis Rechtstyp), Sagittalstellung (S_I/Q_{III}- oder $S_I/S_{II}/S_{III}$-Typ)
- P dextroatriale (P in II $\geq 0{,}25$ mV)
- Rechtsherzhypertrophie: R in $V_1 > 0{,}7$ mV, tiefes S in V_6 (spiegelbildlich). Sokolow-Index: $R_{V1} + S_{V5} \geq 1{,}05$ mV
- Rechtsventrikuläre Repolarisationsstörungen (ST-Senkung, T-Negativierung in $V_{1/2}$).

Prognose. Sie ist bei sehr hohen Pulmonalarteriendrucken (v. a. bei vaskulären Formen) und nach einmal eingetretener Rechtsherzdekompensation sehr schlecht: zwei Jahre nach der ersten Dekompensation leben nur noch 30% der Patienten!

Therapie. Bei einem Cor pulmonale hat sich die Behandlung daran zu orientieren, daß organische Einengungen der Lungenstrombahn (Gefäßverlust und -obstruktion) weitgehend irreversibel sind und diese Komponenten nur präventiv zu beeinflussen sind (rezidivierende Lungenembolien: Antikoagulanzien, Kava-Schirm oder -Ligatur; chronisch-obstruktive Lungenerkrankungen: konsequente Behandlung zur Verhinderung weiterer Parenchymverluste). Neuerdings wird eine operative Desobliteration der Pulmonalgefäße bei chronischer thromboembolischer pulmonaler Hypertonie erfolgreich eingesetzt (pulmonale Thrombendarteriektomie).

Eine funktionelle Einengung des Lungengefäßbettes (Vasokonstriktion) kann durch eine Verbesserung der alveolären Ventilation positiv beeinflußt werden (Sauerstoffgabe, ggf. Beatmung;

konsequente Behandlung chronisch-obstruktiver Lungenerkrankungen). Zusätzlich kann der Versuch einer medikamentösen Drucksenkung unternommen werden (Nitrate, Kalziumantagonisten vom Nifedipin-Typ, Theophyllin).

Im Falle der rechtsventrikulären Dekompensation sind körperliche Schonung (Bettruhe) mit Thromboseprophylaxe, Diuretika und ACE-Hemmer angezeigt. Herzglykoside sollten, wenn überhaupt, nur sehr vorsichtig eingesetzt werden (Arrhythmiegefahr).

Neoplasien der Lunge

Die häufigsten Tumoren in der Lunge sind Metastasen von Neoplasien aus anderen Organen. Im folgenden sollen die primären Tumoren der Lunge besprochen werden.

Epitheliale Lungentumoren

Bronchialkarzinom

Das Bronchialkarzinom nimmt in den Statistiken der Krebsmorbidität und -mortalität die erste Stellung ein; 25% aller Karzinome sind Bronchialkarzinome. Im Erkrankungsfall beträgt die durchschnittliche Lebenserwartung weniger als ein Jahr, die 5-Jahres-Überlebensrate aller Patienten liegt um 5%.

Ätiologie. 90% aller Patienten mit einem Bronchialkarzinom sind Zigarettenraucher. Das Erkrankungsrisiko steigt dosisabhängig mit der Zahl der gerauchten Zigaretten und ist nach einem 20jährigen Konsum von zwei Schachteln pro Tag 60- bis 70mal so hoch wie das Risiko eines Nichtrauchers.

Pathologie. Histopathologisch können die Bronchialkarzinome verschiedenen Typen zugeordnet werden. Unter klinisch-praktischen Gesichtspunkten ist die Unterscheidung in kleinzellige und nichtkleinzellige Bronchialkarzinome entscheidend. *Kleinzellige Bronchialkarzinome* weisen in der Regel bei Diagnosestellung bereits (Mikro-)Metastasen auf und sind sensibel für Chemo- und Strahlentherapie. *Nichtkleinzellige Bronchialkarzinome* (Plattenepithel-, Adeno-, großzelliges Karzinom u.a.) hingegen können in frühen Stadien kurativ resektabel sein. Sie sprechen jedoch kaum auf Chemotherapeutika an.

Klinik. Die Frühsymptome des Bronchialkarzinoms sind uncharakteristisch, ca. 5–15% werden zufällig durch eine Röntgenaufnahme entdeckt. Asthma und Bronchitis mit kurzer Anamnese, therapieresistente Erkältungen und (evtl. blutiger) Auswurf sind besonders bei einem Patienten über 40 Jahre mit Raucheranamnese karzinomsuspekt.

Endobronchiales Wachstum kann zu Dyspnoe, Atelektase, Retentionspneumonie und blutigem Auswurf führen.

Rekurrens- und Phrenikusparese, Horner-Syndrom, segmentale Thoraxschmerzen und (insbesondere hämorrhagischer) Pleuraerguß sind Folgen des lokalen Tumorwachstums und gelten als Zeichen der Inoperabilität.

Ein lokal infiltrierendes Bronchialkarzinom an der Lungenspitze wird als *Pancoast-Tumor* bezeichnet. Charakteristische Symptome sind: Schädigung des Halssympathikus (Horner-Syndrom: Miosis, Ptosis, Enophthalmus); Plexusneuralgie (insbes. C 8), Interkostalneuralgie (Th 1,2), Destruktion der ersten Rippe und Armschwellung infolge von Lymph- und Venenstauung.

Bronchialkarzinome können lymphogen und hämatogen in alle Organe des Körpers metastasieren. Knochen, Knochenmark, Gehirn und Leber sind die wichtigsten Lokalisationen.

In bis zu 30% der Fälle gehen Bronchialkarzinome mit einem *paraneoplastischen Syndrom* einher, das auch als erstes Symptom auf die Krankheit hindeuten kann. Die möglichen Manifestationen sind vielfältig und umfassen die ektope Produktion von Peptidhormonen (PTH, ADH, ACTH), eine hypertrophe Osteoarthropathie (Trommelschlegelfinger und periostale Proliferation), neurologisch-myopathische Symptome (z.B. Lambert-Eaton-Syndrom) und Gerinnungsstörungen (z.B. migratorische Thrombophlebitis).

Anamnese, körperliche Untersuchung und/ oder Röntgenbild (Abb. 3.**13 a, b, c**) liefern eine Verdachtsdiagnose, die durch Biopsien zu sichern und histologisch zuzuordnen ist.

Prognose und Therapie orientieren sich am histologischen Typ und am Ausbreitungsstadium. Dieses wird durch eine Reihe von Zusatzuntersuchungen bestimmt, z.B. Mediastinoskopie, Computertomographie des Thorax und des Schädels, Oberbauchsonographie und Skelettszintigraphie. Beim kleinzelligen Karzinom sollte auch eine Knochenmarkbiopsie durchgeführt werden.

Therapie. Eine chirurgische Therapie verspricht nur bei nichtkleinzelligen Tumoren mit begrenz-

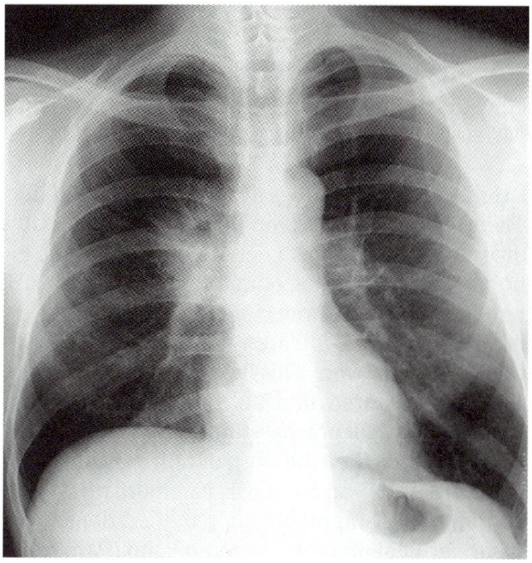

Abb. 3.**13 a** Zentrales Bronchialkarzinom. Tumoröse Verbreiterung des rechten Hilus, so daß die Gefäßstrukturen nicht mehr abgrenzbar sind.

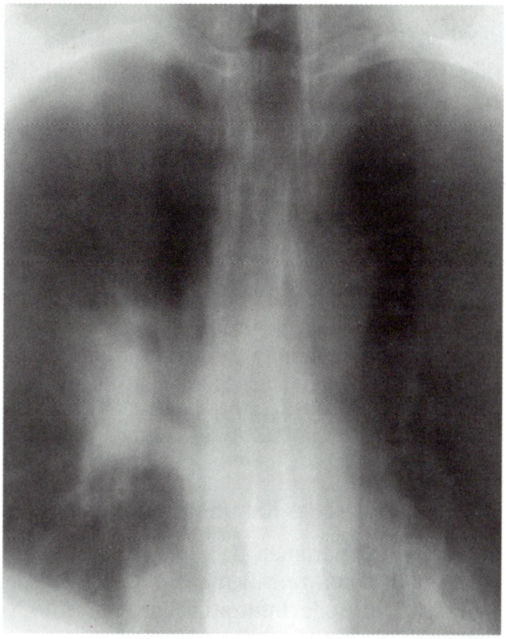

Abb. 3.**13 b** Schichtaufnahme der rechten Lunge, welche den paravertebralen Tumorkernschatten des Bronchialkarzinoms deutlicher darstellt.

ter Ausbreitung Aussicht auf Erfolg. Symptomatische Fernmetastasen können bestrahlt werden. Von einer Chemotherapie sind keine oder nur minimale Wirkungen zu erwarten.

Kleinzellige Bronchialkarzinome werden in der Regel einer Chemotherapie zugeführt (ACO-Schema, ACE-Schema). Die Remissionsraten liegen bei 90%, das mediane Überleben wird durch die Chemotherapie von 6–17 Wochen auf 40–70 Wochen verlängert. Selten kann eine Lebensspanne von mehr als drei Jahren erreicht werden. Im Falle der Vollremission sollte eine Bestrahlung des Schädels angeschlossen werden, da kleinzellige Bronchialkarzinome in 10% der Fälle Hirnmetastasen entwickeln und die Blut-Hirn-Schranke eine ausreichende Wirkung systemisch applizierter Chemotherapeutika verhindert.

Zigarettenrauchen ist die Ursache von ca. 85% aller Bronchialkarzinome. Das vermehrte Vorkommen von Zweittumoren (Lippen, Mund, Pharynx, Larynx, Ösophagus) sollte der Zahnarzt bei entsprechender Anamnese beachten.

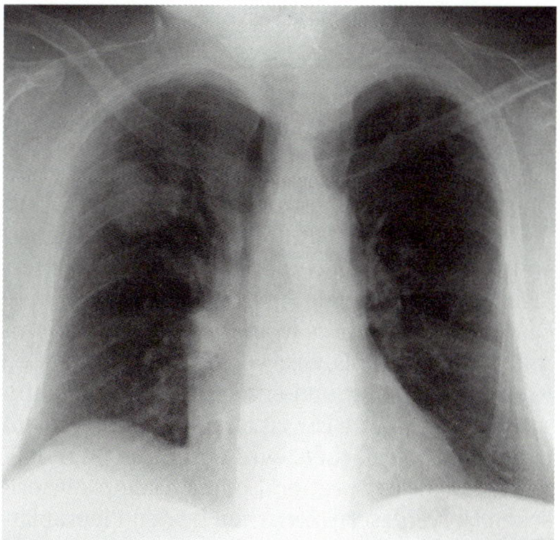

Abb. 3.**13 c** Peripheres Bronchialkarzinom im rechten Oberlappen: 4 cm großer Rundherd mit streifigen Ausläufern zur Thoraxwand.

Bronchialadenom

Dieser gutartige Tumor führt durch allmähliche Obliteration des Bronchiallumens zu Sekretretention und rezidivierenden Pneumonien; Bronchiektasen können die Folge sein. Schließlich kann sich eine Atelektase ausbilden.

Karzinoid

Karzinoide entstammen Zellen des APUD-Systems (peripherer endokriner Anteil des Nervensystems). Bei Freisetzung von Serotonin und anderen Mediatoren treten Bronchokonstriktion, Blutdruckabfall, Schweißausbruch und Diskoloration der Haut auf.

Adenoid-zystisches Karzinom (Zylindrom)

Diese den Zylindromen der Speicheldrüsen ähnelnden Tumoren zeichnen sich durch ihre Neigung zu perineuraler Infiltration und eine schlechte Prognose aus.

Mesenchymale Lungentumoren

Mesenchymale Lungentumoren sind selten. Neben Chondromen können Fibrome, Lipome und Osteome auftreten. Pulmonale Sarkome sind eine Rarität.

Krankheiten der Pleura

Struktur und Funktion der Pleura

Die Pleura besteht aus einer einschichtigen Lage flacher Mesothelzellen, die von einer Bindegewebsschicht mit Blut- und Lymphgefäßen unterlagert ist. Die parietale Pleura überzieht die innere Oberfläche der Thoraxwand, des Mediastinums und des Zwerchfells, wird von Gefäßen des großen Kreislaufs versorgt und enthält reichlich somatosensorische Fasern. Die viszerale Pleura überzieht die Lungenoberflächen, wird durch den pulmonalen Kreislauf versorgt und enthält keine sensorischen Nervenfasern. Zwischen beiden Pleurablättern befindet sich ein kapillärer Verschiebespalt, in dem entsprechend der elastischen Retraktionskraft der Lungen ein negativer Druck herrscht. Der Pleuraspalt enthält 10–30 ml Flüssigkeit, die pro Stunde zu 35–75% erneuert wird. Die Flüssigkeit wird weitgehend an der parietalen Pleura produziert und an der viszeralen Pleura resorbiert, ca. 90% davon über die Lymphbahnen.

Pleuraerguß

Definition. Unter einem Pleuraerguß versteht man eine Ansammlung von Flüssigkeit zwischen Pleura parietalis und Pleura visceralis (Abb. 3.**14 a, b**).

Ätiologie und Pathogenese. Entsprechend der Theorie von Starling kann eine Erhöhung des hydrostatischen Druckes (z. B. Herzinsuffizienz), eine Verminderung des onkotischen Druckes (z. B. nephrotisches Syndrom) und eine vermehrte Permeabilität der Kapillaren (Entzündungen) das Gleichgewicht von Flüssigkeitsproduktion und -resorption stören und zu einer Flüssigkeitsansammlung im Pleuraspalt führen. Weitere wichtige Ursachen stellen die Obstruktion der Lymphgefäße (z. B. bei Lymphangiosis carcinomatosa) und abdominelle Erkrankungen dar, bei denen ein pleuraler Begleiterguß auftreten kann (Pankreatitis, subphrenischer Abszeß).

Klinik. Die Symptomatik beim einzelnen Patienten wird häufig von der Grundkrankheit dominiert. Ein kleiner Pleuraerguß kann asymptomatisch sein. Bei großer Ausdehnung führt er zu Dyspnoe und verminderter Atemexkursion auf der erkrankten Seite. Gedämpfter Klopfschall, verminderter Stimmfremitus und abgeschwächtes Atemgeräusch sind charakteristische Befunde.

Bei entzündlicher Genese (Infektionen, Kollagenosen) kann eine Phase mit heftigen atemabhängigen Thoraxschmerzen der Ergußbildung vorausgehen. Die Erhöhung der Kapillarpermeabilität führt zu Fibrinauflagerungen auf die normalerweise spiegelnd glatte Pleura (Pleuritis sicca). Stechende, gut lokalisierbare Schmerzen, die den Patienten zur Schonatmung zwingen, und ein trockenes atemabhängiges Reibegeräusch sind die Folge. Beides verschwindet in der Regel mit zunehmender Ergußbildung.

Radiologisch zeigt sich der Erguß als eine Verschattung, die zunächst im Zwerchfell-Rippen-Winkel auftritt und bei zunehmender Ergußmenge charakteristischerweise zur seitlichen Pleura hin ansteigt. Die Vorteile der Sonographie liegen darin, daß die Ergußmenge annähernd bestimmt werden kann und Hinweise auf die Zusammensetzung des Ergusses gewonnen werden können.

Differentialdiagnose. Durch eine Pleurapunktion kann bestimmt werden, ob es sich bei dem Erguß um ein Transsudat oder ein Exsudat handelt (Tab. 3.**7**).

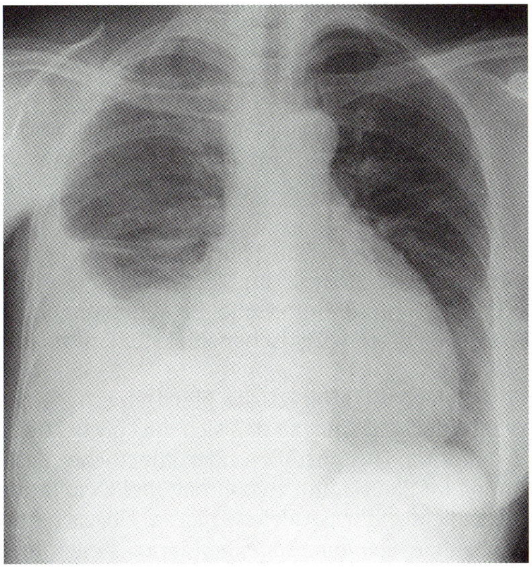

Abb. 3.**14 a** Pleuraerguß rechts: Homogene Verschattung im rechten Unterfeld mit meniskusartigem Anstieg der Ergußflüssigkeit ins rechte Oberfeld bis in die Pleurakuppe. Waagerechte Einstrahlung in den kleinen Lappenspalt zwischen Ober- und Mittellappen.

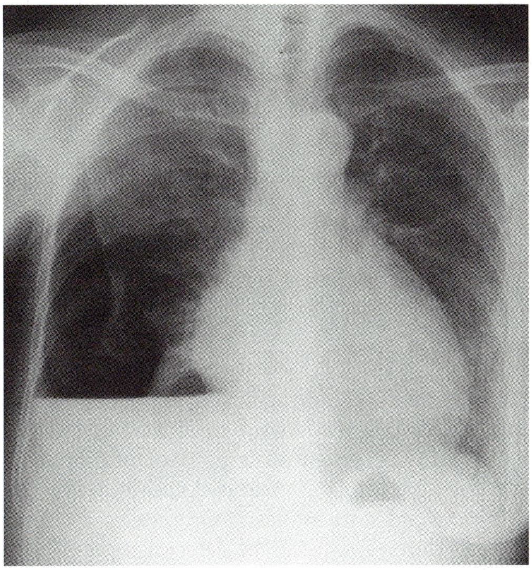

Abb. 3.**14 b** Seropneumothorax rechts: Nach Punktion Kollaps der rechten Lunge, die nur noch in der Pleurakuppe fixiert ist. Typisches waagerechtes Einstellen der Ergußflüssigkeit, da beim Seropneumothorax die Adhäsivkräfte im Pleuraspalt, welche den sonst meniskusartigen Ergußverlauf bedingen, verlorengegangen sind.

Tabelle 3.**7** Lungenpunktion beim Pleuraerguß

	Transsudat	**Exsudat**
Transparenz	klar	trüb
Farbe	bernsteinfarben	bernsteinfarben oder hämorrhagisch
Spezifisches Gewicht	< 1016	> 1016
Eiweißgehalt	< 3 g/dl	> 3 g/dl
LDH	< 200 IU/l	> 200 IU/l

Transsudate finden sich bei Herzinsuffizienz (am häufigsten) und bei Hypalbuminämie. Handelt es sich bei dem Erguß hingegen um ein Exsudat, so liegt meist eine entzündliche oder tumoröse Genese vor. Bei allen Pleurapunktaten sollten eine Gramfärbung, eine Färbung auf säurefeste Stäbchen, Bakterienkulturen und zytologische Untersuchungen durchgeführt werden.

Das Überwiegen polymorphkerniger Leukozyten spricht für eine bakterielle Infektion, während Lymphozyten den Verdacht auf eine Tuberkulose lenken. Ein hämorrhagischer Pleuraerguß kann von einem Trauma, Malignom oder von einem Lungeninfarkt herrühren; in Einzelfällen können jedoch auch Herzinsuffizienz und Infektionen zu serosanguinösen Ergüssen führen. Ein chylöser Erguß (Triglyzeride $>$ 110 mg/dl) deutet auf eine Obstruktion oder Ruptur des Ductus thoracicus hin und tritt bei Malignomen und nach Traumen auf.

Bei einem Exsudat mit unklarer Diagnose ist eine Pleurabiopsie indiziert. Hilfreich ist sie vor allem bei der Tuberkulose und bei Malignomen. Selten ist eine Thorakoskopie nötig, um die Diagnose zu sichern.

Komplikationen. Die Infektion eines Pleuraergusses oder ein eitriger Pleuraerguß wird als Empyem bezeichnet. Die schnelle Entleerung des Eiters und systemische Antibiotikagabe sind hier entscheidend.

Therapie. Therapie der Grundkrankheit. Bei therapeutischen Punktionen sollten nicht mehr als 1000 bis 1500 ml entleert werden, um ein Entlastungsödem der Lunge zu vermeiden.

Pneumothorax (s. auch S. 351 ff)

Definition. Das Eindringen von Luft in den Pleuraraum wird als Pneumothorax bezeichnet (Abb. 3.**15**). Bei einem äußeren Pneumothorax findet die Kommunikation zum Pleuraraum über die Thoraxwand statt, während ein innerer Pneumothorax durch einen Defekt der Lungenoberfläche hervorgerufen wird.

Ätiologie. Durch Traumen kann sowohl ein äußerer als auch ein innerer Pneumothorax verursacht werden.

Spontan kann sich ein Pneumothorax beim Platzen eines überblähten Lungenbläschens entwickeln. Dies tritt gelegentlich ohne erkennbare Vorschädigung der Lunge auf, meist bei Männern zwischen 20 und 40 Jahren *(einfacher spontaner Pneumothorax)*. Häufiger liegt jedoch eine chronisch-obstruktive Atemwegserkrankung zugrunde *(sekundärer spontaner Pneumothorax)*. In Abhängigkeit von der Vorschädigung und Einschränkung der pulmonalen Funktionsreserve ist die Ruptur einer Emphysemblase potentiell lebensgefährlich.

Pathophysiologie. Beim Eintreten von Luft wird der negative Druck im Pleuraspalt (−4 bis −5 cmH_2O in Atemmittellage) aufgehoben, die Lunge folgt ihren elastischen Rückstellkräften und kollabiert.

Gelegentlich bildet die Eintrittspforte einen Ventilmechanismus, so daß sich die Luft bei tiefer Inspiration, Hustenstößen oder künstlicher Beatmung im Pleuraraum ansammelt, bei Exspiration aber nicht mehr entweichen kann. Der sich entwickelnde *Spannungspneumothorax* stellt einen medizinischen Notfall dar: wenn der Druck im Pleuraraum 15 bis 20 cmH_2O erreicht, wird das Mediastinum verlagert und der venöse Rückstrom zum Herzen abgedrückt.

Klinik. Leitsymptom ist der akut einsetzende Thoraxschmerz mit darauffolgender Atemnot. Die geschädigte Seite zeigt verminderte Atemexkursionen, einen hypersonoren Klopfschall und abgeschwächtes bzw. aufgehobenes Atemgeräusch.

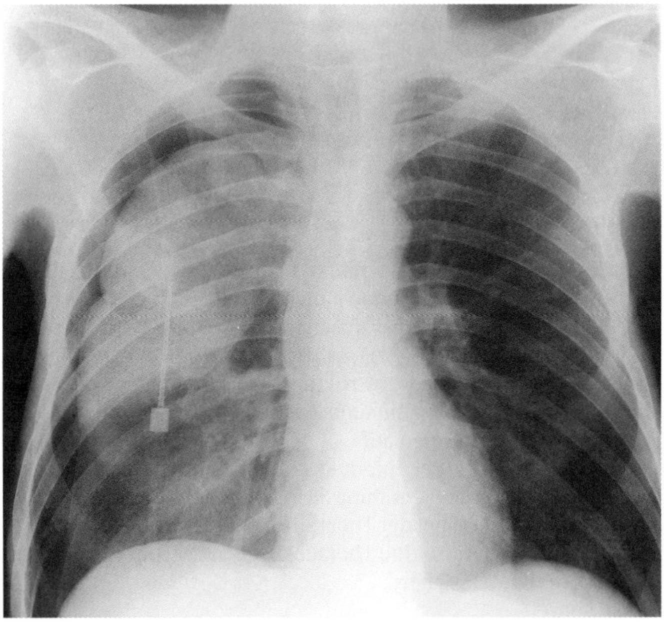

Abb. 3.**15** Mantelpneumothorax der rechten Lunge nach Legen eines zentralen Venenkatheters über die rechte V. subclavia. Einschleierung des rechten Oberlappens und, durch eine Kerbe getrennt, auch des rechten Mittellappens als Hinweis auf eine zusätzliche Entzündung im Ober- und Mittellappen.

Im Röntgenbild (Abb. 3.**15**) zeigt sich die Luft im Pleuraraum als gefäßfreies strahlentransparentes Band, welches nach außen durch den Schatten der Thoraxwand und nach innen durch die Kontur der zusammengeschnorrten Lunge begrenzt wird.

Therapie. Traumatische Läsionen werden chirurgisch versorgt. Beim Spontanpneumothorax ist das Vorgehen abhängig von der Schwere des Befundes und der Vorschädigung der Lunge. Kleine Luftmengen resorbieren sich spontan, bei größeren Luftmengen und/oder eingeschränkter pulmonaler Funktionsreserve wird eine Saugdrainage (z. B. Monaldi-Drainage) angelegt.

Bei einem Spannungspneumothorax muß der Überdruck sofort entlastet werden.

Tumoren der Pleura

Die meisten neoplastischen Prozesse an der Pleura sind Metastasen. Der wichtigste primäre Tumor ist das **Pleuramesotheliom.**

Ätiologie. Circa 80% aller Mesotheliome sind mit einer früheren Asbestexposition assoziiert, die relativ kurz sein kann (1 – 2 Jahre) und meist 30 – 35 Jahre zurückliegt. Im Gegensatz zum Bronchialkarzinom erhöht Nikotingenuß das Risiko für diese Tumorart nicht.

Das Mesotheliom ist in Deutschland das häufigste berufsbedingte Krebsleiden. Mit einer weiteren Zunahme der Erkrankung wird gerechnet. Bis zum Beweis des Gegenteils ist jedes Mesotheliom als asbestbedingt anzusehen.

Klinik und Verlauf. Das Pleuramesotheliom ist ein hochmaligner Tumor, der meist in weniger als einem Jahr zum Tode führt. Dyspnoe, anhaltender dumpfer Thoraxschmerz und Husten führen den Patienten zum Arzt. Häufig findet sich ein hämorrhagischer Pleuraerguß. Während der Nachweis maligner Zellen in der Ergußflüssigkeit oder in der Pleurabiopsie meist gelingt, kann die Abgrenzung gegen eine pleurale Metastase eines anderen Primärtumors erhebliche Schwierigkeiten bereiten und zur Durchführung einer offenen Pleurabiopsie zwingen. Der Tod tritt gewöhnlich als Folge der lokalen Infiltration ein, wenngleich 50% der Pleuramesotheliome metastasieren.

Therapie. Sie beschränkt sich meist auf palliative Maßnahmen.

Krankheiten des Mediastinums

Mediastinitis

Ätiologie. Eine akute Mediastinitis ist meist die Folge einer Ausbreitung von Eiterprozessen aus benachbarten Körperregionen (z. B. Rachenraum). Zur Kontamination des Mittelfells kann jedoch auch eine Ruptur des Ösophagus durch massives Erbrechen (Boerhaave-Syndrom) und eine tumorbedingte oder iatrogene Perforation von Ösophagus und Trachea führen.

Klinik. Die Krankheit beginnt akut und dramatisch mit starken retrosternalen Schmerzen, Fieber, Schüttelfrost und schwerem Krankheitsgefühl. Im Röntgenbild zeigen sich eine Verbreiterung des Mediastinums und oft auch Gasansammlungen im Mediastinum und in den Weichteilen sowie ein Pneumo- oder Hydrothorax.

Therapie. Eine umgehende chirurgische Sanierung ist entscheidend, daneben werden Antibiotika in hoher Dosierung gegeben. Die Mortalität liegt jedoch selbst bei optimaler Therapie bei 25%.

Mediastinalemphysem

Ätiologie. Ein spontanes Mediastinalemphysem kann sich nach plötzlichem intrathorakalen Druckanstieg (z. B. Husten), bei Asthmaanfällen u. a. ausbilden. Von der geschädigten Alveole kann sich die Luft durch das Interstitium der Lunge über den Hilus zum Mediastinum fortleiten. Auch Traumen und tumorbedingte oder iatrogene Fistelbildungen der Tracheal- und Ösophaguswand können zum Pneumomediastinum führen.

Klinik. Retrosternaler Schmerz und Dyspnoe sind die typischen Symptome, die jedoch auch fehlen können. Daneben kann ein subkutanes Emphysem bestehen. Eine Rezidivgefahr besteht im Gegensatz zum spontanen Pneumothorax nicht.

Therapie. Symptomatisch.

Mediastinaltumoren

Ätiologie. Beim Erwachsenen werden 60% aller mediastinalen Raumforderungen durch neurogene Tumoren, Thymome und Zysten verursacht. Lymphome und Keimzelltumoren machen weitere 25% aus.

Klinik. Mindestens die Hälfte der mediastinalen Raumforderungen sind asymptomatisch (und dann in 90% benigne). Symptome entstehen meist durch lokale Tumorkompression oder Infiltration angrenzender Strukturen: Husten, Dyspnoe, Dysphagie, obere Einflußstauung, Heiserkeit (Rekurrensschädigung), Horner-Syndrom (Sympathikusgrenzstrang), Kompression des Rückenmarks.

Die histologische Untersuchung einer geeigneten Gewebeprobe ist anzustreben.

Therapie. Die chirurgische Entfernung ist in den meisten Fällen zu empfehlen. Ausnahmen bilden Lymphome und andere Systemerkrankungen.

4 Krankheiten der Verdauungsorgane

N. van Husen, A. Horn und H. Wagner

Krankheiten der Speiseröhre

Anatomie und Physiologie. Die Speiseröhre (Ösophagus) ist ein muskulöser Schlauch von ca. 25 cm Länge, der zur Beförderung der Nahrung vom Rachen in den Magen dient. Er beginnt am unteren Rand des Ringknorpels und endet nach Durchtritt durch das Zwerchfell an der Kardia des Magens (Pars cervicalis, thoracica und abdominalis). Von großer klinischer Bedeutung ist die Verbindung der Venenplexus des Ösophagus zum Stromgebiet der V. portae im Bauchteil. Druckerhöhungen im Pfortaderkreislauf können durch diese portokavale Anastomose zur Ausbildung von Krampfadern in der Speiseröhre führen (Ösophagusvarizen, S. 70 f).

Beim Transport der Speise schließt sich an den willkürlich steuerbaren Schluckakt eine reflektorische Kontraktionswelle der Ösophagusmuskulatur an. Komplexe Verschlußmechanismen am Anfang und Ende des Ösophagus verhindern einen pathologischen Reflux des Mageninhalts („oberer und unterer Ösophagussphinkter").

Ösophagusdivertikel

Definition. Als Divertikel bezeichnet man Ausstülpungen der Ösophaguswand. *Traktionsdivertikel* im mittleren Teil des Ösophagus sowie *epiphrenische Divertikel* sind überwiegend ohne klinische Bedeutung. Von Relevanz ist das *Zenker-Divertikel*, das in der muskelschwachen Hinterwand des Hypopharynx auftritt und somit strenggenommen nicht dem Ösophagus zuzuordnen ist. Eine Besprechung an dieser Stelle ist jedoch wegen der engen anatomisch-funktionellen Beziehungen zum Ösophagus und zum Nahrungstransport sinnvoll.

Nicht zu verwechseln mit diesen Divertikeln ist die *diffuse intramurale Divertikulose*. Sie ist Folge einer Aufweitung der tiefen Ösophagusdrüsen und kann zu einer chronischen Kandidiasis sowie zur Ausbildung einer Ösophagusstriktur führen.

Klinik. Zenker-Divertikel können asymptomatisch sein und zufällig entdeckt werden. Charakteristische Symptome sind Mundgeruch durch Fäulnisprozesse sowie der Reflux von Speichel und Speiseresten. Die Regurgitation der teils Tage vorher aufgenommenen und nicht gesäuerten Speisen tritt besonders bei flacher Lagerung (z. B. im Schlaf) auf mit der Gefahr der Aspirationspneumonie. Bei entsprechender Größenzunahme des mit Speiseresten gefüllten Divertikels treten Schluckbeschwerden (Dysphagie) auf bis hin zum vollständigen Verschluß des Ösophagus.

Diagnose. Die Diagnose eines Ösophagusdivertikels und eines Zenker-Divertikels gelingt durch eine Röntgenkontrastuntersuchung (Abb. 4.**1**) oder endoskopisch (Perforationsgefahr!).

Therapie. Die Therapie eines symptomatischen Zenker-Divertikels besteht in der operativen Durchtrennung des M. cricopharyngeus (krikopharyngeale Myotomie), gegebenenfalls mit Resektion des Divertikels.

Große Ösophagusdivertikel können – insbesondere bei flacher Körperlage, wie z. B. auf dem Zahnarztstuhl – zu einer spontanen Regurgitation führen. Durch Fäulnis im Divertikel kann ein Foetor ex ore entstehen.

Achalasie

Definition. Als Achalasie bezeichnet man die mangelnde Öffnungsfähigkeit des unteren Ösophagussphinkters beim Schluckakt aufgrund einer defekten Innervation (Degeneration des Plexus myentericus).

Klinik. Die Patienten klagen über eine langsam zunehmende Dysphagie, die charakteristischer-

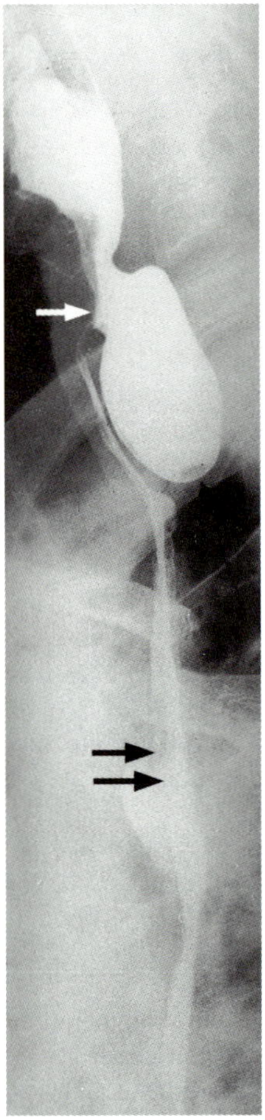

Abb. 4.1 Röntgenkontrastuntersuchung des Ösophagus. Zenker-Divertikel in Höhe des Jugulum. Der Pfeil markiert den Divertikelgang, der Doppelpfeil den Ösophagus.

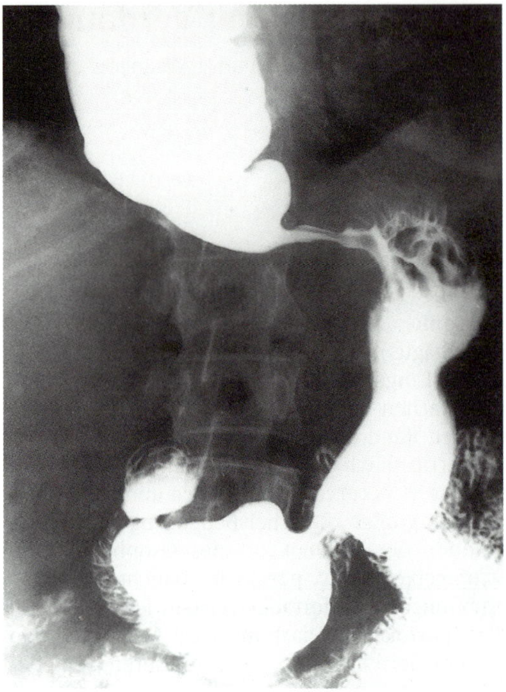

Abb. 4.2 Achalasie mit glattkonturierter spindelförmiger Stenose und stark erweitertem Ösophagus (Megaösophagus).

weise bei Aufregung zunimmt. Besonders nachts werden nicht angesäuerte Speisen erbrochen (Regurgitation). Es besteht die Gefahr einer Aspirationspneumonie. Zusätzlich können, insbesondere bei der sog. „hypermotilen Form" der Achalasie, retrosternale Schmerzen durch spastische Kontraktionen der Ösophagusmuskulatur auftreten.

Diagnose. Die Funktion des unteren Ösophagussphinkters (Kardia) kann kontraströntgenologisch beurteilt werden. Man unterscheidet eine hyperperistaltische Frühphase der Erkrankung von einer späteren muskulären Erschlaffung (Megaösophagus, Abb. 4.2). Manometrisch kann das Ausmaß der Druckerhöhung im unteren Ösophagus sowie eine evtl. zusätzlich bestehende Störung der Peristaltik beurteilt werden. Wichtig ist die endoskopische Abgrenzung zum Karzinom.

Therapie. Therapie der Wahl ist derzeit die Sprengung des unteren Ösophagussphinkters durch endoskopische Ballondilatation. Neuerdings wird die endoskopische Instillation von Botulinustoxin in den unteren Ösophagussphinkter propagiert; dies führt zu einer langdauernden Erschlaffung ohne die mit der Dilatation verbundenen Risiken der Perforation oder Blutung. Eine chirurgische Myotomie wird nur noch selten durchgeführt.

Leitsymptom der fortgeschrittenen Achalasie ist die bei Aufregung zunehmende Dysphagie mit Regurgitation bei flacher Körperlage und Gefahr einer Aspiration.

Ösophagusentzündungen

Ösophagitis

Definition und Ätiologie. Als Ösophagitis bezeichnet man jede Entzündung der Speiseröhre.

Die häufigste Form ist die Refluxösophagitis, bei der die Magensäure eine entscheidende Rolle spielt. Infektiöse Ösophagitiden werden meist durch Pilze, seltener durch Viren (Herpes-, Zytomegalievirus) oder Bakterien ausgelöst. Weitere Ursachen sind Medikamente (Tetrazykline, Clindamycin u.a.; Einnahme mit reichlich Flüssigkeit verhindert Ösophagitis!) und Strahlentherapie.

Klinik. Charakteristisches Symptom einer Refluxösophagitis ist der brennende retrosternale Schmerz (Sodbrennen), der im klassischen Fall durch Säurereflux bei nächtlicher Horizontallage oder durch Steigerung des intraabdominellen Druckes verstärkt wird. Durch Stehen, Schlucken von Wasser oder Antazida wird er abgeschwächt oder beseitigt. Manche Patienten mit endoskopisch gesicherter Refluxösophagitis haben jedoch keine retrosternalen Schmerzen.

Schmerzen beim Schlucken (Odynophagie) sind hingegen nicht typisch für eine unkomplizierte Refluxösophagitis. Sie deuten hin auf eine Pilz- oder Herpesösophagitis, auf eine Ösophagusverätzung (s. u.), eine Ösophagusperforation oder auf ein infiltrierendes Ösophaguskarzinom (s. u.).

Die Dysphagie („Gefühl, daß Nahrungsmittel steckenbleiben") ist ebenfalls nicht typisch für eine unkomplizierte Refluxösophagitis und sollte zu einer eingehenden Untersuchung des Ösophagus und seiner Nachbarorgane Anlaß geben (u. a. Tumorsuche!)

Bei chronischer Refluxkrankheit kann eine Schleimhautmetaplasie im Ösophagus (Ersatz von Plattenepithel durch Zylinderepithel, *„Barrett-Ösophagus"*) entstehen. Beim Barrett-Ösophagus können peptische Ulzera sowie in bis zu 5% der Fälle (!) Adenokarzinome entstehen. Als weitere Komplikation kann eine Ösophagusstenose (s. u.) auftreten.

Diagnose. Meist ist die typische Symptomatik wegweisend. Die endoskopische Untersuchung ist zur Diagnosesicherung (Schleimhautrötung, Erosionen, Ulzera) sowie zum Anschluß von Komplikationen (Barrett-Ösophagus!) wertvoll. Bei Soor-Ösophagitis finden sich typischerweise inselförmige Pilzkolonien.

Therapie. Bei Refluxösophagitis sind Maßnahmen wie Gewichtsreduktion, Meiden von opulenten Mahlzeiten, Nikotin und Koffein sowie Hochstellen des Bettkopfendes hilfreich, jedoch meist nicht ausreichend. Meist wird eine medikamentöse Säurereduktion erforderlich, in leichteren Fällen durch einen H_2-Antagonisten, in schweren Fällen effektiver durch einen Protonenpumpenblocker. Gelegentlich werden auch Schleimhautprotektiva wie z. B. Sucralfat und Gastroprokinetika gegeben. Eine Operation zur Verhinderung des Reflux (Fundoplicatio) ist aufgrund der hochwirksamen modernen Medikamente nur noch selten notwendig.

Die Soor-Ösophagitis läßt sich meist durch lokal wirksame Antimykotika ausreichend behandeln.

Bei Dysphagie ist stets eine ösophagoskopische Abklärung notwendig. Die Therapie der Ösophagitis ist generell konservativ. Patienten mit ausgeprägter Refluxösophagitis vertragen eine flache Lagerung, z.B. bei zahnärztlichen Eingriffen, oft erst nach ausreichender medikamentöser Säurereduktion!

Ösophagusverätzungen

Akzidentell oder in suizidaler Absicht getrunkene Säuren oder Laugen führen konzentrationsabhängig zu einer Ösophagusverätzung.

Klinik. Die Patienten leiden unter starkem Retrosternalschmerz und Hypersalivation. Fieber und Leukozytose deuten auf ein Übergreifen der Entzündung auf das Mediastinum hin.

Diagnose. Sie ergibt sich aus der Anamnese sowie durch Inspektion der Mundhöhle und des Pharynx, ohne jedoch über die Ausdehnung der Verätzung Auskunft zu geben.

Therapie. Sie besteht in rascher Neutralisation durch Antazida. Spätfolgen sind eine Ösophagusstenose (s. u.) oder selten ein Ösophaguskarzinom.

Verätzungen der Speiseröhre können oft schon im Mund an den dort sichtbaren Läsionen erkannt werden.

Gutartige Ösophagusstenosen

Entzündungen und Verätzungen der Speiseröhre können zu einer narbigen Verengung (Stenosierung) des Ösophagus führen.

Klinik. Leitsymptom dieser sog. *peptischen Ösophagusstenose* ist die Dysphagie. Insbesondere bei hastig und somit schlecht gekauter Nahrung bemerken die Kranken die Passagestörung.

Diagnose. Sie gelingt bei typischer Anamnese (Verätzung, frühere Refluxerkrankung) leicht. Mitunter entwickelt sich eine entzündliche Stenose jedoch auch schleichend. Die stets notwendige Differentialdiagnose gegenüber dem Ösophaguskarzinom wird endoskopisch-bioptisch gestellt.

Therapie. Sie orientiert sich an dem Ausmaß der Passagestörung. Bewährt hat sich die Bougierungsbehandlung unter endoskopischer bzw. röntgenologischer Kontrolle.

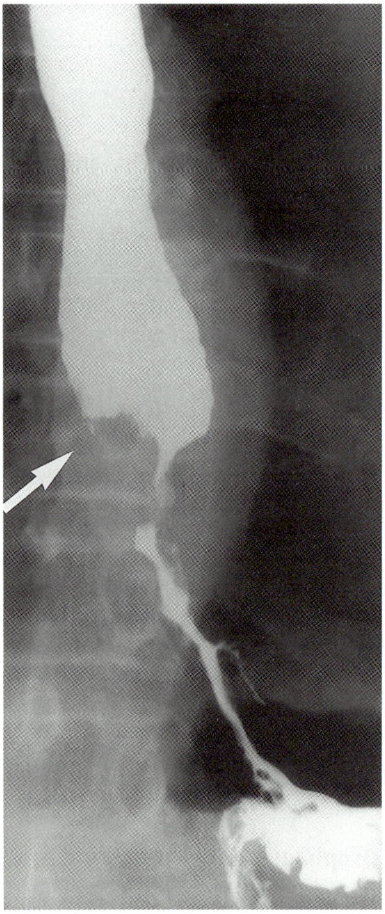

Abb. 4.**3** Karzinom im unteren Drittel der Speiseröhre mit unregelmäßiger Wandkonturierung (Pfeil).

Eine peptische Ösophagusstenose muß stets gegenüber einem Ösophaguskarzinom abgegrenzt werden.

Ösophagustumoren

Gut- und bösartige Tumoren können im Ösophagus auftreten. Histologisch handelt es sich um epitheliale oder mesenchymale Tumoren sowie um Karzinome.

Klinik. Frühsymptome fehlen meist völlig. Erst in fortgeschrittenen Krankheitsstadien führt unabhängig von der Dignität eine Dysphagie den Patienten zum Arzt. Häufig besteht dann bereits eine stärkere Gewichtsabnahme.

Diagnose. Bei Dysphagie ist stets eine endoskopisch-bioptische Abklärung notwendig, um die Dignität der ursächlich anzunehmenden Stenose zu beurteilen. Das funktionelle Ausmaß der Behinderung wird bei einer Röntgenkontrastuntersuchung sichtbar (Abb. 4.**3**).

Therapie. Bösartige Ösophagusstenosen werden, wenn immer möglich, chirurgisch behandelt. Bei Inoperabilität kommt insbesondere bei Plattenepithelkarzinomen eine Strahlenbehandlung in Betracht. Palliativ beschränkt man sich auf eine Bougierung der Stenose, die endoskopgestützte Laserabtragung des Tumors bzw. die endoskopische Implantation eines Überbrückungstubus.

Jeder Ösophagustumor muß stets bioptisch untersucht werden. Falls keine kurative Behandlung mehr möglich ist, kann mit endoskopischen Verfahren die quälende Dysphagie gelindert werden.

Spezielle Ösophaguskrankheiten

Ösophagusvarizen

Definition. Als Ösophagusvarizen bezeichnet man gestaute, meist im unteren Ösophagusdrittel submukös verlaufende Venen als Folge einer portalen Hypertension.

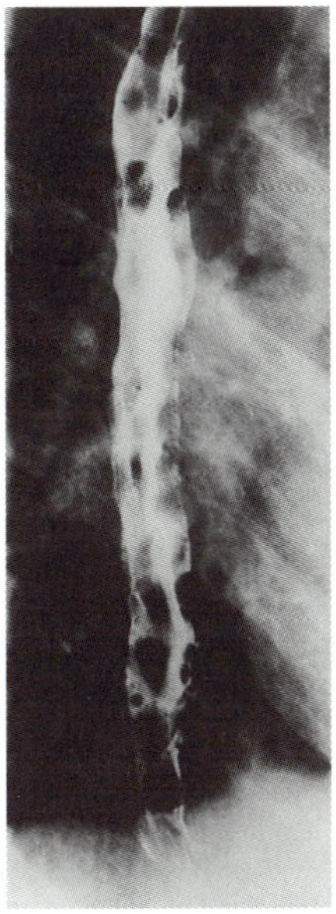
a

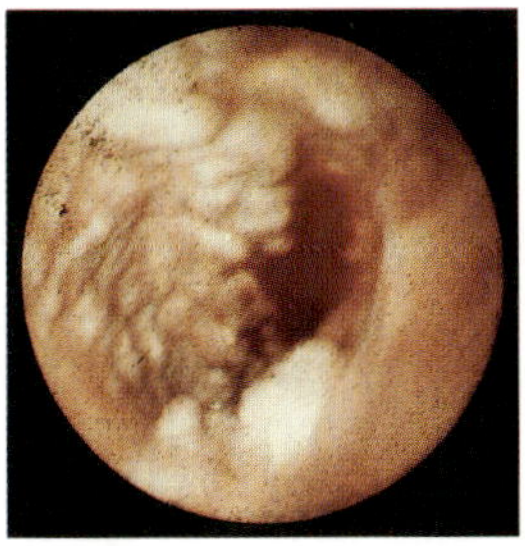
b

Abb. 4.**4** Ösophagusvarizen. **a** Röntgenuntersuchung: typische girlandenförmige Kontrastmittelaussparungen durch die ausgeprägten Varzien.
b Endoskopische Untersuchung: blutende Ösophagusvarize.

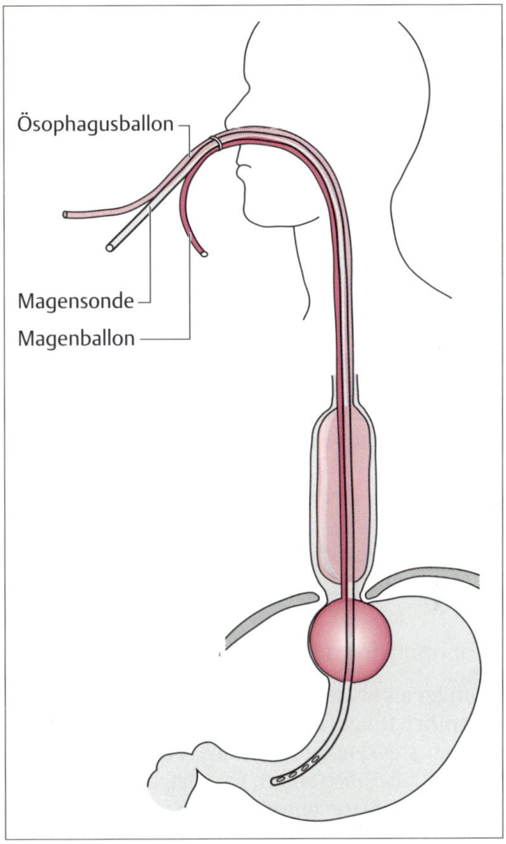

Abb. 4.**5** Doppelballonsonde nach Sengstaken-Blakemore.

Klinik. Ösophagusvarizen bleiben klinisch lange stumm, bis sie mit einer nicht selten lebensbedrohlichen gastrointestinalen Blutung klinisch manifest werden (Abb. 4.**4b**). Mitunter wird eine Varizenblutung durch eine plötzliche Steigerung des portalen Druckes, z. B. beim Pressen oder Heben schwerer Lasten, ausgelöst. Schwallartiges Bluterbrechen kann ebenso beobachtet werden wie Teerstuhl als Ausdruck des Säurekontaktes des Blutes.

Diagnose. Ösophagusvarizen zeigen sich endoskopisch als geschlängelt verlaufende, blau-livide Venen. Oft sind sie ein Zufallsbefund bei einer anders indizierten Magenspiegelung oder Röntgenkontrastuntersuchung (Abb. 4.**4**).

Therapie. Bei akuter Varizenblutung steht die Kreislaufstabilisierung und die Verhinderung weiteren Blutverlustes im Vordergrund. Zu diesem Zweck werden bei starker Blutung Plasmaexpander und Erythrozytenkonzentrate gegeben. Der Blutstillung dient die Varizenkompression mit der sog. Doppelballonsonde nach Sengstaken-Blakemore (Abb. 4.**5**). Entweder sofort bei Diagnosesicherung oder im Frühintervall wird durch endoskopische Ligatur oder Unterspritzung eine Sklerosierung der Varizen eingeleitet, um einer erneuten Blutung vorzubeugen.

Prognose. Sie ist abhängig vom Stadium der meist ursächlich zugrundeliegenden Leberzirrhose (S. 90) sowie von der Effektivität der Sklerosierungstherapie. Eine prophylaktische Sklerosierung vor der ersten Blutung wird unterschiedlich beurteilt.

Ösophagusvarizen sind eine Folge der portalen Hypertension und bleiben oft lange asymptomatisch. Sie können unerwartet zu einer lebensbedrohlichen Blutung führen, die eine sofortige Notfalleinweisung erfordert.

Mallory-Weiss-Syndrom

Definition. Von Mallory und Weiss 1929 erstmals beschriebene längliche Einrisse der Mukosa und Submukosa im Kardiabereich. Die Einrisse werden nicht selten durch eine plötzliche Drucksteigerung im distalen Ösophagus beim (explosionsartigen) Erbrechen hervorgerufen.

Klinik. Betroffen sind meist Patienten mit übermässigem Alkoholkonsum und konsekutivem Erbrechen. Der anfänglich oft unbemerkte Schleimhauteinriß wird manifest durch Hämatemesis und/oder Meläna als Folge einer mitunter massiven gastrointestinalen Blutung. Die Diagnose gelingt endoskopisch.

Therapie. Bei aktiver Blutung wird die Läsion endoskopisch unterspritzt. Schleimhautprotektiva und säurereduzierende Medikamente unterstützen die Heilung.

Ösophagusfremdkörper

Häufiger als Erwachsene verschlucken Kinder versehentlich Dinge, welche als Fremdkörper im Ösophagus steckenbleiben. Auch bei Erwachsenen können z.B. Tabletten im Ösophagus steckenbleiben, wenn diese ohne ausreichende Flüssigkeit geschluckt werden. Gelegentlich können auch bei zahnärztlichen Eingriffen Implantate oder Kronen verschluckt werden.

Klinik. Die Patienten können vollkommen beschwerdefrei bleiben, jedoch auch unter Fremdkörpergefühl in der Speiseröhre, Retrosternalschmerz und/oder Dysphagie leiden. Kleinere Fremdkörper können spontan den Magen-Darm-Trakt passieren, so daß eine Diagnostik sich oft erübrigt. Jedoch ist bei scharfkantigen Fremdkörpern (z.B. Teilen von Zahnspangen) oder bei potentiell toxischen Fremdkörpern (z.B. Batterien) ein aktives Vorgehen angezeigt.

Diagnose und Therapie. Bei Verdacht auf einen Ösophagusfremdkörper ist zunächst zu prüfen, ob dieser röntgenpositiv ist, da dann eine Nativ-Röntgenuntersuchung weiterhelfen kann. Gelingt die Diagnose nicht, kann bei einer behutsam auszuführenden Ösophagoskopie nach dem Fremdkörper gesucht und dieser mit geeigneten Instrumenten entfernt werden.

Fremdkörper nicht zuletzt aus dem zahnärztlichen Bereich können im Ösophagus steckenbleiben und zu Beschwerden führen. Scharfkantige und potentiell toxische Fremdkörper sollten frühzeitig endoskopisch entfernt werden.

Krankheiten des Magens

Vorbemerkungen

Der Magen ist ein muskulöses Hohlorgan, dessen Lage, Form und Größe weitgehend vom Füllungszustand, der Innervation und der körperlichen Haltung bestimmt werden. Die Drüsen des Magenfundus und -korpus bestehen aus Hauptzellen, die Pepsinogen, Belegzellen, die Salzsäure, und mukoiden Zellen, die Schleim produzieren.

Der Magen wird vom unteren Ösophagussphinkter und vom Pylorus verschlossen. Im Magen wird die aufgenommene Nahrung durch Schaukelbewegungen zerkleinert und mit der Salzsäure intensiv in Kontakt gebracht.

Lageanomalien

Die häufigste Lageanomalie des Magens ist die Hiatushernie. Demgegenüber sind ein Magenvolvulus oder ein Kaskadenmagen (Magenfundus ist nach hinten unten gedreht) seltener. Magendivertikel gelten als Rarität.

Hiatushernie

Definition. Als Hiatushernie bezeichnet man die Verlagerung von Magenanteilen in den Thoraxraum, d.h. Teile des Magens liegen oberhalb des Zwerchfells. Die Hiatushernie entsteht durch Lokkerung des Halteapparates der Kardia.

Klinik. Die Hiatushernie ist eine Erkrankung des höheren Lebensalters. Sie kann vollkommen asymptomatisch bleiben. Nicht wenige Träger einer Hiatushernie klagen jedoch über Aufstoßen, Sodbrennen und Retrosternalschmerz. Relativ charakteristisch ist die Besserung der Symptome beim Aufrichten bzw. deren Verschlimmerung beim Bücken. Als Komplikation einer Hiatushernie kann sich eine Refluxösophagitis entwickeln (S. 68 f).

Diagnose. Eine Hiatushernie wird röntgenologisch (Abb. 4.**6**) oder endoskopisch diagnostiziert.

Therapie. Sie orientiert sich an der klinischen Symptomatik. Bei geringen Beschwerden reicht mitunter eine sorgfältige Diätberatung (Vermeidung kohlensäurehaltiger Getränke, Reduzierung eines evtl. Übergewichts, schlackenreiche Kost zur Stuhlregulierung). Auch Antazida helfen oft. Bei stärkeren Beschwerden muß eine Säurereduktion mit H_2-Rezeptorblockern oder Protonenpumpenblockern durchgeführt werden, um der sonst drohenden Refluxösophagitis entgegenzuwirken. Eine operative Korrektur wird man nur bei medikamentös nicht beeinflußbarer Symptomatik erwägen.

Patienten mit einer Hiatushernie klagen mitunter über Sodbrennen und Retrosternalschmerz. Diese Symptomatik verstärkt sich beim Liegen und kann durch Diät sowie evtl. medikamentöse Säurereduktion gebessert werden.

Entzündliche Erkrankungen des Magens

Magenschleimhautentzündung (Gastritis)

Definition. Die Gastritis ist histologisch definiert als Infiltration der Mukosa mit Entzündungszellen. In fortgeschrittenen Stadien kann sich eine Schleimhautatrophie entwickeln. ***Histologisch*** unterscheidet man:

- Typ-A-Gastritis: Autoimmungastritis meist des Corpus ventriculi,
- Typ-B-Gastritis: Helicobacter-pylori-induzierte Gastritis,
- Typ-C-Gastritis: chemisch ausgelöste Gastritis, oft durch Alkohol, Zytostatika o. ä.

Daneben gibt es Sonderformen, auf die hier nicht näher eingegangen werden soll.

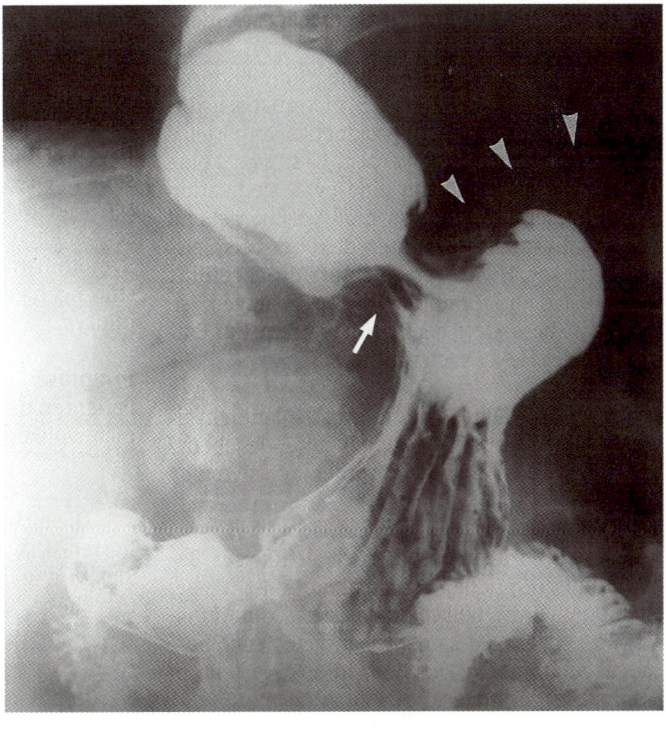

Abb. 4.**6** Ausgedehnte Hiatushernie mit großem Magenanteil oberhalb des durch weiße Pfeile markierten Zwerchfells.

Klinik. Nach heutiger Kenntnis besteht kein augenfälliger Zusammenhang zwischen einer der obengenannten, histologisch definierten Gastritisformen und evtl. Beschwerden der betroffenen Patienten. Klinisch abgrenzbar ist jedoch eine als *akute (erosiv-hämorrhagische) Gastritis* bezeichnete Sonderform. Die Patienten klagen über meist kurz bestehendes Druckgefühl im Oberbauch, Appetitlosigkeit, Aufstoßen oder Übelkeit bis hin zum Erbrechen. Anamnestisch werden nicht selten ein Alkoholexzeß oder z.B. die Einnahme potentiell schleimhautschädigender Medikamente (z.B. Azetylsalizylsäure, nicht-steroidale Antirheumatika, NSAR) angegeben. Auch akute Infektionen u.a. mit Helicobacter pylori oder allergische Reaktionen kommen in Betracht. Bei schwerem Verlauf kann Kaffeesatzerbrechen oder Teerstuhl als Ausdruck einer gastrointestinalen Blutung hinzutreten.

Diagnose. Eine akute Gastritis kann bei eindeutiger Anamnese klinisch diagnostiziert werden. Die Diagnose wird gesichert durch eine Gastroskopie, welche nicht selten eine hochrote Schleimhaut mit Hämorrhagien (Azetylsalizylsäure) oder Erosionen (NSAR) zeigt. Deswegen spricht man auch von erosiv-hämorrhagischer Gastritis. Gastroskopisch kann gegebenenfalls auch das Ausmaß der Blutung und deren aktuelle Aktivität abgeschätzt werden.

Therapie. Wichtigste Maßnahme ist die Elimination der auslösenden Noxe. Symptomatisch lindern Antazida oder Gastroprokinetika vom Metoclopramidtyp die Beschwerden. Läßt sich keine Noxe eruieren oder kann eine evtl. Medikation nicht abgesetzt werden, so muß vorübergehend eine medikamentöse Säurereduktion beispielsweise mit sog. H_2-Rezeptorblockern durchgeführt werden, bis die Symptomatik abgeklungen ist. Dies ist insbesondere bei Blutung ratsam. Zur Eradikation des Helicobacter pylori s. S. 76.

Prognose. Bei der akuten erosiv-hämorrhagischen Gastritis ist sie prinzipiell gut. Eine lebensbedrohliche Blutung ist außerordentlich selten.

Gastritis ist ein histologisch definierter Begriff. Klinisch spricht man von akuter Gastritis bei einer durch Erosionen charakterisierten, oft durch Alkohol oder Medikamente ausgelösten Oberbauchsymptomatik. Die Behandlung besteht in Elimination der Noxen.

Nichtulzeröse Dyspepsie

Definition. Unter diesem aus dem angloamerikanischen Sprachgebrauch übernommenen Begriff (Non-Ulcer-Dyspepsia, NUD) werden diejenigen Oberbauchbeschwerden subsumiert, denen bei sorgfältiger Untersuchung des Kranken kein organisches Korrelat zugeordnet werden kann.

Klinik. Die Patienten klagen häufig über uncharakteristische Oberbauchbeschwerden wie Völlegefühl, Druck im Oberbauch, Luftaufstoßen, Übelkeit oder Unverträglichkeit bestimmter Speisen. Manche Kranken leiden auch unter Sodbrennen. Die Symptomatik besteht in der Regel lange. Nicht selten ist sie streßassoziiert.

Diagnose. Strenggenommen ist die Diagnose nur per exclusionem zu stellen, d.h. alle wesentlichen differentialdiagnostisch in Betracht kommenden Oberbaucherkrankungen wie Refluxösophagitis (S. 68 f), Ulkuskrankheit (s. u.), Magenkrebs (S. 76) oder auch Gallen- und Pankreaserkrankungen (S. 91 ff) müssen ebenso ausgeschlossen werden wie Darmerkrankungen (S. 77 ff). Angesichts der großen Häufigkeit der nichtulzerösen Dyspepsie ist aber im Einzelfall auch ein probatorischer Therapieversuch gerechtfertigt. Bei fehlendem Ansprechen ist jedoch eine weitergehende Diagnostik ratsam.

Therapie. In Ermangelung eines organischen Substrates ist die Behandlung der NUD symptomatisch. Man orientiert sich an der im Vordergrund stehenden klinischen Symptomaik: Bei Refluxbeschwerden folgt die Behandlung den dort beschriebenen Aspekten (S. 68 ff); bei säurebetonter Symptomatik helfen oft Antazida. Bei Motilitätsstörungen gibt man Prokinetika vom Metoclopramidtyp.

Prognose. Sie ist bei der NUD gut, wenngleich die Patienten trotz aller Behandlungen oft über Jahre nicht vollkommen beschwerdefrei werden.

Die nichtulzeröse Dyspepsie ist eine der häufigsten Diagnosen bei Oberbauchbeschwerden. Sie wird nach Ausschluß anderer Beschwerdeursachen symptomatisch behandelt.

Ulkuskrankheit

Definition. Unter einem Ulkus versteht man einen umschriebenen Schleimhautdefekt, der – im Gegensatz zur Erosion – die Muscularis mucosae überschreitet. Man unterscheidet das Ulcus ventriculi vom häufigeren Ulcus duodeni (Abb. 4.**7**).

Ätiologie. Die Ursache der Ulkuskrankheit ist auch heute nur bruchstückhaft bekannt. Als gesichert gilt, daß ein Ulkus nur dort entstehen kann, wo Säure einwirkt (peptisches Ulkus). Als darüber hinaus begünstigender Kofaktor wird eine Besiedlung der Magenschleimhaut mit Helicobacter pylori angesehen. Zahlreiche weitere Faktoren wie z.B. Erbmerkmale, Gallereflux, Medikamente, Zigarettenrauchen oder Streß sind erwiesenermaßen von Bedeutung.

Klinik. Leitsymptom der Ulkuskrankheit ist der Oberbauchschmerz oft in Verbindung mit Übelkeit oder gar Erbrechen. Spätschmerz, 1–3 Std. nach der Mahlzeit, und morgendlicher Aufwachschmerz gelten als Hinweis auf ein Ulcus duodeni. Demgegenüber klagen Patienten mit Ulcus ventriculi häufiger über Schmerzen bei der Nahrungsaufnahme. Beinahe $^1/_3$ der Ulkusträger sind jedoch asymptomatisch!

Komplikationen. Nicht selten ist eine lebensbedrohliche *Blutung* durch Eröffnung eines Blutgefäßes im Ulkusgrund Erstsymptom der Ulkuskrankheit. Die Patienten berichten über Blut- bzw. Kaffeesatzerbrechen oder Teerstuhl. Bei Einbruch des Ulkus in Nachbarorgane (z.B. Pankreas) spricht man von *Penetration*, bei Durchbruch in die freie Bauchhöhle von *Perforation*. Die Patienten klagen über einen plötzlich einsetzenden, außerordentlich heftigen Oberbauchschmerz. Innerhalb kurzer Zeit entwickelt sich eine bretthart Bauchdeckenspannung als Folge der Peritonitis. Tachykardie, Kollaps und Schock können hinzukommen. Im Magenausgangsbereich bzw. Duodenum gelegene Ulzera können insbesondere bei rezidivierendem Verlauf zu einer **Magenausgangsstenose** führen. Schwallartiges Erbrechen, z.T. von vor Tagen aufgenommener Speisen, deutet auf eine fortgeschrittene Stenose hin.

Diagnose. Bei Verdacht auf ein Ulkus sollte eine Magenspiegelung durchgeführt werden, um Klarheit zu schaffen. Beim Ulcus ventriculi muß zur Abgrenzung gegenüber einem Magenkarzinom eine bioptisch-histologische Untersuchung erfolgen (Abb. 4.**7**).

Komplikationen der Ulkuskrankheit verlangen eine weitergehende Diagnostik. Der Verdacht auf eine Perforation wird gesichert durch den Nachweis von freier Luft auf der Röntgenübersichtsaufnahme des Abdomens. Bei einer Magenblutung ist eine sofortige Notfallendoskopie erforderlich, um die Blutungsquelle zu sichern und deren Intensität zu beurteilen. Eine Magenausgangsstenose kann endoskopisch oder unter funktionellen Aspekten röntgenologisch dargestellt werden.

Therapie. Im Prinzip beruht die Behandlung des peptischen Ulkus auf einer Verminderung aggressiver Faktoren wie der Magensäure bzw. Stärkung defensiver Faktoren wie z.B. der Mukosabarriere. Am wirkungsvollsten ist die Säurereduktion durch Antazida, H_2-Rezeptorantagonisten oder Protonenpumpenblocker. Verglichen mit der raschen Schmerzlinderung durch diese Medikamente kommt der früher streng gehandhabten Magenschonkost kaum noch Bedeutung zu. Gemieden

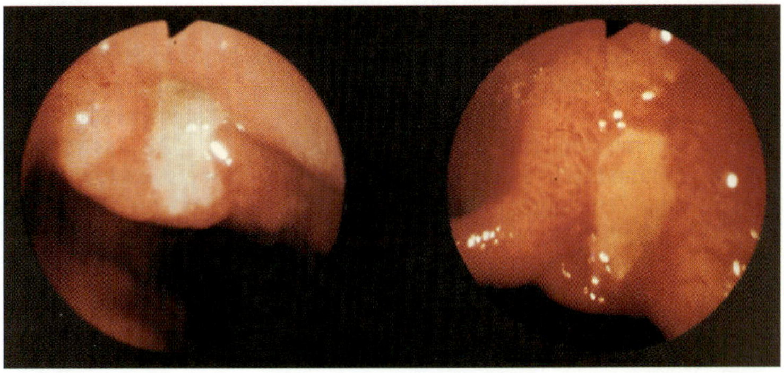

Abb. 4.**7** Ulcus duodeni (links) und Ulcus ventriculi (rechts). Charakteristisch sind der weißliche Fibrinbelag am Ulkusgrund und die glatte Begrenzung.

werden sollten bei Ulzera jedoch Kaffee, Nikotin und Alkohol.

Komplikationen werden gesondert therapiert: Bei Perforation ist eine Übernähung und bei Magenausgangsstenose eine Magenteilresektion erforderlich. Eine Ulkusblutung wird meist bei der zur Diagnostik ohnedies erforderlichen Gastroskopie endoskopisch durch Unterspritzung behandelt.

Im Falle einer Schleimhautbesiedlung mit Helicobacter pylori – einem pathogenetischen Kofaktor des rezidivierenden Ulkus – sollte eine Eradikation dieses Keimes angestrebt werden. Verschiedene Schemata stehen zur Verfügung, z.B. Gabe eines Protonenpumpenblockers in Kombination mit zwei Antibiotika (Amoxicillin oder Clarithromycin und Metronidazol). Durch diese Behandlungen gelingt es, Rezidive und insbesondere deren Komplikationen zu vermeiden.

Prognose. Sie ist beim Ulkus prinzipiell gut. Sie kann jedoch bei Komplikationen durchaus ernst sein.

Das peptische Geschwür des Magens bzw. Duodenums ist eine relativ häufige Ursache von Oberbauchbeschwerden. Während das Ulkus medikamentös fast immer zur Abheilung zu bringen ist, sollte bei positivem Keimnachweis zur Vermeidung von Rezidiven bzw. Komplikationen eine Eradikation von Helicobacter pylori durchgeführt werden.

Magentumoren

Definition. Histologisch unterscheidet man gut- und bösartige Magentumoren. Gutartig sind z.B. epitheliale Polypen wie die foveoläre Hyperplasie, hyperplasiogene Polypen oder Korpusdrüsenzysten. Davon abzugrenzen sind adenomatöse, solide, gallertartige und szirrhöse Formen des Magenkarzinoms. Eine besondere Verlaufsform ist das **Magenfrühkarzinom.**

Klinik. Die meisten gutartigen Magentumoren sind asymptomatisch. Auch bösartige Tumoren können lange Zeit symptomlos bleiben. In fortgeschrittenen Stadien klagen die Kranken über Inappetenz, Oberbauchdruck und Gewichtsabnahme.

Diagnose. Bei Verdacht auf einen Magentumor sollte stets eine endoskopische Abklärung mit Biopsie erfolgen (Abb. 4.**8a**). Von besonderer Bedeutung ist die Differentialdiagnose beim Magenulkus, da etwa 5% der primär als peptisches Ulkus (s.o.) diagnostizierten Läsionen des Magens maligne sind! Große Karzinome lassen sich auch röntgenologisch gut darstellen (Abb. 4.**8**).

Therapie. Bei sicher benignen Magentumoren ist eine zuwartende Beobachtung gerechtfertigt. Bei Malignität muß stets geprüft werden, ob eine kurative Resektion noch möglich ist. Kommt diese nicht mehr in Frage, kann eine Chemotherapie erwogen werden, deren Stellenwert jedoch noch unterschiedlich bewertet wird.

Prognose. Sie hängt beim Magenkarzinom vom Stadium bei Diagnosestellung ab. Beim Magenfrühkarzinom beträgt die 5-Jahres-Überlebensrate mehr als 95%.

Bei Verdacht auf einen Magentumor muß stets eine endoskopisch-bioptische Abklärung erfolgen.

Der operierte Magen

Definition. Unter diesem Begriff werden verschiedenste Gesundheitsstörungen zusammengefaßt, die nach einer Magenteilresektion auftreten können. Ohne auf Einzelheiten einzugehen, sollen die wichtigsten kurz erwähnt werden.

Klinik. Beim *Dumping-Syndrom* „plumpsen" die aufgenommenen Speisen in die anastomosierten Dünndarmanteile und verursachen so Druckgefühl, jedoch auch Schwindel und Schweißausbruch. Die Diagnose wird klinisch gestellt und durch Funktionsuntersuchungen gesichert. Die Behandlung besteht in diätetischer Beratung (sog. Anti-Dumping-Kost). Selten ist eine Umwandlungsoperation erforderlich.

Als *Postvagotomie-Syndrom* bezeichnet man meist nach trunkulärer Vagotomie – einer früher häufiger ausgeführten Operation – auftretende Beschwerden wie Dysphagie und Diarrhoe. Die Therapie ist symptomatisch.

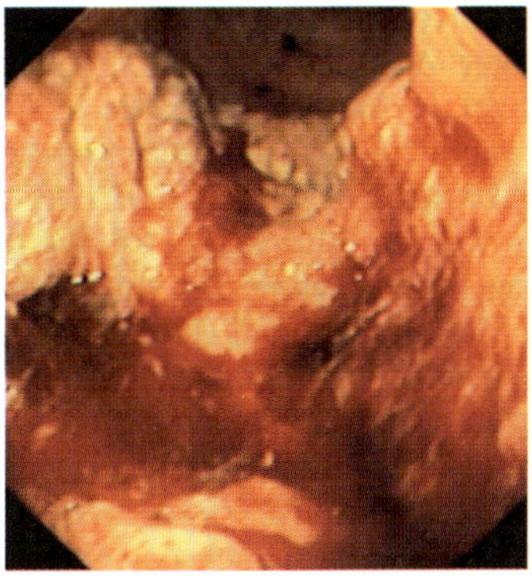

a

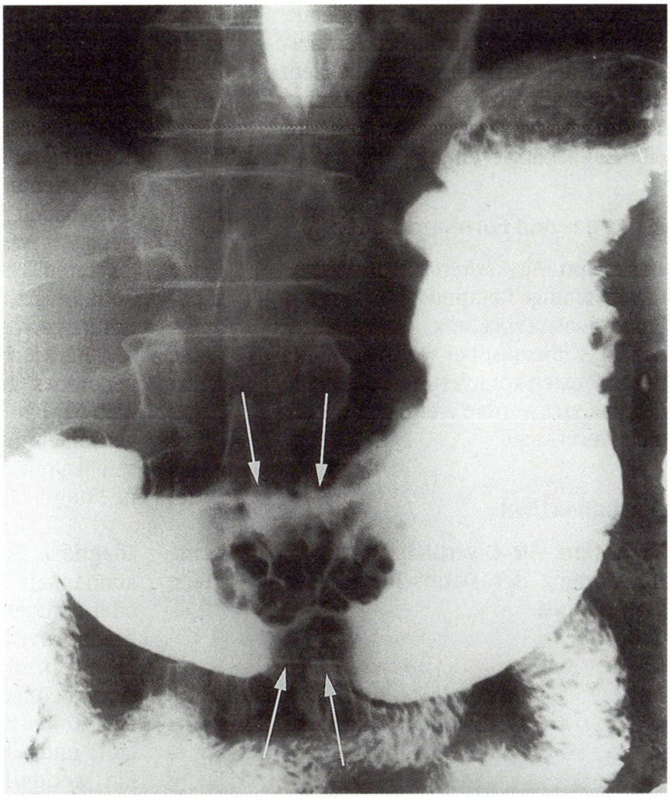

b

Abb. 4.**8** Magenkarzinom. **a** Endoskopischer Aspekt: fast die ganze Zirkumferenz einnehmendes exophytisches Magenkarzinom mit schüsselförmiger Ulzeration, Oberfläche irregulär-schmierig, spontan blutend. Im Hintergrund ist das Antrum mit Pylorus zu erkennen. **b** Polypös wachsendes Magenkarzinom (Pfeile) mit Einengung des Antrums.

Nach Magenteilresektion können auch *Mangelkrankheiten* auftreten, die ihre Ursache in einer verminderten Eisen- und Vitamin-B_{12}-Absorption haben. Die Therapie ist symptomatisch.

Magenoperierte Patienten sollten wegen der verschiedenen möglichen Spätfolgen langfristig überwacht werden.

Krankheiten des Dünn- und Dickdarms

Vorbemerkungen

Der Darm ist ein muskulöses Hohlorgan, von dessen Gesamtlänge bis zu 5 m auf den Dünndarm und etwa 140 cm auf den Dickdarm entfallen. Der Dünndarm wird in das ca. 30 cm lange Duodenum sowie das Junum mit $^2/_5$ und das Ileum mit $^3/_5$ der Restlänge unterteilt.

Beim Dickdarm unterscheidet man Colon ascendens, Colon transversum, Colon descendens, Sigma und Rektum. Der Durchmesser des Dünndarms beträgt etwa 4 cm, der des Dickdarms 6 – 8 cm.

Aufgabe des Dünndarms ist die Absorption der Nahrung. Zu diesem Zweck ist die Dünndarmoberfläche durch Zottenbildung und Mikrovilli extrem stark vergrößert. Ein ausgedehntes Blut- und Lymphkapillarnetz dient dem Abtransport der absorbierten Nährstoffe. Über die Ileozökalklappe gelangt der Speisebrei in den Dickdarm, wo durch Elektrolyt- und Wasserabsorption (tägl. ca. 8 Liter) eine Eindickung erfolgt.

Lage- und Formanomalien

Definition. Als *Malrotation* bezeichnet man eine unvollständige Rotation des Darmes während der Embryonalentwicklung. Davon abzugrenzen ist der *Situs inversus*, bei welchem die Bauchorgane bei ansonsten kompletter Rotation seitenverkehrt liegen. Beschwerden werden dadurch in der Regel nicht verursacht.

Darmdivertikel

Definition. Als Divertikel bezeichnet man eine Ausstülpung der Darmschleimhaut durch eine Muskellücke.

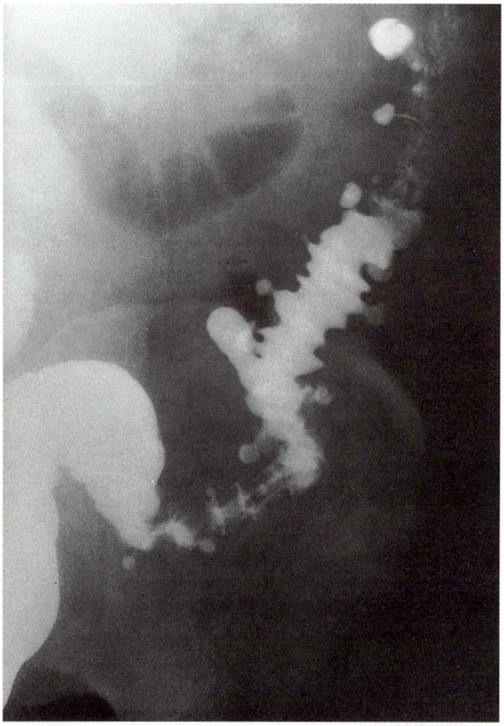

Abb. 4.**9** Divertikulose des Colon descendens und des Sigma.

Klinik. Divertikel finden sich mit zunehmendem Lebensalter häufiger. Während die nicht seltenen Dünndarmdivertikel in unmittelbarer Nachbarschaft zur Vater-Papille in der Regel symptomlos bleiben, können Dickdarmdivertikel durch Entzündung zu Beschwerden führen (Divertikulitis). Die Patienten klagen über Schmerzen im linken Unterbauch, mitunter findet man Abwehrspannung. Als Ausdruck einer Entzündung kann Fieber auftreten, Leukozyten und Blutsenkung sind erhöht. Divertikel sind eine häufige Ursache für eine untere gastrointestinale Blutung.

Als *Meckel-Divertikel* bezeichnet man ein angeborenes (echtes) Divertikel, das ca. 80 cm oberhalb der Bauhin-Klappe liegt und nicht selten Magenschleimhaut enthält. Klinisch wird das ansonsten asymptomatische Divertikel meist durch seine Komplikationen (Ulkus, Blutung) bemerkt.

Diagnose. Divertikel sind oft asymptomatisch und können als Zufallsbefund bei einer Koloskopie oder Röntgenkontrastuntersuchung (Abb. 4.**9**) gefunden werden. Die Diagnose einer Divertikulitis bei entsprechender Symptomatik unter Einschluß laborchemischer Entzündungszeichen wird durch eine Kolon-Kontrastuntersuchung (Solutrast-Einlauf) und/oder Computertomographie gesichert. Ein Meckel-Divertikel ist am besten durch den nuklearmedizinischen Nachweis ektoper Magenschleimhaut zu erkennen.

Therapie. Asymptomatische Divertikel bedürfen keiner speziellen Therapie. Allenfalls empfiehlt sich eine schlackenreiche Kost, um einer Obstipation vorzubeugen. Eine Divertikulitis dagegen muß mit Antibiotika behandelt werden. Im akuten Entzündungsschub ist eine leicht resorbierbare Kost ratsam. Ist ein Divertikel perforiert (erkennbar an freier Luft im Abdomen), muß operiert werden. Auch eine Blutung aus einem Meckel-Divertikel muß operativ gestillt werden.

Prognose. Sie ist bei der Divertikelkrankheit abhängig vom klinischen Verlauf. Bei rezidivierenden Entzündungsschüben von Dickdarmdivertikeln kann sich eine Stenose entwickeln, die evtl. operativ behoben werden muß.

Dickdarmdivertikel neigen zu rezidivierenden schmerzhaften Entzündungen und können so zu einer narbigen Stenose führen.

Das angeborene Meckel-Divertikel enthält nicht selten ektope Magenschleimhaut und kann daher ein Ulkus und eine Ulkusblutung hervorrufen.

Dünndarmerkrankungen

Eine Vielzahl von „klassischen" Infektionserkrankungen manifestiert sich direkt oder indirekt am Magen-Darm-Trakt. Epidemisches Auftreten einer akuten Enteritis spricht für eine infektiöse Genese, auch wenn ein Erreger nicht immer nachzuweisen ist. Die Besprechung erfolgt daher bei den Infektionskrankheiten (S. 287 ff).

Sprue

Definition. Die einheimische Sprue ist eine Dünndarmerkrankung mit Zottenatrophie, die auf einer Unverträglichkeit gegen bestimmte Proteine im Weizen und in Weizenprodukten beruht (Gluten, Gliadin). Klinisch manifestiert sie sich als Malabsorptionssyndrom.

Klinik. Die Patienten berichten meist ohne größeren Leidensdruck über eine kontinuierliche Gewichtsabnahme trotz ausreichender Nahrungszufuhr. Die Stühle sind voluminös-breiig und können unverdaute Nahrungsbestandteile enthalten.

Diagnose. Eine Sprue wird durch histologischen Nachweis einer ausgeprägten Schädigung der Jejunalschleimhaut gestellt. Gliadin-Antikörper weisen auf die zugrundeliegende Allergie hin.

Therapie. Sie besteht in konsequenter Elimination des als ursächlich erkannten Gliadins. Da sich dieses in herkömmlichen Mehlsorten findet, muß eine gliadinfreie Ernährung auf der Basis von Mais, Reis, Sojabohnen und Hirse aufgebaut werden.

Prognose. Sofern das Allergen konsequent gemieden wird, ist die Prognose gut.

Die Sprue ist eine allergisch ausgelöste, bei konsequenter Elimination des Allergens gut beeinflußbare Dünndarmerkrankung.

Morbus Crohn (Enterocolitis regionalis)

Definition. Der M. Crohn ist eine chronisch-entzündliche Erkrankung unbekannter Ätiologie, die den gesamten Magen-Darm-Trakt vom Mund bis zum Anus befallen kann. Die Erstbeschreibung erfolgte durch Crohn 1932.

Klinik. Leitsymptom der Erkrankung sind Leibschmerzen und nicht selten Diarrhoe. Oft entwikkeln sich Fisteln zwischen einzelnen Darmschlingen oder nach außen (z.B. rektovaginal). Bei dem häufigen Befall des terminalen Ileums tastet man nicht selten im rechten Unterbauch einen Konglomerattumor.

Diagnose. Klinisch kann die Diagnose eines Morbus Crohn auf Grund des typischen diskontinuierlichen Befalls des Magen-Darm-Traktes gestellt werden. Eine selektive Dünndarmdarstellung zeigt die Stenose des terminalen Ileums (Abb. 4.**10 a**). Endoskopisch sieht man die charakteristischen länglichen Ulzera (Abb. 4.**10 b**). Histologisch können Granulome die Diagnose stützen.

Therapie. Patienten mit Morbus Crohn erhalten gegebenenfalls eine leicht resorbierbare, kalorienreiche Kost, um einem weiteren Gewichtsverlust entgegenzuwirken. Medikamentös gibt man im akuten Stadium entzündungshemmend Glukokortikoide oder Mesalazin, was bei Bedarf auch topisch gegeben werden kann. Hat sich durch eine chronisch-rezidivierende Entzündung eine Fistel oder Stenose entwickelt, muß diese operativ angegangen werden. Da auch durch großzügige Resektion keine Heilung zu erzielen ist, wird so lange wie möglich konservativ behandelt.

Prognose. Im konkreten Einzelfall ist die Prognose dieser primär chronisch verlaufenden Erkrankung schwer zu stellen.

Bei einer unklaren Ulzeration in der Mundhöhle sollte auch an die orale Manifestation eines Morbus Crohn gedacht werden.

Malassimilationssyndrom

Definition. Unter diesem Begriff werden ätiologisch und pathogenetisch verschiedene Erkrankungen zusammengefaßt, deren gemeinsames

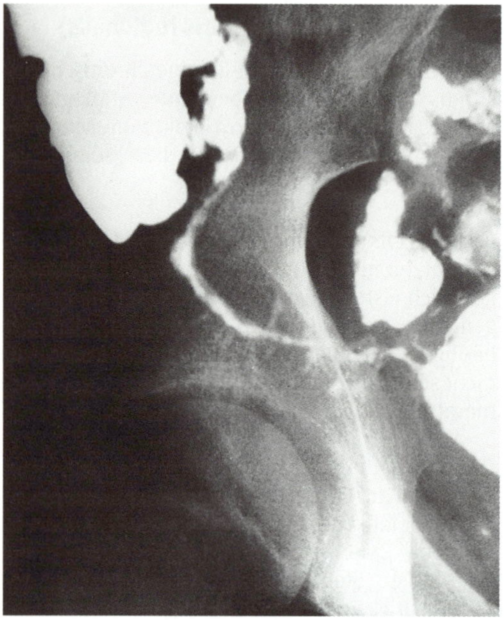

Abb. 4.**10 a** Röntgenkontrastuntersuchung des Dünndarms mit stark verengtem terminalen Ileum und Fistelgängen, wie sie typisch für einen Morbus Crohn sind.

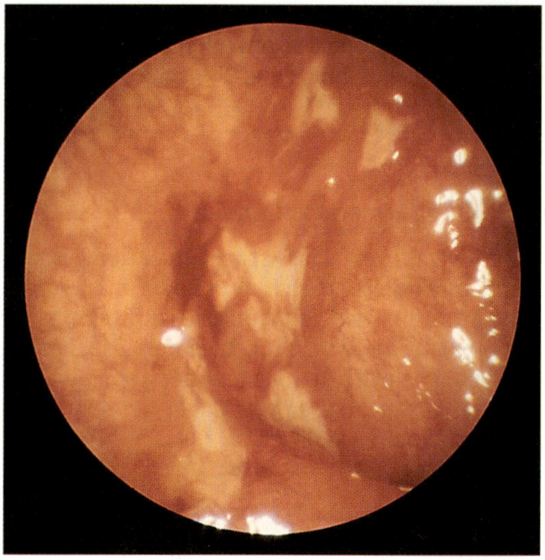

Abb. 4.**10 b** Morbus Crohn, Kolon: länglich-aphthoide Ulzera (Bildmitte) neben makroskopisch normaler Schleimhaut.

Charakteristikum eine gestörte intestinale Absorption ist.

Ätiologie. Ursächlich kommen eine Maldigestion oder eine Malabsorption in Betracht.

Die häufigsten Ursachen der *Maldigestion* sind eine exokrine Pankreasinsuffizienz oder ein Gallensäuremangel. Ursachen der *Malabsorption* sind angeborene Enzymdefekte oder erworbene Schäden der Dünndarmschleimhaut, z. B. durch akute Enteritis, Sprue oder einen Morbus Crohn.

Klinik. Die Patienten klagen über zunehmenden, übelriechenden Durchfall, Gewichtsverlust und Schwäche. Eiweißmangel, Ödeme und Blutungsneigung sowie Knochenschmerzen können bei schwerem Verlauf hinzutreten.

Diagnose. Sie wird gestellt durch Nachweis der Grunderkrankung.

Therapie. Sie orientiert sich an der ursächlichen Störung und ist im übrigen symptomatisch.

Unter Malassimilationssyndrom versteht man eine ätiologisch vielschichtige, zur Gewichtsabnahme führende Verdauungsstörung.

Dünndarmtumoren

Tumoren des Dünndarms sind äußerst selten und machen nicht einmal 1% aller Tumoren des Verdauungstraktes aus. Kleine Tumoren sind symptomlos. Größere können durch Blutung oder Passagebehinderung manifest werden. Ihre Behandlung besteht in Resektion.

Darmverschluß (Ileus)

Definition. Unter Ileus versteht man das Fehlen oder die abnorme Verlangsamung der physiologischen Transportfunktion des Dünn- und/oder Dickdarms.

Ätiologie. Pathogenetisch unterscheidet man zwischen einem *mechanischen* und einem *funktionellen* (paralytischen) *Ileus*. Letztgenannter beruht auf toxischer Schädigung der Darmwand oder reflektorischer Weitstellung (z.B. bei Nierenkolik). Je nach Lokalisation der Obstruktion kann der mechanische Ileus mehr den Dünndarm oder den Dickdarm betreffen.

Klinik. Ein rasch entstehender mechanischer Ileus kann heftige wehenartige Bauchschmerzen verursachen. Bei langsamer Entwicklung und insbesondere tiefer Lokalisation kann ein meteoristisch geblähtes Abdomen im Vordergrund stehen. Die Darmgeräusche sind klingend und kommen bei fortschreitendem Ileus schließlich zum Erliegen. Beim paralytischen Ileus fehlen die krampfartigen Schmerzen, es besteht ein gelinder abdomineller Dauerschmerz. Typisch ist ein ausgeprägter Meteorismus und Windverhalt.

Diagnose. Ein Ileus wird klinisch anhand der klingenden oder fehlenden Darmgeräusche diagnostiziert. Der weiteren Abklärung dient eine Röntgenübersichtsaufnahme des Bauchraumes (Abb. 4.**11**), welche anhand der Verteilung der Darmspiegel Rückschlüsse auf die mutmaßliche Ileusursache gestattet.

Therapie. Der mechanische Ileus kann nur operativ behandelt werden. Bei paralytischem Ileus wird versucht, die Peristaltik medikamentös anzuregen.

Prognose. Sie ist beim unerkannten oder unbehandelten Ileus ernst. Durch Resorption bakterieller Toxine aus dem Darm kommt es in relativ kurzer Zeit zum Herz-Kreislauf-Versagen.

Ein Dünn- oder Dickdarmileus ist eine lebensbedrohliche Erkrankung, die eine unverzügliche Diagnostik und Therapie erfordert.

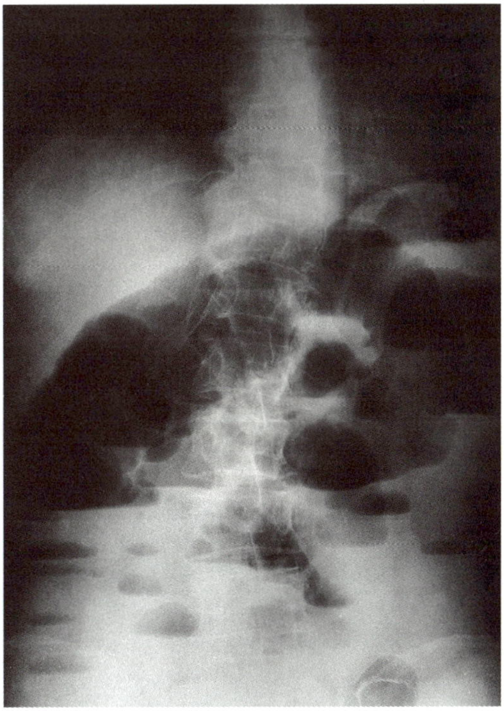

Abb. 4.**11** Abdomenübersichtsaufnahme bei Ileus mit zahlreichen Dünndarmspiegeln.

Dickdarmerkrankungen

Akute Appendizitis

Definition. Als Appendizitis bezeichnet man die akute Entzündung des Wurmfortsatzes.

Klinik. Zuerst nur ungenau und später im rechten Unterbauch zu lokalisierende Schmerzen deuten auf eine akute Appendizitis hin. Übelkeit, Erbrechen, Tachykardie und evtl. leichtes Fieber sind Zeichen der Entzündung. Der umschriebene Druckschmerz im rechten Unterbauch geht bald in eine Abwehrspannung der Bauchdecke über. Charakteristisch ist der Loslaßschmerz sowie die Schmerzauslösung bei rektaler Untersuchung.

Diagnose. Eine akute Appendizitis wird klinisch diagnostiziert. Eine Temperaturdifferenz von > 1 Grad zwischen axillärer und rektaler Messung sowie eine Leukozytose bekräftigen die Verdachtsdiagnose.

Therapie. Bei Verdacht auf Appendizitis muß sofort ein Chirurg hinzugezogen werden, da die Therapie der Wahl die Appendektomie ist.

Prognose. Sie ist bei der frühzeitig diagnostizierten und operierten akuten Appendizitis gut. Bei Verzögerung kann sich ein perityphlitischer Abszeß entwickeln.

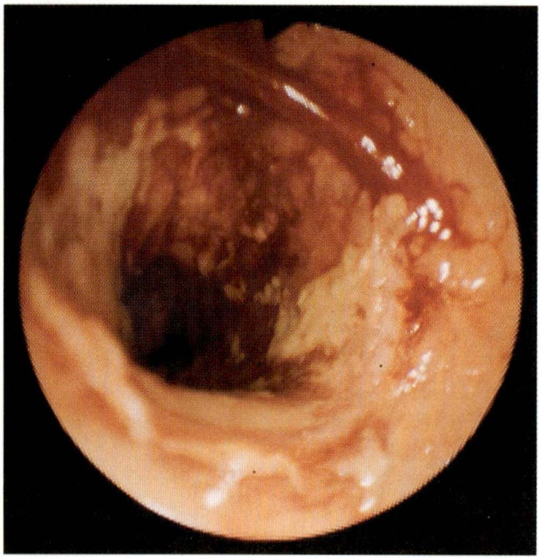

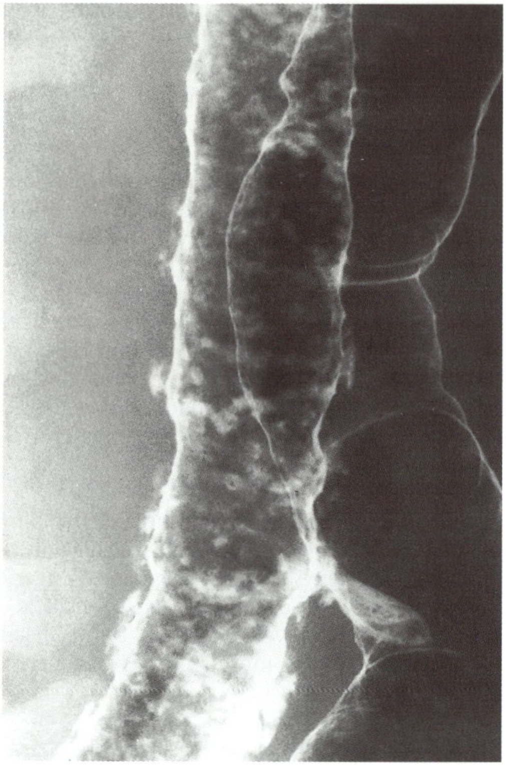

Abb. 4.**12** Colitis ulcerosa.
a Endoskopisch: Befall der gesamten Zirkumferenz. Die konfluierenden Ulzera sind in der ödematös verquollenen Schleimhaut gut zu erkennen. Erhöhte Vulnerabilität mit Kontaktblutungen.
b Doppelkontrastuntersuchung des Kolon mit unterminierenden Ulzera (Spiculae) („Kragenknopfulzera").

Plötzlich einsetzende Schmerzen im rechten Unterbauch sollten zuallererst an eine akute Appendizitis denken lassen, die sofort in die Hand eines Chirurgen gehört.

Colitis ulcerosa

Definition. Eine Colitis ulcerosa ist histologisch charakterisiert durch eine diffuse ulzerierende Entzündung des Dickdarms. Die Genese ist unbekannt.

Klinik. Leitsymptom der Colitis ulcerosa sind blutig-schleimige Durchfälle, vergesellschaftet mit Tenesmen. Gewichtsverlust, Blässe, Tachykardie und Fieber können bei schwerem Verlauf hinzutreten. Zu den gefürchteten Komplikationen gehören das toxische Megakolon (Weitstellung durch toxische Schädigung der Darmwand) und die spontane Perforation.

Diagnose. Da die Krankheit immer im Rektum ihren Ausgang nimmt, kann bereits rektoskopisch die typische, mit Ulzera übersäte, spontan blutende Schleimhaut dargestellt werden (Abb. 4.**12a**). Eine Biopsie bestätigt den makroskopischen Verdacht. Differentialdiagnostisch müssen infektiöse Darmerkrankungen ausgeschlossen werden. Die unterminierenden Ulzera können gut auch röntgenologisch dargestellt werden (Abb. 4.**12b**).

Therapie. Im hochakuten Stadium einer Colitis ulcerosa wird zur Ruhigstellung parenteral ernährt. Zusätzlich werden systemisch Glukokortikoide und lokal antientzündlich wirkende Substanzen gegeben. Kann so der Erkrankungsschub abgefangen werden, nimmt die Frequenz der Diarrhoe ab und die Blutbeimengung sistiert.

Prognose. Die Colitis ulcerosa neigt zu schubhaftem Verlauf, so daß die Prognose im Einzelfall schwer zu stellen ist. Nach mehr als 10 Jahren kann sich selten auch ein Karzinom entwickeln.

Blutig-schleimige Durchfälle sollten neben einer infektiösen Genese stets auch an eine Colitis ulcerosa denken lassen.

Hämorrhoiden

Definition. Als Hämorrhoiden bezeichnet man ein Konvolut anorektaler Venen, die sich bei Bauchpresse deutlich vergrößern und nach außen vortreten.

Klinik. Die meist symptomlosen Hämorrhoiden sind ein ungemein häufiger Befund schon im jüngeren Lebensalter. Werden Hämorrhoiden symptomatisch, so verursachen sie durch Behinderung bei der Analhygiene nicht selten Jucken oder ein Analekzem. Eine seltene, potentiell jedoch bedrohliche Folge ist die Hämorrhoidalblutung, bei welcher typischerweise der Blutabgang dem normalen, eher harten Stuhlgang nachfolgt.

Diagnose. Sie wird proktoskopisch gestellt.

Therapie. Sie besteht in Regulierung des Stuhlgangs durch entsprechende Ernährungsumstellung. Lokal können Salben und Zäpfchen die Beschwerden lindern. Größere Hämorrhoidalknoten werden durch Gummibandligatur, Unterspritzung oder Operation behandelt.

Obschon Hämorrhoiden als potentielle Blutungsquelle häufig nachweisbar sind, sollte bei peranalem Blutabgang stets ein höher gelegenes Karzinom (s. u.) ausgeschlossen werden.

Dickdarmtumoren

Definition. Als Polyp bezeichnet man ohne Aussage zur Dignität eine umschriebene, meist kleinere Schleimhautvorwölbung. Man unterscheidet gut- und bösartige Polypen. Größere Polypen sind mit zunehmender Wahrscheinlichkeit maligne (Karzinom).

Klinik. Dickdarmpolypen sind fast immer asymptomatisch. Erst spät können Blutbeimengungen zum Stuhl auf sie aufmerksam machen. Häufig werden sie auch bei einer Koloskopie gefunden, die beim Nachweis von okkultem Blut im Stuhl im Rahmen sog. Screening-Untersuchungen veranlaßt wird (Abb. 4.**13**). Auch größere maligne Polypen können lange Zeit symptomlos bleiben. Erst wenn das Karzinom zu Gewichtsverlust, Anämie oder gar durch zunehmenden Verschluß des Darmlumens zu Bleistiftsstuhl bis hin zum Ileus (S. 80 f) geführt hat, wird die dann bereits weit fortgeschrittene maligne Erkrankung manifest.

Diagnose. Bei einem positiven Screening-Test und erst recht bei klinischem Karzinomverdacht ist eine komplette Koloskopie erforderlich, um eine Blutungsquelle im Kolon zu erkennen bzw. hinreichend sicher ausschließen zu können.

Therapie. Kolonpolypen sollten endoskopgestützt elektrochirurgisch abgetragen und zur histologischen Untersuchung geborgen werden. Im Falle eines malignen Polypen bzw. größeren Karzinoms muß eine Kolonteilresektion erfolgen. Die Chancen einer Chemotherapie mit Zytostatika sind begrenzt.

Prognose. Sie ist bei benignen Kolonpolypen gut. Beim Karzinom hängt die Prognose entscheidend ab vom Stadium zum Diagnosezeitpunkt.

Jeder peranale Blutabgang ist bis zum Beweis des Gegenteils als karzinomverdächtig anzusehen und bedarf daher weiterer Abklärung.

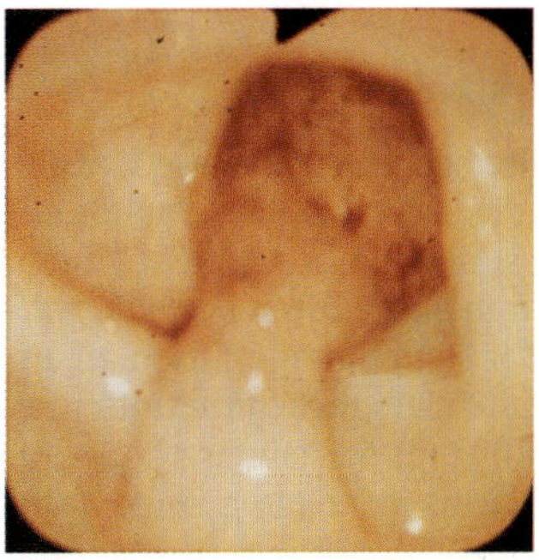

Abb. 4.**13** Gestielter Kolonpolyp.

Colon irritabile

Definition. Unter einem Colon irritabile versteht man eine den Kranken belästigende Störung der Darmmotorik ohne faßbares morphologisches Korrelat (Synonyme: Reizkolon, Colon spasticum).

Klinik. Das Colon irritabile ist sehr häufig, seine Genese unbekannt. Charakteristisch sind krampfartige, durch Streß verstärkte Schmerzen im Kolonbereich. Fast nie wird über Gewichtsabnahme geklagt. Manche Patienten berichten auch über schafskotähnlichen Stuhl. Der spastische Darmabschnitt kann bei der körperlichen Untersuchung gelegentlich als Walze getastet werden.

Diagnose. Je nach der klinischen Symptomatik kann die Diagnose leicht oder erst nach Abschluß anderer in Betracht kommender Beschwerdeursachen gestellt werden. Charakteristischerweise sind sämtliche Laborbefunde normal.

Therapie. Sie besteht zuvorderst in Aufklärung des Kranken über die letztlich harmlosen Ursachen seiner Beschwerden. Schlackenreiche Kost dient der Stuhlregulierung. Besonderes Augenmerk verlangt eine geregelte Lebensführung.

Die **Prognose** ist gut.

Ein Colon irritabile ist eine häufige Krankheit, die im Einzelfall sorgfältig gegenüber prognostisch ernsteren Erkrankungen abzugrenzen ist.

Krankheiten der Leber

Vorbemerkungen

Die etwa 1500 g schwere Leber ist mit den Bauchorganen über die Leberpforte verbunden. Hier verlaufen die A. hepatica, die V. portae, die nährstoffreiches Blut zur Leber bringt, sowie der Ductus hepaticus, der die in der Leber gebildete Galle zum Duodenum leitet. Die Lebervenen münden unmittelbar in die V. cava ein.

Funktionell nimmt die Leber auf Grund ihrer Lage eine zentrale Stellung im Stoffwechsel ein: Beispielsweise wird durch Bereitstellung von Galle die Nahrungsaufschlüsselung im Dünndarm erleichtert. Bluteiweiße und Gerinnungsfaktoren werden in der Leber gebildet, körpereigene Abbauprodukte wie Bilirubin über die Leber ausgeschieden.

Akute Lebererkrankungen

Definition. Man unterscheidet die akute *Virushepatitis*, bei welcher die Leber das Hauptmanifestationsorgan der Virusinfektion ist, von einer durch sog. hepatotrope Viren ausgelösten *Begleithepatitis*, bei der neben der Hauptmanifestation an anderen Organen die Leber lediglich mitbetroffen ist. Wegen ihrer Bedeutung für die zahnärztliche Praxis soll die Virushepatitis im engeren Sinne nachfolgend näher besprochen werden, wohingegen die hepatotropen Viren bei den Infektionskrankheiten abgehandelt werden.

Virushepatitis A

Ätiologie. Das 27 nm große sphärische Hepatitis-A-Virus (HVA) gelangt durch fäkal/orale Schmierinfektion in den menschlichen Körper. Es vermehrt sich in den Hepatozyten und gelangt mit der Galle in den Darm und somit in den Stuhl schon zu einem Zeitpunkt, an dem die Patienten noch asymptomatisch sind. Die relativ leichte Übertragbarkeit der Hepatitis A hat zum Begriff „Hepatitis epidemica“ geführt.

Klinik. Nach einer Inkubationszeit von etwa 3 Wochen treten Prodromi wie Fieber und Gelenkbeschwerden auf, denen Zeichen der Lebererkrankung wie Inappetenz, Übelkeit, Druckgefühl im rechten Oberbauch folgen können. Als Folge der Zerstörung virusbefallener Hepatozyten gelangen deren Inhaltsstoffe ins Blut, von denen die Transaminasen wegen ihrer leichten Meßbarkeit als Parameter des hepatozellulären Untergangs genutzt werden. Durch die abnehmende Leberleistung kommt es oft zu einem Anstieg des Bilirubins im Serum mit dem typischen Ikterus (bei Werten von > 4 mg/dl). Es muß jedoch betont werden, daß eine Hepatitis A oft auch anikterisch, d. h. ohne klinisch faßbaren Ikterus verlaufen kann.

Diagnose. Der Verdacht auf eine Virushepatitis besteht bei typischer Infektionsanamnese (Umgebungsinfektionen), Ikterus und erhöhten Transaminasen. Die Diagnose wird gesichert durch Nachweis von Antikörpern gegen Hepatitis-A-Virus in der IgM-Fraktion. Abbildung 4.**14** zeigt den typischen Verlauf einer Hepatitis A.

Therapie. Sie ist bei der Hepatitis A symptomatisch. Bei starker Übelkeit oder gar Erbrechen sind Elektrolytinfusionen oft hilfreich. Sobald subjektiv verträglich, darf der Patient wieder seine gewohnte Kost erhalten. Lebertoxische Substanzen wie insbesondere Alkohol sind zu meiden.

Prognose. Sie ist bei der Hepatitis A durchweg gut, da sie nie in eine chronische Verlaufsform übergeht. Eine einmal durchgemachte Hepatitis A hinterläßt eine lebenslange Immunität.

Prophylaxe. Schutz vor Hepatitis A bietet eine strenge Hygiene in Epidemiegebieten, die prophylaktische Gabe von Immunglobulinen sowie die neuerdings verfügbare aktive Hepatitis-A-Impfung.

Die durch fäkal/orale Schmierinfektion übertragene Hepatitis A nimmt fast immer einen günstigen Verlauf und hinterläßt lebenslange Immunität. Eine frische Infektion kann durch Hepatitis-A-Antikörper der IgM-Klasse erkannt werden. Schutz bieten Hygiene, passive und aktive Immunisierung.

Hepatitis B

Ätiologie. Das 45 nm große Hepatitis-B-Virus (HBV) gelangt parenteral durch Blut, Blutprodukte, ungenügend sterilisierte (u.a. zahnärztliche) Instrumente oder auch durch Geschlechtsverkehr, gemeinsame Nadeln bei i.v. Drogengebrauch u.a. in den menschlichen Körper, wo es sich in Hepatozyten vermehrt. Von dort gelangt es wieder in das Blut, kaum jedoch in die Galle.

Klinik. Nach einer Inkubationszeit von etwa 2–4 Monaten beginnt die Erkrankung mit Elimination der virusbeladenen Hepatozyten durch das Immunsystem. Die klinischen Krankheitszeichen ähneln denen der Hepatitis A (s.o.). Auch laborchemisch sind die Verläufe ähnlich. Im Gegensatz zur Hepatitis A findet man bei Hepatitis B mehrere Virusantigene:

- Hepatitis Bs-Antigen (HBs-Ag; s steht für surface),
- Hepatitis Be-Antigen (HBe-Ag; e steht für envelope),
- Hepatitis Bc-Antigen (HBc-Ag; c steht für core).

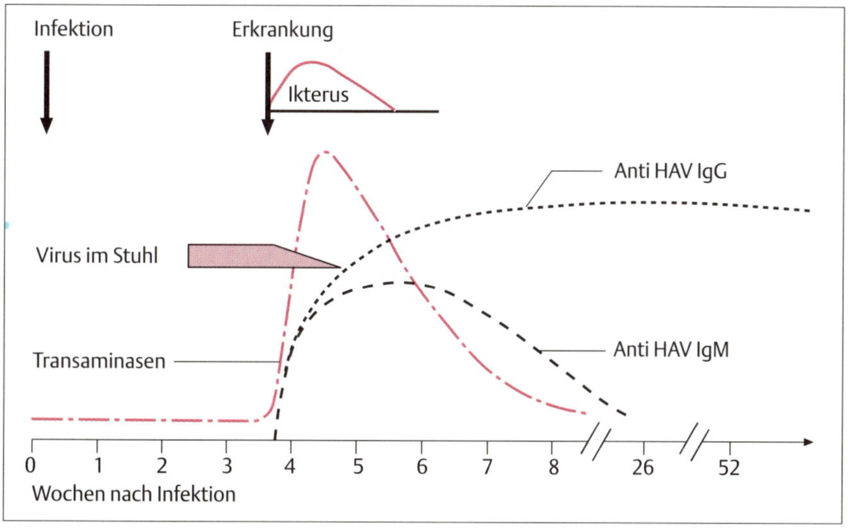

Abb. 4.**14** Schematisierter Verlauf einer Hepatitis A.

Obschon HBc-Ag nur im Lebergewebe und nie im Blut nachweisbar ist, entwickeln sich gegen alle drei Antigene zeitabhängig Antikörper, zunächst im IgM- und später im IgG-Bereich (Abb. 4.**15**).

Diagnose. In typischen Fällen kann insbesondere aufgrund der Expositionsanamnese eine akute Hepatitis B vermutet werden. Die Diagnose einer akuten B-Virus-Infektion wird gesichert durch den Nachweis von Anti-HBc der IgM-Fraktion. Abbildung 4.**15** veranschaulicht schematisch den Verlauf der virusimmunologischen Parameter.

Therapie. Sie ist bei der akuten B-Hepatitis symptomatisch und ähnelt derjenigen der Hepatitis A. Wichtig ist insbesondere zu Anfang eine engmaschige Überprüfung der sog. Leberwerte (Transaminasen, Bilirubin u.a.), um frühzeitig ein drohendes Leberversagen zu erkennen. Später sind größere Intervalle hinreichend. Die Kontrolle der immunologischen Marker der B-Virus-Infektion gibt Auskunft über die Infektiosität des Patienten.

Prognose. Sie ist bei der akuten Hepatitis B ernster als bei der Hepatitis A. Etwa 1% der Patienten versterben an einem perakuten Verlauf durch Leberzerfall. Bei etwa 7% der Patienten entwickelt sich ein chronischer Verlauf (S. 89).

Prophylaxe. Schutz vor Hepatitis B bietet die Beachtung der Übertragungswege, die passive Immunisierung mit sog. Hyperimmunglobulin (z.B. nach Nadelstichverletzung) und die heute gebräuchliche aktive Impfung. Für einen ausreichenden Schutz benötigt man meist 3 Impfungen (0 – 1 – 6 Monate). Der Erfolg der Impfung wird am Anti-HBs-Titer überprüft. Bei starkem Abfall ist eine Auffrischimpfung notwendig.

Das Hepatitis-B-Virus wird überwiegend parenteral durch Blut/Blutprodukte und durch unsaubere Instrumente (Nadel bei Drogensüchtigen) übertragen. Da die Prognose durch einen perakuten letalen Verlauf bei 1% der Kranken und Übergang in einen chronischen Verlauf bei 7% belastet ist, ist eine Impfung für medizinisches Personal mit direktem Patientenkontakt dringend ratsam. Neuerdings wird die Impfung aller Kinder empfohlen. Bei Nadelstichverletzung ist eine passiv-aktive Simultan-Impfung möglich.

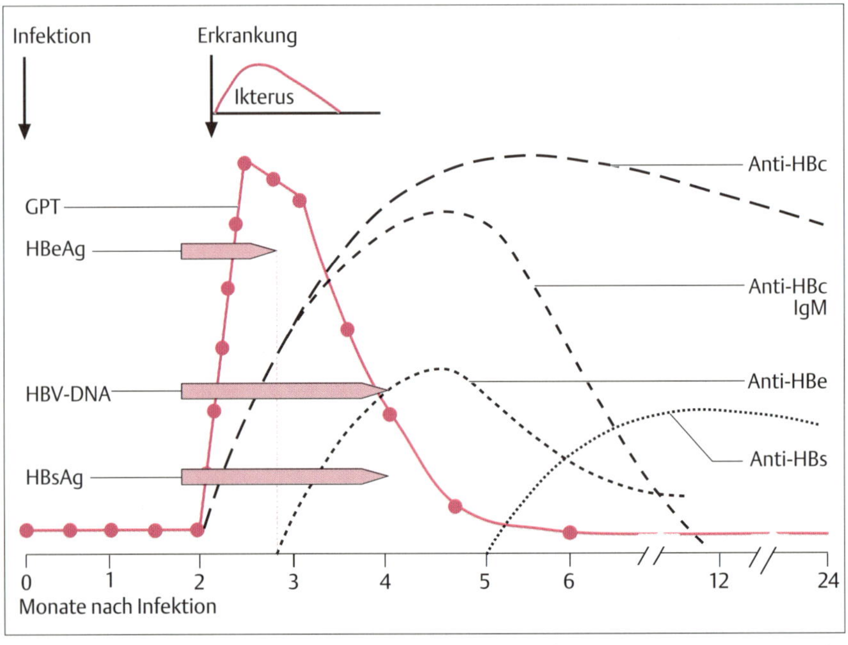

Abb. 4.**15** Schematisierter Verlauf einer Hepatitis B (GPT = Glutamat-Pyruvat-Transaminase).

Hepatitis C

Ätiologie. Das früher unter Non-A-Non-B-Hepatitis subsumierte Hepatitis-C-Virus gelangt überwiegend parenteral in den menschlichen Körper und ist gegenwärtig die häufigste Ursache einer durch Blut/Blutprodukte übertragenen Hepatitis. Eine enterale Übertragung ist ebenfalls möglich (sog. sporadische Hepatitis). Sexualkontakte spielen demgegenüber bei der Übertragung wohl eine untergeordnete Rolle.

Klinik. Nach einer Inkubationszeit von etwa 6 – 12 Wochen entwickelt sich die Erkrankung oft schleichend mit Abgeschlagenheit und Inappetenz. Prodromi sind selten. Laborchemisch imponiert oft ein doppelgipfeliger Verlauf der Transaminasen (GPT, Abb. 4.**16**). Bei vielen Patienten bleibt die Erkrankung anikterisch. Verglichen mit HAV- und HBV-Infektionen ist der Verlauf einer akuten HCV-Infektion weit weniger charakteristisch.

Diagnose. Sie wird bei einer akuten HCV-Infektion gesichert durch den Nachweis von Antikörpern gegen den Hepatitis-C-Virus in der IgM-Klasse. Neuerdings können gentechnologisch auch HCV-RNA-Bruchstücke im Serum mittels der PCR (*P*olymerase-*K*etten-*R*eaktion) nachgewiesen werden (Abb. 4.**16**).

Therapie. Sie folgt bei der akuten Hepatitis C den für Hepatitis A und B dargelegten Kriterien. Die Kontrolle der Leberwerte ist ebenso obligat wie die Überprüfung der Hepatitis-C-Marker. Bei unklarem Verlauf sollte frühzeitig eine Leberhistologie angestrebt werden.

Prognose. Sie ist bei der akuten Hepatitis C im Einzelfall schwer zu stellen. Ein perakuter Verlauf ist selten, jedoch nimmt die Infektion bei mehr als der Hälfte der Erkrankten einen chronischen Verlauf.

Prophylaxe. Da im Gegensatz zur Hepatitis B (s. o.) weder eine passive noch eine aktive Immunprophylaxe verfügbar ist, kommt der Beachtung der Übertragungswege größte Bedeutung zu. Im Hinblick auf die erforderlichen Schutzmaßnahmen in der zahnärztlichen Praxis gelten dieselben Empfehlungen wie bei einer HIV-Infektion (S. 280).

Das Hepatitis-C-Virus ist die häufigste Ursache einer parenteral übertragenen akuten Virus-

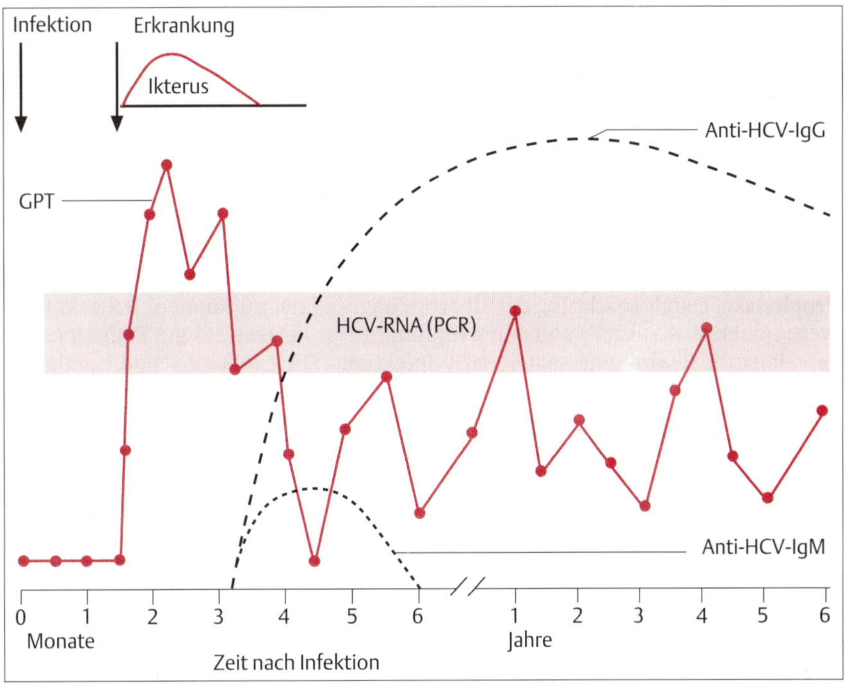

Abb. 4.**16** Schematisierter Verlauf einer Hepatitis C.

hepatitis. Jedoch sind sporadische Verläufe keineswegs selten. Die Prognose ist belastet durch einen chronischen Verlauf bei der Hälfte der Erkrankten. Eine spezifische Immunprophylaxe steht nicht zur Verfügung.

Hepatitis D

Ätiologie. Die Hepatitis D wird hervorgerufen durch ein inkomplettes Virus (Hepatitis-Delta-Virus, HDV), welches sich nur unter Zuhilfenahme des HBV vermehren kann. Der Übertragungsweg folgt dem des HBV. Man unterscheidet eine *Coinfektion*, bei der HBV und HDV simultan inokuliert werden, von einer *Superinfektion*, bei welcher die HDV-Infektion auf eine vorbestehende HBV-Erkrankung trifft.

Klinik. Der klinische Verlauf einer HDV-Infektion ähnelt bei Koinfektion dem der HBV-Infektion. Die HDV-Koinfektion wird meist nur bemerkt, wenn bei Patienten mit HBs-Antigen gezielt danach gesucht wird. Bei einer Superinfektion kommt es zu einem zweiten, durch HDV ausgelösten Hepatitis-Schub, der klinisch an einem erneuten Transaminasenanstieg bemerkt wird. Der Verlauf einer HDV-Superinfektion ist oft schwer.

Diagnose. Die HDV-Infektion wird bei vorbestehender Hepatitis-B-Virämie durch Antikörper gegen HDV der IgM-Klasse nachgewiesen.

Therapie. Sie orientiert sich an den für Hepatitis B dargelegten Aspekten.

Die **Prognose** der HDV-Co-/Superinfektion ist ähnlich derjenigen der Hepatitis B.

Prophylaxe. Durch Beachtung der Übertragungswege (parenteral, sexuell) und durch Impfung gegen Hepatitis B wird eine spätere HDV-Infektion verhindert.

Eine Infektion mit dem Hepatitis-Delta-Virus ist nur möglich bei Hepatitis-B-Virusträgern. Daher schützt Impfung gegen Hepatitis B auch vor HDV.

Hepatitis E

Ätiologie. Das 27 – 34 nm große RNA-Virus wird durch fäkal/orale Schmierinfektion übertragen. Da Epidemien fast nur in tropisch-warmen Ländern beobachtet werden, muß gegebenenfalls bei Urlaubserkrankungen danach gesucht werden.

Klinik. Nach einer Inkubationszeit von etwa 4 – 5 Wochen erkranken die Patienten mit den typischen Symptomen einer Hepatitis. Der Verlauf ähnelt dem der Hepatitis A.

Diagnose. Eine Hepatitis-E-Infektion wird nachgewiesen durch Antikörper gegen das Hepatitis-E-Virus der IgM-Klasse.

Therapie. Sie ist supportiv wie bei Hepatitis A.

Prognose. Sie ist bei der Hepatitis E prinzipiell gut. Jedoch werden aus noch unklarer Ursache im dritten Schwangerschaftstrimenon vermehrt letale Verläufe beobachtet. Ein Übergang in eine chronische Verlaufsform ist nicht bekannt.

Prophylaxe. Schutz bietet die Beachtung der Übertragungswege. Eine spezifische Immunprophylaxe steht nicht zur Verfügung.

Hepatitis E ist eine in tropisch-warmen Ländern häufigere Hepatitisform, die symptomatisch behandelt wird. Sie spielt hier nur bei Urlaubsrückkehrern eine Rolle.

Beurteilung der Infektiosität

Bei der Vielzahl von Lebererkrankungen ist es für den Zahnarzt von besonderer Bedeutung, das Infektionsrisiko des einzelnen Patienten einschätzen zu können. Dabei muß betont werden, daß keineswegs nur Patienten mit einer akuten Hepatitis infektiös sind, sondern auch bei virusinduzierter chronischer Lebererkrankung eine Infektionsgefahr gegeben sein kann. Sogar Patienten mit primär nicht virusinduzierter Lebererkrankung können z. B. durch Blutübertragung ein Hepatitisvirus akquiriert haben. Die Infektiosität kann somit nicht aus den Leberwerten abgeschätzt werden, sondern ausschließlich durch aktuelle Virus-Marker.

Bei **Hepatitis A** deuten IgM-Antikörper gegen HAV auf eine frisch zurückliegende Infektion hin. Bei diesen Patienten könnte noch eine Virusausscheidung im Stuhl vorliegen, eine Virusübertragung durch Speichel oder Blut spielt jedoch bei HAV praktisch keine Rolle.

Bei **Hepatitis B** deuten IgM-Antikörper gegen HBc auf eine frische Infektion hin. Der Nachweis des HBe-Antigens im Blut deutet auf Infektiosität auch des Speichels hin. Findet man Antikörper gegen HBs und HBe, so ist der Patient gegen HBV immun und mutmaßlich nicht infektiös. Sind ausschließlich HBs-Antikörper nachweisbar und fehlen HBc-Antikörper, so spricht das für eine erfolgreiche HBV-Impfung. Auch hier besteht natürlich keine Infektiosität.

Bei **Hepatitis C** deuten IgM-Antikörper gegen HCV auf eine frische Infektion hin. Der gentechnologische Nachweis der HCV-RNA belegt die Infektiosität des Blutes.

Bei **Hepatitis D** deuten IgM-Antikörper auf eine frische Co-/Superinfektion mit HDV hin. Da eine HDV-Infektion an das Hepatitis-B-Virus geknüpft ist, besteht ohnedies Infektiosität.

Bei **Hepatitis E** deutet ebenfalls der Nachweis von IgM-Antikörpern auf eine frische HEV-Infektion hin. Wie bei Hepatitis A ist dann der Stuhl mutmaßlich noch infektiös. Eine Übertragung durch Blut ist höchst unwahrscheinlich.

Der Nachweis von IgM-Antikörpern gegen eines der Hepatitis-Viren deutet stets auf eine frische Infektion hin. Bei Hepatitis A und Hepatitis E ist dann bei mangelnder Hygiene eher eine fäkal/orale Infektionsgefährdung anzunehmen. Bei Hepatitis B (mit/ohne D) sowie Hepatitis C geht die Infektionsgefahr von Blut und Körpersekreten aus. Der Nachweis von Virusbestandteilen im Blut (z. B. HBe-Antigen, HCV-RNA) belegt unabhängig vom Infektionszeitpunkt direkt das Infektionsrisiko.

Chronische Leberkrankheiten

Viruserkrankungen (chronische Hepatitis)

Definition. Von chronischer Hepatitis spricht man, wenn eine akute Virushepatitis mehr als 6 Monate nicht zur Ruhe kommt. Nach histologischen Kriterien unterscheidet man eine *chronisch persistierende Hepatitis* von einer *chronisch aggressiven Hepatitis.*

Ätiologie. Eine chronische Hepatitis kann sich als Folge einer akuten Hepatitis B, Hepatitis C oder Hepatitis D entwickeln. Hepatitis A und Hepatitis E gehen nie in eine chronische Verlaufsform über.

Chronisch persistierende Hepatitis

Klinik. Patienten mit einer chronisch persistierenden Hepatitis sind oft beschwerdefrei. Gelegentlich wird über Müdigkeit, Leistungsschwäche und Inappetenz berichtet. Laborchemisch findet man als Ausdruck der persistierenden Leberentzündung eine Aktivitätserhöhung der Transaminasen auf das selten mehr als Doppelte der oberen Normalbereichsgrenze. Die Marker einer HBV-, HCV- oder HDV-Infektion sind nachweisbar, wobei entweder eine persistierende Antigenämie oder – prognostisch günstiger – Antikörper gegen die entsprechenden Antigene gefunden werden.

Diagnose. Sie basiert auf der histologischen Untersuchung der Leber in Verbindung mit den Virusmarkern.

Therapie. Eine spezifische Behandlung ist nicht erforderlich, da nicht selten eine spontane Ausheilung eintritt. Eine serochemische Verlaufsbeobachtung – gegebenenfalls unter Einschluß der Hepatitis-Marker – ist ratsam. Lebertoxische Substanzen sollten gemieden werden.

Chronisch aggressive Hepatitis

Klinik. Patienten mit chronisch aggressiver Hepatitis klagen häufiger als Kranke mit persistierender Hepatitis über Leistungsschwäche, abnorme Ermüdbarkeit und Appetitmangel.

Laborchemisch findet man eine ausgeprägtere Aktivitätserhöhung der Transaminasen sowie der γ-GT.

Diagnose. Sie wird durch die Leberhistologie gesichert, welche deutlich die fortschreitende Entzündung aufzeigt.

Therapie. Bei persistierender Antigenämie wird sowohl für die HBV- als auch für die HCV-Infektion eine immunmodulierende Therapie mit α-Interferon empfohlen.

Prognose. Sie ist bei der chronisch aggressiven Hepatitis problematisch, da trotz aller therapeutischer Fortschritte ein Übergang in eine Zirrhose (s. u.) oft nicht zu verhindern ist.

Patienten mit chronisch persistierender und aggressiver Hepatitis können infektiös sein. Bei chronisch aggressiver Hepatitis kann die Leberleistung bereits herabgesetzt sein (Blutungsrisiko).

Nichtvirale Krankheiten

Leberzirrhose

Definition. Unter Leberzirrhose versteht man den fortschreitenden knotigen Umbau der Leber mit der Folge der Verminderung des Leberparenchyms und der Einschränkung der Leberleistungsbreite sowie einer durch Vernarbung ausgelösten Druckerhöhung im Pfortadergebiet.

Ätiologie. Eine Leberzirrhose ist das Endstadium verschiedener Krankheiten, z. B.:

- Chronische Virushepatitis (HBV, HCD, HDV),
- chronische Leberstauung (kardiale Zirrhose),
- chronisch-toxische Schädigung (Alkoholzirrhose),
- chronische Autoimmunkrankheit (primär biliäre Zirrhose),
- chronische Galleabflußstörung (sekundär biliäre Zirrhose),
- chronischer Stoffwechselreiz (z. B. Eisenspeicherkrankheit).

Klinik. Eine Leberzirrhose kann lange Zeit klinisch stumm bleiben. Später entwickeln sich uncharakteristische Symptome wie Müdigkeit, Abgeschlagenheit und verminderte Leistungsfähigkeit.

Inspektorisch findet man als Ausdruck eingeschränkter Leberleistung sog. „Leberhautzeichen“:

- grau-gelbes Hautkolorit,
- Lackzunge,
- Palmarerythem,
- Gefäßspinnen (Spider naevi).

Bei der klinischen Untersuchung stellt man mitunter eine Bauchwassersucht (Aszites) fest, welche sicherer sonographisch beurteilt werden kann. Laborchemisch findet man neben den Zeichen der Leberentzündung (Transaminasen, γ-GT) verminderte Leberleistungsparameter (z. B. Quickwert). Auch die Thrombozyten können als Folge der portalen Hypertension erniedrigt sein. Als Folge der verminderten Entgiftungsfunktion kann der Blutammoniakwert erhöht sein.

Diagnose. Eine Leberzirrhose wird histologisch diagnostiziert.

Therapie. Sie berücksichtigt die mutmaßliche Ursache (z. B. Alkoholabusus) und ist im übrigen symptomatisch. Bei eingeschränkter Entgiftungsfunktion soll der Eiweißgehalt der Nahrung reduziert werden. Ansonsten ist die Ernährung vitaminreich. Bei fortgeschrittenerer portaler Hypertension muß evtl. zur Vermeidung von einem Aszites die Trinkmenge eingeschränkt und evtl. zusätzlich diuretisch behandelt werden. Bei konservativ nicht beherrschbarem Leberversagen kann selten eine Lebertransplantation indiziert sein.

Prognose. Sie hängt an der Ursache: Alkoholisch bedingte Zirrhosen nehmen bei Abstinenz meist einen günstigeren Verlauf als die therapeutisch schwerer zu beeinflussende posthepatitische Leberzirrhose. Haben sich bereits Ösophagusvarizen (S. 70 f) entwickelt, ist die Prognose ungünstiger. Insbesondere Patienten mit posthepatitischer Leberzirrhose haben ein erhöhtes Risiko, ein hepatozelluläres Karzinom zu entwickeln.

Leberhautzeichen, insbesondere aber eine Lackzunge können indirekte Zeichen einer Leberzirrhose sein. Als Folge einer Thrombozytopenie oder verminderter Synthese von Gerinnungsfaktoren können auch bei zahnärztlichen Eingriffen schwere Blutungen auftreten.

Fettleber

Definition. Als Fettleber bezeichnet man eine vermehrte Fetteinlagerung in der Leber.

Ätiologie. Eine Verfettung der Leber kann Symptom verschiedener Erkrankungen wie Übergewicht, Diabetes mellitus, Alkoholismus u. v. a. m. sein.

Klinik. Bei überwiegend adipösen asymptomatischen Patienten findet man meist zufällig eine vergrößerte weiche Leber. Laborchemisch führender Befund ist eine durch gesteigerten Alkoholkonsum induzierte γ-GT-Erhöhung. Bei schwerem Mißbrauch kann sich u. U. eine sog. *Fettleberhepa-*

titis entwickeln, welche differentialdiagnostisch von einer Virushepatitis (S. 84 ff) abzugrenzen ist.

Diagnose. Eine Fettleber wird klinisch, laborchemisch, sonographisch und nur soweit erforderlich histologisch diagnostiziert. Eine Fibrosierung deutet auf eine alkoholische Genese.

Therapie. Sie orientiert sich an der zugrundeliegenden Störung. Gängige Noxen müssen konsequent eliminiert werden. Ein evtl. Übergewicht wird reduziert. Bei Normalgewicht bleibt die Fettleber meist asymptomatisch.

Prognose. Sie ist bei der Fettleber gut, sofern kein Alkoholismus vorliegt. In diesem Fall muß mit einem Fortschreiten bis hin zur Fettzirrhose gerechnet werden.

Die Fettleber ist die häufigste Lebererkrankung in einer Wohlstandsgesellschaft. Soweit kein Alkoholismus vorliegt, verursacht sie keine wesentlichen Leberfunktionsstörungen.

Funktionelle Hyperbilirubinämie

Definition. Als funktionelle Hyperbilirubinämie bezeichnet man eine isolierte Störung des Bilirubinstoffwechsels bei ansonsten regelrechtem klinischen, laborchemischen und histologischen Leberbefund.

Ätiologie. Eine Hyperbilirubinämie kann angeboren (Schwäche des Schlüsselenzyms des Bilirubinstoffwechsels) oder erworben sein (z.B. Hämolyse).

Klinik. Die vornehmlich bei jüngeren Männern auftretende funktionelle Hyperbilirubinämie verursacht selten wesentliche Beschwerden. Der meist milde Ikterus wird oft zufällig bemerkt *(Ikterus juvenilis Meulengracht)*. Laborchemisch ist das Gesamtbilirubin selten auf mehr als 5 mg/dl erhöht.

Diagnose. Sie wird klinisch gestellt, erforderlichenfalls nach histologischem Ausschluß einer tiefergreifenden Leberkrankheit.

Therapie. Eine spezifische Therapie ist nicht erforderlich.

Die **Prognose** ist gut.

Die funktionelle Hyperbilirubinämie ist eine harmlose Leberfunktionsstörung und hat keinen Einfluß auf die Leberleistung.

Lebertumoren

Man unterscheidet gut- und bösartige Tumoren und bei diesen wiederum zwischen primären und sekundären Lebertumoren. Zu den gutartigen Lebertumoren gehören z.B. die *fokal-noduläre Hyperplasie, Hämangiome* oder *Leberzysten.* Zu den für den Zahnarzt wichtigen bösartigen Lebertumoren gehört z.B. das primäre Leberzellkarzinom *(hepatozelluläres Karzinom)*, welches häufiger auf dem Boden einer chronischen Hepatitis-B-Virus-Infektion entsteht. Zu den häufigen bösartigen sekundären Lebertumoren gehören vornehmlich *Lebermetastasen.* Oft findet sich der Primärtumor im Bauchraum (z.B. Kolonkarzinom, S. 83).

Gutartige Tumoren stören den Leberstoffwechsel fast nie. Bösartige primäre und häufiger sekundäre Lebertumoren können zu einem Ausfall wichtiger Leberfunktionen (z.B. Gerinnung) führen und so klinisch relevante Blutgerinnungsstörungen verursachen.

Krankheiten der Gallenwege

Vorbemerkungen

Die Gallenwege nehmen ihren Anfang in den von den Hepatozyten gebildeten Kanalikuli; aus diesen gelangt die Galle über Ductuli in stets größere Gangabschnitte bis in die Ductus hepatici und den Ductus choledochus. Der Sphincter Oddi verschließt die Gallenwege gegenüber dem Duodenum (Vater-Papille).

Täglich werden kontinuierlich etwa 800–1200 ml Galle gebildet. Diese wird in der Gallenblase eingedickt, um dann auf Nahrungsreiz hin ausgeschüttet zu werden.

Lage- und Formanomalien

Schon die intrahepatischen Gallenwege zeigen zahlreiche Normvarianten mit Links- und Rechts-Versorgungstyp sowie einem dritten Ductus hepaticus. Auch die Gallenblase weist einen großen Formenreichtum auf. Sie kann z. B. hochgeschlagen sein oder atypisch münden (jede denkbare Stelle zwischen Ductus hepaticus und Vater-Papille). Klinische Bedeutung kommt diesen Varianten nur insoweit zu, als bei einer evtl. Operation Probleme auftreten könnten.

Gallensteinkrankheiten

Cholezystolithiasis

Definition. Bei Nachweis eines oder mehrerer Konkremente in der Gallenblase spricht man von Cholezystolithiasis.

Ätiologie. Die Neigung der Galle zur Steinbildung hängt in erster Linie ab vom Verhältnis von Cholesterin und Gallensäuren. Gallensteine entstehen durch Ausflockung bei Cholesterinüberladung oder Gallensäurenmangel.

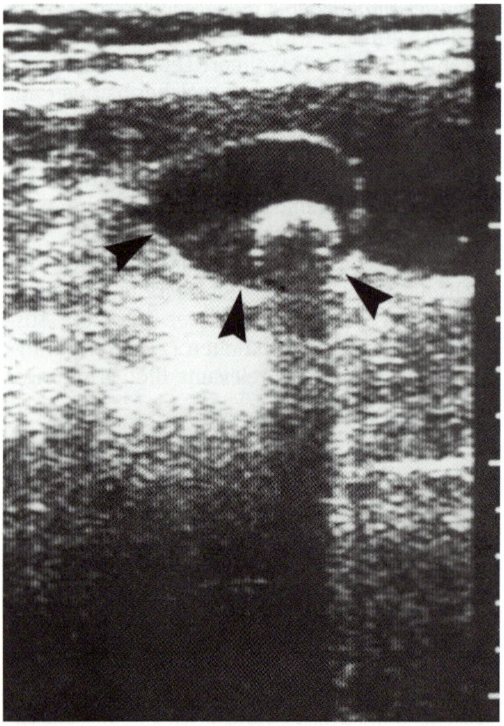

Abb. 4.**17** Sonographie bei Cholezystolithiasis: Solitärkonkrement mit dorsalem Schallschatten.

Klinik. Gallensteine sind sehr oft ein mit höherem Lebensalter häufigerer Zufallsbefund. Sie können zeitlebens stumm bleiben. Werden sie symptomatisch, verursachen sie oft Völlegefühl, Blähungen und Übelkeit insbesondere nach fettreichen Mahlzeiten. Die Schmerzen der typischen Gallensteinkolik treten etwa eine halbe Stunde nach dem Essen auf, haben wellenförmigen Charakter und sind unter dem rechten Rippenbogen lokalisiert. Hier findet sich bei der Untersuchung auch ein Druckschmerz. Die blutchemischen Befunde sind bei einer typischen Gallensteinkolik unauffällig.

Entwickelt sich jedoch durch bakterielle Besiedlung der Steingallenblase eine *Cholezystitis*, treten Symptome wie Fieber oder gar Schüttelfrost auf. Der klinische Palpationsbefund ist eindrucksvoller. Laborchemisch stehen die Entzündungszeichen im Vordergrund (z. B. Leukozytose).

Diagnose. Sie gelingt klinisch und wird durch Ultraschalluntersuchung bestätigt (Abb. 4.**17**).

Therapie. Bei einer Gallenblasenkolik besteht sie in Nahrungskarenz und der Gabe von Spasmolytika, worunter die Kolik meist rasch abklingt. Tritt der Gallenblasenstein jedoch bei der Kolik in den Ductus choledochus über, resultiert eine Choledocholithiasis (s. u.). Bei einer Cholezystitis gibt man zusätzlich Antibiotika. Entwickelt sich ein Gallenblasenempyem, muß umgehend operiert werden.

Ein einmal symptomatisch gewordenes Gallensteinleiden verlangt eine dauerhafte Therapie. Handelt es sich um kleine Cholesterinsteine, kann bei offenem Ductus cysticus eine medikamentöse Litholyse versucht werden. Wenige kleine Steine sind bei offenem Zystikus einer Behandlung durch *e*xtrakorporale *S*chock*w*ellen*l*ithotripsie (ESWL) zugänglich. Das auch bei Zystikusverschluß anwendbare Therapieverfahren ist die klassische Cholezystektomie, die laparoskopisch oder konventionell, d.h. mit herkömmlichem Bauchschnitt, durchgeführt werden kann.

Prognose. Beim Gallensteinleiden ist sie nur individuell zu stellen. Während manche Steinträger lebenslang asymptomatisch bleiben, muß bei anderen Patienten wegen rezidivierender Koliken oder sonstiger Komplikationen operiert werden.

Das Gallensteinleiden ist die häufigste Ursache kolikartiger Beschwerden im rechten Oberbauch. Neben der Cholezystektomie stehen heute therapeutisch die medikamentöse Litholyse und die extrakorporale Stoßwellenlithotripsie zur Verfügung.

Choledocholithiasis

Ätiologie. Gallengangssteine stammen meist aus der Gallenblase, können aber auch primär im Gallengang entstehen.

Klinik. Gallengangssteine führen durch behinderten Gallefluß zur Cholestase und Cholangitis. Die Kranken leiden unter Koliken, Fieber, Schüttelfrost und Ikterus. Der Stuhl ist hell, der Urin dunkel. Kann das Konkrement den Gallengang durch die Vater-Papille verlassen, gehen die Symptome schlagartig zurück. Eine Linderung tritt auch ein, wenn das Konkrement aufschwimmt (pendelnder Ventilstein). Laborchemisch stehen die Zeichen des Gallenstaus im Vordergrund (Bilirubin, alkalische Phosphatase, γ-GT).

Diagnose. Eine Choledocholithiasis kann klinisch vermutet und sonographisch durch den oft möglichen Nachweis des Steines gesichert werden. Gelingt dies nicht, wird eine endoskopisch-retrograde Cholangiographie (Abb. 4.**18**) durchgeführt.

Therapie. Die Cholangitis bei Choledocholithiasis wird symptomatisch mit Antibiotika behandelt. Kausal sollte das Konkrement baldmöglichst entfernt werden, was risikoarm durch die endoskopische Sphinkterotomie der Vater-Papille gelingt. Bei Mißerfolg muß eine Operation durchgeführt werden.

Prognose. Bei der Choledocholithiasis ist sie durch die endoskopische Sphinkterotomie günstiger geworden, da somit den oft betagten Kranken die risikoreichere chirurgische Choledochotomie erspart werden kann.

Eine Choledocholithiasis ist von der Gallenblasenkolik zu unterscheiden durch die Entfärbung des Stuhls und den dunklen Urin. Die Therapie der Wahl ist die endoskopische Sphinkterotomie mit Steinextraktion.

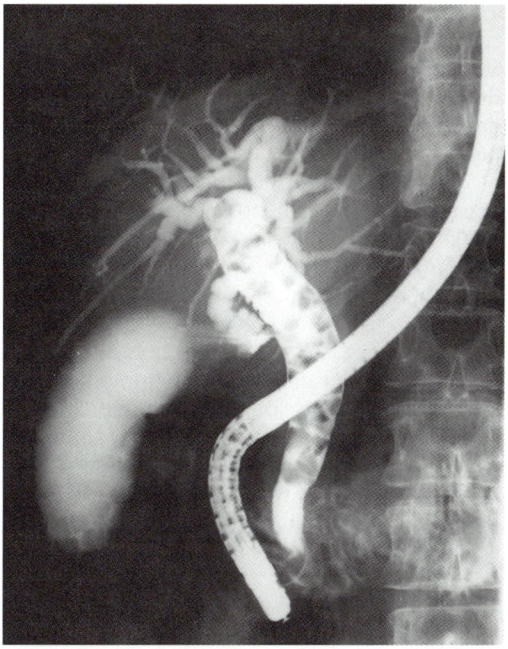

Abb. 4.**18** Endoskopisch retrograde Cholangiographie (ERC) mit Nachweis multipler Konkremente in der Gallenblase und im Gallengang.

Entzündliche Gallenwegskrankheiten

Primär sklerosierende Cholangitis

Seltene, mit chronischem Gallenstau und Juckreiz einhergehende Erkrankung der intra- und/oder extrahepatischen Gallenwege unklarer Ursache. Die Therapie ist symptomatisch.

Tumoren der Gallenwege

Definition. An den Gallenwegen können gutartige Tumoren sowie primäre oder sekundäre bösartige Tumoren zu einem Gallestau führen.

Klinik. Leitsymptom ist der schmerzlose, oft mit Hautjucken verbundene Ikterus, wodurch die Erkrankung vom Gallensteinleiden abzugrenzen ist. Liegt der Verschluß distal der Zystikusmündung, findet man oft eine gestaute, druckdolente Gallenblase. Laborchemisch sind die Cholestase-Parameter erhöht.

Diagnose. Sie kann sonographisch durch Nachweis der erweiterten und gestauten Gallenwege gestellt werden. Sie wird gesichert durch endoskopisch retrograde Cholangiographie.

Therapie. Soweit keine kurative Operation in Betracht kommt, kann endoskopgestützt eine Gallengangendoprothese implantiert werden, wodurch der Gallenfluß wiederhergestellt wird, so daß der Ikterus zurückgeht und der quälende Juckreiz nachläßt.

Prognose. Beim malignen Gallengangverschluß hängt sie am Krankheitsstadium zum Diagnosezeitpunkt. Sind nur noch Palliativmaßnahmen möglich, ist die Prognose begrenzt.

Leitsymptom des Gallengangtumors ist der schmerzlose Ikterus. Durch sorgfältige Untersuchung muß eine extrahepatische Gallenabflußstörung von einer intrahepatischen Cholestase (Hepatitis!) abgegrenzt werden. Die kurative Therapie ist chirurgisch. Ansonsten wird palliativ eine Gallengangendoprothese implantiert.

Postcholezystektomie-Syndrom

Definition. Unter diesem Begriff werden diejenigen im rechten Oberbauch geklagten Beschwerden zusammengefaßt, die zeitlich nach einer Cholezystektomie auftreten.

Klinik. Das Spektrum der Beschwerden ist sehr weitläufig und umfaßt Symptome aller für rechtsseitige Oberbauchbeschwerden in Betracht kommenden Erkrankungen wie z.B. der Leber-, Galle-, Bauchspeicheldrüsenerkrankungen sowie Erkrankungen des Magens, Dünn- und Dickdarms.

Diagnose. Sie ist meist nur als Ausschlußdiagnose zu stellen, d.h. alle genannten Nachbarorgane müssen eingehend untersucht werden. Nicht selten bleibt es bei der Vermutung dysfunktioneller Beschwerden.

Therapie. Sie orientiert sich an der gegebenenfalls nachgewiesenen Grunderkrankung und ist ansonsten symptomatisch.

Prognose. Sie ist prinzipiell gut, wenngleich nicht wenige Patienten lange über Beschwerden klagen.

Das sog. Postcholezystektomie-Syndrom ist ein Sammeltopf verschiedener organischer und funktioneller Erkrankungen des rechten Oberbauches.

Krankheiten des exokrinen Pankreas

Vorbemerkungen

Das retroperitoneal im Oberbauch etwa in Höhe des ersten Lendenwirbelkörpers gelegene Pankreas ist ein langgestrecktes drüsiges Organ. Der das Pankreas drainierende Ductus pancreaticus (Wirsung-Gang) mündet zumeist zusammen mit dem Ductus choledochus auf der Papilla duodeni maior (Vater-Papille).

Funktionell unterscheidet man einen inkretorischen Anteil (Langerhans-Inseln), dessen Erkrankungen andernorts besprochen werden (S. 151 ff), von einem exkretorischen Anteil, mit welchem das Pankreas zahlreiche Verdauungsenzyme produziert. Die Menge des täglich gebildeten Pankreassaftes beträgt etwa einen Liter.

Lage- und Formanomalien

Embryonalgeschichtlich besteht das Pankreas aus einer dorsalen und ventralen Ganganlage, die miteinander verschmelzen. Unterbleibt dieses, spricht man von einem *Pankreas divisum.* Alle Zwischenstufen bis zur kompletten Verschmelzung werden beobachtet. Mitunter drainiert der Pankreasgang über die der dorsalen Anlage zugeordnete Minorpapille ins Duodenum. Sehr selten wird auch ein um das Duodenum herum gelegenes *Pankreas anulare* beobachtet. Klinische Bedeutung kommt den genannten Normvarianten nur in seltenen Fällen zu.

Entzündliche Erkrankungen

Akute Pankreatitis

Definition. Die akute Entzündung der Bauchspeicheldrüse wird als Pankreatitis bezeichnet.

Ätiologie. Eine akute Entzündung der Bauchspeicheldrüse kann mechanisch verursacht sein durch Gallensteine, wenn diese auf ihrem Weg ins Duodenum vorübergehend den gemeinsamen Ausführungsgang von Ductus choledochus und Ductus pancreaticus verlegen (sog. common channel). Oft wird eine akute Pankreatitis auch durch einen Alkoholexzeß ausgelöst. Andere Ursachen wie z.B. Stoffwechselerkrankungen oder ein Bauchtrauma sind selten.

Klinik. Leitsymptom der akuten Pankreatitis ist der gürtelförmige, relativ weit dorsal lokalisierte bohrende Oberbauchschmerz, der sich häufig zusammen mit Übelkeit und Erbrechen im Anschluß an eine opulente Mahlzeit oder einen Alkoholexzeß entwickelt. Palpatorisch ist das Abdomen prall elastisch. Die Darmgeräusche sind abgeschwächt. Bei längerem Verlauf kommt es durch Flüssigkeitsverlust in das Gewebe und die Bauchhöhle zur Hypovolämie bis hin zum Schock.

Diagnose. Eine akute Pankreatitis kann bei typischer Anamnese klinisch erkannt und durch Nachweis erhöhter Lipase- und Amylasewerte im Blut gesichert werden. Fast immer sind die Entzündungsparameter (z.B. Leukozyten, Blutsenkung) erhöht. Sonographisch kann man eine Pankreasschwellung erkennen. Falls erforderlich, hilft ein abdominelles Computertomogramm, das Pankreas morphologisch darzustellen.

Therapie. Sie berücksichtigt die mögliche Ätiologie. Bei Verdacht auf eine biliäre Pankreatitis (frühere Gallenkoliken, Cholestase-Parameter erhöht) wird eine endoskopisch retrograde Cholangiographie durchgeführt, um evtl. durch Sphinkterotomie für einen freien Abfluß des Pankreassekretes zu sorgen. Ansonsten ist die Therapie symptomatisch: absolute Nahrungskarenz, Magenablaufsonde, ausreichende Analgesie und evtl. Kalzitonin s.c. Wichtig ist eine ausreichende parenterale Flüssigkeitszufuhr, um die ohnedies bestehende Hypovolämie zu behandeln. Komplikationen wie Ileus, schockbedingtes Nierenversagen und Schocklunge werden entsprechend behandelt. Die Behandlung erfolgt zweckmäßig auf einer Intensivstation. Nach Überwindung der akuten Krankheitsphase beginnt man vorsichtig mit einem Kostaufbau, um ein Wiederaufflackern der Entzündung bestmöglich zu verhindern.

Prognose. Sie ist bei schwerem Verlauf ernst. Gelingt es bei biliärer Pankreatitis, frühzeitig für einen freien Abfluß zu sorgen, sind die Chancen deutlich besser. Die Letalität wird mit etwa 20% angegeben.

Häufigste Ursache einer akuten Pankreatitis sind Gallensteine und Alkoholexzesse. Bei biliärer Pankreatitis muß frühzeitig eine endoskopische Sphinkterotomie durchgeführt werden. Die Prognose kann durchaus ernst sein.

Chronische Pankreatitis

Definition. Die chronische Pankreatitis ist charakterisiert durch einen schubweisen (rezidivierenden) Verlauf mit zunehmender Zerstörung der exokrinen Pankreasanteile und daraus resultierender exokriner Pankreasinsuffizienz.

Ätiologie. Eine chronische Pankreatitis wird oft unterhalten durch fortgesetzten Alkoholkonsum im Anschluß an eine akute Pankreatitis. Durch geänderte Sekretzusammensetzung kommt es zur Ausflockung von Pankreasgangsteinen. Andere mögliche Ursachen sind weit seltener.

Klinik. Leitsymptom der chronischen Pankreatitis ist der durch Nahrungsaufnahme ausgelöste und bei Nahrungskarenz rückläufige Oberbauchschmerz, der jedoch in seiner Intensität nicht das Ausmaß wie bei akuter Pankreatitis erreicht. Seltener ist ein dumpfer Dauerschmerz. Stehen nach mehrfachen Schüben einer chronisch rezidivierenden Pankreatitis die Zeichen einer exokrinen Pankreasinsuffizienz im Vordergrund, so klagen die Kranken über Gewichtsabnahme trotz (möglicherweise noch) ausreichender Nahrungsaufnahme und über voluminös fettige Stühle.

Diagnose. Eine chronische Pankreatitis kann an der typischen klinischen Symptomatik erst in einem späten Stadium erkannt werden. Die Diagnose ist bei Nachweis erhöhter Lipase-/Amylase-Werte im Blut sowie verminderter exokriner Bauchspeicheldrüsenfunktion (z. B. Stuhl-Chymotrypsin) einfach zu stellen. Wichtig sind darüber hinaus bildgebende Verfahren: Sonographisch können durch Gewebsuntergang entstandene Pankreaszysten oder Kalk dargestellt werden. In seltenen Fällen hilft auch die abdominelle Computertomographie weiter (Abb. 4.**19**). Die sensitivste Untersuchung ist die retrograde Pankreatikographie, die zur Abgrenzung von einem Pankreaskarzinom mitunter notwendig werden kann.

Therapie. Im Schub einer chronischen Pankreatitis wird ähnlich behandelt wie bei akuter Pankreatitis (s.o.). Besteht eine exokrine Pankreasinsuffizienz, werden Pankreasfermente substituiert. Wichtig ist die diätetische Anleitung des Kranken, um trotz evtl. postprandialer Schmerzen eine ausreichende Kalorienzufuhr zu gewährleisten. Im Gefolge der rezidivierenden Entzündung entstandene Pankreaszysten können sich spontan zurückbilden. Ansonsten kommt eine Drainage in Betracht. Ist es durch Schwellung des Pankreaskopfes zu einer Obstruktion des Gallengangs gekommen, kann durch eine Gallengangendoprothese für freien Abfluß der Galle gesorgt werden.

Prognose. Sie hängt bei der chronischen Pankreatitis entscheidend an einer konsequenten Alkoholabstinenz. Eine Heilung ad integrum ist nicht möglich.

Bei chronisch rezidivierender Pankreatitis stehen oft Zeichen der exokrinen Pankreasinsuffizienz im Vordergrund. Wichtig ist die konsequente Meidung der auslösenden Noxen. Komplikationen wie Pankreaszysten und Gallengangobstruktion bedürfen gesonderter Behandlung.

Pankreastumoren

Definition. Aus unbekannter Ursache können sich gut- und bösartige Tumoren im Pankreas entwikkeln, von denen das Pankreaskarzinom mit 3% aller Obduktionen am häufigsten gefunden wird.

Klinik. Die Patienten sind relativ lange Zeit asymptomatisch. Eine typische Frühsymptomatik besteht nicht. Hat das Karzinom einen Verschluß des Ductus choledochus verursacht, führt der Ikterus den Kranken zum Arzt. Häufiger bestehen uncharakteristische Ober- und Mittelbauchschmerzen verbunden mit Gewichtsabnahme.

Diagnose. Laborchemisch kann eine uncharakteristische Erhöhung der Lipase/Amylase gefunden werden. Auch sog. Tumormarker (z.B. Ca 19–9) erlauben keine Frühdiagnose. Bildgebende Verfahren wie Sonographie, evtl. abdominelle Computertomographie und retrograde Pankreatographie (Abb. 4.**20**) helfen, die Diagnose abzusichern, die letztendlich nur histologisch durch sonographisch gezielte Punktion sicherzustellen ist.

Therapie. Nur chirurgisch ist das Pankreaskarzinom kurativ zu behandeln. Palliativ kann bei Obstruktion der extrahepatischen Gallenwege eine Endoprothese implantiert werden, um den Ikterus und quälenden Juckreiz zu lindern.

Prognose. Sie ist beim Pankreaskarzinom oft infaust, da bei fehlenden Frühsymptomen die Diagnose spät gestellt wird und so keine kurative Operation mehr möglich ist.

Die Diagnose des Pankreaskarzinoms gelingt bei fehlenden Frühsymptomen oft erst in einem Stadium, in dem eine kurative Operation nicht mehr möglich ist.

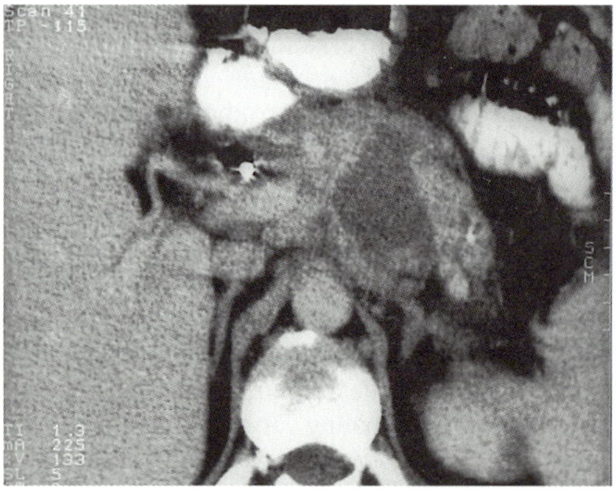

Abb. 4.**19** Fortgeschrittene chronische Pankreatitis mit verklumptem Organ und zentraler Einschmelzung.

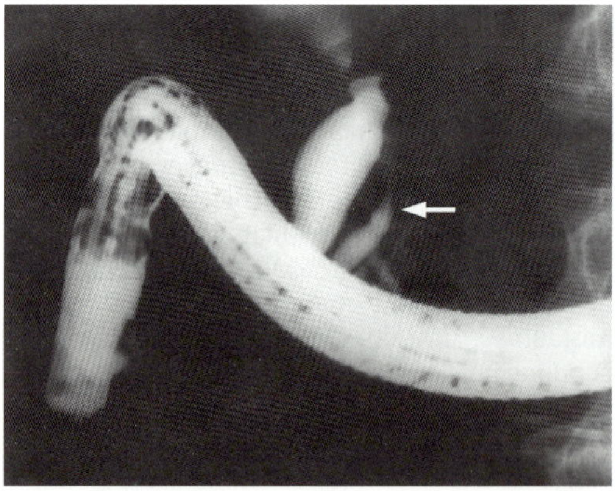

Abb. 4.**20** Endoskopisch retrograde Pankreatographie mit komplettem Gangabbruch bei Pankreaskarzinom (Pfeil).

5 Krankheiten der Niere und ableitenden Harnwege

A. Horn und H. Wagner

Anatomie und Physiologie

Die Nieren liegen unterhalb des Zwerchfells zu beiden Seiten der Wirbelsäule im retroperitonealen Fettgewebe. Sie haben eine bohnenförmige Form mit einen Längsdurchmesser von 10 bis 12 cm und sind von einer bindegewebigen Kapsel überzogen.

Das *Nierenparenchym* besteht aus einer äußeren Rindenschicht (Cortex) und einer inneren Markschicht (Medulla) (Abb. 5.**1**). Die Spitzen der Markpyramiden werden als Nierenpapillen bezeichnet. An den meist 7 bis 9 Papillen tritt der Urin von den Sammelrohren des Nierenparenchyms in die Nierenkelche über, die bereits dem *harnleitenden System* zuzurechnen sind. Über Nierenbecken (Pelvis renalis) und Harnleiter (Ureter) wird der Urin dann zur Harnblase transportiert.

Die rechte und linke Nierenarterie entspringen direkt aus der Aorta und führen den Nieren 1200 ml Blut pro Minute bzw. 25 % des Herzzeitvolumens zu. Im Sinus renalis liegen sie zusammen mit Venen, Lymphgefäßen und Nerven überwiegend ventral der ableitenden Harnwege und teilen

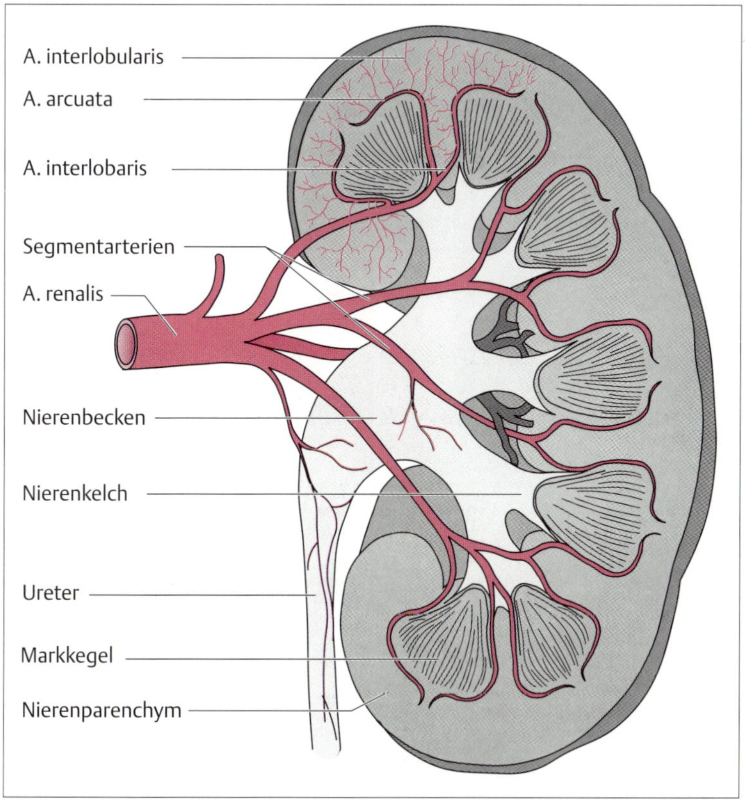

Abb. 5.**1** Anatomie der Niere.

sich dort in die Aa. interlobares. Nach weiteren Aufteilungen innerhalb der Niere (A. arcuata, A. interlobularis) fließt das Blut in der Nierenrinde schließlich in ein Knäuel von Kapillarschlingen *(Glomeruli)* und hat damit den Ort der Urinproduktion erreicht. Die Nierenvenen münden in die V. cava inferior.

Das glomeruläre Kapillarknäuel entsteht als Aufzweigung einer zuführenden Arteriole *(Vas afferens)* und sammelt sich schließlich in einem *Vas efferens* (Abb. 5.**2**). Der Filtrationsdruck im Glomerulus wird durch Tonusänderungen im Vas afferens und efferens so reguliert, daß die glomeruläre Filtrationsrate (GFR) unabhängig von Schwankungen des systemischen Blutdrucks in weiten Grenzen (zwischen 80 und 180 mmHg) konstant bleibt. Als *Nierenkörperchen* wird der Komplex aus Glomerulus und Bowman-Kapsel bezeichnet. Der Begriff *Nephron* umfaßt die gesamte Funktionseinheit aus Nierenkörperchen und Tubulus (proximales Konvolut, Henle-Schleife, distales Konvolut). Jede Einzelniere enthält ca. 1 Million Nephrone.

Urinproduktion

Die Urinproduktion in der Niere läßt sich in zwei Schritte unterteilen, die im Feinbau des Organs ihr strukturelles Korrelat finden (Abb. 5.**2**):

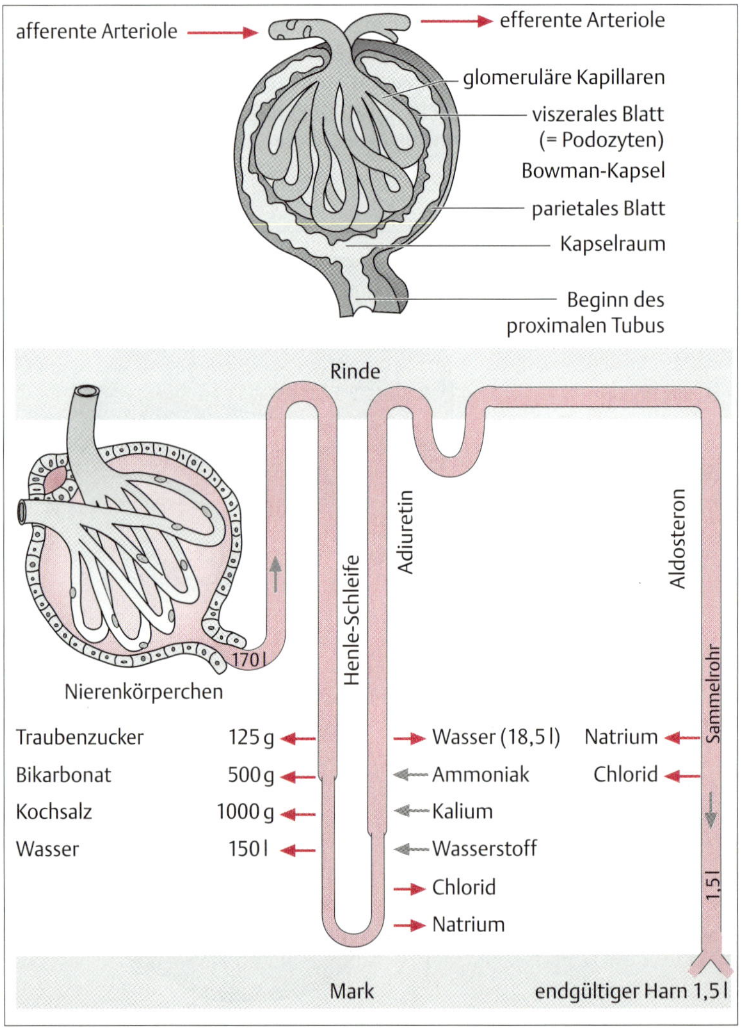

Abb. 5.**2** Bau und Funktion des Nephrons.

Produktion des Primärharns (Nierenkörperchen). Durch ihren besonderen Wandbau wirken die Glomeruli als ladungs- und größenselektiver Filter: der Übertritt von Makromolekülen (z.B. Plasmaproteine) und Blutzellen wird verhindert, während die Durchlässigkeit für Wasser und kleine Moleküle (bis zu einem Molekulargewicht von ca. 70000) extrem hoch ist. Auf diese Weise entsteht hier ein Ultrafiltrat des Blutes, welches als *Primärharn* bezeichnet wird (ca. 180 l/Tag). Der Primärharn wird in der Bowman-Kapsel aufgefangen.

Aufbereitung zum Endharn (Tubulus, Sammelrohr). Der Primärharn muß durch Resorptions-, Sekretions- und Konzentrationsvorgänge zum Endharn (ca. 1,5 l pro Tag) aufbereitet werden. Dies erfolgt in einem Röhrensystem, das durch die verschiedenen Teile des Tubulus über ein Verbindungsstück in ein Sammelrohr für mehrere (durchschnittlich 11) Nephrone führt. Auf den Papillen münden die Sammelrohre in die Nierenkelche.

Im Glomerulus wird ein Ultrafiltrat des Blutplasmas gebildet: Dieser sog. Primärharn wird anschließend im Röhrensystem der Tubuli zum Endharn aufbereitet.

Funktionen der Niere

Ausscheidung harnpflichtiger Substanzen. Diese umfaßt sowohl die Ausscheidung körpereigener Substanzen (Kreatinin, Harnstoff, Harnsäure u.a.) als auch körperfremder Stoffe (Medikamente u.a.). Letztere müssen häufig erst in der Leber in eine wasserlösliche Form gebracht werden, bevor sie mit dem Urin ausgeschieden werden können.

Wasser- und Elektrolythaushalt. Die Niere steuert die Menge und die Zusammensetzung der extrazellulären Flüssigkeit. Die Volumenregulation erfolgt u.a. unter dem Einfluß des Nebennierenrindenhormons Aldosteron, das gleichzeitig die Kaliumsekretion fördert.

Säure-Basen-Haushalt. Der Niere obliegt sowohl die Rückresorption von ca. 4500 mval Bikarbonat pro Tag, die mit dem Ultrafiltrat ins Tubuluslumen gelangen, als auch die De-novo-Produktion von täglich ca. 60 – 100 mval Bikarbonat, die bei erhöhter Säurebelastung ca. 10fach gesteigert werden kann. Dies erfordert die Mitwirkung der Enzyme Carboanhydrase und Glutaminase.

Endokrine Funktionen:

- Reninproduktion (Renin-Angiotensin-Aldosteron-System)
- Erythropoetin: Die Sauerstoffspannung im Nierengewebe steuert die Produktion von Erythropoetin, welches wiederum die Produktion von Erythrozyten im Knochenmark stimuliert. Der Ausfall der Erythropoetinproduktion ist der Hauptgrund für die Anämie beim terminalen Nierenversagen.
- Cholecalciferol: Nach Hydroxylierung zu 25 -D_3 in der Leber wird erst in der Niere der eigentlich wirksame Metabolit, das 1,25-Dihydroxycholecalciferol, gebildet. Eine verminderte Produktion führt zu verminderter intestinaler Kalziumresorption und zu einem Rückgang der renalen Phosphatausscheidung.

Untersuchungsmethoden

Anamnese und körperlicher Befund

Miktionsstörungen weisen meist auf Krankheiten der unteren Harnwege hin. Häufiger Harndrang (Pollakisurie), schmerzhafter Harndrang (Tenesmus) und Schmerzen beim Wasserlassen (Algurie) sind klassische Symptome einer Zystitis, die aus anatomischen Gründen überwiegend bei Frauen auftritt. Ein häufiger Harndrang deutet bei älteren Männern meist auf eine Prostatahypertrophie mit Restharnbildung hin, häufig einhergehend mit Dysurie (erschwertes, oft schmerzhaftes Wasserlassen), abgeschwächtem Harnstrahl, Harnträufeln und nächtlichem Wasserlassen (Nykturie).

Kolikartige Schmerzen in der Flanke sind charakteristisch für eine akute Obstruktion der ableitenden Harnwege. Die genaue Schmerzlokalisation erlaubt eine grobe Einschätzung der Höhe der Obstruktion. Eine Ausstrahlung in die Leiste weist auf den intramuralen Anteil des Ureters bei seinem Durchtritt durch die Blasenwand als Verschlußlokalisation hin. Ursächlich liegen meist

Konkremente, seltener auch Blutkoagel o.ä. zugrunde.

Eine *Rotfärbung des Urins* findete sich bei Blutbeimengungen (Makrohämaturie), die jedoch auch gering und nur labormäßig erfaßbar sein können (Mikrohämaturie). Mit Hilfe der 3-Gläser-Probe können erste Rückschlüsse auf den Ort der Blutung gezogen werden, da bei Nierenerkrankungen allen 3 Gläsern Blut beigemengt ist („totale Hämaturie"), während dies bei Erkrankungen der Harnröhre nur im 1. Glas („initiale Hämaturie"), und bei Blasenläsionen am ausgeprägtesten im 3. Glas der Fall ist („terminale Hämaturie"). Daneben können jedoch auch Pigmente (Hämoglobinurie, Myoglobinurie, Porphyrinurie), Medikamente (z.B. Rifampicin, Sulfonamide) und Nahrungsbestandteile eine Rotfärbung des Urins bewirken.

Nach Möglichkeit sollte bei einer Makrohämaturie noch während der Blutungsphase eine urologische Untersuchung (Zystoskopie, Infusionsurogramm) zur genauen Lokalisation der Blutungsquelle erfolgen.

Änderungen der Harnmenge werden wie folgt definiert:
Polyurie: Harnmenge > 3000 ml/Tag,
Oligurie: Harnmenge < 400 ml/Tag,
Anurie: Harnmenge < 100 ml/Tag.

Praktisch relevante Ursachen für eine Polyurie sind Diabetes mellitus, Diabetes insipidus, Diuretikagaben sowie die psychogene Polydipsie. Letztere geht im Gegensatz zu den erstgenannten Möglichkeiten nie mit klinischen Zeichen der Exsikkose einher. Auch frühe Formen des chronischen Nierenversagens können zu einer Polyurie führen.

Bei der Oligo-/Anurie sind prärenale, renale und postrenale Faktoren zu unterscheiden. Als prärenale Ursache können ein vermindertes extrazelluläres Volumen (z.B. Exsikkose) und ein vermindertes effektives Blutvolumen (z.B. Herzinsuffizienz) auftreten. Die akute und in Spätstadien auch die chronische Niereninsuffizienz unterschiedlicher Ätiologie gehen meist mit einer Oligo-/Anurie, seltener mit einer Polyurie einher. Die Obstruktion der Harnwege (z.B. Tumor) führt zum postrenalen Nierenversagen.

Ödeme treten als Ausdruck eines renalen Eiweißverlustes, einer erhöhten Kapillarpermeabilität und/oder einer Überwässerung auf. Charakteristisch ist die weiche Konsistenz (auf Druck dellenbildend) sowie das Auftreten von Lidödemen.

Insbesondere bei jüngeren Patienten kann sich auch ein *Hypertonus* bis hin zu hypertensiven Krisen mit Kopfschmerzen, Übelkeit und Enzephalopathie entwickeln. Ältere Patienten sind dagegen eher durch eine *Herzdekompensation* mit Atemnot bis hin zum Lungenödem gefährdet.

Beim Nierenversagen entwickeln sich schließlich *Allgemeinsymptome* wie Müdigkeit und Abgeschlagenheit. Häufig liegt eine Anämie zugrunde, die heutzutage durch Substitution von Erythropoetin angegangen werden kann. Daneben können auch Übelkeit und Erbrechen auftreten.

Koliken, Schmerzen und Symptome im Zusammenhang mit der Miktion treten überwiegend bei Krankheiten der Harnwege auf. Nierenkrankheiten hingegen manifestieren sich meist durch eine Änderung der Urinmenge, der Urinzusammensetzung sowie durch systemische Auswirkungen.

Laborbefunde

Urinbefund

Für Urinuntersuchungen wird meist sauberer Mittelstrahlurin verwendet. Der erste Morgenurin ist besser geeignet als „Zufallsurin". Während der Menstruation ist die Untersuchung des Urins nicht sinnvoll, auch nicht bei Verwendung von Tampons. Für bestimmte Zwecke (Clearance-Bestimmung, quantitative Eiweißausscheidung) muß der Urin über 24 Stunden gesammelt werden.

Spezifisches Gewicht

Das spezifische Gewicht wird mit dem Urometer gemessen. Es schwankt beim Nierengesunden zwischen 1001 und 1036. Alle progredienten Nierenerkrankungen führen schließlich zu einer Einschränkung der maximalen Verdünnungs- und Konzentrierungsfähigkeit mit weitgehender Konstanz des spezifischen Uringewichtes um 1010 (Isosthenurie).

pH-Wert

Der Urin des Nierengesunden weist einen pH-Wert zwischen 4,5 und 8 auf. Die Messung erfolgt durch Indikatorpapier oder Teststäbchen.

Eiweißgehalt

Über die Nieren werden beim Gesunden bis zu 150 mg Eiweiß pro Tag ausgeschieden. Maximal 10% davon sind Plasmaeiweiße, hauptsächlich Albumin. Mindestens 90% der physiologischen Urinproteine stammen aus der Niere und den ableitenden Harnwegen.

Eine pathologische Eiweißausscheidung kann sich in einer erhöhten Gesamteiweißmenge und/oder in der pathologischen Ausscheidung einzelner Eiweiße (z.B. Mikroalbuminurie bei Diabetikern; Bence-Jones-Proteinurie beim Plasmozytom) zeigen.

Als Screeningtest zur Klärung einer erhöhten Gesamteiweißausscheidung wird der Streifentest eingesetzt, dessen Nachweisgrenze bei ca. 200 mg/d liegt. Als Untersuchungsmaterial dient morgendlicher Mittelstrahlurin.

Bei Verdacht auf eine Mikroalbuminurie und eine Bence-Jones-Proteinurie sind spezielle Testverfahren einzusetzen, da sie vom Streifentest nicht erfaßt werden.

Vorübergehende leichte Proteinurien finden sich bei z.B. Fieber, körperlicher Anstrengung und hämodynamisch bedingt bei Rechtsherzinsuffizienz. Bei wiederholt positivem Ausfall des Streifentests sollte eine Quantifizierung der Proteinurie (z. B. durch die Biuret-Methode) erfolgen. Tubulär bedingte Proteinurien liegen fast immer unter 2 g/d, während eine Eiweißausscheidung über 3 g/d für einen glomerulären Schaden praktisch beweisend ist. Eine Differenzierung der einzelnen Proteine kann z. B. durch die SDS-Polyacrylamidgel-Elektrophorese (SDS-PAGE) oder durch Bestimmung einzelner Markerproteine im Urin erfolgen.

Zuckergehalt

Ein erhöhter Zuckergehalt im Urin kann qualitativ bzw. semiquantitativ durch Teststreifen geprüft werden. Die normale Glukoseausscheidung von bis zu 15 mg/dl wird nicht erfaßt. Das Prinzip beruht darauf, daß ab einer Blutglukosekonzentration von 160 bis 180 mg/dl beim Nierengesunden die tubuläre Resorptionskapazität überschritten wird und die Glukosekonzentration im Urin exponentiell ansteigt.

Mikroskopische Urinuntersuchungen

Sediment: Durch Zentrifugation werden partikuläre Bestandteile im Urin konzentriert, die dann mikroskopisch untersucht werden können. Neben Zellen und Zylindern können auch Mikroorganismen (Bakterien und Trichomonaden) und Kristalle (Oxalate, Urate, Phosphate) nachgewiesen werden.

Häufig wird zur Bewältigung des hohen Probenanfalles eine Sedimentuntersuchung nur bei positivem Ausfall eines qualitativen Streifentestes (Erythrozyturie oder Leukozyturie oder Proteinurie) durchgeführt. Eine klinisch signifikante Leukozyturie wird durch den Streifentest jedoch nicht in jedem Fall ausgeschlossen. Bei symptomatischen Patienten sollte daher immer eine Untersuchung mit der Sediment-Gesichtsfeld-Methode erfolgen.

Ein normales Urinsediment weist bis zu 3 Erythrozyten und 5 Leukozyten pro Gesichtsfeld und nur hyaline Zylinder auf. Zylinder sind Ausgüsse der Sammelrohre. Erythrozyten- bzw. Leukozytenzylinder erlauben die Zuordnung einer Blutung oder Entzündung zum Nierenparenchym.

Erythrozytenmorphologie: Das vermehrte Vorkommen dysmorpher Erythrozyten (über 60–80% Fragmentozyten und Akanthozyten) spricht für eine glomeruläre Läsion als Blutungsursache.

Urinzytologie: Zytologische Harnuntersuchungen werden nur bei speziellen Fragestellungen (Erkennung einer bevorstehenden Abstoßungsreaktion nach einer Nierentransplantation; Nachweis einer Cyclosporin-A-Toxizität) durchgeführt.

Bakteriologische Urindiagnostik

Für den Nachweis eines Harnwegsinfektes wird in der Routinediagnostik *sauber gewonnener Mittelstrahlurin* verwendet. Nach Zurückstreifen des Präputiums bzw. Spreizen der Labien und Reinigung mit Wasser oder Seifenlösung wird die erste Harnportion verworfen, die zweite in einem keimarmen Behälter aufgefangen.

Die bakterielle Anzüchtung erfolgt in Form von Eintauchkulturen auf agarbeschichteten Objektträgern vom Typ des Uricult-Testes (Boehringer, Mannheim). Der Nährbodenträger wird in den Urin eingetaucht, nach Abtropfen in die sterile Hülle zurückgegeben und anschließend für 24 Stunden in einem Brutschrank inkubiert. Der übri-

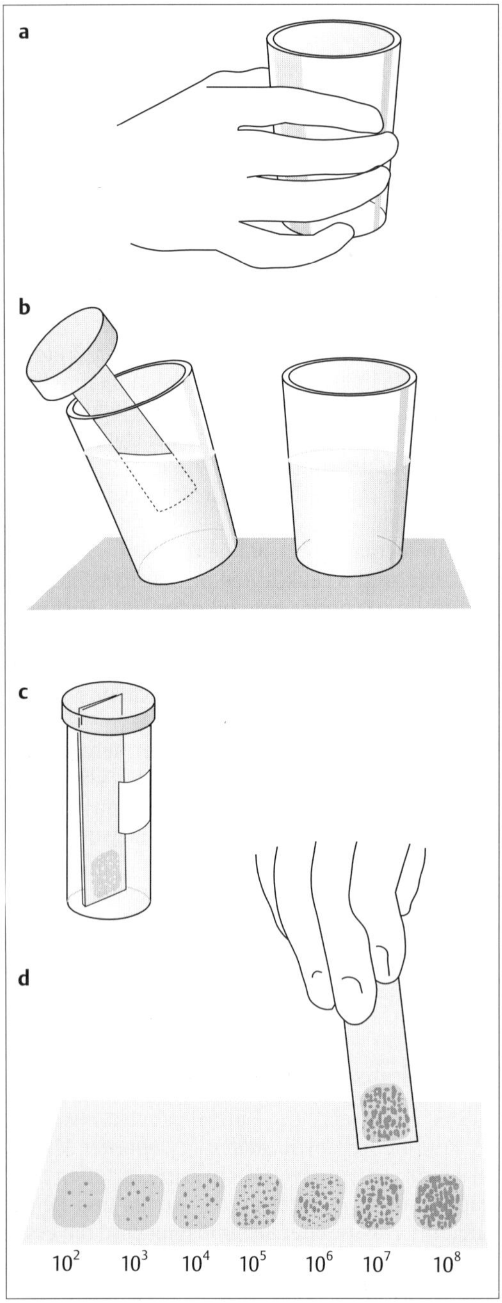

Abb. 5.**3** Einfache Routineuntersuchung des Harns und bakteriologische Harndiagnostik
a frisch gelassener Urin (Mittelstrahltechnik) in keimarmem Einmalbecher.
b Eintauchen des Nährbodenträgers in den Urin. Der übrige Urin wird für die normale Urinanalyse (Eiweiß, Glukose, mikroskopische Untersuchungen) weiterverwendet.
c Inkubation des Nährbodenträgers im Brutschrank (24 h bei 37 °C).
d Semiquantitative Keimzahlbestimmung (Zahl der Kolonien/ml Harn) durch Vergleich der Koloniendichte auf dem Objektträger mit einer Vergleichskarte.

ge Urin kann für die normale Urinanalyse weiterverwendet werden (Abb. 5.**3**).

Entscheidend ist bei der Verwendung von Mittelstrahlurin die in 1 ml Urin enthaltene Keimzahl. Sie ist der Kulturdichte auf dem Objektträger proportional und wird durch Vergleichsabbildungen ermittelt. Ab einer Keimzahl von 100 000/ml liegt mit 85%iger Wahrscheinlichkeit ein Harnwegsinfekt vor, bei zwei entsprechenden Kulturen in 99%. In diesem Fall muß eine Keimidentifizierung mit Resistenzbestimmung erfolgen.

In besonderen Fällen kann auch eine direkte *suprapubische Blasenpunktion* zur Uringewinnung durchgeführt werden. Bei dieser Methode ist jeder kulturelle Keimnachweis als Harnwegsinfekt zu werten.

Chemische Blutuntersuchung

Mit zunehmendem Verlust funktionsfähiger Nephrone bei diffusen Nierenerkrankungen steigen die harnpflichtigen Substanzen Harnstoff und Kreatinin im Serum an. Kreatinin wird normalerweise ausschließlich glomerulär filtriert und nicht tubulär rückresorbiert. Da es zudem beim einzelnen Individuum in relativ konstanter Menge aus Kreatinphosphat im Muskel entsteht, wird in der klinischen Routine die *Kreatininclearance* als Maß für die glomeruläre Filtrationsrate bestimmt. Die Berechnung der Kreatininclearance erfolgt nach folgender Formel:

$$C = \frac{U \cdot V \cdot 1{,}73}{P \cdot KO \cdot t}$$

C = Clearance („gereinigte" Plasmamenge)
U = Kreatininkonzentration im Urin
V = Urinvolumen (24-Std.-Urin)
P = Plasmakonzentration
KO = Körperoberfläche (aus Normogramm abzulesen)
t = Untersuchungszeitraum in Minuten

Bei der Angabe von Normwerten muß beachtet werden, daß die glomeruläre Filtrationsrate

(GFR) mit zunehmendem Alter physiologischerweise abfällt:

GFR = 157 - (1,16 × Alter in Jahren)

Ein Anstieg von Harnstoff und Kreatinin im Serum ist erst ab einer Verminderung der GFR auf ca. 50 ml/min zu erwarten. Mit weiter zunehmendem Funktionsverlust der Nieren entwickeln sich u. a. eine Anämie, Hyperphosphatämie und Hypokalzämie, Hyperkaliämie (selten Hypokaliämie) und eine metabolische Azidose. Einzelne Nierenerkrankungen sind durch spezifische Laborveränderungen (z. B. Hypalbuminämie und Hyperlipidämie beim nephrotischen Syndrom) gekennzeichnet.

Blutuntersuchungen dienen zur Untersuchung der Leistungsfähigkeit der Niere bzw. zur

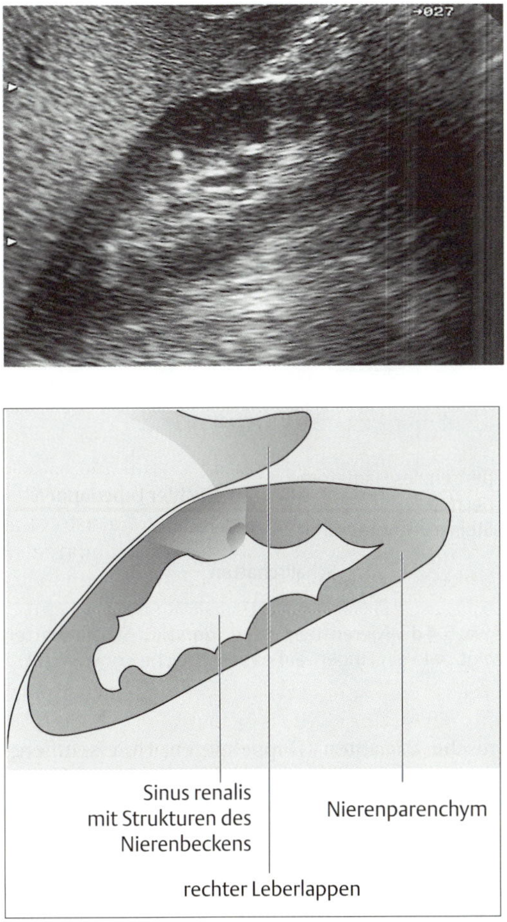

Abb. 5.**4** Ultraschallbefunde an Niere und ableitenden Harnwegen

Abb. 5.**4a** Rechte Niere, Normalbefund.

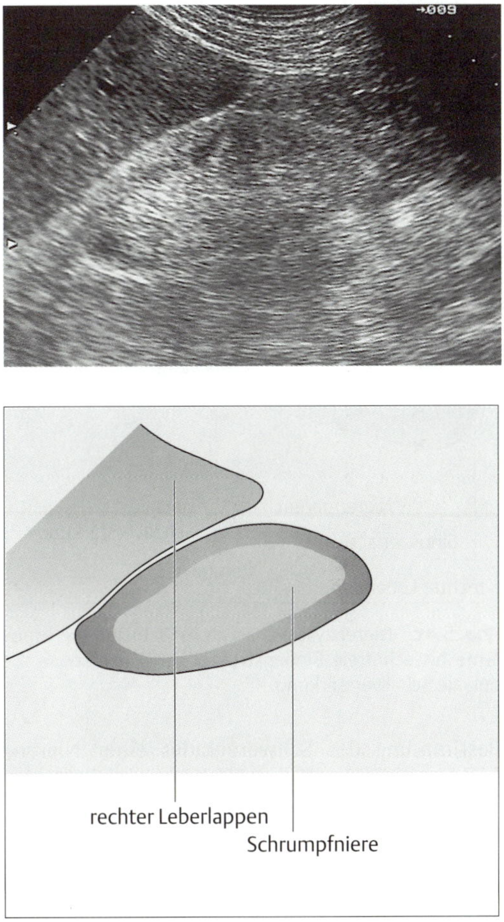

Abb. 5.**4b** Schrumpfniere bei chronischer Glomerulonephritis (dialysepflichtiges Endstadium). Die Niere ist mit 8 cm Längsdurchmesser deutlich verkleinert (Norm: 10 – 12 cm). Der verschmälerte Parenchymsaum ist echoreich und sowohl zur Umgebung als auch zum Sinus renalis hin kaum abgrenzbar.

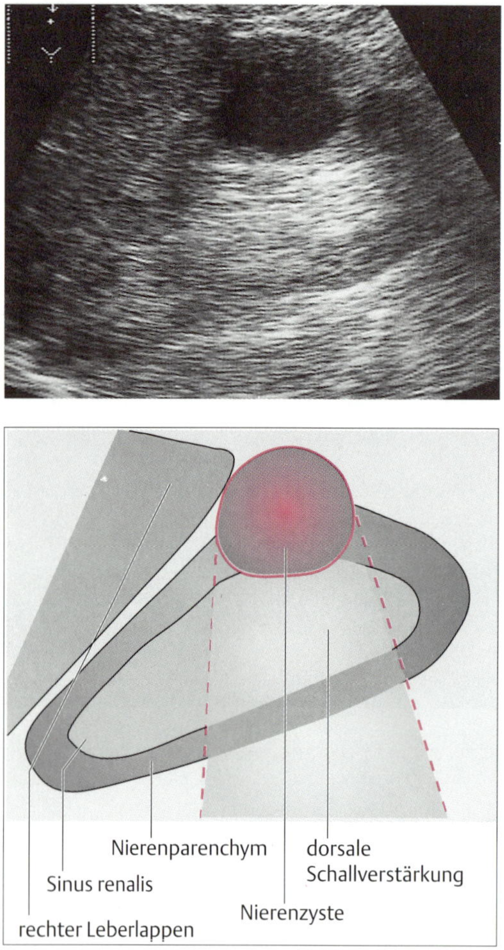

Abb. 5.**4c** Nierenzyste: charakteristisch sind die echoarme bis echofreie Binnenstruktur der Zyste sowie die dorsale Schallverstärkung.

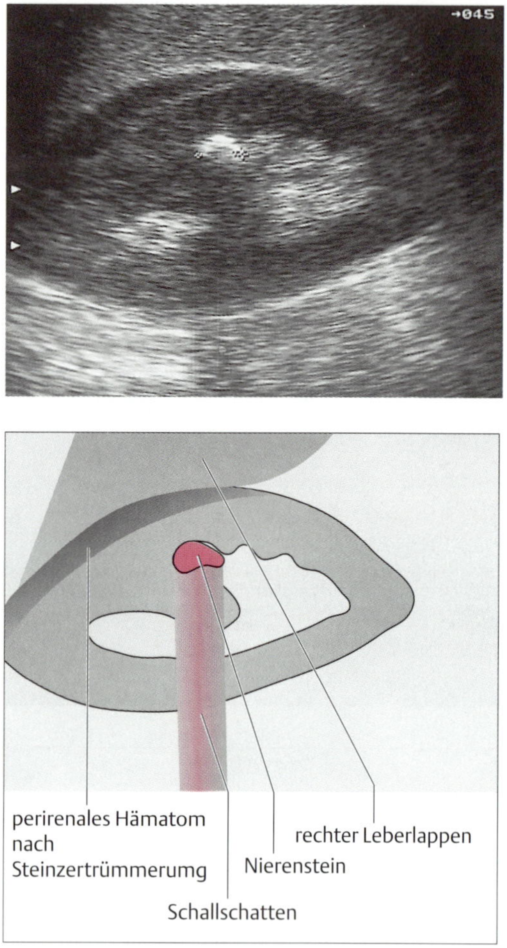

Abb. 5.**4d** Nierenstein: der dorsale Schallschatten zeigt „wie ein Finger" auf das echoreiche Konkrement.

Bestimmung des Schweregrades einer Nierenfunktionsstörung (Harnstoff, Kreatinin, Elektrolyte, Hb etc.).
Urinuntersuchungen sind vorwiegend für die Differentialdiagnose von Krankheiten der Niere und der ableitenden Harnwege erforderlich.

Bildgebende Verfahren

Ultraschall: Eine Ultraschalluntersuchung belastet den Patienten nicht und ist daher in den meisten Fällen die Untersuchung der ersten Wahl (Abb. 5.**4a–f**). Sie eignet sich zur Bestimmung von Lage, Größe und Konfiguration der Nieren. Anatomische Varianten (Doppelnieren, Hufeisenniere) können ebenso erkannt werden wie diffuse Parenchymalterationen, Tumoren, Zysten und Konkremente. Im Falle eines Hohlraumaufstaus ergeben sich häufig Hinweise auf die Verschlußlokalisation und -ursache. Daneben ist eine Beurteilung benachbarter bzw. funktionell assoziierter Strukturen (Harnblase, Prostata) möglich.

Röntgenuntersuchungen: Abdomenleeraufnahme und Tomographie der Nieren dienen der Beurteilung der Nierengröße und dem Nachweis von Konkrementen. Nach intravenöser Applikation eines nierengängigen Röntgenkontrastmittels lassen sich sequentiell detaillierte Aufnahmen des

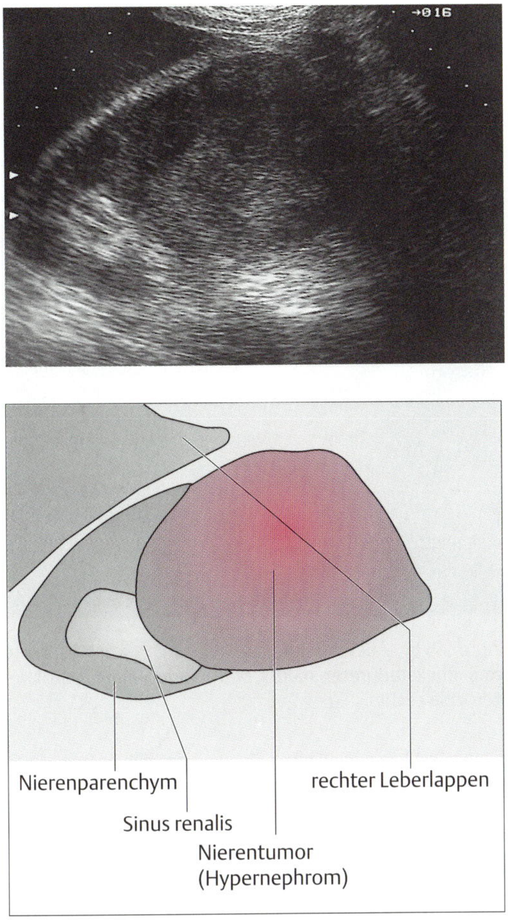

Abb. 5.**4e** Nierentumor (Hypernephrom) mit organüberschreitendem Wachstum.

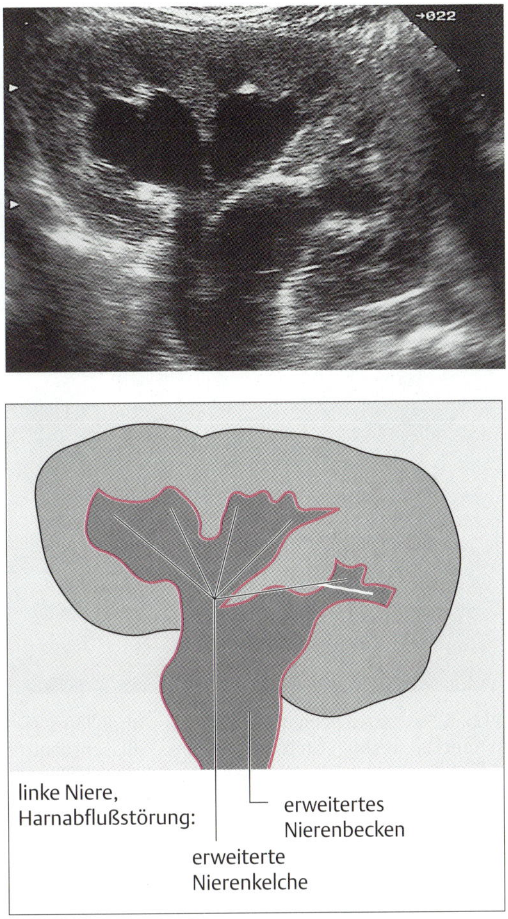

Abb. 5.**4f** Stauungsniere links. Kelche, Kelchhälse und Nierenbecken sind deutlich erweitert erkennbar.

Nierenparenchyms und der ableitenden Harnwege gewinnen, die neben morphologischen Informationen auch Rückschlüsse auf die Funktion der Nieren und die Dynamik des Harnflusses liefern (Ausscheidungsurographie, intravenöses Pyelogramm = IVP). Eine ausreichende Kontrastierung setzt jedoch eine intakte Nierenfunktion voraus (Abb. 5.**5a** u. **b**). Neben höhergradiger Niereninsuffizienz gelten Jodallergie, Schilddrüsenstoffwechselstörungen, Schwangerschaft (I. und II. Trimenon) und Plasmozytom als Kontraindikation.

Die ableitenden Harnwege lassen sich auch durch Zystoskopie und retrograde Pyelographie explorieren. Wichtige Informationen liefern die Computertomographie (Vorteil der quantitativen Dichtemessung) und die Angiographie, insbesondere bei der Differenzierung tumorverdächtiger Strukturen.

Zur Vermeidung einer unnötigen Strahlenexposition sollte auf eine strenge Indikationsstellung aller röntgenologischen Untersuchungsverfahren geachtet werden.

Isotopennephrographie: Die quantitative Kamera-Funktionsszintigraphie liefert als aufschlußreichste nuklearmedizinische Methode in der Nephro-Urologie detaillierte Aussagen über den intrarenalen Transport und die Ausscheidung in das Nierenhohlraumsystem von intravenös appliziertem und mit 131-Jod markiertem Hippuran. Es lassen sich seitengetrennte Clearance-Kurven erstellen, welche die morphologischen Befunde der

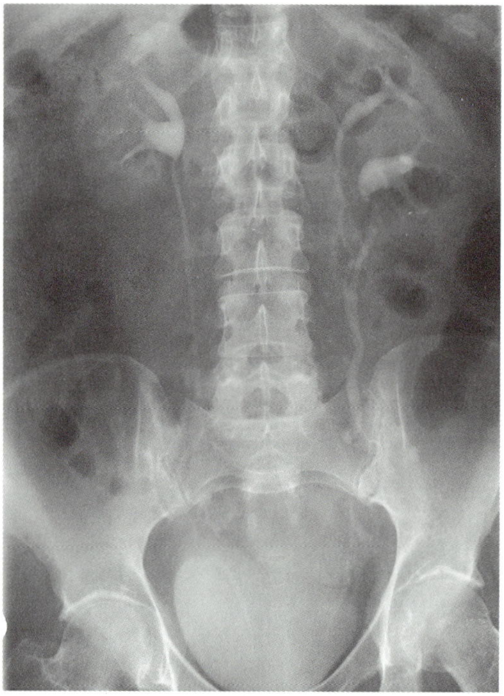

Abb. 5.**5a** Ausscheidungsurogramm. Ampulläres Nierenbecken rechts. Ureter fissus links. Blasenschatten 8 Minuten nach Infusionsende kontrastdicht gefüllt.

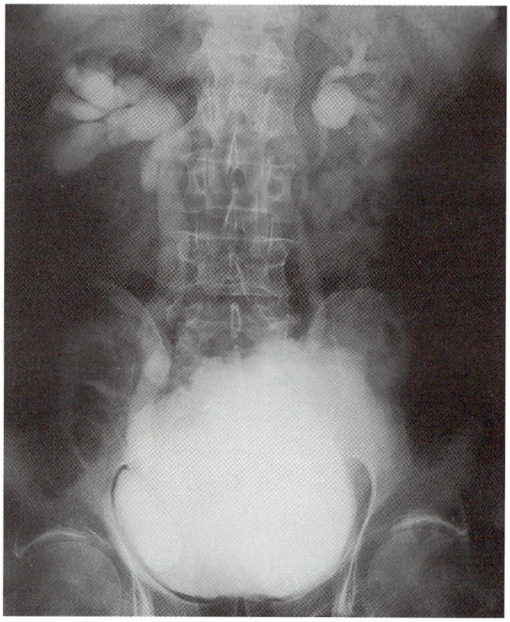

Abb. 5.**5b** Ausscheidungsurogramm: Rückstauniere und Rückstauureter rechts bei Überlaufblase und Ureterozele rechts.

Sonographie und der Röntgendiagnostik in idealer Weise ergänzen und insbesondere bei operativen Fragestellungen entscheidende Informationen liefern. Die Untersuchung ist wenig belastend, so daß sie ggf. wiederholt durchgeführt werden kann, z.B. zur Verlaufskontrolle bei tumorbedingter einseitiger Harnabflußbehinderung unter Therapie.

Nierenbiopsie: Eine einseitige Gewebeentnahme von Nierengewebe erfolgt blind oder unter Sichtkontrolle (z.B. Ultraschall). Durch lichtmikroskopische, elektronenmikroskopische und immunfluoreszenzoptische Untersuchungen können diffuse Nierenparenchymerkrankungen, insbesondere Glomerulonephritiden, differenziert werden.

Krankheiten

Infektionskrankheiten der Harnwege und Niere

Infektionen des Harntraktes können nach anatomischen Kriterien in solche der unteren (Urethritis, Zystitis, Prostatitis) und oberen Harnwege (Pyelonephritis) eingeteilt werden. Die Übergänge sind fließend, da der Infektionsweg fast ausnahmslos in einer Keimaszension entgegen dem Harnstrom zu sehen ist. Disponierend wirken daher Störungen des Harnabflusses (Abb. 5.**6**).

Frauen erkranken gehäuft an derartigen Infektionen, da die kürzere Urethra und das (häufig gestörte) Keimreservoir der Vagina und Vulva besonders zu Harnwegsinfekten disponieren (Bakteriurie bei 5% aller Frauen). Die Erkrankungshäufigkeit steigt bei Frauen mit Beginn der sexuellen Aktivität schlagartig an. Männer sind dagegen mit zunehmender Inzidenz von Prostataerkrankungen eher im Alter gefährdet. Weitere disponierende Faktoren zeigt Tab. 5.**1**.

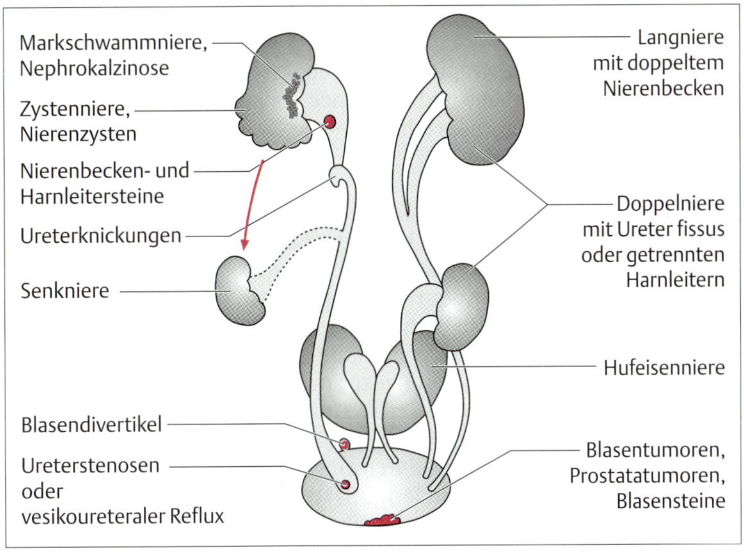

Abb. 5.**6** Störungen des Harnabflusses, die zu Infektionen der Harnwege disponieren.

Tabelle 5.**1** Disponierende Faktoren für Infektionen der Harnwege

Störungen des Harnflusses durch Obstruktion: Phimose, Prostatahyperplasie, Striktur, Konkrement, Tumor, Mißbildung
Sonstige Störungen des Harnflusses: neurogene Blasenstörung, Harnblasendivertikel, vesikoureteraler Reflux
Störungen der lokalen und systemischen Abwehrlage: Diabetes mellitus, Kortisontherapie u. a.
Schwangerschaft
Folge diagnostischer und therapeutischer Eingriffe: Blasenkatheter, Zystoskopie etc.

Vom Verlauf her lassen sich *akute und chronische Infektionen* unterscheiden. Daneben tritt auch eine *asymptomatische Bakteriurie* auf, die auch deletäre Langzeitfolgen haben kann. Als signifikant wird eine Bakteriurie > 100 000/ml erachtet. Diese Grenzmarke läßt jedoch nicht kategorisch zwischen einer harmlosen Keimbesiedlung und einer relevanten Infektion unterscheiden, da die Keimausscheidung im Urin starken Schwankungen unterliegt. Insbesondere bei Vorliegen einer Schwangerschaft oder anderer disponierender Faktoren sollte schon bei niedrigeren Keimzahlen eine antibiotische Behandlung erfolgen. Gleiches gilt für den Nachweis von Leukozytenzylindern.

Ätiologie. Mit Ausnahme der nosokomialen Infektionen handelt es sich fast durchgehend um fakultativ pathogene Keime, die der physiologischen Flora des Dickdarms angehören (E. coli, Enterokokken, Proteus u. a.) und die durch Aszension die Harnwege bzw. das Nierenparenchym erreichen. Daher sind pyelonephritische Schäden häufig auch streng einseitig. Nur in seltenen Fällen ist ein hämatogener (z. B. Staphylokokken) oder lymphogener Infektionsweg anzunehmen. Bei akuten Infektionen handelt es sich meist um Monoinfektionen, bei chronischen Infektionen treten dagegen auch Mischinfektionen auf. Bei Nachweis von drei und mehr Keimen in der Urinkultur ist eine Kontamination zu unterstellen und eine erneute Probe unter optimierten Bedingungen (z. B. durch suprapubische Blasenpunktion) zu entnehmen.

Klinik. Die charakteristischen Symptome einer akuten Zystitis sind Pollakisurie, Blasentenesmen, Dysurie und suprapubische Schmerzen.

Eine zusätzliche Abschwächung des Harnstrahles, terminales Brennen, eitriger Harnröhrenausfluß, Spannungsgefühl in der Dammregion und Defäkationsschmerz weisen auf eine Prostatitis hin. Häufig bestehen hohes Fieber und Schüttelfrost.

Bei Auftreten von Pollakisurie und Dysurie ohne Nachweis einer signifikanten Keimzahl im Urin ist an eine akute Urethritis zu denken, die häufig durch sexuell übertragene Keime verursacht wird (Chlamydia trachomatis, Neisseria gonorrhoeae).

Schwere Allgemeinsymptome wie hohes Fieber, Schüttelfrost, Übelkeit und Erbrechen sowie Schmerzen im Nierenlager sprechen für eine akute Pyelonephritis.

Diagnose. Bei der *akuten Zystitis* finden sich im Urin eine Leukozyturie (keine Leukozytenzylinder!), häufig auch eine Erythrozyturie und eine leichte Proteinurie. In etwa der Hälfte der Fälle ist eine signifikante Bakteriurie nachzuweisen.

Die Erregerausbeute bei der *Prostatitis* kann durch Untersuchung von Prostataexprimat und Ejakulat verbessert werden. Bei der *Urethritis* sind Abstriche hilfreich.

Die *akute Pyelonephritis* ist durch eine ausgeprägte Leukozyturie (mit Zylindern), Bakteriurie, u. U. Erythrozyturie und Proteinurie gekennzeichnet. Im Blut fällt eine Leukozytose mit Linksverschiebung sowie eine Erhöhung der BKS auf. Bei Verdacht auf eine akute Pyelonephritis sollte ebenso wie bei bekannten Anomalien im Harntrakt immer eine Urinkultur mit Resistenzbestimmung der angezüchteten Keime durchgeführt werden.

Selten treten in der Folge einer akuten Pyelonephritis chronisch-rezidivierende Harnwegsinfekte auf : In solchen Fällen ist ein i. v. Urogramm unerläßlich, da häufig eine Obstruktion, neurogene Blasenstörungen oder ein vesikoureteraler Reflux vorliegen. Chronische Verlaufsformen können jedoch auch primär ohne erkennbare initiale akute Episode entstehen. Die möglichen Manifestationsformen reichen von chronisch-rezidivierenden Exazerbationen bis hin zu asymptomatischen Verläufen. In seltenen Fällen kann eine dialysepflichtige Niereninsuffizienz die Folge sein. Die Diagnose einer *chronischen Pyelonephritis* ist gesichert bei Patienten mit rezidivierenden Harnwegsinfekten, gestörter Nierenfunktion, Pyurie mit Leukozytenzylindern, Bakteriurie und umschriebenen morphologischen Veränderungen in Form von Nierenparenchymnarben und Kelchverplumpungen. Bei vielen Patienten sind jedoch nicht alle diese Kriterien erfüllt, so daß das Krankheitsbild nicht scharf von asymptomatischen Bakteriurien und von anderen Formen der Nierenschädigung abgegrenzt werden kann.

Therapie. Die antibiotische Therapie sollte in den meisten Fällen gezielt nach den Ergebnissen der Urinkultur modifiziert werden. Während eine akute Zystitis oft schon durch eine wenige Tage dauernde Antibiotikatherapie saniert werden kann, ist im Falle einer akuten Pyelonephritis die intravenöse Therapie über 10 – 14 Tage vorzuziehen.

Disponierende Faktoren sollten, soweit möglich, beseitigt werden. Das Behandlungsergebnis muß durch wiederholte Urinkulturen objektiviert werden, da die alleinige subjektive Symptomfreiheit eine bakterielle Sanierung nicht garantiert.

Prophylaxe. Bei einer Häufung von mehr als zwei Harnwegsinfekten in 6 Monaten sollte insbesondere bei Frauen eine prophylaktische Therapie erwogen werden (z. B. Cotrimoxazol in niedriger Dosierung). Gelegentlich ist auch die regelmäßige postkoitale Einnahme von Hohlraumtherapeutika (z. B. Nitrofurantoin) oder anderen Antibiotika hilfreich.

Harnwegsinfekte treten bevorzugt auf bei Frauen im gebährfähigen Alter sowie bei älteren Männern mit Prostataerkrankungen. Die Behandlung besteht in einer konsequenten antibiotischen Therapie entsprechend dem Antibiogramm. Bei gehäuftem Auftreten muß nach disponierenden Faktoren gesucht werden.

Nierentuberkulose

Pathogenese. Die Nierentuberkulose ist fast immer mit einer Lungentuberkulose assoziiert. Durch hämatogene Aussaat werden beide Nieren befallen. Schließlich entwickeln sich Kavernen in beiden Nieren, deren Endstadium die *tuberkulöse Kittniere* bildet. Nach Einbruch in das Hohlraumsystem können sich die Tuberkelbakterien auf Ureteren, Blase und die Genitalorgane ausbreiten. Insbesondere eine chronische schmerzlose Schwellung der Nebenhoden sollte auch an eine Tuberkulose denken lassen.

Klinik. Die Erkrankung verläuft chronisch oder subakut und zeigt sich oft nur durch unspezifische Allgemeinsymptome wie Abgeschlagenheit, Gewichtsabnahme und subfebrile Temperaturen.

Diagnose. Charakteristisch ist die Kombination einer mikroskopischen Leukozyturie und Hämaturie mit einer sterilen bakteriellen Urinkultur. Die Diagnose ist durch den kulturellen Nachweis von Mycobacterium tuberculosis im Urin zu sichern.

Therapie. Die konsequente Behandlung durch Tuberkulostatika (Kombinationstherapie! vgl. Lungentuberkulose, S. 285) führt in aller Regel zur Ausheilung. Nur selten ist heute noch eine operative Intervention erforderlich (z.B. Nephrektomie einer tuberkulösen Kittniere. Beseitigung einer mechanischen Abflußbehinderung etc.).

Glomeruläre Krankheiten

Die **Pathogenese** glomerulärer Krankheiten ist vielfältig (Abb. 5.**7**). Ca. 75% aller Glomerulopathien werden durch immunologische Vorgänge ausgelöst, die idiopathisch, im Rahmen von Systemerkrankungen oder als Folge einer Infektion auftreten können. In den meisten Fällen ist die Ablagerung von Antigen-Antikörper-Komplexen in den Kapillaren und/oder im Mesangium entscheidend. Seltener werden die Kapillaren durch Antikörper gegen Bestandteile ihrer Basalmembran (z.B. Goodpasture-Syndrom) oder durch zelluläre Immunreaktionen geschädigt.

Daneben können metabolische, hereditäre und neoplastische Erkrankungen sowie zahlreiche Medikamente zu einer Glomerulopathie führen (Tab. 5.**2**, 5.**3** u. 5.**4**). Die häufigsten Ursachen für Glomerulopathien nichtimmunologischer Genese sind Diabetes mellitus, Amyloidose, hämolytisch-urämisches Syndrom und hereditäre Nephritis (Alport-Syndrom).

Nach **klinischem Bild** und Verlauf lassen sich verschiedene glomerulopathische Syndrome unterscheiden (Abb. 5.**7**):

- Akute Formen:
  a) akute Glomerulonephritis (nephritisches Syndrom),
  b) rasch progrediente Glomerulonephritis,
- chronische Glomerulonephritis,
- nephrotisches Syndrom,
- asymptomatische Urinbefunde.

Innerhalb der einzelnen Syndrome muß immer zwischen primär-idiopathischen und sekundären Formen unterschieden werden. Eine weitere Differenzierung liefern licht-, immunfluoreszenz- und elektronenmikroskopische Untersuchungen am Nierenbioptat. Die Morphologie der Glomeruli korreliert jedoch nicht streng mit der Art der klini-

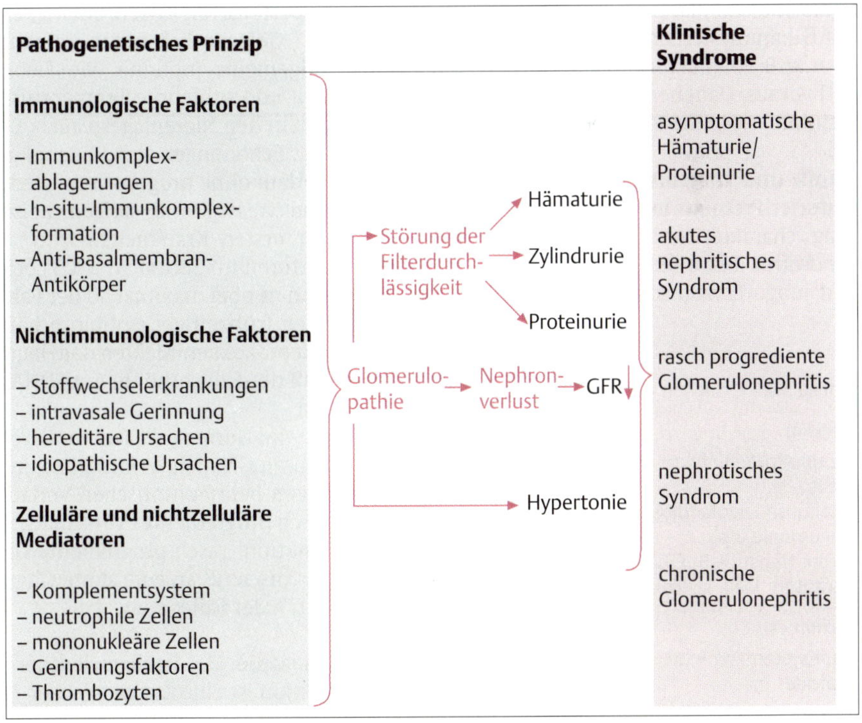

Abb. 5.**7** Glomeruläre Krankheiten: Pathogenese und klinische Syndrome.

schen Manifestation, so daß ein bestimmtes Syndrom durch verschiedene mikroskopische Schädigungsmuster verursacht sein kann und umgekehrt eine bestimmte morphologische Läsion zu unterschiedlichen klinischen Syndromen führen kann.

Typische **Folgen** von glomerulären Erkrankungen sind (Abb. 5.**7**):

- Proteinurie,
- Hämaturie,
- Verminderung der glomerulären Filtrationsrate (GFR),
- Bluthochdruck.

Akute Formen

Akute Glomerulonephritis (GN)

Ätiologie und Pathogenese. Diese Form umfaßt ca. 85% aller Glomerulonephritiden. Sie wird durch die Ablagerung von Immunkomplexen in der Wand der Glomeruli unter Komplementverbrauch induziert.

Die akute GN tritt typischerweise als Zweiterkrankung Tage bis Wochen nach einer akuten Infektion auf. Im klassischen Fall geht eine Infektion mit β-hämolysierenden Streptokokken der Gruppe A (z.B. Angina, Scharlach, Otitis media, Erysipel) voraus. Daneben sind weitere infektiöse und nichtinfektiöse Ursachen bekannt (Tab. 5.**2**).

Klinik und Diagnose. Plötzlich auftretende Hämaturie, Proteinurie, Azotämie und Überwässerung charakterisieren das „akute nephritische Syndrom“. Betroffen sind überwiegend Kinder und junge Erwachsene. Männliche Personen erkranken häufiger als weibliche (2:1). Nach Familienuntersuchungen ist anzunehmen, daß asymptomatische Formen ca. 3–4mal häufiger sind als symptomatische.

Die Ausprägung pathologischer Urinbefunde ist bei der akuten GN sehr variabel. Die Hämaturie manifestiert sich meist durch einen fleischwasserfarbenen, in ausgeprägten Fällen schmutzig-braunen Urin. Mikroskopisch können Erythrozytenzylinder und/oder dysmorphe Erythrozyten vorliegen. Die unselektive Proteinurie mit Ausscheidung auch größerer Plasmaproteine beträgt meist 2–3 g/d; nur selten entwickelt sich ein nephrotisches Syndrom. Leukozyten im Urin spielen nur eine nachgeordnete Rolle. Gelegentlich können die pathologischen Urinbefunde bei sonst floriden Krankheitszeichen nur spärlich ausgeprägt sein oder ganz fehlen.

In schweren Fällen stellt sich eine Oligo-/Anurie ein. Die Überwässerung führt bei den meist herzgesunden Patienten zunächst zu Ödemen in Regionen mit niedrigem Gewebedruck (Periorbitalödem) und schließlich auch in abhängigen Körperpartien. Aszites, Pleuraergüsse und Lungenödem zeigen eine schwere Verlaufsform an. Daneben kann sich eine arterielle Hypertonie, u.U. mit hypertensiven Krisen, entwickeln.

Gelegentlich treten im akuten Stadium auch Allgemeinsymptome wie Fieber, Abgeschlagenheit und subfebrile Temperaturen sowie Schmerzen in den Nierenlagern auf.

Erhöhungen der Blutsenkung sind in ihrem Verlauf ohne prognostische Bedeutung. Harnstoff und Kreatinin i.S. steigen meist nur leicht an. In der ersten Krankheitswoche sind Komplementfaktoren im Serum (v. a. C3) erniedrigt. ASL-Titer sind nur bei maximal 50 der Patienten erhöht und nach frühzeitiger Antibiose häufig normal. Nach Streptokokkeninfekten der Haut sind allerdings in 90% der Fälle erhöhte Anti-DNAse-Titer zu erwarten.

Im Normalfall ist eine Nierenbiopsie bei einer akuten GN nicht erforderlich. Indiziert ist sie hingegen bei nephrotischen Verlaufsformen und bei rasch progredienter Verschlechterung der Nierenfunktion (rasch progrediente Glomerulonephritis im Anschluß an eine akute Glomerulonephritis in 1–2% der Fälle; s.u.).

Therapie. Bei nachgewiesener Streptokokkeninfektion ist eine Antibiose über 7–10 Tage und ggf. eine Herdsanierung nach Ausheilung der Nephritis durchzuführen. Im übrigen ist die Therapie

Tabelle 5.**2** Ursachen der akuten Glomerulonephritis

Infektiös
Streptokokkeninfekte der oberen Luftwege und der Haut
Infektiöse Endokarditis, Sepsis, Pneumokokkenpneumonie u.a.
Viren: Hepatitis B, EBV, Mumps, Masern u.a.
Parasiten: Malaria, Toxoplasmose
Nichtinfektiös
Multisystemerkrankungen: Vaskulitis, Lupus erythematodes u.a.
Primär glomeruläre Erkrankungen: IgA-Nephropathie u.a.

supportiv. Eine langfristige Chemoprophylaxe ist nicht indiziert. Steroide und andere Immunsuppressiva bringen keinen Nutzen.

Prognose. Bei Kindern heilt die Erkrankung in über 90% der Fälle folgenlos aus. Die klinischen Zeichen verschwinden meist spontan innerhalb einer Woche, während die pathologischen Urinbefunde sich erst im Laufe der nächsten Monate bessern. Bei Erwachsenen ist eine vollständige Ausheilung nur in ca. 50% der Fälle zu erwarten. Bei anhaltend pathologischem Urinbefund sollten regelmäßige Verlaufsuntersuchungen durchgeführt werden, da schließlich ein Übergang in eine chronische Niereninsuffizienz erfolgen kann.

Die akute Glomerulonephritis ist meist eine Streptokokken-Folgeerkrankung, die insbesondere bei Kindern in der Regel folgenlos ausheilt. Eine immunsuppressive Therapie ist nicht angezeigt. Eine Nierenbiopsie sollte (aus differentialdiagnostischen Gründen) nur bei rasch abnehmender Nierenfunktion und bei Auftreten eines nephrotischen Syndroms erfolgen.

Rasch progrediente Glomerulonephritis

Ätiologie und Pathogenese. Eine rasch progrediente Glomerulonephritis kann sekundär als Komplikation einer Infektionskrankheit oder einer Multisystemerkrankung sowie in Zusammenhang mit der Einnahme von Medikamenten auftreten. Daneben gibt es auch primäre (idiopathische) Formen (Tab. 5.**3**).

Tabelle 5.**3** Ursachen der rapid progressiven GN

Sekundärformen
Infektiös: Poststreptokokken-GN, infektiöse Endokarditis u. a.
Multisystemerkrankungen: Lupus erythematodes, Goodpasture-Syndron, Wegener-Granulomatose, Purpura Henoch-Schönlein u. a.
Medikamente: Penicillamin u. a.
Primär glomeruläre Erkrankungen (idiopathisch)
Idiopathische Glomerulonephritis mit „crescents“
– Typ I: lineare Ig-Ablagerungen (AK gegen Basalmembran)
– Typ II: granuläre Ig-Ablagerungen (Immunkomplexe)
– Typ III: wenig oder keine Ig-Ablagerungen
IgA-Nephropathie, membranöse GN u. a.

Klinik und Diagnose. Kennzeichnend ist neben dem akuten Beginn der fulminante Verlauf, der binnen weniger Wochen zur terminalen Niereninsuffizienz führt. Häufig stehen daher Symptome der Azotämie wie Schwäche, Übelkeit und Erbrechen im Vordergrund. Daneben können Oligurie, Flankenschmerz und Hämoptysen (vgl. Goodpasture-Syndrom) auftreten. Im Urinsediment finden sich dysmorphe Erythrozyten und Erythrozytenzylinder. Eine immer nachweisbare und in der Regel nichtselektive Proteinurie kann extreme Ausmaße annehmen. Die anderen Symptome eines nephrotischen Syndromes treten aber üblicherweise nicht auf, vermutlich weil die Verschlechterung der exkretorischen Nierenfunktion sich rascher einstellt, als die Symptome eines nephrotischen Syndromes sich zu entwickeln vermögen.

Der Nierenbiopsie kommt hier eine zentrale Bedeutung zu. Das charakteristische morphologische Substrat ist eine ausgedehnte extrakapilläre Halbmondbildung („crescents“), d.h. eine den Bowman-Kapsel-Raum ausfüllende Proliferation von glomerulären Deckzellen. Eine ausgeprägte endokapilläre Proliferation weist auf eine den Immunprozeß triggernde Infektion hin. Segmentale oder diffuse endokapilläre Nekrosenbildungen sollten an eine nekrotisierende Vaskulitis denken lassen.

Therapie und Prognose. Eine Spontanremission kann nur in seltenen Ausnahmefällen (z. B. bei zugrundeliegender Infektion, die ausheilt) erwartet werden. Auslösende Medikamente sollten selbstverständlich abgesetzt werden.

Glukokortikoide, oft in Kombination mit zytotoxischen Immunsuppressiva, werden mit wechselndem Erfolg eingesetzt. Daneben wird auch eine intensive Plasmaaustauschtherapie angewandt. Wichtig ist der frühzeitige Einsatz dieser Maßnahmen, der eine frühzeitige Nierenbiopsie voraussetzt. Trotz aller Bemühungen entwickeln bis zu 50% der Patienten innerhalb von 6 Monaten eine dialysepflichtige Niereninsuffizienz. Eine beidseitige Nephrektomie verhindert das Risiko eines Rezidivs in einer späteren Transplantatniere, die erst nach mehreren Monaten eingepflanzt werden sollte, nicht nachhaltig.

Eine rasch progrediente Glomerulonephritis äußert sich klinisch wie eine akute Glomerulonephritis mit zusätzlicher rascher Verschlechterung der exkretorischen Nierenfunktion. Diese begründet die Indikation zur Nierenpunktion. Charakteristisch ist der Nachweis einer Proliferation des Bowman-Kapsel-Epithels („Halbmondbildungen"). Systemerkrankungen stehen differentialdiagnostisch an erster Stelle. Durch aggressive immunsuppressive Therapie läßt sich die Prognose deutlich bessern.

Chronische Glomerulonephritis

Definition. Eine chronische Glomerulonephritis liegt vor, wenn entzündliche Veränderungen an den Glomeruli über lange Zeit (Jahre) histologisch nachweisbar sind. Die Schädigung der Nieren ist bilateral-symmetrisch. Dies kann, muß aber nicht mit einem Verlust der exkretorischen Nierenfunktion verbunden sein.

Lichtmikroskopisch werden folgende Formen der chronischen GN unterschieden:

- membranöse GN,
- membranproliferative GN,
- mesangioproliferative GN.

Nach der Verteilung der entzündlichen Veränderungen auf die Glomeruli einer Niere bzw. innerhalb der Glomeruli unterscheidet man darüber hinaus diffuse, fokale und segmentale Formen. Auf dem Weg zur terminalen Niereninsuffizienz münden alle glomerulären – und auch interstitiellen – Nierenerkrankungen schließlich morphologisch in das Bild der *Glomerulosklerose.* Die renale Grunderkrankung ist dann mikroskopisch nicht mehr erkennbar.

Ätiologie. Prinzipiell können alle Krankheiten der Glomeruli, vermutlich mit Ausnahme der Minimal-changes nephritis, zu einer chronischen GN führen. Ätiologisch werden idiopathische von sekundären Formen unterschieden. Häufig ist die chronische GN Ausdruck einer Nierenbeteiligung bei immunologischen Systemerkrankungen.

Diagnose. Eine chronische Glomerulonephritis wird oft als Zufallsbefund entdeckt (Musterung, Einstellungsuntersuchung, Durchuntersuchung aus anderer Ursache). Sofern Symptome auftreten, gehen sie meist auf sekundäre Folgen der chronischen Nierenschädigung zurück (z. B. Anämie, Hypertonus).

Therapie. Bei sekundären Glomerulonephritiden steht die Behandlung der Grundkrankheit im Vordergrund. Die Behandlung der primären Formen ist supportiv mit Ausnahme der membranösen GN, die durch eine immunsuppressive Therapie positiv beeinflußt werden kann. Besonders konsequent sollten ein Hypertonus (z. B. ACE-Hemmer) und Harnwegsinfekte behandelt werden. Nephrotoxische Substanzen sind zu meiden. Im Falle einer bereits eingetretenen Verminderung der GFR wirkt eine Einschränkung der Proteinzufuhr progressionshemmend.

Nephrotisches Syndrom

Definition. Das nephrotische Syndrom bezeichnet die direkten und indirekten Folgen von Glomerulopathien, die zu einem exzessiven Verlust von Plasmaproteinen über den Harn führen. Das Vollbild des nephrotischen Syndroms ist charakterisiert durch:

- Albuminurie (große Proteinurie $>$ 3,5 g/d),
- Hypoproteinämie (mit Hypoalbuminämie und Dysproteinämie),
- Hyperlipidämie und
- Ödeme.

Ätiologie und Pathogenese. Dem nephrotischen Syndrom können eine Reihe verschiedener primärer und sekundärer glomerulärer Krankheiten zugrunde liegen (Tab. 5.**4**). Die physiologische Permeabilitätsbarriere in der Wand des Glomerulus, die beim Gesunden in Abhängigkeit von Molekülgröße und Ladung nur geringe Mengen kleiner Plasmaproteine in den Primärharn übertreten läßt, ist beim nephrotischen Syndrom erheblich geschädigt. Definitionsgemäß beträgt die Proteinurie mindestens 3,5 g/d (bezogen auf eine Körperoberfläche von 1,73 m^2). Als häufige Folge tritt eine Hypoalbuminämie auf, die das Gleichgewicht der Starling-Kräfte stört und zu einer erhöhten Flüssigkeitssequestration in das Interstitium führt. Die Neigung zur Ödembildung wird durch Gegenregulationsmechanismen (Aktivierung des Renin-Angiotensin-Systems, gesteigerte ADH-Sekretion) im Sinne eines Circulus vitiosus verstärkt, so daß die Ödeme häufig therapieresistent sind. Der verminderte onkotische Druck im Plasma stimuliert auch die Produktion von Lipoproteinen in der Leber. Meist sind LDL und Cholesterin erhöht, in aus-

Tabelle 5.**4** Ursachen des nephrotischen Syndroms

Primär glomeruläre Erkrankungen
Minimal-changes nephritis
Mesangioproliferative GN
Fokale und segmentale Glomerulosklerose
Membranöse GN
Mesangiokapilläre GN
Sekundärformen
Medikamente: Gold, Quecksilber, D-Penicillamin u.a.
Drogen: Heroin („Straßenheroin")
Infektionen: Poststreptokokken-GN, Hepatitis B u.a.
Multisystemerkrankungen: SLE, Purpura Henoch-Schönlein, Amyloidose u.a.
Neoplasien: Morbus Hodgkin, Leukämien, Lymphome u.a.
Andere: Diabetes mellitus u.a.

geprägten Fällen steigen auch VLDL und Triglyzeride an.

Neben Albumin gehen mit dem Urin auch andere Plasmaproteine verloren, die in wechselndem Ausmaß zu Symptomen führen können (Tab. 5.**5**).

Klinik. Als Leitsymptom treten beim nephrotischen Syndrom Flüssigkeitseinlagerungen mit Ödemen der Augenlider und der abhängigen Körperpartien auf. In ausgeprägten Fällen entwickeln sich auch Pleuraergüsse, Aszites und Anasarka.

Weitere Komplikationen sind in Tab. 5.**5** aufgeführt. Hervorzuheben ist die Thromboseneigung (Nierenvenenthrombose, tiefe Beinvenenthrombose u.a.), die insbesondere bei Albuminwerten unter 2 g/dl ausgeprägt ist. Bei nachgewiesenem AT-III-Mangel ist von einer Heparingabe keine prophylaktische oder therapeutische Wirkung zu erwarten.

Tabelle 5.**5** Verlust spezifischer Plasmaproteine und dessen Folgen beim nephrotischen Syndrom

Albumin	Ödemneigung; Hypokalzämie; veränderte Pharmakokinetik zahlreicher Pharmaka
TBG	vermindertes T_4
Vit.-D-bindendes Protein	Vit.-D-Mangel: Hypokalzämie, sekundärer Hyperparathyreoidismus
Transferrin	mikrozytäre hypochrome Anämie (eisenresistent)
Metallbindende Proteine	Kupfer- und Zinkmangel
AT III	Thromboseneigung

Laborbefunde. Charakteristische Serumbefunde sind die Hypoproteinämie mit Dysproteinämie (Verminderung von Albumin und häufig auch γ-Globulinen. Vermehrung der α_2- und β-Globuline), einhergehend mit einer BSG-Beschleunigung und einer Hyperlipoproteinämie.

Die Kreatininclearance ist nur bei bestimmten Untergruppen vermindert. Im Urin fallen neben der Proteinurie doppeltbrechende Strukturen (Lipoide) auf: Lipoidtröpfchen („Malteserkreuze"), Lipoidzylinder (hyaline und granulierte Zylinder mit Malteserkreuzen) und Fettkörnchenzellen. Je nach zugrundeliegender Nephropathie können weitere pathologische Sedimentbefunde vorliegen (z.B. Erythrozytenzylinder). Bei der Minimalläsion („minimal-changes nephritis") ist die Proteinurie selektiv (große Mengen Albumin; Globuline nur in Spuren), während bei der membranösen und menbrano-/mesangioproliferativen Glomerulonephritis und den metabolischen Ursachen des nephrotischen Syndroms alle Serumeiweißfraktionen mit dem Urin verlorengehen (nichtselektive Proteinurie).

Diagnose. Nach der Diagnostik eines nephrotischen Syndroms muß zunächst geprüft werden, ob eine sekundäre Form vorliegt (Tab. 5.**4**). Die idiopathischen Fälle werden durch morphologische Charakteristika weiter klassifiziert, so daß zumindest bei Erwachsenen eine Nierenbiopsie vorgenommen werden muß, um zu einer genauen Diagnose und zu einem rationalen Behandlungskonzept zu kommen. Bei Kindern hingegen liefert die präzise Auswertung klinischer Befunde meist genügend Information.

Therapie. Eine kausale Therapie ist nur in seltenen Fällen möglich (z.B. Absetzen auslösender Medikamente und Drogen, Tab. 5.**4**). Meist ist die Therapie symptomatisch:

Hilfreich ist eine eiweißarme Ernährung (0,7 g/kg/d). Eine Senkung des glomerulären Proteinverlustes kann durch Kortison, Immunsuppressiva und/oder Indometacin erreicht werden, indem die Permeabilität der Glomeruluswand vermindert wird. ACE-Hemmer führen zu einer Senkung des glomerulären Filtrationsdrucks und wirken so ebenfalls der pathologischen Filtration von Plasmaeiweißen entgegen.

Die Gabe salzarmer Albuminlösungen ist teuer und zeigt wegen des schnellen Verlustes über die Nieren keinen nachhaltigen Effekt. Albuminlösungen oder Plasmaexpander sollten daher nur in seltenen Ausnahmefällen (massive Anasarka, symptomatische Hypotonie) Anwendung finden. Die gezielte Substitution spezifischer Transportproteine ist nicht möglich.

Ödeme müssen beim nephrotischen Syndrom besonders vorsichtig behandelt werden, da eine zu aggressive Diuresebehandlung die Gefahr eines akuten Nierenversagens aufgrund einer kritischen Verminderung des effektiven Plasmavolumens mit sich bringt.

Prognose. Sie ist beim nephrotischen Syndrom in Abhängigkeit vom Alter und der zugrundeliegenden Entität sehr unterschiedlich. Während weit über 90% der Fälle mit einer Minimal-changes nephritis bei Kindern folgenlos ausheilen, entwickeln mindestens 50% der Patienten mit einer fokalen und segmentalen Glomerulosklerose innerhalb von 10 Jahren eine terminale Niereninsuffizienz.

Asymptomatische Urinbefunde

Definition. Bei Patienten mit asymptomatischen Urinbefunden besteht eine nichtnephrotische Proteinurie und/oder eine Hämaturie, die oft zufällig entdeckt werden. Definitionsgemäß dürfen weder Ödeme, Bluthochdruck oder eine Einschränkung der GFR vorliegen, da ansonsten eine Zuordnung zu einem der anderen glomerulopathischen Syndrome erfolgen muß (Abb. 5.**7**).

Tabelle 5.**6** Glomeruläre Ursachen asymptomatischer Urinbefunde

Hämaturie mit oder ohne Proteinurie
Primär glomeruläre Erkrankungen: IgA-Nephropathie u. a.
Multisystemerkrankungen und Erbkrankheiten: Alport-Syndrom u. a.
Infektionen: Abheilende Poststreptokokken-GN u. a.
Isolierte nichtnephrotische Proteinurie
Primär glomeruläre Erkrankungen – orthostatische Proteinurie – fokale und segmentale Glomerulosklerose – membranöse GN
Multisystemerkrankungen und Erbkrankheiten – Diabetes mellitus – Amyloidose u. a.

Die häufigsten Ursachen sind in Tab. 5.**6** aufgeführt. Gelegentlich stellt dieses Syndrom ein Durchgangsstadium im Verlauf anderer Glomerulopathien (z. B. des nephrotischen Syndroms oder der chronischen Glomerulonephritis) dar. Die Gruppe ist heterogen, entsprechend unterschiedlich ist die Prognose.

Die häufigste Form einer rezidivierenden Hämaturie glomerulären Ursprungs ist die *IgA-Nephropathie (Berger-Nephropathie)*, die vorwiegend bei jungen Männern auftritt. Die Diagnose wird durch den immunfluoreszenzmikroskopischen Nachweis von diffusen IgA-Ablagerungen im Mesangium gestellt. Lichtmikroskopisch liegt meist eine diffus mesangioproliferative oder fokal und segmental proliferative GN vor. Nach 25 Jahren führt die IgA-Nephropathie bei ca. 50% der Patienten zum terminalen Nierenversagen. Eine intermittierende Therapie mit Glukokortikoiden oder Breitspektrumantibiotika vermindert die Häufigkeit einer Makrohämaturie, beeinflußt den langfristigen Verlauf der Erkrankung jedoch nicht.

Eine leichte bis mäßige isolierte Proteinurie (150 mg bis 2 g/d) ist ein häufig anzutreffender Befund. Die nur bei aufrechter Körperhaltung auftretende *orthostatische Proteinurie* hat keinen eigentlichen Krankheitswert und verschwindet oft spontan. Bei einer *konstanten und von der Körperhaltung unabhängigen nichtnephrotischen Proteinurie* bestehen hingegen häufig strukturelle Veränderungen an den Glomeruli. Die Prognose ist ausgezeichnet, solange die Eiweißausscheidung unter 2 g/d liegt, so daß in diesen Fällen wegen der fehlenden therapeutischen Konsequenz in der Regel auf eine Nierenbiopsie verzichtet wird.

Tubuläre Krankheiten

Erkrankungen der Tubuli lassen sich in zwei Gruppen einteilen:

A. Krankheiten, die mit makroskopischen und mikroskopischen Strukturveränderungen einhergehen:

- *Zystennieren:* Autosomal-dominant vererbt. Eine chronische Niereninsuffizienz entwickelt sich ab der 3. bis 4. Dekade und schreitet langsam fort. Patienten mit Zystennieren stellen 10% der Fälle mit einer dialysepflichtigen Niereninsuffizienz.
- *Markschwammnieren:* Meist sporadisch auftretend. Zystische Erweiterung der terminalen Sammelrohre in der Nähe der Papillenspitze.

Führt für sich allein kaum zur Niereninsuffizienz, disponiert aber in besonderem Maße zum Steinleiden (in 60% assoziiert mit Kalziumoxalatsteinen) und zu Niereninfekten mit deren Komplikationen. Diagnosestellung durch i. v. Pyelogramm.

B. Störungen der tubulären Funktion ohne nachweisbare strukturelle Schäden:

- *Wasserrückresorption:* Renaler Diabetes insipidus (Nichtansprechen des distalen Tubulus auf antidiuretisches Hormon ADH).
- *Aminosäurenresorption:* Ausfall stereospezifischer Transportsysteme für Aminosäuren im proximalen Tubulus, z. B. Zystinurie mit Steinbildung in den ableitenden Harnwegen.
- *Glukoseresorption:* Renaler Diabetes mellitus.
- *Phosphor- und Kalziumresorption:* Nichtansprechen der Tubuli auf Parathormon beim Pseudohypoparathyreoidismus.
- *Bikarbonatresorption und -produktion:* Renaltubuläre Azidose Typ 1 – 4 (metabolische hyperchlorämische Azidose).

Beim *Fanconi-Syndrom* ist die Funktion diverser Transportsysteme im proximalen Tubulus gestört mit der Folge eines renalen Verlustes von Natrium, Kalium, Kalzium, Phosphat, Bikarbonat, Harnsäure, Monosacchariden, Aminosäuren und Eiweiß. Neben einer vererbten Form tritt das Fanconi-Syndrom sekundär bei Stoffwechselerkrankungen (Morbus Wilson, Fruktoseintoleranz u. a.), Vergiftungen und bei interstitiellen Nephritiden (z. B. durch Sulfonamide) auf.

Insbesondere Funktionsdefekte der distalen Tubuli (renaler Diabetes insipidus, distale renale tubuläre Azidose) können auch sekundär auftreten. Die häufigsten Grundkrankheiten sind hierbei die Pyelonephritis und die Nephrolithiasis.

Nierensteinleiden (Nephrolithiasis)

Häufigkeit und Pathogenese. Das Nierensteinleiden ist in Industrienationen eine Volkskrankheit, die ca. 1 – 2% der Bevölkerung betrifft. Die Erkrankungsinzidenz korreliert mit der Zufuhr an tierischem Eiweiß. Zudem besteht eine familiäre Häufung mit Bevorzugung des männlichen Geschlechts: Männer sind 2 – 4mal häufiger betroffen als Frauen. Der Erkrankungsgipfel liegt um das 35. Lebensjahr.

In 70 – 85% der Fälle handelt es sich um *Kalziumsteine* (Kalziumoxalat, Kalziumphosphat). Sie treten mit einer familiären Häufung bevorzugt bei Männern auf. Die Disposition zur Kalziumsteinbildung bleibt das ganze Leben lang erhalten. Rezidive sind häufig.

Auch *Uratsteine* (5 – 8%) zeigen eine familiäre Disposition und entstehen bevorzugt bei Männern. Gichtmanifestationen gehen nur bei 50% der Patienten voraus. Uratsteine sind im Röntgenbild nicht schattengebend.

Steine aus *Struvit* ($MgNH_4PO_4$; 10 – 15%) entstehen bei Harnwegsinfekten mit Ureasebildnern (Proteus u. a.) und werden im Gegensatz zu den Kalzium- und Uratsteinen überwiegend bei Frauen beobachtet. Sie können ein erhebliches Ausmaß erreichen und wie die Urat- und Zystinsteine Nierenbeckenausgußsteine bilden.

Die seltenen *Zystinsteine* fallen durch ihre zitronengelbe Farbe auf.

Nierenkonkremente sind die Folge von Störungen eines labilen Gleichgewichtes zwischen den widerstrebenden Aufgaben der Niere, einerseits zahlreiche Substanzen mit einer geringen Löslichkeit auszuscheiden und andererseits die Urinvolumina nicht über bestimmte Grenzen ansteigen zu lassen. *Grundsätzlich disponieren daher geringe Urinvolumina und/oder eine vermehrte Exkretion steinbildender Substanzen zur Urolithiasis.* Daneben spielen weitere Faktoren eine Rolle, die die Lithogenität und Verfügbarkeit steinbildender Komponenten determinieren. So liegt die Harnsäure (pK = 5,75) im sauren Milieu weitgehend undissoziiert vor und kristallisiert leicht aus, während bei einem pH von 7 fast nur noch Urate anzutreffen sind, die sehr gut wasserlöslich sind. Verschiebungen des Harn-pH in das alkalische Milieu begünstigen aber die Bildung von Phosphatsteinen. Auf die Entstehung von Oxalat- und Zystinsteinen hat der Urin-pH keinen Einfluß.

Kalzium, Oxalat und Phosphat bilden nicht nur miteinander, sondern auch mit weiteren Substanzen (*Komplexbildner,* z. B. Zitrat) zahlreiche stabile Komplexe, so daß weitaus geringere Mengen freier Ionen zur Steinbildung zur Verfügung stehen, als es die Urinkonzentration vermuten läßt. Durch Verminderung solcher Komplexbildner kann die Konzentration freier Kalziumionen zunehmen und damit auch die Neigung zur Steinbildung.

Klinik. Mit dem vermehrten Einsatz bildgebender Verfahren (Sonographie!) werden zunehmend asymptomatische Nierenkonkremente entdeckt. Auch der Abgang eines Konkrementes über den Harnleiter kann unbemerkt vonstatten gehen.

In vielen Fällen verursachen Nierenkonkremente jedoch Symptome, wenn sie sich von ihrem Entstehungsort an der Papillenspitze lösen und zu einer Obstruktion des Hohlraumsystems führen. Meist tritt in diesen Fällen ein allmählich zunehmender Schmerz auf, der schließlich extreme Ausmaße annimmt und je nach der Höhe der Obstruktion in die ipsilaterale Flanke, Leiste oder Genitalregion ausstrahlen kann. Vegetative Begleitsymptome wie Schweißausbruch, Übelkeit und Erbrechen sind häufig, ebenso eine Mikro- oder seltener eine Makrohämaturie. Hämaturien werden gelegentlich auch unabhängig von einer Nierenkolik beobachtet. Besonders kritisch ist die Obstruktion des Hohlraumsystems einer infizierten Niere zu bewerten. Erhebliche Zerstörungen des Nierenparenchyms und septische Komplikationen sind die Folge.

Diagnose. Bei entsprechendem klinischen Verdacht muß mit bildgebenden Verfahren (Sonographie, IVP) der Steinnachweis geführt bzw. der Aufstau des Hohlraumsystems dokumentiert werden. Schwierigkeiten können bei der Abgrenzung von Nierenparenchymverkalkungen, Nierenbeckentumoren und Blutkoageln entstehen. Eine Steinanalyse ist anzustreben, um eine sinnvolle Sekundärprophylaxe einleiten zu können.

Therapie und Prophylaxe. In der Akutsituation sind die Beschwerden durch lokale Wärmeapplikationen und Spasmoanalgetika (Buscopan comp., Tramal u. a.) zu lindern. Vermehrte Flüssigkeitszufuhr und körperliche Bewegung fördern den spontanen Steinabgang. Alle nicht abgangsfähigen und infektassoziierten Steine müssen beseitigt werden. Mit der Steinzertrümmerung (Nephrolithotrypsie) steht heute eine effektive nichtinvasive Methode zur Verfügung, die die operativen Verfahren (Pyelotomie, Ureterotomie) zunehmend verdrängt.

Wirksame Maßnahmen zur Sekundärprävention umfassen neben einer ausreichenden Flüssigkeitszufuhr (mindestens 2 l Urin pro Tag, spezifisches Gewicht < 1015) spezifische Maßnahmen, die sich an der vorliegenden Steinart orientieren:

- Diätetische Maßnahmen: Gewichtsreduktion und uratarme Diät bei Harnsäuresteinen bzw. oxalat- und kalziumarme Diät.
- Beeinflussung des Urin-pH: Alkalisieren bei Urat-, Ansäuern bei Phosphatsteinen.
- Medikamentöse Therapie: Allopurinol bei Harnsäuresteinen.
- Beseitigung und Verhinderung von Harnwegsinfekten (v. a. bei Struvitsteinen).
- Gabe von Komplexbildnern (Magnesium, Zitrat).

Das Harnsteinleiden ist eine Wohlstandskrankheit, die mit einer vermehrten Zufuhr von Fleisch assoziiert ist. Eine konsequente Rezidivprophylaxe, die idealerweise die Kenntnis der Steinzusammensetzung voraussetzt, vermag das Rezidivrisiko deutlich zu senken.

Obstruktive Uropathie

Definition. Das Syndrom der obstruktiven Uropathie umfaßt alle funktionellen und strukturellen Folgen einer akuten oder chronischen mechanischen Behinderung des Harnflusses. Im Vollbild der *Hydronephrose* steht schließlich neben einer Erweiterung des Nierenbeckens und der Nierenkelche ein irreversibler Funktionsverlust im Vordergrund, der als Folge einer Druckatrophie des Nierenparenchyms und einer interstitiellen Fibrose auftritt.

Ätiologie. Die Obstruktion kann auf Höhe des Ureters, des Harnblasenausganges oder der Urethra liegen. Angeborene Ursachen (Ureterozelen, Urethralklappen, Phimose) sind von erworbenen Ursachen (z. B. Konkremente, Blutkoagel, Papillennekrose, posttraumatische und postentzündliche Veränderungen, intrinsische Tumoren einschl. Prostatahypertrophie, Infiltration durch extrinsische Tumoren von Cervix und Colon) zu unterscheiden.

Klinik. Das Auftreten von Schmerz hängt weniger vom Grad der Überdehnung des Hohlraumsystems ab als vom zeitlichen Verlauf. Daher können bei akuter Abflußbehinderung stärkste Schmerzen auftreten, während eine chronische Obstruktion zunächst unbemerkt bleiben und sich erst durch die Folgen der eingeschränkten Nierenfunktion manifestieren kann. Ein kompletter beidseitiger Verschluß führt zur Anurie, Azotämie und schließlich zur Urämie. Ein arterieller Hypertonus kann bei ein- und beidseitiger Obstruktion als Folge einer erhöhten Reninproduktion und/oder eines erhöhten Extrazellulärvolumens auftreten. Bei einer chronischen partiellen Abflußbehinderung treten als Zeichen der markbetonten Schädigung ein erworbener renaler Diabetes insipidus

(Polyurie und Nykturie bei verminderter Konzentrierungsfähigkeit), eine erworbene distale tubuläre Azidose mit Hyperkaliämie und ein renales Salzverlustsyndrom auf.

Therapie. Ziel der Therapie ist kurzfristig die Schaffung eines Harnabflusses (z.B. Katheterisierung, Nephrostomie) und mittelfristig, sofern möglich, die Beseitigung des Abflußhindernisses. Eine begleitende Pyelonephritis muß selbstverständlich antibiotisch behandelt werden.

Nierentumoren

Gutartige Nierentumoren (Adenom, Fibrom, Myom, Lipom, Angiomyolipom) haben klinisch vorwiegend differentialdiagnostische Bedeutung in der Abgrenzung zu malignen Prozessen.

Der mit Abstand häufigste maligne Nierentumor ist das *Hypernephrom.* Bei fehlender Seitenbevorzugung sind Männer doppelt so häufig befallen wie Frauen. In 2% der Fälle tritt das Hypernephrom bilateral auf.

Klinik. Die klassische Trias Hämaturie, Flankenschmerz, palpabler Tumor findet sich nur bei ca. 10% der Patienten, aber eines dieser Symptome ist in den meisten Fällen nachweisbar. Am häufigsten ist eine Hämaturie, die jedoch nur selten makroskopisch sichtbar ist, so daß häufig erst die Folgen einer bereits eingesetzten Metastasierung zur Diagnose führen. Lunge, Mediastinum, Knochen, ZNS, Schilddrüse und Leber sind die bevorzugten Metastasierungsorte. Als paraneoplastische Symptome können Hypertonie, Hyperkalzämie und Polyglobulie auftreten.

Diagnostik. Ultraschall und i.v.-Urogramm liefern eine Verdachtsdiagnose, die durch Computertomographie und Angiographie erhärtet wird. Die Angiographie läßt neben pathologischen Gefäßen im Tumor auch die Gefäßversorgung erkennen und liefert so wertvolle Informationen zur Operationsplanung.

Therapie. Eine radikale Tumornephrektomie bleibt den Fällen vorbehalten, in denen keine multifokale Metastasierung vorliegt. Resektable Einzelmetastasen sind keine Kontraindikation zur Tumornephrektomie. Im metastasierten Stadium gibt es derzeit kein etabliertes Standardbehandlungskonzept.

Prognose. Die Prognose ist stark stadienabhängig. Bei kleinen Tumoren, die die Nierenkapsel nicht überschreiten, liegt die 5-Jahres-Überlebensrate bei ca. 70%. Im Falle nachgewiesener Fernmetastasen beträgt die mittlere Überlebenszeit 12 Monate.

Nierenbeteiligung bei primär extrarenalen und Multisystemkrankheiten

Diabetische Nephropathie

Die häufigste Form der Nierenschädigung beim Diabetes mellitus besteht in einer *diffusen Glomerulosklerose* (verdickte Basalmembran, Vermehrung der mesangialen Matrix). Die *noduläre Glomerulosklerose* (Kimmelstiel-Wilson-Syndrom) tritt hingegen fast ausschließlich bei Typ-I-Diabetikern auf. Als weitere Möglichkeiten der diabetogenen Nierenschädigung sind die *Arterio- und Arteriolosklerose,* die *chronisch-interstitielle Nephritis, Papillennekrosen* und verschiedene tubuläre Defekte zu nennen. Eine Schädigung des juxtaglomerulären Apparates zeigt sich häufig durch einen erworbenen *hyporeninämischen Hypoaldosteronismus,* der zu einer Hyperkaliämie und einer metabolischen hyperchlorämischen Azidose führt.

Eine klinisch manifeste Nephropathie entsteht bei 50–60% der insulinpflichtigen Diabetiker, ohne daß bekannt ist, weshalb der eine Patient eine Nierenschädigung entwickelt und der andere nicht.

Zunächst werden nur kleine Mengen Albumin ausgeschieden (Mikroalbuminurie: 20–40 µg/min). Nach durchschnittlich 3–7 Jahren geht diese Mikroalbuminurie in eine auch mit den routinemäßigen Labormethoden erfaßbare Proteinurie über. Wenn dieses Stadium erreicht ist, nimmt die Nephropathie meist einen eigengesetzlichen Verlauf, so daß sich nach durchschnittlich 5 Jahren meist eine terminale Niereninsuffizienz einstellt. Bei manifester Proteinurie hängt der weitere Verlust der Nierenfunktion in entscheidender Weise von der Höhe des Blutdruckes ab, der fast regelhaft erhöht ist, während die Blutzuckereinstellung das weitere Fortschreiten der Nephropathie kaum beeinflußt. Aus diesem Grunde sollte schon bei nachgewiesener Mikroalbuminurie auf die Erkennung und Behandlung einer Hypertonie besonders stark geachtet werden. Als Mittel der Wahl gelten ACE-Hemmer.

Regelmäßig ist bei Diabetikern nach Spätschäden (Nephropathie, Retinopathie, Neuropathie) zu fahnden. Bei Mikroalbuminurie kann durch konsequente Behandlung einer meist vorhandenen Hypertonie die Verschlechterung der Nierenfunktion erheblich verzögert werden (Zielwert < 135/85 mmHg).

Harnsäurenephropathie

Bei langfristig erhöhten Serumharnsäurewerten kann sich eine chronische *Gichtnephropathie* entwickeln. Es handelt sich hierbei um eine tubulointerstitielle Nierenschädigung, die durch den Nachweis von Harnsäurekristallen im Nierenparenchym gekennzeichnet ist. Häufig sind Schäden der Nierengefäße durch einen gleichzeitig bestehenden Hypertonus und eine Hyperlipidämie sowie diabetesbedingte Nierenläsionen assoziiert. Die Bildung von *Harnsäuresteinen* wird neben der Harnsäurekonzentration durch den sauren Urin-pH und durch geringe Urinvolumina begünstigt. Eine *akute Harnsäurenephropathie* tritt bei lymphoproliferativen und myeloproliferativen Erkrankungen auf, wenn unter dem Einsatz von Chemotherapeutika große Mengen Harnsäure anfallen und in den Sammelrohren der Niere und den ableitenden Harnwegen präzipitieren. Ein akutes Nierenversagen kann die Folge sein. Prophylaktisch empfiehlt sich der hochdosierte Einsatz von Allopurinol, die Alkalisierung des Harns (z. B. Uralyt-U) und die Steigerung der Urinvolumina durch große Trinkmengen (2 – 3 l/d) und ggf. Diuretika. Das akute Nierenversagen ist bei Einsatz einer Hämodialysebehandlung in den meisten Fällen reversibel.

Neoplasien und Paraproteinämie

Neoplastische Krankheiten können auf mannigfaltige Weise zu glomerulären Nierenschäden führen. Am häufigsten manifestiert sich dies als nephrotisches Syndrom (S. 112 ff). Meist findet sich mikroskopisch eine membranöse Glomerulonephritis. Bei 3 – 10% der Patienten mit einem idiopathischen nephrotischen Syndrom und einer membranösen GN liegt ein bis dahin okkultes Neoplasma zugrunde. Besonders häufig sind Karzinome der Mamma, der Lunge, des Magens und des Kolons. Auch der Morbus Hodgkin geht häufig mit einem nephrotischen Syndrom einher, allerdings liegt hier mikroskopisch oft eine Minimal-changes nephritis vor. Bei erfolgreicher Behandlung des Tumorleidens sind Remissionen der Glomerulopathie möglich.

Benigne monoklonale Gammopathien gehen nur selten mit glomerulären Schäden einher. Das Spektrum der Nierenschäden beim **Plasmozytom** ist mannigfaltig und reicht von der Amyloidose (bei 10 – 15% der Patienten) über eine noduläre Glomerulosklerose bis hin zu tubulointerstitiellen Schäden (Myelomniere). Bei der Makroglobulinämie Waldenström kann das monoklonale IgM-Paraprotein in den Tubuli präzipitieren und so ein akutes Nierenversagen auslösen.

Die **essentielle (gemischte) Kryoimmunglobulinämie** schädigt die Nieren durch die Präzipitation von Kryoimmunglobulinen (meist IgG und IgM) in den Nierenglomeruli und Aktivierung des Komplementsystems. Mikroskopisch liegt eine diffuse proliferative GN vor, die sich als akutes Nierenversagen, rasch progrediente GN oder als nephrotisches Syndrom manifestieren kann. Fieber, Hepatosplenomegalie, Arthralgien, Purpura und Hautnekrosen in kälteexponierten Körperarealen sind weitere Symptome. Dieses Syndrom kann durch Hepatitis B und andere bakterielle, virale und mykotische Infekte hervorgerufen werden, deren Beseitigung, sofern möglich, eine kausale Therapie darstellt.

Amyloidose

Bei der Amyloidose findet sich im Interstitiuim zahlreicher Organe ein amorphes Material, das durch seine färberischen Eigenschaften (grüne Doppelbrechung im Polarisationsmikroskop nach Färbung mit Kongorot) charakterisiert ist. Die häufigste Form ist die Begleitamyloidose bei chronisch-entzündlichen infektiösen (Osteomyelitis, Tbc u. a.) und nichtinfektiösen (primär-chronische Polyarthritis und andere Kollagenosen, chronisch-entzündliche Darmerkrankungen u. a.) Erkrankungen. Eine Amyloidose kann auch bei monoklonalen Gammopathien, heredofamiliär und idiopathisch auftreten. Klinisch manifestiert sie sich als Proteinurie bis hin zum nephrotischen Syndrom. Der Verlauf ist, sofern die Grundkrankheit nicht saniert werden kann, chronisch-progredient, die Prognose ist schlecht. Eine spezifische Therapie existiert nicht.

Hypertensive Nierenschäden

In Abhängigkeit von Dauer und Schwere einer arteriellen Hypertonie tritt beim Hypertoniker eine Akzeleration der altersphysiologischen Arteriosklerose an den Nierengefäßen auf. Prädilektionsstellen sind die Interlobulararterien und die Arteriolen. Die funktionelle Engstellung dieser Gefäße und ihre druckbedingten Strukturschäden bewirken eine Verminderung des renalen Blutflusses. Die GFR bleibt infolge einer Erhöhung der Filtrationsfraktion zunächst meist normal, frühzeitig ist jedoch eine Mikroalbuminurie nachweisbar. Fortgeschrittene Stadien führen auf dem Boden einer Hyalinisierung der Glomeruli und einer interstitiellen Fibrose zur Niereninsuffizienz.

Von dieser „benignen" Form unterscheidet sich die **maligne Nephrosklerose** durch das Vorliegen fibrinoider Gefäßwandnekrosen mit rasch progredientem Nierenversagen. Meist liegt gleichzeitig eine schwere Retinopathie vor. Sie tritt auf bei einer permanenten massiven Erhöhung des diastolischen Blutdrucks (oft über 130 mmHg) und betrifft vorwiegend die Vasa afferentia und die Interlobulararterien. Die exzessive Blutdruckerhöhung führt zu einer Überdehnung des Endothels, so daß sich Plasmabestandteile in der Gefäßwand ablagern. Als Akutfolge entstehen fibrinoide Gefäßwandnekrosen. Chronische Veränderungen bestehen in konzentrischen Intimafibrosen (produktive Endarteriitis Fahr), Abscheidungsthrombosen und kompletten fibrösen Gefäßverschlüssen. Als Folge treten ischämische Veränderungen und Infarzierungen der Glomeruli und der Tubuli auf, und häufig sind schon makroskopisch multiple Nierenrindeninfarkte zu beobachten. Die Ischämie des Nierenparenchyms kann über eine Aktivierung des Renin-Angiotensin-Aldosteron-Systems zu einer Renalisierung der Hypertonie führen. Unbehandelt versterben 80–90% der Patienten nach einem Jahr an den Folgen der Urämie. Die maligne Hypertonie tritt bevorzugt bei jungen Hypertonikern mit einem Prädilektionsalter von 30–44 Jahren auf. Eine prompte Blutdrucksenkung muß unbedingt angestrebt werden und führt bei vielen Patienten zumindest zu einer weitgehenden Besserung der Nierenfunktion. Die 5-Jahres-Überlebensrate nach einer malignen Nephrosklerose liegt derzeit bei etwa 50%.

Durch optimale Blutdruckeinstellung kann die Entwicklung einer chronischen Niereninsuffizienz beim Hypertoniker verhindert werden.

Schwangerschaftsnephropathie

Die Schwangerschaftsnephropathie (EPH-Gestose; E = edema, P = proteinuria, H = hypertension) ist eine eigenständige Entität unklarer Ätiologie, die von anderen Nierenerkrankungen während der Schwangerschaft (akute und chronische Pyelonephritis u. a.) zu trennen ist. Sie tritt meist im dritten Trimenon bei Erstgebärenden auf und manifestiert sich durch Hypertonie, Proteinurie, Ödeme und zerebrale Symptome. Liegt nur eine Hyperreflexie vor, so handelt es sich um eine Präeklampsie, im Vollbild der Eklampsie treten zerebrale Krampfanfälle auf. In ausgeprägten Fällen entwickelt sich auch eine Verbrauchskoagulopathie. Besonders bedrohlich ist die Entwicklung einer EPH-Gestose, wenn bereits vorher eine arterielle Hypertonie bestanden hat (Pfropfgestose). Die definitive Therapie besteht in der Beendigung der Schwangerschaft, sobald der Reifezustand des Föten dies erlaubt. Symptomatisch kommen Magnesiumsulfat (Therapie der zentralen Symptome) und Antihypertensiva (Betablocker, Hydralazin, Alphamethyldopa) zum Einsatz.

Analgetikanephropathie

Die chronische, exzessive Einnahme von Analgetika führt zu einer zunächst markbetonten tubulointerstitiellen Nephritis und zu Papillennekrosen. Die konsumierten Mengen betragen insgesamt mehr als 500 bis 1000 g Phenazetin; besonders gefährlich ist die Einnahme von Mischpräparaten.

Der Analgetikaabusus ist häufig nicht vorbekannt und wird erst auf eingehendes Befragen hin vom Patienten zugegeben. Leitsymptome sind Hämaturie, Pyurie und tubuläre Funktionsstörungen. Häufig sind Papillennekrosen, für die ein Ringzeichen im Pyelogramm pathognomonisch ist. Papillennekrosen können auch bei der chronischen Pyelonephritis, bei obstruktiver Uropathie, beim Diabetes mellitus und bei der Sichelzellenkrankheit auftreten.

Der Analgetikaabusus ist bei nachgewiesener Nierenschädigung unbedingt zu unterlassen, da ansonsten eine Schrumpfnierenbildung mit dialysepflichtiger Niereninsuffizienz droht.

Harnwegstumoren treten bei 10% der Patienten mit einer Analgetikanephropathie auf. Meist handelt es sich um Blasentumoren.

Akutes Nierenversagen

Definition. Das akute Nierenversagen (ANV) ist gekennzeichnet durch einen rapiden Abfall der glomerulären Filtrationsrate (GFR). Als Folge davon steigen die harnpflichtigen Substanzen im Blut an (Azotämie).

Ätiologie und Pathogenese. Nach dem zugrundeliegenden Pathomechanismus unterscheidet man beim akuten Nierenversagen prärenale, renale und postrenale Formen.

- **Prärenales ANV:** Eine verminderte Nierenperfusion führt zur Azotämie. Auslöser sind eine starke Hypovolämie und andere Schockformen (Tab. 5.**7**). Die prärenale Azotämie ist schnell reversibel, wenn die zugrundeliegende Ursache zeitgerecht behoben werden kann, bevor eine Tubulusnekrose eintritt *(funktionelles prärenales ANV)*. Andernfalls droht als Folge der anhaltenden Ischämie eine Nekrose der Tubulusepithelzellen *(ischämisches ANV, Schockniere)*. Auch in diesem Fall ist das ANV potentiell rückbildungsfähig, allerdings erst nach Tagen bis Wochen.
- **ANV durch nephrotoxische Substanzen:** In Analogie zum ischämischen ANV liegt auch dem toxisch bedingten ANV eine Schädigung der Tubulusepithelien zugrunde. Auslöser können sowohl exogene als auch endogene Noxen sein (Tab. 5.**8**). Das Nierenversagen ist meist reversibel und kann ohne bleibende Funktionsstörung ausheilen.
- **Renales ANV:** Primär renoparenchymatöse Erkrankungen machen nur 1–2% der Fälle mit akutem Nierenversagen aus (Tab. 5.**9**). Hier sind insbesondere die rapid progressive Glomerulonephritis, die idiopathisch oder im Rahmen von Systemerkrankungen auftreten kann, und die akute interstitielle Nephritis zu nennen. Der Übergang in ein irreversibles chronisches Nierenversagen ist oft nicht zu verhindern.
- **Postrenales ANV:** Eine bilaterale Obstruktion in den ableitenden Harnwegen führt zur plötzlichen kompletten Anurie mit Abfall der GFR. Klinisches Leitsymptom sind oft (nicht immer!) schmerzhafte Koliken. Die häufigsten Auslöser sind Prostataerkrankungen, gynäkologische Tumoren im kleinen Becken und Kon-

Tabelle 5.**7** Ursachen der prärenalen ANV

Hypovolämie – Blutverlust (z. B. Trauma, Operation) – Verlust von Extrazellulärflüssigkeit – gastrointestinal: Erbrechen, Durchfall, Ileus – renal – sonstige (z. B. Pankreatitis)
Kardiogener Schock
Lungenembolie
Sepsis

Tabelle 5.**8** Ursachen des toxischen ANV

Endogene Noxen – Myoglobin (Rhabdomyolyse) – Hämoglobin (Transfusionszwischenfall)
Exogene Noxen – Medikamente (NSAR [S. 210], Aminoglykoside u. a.) – Röntgen-Kontrastmittel – Schwermetalle (Gold, Thallium)

Tabelle 5.**9** Ursachen des renalen ANV

1. Vaskuläre Nierenerkrankungen
2. Glomeruläre Nierenerkrankungen
3. Tubulointerstitielle Nierenerkrankungen

Tabelle 5.**10** Ursachen des postrenalen ANV

Obstruktion der Ureteren – Karzinom (Harnblase, Zervix, Rektosigmoid u. a.) – retroperitoneale Lymphome – retroperitoneale Fibrose
Obstruktion des Blasenausgangs – Karzinom (Harnblase, Prostata) – Prostatahypertrophie – Infektion (Schleimhautschwellung!) – Harnblasenstein, Koagel – funktionell: neurogene Blasenentleerungsstörung
Obstruktion der Urethra – Phimose – Striktur – Tumor

kremente (Tab. 5.**10**). Die Wiederherstellung des Harnabflusses führt in der Regel zur vollständigen Wiederherstellung der Nierenfunktion. Eine intrarenale Obstruktion kann durch die Bildung von Kristallen in den Tubuli hervorgerufen werden (Harnsäure, Oxalat, Sulfonamide, Methotrexat).

Klinik. Ein akutes Nierenversagen kann in einer anurischen, oligurischen oder nicht-oligurischen Form auftreten. Der Verlauf ist, abhängig vom zugrundeliegenden Pathomechanismus, meist reversibel, gelegentlich aber auch irreversibel.

Die häufigste Form des ANV – der ischämisch oder toxisch bedingte zelluläre Tubulusschaden – zeigt klinisch meist folgenden phasenhaften Verlauf:

1. Initial- bzw. Schädigungsphase (Stunden bis Tage):
   die Grundkrankheit beherrscht das klinische Bild (z. B. Kreislaufschock nach Polytrauma).
2. Olig-/anurische Phase (meist 10 – 14 Tage):
   Störungen des Wasser-, Elektrolyt- und Säure-Basen-Haushaltes stehen im Vordergrund.
3. Polyurische Phase (Erholungsphase):
   Ausdruck der Regeneration des Tubulusapparates. Täglich steigende Urinmengen, schließlich auch Abfall der Nierenretentionswerte.

In individuell unterschiedlichem Ausmaß können Überwässerung (periphere Ödeme, Lungenödem; Hypertonie), Hyperkaliämie, metabolische Azidose, Hyperphosphatämie, Hypokalziämie und Hypermagnesiämie entstehen. Daneben können kardiale (urämische Perikarditis!), zentralnervöse und gastrointestinale Symptome (erhöhtes Risiko gastrointestinaler Blutungen!) auftreten. Urämische Patienten sind besonders anfällig für Infekte, die bis zu 50% der Todesfälle beim akuten Nierenversagen ausmachen.

Dem selteneren primär nicht-oligurischen ANV liegt meist ein nephrotoxisch ausgelöster tubulärer Zellschaden zugrunde. Es zeigt einen kürzeren Verlauf und hat eine günstigere Prognose als das olig-/anurische ANV. Es ist gekennzeichnet durch eine Azotämie bei einer stabilen Urinausscheidung von 1 – 2 l/d. Die Erholungsphase kündigt sich durch eine Zunahme der Urinausscheidung bei fallenden Harnstoff- und Kreatininwerten an.

Diagnose. Bei begründetem Verdacht auf ein akutes Nierenversagen sollte neben einer engmaschigen Kontrolle der Nierenwerte und Elektrolyte die Urinausscheidung stündlich dokumentiert werden. Eine Zuordnung zu den verschiedenen Formen der Azotämie muß getroffen werden.

Eine entscheidende Rolle spielen dabei die eingehende Anamnese und körperliche Untersuchung. Sie liefern Hinweise auf vorbestehende Nierenschäden, disponierende Erkrankungen, Medikamenteneinnahme, stattgehabte Anwendung von Röntgenkontrastmitteln usw. Besonders zu beachten sind:

1. Bei Verdacht auf ein postrenales ANV:
   - Plötzliche Anurie mit Koliken,
   - Prüfung des Füllungszustandes der Harnblase (Palpation, Katheterisierung, Ultraschall).
   - Ausschluß eines Nierenhohlraumaufstaus (Ultraschall).
2. Bei Verdacht auf ein prärenales ANV:
   - Prüfung von Blutdruck, Pulsfrequenz und -qualität, Hautturgor, Füllungszustand der Halsvenen.
   - Das funktionelle prärenale ANV ist durch den Nachweis erhaltener Tubulusfunktionen zu erkennen (Urinnatriumkonzentration < 20 mmol/l. Urinosmolarität > 500 mosmol/l).

Wenn obengenannte Befunde für das Vorliegen eines renalen ANV sprechen, muß die Untersuchung des Urins und der Eiweißausscheidung zur Unterscheidung glomerulärer und tubulärer Schädigungsmuster erfolgen. Bei Hinweisen auf einen glomerulären Schädigungstyp (z. B. Urinsediment: dysmorphe Erythrozyten, Erythrozytenzylinder) sollte die Diagnose wegen der weitreichenden prognostischen und therapeutischen Konsequenzen durch eine Nierenbiopsie gesichert werden (vgl. rasch progrediente Glomerulonephritis, S. 111).

Die Kenntnis um die Gefahr und Risiken eines akuten Nierenversagens bedingt eine besonders sorgfältige Überwachung in disponierenden Situationen (Polytrauma, postoperativ, Verbrennungen, Pankreatitis etc.).

Therapie. Im Vordergrund steht zunächst die Behandlung der Grundkrankheit bzw. die Elimination der auslösenden Noxe.

Die Therapie ist oft am effektivsten beim postrenalen ANV. Hier kann z. B. schon die Anlage eines Blasenkatheters bei Prostatahypertrophie zur schnellen Erholung der Nierenfunktion führen. Bei akuter interstitieller Nephritis ist das Absetzen des auslösenden Medikamentes entscheidend. Glomeruläre Erkrankungen sind entsprechend der Grundkrankheit zu behandeln. Das funktionelle prärenale ANV ist durch Behebung des Kreislaufschocks bzw. des Volumenmangels zu beheben.

Die Allgemeinmaßnahmen beim manifesten ANV ergeben sich aus dem Verlust der exkretorischen renalen Funktionen. Beim olig-/anurischen Verlauf steht die Behandlung des gestörten Wasser-, Elektrolyt- und Säure-Basen-Haushaltes im Vordergrund. Durch die Gabe von Schleifendiuretika (Furosemid bis zu 1 g/d), Mannitol und/oder Dopamin (2–4 µg/kg Körpergewicht/min) kann versucht werden, das oligurische Nierenversagen in ein nichtoligurisches zu überführen und dadurch die Aufrechterhaltung der Volumen- und Elektrolythomöostase zu erleichtern. Wird die Oligurie nicht durchbrochen, sind diese Therapieversuche abzubrechen. Im polyurischen Stadium sind die teils massiven renalen Elektrolytverluste besonders zu beachten.

Die Ernährung sollte durch Gabe von mindestens 100 g Kohlenhydraten darauf abzielen, den Katabolismus so niedrig wie möglich zu halten und dadurch den Anfall harnpflichtiger Substanzen zu minimieren.

Die Therapie ist durch Bilanzierung des Stundenurins und die engmaschige Kontrolle von Gewicht, zentralem Venendruck und Laborwerten zu überwachen.

Bei bedrohlicher Hyperkaliämie, medikamentös nicht beherrschbarer Überwässerung mit (drohendem) Lungenödem und bei Harnstoff-Werten > 100 mg/dl ist die Hämodialyse indiziert.

Ein akutes Nierenversagen beruht in den meisten Fällen auf einem zirkulatorisch-ischämisch oder medikamentös-toxisch bedingten Tubulusschaden. Diese Formen des ANV sind in der Regel voll reversibel.

Chronisches Nierenversagen

Definition. Das chronische Nierenversagen ist gekennzeichnet durch eine irreversible Abnahme der glomerulären Filtrationsrate auf dem Boden eines Verlustes funktionsfähiger Nephrone. Es tritt bei allen Erkrankungen auf, die zu einem Untergang von Nierenparenchym führen. Der Verlauf ist progredient und führt schließlich zum *urämischen Syndrom*, das die Gesamtheit aller Symptome und klinischen Zeichen des terminalen Nierenversagens umschreibt.

Ätiologie und Pathogenese. Die häufigsten Ursachen der chronischen Niereninsuffizienz sind in Tab. 5.**11** aufgeführt. Sie führen mit unterschiedlicher Geschwindigkeit zu einem kontinuierlichen Abfall der GFR. Der Vielfalt möglicher Grundkrankheiten steht das uniforme klinische Bild der sich daraus entwickelnden chronischen Niereninsuffizienz gegenüber. Der Patient durchläuft dabei charakteristische Stadien, bis schließlich – oft nach Jahren bis Jahrzehnten – eine terminale Niereninsuffizienz mit der Notwendigkeit zur Nierenersatztherapie vorliegt (Tab. 5.**12**).

Bis zu einer Abnahme der GFR um 50 % (Kreatininclearance ca. 50 ml/min) treten keinerlei Symptome auf *(Stadium der vollen Kompensation)*. Die Patienten sind jedoch bereits in diesem Stadium besonders gefährdet, bei zusätzlichen Belastungen (z. B. Volumenmangel, nephrotoxische Medikamente) eine akute Nierenfunktionsverschlechterung zu erleiden.

Der weitere Verlust funktionsfähiger Nephrone führt zunächst zu einem Anstieg der überwiegend glomerulär filtrierten Substanzen Kreatinin und Harnstoff im Blut bei klinischer Symptomfreiheit (Azotämie). In dieser Phase spricht man von einer ***„kompensierten Retention"***.

Bei fortschreitendem Nierenparenchymuntergang (GFR < 10 ml/min) reichen schließlich die Kompensationsmechanismen nicht mehr aus, so daß klinische Zeichen der Urämie auftreten. Jetzt steigen auch die Serumspiegel von Substanzen an, deren Ausscheidung im wesentlichen von tubulären Transportprozessen abhängt (Kalium, Phosphat; metabolische Azidose). Im Stadium der

Tabelle 5.**11** Ursachen der chronischen Niereninsuffizienz

Chronische Glomerulonephritis
Diabetische Nephropathie
Chronische Pyelonephritis/interstitielle Nephritis
Vaskuläre Nephropathien (atheromatös/hypertensiv)
Systemerkrankungen
Polyzystische Nierendegeneration
Analgetikanephropathie

Tabelle 5.12 Stadien der chronischen Niereninsuffizienz

1. Stadium der vollen Kompensation
2. Stadium der kompensierten Retention - beginnenden Niereninsuffizienz (Kreatinin < 3 mg/dl) - fortgeschrittene Niereninsuffizienz (Kreatinin 3–6 mg/dl)
3. Präterminale Niereninsuffizienz (Kreatinin > 7 mg/dl)
4. Terminale Niereninsuffizienz (Kreatinin > 10 mg/dl)

„präterminalen Niereninsuffizienz" sind die urämischen Symptome noch durch konservative Therapiemaßnahmen beherrschbar. Gelingt dies nicht mehr (GFR < 5 ml/min), so liegt eine *„terminale Niereninsuffizienz"* vor, die einer Nierenersatztherapie (Hämodialyse) bedarf.

Beim Zustandekommen der klinischen Symptome der Urämie spielen zwei Komponenten eine entscheidende Rolle:

- Der Verlust der physiologischen Nierenfunktionen mit Störungen des Wasser-, Elektrolyt- und Säure-Basen-Haushaltes sowie hormonellen Regulationsstörungen (Erythropoetinmangel; 1,25-D_3-Mangel mit sekundärem Hyperparathyreoidismus).
- Die Kumulation toxischer Substanzen. Bei diesen „Urämiegiften" handelt es sich höchstwahrscheinlich um Endprodukte des Eiweiß- und Aminosäurenstoffwechsels, die größtenteils nur über die Nieren ausgeschieden werden können. Kohlenhydrate und Fette werden dagegen zu Wasser und Kohlendioxid abgebaut, die auch beim Nierenversagen den Körper über die Lunge und die Haut verlassen können.

Klinische Zeichen der Urämie und ihre Behandlung

Zellfunktionen und Allgemeinsymptome

Der transmembranöse Transport von Na^+ und K^+ ist bei der Urämie eingeschränkt. Die Folge ist eine Erhöhung der intrazellulären Natriumkonzentration und des Wassergehaltes, wodurch das Auftreten von *Anorexie, Übelkeit* und *Erbrechen* begünstigt wird. Die konsekutive Katabolie mit Verlust von Körpermasse kann jedoch durch die Einlagerung von Wasser lange überdeckt werden.

Die Aktivität der Na-K-ATPase macht einen erheblichen Teil des Ruheumsatzes aus. Daher führt ihre teilweise Blockierung bei der Urämie zu einem Abfall der Körpertemperatur (Hypothermie), die sich bei einer Dialysebehandlung wieder normalisiert.

Therapeutische Konsequenzen:
- Die Eiweißreduktion, die bei der chronischen Niereninsuffizienz zur Verminderung des anfallenden Harnstoffes verordnet wird und in vielen Fällen das Fortschreiten der Nierenerkrankung verzögern kann, sollte die untere Grenze des Stickstoffgleichgewichts nicht unterschreiten. Die Eiweißzufuhr sollte auch in fortgeschrittenen Fällen mindestens 40 g pro Tag betragen.
- Auf eine biologisch hochwertige Zusammensetzung der Eiweiße ist zu achten.
- Zur Vermeidung einer katabolen Stoffwechsellage sollte auch eine Gesamtkalorienzufuhr von mindestens 2000 kcal/Tag gewährleistet sein.
- Kontrolle: Bei optimaler Diät liegt der Harnstoff-Kreatinin-Quotient im Serum um 10. Ein fallendes Kreatinin bei konstanter Kreatininclearance zeigt eine Verminderung der Muskelmasse an und erfordert eine Erhöhung der Eiweiß- und/oder Kalorienzufuhr.

Wasser- und Natriumhaushalt

Früh verlieren die Nieren die Fähigkeit, den Urin maximal zu konzentrieren oder zu verdünnen, so daß er sich schließlich der Osmolarität des Serums (ca. 290 mosmol/l) und einem spezifischen Gewicht von 1010 nähert *(Isosthenurie)*. Täglich müssen ca. 900 mosmol über die Nieren ausgeschieden werden, so daß sich schließlich ein fixes Urinvolumen um 3 l pro Tag einstellt. Dies führt zu *Nykturie, Polyurie* und *Polydipsie*. Die Nieren sind in entsprechenden Belastungssituationen weder imstande, höhere Flüssigkeitsmengen auszuscheiden (Folgen: *Herzinsuffizienz, Hypertension, Ödeme, Aszites, Gewichtszunahme* und *Hyponatriämie)*, noch dazu, NaCl und Wasser zu konservieren (Gefahr der *Exsikkose* mit evtl. irreversibler weiterer Verschlechterung der Nierenfunktion). Die häufigste Ursache eines Diureserückganges ist ein Kochsalzmangel!

Therapeutische Konsequenzen:
- Die Ernährung soll nicht generell streng kochsalzarm sein, sondern sich am renalen NaCl-Verlust orientieren.
- Flüssigkeitszufuhr: Urinmenge plus ca. 500 ml (bei Fieberfreiheit). Eine Diurese um 2,5 l pro Tag ist anzustreben! Dazu u. U. Einsatz von Furosemid bis 2 g/d.
- Kontrolle: tägliche Gewichtskontrollen.

Kaliumhaushalt

Die Kaliumkonzentration im Serum bleibt bei den meisten Patienten erstaunlich lange normal und steigt erst an, wenn die GFR unter 5 ml/min fällt. Hierfür sorgen adaptive Mechanismen in den distalen Tubuli und im Kolon, an deren Steuerung des Hormon Aldosteron maßgeblich beteiligt ist. Die Funktionsreserve ist jedoch eingeschränkt. Folgende Situationen führen daher zur *Hyperkaliämie:*

- Oligurie und GFR < 5 ml/min.
- Akuter Anfall großer Kaliummengen exogenen und endogenen Ursprungs: Exzessive Zufuhr, Blutkonserven, Freisetzung aus dem Intrazellulärraum bei metabolischer Azidose u. a.
- Blockade der Adaptationsmechanismen: Aldosteronantagonisten, kaliumsparende Diuretika, ACE-Hemmer, β-Blocker.

Die Symptome der Hyperkaliämie sind uncharakteristisch: Schwäche, Verwirrtheit, Parästhesien und Lähmungen, Bradykardie und Herzrhythmusstörungen. Die charakteristische Veränderung im EKG bei einer leichten Hyperkaliämie ist das spitze, überhöhte, zeltförmige T („Kirchturm-T"). Schließlich wird auch die Erregungsleitung beeinträchtigt (QRS-Verbreiterung und Schenkelblockbilder).

Therapeutische Konsequenzen:
- Ursachen beseitigen: Katabolie? Kaliumreiche Kost? Medikamente?
- Hyperkaliämie bei metabolischer Azidose: Na-Bikarbonat i. v.
- Akuttherapie: i. v. Gabe von Kalzium, Glukose und Insulin.
- Mittelfristig wirksam: Verminderung der intestinalen Kalium-Absorption durch Natriumpolystyrensulfonat (Resonium).

Eine therapieresistente Hyperkaliämie kann Ausdruck eines hyporeninämischen Hypoaldosteronismus sein, der gehäuft bei der diabetischen Nephropathie auftritt.

Säure-Basen-Haushalt

Verminderte renale Säureausscheidung und Bikarbonatproduktion führen zur *metabolischen Azidose*.

Therapeutische Konsequenzen:
- Bikarbonat < 15 mmol/l: Bikarbonat- oder Zitratsalze, z. B. Azetolyt (Na-Ca-Zitrat) initial 10 g/d, Erhaltungsdosis mind. 2,5 – 5 g/d.
- In Akutsituationen: Bikarbonat i. v.

Kalzium-Phosphathaushalt und Knochenstoffwechsel

Die *renale Osteodystrophie* manifestiert sich durch eine Osteomalazie, Ostitis fibrosa cystica, Osteosklerose und/oder vermindertes Knochenwachstum. Eine verminderte renale Phosphatausscheidung und ein gestörter Vitamin-D-Stoffwechsel (Ausfall der 1-Alpha-Hydroxylase) mit verminderter Kalziumabsorption im Darm führen zu *Hyperphosphatämie, Hypokalzämie* und *sekundärem Hyperparathyreoidismus.* Die PTH-Wirkung ist als Folge der Urämie gestört. Auch die metabolische Azidose beeinträchtigt den Knochenstoffwechsel.

Therapeutische Konsequenzen:
- Verminderung der Phosphatabsorption durch verminderte Zufuhr und Gabe von Phosphatbindern (Ca-Karbonat, Aluminiumhydroxid).
- Substitution von aktivem Vitamin D (Calcitriol).
- Ggf. Kalzium-Substitution.
- Ziel: Phosphat im Serum 1,4 mmol/l (4,5 mg/dl),
  Kalzium im Serum 2,5 mmol/l (10 mg/dl).

Lunge

Neben der Überwässerung (s. o.) kann bei der Urämie auch eine erhöhte Permeabilität der Alveolarmembran zu einem *Lungenödem* führen. Charakteristisch ist die schmetterlingsförmige Verschattung um den Lungenhilus im Röntgenbild (S. 58 ff).

Therapeutische Konsequenzen:
- Akut: Sauerstoff, Nitrate und Furosemid.
- Hämodialyse bei fehlender bzw. ungenügender Diurese.

Herz-Kreislauf-System

Eine *arterielle Hypertension* ist die häufigste Komplikation des terminalen Nierenversagens und in 80–90% durch eine Flüssigkeitseinlagerung (Salz-Wasser-Retention) bedingt.

Die *urämische Perikarditis* ist durch den frühzeitigen Einsatz einer Dialysebehandlung heute eine Seltenheit; eine Perikarditis bei einem Dialysepatienten ist meist viraler Genese oder tritt im Rahmen einer Systemerkrankung auf.

Als typisches Phänomen findet sich bei Dialysepatienten eine *beschleunigte Atherosklerose* mit einer erhöhten Inzidenz kardio- und zerebrovaskulärer Komplikationen sowie dem gehäuften Auftreten einer peripheren AVK.

Therapeutische Konsequenzen:
- Einschränkung der Wasser- und Salzzufuhr.
- Wasserentzug durch Dialyse (Ultrafiltration).
- Nur in seltenen Fällen sind Antihypertensiva nötig.
- Urämische Perikarditis: Dialyse.

Blutbildendes System

Regelmäßig tritt beim chronischen Nierenversagen eine *normochrome normozytäre Anämie* mit *inadäquat niedrigen Retikulozyten* auf. Sie ist in erster Linie Folge einer verminderten Erythropoetinproduktion durch die Nieren. Eine *mikrozytäre Anämie* bei einem Dialysepatienten sollte hingegen an eine Aluminiumintoxikation denken lassen.

Das erhöhte Risiko intrakranieller und gastrointestinaler Blutungen ist durch eine *Thrombozytopathie* mitbedingt, die mit einer verlängerten Blutungszeit einhergeht. Durch eine effektive Dialysetherapie läßt sich die Funktionsstörung der Thrombozyten weitgehend beheben.

Lymphopenie und urämiebedingte Leukozytenfunktionsstörungen tragen zur *Immunschwäche* urämischer Patienten bei. Urämische Patienten neigen weniger zur Entwicklung von Fieber als Gesunde, so daß Infektionen oftmals nur schwer zu erkennen sind.

Therapeutische Konsequenzen:
- Meist ist keine Behandlung der Anämie erforderlich.
- Ggf. Substitution von Eisen und Folsäure.
- Bei symptomatischer Anämie Gabe von Erythropoetin.
- Bluttransfusionen nur bei dringender Indikation!

Neuromuskuläres System

Leichte *zentralnervöse Symptome* (Konzentrations- und Schlafstörungen, Abgeschlagenheit) gehören zu den Frühsymptomen der Urämie. In schweren Fällen treten Verhaltens- und Gedächtnisstörungen, Hyperreflexie, Stupor, Koma und Krampfanfälle auf. Eine *periphere Polyneuropathie* ist häufig und manifestiert sich zunächst durch periphere Parästhesien („restless legs syndrome"). Dies stellt eine Indikation zur Einleitung einer Dialysebehandlung oder einer Transplantation dar, da andernfalls auch ein Ausfall motorischer Funktionen bis hin zu einer *schlaffen Quadriplegie* droht.

Gastrointestinaltrakt

Appetitlosigkeit, Schluckauf, Übelkeit und Erbrechen können die ersten Zeichen einer Urämie sein. In weit fortgeschrittenen Fällen können im gesamten Gastrointestinaltrakt Schleimhautulzera auftreten, die zu einem Blutverlust führen *(urämische Gastroenteritis)*. Besonders häufig sind peptische Ulzera. Der charakteristische *Foetor uraemicus* entsteht durch die Freisetzung von Ammoniak aus Harnstoff im Speichel.

Durch Dialyse bessern sich alle gastrointestinalen Manifestationen der Urämie mit Ausnahme der Symptome peptischer Ulzera, die als solche behandelt werden (H_2-Antagonisten, Protonenpumpenblocker).

Endokrines System und Stoffwechsel

Ein *Hypogonadismus* führt bei Heranwachsenden zu einer gestörten sexuellen Reifung. Niedrige Östrogenspiegel bei Frauen bzw. Testosteronspiegel bei Männern gehen mit *Amenorrhoe* bzw. *Impotenz* und *Oligospermie* einher. Eine Dialysebehandlung vermag diese Symptome nicht bzw. nur unvollständig zu beseitigen. *Hypertriglyzeridämie, vermindertes HDL-Cholesterin, verminderte Glukosetoleranz* und *Hyperinsulinämie* sind weitere Manifestationen einer Urämie. Eine *Hyperurikämie* findet sich regelhaft, führt jedoch fast nie zu Gichtsymptomen.

Haut

Die charakteristische *Café-au-lait-Farbe* der Haut Nierenkranker ist Folge der Anämie und der Retention von Urochromen, welche normalerweise dem Urin seine gelbliche Farbe verleihen. Der hartnäckige *Pruritus* persistiert häufig trotz Dialyse. *Petechien* und *Ekchymosen* sind Manifestationen der hämorrhagischen Diathese.

Die Thrombozytopathie bei Niereninsuffizienz kann in der zahnärztlichen Praxis zu Blutungskomplikationen führen. Auch die vermehrte Infektanfälligkeit chronisch niereninsuffizienter Patienten ist zu beachten.

Dialyse und Transplantation

Dialysebehandlung

Eine Dialysebehandlung hat zum Ziel, die exkretorische Nierenfunktion zu ersetzen. Funktionsprinzip ist die Entfernung unerwünschter Stoffe aus dem Körper durch Diffusion an einer semipermeablen Membran. Der Teilchenfluß ist der Konzentrationsdifferenz und der Größe der Austauschfläche direkt proportional.

Eine ausreichende Fläche bietet von den natürlichen Membranen das Peritoneum. Die **Peritonealdialyse** (Abb. 5.**8**) hat den Vorteil, daß keine künstliche Blutverbindung mit der Notwendigkeit der Antikoagulation geschaffen werden muß. Über einen Peritonealverweilkatheter wird kontinuierlich oder intermittierend Dialysat in die Bauchhöhle gegeben. Besonders bewährt hat sich das Prinzip der kontinuierlichen ambulanten Peritonealdialyse (CAPD). Ca. 2 l Dialysat werden in die Bauchhöhle infundiert und nach 4–6 Stunden durch frisches Dialysat ersetzt. In der Zwischen-

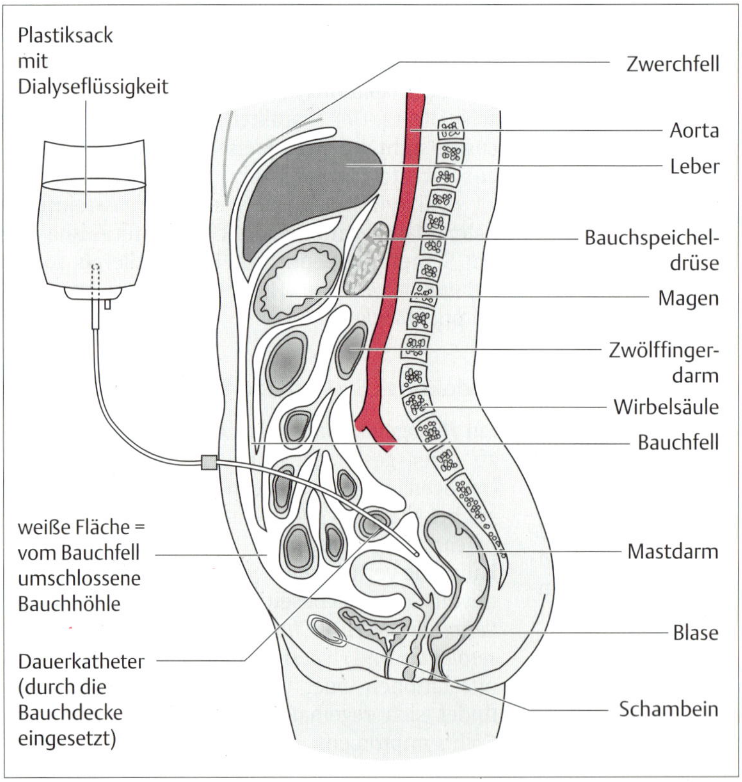

Abb. 5.**8** Prinzip der Peritonealdialyse.

zeit bleibt der Katheter abgeklemmt und der Patient kann sich völlig frei bewegen. Ein wesentlicher Nachteil besteht im gehäuften Auftreten von Bauchhöhlenentzündungen.

Das am häufigsten angewendete Dialyseverfahren ist die **Hämodialyse** (Abb. 5.**9**). Eine operativ angelegte arteriovenöse Verbindung (meist Cimino Shunt) kann u.U. jahrelang wiederholt punktiert werden. Das Blut wird über eine Rollenpumpe zum Dialysator geleitet. Dieser besteht meist aus Kapillaren, welche innen von Blut durchströmt und außen gegenläufig von Dialysat umflossen werden. Die semipermeable Membran der Kapillaren erlaubt den Durchtritt von Substanzen bis zu einem Molekulargewicht von 1000–2000. Das Dialysat ist eine Lösung, deren Elektrolytzusammensetzung der des normalen Blutplasmas gleicht. Meist werden 3 Dialysebehandlungen von je 3–4 Stunden Dauer pro Woche durchgeführt.

Erfolg und Prognose einer Dialysebehandlung werden stark durch Alter, Grundkrankheit und Begleiterkrankungen eines Patienten beeinflußt. Diabetiker haben generell eine schlechtere Prognose als Nichtdiabetiker. Immerhin können 10–20% der Dialysepatienten vollständig und weitere 30–40% teilweise rehabilitiert werden, so daß sie ein unabhängiges Leben führen können. Die Mortalität im Gesamtkollektiv beträgt ca. 18% pro Jahr.

Transplantation

Eine bessere Lebensqualität als jede Form der Dialysebehandlung schafft eine erfolgreiche Nierentransplantation. Sie sollte daher bei den meisten Patienten mit einem chronischen Nierenversagen angestrebt werden. *Kontraindikationen* sind schwerste kardiopulmonale Begleiterkrankungen, Malignome und floride Infektionen.

Als *Spenderorgane* werden entweder Nieren direkter Blutsverwandter oder frisch Verstorbener (Leichennieren) verwendet. Dank moderner Perfusionsverfahren können die Nieren frisch Verstorbener bis zu 48 Stunden vor einer Transplantation aufbewahrt werden. Diese Zeit kann für längerstreckige Transporte und immunologische

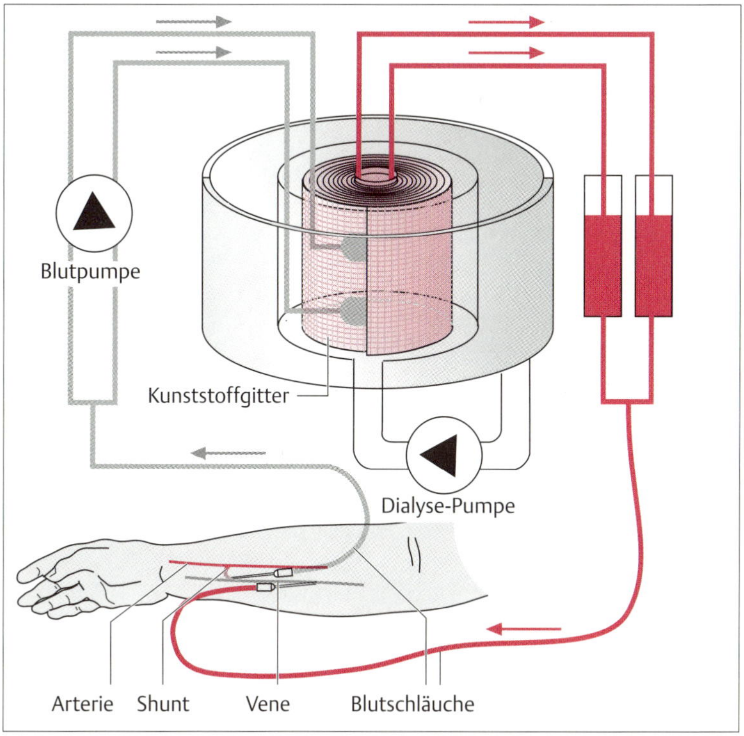

Abb. 5.**9** Prinzip der Hämodialyse.

Tests genutzt werden, welche die optimale Zuordnung von Spender und Empfänger ermöglichen. Die Transplantatniere wird in die Fossa iliaca implantiert und mit den Vasa iliaca anastomosiert. Anschließend wird der Ureter der Transplantatniere in die Harnblase des Empfängers implantiert. Eine vorhergehende bilaterale Nephrektomie ist die Ausnahme und wird am häufigsten wegen therapieresistenter bzw. rezidivierender Infektionen oder zur Beseitigung einer renalen Hypertonie durchgeführt.

Die Erfolgsaussichten auf ein Überleben des Transplantats sind um so besser, je mehr sich das „immunologische Gesicht" von Spender und Empfänger gleicht. Deshalb wird neben der Identität des *AB0-Blutgruppensystems* eine möglichst weitgehende Übereinstimmung der *Transplantationsantigene HLA-A, -B und -DR* angestrebt, die den langfristigen Erfolg wesentlich determiniert. Nicht-HLA-Antigene sind dagegen relativ schwach immunogen und können durch eine *immunsuppressive Therapie* beherrscht werden, solange keine vorhergehende Sensibilisierung (Priming) stattgefunden hat. Neben den klassischen Immunsuppressiva Prednison und Azathioprin wird Cyclosporin verwendet, mit dem zumindest kurzfristig (in den ersten 1–2 Jahren) die Transplantatüberlebenszeit selbst bei Verwendung von Leichennieren mit suboptimalem Übereinstimmen der HLA-Antigene 80% beträgt und sich damit nicht wesentlich von der HLA-identischer Geschwister unterscheidet.

Die *Abstoßung des Transplantats* manifestiert sich klinisch durch allgemeines Krankheitsgefühl, Abgeschlagenheit, Fieber und eine Verminderung der Urinmenge. Bei vormals guter Nierenfunktion sind ein Anstieg des Kreatinins im Serum und ein Rückgang der Kreatininclearance die sensitivsten Marker für eine mögliche Abstoßungskrise. Im Falle eines Scheiterns konservativer Behandlungsversuche (Kortisonstoß, OKT-3-Antikörper) muß zunächst die Dialysebehandlung wieder aufgenommen werden. Zweit- oder Drittransplantationen sind möglich. Die Rate der Abstoßungsreaktionen liegt allerdings um 15–20% höher als bei Ersttransplantationen. Die Übereinstimmung der HLA-Antigene ist in diesen Fällen entscheidend.

Die beste Möglichkeit zur vollständigen beruflichen und psychosozialen Rehabilitation bei terminaler Niereninsuffizienz ist die Nierentransplantation.

6 Krankheiten des Stoffwechsels

A. Horn und H. Wagner

Störungen der Energiebilanz

Vorbemerkungen

Der Energiestoffwechsel ist definiert durch das Gleichgewicht von Energiezufuhr und Energieverbrauch. Während die Nahrungsaufnahme naturgemäß nur intermittierend erfolgt, wird Energie permanent benötigt. Der Säugetierorganismus verfügt über das biochemische Rüstzeug, um auch in den postabsorptiven Eßpausen und in Fastenperioden eine adäquate Energieversorgung zu sichern, sofern die Kalorienbilanz über längere Zeiträume ausgeglichen ist. Volumen und Energiegehalt einzelner Mahlzeiten können kurzfristig erheblich schwanken. Im einzelnen nicht bekannte neurophysiologische Kontrollmechanismen erfassen die integrierte Energiebilanz über einen Zeitraum von 24–48 Stunden und bewirken eine kompensatorisch vermehrte oder verminderte Nahrungsaufnahme in den nächsten 1–2 Tagen, so daß das Körpergewicht bei gesunden Individuen über lange Zeiträume bemerkenswert konstant bleibt.

Genetische, kulturelle, sozioökonomische und psychische Faktoren, exogene Reize (Geruch, Geschmack) und konditioniertes Eßverhalten (Erziehung) können die Ernährungsgewohnheiten nachhaltig beeinflussen und zu ernsten und bisweilen sogar lebensbedrohlichen Gesundheitsstörungen führen.

Die Hauptenergieträger in unserer Nahrung, die hochmolekularen Verbindungen der Fette, Eiweiße und Kohlenhydrate, unterscheiden sich erheblich in ihrem Kaloriengehalt (Tab. 6.**1**).

Tabelle 6.**1** Biologischer Brennwert der Nahrungsenergieträger

Energieträger	kcal/g	kJ/g
Fette	9,3	38,9
Eiweiße	4,1	17,2
Kohlenhydrate	4,1	17,2

Die zur Aufrechterhaltung der strukturellen und funktionellen Integrität des Organismus benötigte Energie wird als *Grundumsatz* bezeichnet. Er variiert u.a. nach Alter, Geschlecht, Gewicht und Körpergröße und beträgt im Mittel etwa 1 kcal/kg · h (4,2 kJ/kg · h). Darüber hinaus ändert sich der Energiebedarf in Abhängigkeit von der körperlichen Aktivität und von der Nahrungszusammensetzung.

Bei einem körperlich nicht arbeitenden Menschen entfällt nur ein Viertel des Energieumsatzes auf körperliche Aktivitäten (Tab. 6.**2**). Bei Schwerstarbeit (z.B. Marathonlauf) wird ein Energieumsatz bis zu 5000 kcal/d (ca. 20000 kJ/d) erreicht; dies entspricht etwa dem Dreifachen des Grundumsatzes.

Krankheit und Fieber erhöhen den Energieumsatz, andererseits ist durch die Immobilität der Energieverbrauch häufig vermindert. Selbst Schwerkranke benötigen selten mehr als 3000 kcal/d (12600 kJ/d).

Überschüssige Energie wird als Fett gespeichert, das dem Organismus eine (wegen seines hohen Brennwertes [Tab. 6.**1**] relativ geringe!) Massenzunahme bereitet. Die Körpermasse kann daher als Meßgröße für den Energiehaushalt des Körpers herangezogen werden.

Tabelle 6.**2** Grund- und Freizeitumsatz eines Erwachsenen

70 kg	Frau	Mann
Grundumsatz*	1500 kcal/Tag 6300 kJ/Tag	1700 kcal/Tag 7100 kJ/Tag
Freizeitumsatz*	2000 kcal/Tag 8400 kJ/Tag	2300 kcal/Tag 9600 kJ/Tag

* Grundumsatz: morgendlicher Nüchternumsatz im Liegen bei Indifferenztemperatur

** Freizeitumsatz: Energiebedarf eines nicht körperlich arbeitenden Menschen

Adipositas

Definition. Eine Erhöhung des Körpergewichtes über die Norm aufgrund eines vermehrten Fettgehaltes im Organismus wird als Adipositas (Fettsucht, Obesitas) bezeichnet (Abb. 6.**1**).

Im klinischen Alltag ist die Festlegung des Sollgewichtes *(Normalgewichtes)* Erwachsener durch die *Broca-Formel* ausreichend:

Normalgewicht [kg] = Körpergröße [cm] - 100

Nach dieser Definition ist in westlichen Industrieländern etwa jeder dritte Erwachsene als adipös einzustufen.

Unter dem Idealgewicht versteht man das Körpergewicht, welches mit der statistisch höchsten Lebenserwartung einhergeht (nach Analyse amerikanischer Versicherungsgesellschaften). Es liegt ca. 10 - 15% unter dem Normalgewicht.

Zunehmend häufiger wird neben der Broca-Formel auch der **Körpermassenindex** („body mass index", BMI) verwendet:

$$\text{BMI [kg/m}^2\text{]} = \frac{\text{Körpergewicht [kg]}}{\text{Körpergröße}^2\text{ [m}^2\text{]}}$$

Übergewicht im Sinne eines gesundheitlich bedenklichen Zustandes wird definiert als ein Körpermassenindex über 27,3 kg/m² bei Frauen und 27,8 kg/m² bei Männern.

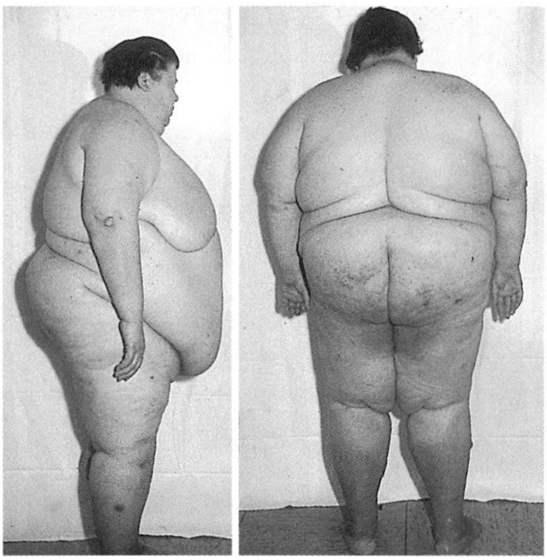

Abb. 6.**1** Adipositas permagna.

Ätiologie und Pathophysiologie. Die Adipositas ist Folge eines gestörten Gleichgewichtes zwischen Energiezufuhr und Energieverbrauch; in den meisten Fällen liegt eine vermehrte Nahrungsmittelzufuhr vor.

Möglicherweise liegt hierbei ein gestörtes Zusammenspiel zwischen einem „Freßzentrum" im Hypothalamus und einem ebenfalls dort lokalisierten „Sättigungszentrum" zugrunde. Daneben wird das Eßverhalten von psychologischen, sozialen und genetischen Faktoren beeinflußt, die bei vielen Übergewichtigen deutlich hervortreten. So reagieren sie auf exogene Reize (Tageszeit, Situation; Anblick, Geruch und Geschmack von Speisen) häufig viel stärker als normalgewichtige Vergleichspersonen.

Die verminderte körperliche Aktivität adipöser Menschen ist vermutlich eher die Folge als die Ursache der Fettsucht, welche hierdurch jedoch verstärkt wird. Darüber hinaus ist die Aktivität der Fettgewebslipase bei Adipösen erhöht. Sie normalisiert sich auch nach Gewichtsabnahme nicht und kann zu einer erhöhten Ablagerung von Serum-Triglyzeriden als Speicherfett führen.

Weitere metabolische Unterschiede zu Normalgewichtigen lassen sich entgegen häufig geäußerter Vermutungen nicht nachweisen.

Selten tritt Fettsucht sekundär im Rahmen einer Hypothyreose, eines Cushing-Syndroms oder eines Insulinoms auf. Als Rarität ist sie bei einigen hypothalamischen Störungen anzutreffen, die meist durch neurologische Störungen oder kongenitale Defekte gekennzeichnet sind.

Die überschüssige Energie wird in Form von Triglyzeriden in Adipozyten (Fettzellen) gelagert, welche zunächst hypertrophieren und schließlich – entgegen früherer Meinung auch im Erwachsenenalter – eine Hyperplasie zeigen. Bei einem Gewichtsverlust nehmen diese Fettzellen an Größe ab, die erhöhte Zahl bleibt jedoch erhalten.

Klinik. Das Depotfett findet sich besonders ausgeprägt im Subkutangewebe, retroperitoneal, im großen Netz und intramuskulär. Nach dem Verhältnis von Taillen- und Hüftumfang wird ein androider von einem gynoiden Fettverteilungstyp unterschieden. In ausgeprägten Fällen ist die Leber verfettet und vergrößert.

Die mechanische Belastung durch das Übergewicht kann eine Reihe von Störungen verstärken oder verursachen, z.B. Senk- und Plattfüße, Arthrosen und Bandscheibenschäden. Varizen, Thromboembolien und Bauchwandhernien treten bei Adipösen gehäuft auf.

Die Fettsucht ist ein Risikofaktor für kardiovaskuläre Erkrankungen (koronare Herzkrankheit, Schlaganfall). Der Großteil des Risikos wird durch die Auswirkungen der Fettsucht auf Blutdruck und Stoffwechsel bewirkt.

Unabhängig von Veränderungen der Natriumbilanz oder einer Erhöhung des peripheren Widerstandes ist Übergewicht mit Bluthochdruck assoziiert, der sich bei Gewichtsverlust wieder normalisieren kann.

Die Insulinresistenz mit konsekutiver Hyperinsulinämie bei Adipositas geht auf eine Verminderung der Insulinrezeptoren und Defekte in der intrazellulären Signalvermittlung zurück. 80–90% aller Typ-II-Diabetiker (die 90% aller Diabetiker ausmachen) sind übergewichtig und profitieren bezüglich ihrer Symptomatik von einer Gewichtsreduktion. Die Hyperinsulinämie besonders im Portalvenenblut bewirkt eine vermehrte VLDL-Produktion in der Leber, so daß bei Adipösen die Triglyzeride im Blut häufig erhöht sind. Die Cholesterinwerte im Serum korrelieren hingegen kaum mit dem Ausmaß des Übergewichtes; vermutlich ist jedoch ein erhöhter Cholesterinumsatz die Ursache für die erhöhte Inzidenz von Gallensteinen bei Übergewichtigen.

Bei einigen Patienten wird das nach einer Romanfigur von Charles Dickens („little fat Joe") benannte Pickwick-Syndrom beobachtet. Die schlafassoziierte Erschlaffung der Pharynxmuskulatur führt zusammen mit dem adipösen Habitus zu einer Schlafapnoe, die den Patienten viele Male pro Nacht aus dem Schlaf weckt, so daß er tagsüber nicht ausgeruht ist und durch Hypersomnolenz auffällt. Zusätzlich liegt häufig auch tagsüber eine chronische Hypoventilation mit Hyperkapnie und Hypoxämie vor, die vermutlich auf eine gestörte Atemregulation zurückgeht und zu Polyzythämie, pulmonaler Hypertonie und Cor pulmonale führen kann. Diese Störungen verschwinden bei Gewichtsreduktion, sofern noch keine irreversiblen Schäden am Herzen entstanden sind.

Therapie. Der Grundstein jeder Therapie der Adipositas ist die negative Kalorienbilanz. Voraussetzung ist eine entsprechende Motivation des Patienten, der sein Gewicht täglich unter standardisierten Bedingungen selbst kontrollieren sollte. Diätfehler können so frühzeitig erkannt und in Absprache mit dem Therapeuten behoben werden. Ein Energiedefizit von ca. 7700 kcal (32 000 kJ) ist nötig, um ca. 1 kg Gewicht zu verlieren. Für die Gewichtsreduktion spielt es keine Rolle, ob die Kalorien an Eiweiß, Kohlenhydraten oder Fetten eingespart werden. Allerdings werden in vielen Fällen die mit der Adipositas assoziierten Erkrankungen wie Diabetes und Hyperlipidämie spezifische diätetische Richtlinien erfordern. Mit Hilfe einer Diätberatung sollten Speisepläne erstellt werden, die auf die individuelle Situation und die Möglichkeiten des Patienten abgestimmt sind und ihm so die dauerhafte Umstellung seiner Ernährungsgewohnheiten ermöglichen. Besonders kalorienreiche Speisen sind selbstverständlich zu meiden, eine in ihrer Zusammensetzung ausgewogene Ernährung ist vorzuziehen. Zusätzlich empfiehlt sich eine regelmäßige körperliche Aktivität, die zwar nur zu einem mäßigen Energieverbrauch führt, aber zur Schaffung eines neuen Selbstbildes beitragen und die Compliance fördern kann.

Alle Fettdepots werden in proportionaler Weise abgebaut. Es besteht keine Möglichkeit, den Ort des Fettverlustes durch eine bestimmte Diät zu beeinflussen. Das Grundproblem der Behandlung der Adipositas liegt nicht im kurzfristigen Erreichen, sondern in der langfristigen Sicherung der Gewichtsreduktion. Eine über einen bestimmten Zeitraum eingeschränkte Kalorienzufuhr beseitigt nicht die zugrundeliegende Störung der Eßregulation. Radikale Fastenkuren werden meist nur sehr kurz durchgehalten und können bei Gicht, Niereninsuffizienz und Neigung zur Ketose zu gefährlichen Komplikationen führen. Durch Verhaltenstherapie wird versucht, die bei vielen Adipösen verstärkte Reagibilität auf exogene Stimuli zu beeinflussen.

Übergewicht ist eine zentrale Komponente des „metabolischen Syndroms", das durch stammbetonte Adipositas, Hyperlipoproteinämie, Hyperurikämie, essentielle Hypertonie und Glukosetoleranzstörung bzw. Diabetes mellitus Typ II charakterisiert ist. Eine Gewichtsreduktion führt auch zur Besserung der übrigen Erkrankungen des metabolischen Syndroms.

Mangelernährung

Eine anhaltend negative Energiebilanz führt zu einem Schwund des Depotfetts und einer Atrophie der meisten Organe. Die zugrundeliegenden Störungen können vielfältig sein und formal einer verminderten Nahrungsaufnahme, einer gestörten Verdauung und/oder Resorption und einem gestörten Metabolismus zugeordnet werden.

Anorexia nervosa und Bulimie

Definition und Ätiologie. Bei der Anorexia nervosa und der Bulimie handelt es sich um Eßstörungen, bei denen die Furcht vor dem Dickwerden alle anderen Lebensinhalte verdrängt. Betroffen sind fast ausschließlich junge Mädchen und Frauen aus der oberen Mittelklasse.

Als Ursache wird ein gestörtes Beziehungsgefüge in erfolgsorientierten Familien vermutet, das die Entwicklung einer autonomen Persönlichkeit verhindert. Viele Autoren sehen in der Anorexie den unbewußten Versuch eines von permanenter elterlicher Bevormundung unterdrückten Individuums, eine Kontrolle über sich selbst zu erlangen.

Klinik. Aus voller Gesundheit entwickelt sich meist um die Zeit der Pubertät, nur selten nach dem 25. Lebensjahr, eine alle anderen Interessen und Denkinhalte verdrängende Furcht vor Übergewicht.

Bei der **Anorexia nervosa** führt die radikal verminderte Kalorienzufuhr zu einer Mangelernährung, die lebensbedrohliche Ausmaße annehmen kann. Trotzdem empfinden sich die Patientinnen häufig als zu dick, worin sich eine schwere Störung des Körperschemas zeigt. Sie fallen auf durch ihre Hyperaktivität und verspüren weder Hunger noch Müdigkeit. Fast immer besteht eine Amenorrhoe. Schwerste Fälle gehen mit einem Abfall von Herzfrequenz, Blutdruck und Körpertemperatur einher. Bei einem Abfall des Körpergewichtes um 35% unter das Idealgewicht besteht ein erhebliches Risiko für das Auftreten eines plötzlichen Herztodes durch Kammertachykardien.

Die **Bulimie** ist durch episodenweise auftretende zwanghafte Nahrungsexzesse gekennzeichnet, welche die Patientin selber als nicht normal erkennt. Charakteristischerweise wird die Eßstörung streng geheim gehalten, so daß selbst Familienangehörige und Freunde nichts davon wissen. Die Episoden können mehrere Male pro Tag auftreten, stundenlang anhalten und mit einer Kalorienzufuhr bis zu 50000 kcal pro Episode einhergehen. Regelhaft wird im Anschluß daran Erbrechen induziert. Als Komplikationen drohen Hypokaliämie, Aspiration, Ösophagus- und Magenrupturen. Meist weicht das Körpergewicht nicht um mehr als 15% vom Idealgewicht ab.

Alkoholabusus, Drogenmißbrauch und Depressionen sind häufig assoziierte Erkrankungen. Bulimie-Patientinnen sind vermehrt suizidgefährdet.

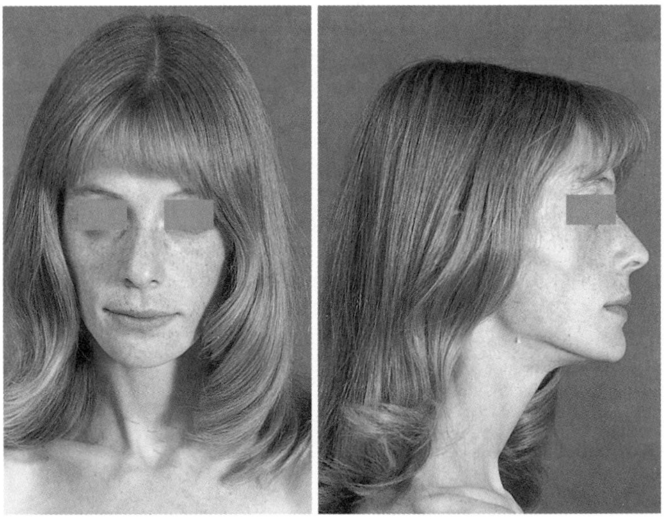

a b

Abb. 6.**2a, b** 17jährige Patientin mit Anorexie nervosa. Die massive Abmagerung hat zu einer Verminderung der Muskelmasse und des Speicherfettes geführt, hier deutlich sichtbar an den eingefallenen Wangen und Augenhöhlen sowie den prominenten knöchernen Strukturen.

Wegen des häufigen Auftretens von Mischbildern werden die Anorexia nervosa und die Bulimie als unterschiedliche Manifestationen einer gemeinsam zugrundeliegenden Störung des Eßtriebes betrachtet.

Therapie. Die Anorexia nervosa ist durch psychiatrische Therapieansätze kaum zu beeinflussen. In schweren Fällen muß Nahrung auf enteralem oder parenteralem Weg nötigenfalls mit Zwang zugeführt werden, zumal langfristig 50% der Patientinnen die Anorexie verlieren und weitere 20% sich deutlich verbessern.

Die mit der Bulimie assoziierten Depressionen und Verhaltensstörungen erfordern eine psychotherapeutische Betreuung.

Fettstoffwechselstörungen

Pathophysiologische Grundlagen

Die Lipoproteine dienen dem Transport von Triglyzeriden und Cholesterin im Plasma. Zu diesem Zweck werden im Kern der Lipoproteine die hydrophoben Triglyzeride und Cholesterinester dicht gepackt und von einer Hülle aus Phospholipiden und unverestertem Cholesterin umgeben, die durch ihre Polarität die Löslichkeit des Lipoproteinpartikels im Serum vermitteln. An der Oberfläche sind zudem bestimmte Proteine (Apolipoproteine) eingelagert, die durch ihre strukturspezifische Interaktion mit Enzymen oder Transportproteinen den Stoffwechsel der Lipoproteine lenken.

Die verschiedenen Lipoproteine lassen sich durch Ultrazentrifugation bzw. Elektrophorese in mehrere Hauptklassen trennen (Tab. 6.**3**).

Täglich werden mit der Nahrung etwa 100 g Triglyzeride und 1 g Cholesterin aufgenommen. In der Darmschleimhaut werden die Nahrungsfette in große Lipoproteinpartikel niedriger Dichte, die *Chylomikronen*, verpackt, die beim Gesunden nur postprandial im Blut nachweisbar sind. Die Chylomikronen werden zunächst über die Lymphe abtransportiert und geben ihre Triglyzeride schließlich unter Vermittlung der durch das Apolipoprotein C-II aktivierten Lipoproteinlipase an Fettgewebe und Muskulatur ab, wo sie gespeichert oder oxidiert werden. Die triglyzeridarmen Restpartikel („remnants") werden unter Vermittlung des Apolipoproteins E schließlich von der Leber aufgenommen und weiterverwertet (Cholesterinversorgung der Leber, Gallensäurensynthese, VLDL-Synthese).

Auf eine vermehrte Kalorienzufuhr (z. B. Kohlenhydrate, Alkohol) reagiert die Leber mit einer gesteigerten Synthese von Triglyzeriden, die zusammen mit Cholesterinestern in *VLDL* („very low density lipoproteins") verpackt und in die Blutzirkulation abgegeben werden. Nach der Freisetzung der Triglyzeride durch die bereits erwähnte Lipoproteinlipase entstehen zunächst die *IDL* („intermediate density lipoproteins"), die bereits teilweise über LDL-Rezeptoren von der Leber aufgenommen werden.

Der überwiegende Anteil der IDL wird jedoch in der Blutbahn unter Einwirkung der Lipoproteinlipase weiter zu den cholesterinreichen *LDL-Partikeln* („low density lipoproteins") abgebaut. Die LDL sind also das Endprodukt des VLDL-Katabolismus. Ca. 80% der LDL werden normalerweise von peripheren Geweben und von der Leber über spezifische LDL-Rezeptoren aufgenommen. Das in ihnen enthaltene Cholesterin findet Verwendung in der Synthese von Membranen, Steroidhormonen

Tabelle 6.**3** Einteilung der Lipoproteine

Lipoproteine	Elektrophorese	Hauptfunktion
Chylomikronen	keine Wanderung	Transport von Nahrungsfetten, v. a. Triglyzeriden
VLDL („very low density")	prä-beta	Transport endogener Triglyzeride Vorläufer von LDL
LDL („low density")	beta	Abbauprodukte der VLDL Transport von Cholesterin zu extrahepatischen Zellen
HDL („high density")	alpha	Transport von Cholesterin von der Peripherie zur Leber

und Gallensäuren. Es hemmt intrazellulär die Cholesterinproduktion und die Synthese von LDL-Rezeptoren.

Ein normalerweise kleiner (ca. 20%), mit steigender Plasmakonzentration jedoch zunehmender Teil der LDL wird rezeptorunabhängig von phagozytären Zellen des RES aufgenommen („Scavenger-Zellen"). Durch die aktivierten Phagozyten werden Mediatoren freigesetzt, die an der Entstehung der cholesterinassoziierten Atherosklerose beteiligt sind.

Bei der normalen Zellalterung wird durch den Abbau von Membranen Cholesterin freigesetzt. Dieses wird von den Lipoproteinen hoher Dichte (*HDL*, „high density lipoproteins"), welche einen protektiven Effekt auf das Arterioskleroserisiko ausüben, aus dem Plasma aufgenommen und verestert (*LCAT*, Lecithin-Cholesterin-Acyltransferase). Die Cholesterinester werden dann zu den VLDL transferiert und erscheinen schließlich in den LDL. Der Großteil des aus peripheren Geweben stammenden Cholesterins wird schließlich zur Leber transportiert und über die Galle ausgeschieden.

Hyperlipoproteinämien

Definition. Die Erhöhung der Blutfette im Nüchternserum wird als Hyperlipidämie (Hyperlipoproteinämie) bezeichnet.

Normwerte:	Cholesterin	200 mg/dl
	Triglyzeride	180 mg/dl

Die Hyperlipoproteinämien werden nach Fredrickson in verschiedene Klassen eingeteilt (s. Tab. 6.**4**).

Diese Einteilung liefert im konkreten Fall lediglich eine Beschreibung der beteiligten Lipoproteinklassen und keine spezifische Krankheitsbezeichnung, da die meisten Typen durch mehrere verschiedene genetische Defekte verursacht sein können. Alle Typen können auch als Sekundärphänomen anderer metabolischer Erkrankungen auftreten.

Lipoprotein (a) ist ein von allen bisher genannten Lipidparametern unabhängiger Risikofaktor für die Atherosklerose der Herz- und Hirngefäße, der therapeutisch nicht zu beeinflussen ist (Referenzbereich: < 300 mg/l). Es weist neben strukturellen Ähnlichkeiten zum LDL ein Apoprotein Apo (a) auf, welches sich durch eine außerordentliche Strukturhomologie zu Plasminogen auszeichnet. Vermutlich liegt darin die Ursache, daß Lipoprotein (a) nicht nur atherogen wirkt, sondern auch die Fibrinolyse hemmen kann.

Tabelle 6.**4** Einteilung der Hyperlipoproteinämien

Typ	Hauptsächliche Lipoproteine	Erhöhung von Lipiden	Relative Häufigkeit
I	Chylomikronen	Triglyzeride	
IIa	LDL	Cholesterin	ca. 30%
IIb	LDL und VLDL	Cholesterin und Triglyzeride	ca. 15%
III	remnants und IDL	Triglyzeride und Cholesterin	
IV	VLDL	Triglyzeride	ca. 50%
V	VLDL und Chylomikronen	Triglyzeride und Cholesterin	

Ätiologie. Hyperlipoproteinämien resultieren aus einer gesteigerten Produktion und/oder einem verminderten Katabolismus der Lipoproteine. Dabei können auch Rezeptorendefekte oder Störungen der Apolipoproteinstruktur sowie eine Kombination mehrerer Faktoren eine Rolle spielen. Sie können zu zwei lebensbedrohlichen Folgeerkrankungen führen, der Atherosklerose und der Pankreatitis.

Eine Hyperlipidämie kann bei ca. 20% der Bevölkerung in Deutschland festgestellt werden. Primäre Formen, die ca. 3% der Bevölkerung betreffen, kommen familiär gehäuft vor. Der Großteil der Fettstoffwechselstörungen tritt jedoch als Folge von Fehlernährung (erhöhte Zufuhr von tierischen Fetten und Cholesterin) oder sekundär als Folge anderer metabolischer Erkrankungen auf.

- **Primäre Hyperlipoproteinämien:** Unter den primären Hyperlipidämien zeichnen sich der *familiäre Lipoproteinlipasemangel* und der *Apoprotein-C-II-Mangel* durch die exzessive Erhöhung der Triglyzeride im Serum aus, die zu Abdominalkoliken und zur Auslösung einer akuten Pankreatitis führen kann. Eine Lipaemia retinalis und eruptive Xanthome sind weitere mögliche Folgen.

  Bei der *familiären Hypercholesterinämie* besteht ein Mangel an LDL-Rezeptoren, so daß der Katabolismus der LDL blockiert ist und die Cholesterinwerte schon im Kindesalter auf das Zwei- bis Dreifache der Norm erhöht sind. Charakteristisch sind ferner tuberöse Xanthome in Sehnen (Achillessehne, Knie, Ellenbogen, Handrükken). Diese Erkrankung ist recht häufig (1 : 500 für Heterozygote) und führt zum Auftreten von Herzinfarkt ab der dritten Dekade. Bei Homozygoten wurden Infarkte bereits ab dem 18. Lebensmonat beobachtet.

- **Sekundäre Hyperlipoproteinämien:** Beim *Diabetes mellitus* ist wegen der vermehrt aus dem Fettgewebe mobilisierten freien Fettsäuren (FFS) die VLDL-Produktion gesteigert, bei *Alkoholabusus* ist die Produktion der FFS vermehrt und ihre Oxidation vermindert. Die *chronische Niereninsuffizienz* führt zu einer Abnahme der Lipoproteinlipase in den Kapillaren. Diese genannten Störungen führen zu einer Hypertriglyzeridämie, die vorübergehend auch nach fettreichen Mahlzeiten auftreten kann. Bei einigen Patientinnen bewirkt die Einahme *oraler Kontrazeptiva* die Ausbildung bzw. Exazerbation einer Hyperlipidämie. Eine Erhöhung von Cholesterin und Triglyzeriden tritt ferner beim *nephrotischen Syndrom* auf. Die *Hypothyreose* und cholestatische Erkrankungen gehen charakteristischerweise mit einer Hypercholesterinämie einher.

Klinik. Die Bedeutung der Hypertriglyzeridämie für das Atheroskleroserisiko ist umstritten, wenngleich betroffene Patienten aufgrund assoziierter Risikofaktoren (z. B. Diabetes) häufig vermehrt gefährdet sind. Exzessive Hypertriglyzeridämien führen zum Auftreten eruptiver Xanthome und können eine Pankreatitis auslösen. Triglyzeridspiegel unter 200 mg/dl gelten als gesundheitlich unbedenklich.

Die LDL-Hypercholesterinämie führt zur stenosierenden Arteriosklerose, in deren Folge Herzinfarkte, zerebrale Insulte und periphere Durchblutungsstörungen gehäuft und frühzeitig auftreten. Häufig können Xanthelasmen und ein durch Lipideinlagerungen hervorgerufener Kornealring beobachtet werden, seltener sind tuberöse und tendinöse Xanthome.

In jedem Fall ist auf auslösende oder zur Exazerbation führende Primärerkrankungen (Übergewicht, Diabetes mellitus, Äthylismus, Cholestase, Hypothyreose, Nierenerkrankungen, Medikamenteneinnahme etc.) zu achten. Ferner ist nach dem Vorliegen weiterer kardiovaskulärer Risikofaktoren zu fahnden (Nikotinabusus, Hypertonie, Diabetes, Familienanamnese).

Diagnose. Zunächst werden Triglyzeride und Cholesterin im Serum bestimmt. Bei pathologischem Cholesterinwert erfolgt die Differenzierung in HDL- und LDL-Cholesterin, da ab einem HDL-Cholesterin unter 35 mg/dl und einem LDL-Cholesterin über 180 mg/dl das atherogene Risiko erhöht ist. Das LDL-Cholesterin wird unter Zuhilfenahme der Friedewald-Formel berechnet:

LDL-Cholesterin = Gesamtcholesterin – HDL-Cholesterin – (Triglyzeride/5)

In unklaren Fällen kann eine Lipidelektrophorese, eine Bestimmung der Apoproteine sowie eine Familienuntersuchung durchgeführt werden.

Zur Abgrenzung sekundärer Formen dient die Alkoholanamnese sowie die Untersuchung des Kohlenhydratstoffwechsels, der Schilddrüsenparameter, der Leber- und Cholestaseparameter, der Nierenretentionswerte und des Urins.

Therapie. Die Therapie der Hyperlipoproteinämien dient dem Ziel, das Atheroskleroserisiko zu senken (Primär- oder Sekundärprävention), Oberbauchkrisen und Pankreatitiden zu verhindern und Xanthome zu beseitigen bzw. zu verhindern.

Bei sekundären Formen steht die Behandlung des Grundleidens im Vordergrund. Dies schließt eine Gewichtsnormalisierung ein (bei Übergewicht Reduktionsdiät: 1000 – 1200 kcal/d).

Generell sollte der Fettanteil maximal 25 % der zugeführten Energie ausmachen.

Bei Hypertriglyzeridämien ist eine Beschränkung der Kohlenhydratzufuhr, Alkoholkarenz sowie eine Erhöhung des relativen Anteils ungesättigter Fettsäuren zu empfehlen (pflanzliche Fette, Fisch). Die Senkung der Triglyzeridspiegel bei Einhaltung einer entsprechenden Diät kann erheblich sein.

Die Cholesterinzufuhr sollte bei Hypercholesterinämien auf maximal 200 mg/d reduziert werden. Die aufgenommene Cholesterinmenge korreliert mit der Aufnahme tierischer Nahrungsmittel. Besonders zu meiden sind Eier (ca. 300 mg Cholesterin pro Ei), Fleisch, Wurst, Käse und Milchprodukte. Statt dessen sollten vermehrt pflanzliche Fette und Fischöle konsumiert werden. Die Nahrung sollte ballaststoffreich sein.

Durch diätetische Maßnahmen ist eine Senkung des Cholesterinspiegels um mehr als 30 mg/dl in der Regel nicht zu erwarten. Bei nicht ausreichendem Erfolg einer mehrwöchigen Diät und bei primär deutlich erhöhten Cholesterinwerten ist eine medikamentöse Therapie erforderlich.

Als potente Cholesterinsenker stehen neuerdings Hemmstoffe der HMG-CoA-Reduktase zur Verfügung (CSE-Hemmer = Cholesterin-Synthese-Enzym-Hemmer) wie z. B. Lovastatin (Mevinacor). Deren Wirkung kann durch zusätzliche Gabe von Austauscherharzen (z. B. Colestyramin, Quantalan) weiter verstärkt werden, so daß eine Absenkung des Cholesterinwertes um über 50% erreicht werden kann. Weitere Lipidsenker sind Nikotinsäure und bei kombinierter Hyperlipidämie Fibrate.

In Ausnahmefällen (z. B. homozygote familiäre Hypercholesterinämie) kann die Durchführung einer Lipidapherese nötig sein. Dabei werden einmal pro Woche Lipoproteine durch Adsorption, Immunadsorption oder Präzipitation aus dem Plasma entfernt und Absenkungen der LDL auf 35–45% des Ausgangswertes erreicht.

Eine Cholesterinsenkung ist effektiv im Hinblick auf eine primäre und sekundäre Prävention atherosklerotischer Gefäßveränderungen. Ab einem Gesamtcholesterinwert > 200 mg/dl steigt das kardiovaskuläre Risiko linear an. Bei Vorliegen weiterer Gefäßrisikofaktoren ist ein LDL-Cholesterinwert < 135 mg/dl anzustreben, zur Sekundärprävention wird ein LDL-Wert < 110 mg/dl empfohlen.

Hypolipoproteinämien

Die *Abetalipoproteinämie* beruht auf einem autosomal rezessiv vererbten vollständigen Mangel an Apoprotein B. Diese sehr seltene Erkrankung führt bereits im Kindesalter zu Entwicklungsstörungen und neurologischen sowie muskulären Ausfällen, die Lebenserwartung ist eingeschränkt. Die heterozygote Form *(Hypobetalipoproteinämie)* verläuft asymptomatisch.

Die *Hypoalphalipoproteinämie (Tangier-Krankheit)* führt zu Tonsillenhyperplasie, Splenomegalie und peripheren Neuropathien.

Lipidosen

Durch autosomal-rezessiv vererbte Defekte im enzymatischen Abbau einzelner Fette kommt es zur Kumulation von Metaboliten, die bisweilen bereits im Kindesalter lebensbedrohliche toxische Wirkungen entfalten können (vgl. „lysosomale Speicherkrankheiten", S. 142).

Störungen des Kohlenhydratstoffwechsels

Diabetes mellitus

(S. 151 ff).

Glykogenspeicherkrankheiten

Diese insgesamt seltenen Speicherkrankheiten führen zur Ablagerung von atypisch strukturiertem Glykogen oder einer vermehrten Menge von normalem Glykogen. Sie führen meist bereits im frühen Kindesalter zu schweren Schäden und zum Tod (S. 142).

Störungen des Purinstoffwechsels

Gicht

Definition. Der Begriff Gicht umfaßt eine heterogene Gruppe von Krankheiten, die durch pathologische Ablagerungen von Natriumuratkristallen in verschiedenen Geweben zu aktuen und chronischen Schädigungen führen können.

Epidemiologie und Pathophysiologie. Harnsäure entsteht als Oxidationsprodukt endogener und exogener Purinbasen. Ab einer Konzentration von ca. 7 mg/dl ist das menschliche Serum mit Harnsäure übersättigt. Diese Grenze überschreiten ca. 10 % der erwachsenen Bevölkerung, hauptsächlich Männer. In Abhängigkeit von der Höhe und Dauer der Hyperurikämie tritt die manifeste Gichterkrankung bei ca. 0,2% der Bevölkerung auf. Nur 5% der Fälle betreffen Frauen. In vielen Fällen ist aufgrund einer familiären Belastung eine genetische Komponente zu unterstellen, wobei sich jedoch kein einheitlicher Vererbungsmodus nachweisen läßt und der Einfluß exogener Faktoren nur schwer abzugrenzen ist.

Primäre Formen gehen (seltener) auf eine erhöhte Produktion oder/und (in ca. 90%) auf eine verminderte renale Ausscheidung von Harnsäure zurück. Selten sind die bereits im Kindesalter zu Hyperurikämie und Gicht sowie zu Entwicklungsstörungen führenden Stoffwechseldefekte (Lesch-Nyhan-Syndrom).

Sekundäre Formen treten in der Folge einer erhöhten Harnsäureproduktion z. B. bei Leuk-

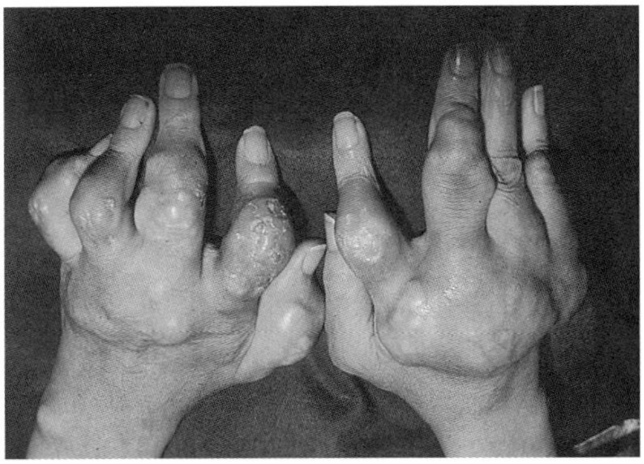

Abb. 6.**3 a** Gichthände mit exulzerierten Tophi.

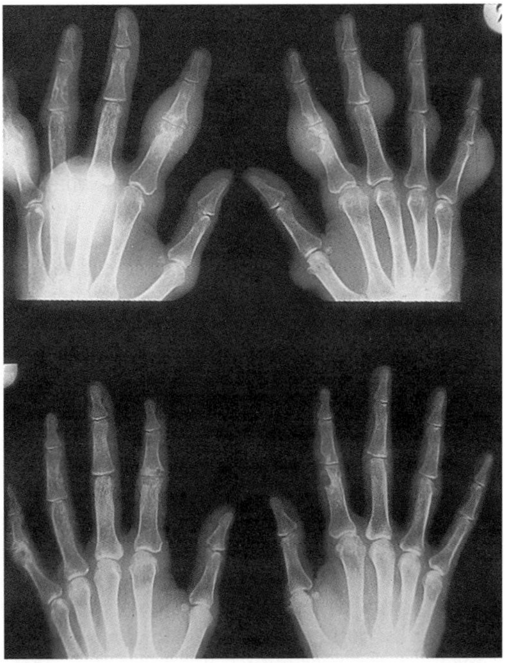

Abb. 6.**3 b** Korrespondierendes Röntgenbild. Weichteiltophi an den Daumengrundgelenken mit Knochenusuren rechts; ferner an den Grundgelenken III und IV links, sowie an den Mittelgelenken II und V links, II, III, IV und V rechts. Deutliche knöcherne Destruktionen an den Zeigefingermittelgelenken, rechts ausgeprägter als links.

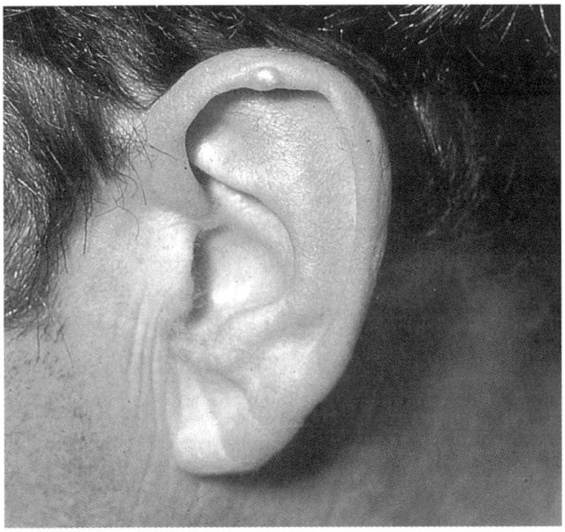

Abb. 6.**3 c** Gichttophus am linken Ohr.

ämien und myeloproliferativen Erkrankungen auf. Die verminderte glomeruläre Filtration bei Niereninsuffizienz führt ebenfalls zu einem Anstieg des Harnsäurewertes, wobei eine manifeste Gichterkrankung in dieser Konstellation jedoch bemerkenswert selten ist. Von erheblicher praktischer Bedeutung sind funktionelle Ausscheidungsstörungen durch mit der Harnsäure am renalen Tubulus konkurrierende Hydroxysäuren wie β-Hydroxybutyrat und Laktat, die vermutlich für die Auslösung akuter Gichtanfälle (z. B. nach Alkoholexzessen) eine wesentliche Rolle spielen. Zahlreiche Medikamente bewirken eine sekundäre Erhöhung der Harnsäure (Diuretika, Azetylsalizylsäure, Ethambutol, Pyrazinamid, Nikotinsäure).

Der akute Gichtanfall entsteht durch Phagozytose von Natriumuratkristallen in der Synovialflüssigkeit durch neutrophile Granulozyten mit nachfolgender Freisetzung lysosomaler Enzyme und chemotaktischer Faktoren und Aktivierung des Kallikrein- und Komplementsystems.

Klinik. Erhöhte Harnsäurespiegel finden sich bei prädisponierten Männern ab der Pubertät (bei Frauen ab der Menopause). Die Gicht manifestiert sich jedoch nur bei einem Teil der Betroffenen nach jahrzehntelang bestehender Hyperurikämie. Der akute Gichtanfall tritt charakteristischerweise plötzlich auf (oft nachts). Er geht mit massiven Schmerzen und ausgeprägten lokalen Entzündungszeichen einher und klingt nach Tagen bis Wochen spontan ab.

Bei Erstmanifestation tritt der Gichtanfall fast immer als Monarthritis auf, die sich in 50% der Fälle am Großzehengrundgelenk manifestiert (Podagra). Im anfallsfreien Intervall sind die Patienten charakteristischerweise zunächst vollkommen beschwerdefrei. Mit der Zahl der Rezidive steigt die Tendenz zu polyartikulärem Befall und zur Ausbildung von Fieber und Allgemeinsymptomen.

Die chronische Gicht führt zur Deformierung der betroffenen Gelenke (Abb. 6.**3a, b**). Daneben treten Uratablagerungen in Form von Gichttophi z.B. an der Ohrmuschel und an Schleimbeuteln (v.a. Ellbogen) auf (Abb. 6.**3c**). Als Folge der modernen Therapie sind solche Verläufe heute jedoch selten.

Dies gilt auch für die durch Harnsäure hervorgerufenen Nierenschäden, die früher bei ca. 20% der Gichtpatienten zum Tode führten. Als Schädigungsmuster können eine chronische interstitielle Nephropathie oder eine akute obstruktive Uropathie auftreten. Letztere wird durch die Präzipitation von Harnsäurekristallen in den Sammelrohren und ableitenden Harnwegen verursacht. Auslösend wirken eine exzessive Harnsäureausscheidung (Hyperurikazidurie, z.B. bei Chemotherapie von Leukämien) und vermutlich auch eine übermäßige Azidität des Urins (z.B. nach Rhabdomyolyse und Krampfanfällen), da die dann entstehende Harnsäure schlechter löslich ist als Mononatriumurat.

Nierensteine finden sich früher oder später bei ca. 15% aller Gichtpatienten. Ihre Entstehung wird ebenfalls durch eine anhaltende Hyperurikazidurie und eine erhöhte Azidität des Urins begünstigt. Auch kalziumhaltige Nierensteine finden sich bei Gichtpatienten ca. 10mal häufiger als in der Normalbevölkerung, da vermutlich Harnsäurekristalle als Nidus für ihre Entstehung dienen.

Gichtpatienten leiden häufig zugleich an Adipositas, Diabetes, Hypertonie, Hyperlipidämie und den bekannten kardiovaskulären Folgeerkrankungen („metabolisches Syndrom“). Die Hyperurikämie selber ist jedoch kein unabhängiger atherogener Risikofaktor.

Therapie. Im akuten Gichtanfall wird das betroffene Gelenk ruhiggestellt und durch feuchte Umschläge gekühlt. An Medikamenten werden Kolchizin und nichtsteroidale Antiphlogistika (z.B. Indomethazin) eingesetzt.

Die Dauertherapie dient der Verhinderung von Rezidiven und der Verringerung des Harnsäurepools. Alkohol und purinreiche Speisen (Innereien wie Leber und Nieren) sollten gemieden werden. Medikamentös wird der Harnsäurespiegel gesenkt durch Gabe von Allopurinol (Hemmstoff der Xanthinoxidase). Nur bei Unverträglichkeit von Allopurinol werden Urikosurika (Probenezid, Sulfinpyrazon) eingesetzt, die bei 10% der Patienten die Ausbildung von Nierensteinen bewirken. Durch prophylaktische Gabe von Kolchizin oder Indomethazin in niedrigen Dosen kann die Frequenz von Gichtanfällen deutlich gesenkt werden, die bei akuten Veränderungen des Harnsäurespiegels gehäuft auftreten.

Die Gicht ist eine Wohlstandskrankheit und tritt daher oft zusammen mit anderen Erkrankungen des metabolischen Syndroms (stammbetonte Adipositas, Diabetes Typ II, Hypertriglyzeridämie, Hypertonie) auf.

Porphyrien

Definition und Pathophysiologie. Porphyrien sind angeborene oder erworbene Funktionsstörungen der Enzyme der Häm-Biosynthese. Häm ist als prosthetische Gruppe von Hämoglobin, Cytochromen, Katalase und Tryptophanoxygenase absolut lebensnotwendig. Die ersten Schritte in der Hämbiosynthese bestehen in der Bildung von δ-Aminolävulinsäure (ALA) und Porphobilinogen. Über farblose Porphyrinogene als Zwischenstufen entsteht schließlich Protoporphyrin. Häm ist das Produkt der Komplexbildung von Protoporphyrin IX mit Eisen.

Häm hemmt das Schlüsselenzym der Hämbiosynthese, die δ-Aminolävulinsäuresynthetase (ALA-Synthetase), durch negative Rückkopplung. Die ALA-Synthetase wird in der Leber und in den Erythrozyten von verschiedenen Genen kodiert, so daß eine gewebespezifische Regulation der Hämbiosynthese ermöglicht wird. Nach dem Ort der Hämsynthesestörung werden erythropoetische und hepatische Porphyrien unterschieden.

Spezifische Enzymdefekte in der Hämbiosynthese führen bei einigen Porphyrien zu einem Ausfall der Produktinhibition des Schrittmacherenzyms, der ALA-Synthetase, mit konsekutiver Mehrproduktion von δ-Aminolävulinsäure und Porphobilinogen. Diese Metabolite führen auf nicht näher geklärte Weise zu neuropsychiatrischen Störungen in Form von abdominellen Schmerzen, peripheren Neuropathien und geistigen Störungen. Sie können während akuter Krisen im Urin nachgewiesen werden (Watson-Schwartz-Test, Hoesch-Test).

Bei einigen Enzymdefekten fallen durch Synthesestop Porphyrinogene in unphysiologischen Mengen an, die unter Einführung konjugierter Doppelbindungen irreversibel zu Porphyrinen oxidiert werden. Dies führt zu Photodermatosen, da Licht durch die konjugierten Doppelbindungen der Porphyrine verstärkt absorbiert wird und die Bildung toxischer Metabolite bewirkt.

Porphyria erythropoetica (Morbus Günther)

Diese seltene Erkrankung (Defekt der Uroporphyrinogen-III-Cosynthetase) führt bereits während der Fetalzeit zur Kumulation von Porphyrinen (Uroporphyrin I und Koproporphyrin I), die sich postpartal in einer Rotfärbung von Zähnen und Knochen zeigt. Gleich nach der Geburt wird roter Urin ausgeschieden. Lichtexponierte Stellen sind besonders lichtempfindlich, nach langjährigem Verlauf entwickeln sich Ulzerationen und Verstümmelungen. Charakteristisch sind ferner eine intermittierende hämolytische Anämie und eine Splenomegalie. Die Krankheit kann bereits in der Kindheit zum Tod führen.

Therapie. Am effektivsten sind Bluttransfusionen in ausreichender Menge, um die Erythropoese zu unterdrücken. Durch Splenektomie kann bei ausgeprägter Hämolyse der Transfusionsbedarf vermindert werden. Wichtig sind auch das Meiden von UV-Licht und die Anwendung geeigneter Sonnenschutzcremes. Ggf. können orale Karotinoide helfen.

Akute hepatische Porphyrien

Die akuten hepatischen Porphyrien sind charakterisiert durch akute Attacken von lebensbedrohlichen neurologischen Störungen. Sie umfassen verschiedene Formen (Tab. 6.**5**).

Diese Erkrankungen werden mit Ausnahme des autosomal-rezessiv vererbten Defektes der Porphobilinogen-Synthetase autosomal-dominant vererbt. Die häufigste Form ist die bei Frauen viermal häufiger als bei Männern anzutreffende akute intermittierende Porphyrie.

Tabelle 6.**5** Formen der akuten hepatischen Porphyrien

Krankheitsbezeichnung	Enzymdefekt
Akute intermittierende Porphyrie	Porphobilinogen-Deaminase
Hereditäre Koproporphyrie	Koproporphyrinogen-Oxidase
Porphyria variegata	Protoporphyrinogen-Oxidase
Defekt der Porphobilinogen-Synthetase	Porphobilinogen-Synthetase

Klinik. Symptome treten meist erst nach der Pubertät auf; daneben gibt es auch asymptomatische Anlageträger. Akute Krisen können durch Medikamente und Hormone, die Cytochrom-P-450-abhängig metabolisiert werden, ausgelöst werden (z. B. Barbiturate, Antikonvulsiva und Sexualhormone, auch Kontrazeptiva!). Alkohol, Fasten und Streß (Operationen!) sind weitere Risikofaktoren.

Im Vordergrund der Symptomatik stehen schmerzhafte abdominelle Krisen, Erbrechen und Obstipation. Sie können mit Fieber und Leukozytose einhergehen und führen deshalb häufig wegen des Verdachtes auf eine entzündliche intraabdominelle Erkrankung zu unnötigen Operationen. Das abdominelle Schmerzsyndrom wird als Folge einer autonomen Neuropathie interpretiert, die sich auch durch Tachykardie und Blutdruckstörungen manifestieren kann. Daneben treten auch periphere (hauptsächlich motorische) Neuropathien, Hirnnervenstörungen sowie zentralnervöse und psychotische Symptome bis hin zu Koma und Krampfanfällen auf.

Kutane Symptome fehlen bei der akuten intermittierenden Porphyrie. Bei ca. einem Drittel der manifest an hereditärer Koproporphyrie erkrankten Patienten tritt auch eine vermehrte Lichtempfindlichkeit der Haut auf. Dies ist bei der Porphyria variegata regelhaft der Fall, die hauptsächlich bei weißen Südafrikanern auftritt (Inzidenz ca. 1 : 400!). Viele der Betroffenen sind Nachkommen einer 1688 nach Kapstadt emigrierten Holländerin.

Die Mortalität (z. B. durch Atemlähmung) beträgt bei akuten Krisen 10 – 15 %.

Diagnose. Charakteristisch ist der beim Stehenlassen rötlich nachdunkelnde Urin (spontane nichtenzymatische Polymerisation von Porphobilinogen zu Uroporphyrin und Porphobilin), der zu dunklen Flecken in der Unterwäsche führt. Die im akuten Schub erhöhten Porphobilinogene können qualitativ mit dem Watson-Schwartz-Test bzw. Hoesch-Test im Urin nachgewiesen werden.

Therapie. Sie besteht in der Meidung auslösender Noxen; dies erfordert auch eine eingehende Aufklärung und Schulung des Patienten. Im akuten Schub helfen meist Glukose- und Hämatininfusionen. Zur symptomatischen Therapie werden je nach Bedarf Morphine (Schmerz), β-Blocker (Tachykardie und Hypertonie) und Neuroleptika (zur Sedierung) eingesetzt.

In Zusammenhang mit zahnärztlichen Behandlungsmaßnahmen können klinische Manifestationen einer akuten hepatischen Porphyrie durch Fasten und durch bestimmte Medikamente ausgelöst werden. Eine Zusammenstellung unbedenklicher bzw. anfallsauslösender Arzneistoffe ist in der „Roten Liste" enthalten. Beispielsweise gelten die Lokalanästhetika Prilocain, Bupivacain und Procain als ungefährlich, während Lidocain nicht eingesetzt werden soll.

Chronische hepatische Porphyrie (Porphyria cutanea tarda)

Ätiologie und Klinik. Diese Erkrankung, die auf einen Defekt der hepatischen Uroporphyrinogen-Decarboxylase zurückgeht, führt meist bei Männern zwischen dem 40. und 60. Lebensjahr zu chronischen Lichtdermatosen. Sie ist die häufigste aller Porphyrien und tritt oft sporadisch auf (Typ I); daneben sind auch familiäre (Typ II und III) und toxische Formen bekannt. Letztere werden häufig durch polyhalogenierte Kohlenwasserstoffe, z. B. Hexachlorbenzol, ausgelöst. Eine Desinhibition der ALA-Synthetase besteht nicht, so daß neuropsychiatrische Symptome fehlen.

Der Enzymdefekt führt vermutlich nur in Assoziation mit zusätzlichen Faktoren (z. B. Siderose der Hepatozyten als Folge eines alkoholischen Leberschadens; protrahierte Zufuhr von Östrogenen) zur manifesten Krankheit. An lichtexponierten Körperteilen entwickelt sich eine Hyperpigmentation und gelegentlich auch eine Hypertrichose. Die Haut neigt hier zu Erythem-, Blasen- und Geschwürbildung und ist mechanisch vermindert belastbar. De- oder hyperpigmentierte Narben sind häufig.

Diagnose. Im Urin ist die Ausscheidung von Uroporphyrin und Heptacarboxyporphyrin erhöht (rötliche oder braune Farbe), die von ALA und Porphobilinogen jedoch normal.

Therapie. Nach Diagnosestellung lassen sich durch die strikte Vermeidung von Alkohol, Östrogenen und auslösenden Toxinen häufig klinische und biochemische Remissionen herbeiführen. Hilfreich sind auch Aderlässe zur Verminderung der hepatischen Eisendepots. Niedrig dosiertes Chloroquin bildet wasserlösliche Komplexe mit Uro- und Heptacarboxyporphyrin und bewirkt deren Elimination. Ferner empfiehlt sich ein konsequenter Sonnenschutz durch Expositionsprophylaxe und Lichtschutzsalben.

Die chronische hepatische Porphyrie ist die häufigste Porphyrie. Pathogenetisch entscheidend ist ein Defekt der Uroporphyrinogen-Decarboxylase. Diese Erkrankung ist – im Gegensatz zu den akuten hepatischen Porphyrien – eine Porphyrinspeicherkrankheit. Sie ist generell mit einem Leberschaden assoziiert.

Störungen des Eisenstoffwechsels

Hämochromatose

Pathophysiologie. Normalerweise werden nur ca. 10% der täglich mit der Nahrung zugeführten 10–20 mg Eisen resorbiert. Bei der Hämochromatose liegt ein autosomal-rezessiver Defekt mit einer unphysiologisch gesteigerten Eisenresorption von 4 mg und mehr pro Tag vor. Der physiologische Eisenverlust durch Desquamation von Epithelien und ggf. Menstruation beträgt jedoch nur ca. 1–1,5 mg pro Tag. Da der Organismus über keine Möglichkeit verfügt, den Eisenverlust aktiv zu steigern, muß die erhöhte Resorption bei der Hämochromatose zwangsläufig zur Kumulation führen. Bei symptomatischen Patienten umfaßt der Eisenpool etwa 25 g im Gegensatz zu ca. 3–5 g bei Normalpersonen.

Das überschüssige Eisen wird vorwiegend in der Leber, dem Pankreas und dem Herzen in Form von Ferritin und Hämosiderin gespeichert; die Hypophyse ist ebenfalls häufig betroffen. Die Krankheitsmanifestationen beruhen auf einer Schädigung dieser Organe durch das überschüssige Eisen.

Sekundäre Formen finden sich bei ineffektiver Erythropoese (sideroblastische Anämien, Thalassämien) und chronischer Eisenüberladung durch Transfusionen.

Klinik. Da der physiologische Eisenverlust bei Frauen durch Menstruation und Schwangerschaft erhöht ist, erkranken Männer früher und häufiger. Das Hauptmanifestationsalter liegt zwischen dem 40. und 60. Lebensjahr.

In 90% der Fälle liegt eine Leberbeteiligung vor, die in einer ansonsten asymptomatischen Hepatomegalie, einer Fibrose oder makronodulären Leberzirrhose bestehen kann. 30% der zirrhotischen Patienten sterben an einem Leberzellkarzinom. Ein manifester Diabetes mellitus entwickelt sich bei ca. 70% der Patienten. Wegen der häufig assoziierten Hyperpigmentation der Haut spricht man auch von einem „Bronzediabetes". Weitere charakteristische Symptome sind eine häufig digitalisrefraktäre und mit Arrhythmien einhergehende Herzinsuffizienz, endokrine Störungen (v. a. Hypogonadismus mit Hodenatrophie und Libidoverlust infolge einer Schädigung der Hypophyse) und Arthropathien (häufig Chondrokalzinose).

Labor. Charakteristischerweise sind Eisen und Ferritin im Serum erhöht, die Transferrinsättigung erreicht 80–100%. Die definitive Sicherung der Diagnose kann durch eine Leberbiopsie mit quantitativer Eisenbestimmung erfolgen.

Therapie und Prognose. Die Therapie der Wahl besteht in zunächst gehäuften Aderlässen (pro 500 ml Blut werden dem Körper 250 mg Eisen entzogen). Nur in Ausnahmefällen wird das weniger wirksame Desferrioxamin eingesetzt.

Durch konsequente Therapie kann die 5-Jahresüberlebensrate von ca. 30 auf fast 90% gesteigert werden. Mit Ausnahme des Hypogonadismus, der Leberzirrhose und der Arthropathie sind die Organmanifestationen in einem hohen Prozentsatz bei Normalisierung des Eisenpools reversibel.

Störungen des Kupferstoffwechsels

Morbus Wilson

Pathophysiologie. Patienten mit Morbus Wilson leiden an einem autosomal-rezessiv vererbten Defekt mit Verminderung der biliären Elimination von Kupfer. Dies führt zu einer allmählichen Kumulation in der Leber mit Schädigung der Leberzellen. Schließlich wird Kupfer aus den geschädigten Leberzellen freigesetzt und lagert sich in extrahepatischen Geweben, vorwiegend in der Descemet-Membran der Kornea und in den zerebralen Stammganglien, ab.

Bei 95% der Patienten findet sich eine verminderte Konzentration von Coeruloplasmin im Serum.

Klinik. Die Erstmanifestation liegt meist zwischen dem 8. und 20. Lebensjahr. Der Leberschaden kann als akute (bisweilen fulminante) Hepatitis, chronisch-aggressive Hepatitis oder als Leberzirrhose in Erscheinung treten. Bei massiver Leberzellnekrose kann soviel Kupfer freigesetzt werden, daß eine hämolytische Anämie resultiert.

Die neurologischen Symptome sind häufig zunächst uncharakteristisch (z. B. allgemeine Abgeschlagenheit, Konzentrationsstörungen, Leistungsminderung in der Schule). In ausgeprägten Fällen dominieren extrapyramidalmotorische und psychotische Störungen. Der charakteristische *Kayser-Fleischer-Kornealring* ist bei neurologisch manifesten Formen regelhaft vorhanden, bei isolierter hepatischer Symptomatik fehlt er in einem Drittel der Fälle (Spaltlampenuntersuchung!). Nebenbefundlich kann auch die Niere betroffen sein (Hämaturie, Proteinurie, Fanconi-Syndrom u. a.).

Diagnose. Die Sicherung der Diagnose erfolgt durch Nachweis

1. eines verminderten Coeruloplasminspiegels (unter 20 mg/dl)
2. eines Kupfergehaltes von mehr als 250 µg/g in der Leberbiopsie oder von Kayser-Fleischer-Kornealringen.

Die Kupferausscheidung im Urin liegt in der Regel über 100 µg pro Tag.

Therapie und Prognose. Durch Gabe des Chelatbildners Penicillamin wird eine Elimination des überschüssigen Kupfers in nichttoxischer Form über die Niere erreicht; die Therapie muß lebenslang fortgesetzt werden. In ansonsten aussichtslosen Fällen kann eine Lebertransplantation, sofern erfolgreich, eine Heilung bewirken.

Unbedingt anzuraten ist eine Untersuchung der Angehörigen, da bei konsequenter Therapie die Krankheit bei Anlageträgern vollkommen verhindert und selbst manifeste Formen teilweise zur Rückbildung gebracht werden können. Unbehandelt führt der Morbus Wilson in jedem Fall zum Tode.

Lysosomale Speicherkrankheiten

Pathophysiologie. Lysosomen sind Zellorganellen, die durch ihre reiche enzymatische Ausstattung zum Abbau der meisten Makromoleküle befähigt sind und für physiologische Erneuerungsvorgänge in der Zelle eine zentrale Rolle einnehmen. Durch spezifische Defekte im Abbau einzelner Substanzgruppen kumulieren die Substrate, bis sie schließlich auf im einzelnen nicht geklärte Weise zur Gewebsschädigung führen.

Das Schädigungsmuster wird durch den physiologischen Abbauort des betroffenen Makromoleküls bestimmt. So führen z. B. Abbaustörungen der Sphingolipide (Bestandteile der Markscheiden) zu neurologischen Krankheitsbildern, während ubiquitär vorkommende Moleküle wie die Mukopolysaccharide bei Enzymdefekten multiple Organsysteme schädigen.

Die lysosomalen Speicherkrankheiten zeichnen sich durch ihr häufiges Auftreten in der Kindheit und durch ihren progressiven Verlauf aus. Häufig führen sie bereits in frühen Lebensjahren zum Tode.

Im folgenden sollen die wichtigsten lysosomalen Speicherkrankheiten nach Gruppen geordnet genannt werden:

Glykogenosen

Glykogenosen beruhen auf Enzymstörungen in der Synthese bzw. im Abbau von Glykogen, so daß diese Energiereserve im Bedarfsfall nicht ausreichend mobilisiert werden kann. Die meisten dieser Krankheiten betreffen zytosolische (keine lysosomalen) Enzymdefekte und manifestieren sich entweder durch Hypoglykämien und Hepatomegalie oder durch Muskelkrämpfe und Myoglobinurie nach Belastungen (Tab. 6.**6**).

Tabelle 6.**6** Glykogenosen

Typ	Name	Enzymdefekt
Hepatisch-hypoglykämische Formen		
Typ I	v.-Gierke	Glukose-6-Phosphatase
Typ III	Cori	Debranching-Enzym
Typ VI	Hers	Leberphosphorylase Phosphorylase-b-Kinase
Muskuläre Formen		
Typ V	Mc-Ardle	Muskelphosphorylase
Typ VII	Tarui	Muskelphosphofruktokinase

Tabelle 6.**7** Lipidosen

Name	Enzymdefekt
Tay-Sachs-Syndrom	Hexosaminidase A
Morbus Niemann-Pick	Spingomyelinase
Morbus Gaucher	Glukosylzeramidase
Fabry-Syndrom	α-Galaktosidase

Die Glykogenose Typ II (Morbus Pompe: Mangel an lysosomaler α-Glukosidase) führt als echte lysosomale Speicherkrankheit zu keinerlei Veränderungen des Intermediärmetabolismus, sondern manifestiert sich durch eine Degeneration der Skelett- und in schweren (tödlichen) Fällen auch der Herzmuskulatur.

Lipidosen

Die gefährlichsten Schäden durch Abbaustörungen einzelner Lipide betreffen das Gehirn. Von den zahlreichen Formen sind die wichtigsten in Tab. 6.**7** aufgeführt.

Das Tay-Sachs-Syndrom manifestiert sich durch eine rasche neurologische Verschlechterung ab dem 3. bis 6. Lebensmonat.

Beim Morbus Gaucher ist eine juvenile Form, die mit einer ausgeprägten Hepatosplenomegalie und neurologischen Symptomen einhergeht, von der adulten Form zu unterscheiden, bei der neurologische Symptome fehlen. Die adulte Form ist die häufigste lysosomale Speicherkrankheit und führt zu einer ausgesprochenen Vergrößerung von Leber und Milz.

Mukopolysaccharidosen

Die Abbaustörungen von Chondroitinsulfat, Heparansulfat, Dermatansulfat und Keratansulfat führen zu vergröberten Gesichtszügen, Dysostosen, Gelenkschäden, Hornhauttrübung, Hepatosplenomegalie und Hernien. Bei den meisten Störungen liegt auch eine geistige Behinderung vor.

Störungen des Bindegewebsstoffwechsels

Störungen des Bindegewebsstoffwechsels, die häufig zu Veränderungen an Haut, Knochen, Bändern und dem kardiovaskulären System führen, gehören zu den häufigsten Erbkrankheiten. Da die molekulare Basis dieser Erkrankungen teilweise nicht eindeutig geklärt ist, orientiert sich die folgende Darstellung an einer phänotypischen Einteilung. Ausprägungsgrad und Manifestationsalter können erhebliche Unterschiede aufweisen. Der Vererbungsmodus ist bei den einzelnen Syndromen nicht einheitlich.

Marfan-Syndrom

Die Veränderungen beim Marfan-Syndrom (Prävalenz ca. 1 : 15 000) betreffen Skelett, kardiovaskuläres System und Augen. Charakteristische Symptome sind Hochwuchs, Arachnodaktylie, Trichter- und Hühnerbrust, (Kypho-)Skoliose, Mitralklappenprolaps und -insuffizienz, Aorteninsuffizienz, Aortendilatation und -dissektion, Myopie mit Netzhautablösung und Linsendislokation.

Die Aortendissektion und -ruptur stellt eine häufige lebensbedrohliche Komplikation dar. Jährliche echokardiographische Kontrollen sind durchzuführen, da ab einem Aortendurchmesser von 5–5,5 cm ein prothetischer Ersatz erwogen werden muß. Darüber hinaus sind regelmäßige augenärztliche Kontrollen zu empfehlen.

Ehlers-Danlos-Syndrom

Dieses Syndrom (Prävalenz ca. 1 : 5000) umfaßt eine Gruppe von Bindegewebsstörungen, die durch eine meist samtartige, überdehnbare und leicht verletzliche Haut und überstreckbare, leicht luxierende Gelenke charakterisiert ist. Gelegentlich tritt eine Neigung zur Ausbildung von Petechien auf. Eine Sonderform führt durch Rupturen von Aorta und Kolon häufig zum Tode.

Osteogenesis imperfecta

Das herausragende Merkmal ist eine abnorme Knochenbrüchigkeit. Daneben finden sich blaue Skleren und Zahnanomalien *(Dentinogenesis imperfecta)*. Eine progressive Hörminderung führt schließlich bei 90 % der Patienten zur Taubheit.

Pseudoxanthoma elasticum

An der Haut entstehen Papeln und Plaques mit verdickter, lederartiger Konsistenz. Sehstörungen als Folge einer Netzhautschädigung sind häufig. Eine Beteiligung der Gefäße kann zu Blutungen (meist aus dem Gastrointestinaltrakt, aber auch zerebral) und zu koronaren und peripheren Ischämien führen.

Störungen des Knochenstoffwechsels

Die besonderen mechanischen Eigenschaften des Knochens resultieren aus der spezifischen Zusammensetzung seiner extrazellulären Bestandteile. In enger Beziehung zu einer zu über 90 % aus Kollagen Typ I bestehenden organischen Matrix ist eine feste mineralische Phase aus Hydroxylapatit [$Ca_{10}(PO_4)_6(OH)_2$] eingelagert. Hier sind enorme Mengen von Kalzium, Phosphat und anderen Ionen gespeichert, die zur Aufrechterhaltung der Homöostase im Knochen mobilisiert bzw. deponiert werden können.

Durch das lebenslange Nebeneinander von Auf- und Abbau erfolgt eine ständige Adaptation des Knochens an seine vielfältigen Aufgaben. Osteoblasten sind Zellen, die die Matrix produzieren, in welche die mineralischen Bestandteile eingelagert werden. Die Osteoklasten bauen Knochensubstanz ab. Der Knochenstoffwechsel wird durch mechanische Beanspruchung, Hormone (Parathormon, Kalzitonin, Geschlechtshormone), Vitamin D und andere Faktoren gesteuert.

Parathormon bewirkt eine Steigerung der ossären Kalziumresorption und dadurch einen Abbau von Knochensubstanz. Kalzitonin hingegen hemmt die Osteoklasten und somit auch die Knochenresorption. Geschlechtshormone führen zu einer größeren Knochenmasse und wirken einem Abbau entgegen.

Osteoporose

Definiton. Die Osteoporose ist charakterisiert durch eine Verminderung des Mineralgehaltes und eine Störung der Mikroarchitektur des Knochens. Als Folge davon ist das Frakturrisiko des Knochens erhöht.

Pathophysiologie. Nach dem 30. bis 35. Lebensjahr setzt ein allmählicher physiologischer Knochenabbau ein, der bei Frauen im Vergleich zu Männern etwas stärker ausgeprägt und um die Menopause beschleunigt ist. Letzteres wird auf den Abfall der Östrogene im Klimakterium zurückgeführt, die den osteoklastären Knochenabbau hemmen.

Bei einigen Individuen ist das Verhältnis von An- und Abbau gestört, so daß ein unphysiologischer Substanzverlust des Knochens resultiert. Dies betrifft vorwiegend spongiösen Knochen und führt zu einer Verminderung und Verschmälerung der Knochenbälkchen (Abb. 6.**4e**). Auch kortikaler

Knochen kann betroffen sein, jedoch nur selten in klinisch relevanter Weise. Die Symptome und morphologischen Veränderungen resultieren aus Mikro- und Makrofrakturen des mechanisch vermindert belastbaren Knochens.

Die häufigsten Risikofaktoren für die Entwicklung einer Osteoporose sind in Tab. 6.**8** zusammengefaßt. Als eine Sonderform der Osteoporose kann die Osteogenesis imperfecta (s. o.) angesehen werden, bei der Defekte in der Bildung von Kollagen Typ I zugrundeliegen. Möglicherweise gehen viele der als idiopathisch eingestuften Fälle auf derzeit noch nicht identifizierte molekulare Störungen der Knochenmatrix zurück.

Klinik. Die Osteoporose manifestiert sich durch ziehende und belastungsabhängig verstärkte oder durch plötzlich einsetzende und im Verlauf von Tagen oder Wochen allmählich abklingende Rükkenschmerzen. Betroffen sind vorwiegend die mittlere und untere Brustwirbelsäule und die obere Lendenwirbelsäule. Spontanfrakturen treten an den vermindert kalkhaltigen und vermehrt strahlentransparenten Wirbelkörpern durch Einbrechen der Grund- und Deckplatten unter dem Druck der Bandscheiben (Fischwirbelbildung) oder durch Keilwirbelbildung auf (Abb. 6.**4a–c**). Abnehmende Körpergröße, Verstärkung der normalen Wirbelsäulenkrümmung, Gibbusbildung und Kyphoskoliose sind die Folge (Abb. 6.**4d**).

Eine seltene *idiopathische Osteoporose* tritt schon bei Kindern und jungen Erwachsenen auf. Bei der postmenopausalen Form *(Osteoporose Typ I)* treten Wirbelkörper- und Radiusfrakturen gehäuft auf. Die *Osteoporose Typ II* betrifft viele Frauen und Männer jenseits des 70. Lebensjahres und geht mit Frakturen des Schenkelhalses, des proximalen Humerus, der proximalen Tibia und des Beckens einher. Im höheren Lebensalter liegen oftmals Mischformen von Osteoporose und Osteomalazie vor. Auch der Zahnverlust im Alter ist eine Manifestation der Osteoporose.

Sekundäre Osteoporosen werden beim Cushing-Syndrom, bei Hypogonadismus und bei anhaltender Hyperthyreose beobachtet. Auch eine monatelange Heparintherapie kann zur Osteoporose führen.

Therapie. Bei akuten Schmerzschüben zunächst Ruhigstellung, Analgesie und Wärme. Im Intervall patientengerechtes Übungsprogramm mit viel Bewegung. Bei sekundären Formen steht natürlich die Behandlung des Grundleidens im Vordergrund.

Sexualhormone (Östrogen-Gestagen-Kombinationen bei Frauen) haben eine ausgezeichnete prophylaktische Wirkung, wenn sie bereits vor Einsetzen des übersteigerten Knochenabbaues gegeben werden. Das Problem liegt in der Identifikation von Risikogruppen. Fluoridgaben führen zu einer positiven Knochenbilanz und Verminderung der Wirbelkörperfrakturen. Zusätzlich finden Kalzium, Vitamin D und Kalzitonin Verwendung. In Zukunft werden möglicherweise Bisphosphonate eine wichtige Rolle spielen.

Osteomalazie

Definition. Die Osteomalazie entsteht wie die Rachitis als Folge eines Defektes der Knochemineralisation. Dies führt zu einer verminderten mechanischen Belastbarkeit des Knochens. Die relative Vermehrung der organischen Matrix kann auch histologisch nachgewiesen werden.

Ätiologie und Pathophysiologie. Störungen, die eine ausreichende Versorgung des mineralisierenden Knochens mit Kalzium und Phosphat verhindern, führen zur Osteomalazie. Meist liegt ein Vitamin-D-Mangel zugrunde. Dieser kann verursacht sein durch verminderte Zufuhr und ungenügende Sonnenbestrahlung (z.B. Bettlägerige), Steatorrhoe und Absorptionsstörungen (z.B. chronisch-cholestatische Syndrome, Enteritis regionalis) sowie durch endogene Stoffwechseldefekte, die se-

Tabelle 6.**8** Riskofaktoren für die Entwicklung einer Osteoporose

Genetische Disposition:	positive Familienanamnese
Habitus:	schlank, grazil, hellhäutig, blond
Östrogenmangel:	Nulliparität, frühe Menopause, sekundäre Amenorrhoe
Bewegungsmangel:	Immobilisation, sitzende Tätigkeit, kein Sport
Ernährung:	kalziumarme, phosphat- und faserreiche Kost
Noxen:	Rauchen, Alkohol, Koffein

Abb. 6.**4 a** Seitliche LWS: Normalbefund.

Abb. 6.**4 b** Osteoporose Grad II–III. Fischwirbelbildung, am stärksten ausgeprägt im Bereich des 1. LWK (1). Ventralgleiten des 5. LWK um 1/4 des Sagittaldurchmessers auf dem Boden degenerativer Veränderungen im 5. Intervertebralraum.

Abb. 6.**4 c** BWS der gleichen Patientin mit hochgradiger Sinterung des 5. BWK zum Plattwirbel (Pfeil).

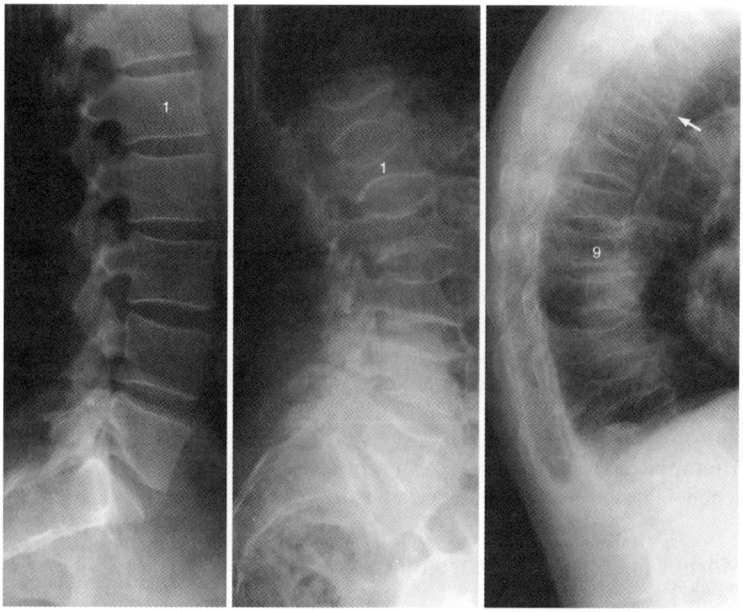

a b c

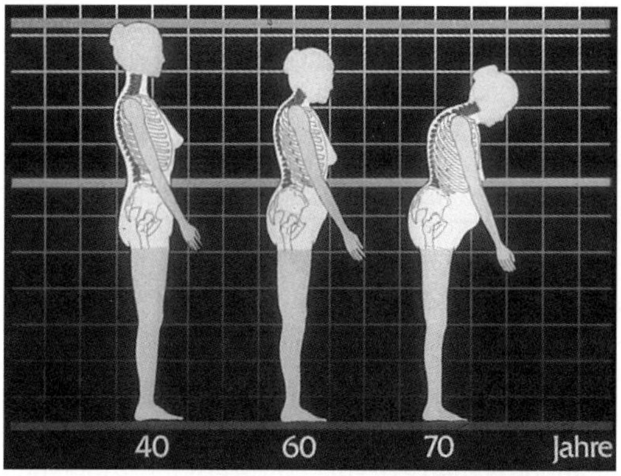

Abb. 6.**4 d** Abnehmende Körpergröße und zunehmende statische Fehlhaltung bei Osteoporose.

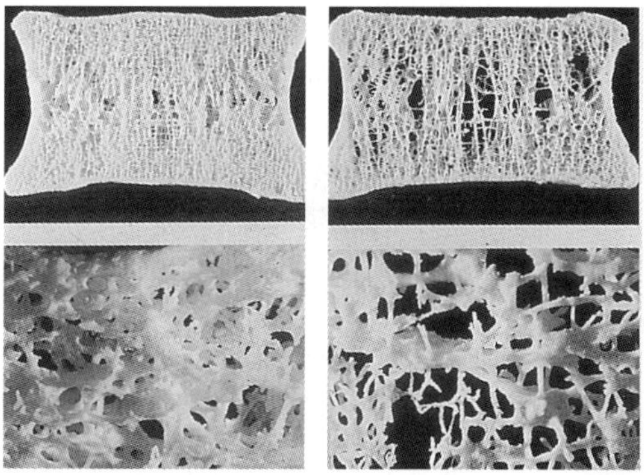

Abb. 6.**4 e** Wirbelkörper mit normaler Struktur (links) und Osteoporose (rechts). Im osteoporotischen Knochen sind die Knochenbälkchen deutlich rarefiziert und verschmälert.

kundär bei Leber- und Nierenerkrankungen entstehen.

Ein Phosphatmangel kann durch hochdosierte Gaben von Antazida induziert werden. Defekte bei der Resorption in den Nierentubuli führen zu renalen Phosphatverlusten.

Klinik. Im Gegensatz zu den typischen rachitischen Veränderungen beim Kind (Kraniotabes, rachitischer Rosenkranz, Harrison-Furche, Epophysenstörungen und Knochendeformitäten etc.) stehen beim Erwachsenen Schwäche und generalisierte Knochenschmerzen im Vordergrund der Symptomatik. Die Schmerzen sind bisweilen verstärkt im Hüftbereich lokalisiert und können schließlich zu einer sekundären Gangstörung und zur Immobilisierung führen. Thoraxdeformitäten und Knochenbrüche können auftreten.

Im Röntgenbild ist der Knochen vermehrt strahlentransparent und bisweilen verwaschen. Charakteristisch sind streifige Aufhellungen (Pseudofrakturen, Looser-Zonen), die vermutlich durch die Pulsationen kreuzender Arterien hervorgerufen werden (z.B. an der Medialseite des Schenkelhalses).

Laborbefunde. Fast immer ist die Aktivität der alkalischen Phosphatase im Serum erhöht. Der Phosphatspiegel im Serum ist meist vermindert bei zunächst normalem Kalziumgehalt (als Folge des sekundären Hyperparathyreoidismus). Bei ausgeprägten Fällen ist auch die Kalziumkonzentration vermindert.

Therapie. Gabe von Vitamin D oder seinen Derivaten. Bei Phosphatverlust Phosphatsubstitution.

Morbus Paget (Osteodystrophia deformans Paget)

Definition. Beim Morbus Paget handelt es sich um eine lokale Knochenerkrankung des höheren Lebensalters mit abrupt vermehrtem Knochenabbau und meist auch überstürztem, ungeordneten Anbau. Die Ätiologie ist nicht geklärt (Virusinfekt?).

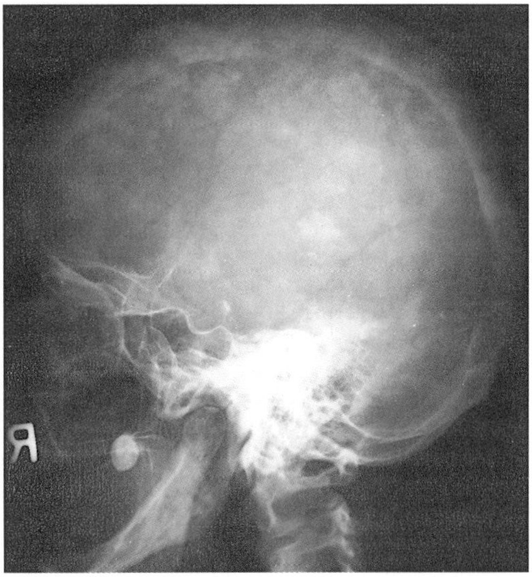

Abb. 6.5 Seitlicher Schädel bei Osteodystrophia deformans Paget. Herdförmige, fleckige Verdichtungen der verdickten Schädelkalotte mit wattebauschartigem Aspekt („Baumwollschädel").

Klinik. Viele Fälle sind asymptomatisch und werden zufällig entdeckt. Die Krankheitsmanifestationen bei symptomatischen Fällen variieren in Abhängigkeit von Lokalisation, Ausmaß und Komplikationen.

Bevorzugt manifestiert sich der Morbus Paget an Becken, Femur, Tibia, Schädel und Wirbelsäule. Auf eine initiale *osteolytische Phase* mit überstürztem Abbau eines stark hypervaskularisierten Knochens folgt eine gesteigerte ungeordnete Neubildung, die zunächst zu einer ausgeglichenen Kalziumbilanz (bei bis zu 20fach gesteigertem Knochenumbau) führt. Sie bewirkt bei nachlassender Krankheitsaktivität schließlich eine Verplumpung und Verdickung des mechanisch weniger stabilen Knochens (*osteoplastische* oder *sklerotische Phase*).

Die charakteristischen Symptome sind Knochenschmerzen (oft am ausgeprägtesten in den frischen osteolytischen Läsionen) und Knochendeformitäten an den Extremitäten. Oft sind die betroffenen Knochen entsprechend der mechanischen Kraftlinien verbogen und neigen an der Konvexseite zu Infraktionen bzw. zu Transversalfrakturen. Der Befall des knöchernen Schädels führt zu einer Zunahme des Kopfumfanges („der Hut paßt nicht mehr") und zu Kopf- und Gesichtsschmerzen.

Durch überschüssiges Knochenwachstum kann es je nach Lokalisation zu verschiedenen neurologischen Komplikationen kommen (z.B. Hörverlust, Kompression des Hirnstammes, Rükkenmarksläsionen). Bei ca. 1% der Patienten entstehen Sarkome (meist Osteosarkome), die ausgesprochen therapieresistent sind.

Diagnose. Die alkalische Phosphatase im Serum ist in Abhängigkeit vom Grad des Knochenumbaues auf bisweilen extreme Werte erhöht. Röntgenologisch ist die destruktive Phase gekennzeichnet durch scharf demarkierte Zonen vermehrter Strahlentransparenz. In der sklerotischen Phase ist der Knochen oft vergrößert, die Kortikalis ist unregelmäßig verdickt und zeigt eine streifige Textur.

Therapie. Bei symptomatischen Formen Kalzitonin und Bisphosphonate.

Osteopetrose

Definition. Bei dieser generalisierten Hyperostose ist die Knochenmasse pro Volumeneinheit vermehrt. Zugrunde liegt ein verminderter Knochenabbau infolge eines Osteoklastendefektes. Meist handelt es sich um eine Erbkrankheit.

Klinik. Der Verlauf bei der tödlichen infantilen Form ist durch Markverdrängung mit Anämie und Hepatosplenomegalie und durch Kompressionserscheinungen am Nervensystem gekennzeichnet (v. a. Hirnnervenstörungen).

Bei milderen Verlaufsformen, die sich im Erwachsenenalter manifestieren, stehen rezidivierende pathologische Frakturen im Vordergrund. Neurologische und hämatologische Störungen sind seltener und milder.

Röntgenologisch zeigt sich eine verminderte Strahlentransparenz des Knochens, die Grenzen zwischen Kortikalis und Spongiosa sind häufig nicht mehr sichtbar.

Therapie. Eine Heilung ist durch Knochenmarktransplantation möglich.

Physiologie und Störungen des Vitaminhaushaltes

Vitamine sind lebensnotwendige organische Verbindungen, die der Körper nicht selbst bilden kann und die ihm daher von außen zugeführt werden müssen. Im Vergleich zu anderen essentiellen organischen Nahrungsbestandteilen wie Amino- und Fettsäuren sind die erforderlichen Mengen sehr gering, da Vitamine nicht als Strukturbausteine oder Energielieferanten verwendet werden, sondern als Bestandteil der prosthetischen Gruppe vieler Enzyme und als Cofaktoren vorwiegend katalytische Funktionen erfüllen.

Nach ihren physikochemischen Eigenschaften werden *fettlösliche* (A, D, E, K) und *wasserlösliche Vitamine* (B-Gruppe, C, Folsäure) unterschieden. Störungen der Fettverdauung und -resorption (z. B. bei chronischer Cholestase) betreffen isoliert die Aufnahme der fettlöslichen Vitamine in den Körper. Mangelzustände werden jedoch erst nach Monaten bis Jahren manifestiert, da fettlösliche Vitamine in größeren Mengen im Körper gespeichert werden. Allerdings treten bei anhaltend überhöhter Zufuhr der Vitamine A und D auch charakteristische *Hypervitaminosen* auf. Überschüssig zugeführte wasserlösliche Vitamine werden im Gegensatz dazu meist prompt über die Nieren ausgeschieden.

Vitaminmangelzustände (Hypo- und Avitaminosen) sind heute selten und treten meist in Assoziation mit Alkoholismus, Mangelernährung, einseitigen Ernährungsgewohnheiten, Malabsorption, bei Hämodialyse oder totaler parenteraler Ernährung auf. In Ermangelung zuverlässiger biochemischer Parameter hängt die Diagnosefindung häufig in hohem Maße vom klinischen Eindruck ab und ist bisweilen nur retrospektiv durch Besserung nach Vitaminsubstitution zu sichern.

Vitamin A (Retinol)

Vorkommen und Physiologie. Vitamin A wird mit tierischer Nahrung (v. a. Leber, Niere, Milch und Milchprodukte) zugeführt. Daneben kann es im Körper aus Provitamin A gebildet werden, das in Form von Karotinen (vorwiegend β-Karotin) reichlich in Pflanzen vorkommt. Der tägliche Bedarf des erwachsenen Menschen von ca. 1 mg Retinol ist durch die Speicher in der Leber (300–900 mg) bei fehlender Zufuhr für Monate bis Jahre gesichert.

Vitamin A ist Bestandteil des Sehpigmentes in den stäbchenförmigen Sinneszellen der Retina. Daneben spielt es eine Rolle für das Körperwachstum und bei der Erhaltung der Integrität der Haut und Schleimhäute.

Mangelerscheinungen. Als frühestes Symptom tritt bei einem Vitamin A-Mangel eine verminderte Dunkeladaptation und Nachtblindheit auf (Hemeralopie). Alle Epithelien mit Ausnahme des Intestinaltraktes neigen zu Austrocknung und Verhornung. Hyperkeratosen der Haut, vermehrte Anfälligkeit der respiratorischen Schleimhaut und Xerophthalmie (Austrocknung und Verhornung der Cornea) sind die Folge; letztere ist in einigen Entwicklungsländern eine führende Ursache für Blindheit bei jungen Menschen. Die **Therapie** erfolgt durch hochdosierte Vitaminsubstitution.

Toxizität:
- Karotinämie: Bei exzessiver Zufuhr von Provitamin A tritt eine Gelbfärbung der Haut mit Betonung der Hand- und Fußsohlen auf; im Gegensatz zum Ikterus ist die Sklera nicht beteiligt. Toxische Erscheinungen im Sinne einer Hypervitaminose A treten nicht auf; dies läßt darauf schließen, daß die Umwandlung in Vitamin A streng reguliert wird. Die Symptome bilden sich bei Verminderung der Zufuhr (z. B. Verzicht auf Karotten) rasch zurück.
- Hypervitaminose A: Die exzessive Zufuhr von Vitamin A führt zu Kopfschmerzen, Knochen- und Gelenkschmerzen, Alopezie, Juckreiz, Ge-

wichtsverlust und Hepatosplenomegalie. Bei Unterbindung der Vitamin-A-Zufuhr stellt sich rasch Besserung ein.

Vitamin D

Vorkommen und Physiologie. Bei ausreichender Sonnenbestrahlung kann Vitamin D in genügender Menge vom Körper selbst aus 7-Dehydrocholesterol (Ergosterol, Provitamin D) gebildet werden, so daß es von einigen Autoren den Hormonen zugerechnet wird. Allerdings läßt die Fähigkeit der Haut, Vitamin D zu bilden, mit dem Alter stark nach. Außerdem reicht in gemäßigten Zonen die Intensität der UV-Bestrahlung in den Wintermonaten nicht für die Bildung von Vitamin D aus.

Vitamin D kommt in hohen Konzentrationen in Fischleberölen (Lebertran!), Milchprodukten, Eiern und Speisepilzen vor. Es wird in der Leber zu 25-Hydroxy-Vitamin D und schließlich in der Niere zur aktiven Form, 1,25-$(OH)_2D$ (Cholecalcitriol), umgewandelt. Die Aktivität der renalen 1-Hydroxylase wird in Abhängigkeit vom Kalziumspiegel durch Parathormon reguliert. Vitamin D bewirkt eine verstärkte Kalzium- und Phosphatresorption aus dem Darm und beeinflußt den Knochenstoffwechsel.

Mangelerscheinungen (s. „Osteomalazie" S. 144).

Toxizität. Eine Vitamin-D-Intoxikation kann durch überhöhte exogene Zufuhr (ca. 100fache physiologische Dosis) oder durch einen gestörten Metabolismus bei chronisch-granulomatösen Erkrankungen (Sarkoidose etc.) auftreten. Hyperkalzämie und Hyperkalzurie führen zu Schwäche, Lethargie, Übelkeit, Nephrokalzinose, Nephrolithiasis und bisweilen sogar Weichteilverkalkungen. In Extremfällen, besonders bei Kleinkindern, treten Atherosklerose und supravalvuläre Aortenstenose auf.

Therapeutisch sind (neben Unterbrechung der erhöhten Vitamin-D-Zufuhr) kalziumarme Diät, reichliche Flüssigkeitszufuhr und in schweren Fällen Steroidgaben anzuraten.

Vitamin E

Vorkommen und Physiologie. Vitamin E bezeichnet eine Gruppe von Tokopherolen, die in vielen Nährstoffen vorkommen und in allen Geweben gespeichert werden. Sie wirken vermutlich als Antioxidanzien und schützen mehrfach ungesättigte Fettsäuren vor dem Angriff durch freie Radikale. Der tägliche Bedarf beträgt ca. 8 – 10 mg (12 – 15 IU) Tokopherol pro Tag. Bei Schwangerschaft und Laktation erhöht sich der Bedarf um 2 bzw. 3 mg pro Tag.

Mangelerscheinungen. Die Existenz eines Vitamin-E-Mangelsyndroms wurde lange angezweifelt, da es nur unter extremen Umständen, z. B. nach langfristiger ausgeprägter Fettmalabsorption, auftritt. Beobachtet wurden Ophthalmoplegien, Störungen des Gangbildes, des Vibrationsempfindens, der Propriozeption sowie Areflexien. Bei Frühgeborenen ist der Vitamin-E-Mangel mit Hämolysen, Ödemen und einem erhöhten Risiko toxischer Sauerstoffwirkungen (retrolentale Fibroplasie, bronchopulmonale Dysplasie) assoziiert.

Toxizität. Vitamin E führt nur in exzessiven Dosen (ab ca. 1000 mg) zu Übelkeit, Blähungen und Durchfällen.

Vitamin K

Vorkommen und Physiologie. Zur Deckung des Bedarfes an Vitamin K dienen das besonders in grünen Pflanzen und Gemüsesorten vorkommende Vitamin K_1 (Phyllochinon) und das von der Darmflora gebildete Vitamin K_2 (Menadion). Vitamin K ist essentieller Kofaktor bei der posttranslationalen γ-Carboxylierung von Glutaminsäureresten in verschiedenen Proteinen, die dadurch die Fähigkeit zur Bindung von Kalzium und zur Entfaltung ihrer physiologischen Wirkung erhalten. Betroffen sind die Gerinnungsfaktoren II, VII, IX und X, die Proteine C und S und andere Proteine wie Osteokalzin.

Mangelerscheinungen. Sie treten bei langanhaltender Cholestase und bei langfristiger Antibiotikatherapie auf. Besonders gefährdet sind Neugeborene, die nur über sehr geringe Speicher verfügen und deren steriler Darm zunächst kein Vitamin K liefert. Beim manifesten Mangel tritt der Tod durch Blutungen ein, bevor die Auswirkungen auf andere Proteine zum Tragen kommen.

Durch Gabe von Vitamin-K-Antagonisten wird bei Patienten mit einem erhöhten Thromboembolierisiko ein „iatrogener Vitamin-K-Mangel" herbeigeführt, um so die Gerinnungsfähigkeit des Blutes in kontrollierter Weise zu vermindern.

Thiamin (Vitamin B_1)

Vorkommen und Physiologie. Thiamin kommt hauptsächlich in Vollkorngetreide und ungeschältem Reis, Hülsenfrüchten, Kartoffeln, Schweinefleisch und Leber vor. Der tägliche Bedarf hängt von der Kalorienzufuhr ab und beträgt ca. 0,5 mg/1000 kcal (0,35 µmol/1000 kJ). Die körpereigenen Speicher (v. a. Muskulatur) sind bei fehlender Zufuhr nach ca. 2 Wochen entleert.

Thiaminpyrophosphat spielt eine wesentliche Rolle beim Stoffwechsel der Kohlenhydrate und ist ein essentieller Kofaktor bei der dehydrierenden Decarboxylierung von Pyruvat und α-Ketoglutarat. Auch die Transketolasereaktion ist thiaminabhängig.

Mangelerscheinungen. Ein Thiaminmangel wird heute meist bei unterernährten Alkoholikern beobachtet. Er manifestiert sich am kardiovaskulären System durch Tachykardie, Kardiomegalie, periphere Vasodilatation und Ödeme (feuchte Beriberi). Am Nervensystem (trockene Beriberi) können zentralnervöse Störungen (Wernicke-Enzephalopathie, Korsakow-Syndrom) und eine periphere Neuropathie auftreten.

Therapie. Die kardiovaskulären und einige der neurologischen Erscheinungen verschwinden schnell nach Gabe von Thiamin (100 mg).

Riboflavin (Vitamin B_2)

Vorkommen und Physiologie. Riboflavin wird über Getreidekeime, Hülsenfrüchte, Milch, Fleisch und Fisch aufgenommen. Die metabolisch wirksamen Formen, Flavinmononukleotid (FMN) und Flavinadenindinukleotid (FAD), sind Kofaktoren insbesondere bei Oxidationsreaktionen. An einige Enzyme (z. B. Monoaminoxidase) sind Flavine auch kovalent gebunden.

Mangelerscheinungen. Riboflavinmangel führt zu Cheilosis, Mundwinkelrhagaden, Glossitis, Stomatitis, Dermatosen. In ausgeprägten Fällen treten eine Vaskularisation der Kornea und eine Anämie mit Retikulozytopenie auf.

Niacin (Nikotinsäure)

Vorkommen und Physiologie. Hefe, Fleisch, Leber und Geflügel sowie Getreide und Reis sind besonders reich an Niacin. Der tägliche Bedarf beträgt 13 µmol (1,6 mg)/1000 kJ, wobei der Körper Niacin auch aus Tryptophan herstellen kann (60 mg Tryptophan liefern 1 mg Niacin). Zum Niacinmangel kommt es daher nur bei einem gleichzeitigen Tryptophanmangel bzw. bei einer gestörten Umwandlung von Niacin aus Tryptophan (z. B. infolge Pyridoxinmangel).

Das Vitamin ist Bestandteil der wasserstoffübertragenden Enzyme NAD und NADP, die an einer Vielzahl von Redoxreaktionen im Intermediärstoffwechsel beteiligt sind.

Mangelerscheinungen. Die klinischen Manifestationen des Niacinmangels werden als Pellagra bezeichnet. Neben einer photosensitiven Dermatitis treten Stomatitis, Glossitis, Vaginitis und Achlorhydrie auf. Das Syndrom umfaßt auch flächenhafte Entzündungen der Darmschleimhaut mit Diarrhoe. Zentralnervöse Störungen sind zunächst nur diskret (Müdigkeit, Apathie), schließlich kann sich jedoch eine ausgeprägte Enzephalopathie entwickeln. Die Symptome sind durch Gabe von Niacin (10 – 20 mg/Tag) in wenigen Tagen heilbar.

Pyridoxin (Vitamin B_6)

Vorkommen und Physiologie. Pyridoxin kommt in allen Nahrungsmitteln reichlich vor und ist als Pyridoxalphosphat wesentlich am Stoffwechsel der Aminosäuren beteiligt; auch die ALA-Synthetase ist pyridoxinabhängig.

Mangelerscheinungen. Sie treten heute relativ häufig auf, da viele Medikamente als Pyridoxinantagonisten wirken. Besonders betroffen sind Isoniazid, Cycloserin und Penizillamin.

Die Symptome umfassen – wie bei allen B-Vitaminen – Dermatitis, Cheilosis und Glossitis sowie erhöhte Reizbarkeit, Krampfanfälle und eine periphere Neuropathie. Bei Kindern treten charakteristischerweise Diarrhoe, Anämie und Krampfanfälle auf.

Die beste Therapie besteht insbesondere bei den medikamentenassoziierten Formen in der prophylaktischen Gabe von Vitamin B_6 (10 – 30 mg/Tag). In Extremfällen sind bis zu 100 mg pro Tag nötig.

Folsäure (Vitamin B_{10})

Vorkommen und Physiologie. Folsäure wird in der Nahrung vorwiegend durch Obst und Gemüse zugeführt. Die Körperspeicher von 5 – 20 mg (zur

Hälfte in der Leber) decken den täglichen Bedarf von mindestens 50 μg allenfalls einige Monate lang.

Folsäure wird im Stoffwechsel zum Transfer von Methyl- und Formylgruppen benötigt. Dies umfaßt auch die Thymidinsynthese durch Methylierung von Uracil, so daß bei einem Folsäuremangel die DNA-Synthese gestört ist. Mangelerscheinungen manifestieren sich aus diesem Grund vorwiegend an Geweben mit hohem Mitoseindex (blutbildendes Knochenmark, Schleimhäute).

Mangelerscheinungen. Beobachtet werden Durchfall, Cheilosis und Stomatitis sowie eine megaloblastäre Anämie. Neurologische Störungen treten nicht auf.

Cobalamin (Vitamin B_{12})

Vorkommen und Physiologie. Cobalamin kommt lediglich in tierischen Produkten vor (Fleisch und Milchprodukte), der tägliche Bedarf beträgt ca. 2,5 μg. Im Magen bildet es zunächst Komplexe mit einem Glykoprotein („gastric R binder"). Diese werden im Duodenum verdaut, so daß Cobalamin schließlich an den intrinsic factor binden kann, der von den Parietalzellen der Magenmukosa produziert wird und der das Vitamin vor der Zerstörung durch den Verdauungssaft schützt. Die Resorption erfolgt schließlich über spezifische Rezeptoren im distalen Ileum. Bei einem Speichervolumen von ca. 4 mg (2 mg davon in der Leber) ist mit einem Cobalaminmangelsyndrom erst nach Jahren zu rechnen.

Vitamin B_{12} wird benötigt bei der Umwandlung von Homozystein zu Methionin und bei der Isomerisierung ungeradzahliger Fettsäuren; beim Mangel kommt es durch Bildung unphysiologischer Fettsäuren zu neurologischen Folgeerscheinungen. Über eine Beeinflussung des Folsäurestoffwechsels spielt es auch eine Rolle beim DNA-Stoffwechsel, so daß sich Mangelerscheinungen auch an Geweben mit einer hohen Zellteilungsrate zeigen.

Mangelerscheinungen. Vitamin-B_{12}-Mangel tritt nach Gastrektomie, bei chronisch-atrophischer Gastritis, bei Maldigestions- und -absorptionssyndromen, Erkrankungen des terminalen Ileums, Fischbandwurm- und Bakterienbesiedlung auf. Die wichtigsten Manifestationsformen sind eine megaloblastäre Anämie („Perniziosa") und die funikuläre Myelose mit Markscheidendegeneration der Hinterstränge und der Pyramidenbahn. Zusätzlich können trophische Schleimhautveränderungen (Hunter-Glossitis u. a.) auftreten. Die Therapie besteht in zunächst täglicher Zufuhr von 1000 μg Cobalamin i. m.

Vitamin C

Vorkommen und Physiologie. Vitamin C ist in Milch, Obst und Gemüse enthalten. Die physiologischen Speicher bei einem gesunden Erwachsenen umfassen ca. 1,5 bis 3 g, Mangelerscheinungen bei fehlender Zufuhr treten erst nach 1 bis 3 Monaten auf.

Vitamin C spielt eine Rolle bei Redoxreaktionen und bei der Bildung von Kollagen (Hydroxylierung von Prokollagen). Der Defekt in der Kollagenbildung verursacht die meisten Mangelerscheinungen.

Mangelerscheinungen. Bei Vitamin-C-Mangel treten als Folge einer erhöhten Fragilität der Gefäßwände Petechien und Blutungen mit sekundärer Anämie auf. Subperiostale Blutungen führen zu Schmerzen, Auftreibungen und evtl. Epiphysenlösungen. Das verletzliche Zahnfleisch neigt zu Entzündungen und Blutungen, oft verbunden mit einer Lockerung des Zahnhalteapparates. Die genannten Veränderungen sind unter hochdosierter Zufuhr von Vitamin C (initial 3–5mal 100 mg per os, täglich, dann 100 mg täglich) weitgehend reversibel.

7 Krankheiten des endokrinen Systems

H. Wagner

Endokrines Pankreas und gastrointestinale (GI-)Hormone

Diabetes mellitus

Anatomie und Physiologie. Der endokrin funktionierende Parenchymanteil der Bauchspeicheldrüse umfaßt ca. 1 – 2 % des gesamten Gewebes, ca. 1 Million Langerhans-Inseln mit einem Durchmesser von 0,1 – 0,3 mm. Neben den Langerhans-Inseln (B-Zellen), in denen Insulin produziert wird, lassen sich histologisch A- und D-Zellen unterscheiden, in denen Glucagon sowie Somatostatin und pankreatisches Polypeptid (PP) gebildet wird.

In den B-Zellen werden insgesamt beim Erwachsenen ca. 150 – 250 IE (Internationale Einheiten) Insulin gespeichert. Ihr venöser Abstrom erfolgt direkt in das Pfortadersystem der Leber.

Insulin ist das zentrale Regulationshormon für den ganzen Intermediärstoffwechsel und reguliert neben der Speicherung und Verwertung von Kohlenhydraten auch die von Fett und Proteinen. Insulin wirkt aktiv an Leber, Fettgewebe und Skelettmuskulatur (Abb. 7.**1**).

Insulin führt im Blut zu einer

- Senkung der Glukosekonzentration,
- Senkung der Fettsäurenkonzentration,
- geringgradigen Senkung der Aminosäurenkonzentration.

Glucagon bewirkt einen Anstieg des Blutzuckers. Die Regulation der Insulinsekretion erfolgt im wesentlichen durch die Blutglukosekonzentration sowie über gastrointestinale Hormone, aber auch über Glukokortikoide und Wachstumshormon.

Definition. Der Diabetes mellitus ist ein Sammelbegriff für chronisch verlaufende Stoffwechselkrankheiten unterschiedlicher Ursachen. Es besteht ein absoluter oder relativer Mangel an Insu-

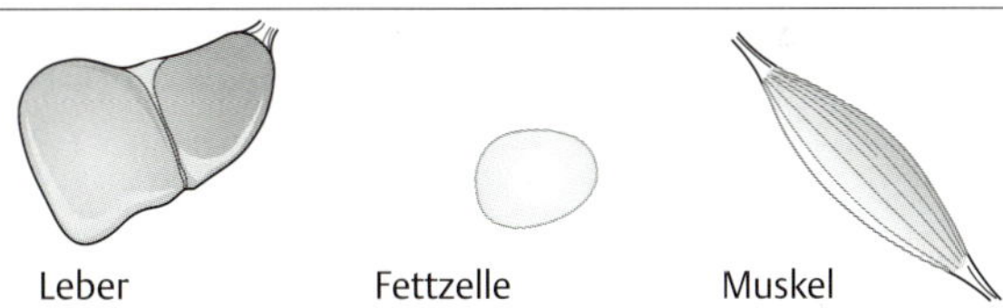

Stoffwechsel	Leber	Fettzelle	Muskel
Kohlenhydrate	↑ Glykogensynthese ↓ Glukoneogenese	↑ Glukosetransport ↑ Glyzerinsynthese ↑ Triglyzeride	↑ Glukosetransport ↑ Glykogensynthese
Fett	↑ Lipogenese	↑ Fettsäuren-synthese ↓ Lipolyse	↑ Fettsäureaufnahme
Protein	↓ Proteolyse		↑ Aminosäure-aufnahme ↑ Proteinsynthese

Abb. 7.**1** Zielorgane und Wirkung des Insulins.

lin. Der Diabetes mellitus ist gekennzeichnet durch eine dauerhafte Erhöhung der Blutzuckerkonzentration (Hyperglykämie) oder durch das Unvermögen des Organismus, zugeführte Kohlenhydrate zeitgerecht zu verwerten (Glukosetoleranzstörung). Im Verlauf der diabetischen Stoffwechselstörung kann es zu akuten Stoffwechselentgleisungen sowie zu diabetestypischen chronischen Komplikationen (diabetisches Spätsyndrom) in verschiedenen Organen kommen.

Häufigkeit. Die Zahl manifester Diabetiker in Deutschland beträgt etwa 4 – 5 %. 75 % aller Diabetiker sind älter als 50 Jahre, etwa 10 % der Bevölkerung jenseits des 65. Lebenjahres sind manifest zuckerkrank. Frauen erkranken häufiger als Männer.

Ätiologie, Pathogenese und Pathophysiologie. Nach der WHO (1985) besteht eine Klassifikation des Diabetes mellitus (Tab. 7.**1**).

Im Mittelpunkt der Pathogenese des Diabetes mellitus steht der absolute oder relative Insulinmangel.

Der jugendliche Typ-I-Diabetes ist durch einen absoluten Insulinmangel gekennzeichnet, der in der Regel kurzfristig ohne lange Manifestationsdauer auftritt (Tab. 7.**2**). Ursächlich kommt es auf dem Boden einer genetischen Prädisposition durch Virusinfektion (Coxsackie-B_4-Viren, Erreger von Mumps, Mononukleose und Röteln) zu einer Antikörperbildung gegen B-Zellen und eigenes Insulin, einhergehend mit einer Schädigung bzw. Zerstörung der B-Zellen (Autoimmuninsulinitis). Aus Untersuchungen an eineiigen Zwillingen ist bekannt, daß etwa 30 – 40 % der Geschwister an einem Diabetes erkranken.

Beim Typ-II-Diabetes ist die Insulinsekretion nicht vermindert, sondern kann z. B. bei bestehendem Übergewicht nach oraler Glukosegabe verzögert und gesteigert auftreten; erst im späteren Verlauf der Krankheit sind die Insulinspiegel des Blutes unter Umständen erniedrigt. Der Insulinmangel ist somit relativ, d. h. die sezernierte Insulinmenge reicht nicht aus, um einen normalen Blutzuckerspiegel zu gewährleisten (Tab. 7.**2**). Das Hormon besitzt eine herabgesetzte Wirksamkeit (Insulinresistenz). Ursächlich verantwortlich ist häufig eine Störung der Interaktion zwischen dem Hormon und seinem Rezeptor an der Zelloberfläche oder eine Verminderung der Rezeptorenzahl. Die genetische Penetranz beim Typ-II-Diabetes ist wesentlich ausgeprägter als beim Typ-I-Diabetes. Das Diabetesrisiko von Verwandten 1. Grades ist doppelt so groß wie in der Normalbevölkerung.

Manifestationsfördernde Faktoren des Typ-II-Diabetes sind Fettsucht, Überernährung, Alter (Diabetesmorbidität nimmt zu, Glukosetoleranz

Tabelle 7.**1** Klassifikation des Diabetes mellitus

Insulinabhängiger Typ IDDM (insulin-dependent Diabetes mellitus)	Typ I
Insulinunabhängiger Typ NIDDM (non-insulin-dependent Diabetes mellitus)	Typ II
– ohne Adipositas	Typ II a (8%)
– mit Adipositas	Typ II b (80%)
– MODY (< 2%, maturity-onset-diabetes of the young) im Kindesalter beginnend, milde verlaufend, autosomal dominant	
Durch andere Erkrankungen hervorgerufen – Pankreaserkrankungen – endokrine Erkrankungen (Morbus Cushing, Akromegalie, Hyperthyreose, Phäochromozytom) – genetische Syndrome (z. B. Hämochromatose)	
Gestationsdiabetes – etwa 3% aller Schwangeren	
Pathologische Glukosetoleranz – ohne Adipositas – mit Adipositas bei bestimmten Syndromen und Medikamenten (Thiazide, Glukokortikoide, Ovulationshemmer, Nikotinsäurederivate).	

Tabelle 7.**2** Die wichtigsten Kriterien des Diabetes mellitus

Diabetestyp	Juveniler Diabetes (Typ I)	Erwachsenendiabetes (Typ II)
Vorwiegendes Manifestationsalter	15.–30. Lebensjahr	nach dem 40. Lebensjahr
Manifestationsdauer	oft akuter bis subakuter Beginn	häufig lang
Körperbau	asthenisch	sthenisch
Insulin im Blut und Pankreas	gering bis fehlend	oft normal
Ketoseneigung	ausgeprägt	gering
Insulinempfindlichkeit	empfindlich	resistent
Ansprechbarkeit auf Sulfonylharnstoffe	fehlt	meist gut
Stoffwechselverhalten	labil	stabil

nimmt ab), Lebensweise (Streß, Infektionen, Operationen, Bewegungsmangel) sowie Alkohol (Pankreatitis, Fettleibigkeit, Leberzirrhose).

Wesentliche Folgen der verminderten Insulinwirkung betreffen den Stoffwechsel:

- **Kohlenhydratstoffwechsel:** Es resultiert eine Hyperglykämie und bei Überschreiten der Nierenschwelle für Glukose eine Glukosurie. Darüber hinaus besteht ein Glukosemangel der insulinempfindlichen Gewebe (Muskel-, Fettgewebe, Leber, immunkompetente Zellen u. a.) und eine Steigerung der Glukoneogenese.
- **Fettstoffwechsel:** Synthese und Deposition von Neutralfetten (Triglyzeriden) werden eingeschränkt; Depotfett wird vermehrt mobilisiert, es kommt zu einem gesteigerten Fettumsatz. Die Bildung von Azetessigsäure und β-Hydroxybuttersäure wird gesteigert (Ketose). Lipoproteine werden vermehrt gebildet und verzögert abgebaut (Dyslipoproteinämie).
- **Eiweißstoffwechsel:** Die Proteinsynthese ist gestört und der Proteinabbau gesteigert. Die freigesetzten Aminosäuren münden bevorzugt in die Glukoneogenese und den Energiestoffwechsel.
- **Elektrolytstoffwechsel:** Als wichtigste Primärfolge des Insulinmangels kommt es zu einem zellulären Kaliumverlust. Sekundär resultieren Störungen des Wasser-, Natrium- und Säure-Basen-Haushaltes.

Beim *metabolischen Syndrom (MSY)* handelt es sich um einen Prä-Typ-II-Diabetes, also um eine Stoffwechselsituation vor der Manifestation des Typ-II-Diabetes. Es ist gekennzeichnet durch eine Insulinresistenz, die in erster Linie durch Fettsucht und Bewegungsmangel hervorgerufen wird. Als Ausdruck des metabolischen Syndroms finden sich neben Typ-II-Diabetes Hypertonie (Kap. 2, S. 25 ff) und Dyslipoproteinämie (Kap. 6, S. 130 ff).

Klinik. Führende klinische Zeichen bei Typ-I-Diabetes sind Polyurie, Polydipsie, Inappetenz und Gewichtsverlust. Sehverschlechterungen treten bei Spitzenwerten des Blutzuckers auf. Typisch für den Typ-II-Diabetiker sind Harnwegsinfekte, Mykosen, Furunkel, Karbunkel, allg. Schwäche, Juckreiz, Potenzstörungen und Amenorrhoe.

Diagnose. Bei der körperlichen Untersuchung des Diabetikers werden die Injektionsstellen für Insulin, die Füße, der Blutdruck sowie das Gewicht besonders beachtet. Einmal jährlich werden Augenhintergrundsuntersuchungen sowie ein neurologischer Status durchgeführt. Blutchemische Untersuchungen von Blutbild, Harnsäure, Gesamtcholesterin, HDL- und LDL-Cholesterin, Triglyzeriden sowie Kreatinin sind regelmäßig erforderlich. Des weiteren werden Urinstatus (Mikroalbuminurie und Proteinurie) und EKG durchgeführt.

Ein Diabetes mellitus ist anzunehmen,

- wenn die Nüchternblutglukose 120 mg/dl (6,66 mmol/l) beträgt oder diesen Wert übersteigt oder
- wenn im Rahmen eines oralen Glukosetoleranztests (s. u.) der 2-Stunden-Wert 180 mg/dl (9,99 mmol/l) übersteigt.

Zur Bestätigung der Diagnose bei asymptomatischen Patienten sollte mindestens eine weitere Blutzuckerbestimmung mit einem Wert im diabetischen Bereich vorliegen. Wenn sowohl Nüchternglukose als auch der 2-Stunden-Wert unter 120 mg/dl, (6,66 mmol/l) betragen, ist ein Diabetes mellitus auszuschließen.

Bewährt hat sich darüber hinaus in der Diagnostik des Diabetes die Bestimmung des Glykohämoglobins (HbA1 oder HbA1 c), dessen Normwert < 8% des Gesamthämoglobins beträgt. HbA1 entsteht durch die nichtenzymatische Glykosilierung (= „Zuckeranlagerung") des Hämoglobins und gibt als „Blutzuckergedächtnis" die mittleren Blutzuckerspiegel des Pat. für die Dauer der Erythrozytenüberlebenszeit (4 – 6 Wochen vor HbA1-Bestimmung) wieder.

Die Fruktosaminmessung läßt eine Aussage über den mittleren Blutzuckerspiegel der letzten 2 – 3 Wochen zu. Normalwert: 205 – 285 mmol/l. (Fructosamin ist ein Reaktionsprodukt von Glukose mit Serumproteinen.)

Urinzuckerbestimmungen werden als qualitative oder semiquantitative Bestimmungen (Angabe der Harnzuckerkonzentration in %) mit Teststreifen durchgeführt. Ketonkörperbestimmungen im Urin erfolgen ebenfalls fast nur noch mit Teststreifen.

Sind Blutzuckerwerte im Grenzbereich festgestellt worden, ist zur weiterführenden Diagnostik ein oraler Glukosetoleranztest (oGTT) unter standardisierten Testbedingungen durchzuführen. Der Test wird im Nüchternzustand mit 75 g Glukose durchgeführt; zur Auswertung wird neben der Nüchternglukose nur der 2-Stunden-Wert herangezogen.

In Tab. 7.**3** sind die Grenzwerte für pathologische Glukosetoleranz und Diabetes mellitus nach den Definitionen der WHO aufgeführt.

Als Ausdruck der Störung des Fettstoffwechsels können beim Diabetes mellitus sekundäre Hyperlipoproteinämien überwiegend vom Typ IV und Typ V nach Fredrickson auftreten (S. 134).

Differentialdiagnose. Bei positivem Harnzuckerbefund muß an die Möglichkeit einer renalen Glukosurie gedacht werden, bei der die Nierenschwelle für Glukose herabgesetzt ist. Dieses wird bei bestimmten Nierenerkrankungen, aber auch in der Schwangerschaft, bei der die Nierenschwelle für Glukose herabgesetzt ist, beobachtet. Polyurie und Polydipsie kommen z. B. bei chronischen Nierenerkrankungen, aber auch bei Diabetes insipidus vor.

Therapie

Ziel der Diabetestherapie ist die optimale Stoffwechselkompensation, bei der ein Zustand mit Beschwerdefreiheit und Leistungsfähigkeit in Beruf und Alltag erreicht wird. Darüber hinaus sollen die prognostisch entscheidenden Spätkomplikationen vermieden oder ihr Auftreten zumindest hinausgezögert werden.
Als *optimale Stoffwechseleinstellung* gilt:

- Nüchternblutzucker < 130 mg/dl (7 mmol/l),
- 1 Stunde postprandial < 160 mg/dl (9 mmol/l),
- Urinzucker und Aceton negativ,
- HbA1 < 8%,
- normale Fettstoffwechselwerte,
- Vermeidung starker Blutzuckerschwankungen.

Bei Diabetikern mit

- Koronarinsuffizienz,
- therapierefraktärer Herzinsuffizienz,
- Zerebralsklerose,
- höherem Lebensalter,
- zerebralem Krampfleiden und
- Nichtwahrnehmung einer beginnenden Hypoglykämie

wird eine liberale Stoffwechseleinstellung toleriert:

- Nüchternblutzucker bis 160 mg/dl (9 mmol/l)
- 1 Stunde postprandial < 200 mg/dl (11 mmol/l)
- Glukosurie: Bis 10 g (56 mol/24 Stunden, HbA1 < 9 – 10%).

Tabelle 7.**3** Grenzwerte für Blutzuckerspiegel im oralen Glukosetoleranztest

	Normal	Pathologische Glukosetoleranz	Diabetes mellitus
Nüchtern	< 100 mg/dl*	120 mg/dl	> 120 mg/dl
2-h-Wert	< 140 mm/dl	140 – 200 mg/dl	> 200 mg/dl

* Kapilläre Werte. Cave: Differenz zu venösen Werten bis zu 40 mg/dl

Zu den *Grundlagen der Diabetestherapie* zählen:

- Regelung der Lebensweise,
- regelmäßige körperliche Bewegung,
- diätetische Maßnahmen,
- medikamentöse Behandlung mit oralen Antidiabetika oder Insulin,
- Behandlung der diabetischen Komplikationen.

Entscheidend für den Erfolg der Behandlung ist darüber hinaus

- die konsequente Beratung und Schulung des Betroffenen,
- die regelmäßige Kontrolle des Urin- und/oder besser des Blutzuckers durch den Patienten selbst,
- das Erlernen der Selbstadaptation der Insulindosis an besondere Lebensumstände, wie z. B. sportliche Betätigung,
- Regelung der Lebensweise.

Vor allem der insulinspritzende Diabetiker ist auf einen geregelten Tagesablauf angewiesen. Insulinart und -dosis sowie Häufigkeit, Zeitabstände, Broteinheiten (BE) und Gehalt der Mahlzeiten müssen so aufeinander abgestimmt werden, daß der normale Tagesablauf des Patienten nicht durch grobe Blutzuckerschwankungen unterbrochen wird.

Durch intensive Schulung über Art, Komplikationen sowie Behandlungsmöglichkeit der diabetischen Stoffwechselstörung soll der Diabetiker in die Lage versetzt werden, durch Blut- und Urinzuckerselbstkontrollen, Anpassung der Insulindosis oder BE-Menge an sportliche Betätigung oder körperliche Arbeit den Blutzucker normal zu halten.

Sportliche Betätigung – oder allgemein Muskelarbeit – hat sowohl einen akuten als auch einen Langzeiteffekt auf die Stoffwechselsituation von Diabetikern. Regelmäßiges körperliches Training, wie beispielsweise Gymnastik, Schwimmen, Mannschaftssportarten, bei älteren Patienten Spaziergänge, Tanzen oder auch Radfahren bewirken eine Verminderung erhöhter Blutzuckerwerte und können des weiteren zur Stabilisierung schwankender Blutzuckerwerte beitragen. Häufig sinken erhöhte Triglyzerid- und Cholesterinwerte im Blut ab, und die Insulin- oder Sulfonylharnstoffdosis kann verringert werden. Bei übergewichtigen Diabetikern wird zudem dadurch die Gewichtsabnahme gefördert.

Diät

Die Diät ist die Grundlage jeder Diabetestherapie. Eine Einheitsdiät gibt es nicht. Jeder Diabetiker benötigt auf Grund seiner Stoffwechselstörung eine individuelle Diät, die vom Arzt in Zusammenarbeit mit einer Diabetesberaterin zusammengestellt wird. Ca. 30% der Diabetiker lassen sich durch diätetische Einstellung allein optimal behandeln. Grundsätzlich gilt, daß die Diät des Diabetikers energiegerecht, fettbegrenzt und kohlenhydratreich sein soll. Übergewichtige Diabetiker werden bis zur Erreichung des Idealgewichtes (realistischer: Normalgewicht) mit einer Reduktionsdiät behandelt.

Der notwendige tägliche Kalorienbedarf eines Diabetikers wird nach Alter, Geschlecht, Größe, Gewicht und körperlicher Tätigkeit variiert. Das Soll- und das Idealgewicht können nach folgender Regel berechnet werden:

Sollgewicht (in kg) nach Broca-Index: Körpergröße in cm – 100.

Idealgewicht nach Broca-Index: Bei Männern – 10%, bei Frauen – 15%.

Vom 35.–40. Lebensjahr an werden 5% weniger Kalorien pro Lebensdekade gebraucht und somit auch berechnet. Für einen Diabetiker mit Idealgewicht wird der tägliche Kalorienbedarf nach Tab. 7.**4** berechnet. Ein Diabetiker mit einem Idealgewicht von 70 kg, der eine körperlich leichte Tätigkeit ausübt, benötigt pro Tag somit $70 \times 32 = 2240$ Kalorien (9380 kJ). Anstelle der Maßeinheit Kalorien wurde die Einheit Joule eingeführt. Der Umrechnungsfaktor beträgt 4,18 (1 Kalorie = 4,18 kJ).

Tabelle 7.**4** Bestimmung des täglichen Kalorienbedarfs in Abhängigkeit von der körperlichen Arbeit (kcal/kg Idealgewicht)

	pro kg Körpergewicht
Bei Bettruhe	20–25 kcal (84–105 kJ)
Bei leichter körperlicher Arbeit	32 kcal (134 kJ)
Bei mittelschwerer körperlicher Arbeit	37 kcal (155 kJ)
Bei schwerer körperlicher Arbeit	40 kcal (167 kJ)

Je nach Tagesablauf und Eßgewohnheiten des Betroffenen, bei hohen Blutfettwerten, bei Schwangeren und bei Kindern im Wachstum kann die Zusammensetzung der Nahrungsanteile verändert werden. Liegen jedoch keine Besonderheiten vor, verteilt sich die Nährstoffmenge folgendermaßen (Tab. 7.**5**):

50 – 60% Kohlenhydrate (KH),
15 – 20% Eiweiß,
25 – 30% Fett.

Die gesamte Nährstoffmenge wird in 6 – 7 Mahlzeiten (3 Haupt- und 3 – 4 kleine Mahlzeiten) verabreicht.

Die Verteilung der verordneten KH-Menge kann nach der Faustregel 1/3 zum Frühstück, 1/3 zum Mittagessen und 1/3 zum Abendessen erfolgen. Die Anzahl der BE einer Hauptmahlzeit (1. Frühstück, Mittagessen, Abendessen) soll sich möglichst nur um eine, maximal um 2 BE (1 BE = 12 g KH = 1 Scheibe Brot [30 g]) von der nächstfolgenden oder vorhergegangenen Mahlzeit unterscheiden. Durch diese gleichmäßig über den Tag verteilte Nahrungsaufnahme können erhebliche postprandiale Blutzuckeranstiege vermieden werden. Außerdem kommt dieses Diätregime den Wirkungsweisen der meisten Intermediärinsuline entgegen.

Die verordneten *Kohlenhydrate* sollen schwer aufschließbar und deshalb langsam resorbierbar sein, z. B. dunkle Brotsorten, Kartoffeln, dunkle Mehlsorten, Reis, Hülsenfrüche und Haferflocken, wobei besonders ballaststoffreiche Nahrungsmittel, die zur Glättung der Blutzuckertagesprofile führen, empfehlenswert sind. Gemüse sind besonders zu bevorzugen, da sie einen hohen Vitamin- und Mineralstoffgehalt aufweisen und stark sättigen.

Grundsätzlich verboten ist der Verzehr von reinem Zucker sowie von Nahrungsmitteln, die reinen Zucker enthalten, wie Honig, Weintrauben, Rosinen, Datteln, Bananen, Feigen, Dörrobst, Südweine, Konfitüren, Bonbons, Schokolade, Backwaren und Alkoholika mit hohem KH-Gehalt wie Liköre, Schnäpse, Sekt und Bier.

Kohlenhydratarme Alkoholika wie Weinbrand, Cognac, Whiskey, Gin oder Rum müssen in die tägliche Nährstoffmenge eingerechnet werden (1 g Alkohol = 7 kcal = 29 kJ).

Als Süßstoffe sind Saccharin, Zyklamat und Aspartam oder Zuckeraustauschstoffe wie z. B. Fruktose, Sorbit und Xylit verwendbar. Zuckeraustauschstoffe werden in den BE-Berechnungen einbezogen (12 g Zuckeraustauschstoff = 1 BE). Sorbit kann, wenn es in größeren Mengen verwendet wird, zur osmotischen Diarrhoe führen. Da diese Substanz häufig in speziellen Diabetikernährmitteln zu finden ist, muß sie als Ursache für gastrointestinale Störungen in Betracht gezogen werden.

Das täglich verzehrte *Fett* setzt sich zusammen aus dem Streichfett (Butter oder Margarine), dem Koch- oder Bratfett und dem sogenannten versteckten Fett in vielen Wurst- oder Fleischsorten. Es steht somit für den Brotaufstrich ca. 1/3 der Fettmenge zur Verfügung. Das Fett sollte reich an mehrfach ungesättigten Fettsäuren sein; Sonnenblumen- oder Distelöle sowie Margarine mit hohem Gehalt an Polyenfettsäuren (mehrfach ungesättigte Fettsäuren) sind zu bevorzugen. Bei Patienten mit vaskulären Komplikationen sollte die tägliche Fettzufuhr 30 g nicht überschreiten.

Der *Eiweißbedarf* von Diabetikern entspricht demjenigen von Stoffwechselgesunden. Eine Ausnahme bilden Patienten

- im Wachstum,
- in der Schwangerschaft,
- mit Untergewicht in Folge längerfristiger Stoffwechseldekompensation.

Eiweißreiche und gleichzeitig fettarme Sorten von Fisch, Fleisch, Käse und geringe Mengen von Eiern und Milch sind hier zu bevorzugen.

Tabelle 7.**5** Aufteilung der Grundnährstoffe in einer Diabetesdiät von 2000 kcal (8400 kJ)

	Eiweiß	**Fett**	**Kohlenhydrate (KH)**
Kalorienanteil %	17	30	53
Kalorienmenge	340	600	1060
g Nährstoffe	83	64	259
1 g KH = 4,1 kcal (17,2 kJ)	1 g Fett = 9,3 kcal (38,9 kJ)		1 g Eiweiß = 4,1 kcal (17,2 kJ)

Medikamentöse Therapie

Orale Antidiabetika

Beim Typ-II-Diabetes und beim MODY-Typ sind orale Antidiabetika indiziert. 3 Gruppen von Antidiabetika werden unterschieden (Tab. 7.**6**). In der Tabelle sind neben der Wirkungsweise auch die Indikationen und wichtigsten Nebenwirkungen der oralen Antidiabetika angegeben.

Einige Medikamente, wie z. B. Salizylate, Antirheumatika, Betarezeptorenblocker, aber auch Alkohol können die blutzuckersenkende Wirkung von Sulfonylharnstoffderivaten und damit das Hypoglykämierisiko verstärken, während z. B. orale Kontrazeptiva, Glukokortikoide, Saluretika sowie trizyklische Antidepressiva die blutzuckersenkende Wirkung abschwächen können.

Kontraindikationen für eine Therapie mit oralen Antidiabetika sind:

- Insulinmangeldiabetes,
- Schwangerschaft,
- schwere Niereninsuffizienz,
- Leberinsuffizienz,
- Coma diabeticum,
- schwere diabetische Spätschäden (z. B. Gangrän).

In Tab. 7.**7** sind einige wesentliche orale Antidiabetika vom Sulfonylharnstofftyp aufgelistet.

Insulin

Die Behandlung mit Insulin ist angezeigt bei:

- Typ-I-Diabetes,
- Sekundärversagen einer Sulfonylharnstofftherapie bei Typ-II-Diabetes
- Akutsituation (drohende ketoazidotische Entgleisung, diabetisches Koma, perioperativ),
- Nebenwirkungen und Kontraindikationen der oralen Antidiabetika,
- Schwangerschaft, sofern Diät allein nicht ausreicht,
- diabetischer Neuropathie und progredientem mikroangiopathischem Spätsyndrom.

Zur Ersteinstellung eines Diabetikers wird heute Humaninsulin verwendet. Humaninsulin wird gentechnologisch in E. coli- und Hefekulturen hergestellt. Gut mit Schweineinsulin eingestellte Diabetiker müssen nicht unbedingt auf Humaninsulin umgestellt werden.

Die Dosierung des Insulins erfolgt in Internationalen Einheiten (1 mg = 24 IE). In Deutschland haben die meisten Stechampullen 40 Einheiten Insulin/ml (U-40-Insuline). Ampullen für die „Pens" (s. u.) und normale Stechampullen im Ausland haben die Konzentration 100 IE/ml (sog. U-100-Insuline).

Zur Injektion von Insulin sollten nur Spritzen verwendet werden, die eine Insulinskala aufwei-

Tabelle 7.**6** Orale Antidiabetika

	Sulfonylharnstoffe	**– Acarbose – Füll- und Quellstoffe (z. B. Guar)**	**Biguanide (z. B. Metformin)**
Wirkungsweise	– Steigerung der Insulinsekretion – Verbesserung der peripheren Insulinempfindlichkeit – Verbesserung der Glukoseaufnahme der Leber	Verzögerung der Aufspaltung bzw. Resorption von Kohlenhydraten im Darm	– Verzögerung der Glukoseresorption – Verbesserung der peripheren Insulinempfindlichkeit – anfängliche Erleichterung der Körpergewichtsabnahme – Hemmung der hepatischen Glukoneogenese
Indikation	– Typ-II-Diabetes, wenn Diät allein nicht ausreicht – in Kombination mit Insulin	– Typ-II-Diabetes, zur Diät bzw. zur Diät + Sulfonylharnstoffe, – Typ I und Typ II in Kombination mit Insulin	– Typ-II-Diabetes, zur Diät bzw. zur Diät + Sulfonylharnstoffe, – Überempfindlichkeit bei anderen Antidiabetika
Nebenwirkungen	hypoglykämische Reaktionen als Ausdruck einer Überdosierung	gastrointestinal (häufig)	– gastrointestinal – Laktazidose bei Nichtbeachtung der Kontraindikationen

Tabelle 7.7 Orale Antidiabetika vom Sulfonylharnstofftyp

Freiname	Handelsname (Auswahl)	HWZ [h]	Dosierung (früh – mittags – abends) oben: niedrig unten: hoch	Bemerkungen
Tolbutamid	Rastinon 1 g	3–8	1/2–1 0 0 1 0 1/2–1	gut verträglich, schwächer wirksam
Glibenclamid	Euglucon N 3,5 mg	15	1/2–1 0 0 2 0 1/2–1	stark wirksam
Glisoxepid	Pro-Diaban 4 mg	1,5–2	1/2–2 0 0 2 1 1	kurze HWZ
Glibornurid	Glutril 25 mg	ca. 8	1/2–2 0 0 2 0 1/2–1	geringere NW (?)
Gliquidon	Glurenorm 30 mg	1,5–24	1/2–2 0 0 2 1 1	auch bei (kompensierter) Niereninsuffizienz

- Orale Antidiabetika vom Sulfonylharnstofftyp möglichst erst bei annäherndem Normalgewicht einsetzen,
- Einschleichen der Dosis mit geringen Einzeldosen morgens,
- erst wenn die maximale Einzeldosis am Morgen erreicht ist, weitere Tablette zu Mittag oder zum Abend,
- nach Besserung des Blutzuckers evtl. Dosisreduzierung erforderlich.

sen, welche auf 40 IE/ml geeicht ist (Abb. 7.**2 a**). Zur subkutanen Injektion von Insulin wird meistens die 11-mm-Kurzkanüle benutzt. Als Injektionshilfen haben sich in den letzten Jahren die „Pens" bewährt, die von verschiedenen Firmen herausgegeben werden (z. B. OptiPen der Firma Hoechst, Abb. 7.**2 b**). Die „Pens" verdanken den Namen ihrer Ähnlichkeit mit einem Füllfederhalter. Der Insulinvorrat kann mittels einer Patrone ausgewechselt werden. Durch Drücken des Knopfes am Endes

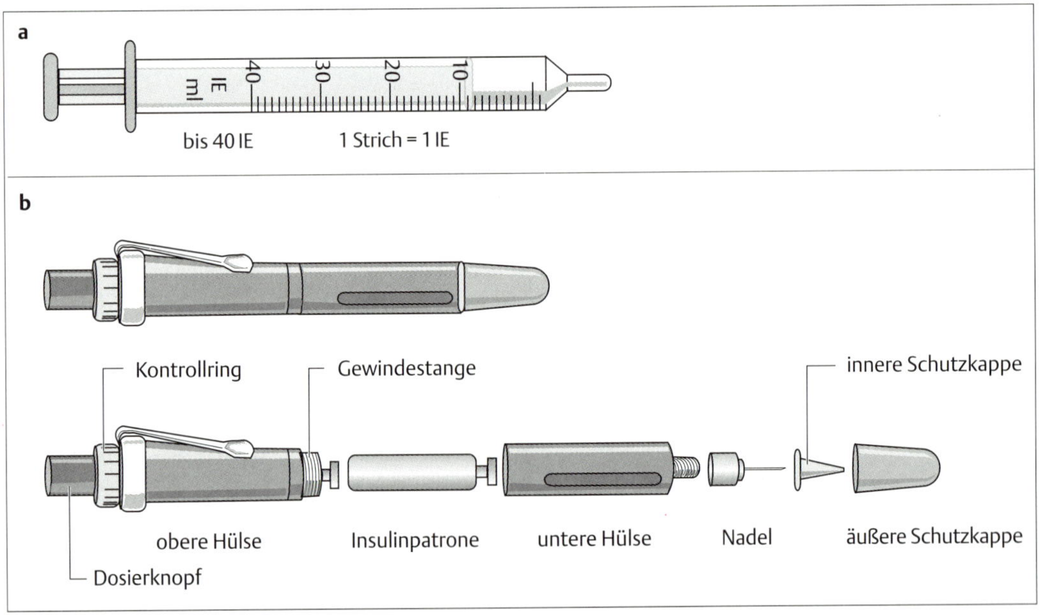

Abb. 7.**2** Insulinspritzen, Skala in internationalen Einheiten (IE). **a** Einmalspritze aus Kunststoff, **b** „Optipen" für die intensivierte Insulintherapie.

des Pens werden exakte Insulinmengen durch eine feine Nadel abgegeben. Durch diese Vereinfachung führt der Patient sein Insulin immer spritzfertig mit sich.

Geeignete Körperstellen zur Injektion von Insulin (auch zum Selberspritzen) sind die Oberschenkel vorn sowie der Bauch unterhalb des Nabels (Abb. 7.**3 a, b**). Die Spritzfelder müssen bei regelmäßigem Spritzen von Insulin stets gewechselt werden, da sich an der Injektionsstelle Narben bilden können, die den Wirkungsablauf des Insulins beeinträchtigen.

An Insulinpräparaten stehen Normal-(Alt-)Insuline mit raschem Wirkungseintritt und kurzer Wirkungsdauer (4 - 6 Stunden), Intermediärinsuline mit mittlerer Wirkungsdauer (9 - 16 Stunden) und langwirksame bzw. Langzeitinsuline mit langer Wirkungsdauer (24 - 28 Stunden) zur Verfügung (Abb. 7.**4**).

Da alle Insuline Konservierungsstoffe enthalten, wird eine bakterielle Kontamination der Ampullen verhindert und eine Desinfektion der Haut vor subkutaner Injektion überflüssig.

Altinsulin wird nur in Notfällen (Coma hyperglycämicum) intravenös, sonst wie alle anderen Insulinsorten subkutan gespritzt. Die Ersteinstellung mit Insulin wird in der Regel unter klinischer Beobachtung durchgeführt, wobei je nach Stoffwechsellage eine Gesamtdosis im Bereich von 24 bis 48 IE gewählt wird.

Bei der konventionellen Therapie werden $^{2}/_{3}$ der Dosis morgens, $^{1}/_{3}$ abends injiziert. Bei der intensivierten Insulintherapie (nahe normoglykämische Insulintherapie, Basis-Bolus-Konzept, Abb. 7.**5**), wird zur Nacht ein lang wirkendes Insulin gespritzt, um einen Basisinsulinspiegel im Blut zu erhalten. Durch Gabe von Altinsulin zu den Hauptmahlzeiten (25 - 30% der Gesamtdosis vor dem ersten Frühstück, 15 - 20% vor dem Mittagessen, 20 - 25% vor dem Abendessen) lassen sich oft normoglykämische Blutzuckerwerte erzielen. Der Patient muß intensiv geschult sein und seine Blutzuckerwerte regelmäßig selbst kontrollieren.

Der Spritz-Eß-Abstand ist abhängig von der Insulinart und beträgt bei Normal-(Alt-)Insulin 15 - 30 Minuten, bei Verzögerungsinsulin 30 - 45 Minuten.

Die gefährlichste und häufigste Komplikation der Insulintherapie ist die Hypoglykämie, die bis zum hypoglykämischen Schock führen kann (S. 162 und S. 353). Ursächlich in Betracht kommen

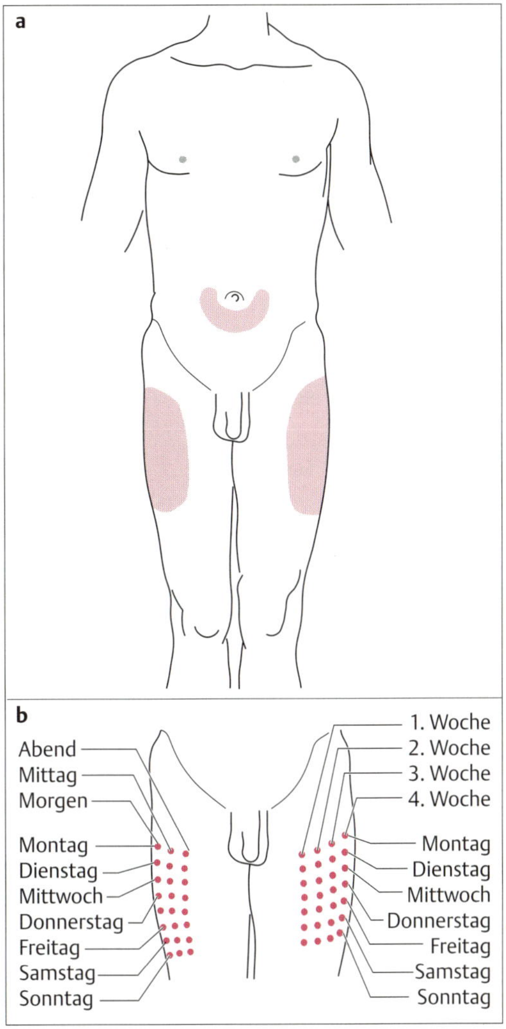

Abb. 7.**3**
a Bevorzugte Einspritzungsstellen.
b Zwei Beispiele für das „Spritzen nach Plan" am Oberschenkel: Verteilung der Injektionsstellen bei der Einspritzung pro Tag (rechts) und bei mehreren Einspritzungen pro Tag (links).

- fehlerhafte Insulintherapie (Überdosierung von Insulin, i. m. Injektion),
- Auslassen von Mahlzeiten bei gleichbleibender Insulindosierung,
- erhöhter Alkoholgenuß,
- vermehrte körperliche Betätigung.

Als weitere Komplikation der Insulintherapie kann eine Insulinallergie auftreten. Ursache einer

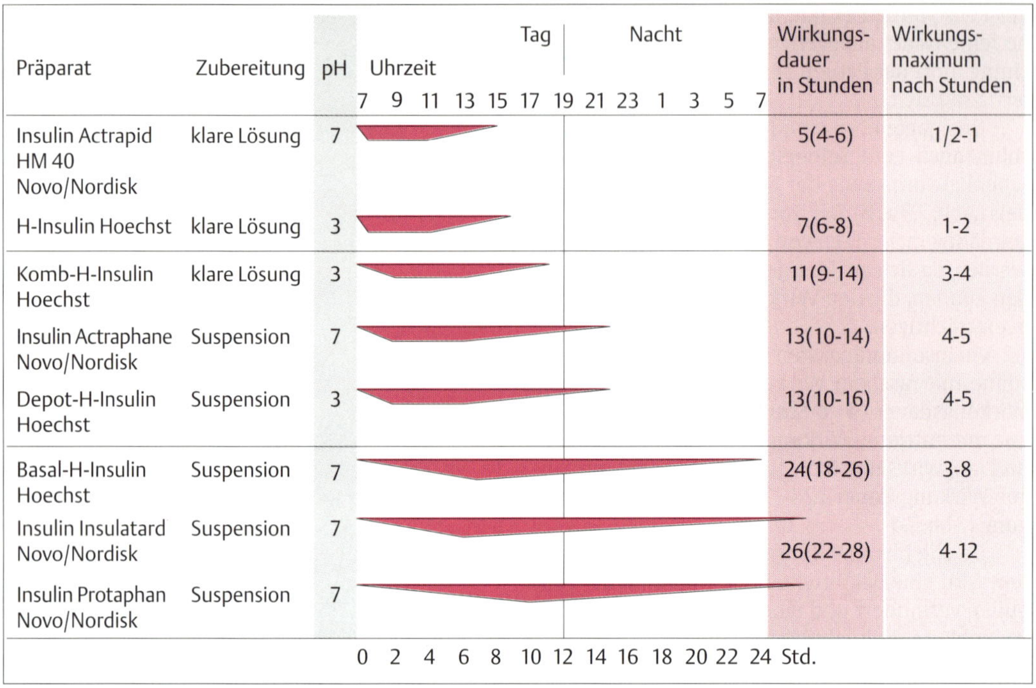

Abb. 7.**4** Wirkungsdauer und -maximum einiger Insulinpräparate.

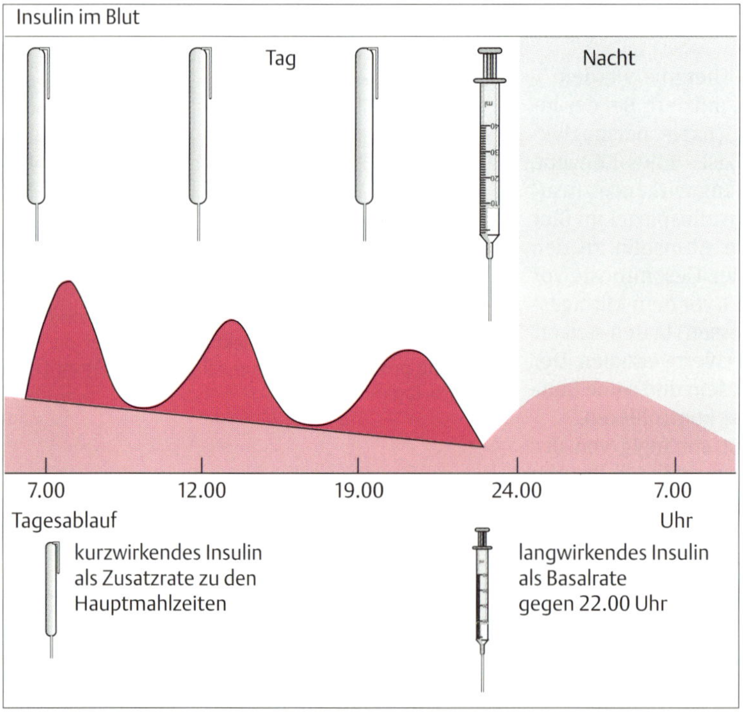

Abb. 7.**5** Therapiekonzept der intensivierten Insulintherapie.

Insulinresistenz (Insulinbedarf > 150–200 IE) ist neben den sehr selten auftretenden Insulinantikörpern das metabolische Syndrom.

Bei ausgewählten Patienten, die sich mit den herkömmlichen Insulinbehandlungen nicht gut einstellen lassen, kann der Versuch einer Insulinpumpenbehandlung durchgeführt werden. Die Pumpe injiziert Normalinsulin subkutan. Die Steuerung erfolgt über einen kleinen programmierbaren Computer. Die Patienten müssen die mentalen Vorausetzungen mitbringen und besonders geschult sein.

Komplikationen

Das Schicksal des Diabetikers wird durch das Ausmaß der Gefäßschäden bestimmt. Die gefäßbedingten Todesursachen betragen fast 80%. Die Komamortalität ist von über 60% (um 1900) auf etwa 1% abgesunken.

Es kann zwischen akuten und nichtakuten (chronischen) Komplikationen beim Diabetes mellitus unterschieden werden.

Akute Komplikationen

In der Systematik wird zwischen hyper- und hypoglykämischen Krisen differenziert.

Hyperglykämie

Die schwerste Form der diabetischen Stoffwechselentgleisung sind die hyperglykämischen Komata, die durch komplexe Störungen des Kohlenhydrat-, Fett-, Protein-, Wasser-, Mineral- sowie Säure- und Basenhaushalts in Folge absoluten oder relativen Insulinmangels gekennzeichnet sind.

Ätiopathogenetisch lassen sich hierbei 3 wesentliche Formen unterscheiden:

- ketoazidotisches Koma,
- hyperosmolares, nicht ketoazidotisches Koma,
- laktatazidotisches Koma.

Das **ketoazidotische Koma** wird inbesondere bei jungen Diabetikern, die insulinbedürftig sind, angetroffen. Neben einer Hyperglykämie, die oft 600 mg/dl (33 mmol/l) nicht überschreitet, bestehen Glukosurie, Ketoanämie und Ketonurie.

Als Ausdruck der metabolischen Azidose besteht häufig eine tiefe, beschleunigte Atmung (Kussmaul-Atmung).

Das **hyperosmolare Koma** betrifft überwiegend ältere Diabetiker und tritt nicht selten als Erstmanifestation eines Diabetes mellitus auf. Bei dieser Form des Komas besteht eine ausgeprägte Hyperglykämie mit Blutzuckerwerten häufig über 1000 mg/dl (56 mmol/l), während eine Ketoazidose und damit Kussmaul-Atmung sowie Azetongeruch des Atems fehlen. Diese Befunde lassen sich dadurch erklären, daß die noch vorhandenen geringen Insulinspiegel eine komplette Enthemmung der Fettmobilisation verhindern. Des weiteren ist diese Form des Komas durch ausgeprägte Hyperosmolarität, starke Hypernatriämie sowie massive intra- und extrazelluläre Dehydratation gekennzeichnet, wobei der Hämatokritwert 90% erreichen kann.

Mischformen beider Komata treten häufig auf.

Häufige Ursachen beider Komaformen sind:

- unerkannter Diabetes mellitus (Erstmanifestation mit Koma),
- unzureichende Therapie (Diätfehler, zu geringe Insulindosis, vergessene Insulininjektion),
- akute Infektionen (Gastroenterititiden, akute Pyelonephritis, Pneumonie),
- zerebraler Insult, Herzinfarkt sowie schwere Traumen,
- akute Pankreatitis.

Beide Komaformen entwickeln sich langsam über Tage und ähneln einander in der Symptomatik. Allerdings können sich die Symptome bei Jugendlichen und Kindern innerhalb weniger Stunden entwickeln.

Als Vorzeichen lassen sich Müdigkeit, Apathie, Appetitlosigkeit, Übelkeit, Erbrechen, Durst, Polydipsie, Polyurie und Anurie nachweisen. Gelegentlich bestehen Bauchschmerzen (Pseudoperitonitis diabetica!). Zeichen der Exsikkose sind weiche Bulbi, trockene Haut und Schleimhäute. Auch werden flacher, tachykarder Puls und Blutdruckabfall beobachtet. Besteht zunächst im Präcoma diabeticum Bewußtseinstrübung, kommt es im Koma zu Bewußtlosigkeit mit Hypo- oder Areflexie sowie herabgesetztem Muskeltonus. Besonders kennzeichnend für das hyperosmolare Koma ist die neurologische Symptomatik, die mit Tremor, Muskelzuckungen sowie zerebralen Krampfanfällen einhergehen kann.

Die seltene **Laktatazidose**, die mit Laktatspiegelerhöhungen im Serum oder mit oft mäßiger Hyperglykämie einhergeht, ist keine direkte Folge der diabetischen Stoffwechselstörung, sondern steht in Beziehung zur Diabetestherapie mit Biguaniden.

Hypoglykämie

Beim hypoglykämischen Schock sind erste Symptome bereits häufig bei Werten um 50 mg/dl (2,8 mmol/l) nachweisbar. Häufigste Ursachen sind Überdosierung von Insulin oder Sulfonylharnstoffen (insbesondere Glibenclamid). Darüber hinaus wirken aber auch übermäßige Muskelarbeit sowie massiver Alkoholkonsum hypoglykämisierend.

Beim hypoglykämischen Schock wird zwischen Symptomen der Gegenregulation (adrenerge Symptome) und Symptomen der neuralen Glukopenie unterschieden. **Adrenerge Symptome** sind:

- Unruhe,
- Angst,
- kalter Schweiß,
- Zittern,
- Tachykardie, Herzklopfen,
- Hunger,
- Übelkeit, Speichelfluß,
- Parästhesien,
- Harn- und Stuhldrang.

Neuroglukopenische Symptome sind:

- Konzentrationsschwäche, Gedächtnisstörung,
- unkontrolliertes Verhalten („Reizbarkeit"),
- motorische Unruhe, aber auch Müdigkeit und Apathie,
- Sprach- und Sehstörungen,
- Somnolenz und Koma,
- Krämpfe und Lähmungen.

Besonders bei älteren Diabetikern verlaufen Hypoglykämien häufig atypisch und können einen apoplektischen Insult oder einen Myokardinfarkt vortäuschen. In Tab. 7.**8** sind die wichtigsten Unterscheidungsmerkmale von Coma diabeticum und hypoglykämischem Schock wiedergegeben.

Mittels Blutzuckerschnellteststreifen (z. B. Hämo-Gluco-Test 20–800 von Boehringer oder Visidex von Ames) wird die Diagnose der Hypoglykämie sofort gesichert. Später ist die exakte Blutglukosemessung zur Diagnosesicherung durchzuführen. Sollten allerdings differentialdiagnostische Unsicherheiten in der Unterscheidung von Hyperglykämie und Hypoglykämie bestehen, wird niemals als Erstmaßnahme Insulin gegeben. Im Zweifelsfall wird immer Glukose oral oder besser intravenös verabreicht.

Therapie der hyperglykämischen Krise

Beim diabetischen Koma wird als therapeutische Sofortmaßnahme vor Einweisung in die Klinik mit der Flüssigkeitszufuhr begonnen (Infusion einer 0,9%igen physiologischen Kochsalzlösung). Weiterhin werden 20 IE Normal-(Alt-)Insulin i. v. gegeben. In dieser Situation wird Insulin nie s. c. appliziert, da die Absorption bei Exsikkose nicht berechenbar ist.

Die getroffenen Maßnahmen werden protokolliert und in die Klinik übermittelt. In der Klinik wird unter intensivmedizinischen Bedingungen die Flüssigkeitszufuhr unter ständiger Kontrolle des zentralen Venendrucks (ZVD) exakt gesteuert. Bei einem erhöhten initialen Natrium (> 155 mmol/l) wird 0,5%ige Kochsalzlösung oder

Tabelle 7.**8** Unterscheidungsmerkmale von hyper- und hypoglykämischen Krisen

	Coma diabeticum	Hypoglykämischer Schock
Entwicklung	langsam, Tage	plötzlich, Minuten
Hunger	–	+++
Durst	+++	–
Muskulatur	hypoton, nie Krämpfe	hyperton, Tremor
Haut	trocken!!!	feucht, schwitzig
Atmung	große Atemnot Azetongeruch	normal
Augenbulbi	weich	normal
	Fieber, Bauchschmerz	delirante Vorstadien (Fehldiagnose: Alkoholiker!) evtl. Bild eines zerebralen Insultes mit neurologischen Ausfällen

ggf. Drittellösung (1/3 physiologische Kochsalzlösung, 1/3 Natriumbikarbonatlösung, 1/3 Wasser) infundiert. Bei Natrium unter 155 mmol/l wird 0,9%ige Kochsalzlösung gegeben. Insgesamt sollten bis zu 10% des Körpergewichts an Flüssigkeit in den ersten 12 Stunden i.v. appliziert werden.

Bei Hypokaliämie wird mit 10–20 mmol Kalium/Std. begonnen. Als grobe Orientierung für die Kaliumzufuhr bei ungestörter Nierenfunktion gilt: pro 1 IE Insulin 1,5 mmol Kaliumchlorid. Das Phosphat wird in der Größenordnung von 10 mmol/Std. infundiert. Mit der Phosphatsubstitution sollte begonnen werden, wenn das Serumphosphat auf 1 mg/dl (0,3 mmol/l) abgefallen ist.

Die Natriumbikarbonattherapie ist bei einem Blut-pH von < 7,1 unerläßlich.

Insulin wird als Normal-(Alt-)Insulin in der Dosis von 6–10 Einheiten/Std. infundiert. Ein Bolus von 20 IE i.v. kann bei Einleitung der Insulintherapie gegeben werden.

Der Blutzuckerabfall sollte etwa 80–100 ml (4.5–5.5 mmol/l) stündlich betragen. Bei einem Blutzuckerspiegel von 250 mg/dl (14 mmol/l) wird eine 5%ige Glukoselösung infundiert und die Insulininfusion auf etwa 2–3 IE/Std. reduziert. Bei Hyponatriämie wird physiologische Kochsalzlösung infundiert. Digitalispräparate werden erst bei ausgeglichenen und konstanten Elektrolytverhältnissen gegeben.

Neben engmaschigen Laborkontrollen (Natrium, Kalium, Blutzucker, Blutgasanalyse) ist an Dekubitusprophylaxe, Blasenkatheter, Breitbandantibiotikum zu denken.

Komplikationen während der Behandlung können durch unsachgemäße Therapie, aber auch durch das Koma selbst entstehen. Da jeder zweite Patient eine Magenatonie aufweist, sollte regelmäßig, insbesondere zur Vermeidung einer Aspirationspneumonie, eine Magensonde gelegt werden. Zu achten ist darüber hinaus auf thromboembolische Komplikationen, die bei etwa jedem 4. Patienten vorkommen. Heparin in niedriger Dosierung ist das Therapeutikum der Wahl.

Therapie der Hypoglykämie

Bezüglich der Gefahr eines hypoglykämischen Schocks muß der Diabetiker immer ca. 10–20 g Traubenzucker oder 4–8 Stück Würfelzucker mit sich führen, die bei den ersten Anzeichen der Hypoglykämie einzunehmen sind. Darüber hinaus können auch rasch resorbierbare Kohlenhydrate in Form von Cola-Getränken, Obstsaft und Keksen eingenommen werden.

Bei Eintrübung des Bewußtseins werden mindestens 20–50 ml 40%ige Glukose im Nebenschluß zur laufenden Infusion (Ringerlösung) bis zum Aufwachen infundiert.

Bei den meist protrahiert verlaufenden schweren Hypoglykämien unter Sulfonylharnstofftherapie wird sofort mit der i.v. Injektion der 40%igen Glukoselösung und der Infusion von 500 ml 10%iger Glukoselösung begonnen und in ein Krankenhaus stationär eingewiesen.

Prognose. Sie hängt bei den diabetischen Komata von der Dauer und Schwere der Stoffwechselentgleisung ab. Entscheidende Bedeutung kommt daher der Beachtung der Prodromalsymptome, der Frühdiagnose und der sofortigen Einhaltung der Behandlung zu. Diagnostisch ungünstig sind höheres Lebensalter und Begleitkrankheiten (Kreislauf und Nieren). Die Prognose der Hypoglykämie ist günstig.

Nichtakute Komplikationen

Angiopathien

Neben den Neuropathien stehen die Gefäßschäden im Vordergrund der chronischen Komplikationen des Diabetes mellitus. Es wird zwischen einer diabetesspezifischen Mikroangiopathie und einer weniger spezifischen Makroangiopathie, unter der eine vorzeitige und sich verstärkt manifestierende Arteriosklerose verstanden wird, unterschieden. Verstärkt werden die diabetischen Gefäßprozesse durch die oft gleichzeitig bestehende Hyperlipoproteinämie, die Hypertonie und den häufig nachweisbaren Nikotinabusus.

Wesentlich verantwortlich für die Entstehung und das Ausmaß der Gefäßkomplikationen sind die Dauer des Diabetes mellitus, besonders jedoch die Güte der Einstellung. Während der schlecht eingestellte Diabetiker Gefäßkomplikationen und Neuropathien teilweise schon in erheblichem Ausmaß nach 5–10 Jahren aufweist, ist bei gut eingestelltem Diabetes mellitus z.B. eine Retinopathie auch nach über 20 Diabetesjahren eine Seltenheit. In der Regel sind etwa 10–15 Jahre nach Manifestation des Diabetes mellitus diabetische Angiopathien nachweisbar.

Die diabetische Mikroangiopathie manifestiert sich bevorzugt als Retinopathie und Nephropathie. An den Augen lassen sich neben der Retinopathie mit Mikroaneurysmen Brechungsanomalien, frühzeitige Katarakt sowie Glaskörper- und Netzhautblutungen nachweisen (Abb. 7.**6**).

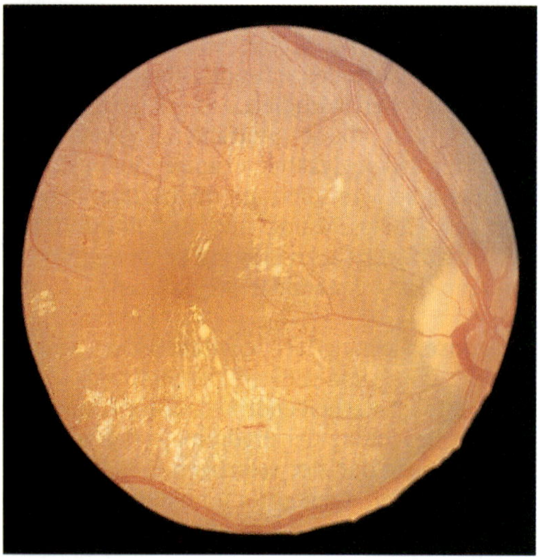

Abb. 7.**6** Diabetische Retinopathie. Neben Mikroaneurysmen und punktförmigen Blutungen finden sich Lipoidablagerungen.

In Abb. 7.**7** sind die Zusammenhänge der nichtakuten Komplikationen des Diabetes mellitus an den verschiedenen Organen graphisch dargestellt.

Die diabetische Nephropathie ist häufig mit Infektionen der Harnwege kombiniert. Das akute schmerzhafte Krankheitsbild der Papillennekrose ist gekennzeichnet durch die Symptome der Nierenkolik, Hämaturie und Fieber. Die häufigste Nierenkomplikation ist die Pyelonephritis. Harnwegsinfektionen treten bei Diabetikern häufig nicht unter akuten Krankheitszeichen auf, sondern verlaufen subakut bis chronisch. Da die Pyelonephritis im Gegensatz zu den Nephroangiopathien gut und sicher behandelt werden kann, sollten bei Diabetikern regelmäßige Kontrollen des Harnstatus mit qualitativer und quantitativer Keimbestimmung im Urin angestrebt werden.

Die Makroangiopathie führt geschlechtsunabhängig zu frühzeitiger Koronarsklerose, Zerebralsklerose sowie Sklerose der Beinarterien und oftmals auch der Nierengefäße. Myokardinfarkt-charakteristische Mikrodefekte, zerebrale Insulte sowie periphere Durchblutungsstörungen sind beim Diabetiker doppelt so häufig anzutreffen wie bei gesunden Normalpersonen. Der diabetischen Gangrän der unteren Extremitäten liegt neben der arteriellen Verschlußkrankheit (Makroangiopathie) und der diabetischen Mikroangiopathie die Neuropathie und darüber hinaus auf Grund der Abwehrschwäche (u.a. verminderte Leukozytenfunktion) eine Infektion zugrunde.

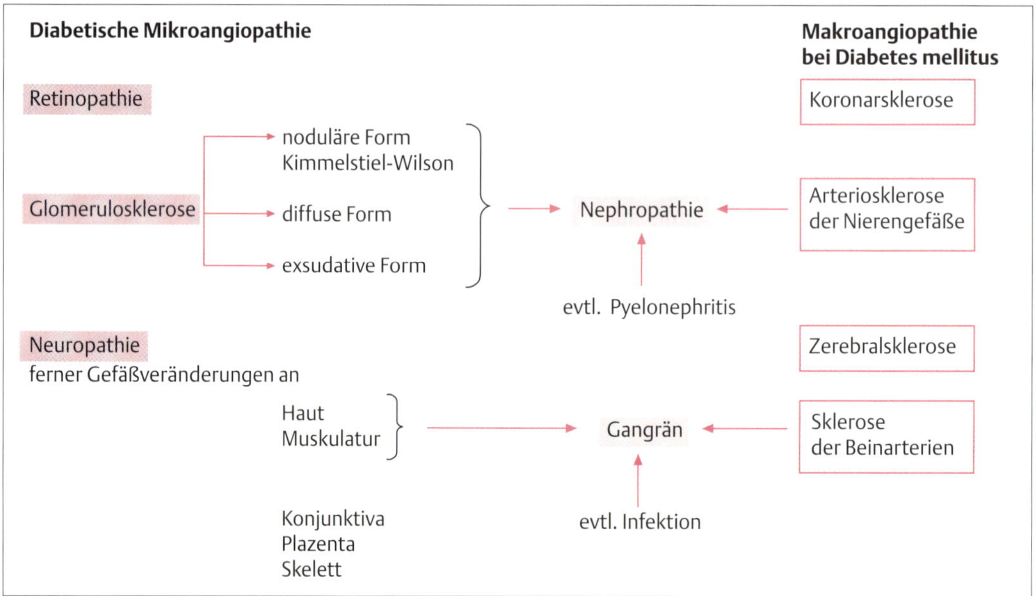

Abb. 7.**7** Nichtakute Komplikationen des Diabetes mellitus (diabetisches Spätsyndrom sowie Zusammenhänge zwischen Mikro- und Makroangiopathie des Diabetikers).

In Abb. 7.**8a** sind die wesentlichen pathogenetischen Komponenten für die Entstehung des diabetischen Fußes wiedergegeben. Häufig gehen die Patienten auch bei Entdeckung einer Wunde nicht sofort zum Arzt, weil sie den Befund infolge Schmerzarmut bagatellisieren. Der Arzt sieht den diabetischen Fuß oft erst dann, wenn massive gangränöse Veränderungen vorliegen (Abb. 7.**8b**). Der Patient muß daher regelmäßig über Maßnahmen zur Prävention des diabetischen Fußes aufgeklärt werden. In Tab. 7.**9** sind die wesentlichen Maßnahmen zur Verhinderung der Entstehung eines diabetischen Fußes aufgelistet.

Schlechte Wundheilung, Neigung zu Pilzinfektionen, Furunkel oder Karbunkel sind weitere Zeichen der verminderten Resistenz der Diabetiker gegenüber allgemeinen Infektionen einschließlich der Tuberkulose.

Neuropathien

Bei der diabetischen Polyneuropathie wird zwischen der peripheren sensomotorischen und der autonomen Neuropathie unterschieden.

Tabelle 7.**9** Maßnahmen zur Prävention des „diabetischen Fußes"

- Gute Einstellung des Diabetes (Übergewicht abbauen!),
- weite, für die Zehen genug Raum bietende Schuhe,
- Naturfaserstrümpfe (Baumwolle, keine Stopfstellen, Faltenbildung vermeiden),
- mechanische Entlastung von Druckpunkten an den Füßen (Einlagen, orthopädisches Schuhwerk),
- Schneiden der Fußnägel ohne Verletzung. Eingewachsene Nägel werden chirurgisch behandelt; Hühneraugen und Hornhautverdickungen durch erfahrenen Arzt oder Pediküre,
- konsequente Therapie von Pilzinfektionen der Nägel,
- Baden der Füße in handwarmem Wasser (Temperatur prüfen). Gut abtrocknen mit weichen Tüchern,
- Hautpuder oder Lanolin. Keine Chemikalien, milde Desinfektionsmittel bei kleinen Verletzungen,
- keine selbständige Pediküre,
- tägliche sorgfältige Inspektion der Füße,
- nicht Barfußlaufen (Verletzungsgefahr, Pilzinfektionen in Schwimmbad, Sauna, Hotelzimmer etc.),
- tägliche Fußgymnastik, Gehtraining, Spaziergänge.

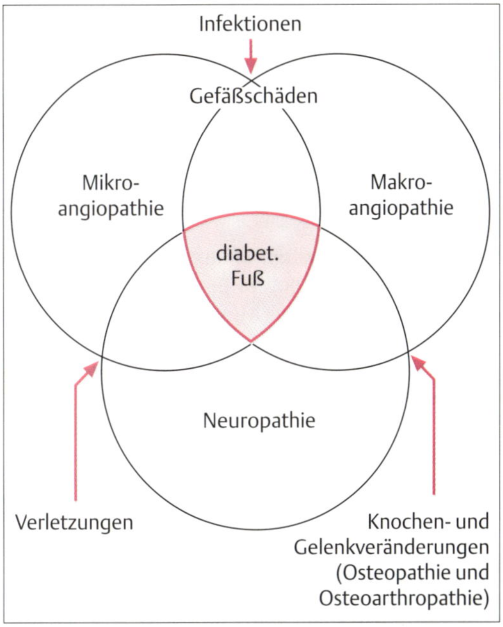

a

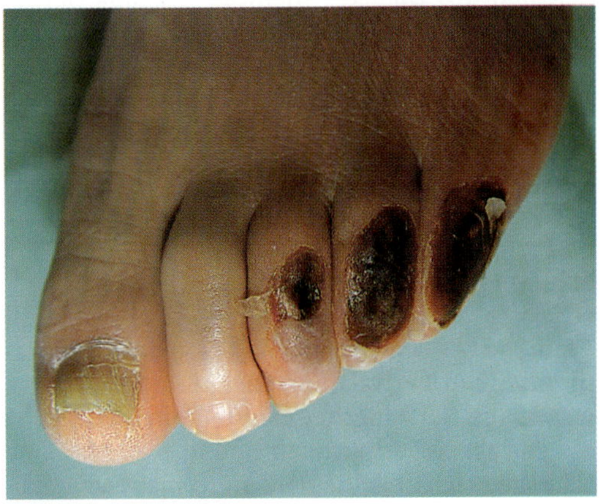
b

Abb. 7.**8**
a Pathogenetische Einflußfaktoren für die Entstehung eines diabetischen Fußes.
b Diabetischer Fuß.

Die periphere sensomotorische Neuropathie ist gekennzeichnet durch distal betonte, symmetrische sensible Reiz- und Ausfallserscheinungen, besonders an den unteren Extremitäten. Neben Parästhesien und sog. „burning feet" lassen sich oft ein vermindertes Vibrationsempfinden sowie Areflexie nachweisen.

Die autonome diabetische Neuropathie betrifft

- das *kardiovaskuläre System* (Ruhetachykardie, Frequenzstarrheit, schmerzlose koronare Ischämie),
- den *Magen-Darm-Trakt* (Ösophagusatonie, Gastroparese mit Magenentleerungsstörungen, Diarrhoe),
- das *Urogenitalsystem* (Blasenatonie, Überlaufblase, erektile Impotenz),
- die *Pupillenreaktion* (Miosis, gestörte Pupillenreflexe),
- die *Trophik* (Hyperkeratosen, Druckulkus, Knochenatrophie).

Der Diabetes mellitus ist eine chronische Erkrankung des gesamten Stoffwechsels und umfaßt Stoffwechselstörungen multifaktorieller Genese. Gemeinsames Leitsymptom ist die Hyperglykämie. Akute Stoffwechselkrisen und chronische Spätkomplikationen kennzeichnen das Krankheitsbild des Diabetes mellitus. Therapieziel ist die Normalisierung des Blutzuckers, aber auch des Fettstoffwechsels. Ohne konsequente Einbeziehung und Mitarbeit des Patienten in die Therapie und Therapieüberwachung ist eine gute Einstellung der Stoffwechselwerte nicht möglich.

Schwangerschaft und Diabetes

Während der Schwangerschaft ist eine besonders sorgfältige Überwachung der Blutzuckerwerte notwendig. Bei schlecht eingestelltem Diabetes ist die perinatale Sterblichkeit deutlich erhöht. Eine Schwangerschaft sollte derartig geplant sein, daß bereits 6 Monate vor der Konzeption eine optimale Stoffwechseleinstellung erfolgt ist.

Die Schwangerschaft stellt für den mütterlichen Organismus und den Stoffwechsel der Diabetikerin eine Belastung dar. Insbesondere wegen des hormonalen Faktors der Plazenta (Human placental lactogen = HPL) wirkt eine Schwangerschaft diabetogen, d. h. diabetesmanifestationsfördernd.

Während das Mortalitätsrisiko einer diabetischen Mutter < 1 % liegt, beträgt es für das Kind ca. 5 %. Hierfür ist die stark wechselhafte mütterliche Glukosetoleranz während der Schwangerschaft verantwortlich. Bewährt hat sich, daß die Diabetikerin während der Schwangerschaft von einem diabetologisch erfahrenen Internisten und Geburtshelfer betreut wird. Die Blutzuckerwerte sollten zwischen 60 und 120 mg/dl liegen. 140 mg/dl sollte nie überschritten werden bzw. müssen in diesem Fall sofortige therapeutische Reaktionen veranlaßt werden.

Eine Hyperglykämie würde beim Fetus reaktiv zu einem funktionellen Hyperinsulinismus führen, der für dessen Kohlenhydratfettmast (Übergröße, sogenannte Riesenkinder) verantwortlich ist. Gleichzeitig besteht eine Unreife infolge der Plazentainsuffizienz, so daß die Gefahr des intrauterinen Fruchttodes gegeben ist. Postpartal drohen Hypoglykämie und ein Atemnotsyndrom beim Fetus.

Empfehlenswert ist eine stationäre Aufnahme der Schwangeren ab der 32. Woche. Bei Kurzzeitdiabetes ohne Spätsyndrom, zuverlässiger Stoffwechselselbstkontrolle und komplikationslosem Schwangerschaftsverlauf kann dieser Termin verschoben werden. Der Entbindungstermin richtet sich ausschließlich nach dem Zustand des Feten. Die Indikation zur Schnittentbindung wird großzügig gestellt. Trotz der Senkung der perinatalen Mortalität ist die Morbidität des Feten (Unreife, Makrosomie, Mißbildung) noch hoch.

Perioperative Stoffwechselführung

Ursachen für ein perioperatives Risiko sind:

- präoperativ schlechte Diabeteseinstellung, so daß gehäuft gestörte Wundheilungen (z. B. Wundinfektionen) und perioperative Entgleisungen in die Hypo- oder Hyperglykämie die Folge sind,
- diabetische Spätkomplikationen, wie z. B. Mikro- und Makroangiopathien und Neuropathien, die ihrerseits wieder Wundheilungsstörungen und eine vermehrte Infektionsneigung bedingen.

Vor Operationen sollte die Blutzuckereinstellung verbessert werden; der Diabetiker sollte morgens zu Beginn des OP-Programms operiert werden.

Regionalanästhesieverfahren sind günstiger als eine Allgemeinnarkose, da der Patient postoperativ wieder essen kann.

Kleine operative Eingriffe bedürfen nur einer präoperativen Reduktion der Antidiabetika.

Insulinbedürftige Diabetiker werden präoperativ auf 3 – 4 Normal-(Alt-)Insulingaben pro Tag umgestellt. Am Operationstag werden ab morgens z. B. 500 ml Glukose 10 %ig sowie Altinsulin i. v. im Perfusor und Kalium gegeben.

Diabetes mellitus in zahnärztlicher Hinsicht

Der Diabetes mellitus ist für den Zahnarzt von besonderer Bedeutung, da Krankheiten im Mund- und Kieferbereich wesentlich progredienter als bei gesunden altersentsprechenden Patienten verlaufen. Der Anteil Zuckerkranker, die sich einer zahnärztlichen Behandlung zu unterziehen haben, liegt weit über dem der Durchschnittsbevölkerung. Ursächlich spielen auch hier die Mikro- und Makroangiopathien sowie die Neuropathien eine sehr wichtige Rolle.

Paradontopathien verlaufen wesentlich ausgeprägter, und gingivale Entzündungen sowie knöcherne Destruktionen sind deutlich ausgedehnter. Darüber hinaus weist der Diabetiker eine erhöhte Kariesanfälligkeit auf. Kariesprophylaxe und entsprechende Maßnahmen zur Mundhygiene sollten dem Diabetiker regelmäßig ins Gedächtnis gerufen werden.

Beim Diabetiker ist des weiteren eine vermehrte Neigung zu Mundtrockenheit infolge verminderter Speichelsekretion, eine vermehrte Bildung von Belägen sowie eine leichtere Verletzlichkeit der Mundschleimhaut festzustellen; häufig sind ulzeröse Stomatitiden nachweisbar. Chronische Schleimhautentzündungen sowie umschriebene Leukoplakien der Wangenschleimhaut mit oberflächlichen Keratosen lassen sich beim Diabetiker vermehrt beobachten. Auch besteht eine Änderung der bakteriellen Flora der Zahnfleischtaschen, welche die Entstehung von Infektionen begünstigt. Darüber hinaus wird durch Herabsetzung der Selbstreinigung des Mundes die Ansiedlung von Bakterien begünstigt und die Infektionsgefahr deutlich erhöht. Auch periorale Polyneuropathien im Zahn-Kiefer-Mundbereich sind bekannt.

Vor zahnärztlichen Eingriffen sollte sich der Zahnarzt regelmäßig über die Stoffwechseleinstellung eines diabetischen Patienten informieren. In Abhängigkeit von der Güte der Stoffwechseleinstellung ist eine mehr oder weniger gute Wundheilung nach zahnärztlichen Eingriffen zu erwarten. Auch sollte der Zahnarzt den diabetischen Patienten regelmäßig darauf hinweisen, daß die Entstehung von Paradontopathien und Karies von der Güte der Stoffwechseleinstellung abhängig ist.

Hormonal aktive Tumoren des APUD-Systems

Die Häufigkeit dieser hormonal aktiven Tumoren ist gering. Klinisch Bedeutung haben nur das Insulinom, Gastrinom und Karzinoid. Weitere Tumoren des Pankreas (Vipom, Glukagonom, Somatostatinom) stellen Raritäten dar.

Zur Ätiopathogenese dieser Tumoren wird die APUD-Hypothese herangezogen. Das APUD-(**A**mine-and-**p**recursor-**u**ptake-and-**d**ecarboxylation-) Zellsystem wird durch Zellen neuroektodermaler Herkunft, die Peptidhormone produzieren können, gebildet. Zum APUD-Zellsystem werden die G-Zellen des Magens, die enterochromaffinen (gastrointestinale Hormone) Zellen des Darmes, die Zellen der Pankreasinseln, die Zellen der Schilddrüse, Nebenschilddrüse, des Nebennierenmarks und die des Hypophysenvorderlappens gerechnet.

Insulinom

Durch Überproduktion von Insulin in Adenomen oder Karzinomen des Pankreas resultiert eine Hypoglykämie mit den klassischen Symptomen (S. 162).

Gastrinom (Zollinger-Ellison-Syndrom)

Die vorwiegend Gastrin produzierenden Tumoren sind in Pankreas oder Duodenum lokalisiert und sind klinisch gekennzeichnet durch therapieresistente Ulzera in Magen, Duodenum und Jejunum. In 50% der Fälle bestehen wäßrige Durchfälle.

Karzinoid

Dieser Tumor produziert überwiegend Serotonin (und Kallikrein) und findet sich am häufigsten in der Appendix (45%), im Dünndarm (30%) und im Rektum (10%). Etwa 30% der Tumoren metastasieren. Das solitäre Karzinoid der Appendix ist meist gutartig. Die klinischen Symptome äußern sich in anfallsweiser Hitzewallung, Rötung des Gesichts, Durchfällen, Herzjagen und Schwitzen. Die Diagnose wird gestellt durch Messung des Abbauproduktes des Serotonins (5-OH-Indolessigsäure) im 24-Stunden-Urin.

Krankheiten von Hypothalamus und Hypophyse

Anatomie und Physiologie

Hypothalamus und Hypophyse bilden eine funktionelle Einheit (Abb. 7.**9**). Im Hypothalamus, der durch Neurotransmitter aus übergeordneten Hirnzentren beeinflußt wird, werden sowohl neurosekretorische Hormone, die den Hypophysenvorderlappen (HVL) steuern, als auch Oxytocin und Vasopressin, die in den Hypophysenhinterlappen (HHL) sezerniert werden, gebildet.

Die Hypophyse, die aus dem Vorder-, Mittel- und Hinterlappen besteht, liegt in der Sella turcica (Türkensattel). Das Gewicht beträgt etwa 0,5 bis 0,6 g.

Im Hypophysenvorderlappen werden das thyreoideastimulierende Hormon (TSH), die Gonadotropine wie das Luteinisierungshormon (LH) und das follikelstimulierende Hormon (FSH), das adrenokortikotrope Hormon (ACTH) sowie das melanozytenstimulierende Hormon (MSH) gebildet. Des weiteren werden dort das somatotrope Hormon (STH, Wachstumshormon) und das Prolaktin (Prl) produziert.

Das *Wachstumshormon* ist ein artspezifisches Hormon und wirkt sowohl direkt als auch über Vermittlersubstanzen (Somatomedine), die in der Leber gebildet werden. STH wirkt besonders auf Muskeln, Knochen und Fettgewebe; es fördert den Aminosäurentransport in die Zelle und damit die Proteinsynthese und hemmt die Glukoseutilisation. Bei offenen Epiphysenfugen wird das Längenwachstum des Knochens gefördert. *Prolaktin* wirkt auf Ovarien und Testes beim Mann. Auch unterhält es zusammen mit dem Oxytocin die Laktation. *ACTH* wirkt hauptsächlich über einen Rückkopplungskreis mit Cortison auf die Funktion der Nebennierenrinde (Abb. 7.**10**). *MSH* fördert die Einlagerung von Pigment in die Melanozyten und bewirkt somit eine vermehrte Bräunung der Haut. *TSH* fördert die Produktion von Schilddrüsenhormonen, wirkt im Rückkopplungskreis der Schilddrüse und wird seinerseits durch erhöhte Schilddrüsenhormon-Serumkonzentrationen im Blut gehemmt. Die beiden *Gonadotropine* LH und FSH wirken auf Ovarien bzw. Testes. *FSH* stimuliert während der Follikelphase des menstruellen Zyklus die Reifung des Primär- und Sekundärfollikels sowie seine Östrogenproduktion. *LH* induziert durch kräftigen Anstieg in der Zyklusmitte Ovulation und Ausbildung sowie Fortbestand des Corpus luteum. In der Postmenopause sind beide Gonadotropine (FSH mehr als LH) als Folge verminderter Östrogenproduktion im Blut erhöht. Beim Mann stimuliert FSH die Spermiogenese, während LH die Androgenproduktion der Leydig-Zellen fördert.

Bei den hypothalamischen Hormonen wird zwischen stimulierenden (Releasing-Hormone) und hemmenden (Inhibiting-Hormone) auf die Hypophysenhormone unterschieden. Synthetisch hergestellt werden:

- Thyreotropin-Releasing-Hormon (TRH),
- Corticotropin-Releasing-Hormon (CRH),
- Gonadotropin-Releasing-Hormon (GnRH; Stimulation von LH und FSH),
- Wachstumshormon-Releasing-Hormon (GRH; Growth-Hormon-RH),
- Wachstumshormon-Inhibiting-Hormon (Somatostatin).

Funktionstests mit den oben genannten hypothalamischen Hormonen haben die Diagnostik von Erkrankungen des endokrinen System beträchtlich erweitert und verfeinert.

In den hypothalamischen Kerngebieten werden des weiteren Vasopressin (Adiuretin, ADH) und Oxytocin gebildet. Beide Hormone werden über den Hypophysenhinterlappen in das Blut sezerniert. Vasopressin stellt das antidiuretische Hormon (ADH) des Menschen dar. Es bewirkt eine vermehrte renale Wasserresorption in der Niere (Diuresehemmung). Oxytocin wirkt konstriktorisch auf die glatte Muskulatur des Uterus sowie der Brustdrüse.

Überfunktion und Tumoren des Hypophysenvorderlappens

Die Erkrankung einer endokrinen Drüse wird als *primär* bezeichnet, wenn sie selbst (z.B. die Schilddrüse, das Ovar, die Hoden oder die Nebenniere) primär erkrankt ist. Liegt die Ursache ihrer Funktionsstörung in einer Erkrankung der Hypophyse oder im hypothalamischen Bereich, so wird sie als *sekundär* bzw. *tertiär* bezeichnet. Die Zu-

Abb. 7.**9** Schematische Darstellung der funktionellen Einheit von Hypothalamus und Hypophyse. ▶

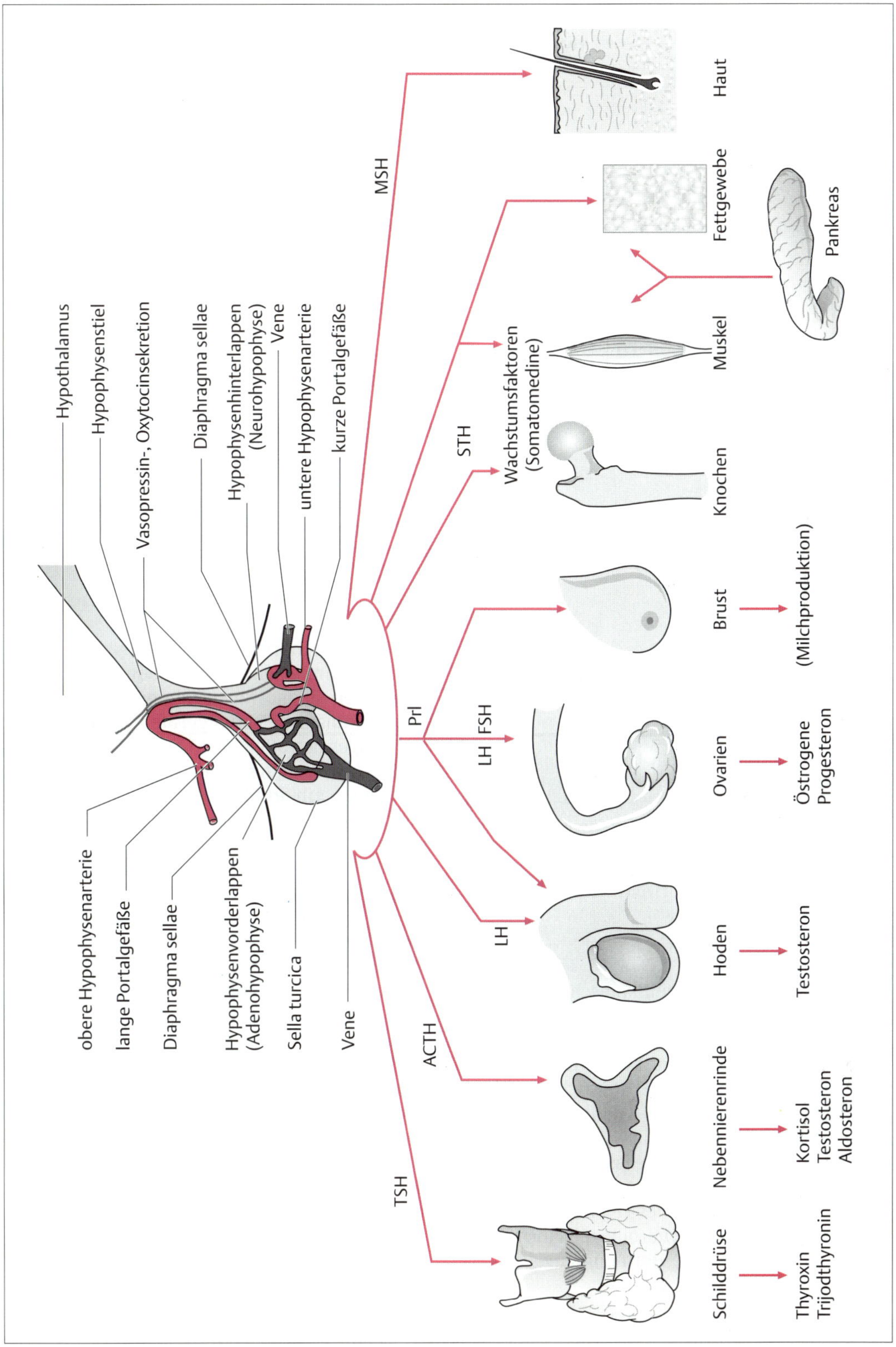
Hypothalamus
Hypophysenstiel
Vasopressin-, Oxytocinsekretion
Diaphragma sellae
Hypophysenhinterlappen (Neurohypophyse)
Vene
untere Hypophysenarterie
kurze Portalgefäße
obere Hypophysenarterie
lange Portalgefäße
Diaphragma sellae
Hypophysenvorderlappen (Adenohypophyse)
Sella turcica
Vene
MSH
STH
Prl
LH FSH
LH
ACTH
TSH
Haut
Fettgewebe
Pankreas
Wachstumsfaktoren (Somatomedine)
Knochen
Muskel
Brust
(Milchproduktion)
Ovarien
Östrogene
Progesteron
Hoden
Testosteron
Nebennierenrinde
Kortisol
Testosteron
Aldosteron
Schilddrüse
Thyroxin
Trijodthyronin

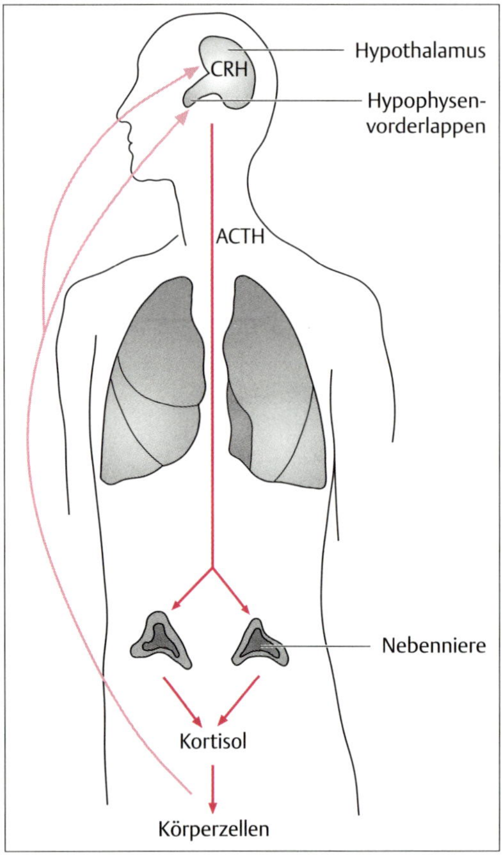

Abb. 7.**10** Normaler Hypothalamus-Hypophysen-Nebennierenrinden-Regulationskreis. Das im Hypothalamus gebildete CRH stimuliert die ACTH-Produktion im Hypophysenvorderlappen, die ihrerseits wiederum die Kortisolproduktion der Nebennierenrinde fördert. Kortisol hat einen hemmenden Einfluß sowohl auf die ACTH-produzierenden Zellen des Hypophysenvorderlappens als auch auf den Hypothalamus.

ordnung des oft identischen klinischen Bildes zu der betroffenen Ebene (hypothalamisch, hypophysär oder peripher), die von erheblicher praktischer Bedeutung ist, gelingt sowohl durch Bestimmung der Bluthormonspiegel als auch durch Anwendung von Suppressions- und Stimulationstests. Darüber hinaus werden Lokalisationsverfahren wie Computer- und Kernspintomographie, Sonographie und Szintigraphie angewandt.

Bei den Krankheiten des Hypothalamus und der Hypophyse werden Syndrome mit Hormonexzeß und Syndrome mit Hormonmangel unterschieden.

Ein *Hormonexzeß* entsteht durch die hormonproduzierenden Adenome des Hypophysenvorderlappens wie Prolaktin-, Wachstumshormon- und ACTH-produzierende Tumoren. Selten finden sich TSH-, LH- und FSH-produzierende Tumoren.

Hormonmangel entsteht durch Druckkompression der Hypophyse bei Tumoren im Bereich der Sella sowie als Folge einer Operation oder Bestrahlung im Bereich der Hypophyse, beim Sheehan-Syndrom (postpartale Nekrose des Hypophysenvorderlappens infolge Kollapses unter der Geburt, Abb. 7.**14**) sowie im Rahmen des Empty-Sella-Syndroms.

Bei den Hypophysentumoren wird zwischen endokrin inaktiven und endokrin aktiven Tumoren unterschieden. Ätiologisch finden sich bei den endokrin inaktiven Tumoren im Bereich der Hypophyse chromophobe Adenome, Zysten, Kraniopharyngiome sowie Metastasen (Mamma-, Bronchial-, Magenkarzinom). Klinisch auffällig werden diese Tumoren erst bei Zeichen der Hypophysenvorderlappeninsuffizienz (s. dort) und Diabetes insipidus sowie Sehstörungen (Chiasmasyndrom).

Prolaktinom

Der häufigste hormonell aktive Hypophysentumor (Adenom) ist das Prolaktinom. Etwa 20% der sekundären Amenorrhoen werden durch eine Hyperprolaktinämie hervorgerufen. Frauen sind 5 × häufiger betroffen als Männer. Die klinischen Zeichen bestehen in sekundärer Amenorrhoe, Galaktorrhoe, Libidostörungen, Hirsutismus und Akne. Männer klagen über Libido- und Potenzverlust.

Die Diagnose wird gesichert durch erhöhte basale Prolaktinspiegel, die mehrfach gemessen werden sollten. Prolaktin-Serumkonzentrationen über 200 μg/ml (= μg/l) sind beweisend für einen Tumor.

Bei der Lokalisationsdiagnostik werden CT oder Kernspintomogramm (Abb. 7.**11**) durchgeführt. Wichtig ist die ophthalmologische Diagnostik. Differentialdiagnostisch muß an eine primäre Hypothyreose sowie an para- und supraselläre Tumoren gedacht und darüber hinaus eine Medikamentenanamnese erhoben werden, da neben Östrogenen auch Neuroleptika und Antidepressiva sowie Reserpin, α-Methyldopa sowie Dopaminantagonisten (z.B. Metoclopramid) zur Hyperprolaktinämie führen können.

Die Behandlung erfolgt primär medikamentös mit Prolaktinhemmern.

Das Prolaktinom als Ursache eines Hyperprolaktinämiesyndroms führt bei der Frau zu Amenorrhoe und Galaktorrhoe und beim Mann zu Potenzstörungen. Bei der Therapie wird medikamentös Bromocriptin eingesetzt, oder es kommt in Abhängigkeit von der Größe des Tumors ein operativer Eingriff in Betracht.

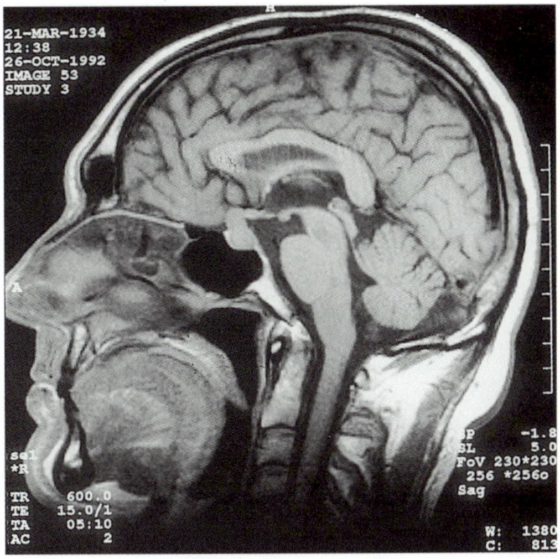

Abb. 7.**11** Kernspintomogramm bei Prolaktinom. Deutlich ausgeweitete Sella turcica.

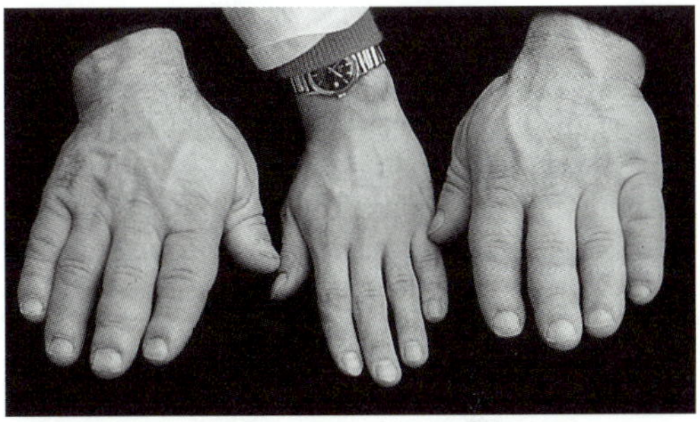

Abb. 7.**12** Akromegale Hände im Vergleich zu einer normalen Hand.

Akromegalie und hypophysärer Gigantismus

Definition. Vermehrte Wachstumshormonsekretion charakterisiert die Akromegalie. Typische Vergrößerung der Akren sowie der inneren Organe sind die Folge. Wachstumshormonüberproduktion vor der Pubertät bei noch nicht abgeschlossenem Skelettwachstum führt zum hypophysärem Gigantismus.

Pathologische Anatomie und Ätiologie. Bei der Akromegalie findet sich meist ein eosinophiles Adenom der Hypophyse, seltener eine Hyperplasie der eosinophilen Zellen, die vermehrt Wachstumshormon produzieren.

Pathophysiologie. Überproduktion von STH bewirkt, solange die Epiphysenfugen noch offen sind, ein vermehrtes Längenwachstum (proportionierter Riesenwuchs bei Jugendlichen). Bei geschlossenen Epiphysenfugen findet ein appositionelles Wachstum der Knochen und Weichteile (disproportionierte Akromegalie des Erwachsenen) statt.

Klinik. Das klinische Bild ist geprägt durch die Folgen des lokalen Tumorwachstums in der Sella turcica, durch die Überproduktion von STH sowie evtl. durch den Ausfall anderer hypophysärer Hormone. Neben der Größenzunahme von Händen (Abb. 7.**12**) (größere Handschuhe, die Ringe passen nicht mehr) und Füßen (größere und breitere Schuhe) sowie des Kopfes (größere Hutnummer) wird über Kopfschmerzen sowie Sehstörungen geklagt. Das Gesicht des Akromegalen ist in charakteristischer Weise verändert (Abb. 7.**13 a, b**). Die Verdickung von Jochbein, Supraorbitalfalten, Nasen sowie Unterkiefer und Ohren sowie die auffallend fleischigen Lippen (Makrocheilie) rufen den groben Gesichtsausdruck der Kranken hervor. Es kommt häufig zu Prognathie und Progenie. Die Zahnreihen zeigen in den zu groß gewordenen Kiefern Lücken. Die verdickte Haut führt zu wulstförmigen Falten (Cutis gyrata). Die Verdickung der Nasenweichteile und Vergrößerung der Nasennebenhöhlen sowie die Makroglossie bewirken eine kloßige nasale Sprache.

Periostales vermehrtes Knochenwachstum und osteoporotische Veränderungen verursachen Kyphose sowie schwere Arthrose. Von der Vergrößerung sind auch die inneren Organe (Splanchnomegalie) betroffen. Neben einer Vergrößerung von Leber, Milz und Nieren kann auch der gesamte Magen-Darm-Trakt vergrößert und verlängert sein. Durch vermehrte Muskelmasse bei der akromegalen Kardiomyopathie kommt es zu Koronarinsuffizienz mit stenokardischen Beschwerden und Herzinfarktrisiko. Die Diagnose wird gestellt

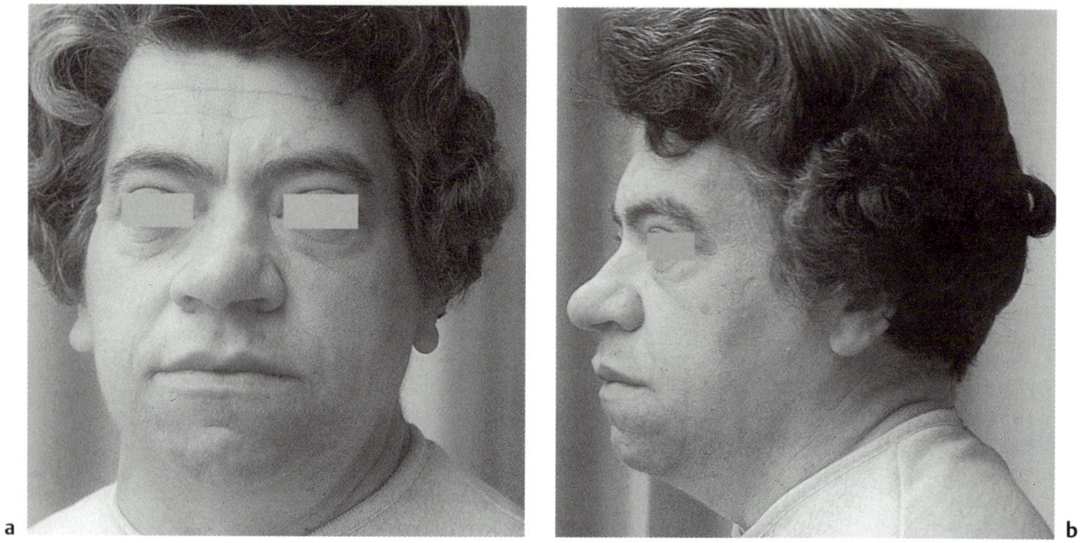

Abb. 7.**13 a, b** Akromegalie bei einer 50jährigen Frau. Deutlich vergrößerte Unterlippe, Kinn und Nase.

durch erhöhte basale STH-Serumkonzentrationen, die mehrfach gemessen werden. Im oralen Glukosetoleranztest (S. 154) läßt sich Wachstumshormon bei der Akromegalie im Gegensatz zum Gesunden nicht supprimieren. Computer- und/oder Kernspintomographie sind wesentlich bei der Lokalisationsdiagnostik.

Therapie. Therapie der Wahl ist die transsphenoidale Resektion. Bei rein intrasellären Tumoren ist ein Versuch mit Bromocriptin angebracht. Bei Ausfallserscheinungen weiterer endokriner Drüsen muß entsprechend substituiert werden. Der Erfolg der Therapie wird anhand der Besserung des klinischen Bildes sowie der Normalisierung der STH-Blutkonzentrationen beurteilt.

Die Akromegalie entsteht durch Überproduktion von Wachstumshormon, dem stärksten anabolen Hormon des Körpers. Charakteristische Vergrößerungen und Vergröberungen des Gesichtsschädels, der Hände und Füße sowie eine Splanchnomegalie sind auf die vermehrte STH-Sekretion zurückzuführen. Die operative Entfernung des Wachstumshormon-produzierenden Tumors wird in der Regel transsphenoidal durchgeführt.

Überproduktion von adrenokortikotropen Hormonen (ACTH), Morbus Cushing

Ursache des Morbus Cushing (ca. 80% des endogenen Hyperkortizismus) ist eine hypothalamisch-hypophysäre Fehlregulation, bei der es zu einer vermehrten Sekretion von Corticotropin-Releasing-Hormon (CRH) im Hypothalamus kommt. Hierdurch entsteht eine vermehrte ACTH-Produktion, die ihrerseits wiederum zu einer doppelseitigen Nebennierenrindenhyperplasie mit Überproduktion von Glukokortikoiden führt (Klinisches Bild u. Diagnose S. 192 ff).

Unterfunktion des hypothalamo-hypophysären Systems

Hypophysenvorderlappeninsuffizienz, Hypopituitarismus

Definition. Infolge des Ausfalls einiger oder mehrerer HVL-Hormone entwickelt sich ein totaler oder inkompletter Hypopituitarismus. Sind einzelne HVL-Hormone betroffen, handelt es sich um eine partielle HVL-Insuffizienz. Die HVL-Insuffizienz ist klinisch charakterisiert durch die Leitsymptome Adynamie, Verlangsamung, Hautblässe und Ausfall der Sekundärbehaarung (Abb. 7.**14**).

Ätiologie und Pathophysiologie. Das seltene Krankheitsbild der HVL-Insuffizienz ist abhängig von dem Ausfall einzelner oder mehrerer Hormone der Hypophyse sowie den entsprechend nachgeordneten peripheren endokrinen Organen (Abb. 7.**9**). Beim Vollbild des Panhypopituitarismus bestehen neben einer sekundären Hypothyreose und einer sekundären Nebennierenrindeninsuffizienz ein sekundärer Hypogonadismus, und wenn diese Krankheit im jugendlichen Alter auftritt, ein Minderwuchs durch Mangel an Wachstumshormonen. Neben dem Vollbild kommen auch partielle Störungen der HVL-Funktion mit entsprechend reduziertem Symptomenbild vor. Ursache für die HVL-Insuffizienz sind intra- und extraselläre Tumoren, Schädel-Hirn-Traumata, operative Entfernung der Hypophyse sowie Enzephalitis, Meningitis und hypothalamische Störungen.

Klinik. Akute und chronische Verlaufsformen der HVL-Insuffizienz kommen vor. Akut entsteht sie kurzfristig nach Hypophysektomie oder nach schweren Schädel-Hirn-Traumata. Besteht ein Hypophysentumor, entwickeln sich die klinischen Symptome in der Regel langsam.

Anamnestisch werden bei Ausfall der Gonadotropine Oligomenorrhoe, Amenorrhoe, Verlust von Libido und Potenz, Testesatrophie und Ausfall der Sekundärbehaarung angegeben. Als Folge der sekundären Nebennierenrindeninsuffizienz kommt es zu Schwäche, Übelkeit, verminderter Widerstandskraft gegenüber Belastungen sowie zu Hypotonie und Hypoglykämie. Zeichen der sekundären Hypothyreose sind Müdigkeit, Bradykardie und vermehrte Kälteempfindlichkeit. Die alabasterartige Blässe der Haut ist auf Ausfall des MSH, aber auch auf die herabgesetzte Hautdurchblutung und die Anämie zurückzuführen. Der Gesichtsausdruck der Patienten ist meist mimikarm und ausdruckslos. Schweiß- und Talgbildung sind vermindert oder sistieren. Das Haar ist glanzlos und struppig (Abb. 7.**14**).

Bei schwerer HVL-Insuffizienz kann es zum hypophysären Koma, einer Kombination von akuter NNR-Insuffizienz und Myxödemkoma, kommen. Es ist durch Hypoglykämie, Hypotonie, Hyperventilation und Bradykardie gekennzeichnet.

Diagnose. Kontrolle von Hb (Anämie), Blutzucker (Hypoglykämie) und Natrium (Hyponatriämie), Messung von Thyroxin (Verdacht auf Hypothyreose), Kortisol (Verdacht auf NNR-Insuffizienz) sowie Östrogenen und beim Mann Testosteron im Blut. Differentialdiagnostisch muß insbesondere

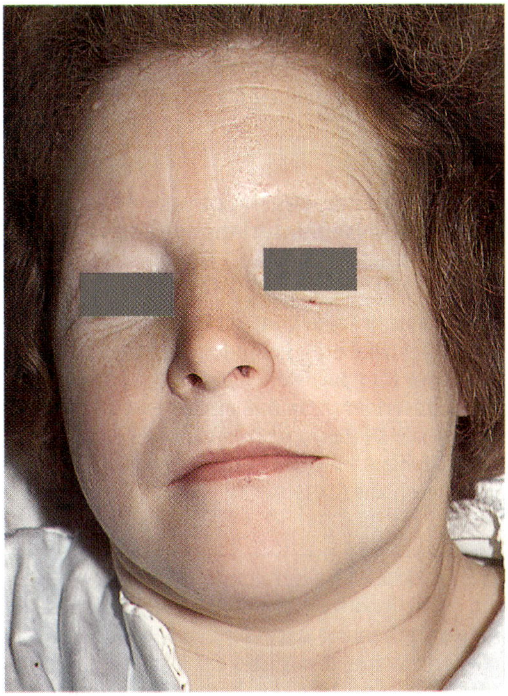

Abb. 7.**14** Patientin mit kompletter HVL-Insuffizienz bei Sheehan-Syndrom (postpartale Nekrose des HVL in Zusammenhang mit größeren Blutverlusten während einer Geburt).

die Anorexia nervosa, die ebenfalls mit Amenorrhoe einhergeht, gegen die HVL-Insuffizienz abgegrenzt werden. Massives Untergewicht und Kachexie sprechen für die Anorexie. Die primäre NNR-Insuffizienz (Morbus Addison, S. 195 ff) und die primäre Schilddrüsenunterfunktion (S. 185 ff) lassen sich aufgrund der laborchemischen Befunde unschwer abgrenzen.

Therapie. Neben der Behandlung der Grundkrankheit ist bei der HVL-Insuffizienz eine hormonale Substitutionstherapie durchzuführen.

Die Behandlung der NNR sowie der Schilddrüsenunterfunktion erfolgt wie bei den primären Erkrankungen (S. 174 ff). Des weiteren wird eine Östrogen- bzw. Testosteronsubstitution durchgeführt.

Infolge Ausfalls der hypophysären Funktionen kann sich bei sellären oder parasellären Raumforderungen oder Entzündungen eine komplette oder inkomplette HVL-Insuffizienz einstellen. Leitsymptome sind Adynamie, Verlangsamung, Hautblässe und Ausfall der Sekundärbehaarung. Die Therapie erfolgt durch Substitution mit Hormonen der betroffenen peripheren endokrinen Organe.

Krankheiten des Hypothalamus-Hypophysenhinterlappen-Systems

Diabetes insipidus

Definition. Infolge von Adiuretin-(ADH-)Mangel (zentraler Diabetes insipidus) besteht eine verminderte Fähigkeit der Nieren, ausreichend Wasser zu resorbieren, so daß eine Polyurie resultiert. Der renale Diabetes insipidus ist gekennzeichnet durch fehlendes bzw. vermindertes Ansprechen der Nieren auf ADH.

Ursache des zentralen Diabetes insipidus ist ein partieller oder kompletter Mangel an ADH. Polyurie, Asthenurie und Polydypsie sind wesentliche Symptome, das Mittel der Wahl zur symptomatischen Substitutionstherapie ist Desmopressin (Minirin).

Ätiopathogenese. Die häufigste Ursache des zentralen Diabetes insipidus sind Schädigungen des Hypothalamus-Hypophysenhinterlappen-Systems durch primäre Hypophysentumoren, metastatische Absiedlungen, Gefäßprozesse, Morbus Boeck, Schädel-Hirn-Traumen sowie therapeutische Hypophysektomie und entzündliche Hirn- bzw. Hirnhauterkrankungen. Störungen nach Schädel-Hirn-Traumen oder Hypophysenoperationen treten oft nur transitorisch auf.

Ursache des nephrogenen Diabetes insipidus ist ein fehlendes Ansprechen des distalen Tubulus auf ADH (Defekt der ADH-Rezeptoren).

Klinik. Die typischen Kennzeichen des Diabetes insipidus sind unbeherrschbares Durstgefühl, Polyurie (5 – 25 l/24 Stunden) sowie Asthenurie (fehlende Konzentrationsfähigkeit des Harns).

Differentialdiagnostisch muß an eine psychogene Polydipsie, Diabetes mellitus, Polyurie bei chronischer Niereninsuffizienz sowie an Diuretikamißbrauch gedacht werden.

Diagnose. Sie wird gesichert durch Bestimmung der Urinosmolarität im Durstversuch und nach exogener ADH-Gabe; ADH-Bestimmung im Blut. Ausschluß eines Tumors im Bereich von Hypophyse/Hypothalamus durch CT bzw. Kernspintomogramm.

Therapie. ADH wird als synthetisches Vasopressionanalogon, z. B. Desmopressin (Minirin), täglich intranasal substituiert. Das Grundleiden wird behandelt.

Schwartz-Bartter-Syndrom

Vermehrte Bildung von ADH, die dem Schwartz-Bartter-Syndrom zugrunde liegt, kann verursacht sein durch eine vermehrte Bildung dieses Hormons in der Hypophyse oder paraneoplastisch (besonders beim kleinzelligen Bronchialkarzinom, 80% der Fälle). Die erhöhte ADH-Serumkonzentration führen zu einer vermehrten renalen Rückresorption von Wasser. Wasserintoxikationen mit neurologischen Symptomen können die Folge sein. Laborchemisch bestehen Hyponatriämie und Hypernatriurie.

Krankheiten der Schilddrüse

Anatomie und Physiologie

Die Schilddrüse entsteht embryonal aus der vorderen Schlundtasche und wandert während der Reifung vom Zungengrund zur Halsmitte hinunter. Durch Störungen der Schilddrüsenwanderung kann die Schilddrüse am Zungengrund liegen bleiben (Zungengrundstruma) oder bis in den Thoraxraum weiterwandern (substernale, retrosternale, parakardiale Struma).

Die Schilddrüse besteht als hufeisenförmiges Organ aus den Seitenlappen, die schmetterlingsförmig über einen Isthmus miteinander verbunden sind. Das weiche, gut durchblutete Organ liegt dicht unterhalb des Kehlkopfes beidseitig neben der Luftröhre und wiegt ca. 20 – 30 g. Die Nervi laryngei recurrentes, welche die innere Kehlkopfmuskulatur innervieren, verlaufen an der Rückseite beider Schilddrüsenlappen. An der Hinterseite der Seitenlappen liegen an den 4 Polen die 4 bis

6 Epithelkörperchen (Glandulae parathyroidea), in denen Parathormon gebildet wird (Abb. 7.**15**).

Feingeweblich besteht die Schilddrüse aus zahlreichen kleinen Läppchen, die aus Follikeln aufgebaut sind. Hier werden die beiden Hormone *Trijodthyronin* (T_3, da 3 Jodatome im Molekül) und *Tetrajodthyronin* (Kurzform: *Thyroxin*, T_4, da 4 Jodatome im Molekül) produziert. Im interfollikulären Bindegewebe sind vereinzelte Zellen wie auch Zellgruppen eingestreut (parafollikuläre Zellen). Diese werden als *C-Zellen* bezeichnet und produzieren den Antagonisten des Parathormons, das Kalzitonin.

Für die Synthese der beiden Schilddrüsenhormone T_3 und T_4 ist die Schilddrüse auf das anorganische Jod, daß mit Nahrung, Wasser und Luft aufgenommen wird, angewiesen. Die optimale tägliche Jodzufuhr soll zwischen 150 und 200 µg (Empfehlungen der WHO) liegen. Das Nahrungsjod wird nach Reduktion zu Jodid rasch im Magen-Darm-Trakt resorbiert, von den Schilddrüsenzellen aus dem arteriellen Blut extrahiert und zu elementarem Jod (J_2) oxidiert. Diese Jodanreicherung wird als *Jodination* bezeichnet. Unter dem Prozeß der *Jodisation* versteht man den Einbau von Jod in die Aminosäure Thyrosin. Durch Kopplung von Hormonvorläufern entsteht L-Thyroxin und L-Trijodthyronin. Darüber hinaus entsteht L-Trijodthyronin auch durch intra- und extrathyreoidale enzymatische Abspaltung eines Jodatoms vom Thyroxin (Abb. 7.**16**).

Der Prozeß der Jodisation und die Kopplung der Hormonvorläufer spielt sich in dem in den Schilddrüsenzellen gebildeten spezifischen Protein Thyreoglobulin ab. Den Bedürfnissen des Organismus entsprechend werden beide Schilddrüsenhormone nach Abkopplung vom Thyreoglobulin an das Blut abgegeben. Üblicherweise werden etwa 92 µg T_4 und 8 µg T_3 von der Schilddrüse sezerniert. Darüber hinaus entsteht der überwiegende Teil (ca. 75% des täglichen Bedarfs an Trijodthyronin) durch periphere Konversion des T_4 zu T_3 (d.h. durch enzymatische Abspaltung eines Jodatoms von T_4 in der Peripherie, z.B. in der Leber).

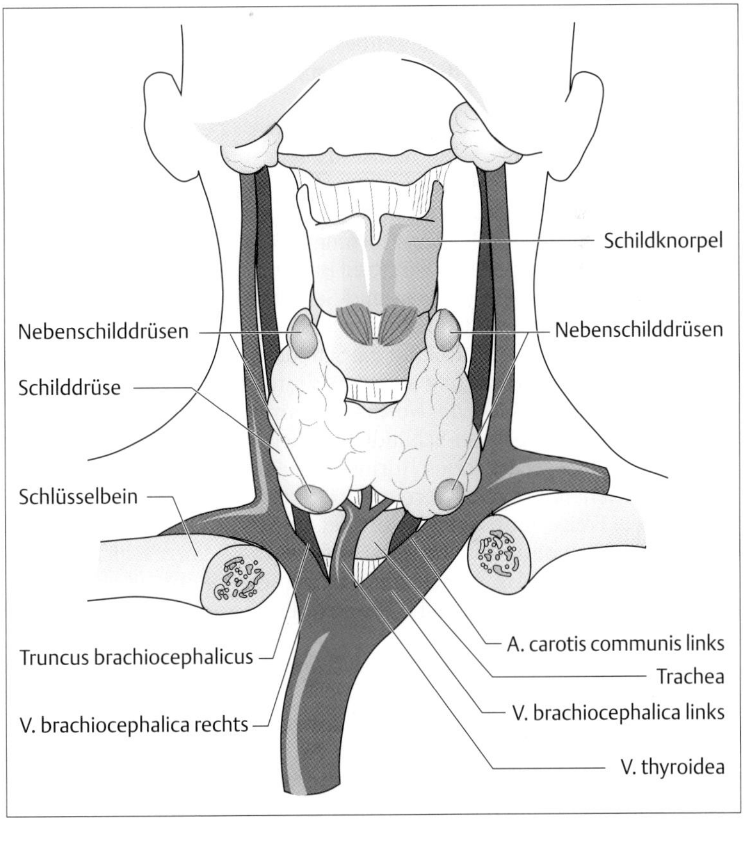

Abb. 7.**15** Lage der Schilddrüse und der Nebenschilddrüsen. Die Nebenschilddrüsen liegen auf der Rückseite der Schilddrüse.

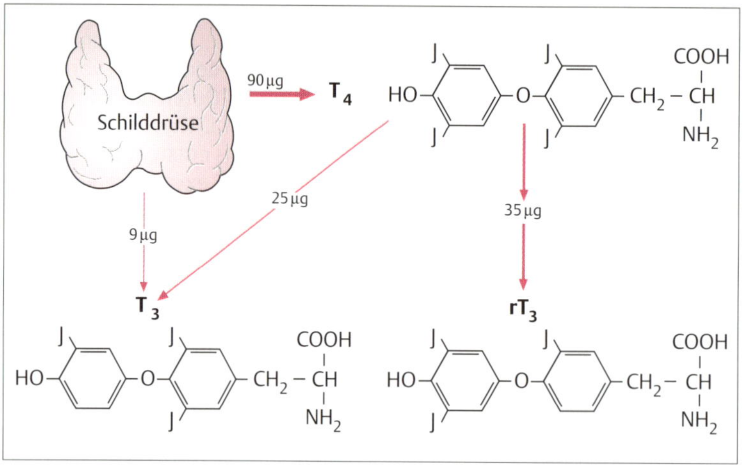

Abb. 7.**16** Schilddrüsenhormonproduktion pro Tag; rT_3 (reverse T_3), bei dem das Jodatom am seitenkettennahen Ring abgespalten wird, ist biologisch unwirksam.

Im Blut werden T_4 und T_3 an Eiweiß gebunden transportiert; lediglich die nicht an Serumeiweiße gebundenen Fraktionen, die freien Schilddrüsenhormone (fT_3 und fT_4) sind biologisch aktiv und wirken in der Peripherie durch Eindringen in die Körperzelle und Bindung an viele Zellbestandteile. Biologisch ist das T_3 etwa 10fach wirksamer als das T_4.

Die Schilddrüse ist in einen Rückkopplungsregelkreislauf (Feedback-Mechanismus, z.B. Abb. 7.**10**) integriert. Die übergeordnete Stimulation der Schilddrüsenhormonsynthese erfolgt über das Thyreotropin-Releasing-Hormon (TRH), das im Hypothalamus gebildet wird und im Hypophysenvorderlappen die Synthese und Sekretion des thyreoideastimulierenden Hormons (TSH) induziert. Bei Ausfall des TSH arbeitet die Schilddrüse autonom unter Einhaltung eines Basisstoffwechsels, der etwa 10–20% des Normalen beträgt.

Über den Hypophysen-Schilddrüsen-Regelkreis wird der Spiegel der freien Hormone im Blut konstant gehalten. Erhöhte Werte von T_4 und T_3 hemmen die Freisetzung von TSH aus der Schilddrüse und vermindern dadurch die Hormonsynthese in der Schilddrüse; andererseits führen erniedrigte Blutspiegel von fT_4 und fT_3 zu einer Erhöhung der TSH-Produktion.

Die biologische Halbwertszeit von T_4 beträgt etwa 7 Tage, die von T_3 1 Tag.

Die an vielen lebenswichtigen Funktionen beteiligten Schilddrüsenhormone fördern die Entwicklung von zentralem Nervensystem und Intelligenz sowie die Skelettreifung, greifen in viele Stoffwechselprozesse ein (Kohlenhydratumsatz, Cholesterinabbau, Eiweißsynthese) und beeinflussen darüber hinaus Wärmeregulation sowie den Wasserhaushalt. Durch die Schilddrüsenhormone wird die Bildung energiereicher Phosphate, die Glykogensynthese sowie die Eiweißsynthese gehemmt.

Häufigkeit von Schilddrüsenkrankheiten

Änderungen von Größe und Funktion der Schilddrüse stellen die häufigsten Erkrankungen endokriner Organe dar. Betroffen sind im Durchschnitt mehr als 30% der Bevölkerung der Bundesrepublik Deutschland, d.h. etwa 20 Millionen Menschen (Tab. 7.**10**).

Diagnostische Verfahren

Die Erhebung einer eingehenden Anamnese steht am Beginn der Untersuchung des Schilddrüsenkranken. Es werden Fragen nach Schilddrüsenerkrankungen in der Familie sowie in der eigenen Vorgeschichte gestellt; darüber hinaus wird Auskunft über die Einnahme strumigener Medikamente sowie über die Exposition mit Jod eingeholt.

Es ist zweckmäßig, bei der Untersuchung Veränderungen der Anatomie der Schilddrüse (wie Lage, Form, Größe und Konsistenz) sowie Veränderungen der Funktion getrennt zu bestimmen und die Ergebnisse dann, wie in Tab. 7.**11** dargestellt, zu einer Diagnose zu vereinen.

Tabelle 7.**10** Häufigkeit von Schilddrüsenkrankheiten

Schilddrüsenerkrankungen	Häufigkeit des Auftretens	Bevorzugtes Erkrankungsalter	Geschlechtsverteilung Frauen : Männer
Euthyreote Struma	ca. 30% der Bevölkerung	endokrine Umstellungszeiten	3 : 1
Hyperthyreose	ca. 1 – 2% der Bevölkerung	endokrine Umstellungszeiten	5 : 1
Hypothyreose			
– angeboren	1 auf 3000 – 5000 Geburten	angeboren	1 : 1
– erworben	1 – 2% der Bevölkerung	ab 50. Lebensjahr	5 : 1
Thyreoiditis	1 – 2% der Bevölkerung	jedes Alter	5 : 1
Tumoren	10 – 30 Erkrankungen pro 1 Mill. Einwohner/Jahr	ca. 30. – 60. Lebensjahr	1 : 1

Tabelle 7.**11** Spezifische Untersuchungsverfahren der Schilddrüse

Morphologie	Inspektion, Palpation, Sonographie, Szintigraphie, Feinnadelzytologie
Funktion	Anamnese, klinische Untersuchung, Serum: T_4, T_3, TBG/TBK, fT_4, TSH, TRH-Test ^{99m}Tc-Uptake-Test/Radiojodtest Funktionsszintigraphie

Bei der körperlichen Untersuchung des Halses und der Schilddrüse werden Größe, Beschaffenheit, Lage, Form, Druckschmerzhaftigkeit und Knotenbildung des Organs registriert. Des weiteren wird festgestellt, ob Heiserkeit, Stridor oder Dyspnoe sowie Lymphknotenschwellungen, Einflußstauung oder Hautrötungen bestehen. Bei der körperlichen Untersuchung wird das Körpergewicht gemessen und nach Wärme- oder Kälteintoleranz sowie Unruhe und Nervosität gefragt. Darüber hinaus werden die Beschaffenheit der Haut (warm/kühl, feucht/trocken, zart/pastös), das Reflexverhalten, der Fingertremor, das Herz-Kreislaufsystem und die Augensymptome untersucht.

Die Sonographie ist obligat bei Struma und palpablen Knoten. Des weiteren wird hierbei eine Volumenbestimmung für jeden Lappen durchgeführt.

Normales Gesamtvolumen: Männer < 25 ml, Frauen < 18 ml.

Vorgeschichte, geklagte Beschwerden sowie die erhobenen Befunde führen zu einer Arbeitsdiagnose, die durch technische Untersuchungsverfahren erhärtet wird. Hierbei werden sowohl Untersuchungen am Patienten (In-vivo-Untersuchungen) wie auch Analysen von Blut- und Gewebsproben (In-vitro-Untersuchungen) durchgeführt.

Besonders zu beachten ist, daß bei älteren Patienten die Schilddrüsenerkrankungen häufig nicht zu der Ausprägung des typischen „Vollbildes" einer Hyper- oder Hypothyreose führen. Es können die sekundären Veränderungen an einem – zumeist vorgeschädigten – Organsystem völlig im Vordergrund des Beschwerdebildes stehen, so daß von oligo- oder monosymptomatischen Krankheitsformen gesprochen wird.

Auch hier erfolgt die Sicherung der Diagnose labortechnisch – wenn daran gedacht wurde. In Tab. 7.**12** sind die schilddrüsenspezifischen Blutuntersuchungen zusammengestellt.

Tabelle 7.**12** Schilddrüsenspezifische Serumuntersuchungen

T_4	Gesamtthyroxin
T_3	Gesamttrijodthyronin
TBG	thyroxinbindendes Globulin
TBK	freie Thyroxinbindungskapazität
FT_4-Index	Freier Thyroxin-Index
TRAK	TSH-Rezeptor-Antikörper
T_4/TBG	T_4/TBG-Quotient
fT_4	freies Thyroxin
fT_3	freies Trijodthyronin
TSH	thyreoideastimulierendes Hormon
TG	Thyreoglobulin
TAK	Thyreoglobulin-Antikörper
MAK	Mikrosomale Antikörper bzw.
TPO-AK	Schilddrüsenperoxidase-Antikörper

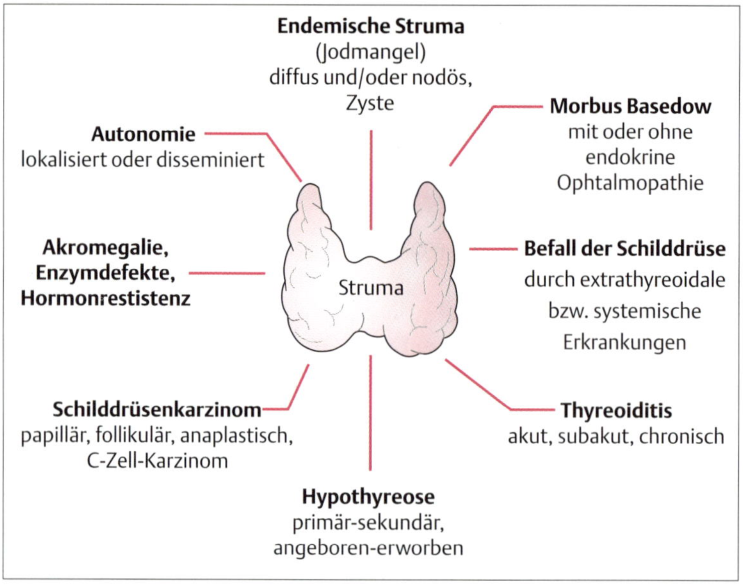

Abb. 7.**17** Ursachen einer Struma.

Euthyreote (blande) Struma

Definition. Als Struma (Kropf) wird eine sicht- und tastbare Vergrößerung der Schilddrüse bezeichnet. Eine Struma kann diffus vergrößert sein und/oder einen oder mehrere Knoten aufweisen.

Unter euthyreoter (blander) Struma wird eine Schilddrüsenvergrößerung verstanden, die weder durch einen entzündlichen noch bösartigen Prozeß bedingt ist. Die Diagnose einer euthyreoten Jodmangelstruma erfolgt durch Ausschluß aller anderen Strumaursachen (Abb. 7.**17**).

Zur Charakterisierung einer Struma sind neben der Angabe der Strumagröße weitere Informationen über die Konsistenz der Gewebsvermehrung sowie über die Strukturierung als diffus, nodös, ein- oder mehrknotig erforderlich. Der Nachweis einer euthyreoten Stoffwechsellage wird durch Bestimmung des TSH oder Gesamtthyroxin, gegebenenfalls in Kombination mit TBG/TBK oder Messung des fT_4, durchgeführt.

Bei Jugendlichen findet sich überwiegend eine diffuse Hyperplasie, während im höheren Lebensalter die Knotenstruma überwiegt. Des weiteren kann sich die Struma sub- bzw. retrosternal ausbreiten und somit eine Verdrängung bzw. Einengung der Trachea bewirken.

Meist werden durch eine Jodmangelstruma keine größeren Beschwerden hervorgerufen. Klagen betreffen oft nur kosmetische Gesichtspunkte. Gelegentlich geben die Patienten neben Luftnot und Schluckbeschwerden Kloßgefühl im Hals sowie Zwang zum Räuspern oder Neigung zu Heiserkeit an. Darüber hinaus wird über Nervosität sowie Schwellung der Struma in Streßsituationen geklagt. Behinderung der Atmung (Stridor durch Kompression der Trachea), der Stimme (Läsion des N. recurrens) oder eine Einflußstauung treten seltener auf.

Risikogruppen für eine Jodmangelstruma sind:

- Kinder und Jugendliche, insbesondere in der Pubertät,
- Schwangere und stillende Mütter,
- Patienten, deren Struma erfolgreich mit Schilddrüsenhormonen behandelt wurde,
- Patienten mit Schilddrüsenerkrankungen in der Familie.

Klinik. Nach klinischen Gesichtspunkten hat sich folgende Stadieneinteilung der Struma bewährt:

- Stadium I a: nur ein Knoten bei normal großer Schilddrüse,
- Stadium I b: Struma nur bei extendiertem Hals sichtbar,
- Stadium II: Struma sichtbar und tastbar bei normaler Kopfhaltung,
- Stadium III: Struma auf erhebliche Distanz sichtbar (lokale Stauungs- und Kompressionszeichen) (Abb. 7.**18**).

Diagnose:

- **Hormonelle Diagnostik:** Kontrolle von fT_4: Befund normal → keine weitere Diagnostik. Ausweitung der Diagnostik: TSH- und TRH-Test.
- **Sonographie der Schilddrüse:** Die sonographische Untersuchung hat sich derart bewährt, daß sie bei sämtlichen Erkrankungen der Schilddrüse vor dem Szintigramm eingesetzt wird. Insbesondere ist die Sonographie bei Jugendlichen und in der Schwangerschaft indiziert (fehlende Strahlenbelastung!) Allerdings kann die Sonographie das Szintigramm nicht ersetzen (Abb. 7.**19**).
- **Szintigraphie:** Das Schilddrüsenszintigramm (nicht bei Jugendlichen oder in der Schwangerschaft) mittels ^{99m}Technetium (Tc) gibt exakte Auskunft über Größe, Lokalisation sowie Funktion einzelner Strumaabschnitte (Abb. 7.**20a**). Neben Knoten mit vermehrter Speicherung („warme Knoten") lassen sich sogenannte „kalte" oder „kühle" Knoten, die nicht Radioaktivität speichern, nachweisen. „Kalte" Knoten sind stets malignom- oder metastasenverdächtig (Abb. 7.**20b**).
- **Röntgenuntersuchung:** Bei Ausweitung der Lokalisationsdiagnostik kann eine Röntgenuntersuchung des Halses und oberen Thorax einschließlich Breischluck zur Überprüfung von Größe und Lage der Struma sowie zum Nachweis einer möglichen Verdrängung oder Einengung von Luft- und Speiseröhre durchgeführt werden.
- **Biopsie:** Bei kalten Knoten sollte eine Feinnadelbiopsie der Schilddrüse mit zytologischer Unterscheidung zwischen Gut- und Bösartigkeit des gewonnenen Zellmaterials erfolgen.

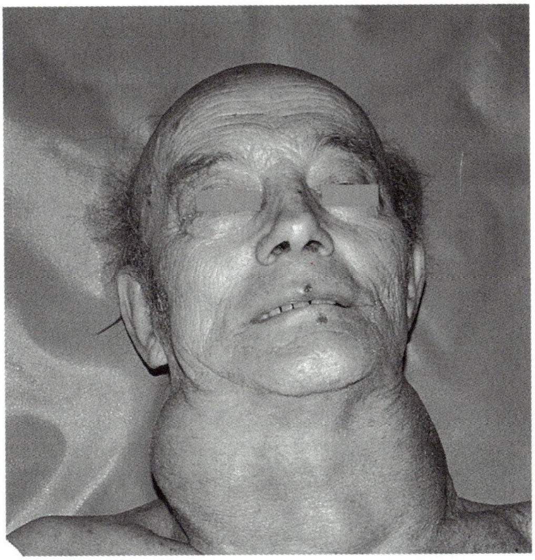

Abb. 7.**18** Große Struma im Stadium III. Röntgenologisch fand sich hier eine massive Tracheaeinengung.

Therapie. Jede Struma ist behandlungsbedürftig. Ziel der Behandlung ist die Verkleinerung der Struma, die durch Langezeitbehandlung mit Medikamenten, durch operative Verkleinerung oder mittels Radiojodtherapie erfolgen kann.

Zur *medikamentösen Therapie* einer Struma mit normaler Stoffwechsellage kommen in Frage:

- Jod,
- synthetische Schilddrüsenhormone,
- Kombination von Jod und Schilddrüsenhormonen.

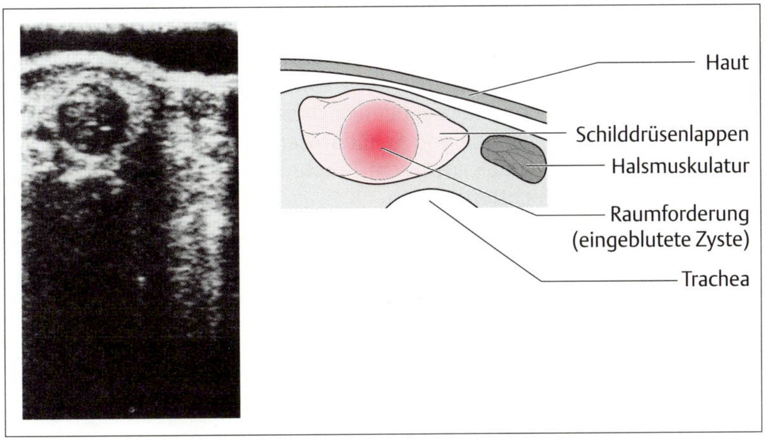

Abb. 7.**19** Ultraschallbild im Halsquerschnitt. Schilddrüsenzyste.

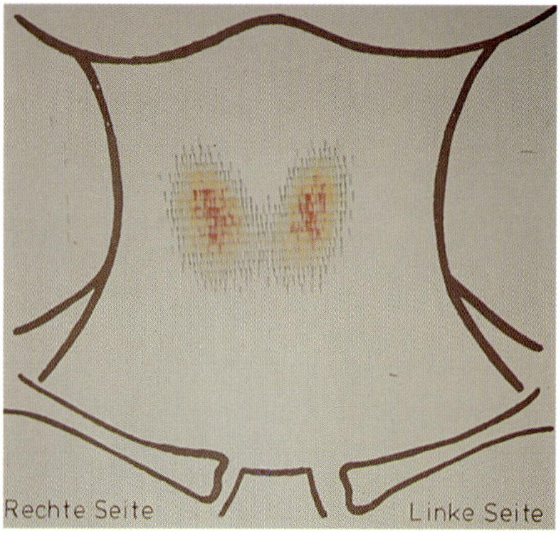

a

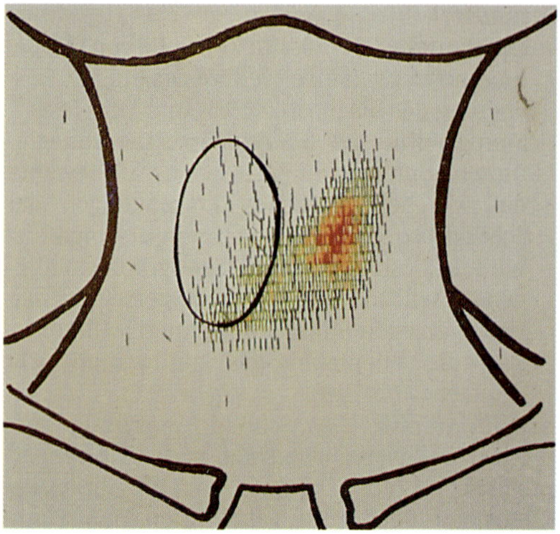

b

Abb. 7.**20**
a ^{99m}Technetium-Szintigramm einer normal großen Schilddrüse.
b ^{99m}Technetium-Szintigramm: „Kalter Knoten" im Bereich des rechten Schilddrüsenlappens.

Die Wirksamkeit der medikamentösen Therapie ist am größten bei diffusen Strumen jüngerer Patienten. Je älter die Patienten werden und je länger die Strumen bestehen, desto geringer ist in der Regel der therapeutische Effekt.

Bei Kindern, Jugendlichen und Erwachsenen bis 40 Jahre wirkt auch eine höher dosierte Jodsubstitution zur Strumarückbildung. Eine definitive Angabe zur optimalen Joddosierung kann noch nicht gemacht werden. Tägliche Jodgaben von 100 μg (Kinder), 200 – 300 μg (Jugendliche), 200 – 400 μg (Erwachsene) zeigen gute Ergebnisse.

Bewährt haben sich in der Dauertherapie reine L-Thyroxinpräparate in der Dosis von 100 – 150 μg/Tag. Auch die Kombination von L-Thyroxin und Jod (je 100 μg täglich) wird angewendet.

Kombinationspräparate von T_4 und T_3 werden nur noch äußerst selten eingesetzt.

Die Erfolgsquote einer konsequenten Therapie liegt nach 2jähriger Gabe von Schilddrüsenhormonen bei ca. 70 %, so daß zu diesem Zeitpunkt ein Auslaßversuch gerechtfertigt ist.

In der Schwangerschaft sollte eine L-T_4-Therapie immer mit einer Jodapplikation kombiniert werden. Oft ist die alleinige Jodidgabe ausreichend. Zum Ausgleich des Jodmangels bei Mutter und Fetus sollte bei jeder Schwangeren im Endemiegebiet unabhängig vom Vorhandensein einer Struma eine Jodzufuhr von mindestens 200 μg täglich gewährleistet sein.

Eine *subtotale Strumektomie* ist indiziert bei Struma Stadium II oder III mit Kompressionserscheinungen, bei Verdacht auf Malignom sowie bei erfolgloser medikamentöser Therapie. Szintigraphisch kalte Knoten stellen eine relative Indikation zur Operation dar.

Patienten, denen in Folge des Alters oder von Begleitkrankheiten das Narkose- und Operationsrisiko nicht zuzumuten ist, kann eine „Resektion" mit Radiojod empfohlen werden.

Therapiekontrollen (Halsumfangmessung, ggf. Sonogramm und Szintigramm, fT_4-Bestimmung sollten anfänglich monatlich, später $^1/_4$- bis $^1/_2$jährlich durchgeführt werden. Sowohl nach operativer als auch nach strahlentherapeutischer Behandlung ist eine weitere Überwachung notwendig. Regelmäßig ist eine Rezidivprophylaxe mit L-T_4-Präparaten durchzuführen, die gegebenenfalls lebenslang zu verordnen sind.

Die blande euthyreote Struma ist in Deutschland eine endemische Krankheit. Ursächlich verantwortlich ist der Jodmangel. Solitärknoten bei Jugendlichen und bei älteren Patienten, die darüber hinaus auch noch schnell wachsen, sind stets malignomverdächtig. In der Therapie der blanden Struma wird neben der Jodsubstitution L-Thyroxin eingesetzt.

Strumaprophylaxe. Hauptursache der euthyreoten Struma ist der Jodmangel. Kontinuierliche Zufuhr von jodiertem Speisesalz hat sich als Prophylaxe der endemischen Struma in vielen Endemiegebieten (Schweiz, Österreich, USA, Kanada) bewährt. In Deutschland sind z.B. folgende jodierte Speisesalze erhältlich: Bad Reichenhaller Jodsalz, Flarom Jodsalz, Aqua-Meersalz mit Jod, SEL-Meersalz mit Jod.

Wird eine sich entwickelnde Struma frühzeitig und konsequent mit Schilddrüsenhormonen und Jod behandelt, kann eine Rückbildung des Kropfes gezielt erreicht werden, so daß weitere Komplikationen wie regressive Veränderungen sowie das Entstehen von kalten und warmen Knoten verhindert werden.

Hyperthyreose (Überfunktion der Schilddrüse)

Definition. Das Krankheitsbild der Hyperthyreose beruht auf einer pathologischen Erhöhung der freien T_4- und/oder T_3-Serumkonzentration. Ursächlich kann eine erhöhte endogene Schilddrüsenhormonproduktion oder eine vermehrte exogene Zufuhr von Schilddrüsenhormonen zugrunde liegen (Häufigkeit vgl. Tab. 7.**10**).

Ätiologie und Pathogenese. Im einzelnen lassen sich ätiopathogenetisch verschiedene Gruppen von Hyperthyreosen unterscheiden (Tab. 7.**13**).

- **Immunbedingte Hyperthyreose:** Bei etwa 40% der Patienten mit Hyperthyreose besteht ein Morbus Basedow in der klassischen Form mit der *„Merseburger Trias“* Tachykardie, Struma und Exophthalmus (Abb. 7.**21**). Der Morbus Basedow ist genetisch determiniert und gehört in den Formenkreis der Autoimmunkrankheiten. Autoantikörper (TRAK = TSI = Thyreoidea-stimulierende Immunglobuline), die im lymphatischen Gewebe produziert werden, üben eine TSH-ähnliche Wirkung durch Bindung an die TSH-Rezeptoren der Thyreozytenmembran aus. Hierdurch kommt es zu einer vermehrten T_4- und/oder T_3-Produktion. Bei einem Teil der Patienten kommt es des weiteren zum Schilddrüsenwachstum. Bei $^2/_3$ der Patienten mit Morbus Basedow finden sich klinisch sichtbare Symptome einer endokrinen Orbitopathie (S. 184). Sehr viel seltener treten ein prätibiales Myxödem oder eine Vitiligo auf.

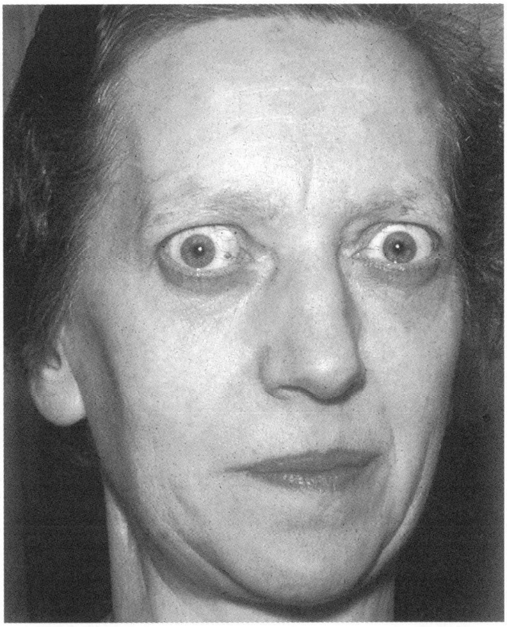

Abb. 7.**21** 45jährige Patientin mit Morbus Basedow und endokriner Ophthalmopathie.

In den Anfangsstadien einer Thyreoiditis kann es zu übermäßigen Schilddrüsenhormonproduktionen, einhergehend mit dem Symptomen einer Hyperthyreose, kommen.

- **Hyperthyreose ohne endokrine Ophthalmopathie oder Dermatopathie:** Vom Morbus Basedow läßt sich die Form der Hyperthyreose abgrenzen, die durch eine autonome Hyperaktivität der Schilddrüse verursacht ist und ohne Ophthalmopathie, ohne Dermatopathie und ohne TRAK einhergeht (Abb. 7.**22**).

Solitäre oder multilokuläre, endokrin aktive autonome Adenome sind meist bereits tastbar und stellen sich szintigraphisch als „heiße“ oder „warme“ Knoten dar. Autonome Knoten können vom „kompensierten“ in den „dekompensierten“ Zustand übergehen. Beim kompensierten autonomen Adenom liegt noch eine euthyreote Stoffwechselsituation vor, während beim dekompensierten autonomen Adenom bereits eine hyperthyreote Stoffwechsellage nachweisbar ist. Darüber hinaus ist das umgebende Schilddrüsengewebe des autonomen Adenoms durch Blockade der übergeordneten Zentren (Hypophyse und Hypothalamus) stillgelegt.

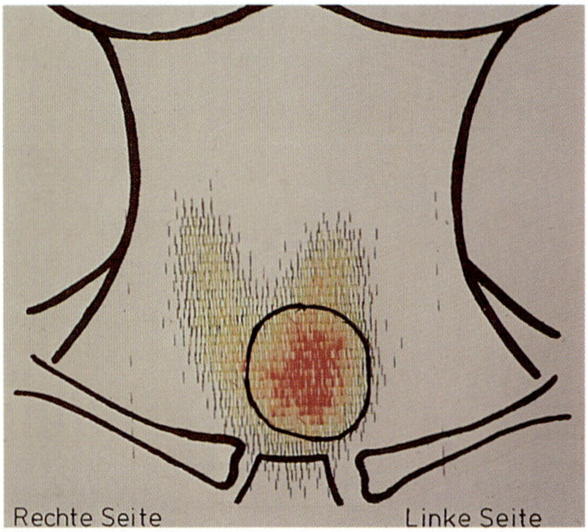

Abb. 7.**22** Szintigramm eines kompensierten autonomen Adenoms.

- **Hyperthyreosen durch TSH und TSH-ähnliche Aktivitäten:** Sie stellen Raritäten dar.
- **Hyperthyreosis factitia:** Die chronisch oder subakute Intoxikation mit Schilddrüsenhormonpräparaten wird als Hyperthyreosis factitia bezeichnet.

Klinik. Die Hyperthyreose entwickelt sich meist schleichend, nur selten plötzlich. Als typische Beschwerden, die allen Formen der Hyperthyreose mehr oder weniger eigen sind, gelten Nervosität, Unrast, Reizbarkeit, Schlafstörungen, Herzklopfen, allgemeine Schwäche, leichte Ermüdbarkeit, Wärmeintoleranz (Abneigung gegen den Aufenthalt in warmen Räumen) und häufiger Stuhldrang. *Leitbefunde* sind: Struma, Orbitopathie, feinschlägiger Fingertremor, Lidflattern, Zungentremor, Sinustachykardie, Herzrhythmusstörungen, hoher Blutdruck mit großer Blutdruckamplitude, Gewichtsabnahme (oft trotz gesteigertem Appetit), erhöhte Körpertemperatur, vermehrtes Schwitzen, Haarausfall, warme und feuchte Hände, zarte Haut sowie Neigung zu Durchfällen.

Die Diagnose wird häufig aus der Fülle der genannten Symptome mit Sicherheit zu stellen sein (Abb. 7.**23**). Allerdings treten im höheren Lebensalter oft mono- oder oligosymptomatische Formen der Hyperthyreose auf. Es kann die kardiale Form einhergehen mit therapierefraktären Herzrhythmusstörungen, Herzinsuffizienz und Angina pectoris; bei der hypermetabolischen Form findet sich eine ungeklärte Gewichtsabnahme, bei der gastrointestinalen Form ungeklärte Oberbauchbeschwerden, Übelkeit und Inappetenz sowie bei der apathischen Form der Altershyperthyreose Apathie, Antriebsarmut sowie agitierte Aggression.

Tabelle 7.**13** Formen der Hyperthyreose

Immunbedingte Hyperthyreose - Hyperthyreose bei Morbus Basedow mit/ohne Struma und mit/ohne endokrine(r) Ophthalmopathie oder Dermatopathie - Hyperthyreose bei Thyreoiditis
Hyperthyreose ohne endokrine Ophthalmopathie oder Dermatopathie - diffuse Autonomie ohne Autoimmunkomponente - umschriebene Autonomie (autonomes Adenom) - follikuläres Adenokarzinom der Schilddrüse mit oder ohne Metastase
Hyperthyreose durch TSH oder TSH-ähnliche Aktivitäten (Raritäten) - Hypophysenvorderlappenadenom - Paraneoplastisches Syndrom
Hyperthyreosis factitia

Diagnose und Differentialdiagnose. Differentialdiagnostisch lassen sich einige der oben genannten Symptome auch bei vegetativer Dystonie und beim Phäochromozytom nachweisen. Selten kommt es jedoch zu Schwierigkeiten in der Abgrenzung, insbesondere bei Einsatz der laborchemischen Parameter. Neben anamnestischen Hinweisen (jodhaltige Medikamente, Röntgenkontrastmittel u. a.) und klinischen Symptomen finden sich bei einer manifesten Hyperthyreose erhöhte Schilddrüsenserumkonzentrationen:

- fT_3 fast immer erhöht,
- fT_4 in 90% erhöht.

Therapie. Jede Art von psychischer und physischer Überbelastung ist zu vermeiden. Zur Coupierung der vegetativen Symptomatik sind Betablocker anzuraten.

Der Aufenthalt in heißen Zonen, in jodhaltiger Meeresluft (z. B. Nordsee, Atlantik) oder im Hochgebirge kann zur Verschlimmerung führen. Ein Urlaub im Mittelgebirge (600 – 1200 m über dem Meeresspiegel) ist angebracht.

- **Spezifische Therapie:** Ziel der Behandlung ist es, die übermäßige Produktion von Schilddrüsenhormonen zu bremsen. Drei Behandlungsformen stehen zur Verfügung, deren Wahl vom

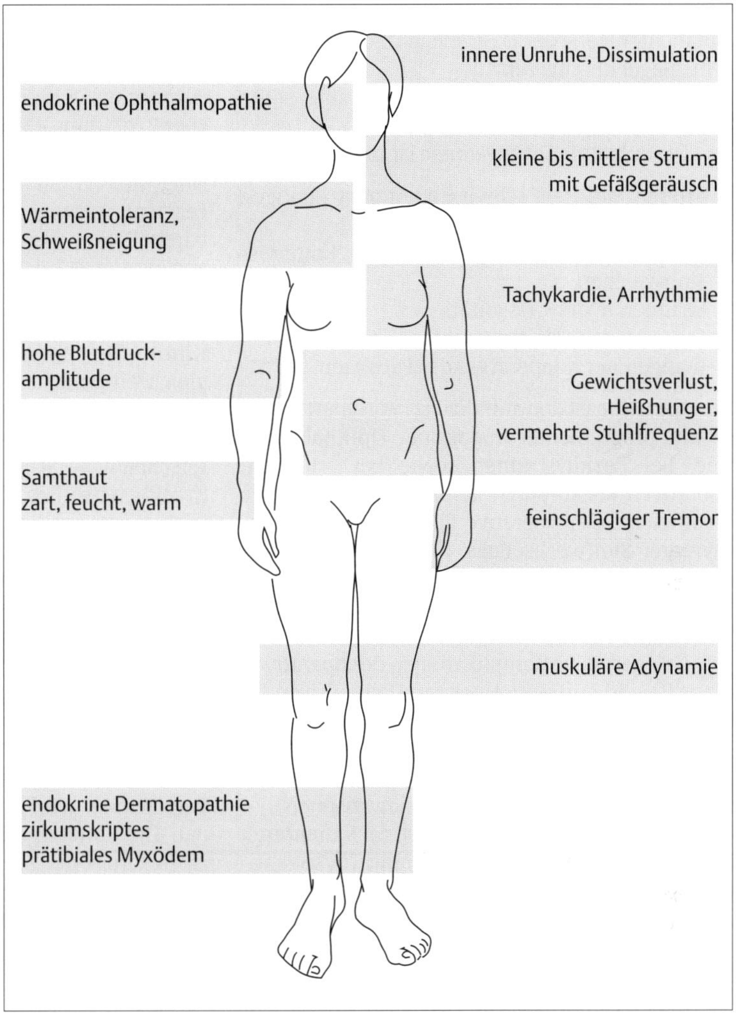

Abb. 7.**23** Klinisches Bild der Hyperthyreose.

Lebensalter des Patienten, von der Schilddrüsengröße sowie von Schweregrad und Ätiologie der Hyperthyreose abhängt:

- zeitweilige reversible Hemmung der Zellfunktion (Blockierung der Schilddrüsenhormonsynthese) mit Medikamenten (Thyreostatika),
- endgültige irreversible Verminderung der Schilddrüsenzellzahl durch Bestrahlung mit Jod-131 oder durch Operation.

Die Behandlung mit Thyreostatika wird in Abhängigkeit von der Schwere der Hyperthyreose meist mit höheren Dosen begonnen und nach Normalisierung der Hormonwerte im Blut sowie Besserung der klinischen Symptomatik nach etwa 4–8 Wochen auf die Erhaltungsdosis reduziert. Gelegentlich muß zu diesem Zeitpunkt mit einem T_4-Präparat (etwa 50–100 µg/Tag) zur Vermeidung einer thyreostatikainduzierten Hypothyreose kombiniert werden.

Nebenwirkungen der Thyreostatika an Blutzellen, Leber, Haut und Nervensystem kommen gelegentlich vor, so daß Kontrollen des Blutbildes und der Leberfunktion in 6–8wöchigen Abständen anzuraten sind.

Obwohl eine teratogene Wirkung nicht bekannt ist, sollten bei Gravidität Thyreostatika vermieden werden.

Therapiekontrollen werden zunächst in 2wöchigen, später in 1–2monatigen Abständen, anhand der Rückbildung des klinischen Bildes sowie anhand der Höhe der fT_4-, gelegentlich der fT_3-Serumspiegel durchgeführt.

Die Dauer der Thyreostatikatherapie sollte 1–2 Jahre nicht überschreiten.

Die *subtotale Strumektomie* ist indiziert bei

- großen, diffusen, schwirrenden oder knotigen Strumen,
- Strumen mit Stauungs- und/oder Kompressionszeichen,
- Strumen in der Gravidität,
- Strumen nach thyreostatischer Therapie,
- mangelnder Kooperation des Patienten.

Die Operation ist kontraindiziert bei Hyperthyreose mit progredienter endokriner Ophthalmopathie, bei Rezidivstrumen sowie bei erhöhtem operativen Risiko durch kardiale und pulmonale Insuffizienz. Der operative Eingriff sollte bei euthyreoter Stoffwechsellage, die bereits 6–8 Wochen vor dem Operationstermin durch medikamentöse Behandlung erzielt wurde, durchgeführt werden.

Gelegentliche Komplikationen des operativen Eingriffs sind Auftreten einer parathyreopriven Tetanie durch Mitentfernen von Nebenschilddrüsengewebe (in etwa 2–4% der Fälle) oder eine Rekurrensparese (z.T. passager, bis zu 5% der Fälle, insbesondere bei Operationen von Rezidivstrumen).

Die Radiojodtherapie, die erst nach mehreren Wochen wirksam wird und daher mit Thyreostatika vor- und nachbehandelt werden sollte, ist indiziert bei Patienten über 30 Jahren, bei klein- bis mittelgroßen Strumen, bei Rezidiven nach ausreichend langer Therapie mit Thyreostatika und nach subtotaler Tumorresektion, bei ausgeprägter endokriner Ophthalmopathie sowie bei Kontraindikationen gegen Strumektomie und bei allergischen bzw. toxischen Nebenwirkungen von Thyreostatika.

Die lebensbedrohliche **thyreotoxische Krise,** deren Letalität auch heute noch etwa 30–40% beträgt, macht eine stationäre Behandlung unter Intensivbedingungen notwendig. Neben der Verabfolgung von Thyreostatika und Glukokortikoiden in hoher Dosierung ist eine Plasmapherese in Abhängigkeit von der Schwere des Krankheitsbildes indiziert.

Endokrine Ophthalmopathie

Als endokrine Ophthalmopathie (oder Orbitopathie) werden die Augensymptome wie Lidödeme, Exophthalmus oder Augenmuskelparesen, die bei etwa 40% der Basedow-Patienten vorkommen, bezeichnet (Abb. 7.**18**).

Ätiopathogenetisch sind neben genetischer Disposition Autoimmunprozesse von wesentlicher Bedeutung. Durch Proliferation von Fibroblasten, einhergehend mit einer vermehrten Einlagerung von lymphozytären und plasmazellulären Fermenten sowie von Glykoproteinen im retrobulbären Raum, werden unter anderem die Bulbi nach vorne gedrückt, so daß es zu einer Protrusio bulborum kommt.

Klinik. Die endokrine Ophthalmopathie kann gleichzeitig mit der Hyperthyreose auftreten, ihrer Manifestation vorausgehen, aber auch Jahre nach einer Hyperthyreose folgen. Es bestehen unterschiedliche Schweregrade, die von leichteren Krankheitszeichen (Tränenträufeln, Lichtscheu, leichte Protrusio bulbi) über Augenmuskelparesen, Hornhautaffektionen, Sehausfälle bis zum Sehverlust führen können. Der Exophthalmus tritt in der Regel doppelseitig auf. Bei einseitigem Exophthalmus muß ein retrobulbärer Tumor ausgeschlossen werden.

Durch Retraktion des Oberlides wird die Sklera zwischen Oberlid und Iris sichtbar *(Dalrymple-Zeichen).* Das Oberlid bleibt bei Bewegung des Bulbus nach unten zurück *(Graefe-Zeichen).* Als *Stellwag-Zeichen* wird der seltene Lidschlag bezeichnet. Die Konvergenzschwäche *(Moebius-Zeichen)* ist Ausdruck der beginnenden Parese der Augenmuskeln. In späteren Stadien können Doppelbilder auftreten. Zwischen dem Schweregrad der Hyperthyreose und der ophthalmologischen Symptome besteht keine Korrelation.

Therapie. Trotz der unklaren pathogenetischen Situation hat sich herausgestellt, daß die Ophthalmopathie bei euthyreoter Stoffwechsellage gebessert wird. Weitere Maßnahmen bestehen in der Gabe von hohen Dosen Prednisolon sowie Hochvoltbestrahlung der Orbita und Plasmapherese. Die operative Dekompression der Orbita wird in schweren Fällen bei ausgeprägten Krankheitserscheinungen durchgeführt.

Die Hyperthyreose ist ein Sammelbegriff für ätiologisch unterschiedliche Krankheiten. Das klassische Erscheinungsbild der Hyperthyreose findet sich nur bei Jugendlichen. Im höheren Lebensalter ist die Hyperthyreose häufig maskiert. Ein die Diagnose beweisendes Einzelsymptom oder ein einziger entscheidender Funktionstest ist nicht vorhanden. Die endokrine Ophthalmopathie kann, muß aber nicht mit einer Hyperthyreose einhergehen. Eine kausale Therapie der Hyperthyreose ist nicht bekannt. Die 3 Behandlungsformen wie Thyreostatika, Operation und Radiojodapplikation können nicht vorhersehbar zu Hypothyreosen führen. Lebenslängliche Kontrolluntersuchungen sind daher regelmäßig notwendig. Die schwerste Form der Hyperthyreose, die thyreotoxische Krise, ist unter stationären Bedingungen sofort intensiv zu behandeln.

Hypothyreose

Definition. Der Hypothyreose liegt ein Mangel an wirksamen Schilddrüsenhormonen im Organismus zugrunde.

Ätiologie und Pathogenese. Es werden verschiedene Formen der Schilddrüsenunterfunktion unterschieden. Das klinische Bild der Hypothyreose wird geprägt

- vom Zeitpunkt des Auftretens der Erkrankung,
- vom Ausmaß der Verminderung der Schilddrüsenhormonspiegel im Serum,
- von der Dauer des Hormondefizits sowie
- von weiter unbekannten individuellen Faktoren.

Nach dem Zeitpunkt des Auftretens wird klinisch zwischen der angeborenen (dem sporadischen oder endemischen Kretinismus) und der postnatal erworbenen Hypothyreose unterschieden.

Hinsichtlich der Lokalisation des Defektes kann unterschieden werden zwischen

- primären, thyreogenen Hypothyreosen (Defekt der Schilddrüse selbst),
- sekundären hypophysären Hypothyreosen (verminderte oder fehlende TSH-Sekretion des Hypophysenvorderlappens),
- tertiären hypothalamischen Hypothyreosen (Mangel an Thyreotropin-Releasing-Hormon).

Angeborene Hypothyreosen

Die Häufigkeit dieser nicht seltenen Erkrankung, (Frequenz 1 : 5000 – 1 : 3000 Neugeborene) wird durch die TSH-Bestimmung aus dem Fersenblut (die in Deutschland routinemäßig am 5. Tag post partum durchgeführt wird) gesichert. Ursachen der angeborenen Hypothyreose sind Schilddrüsenaplasie und -dystopie, Hormonsynthesedefekte sowie hypophysäre Insuffizienz.

Klinik. *Klinische Zeichen* des Kretinismus im Säuglingsalter sind Trink- und Eßfaulheit, Verstopfung, Schläfrigkeit, spröde und trockene Haut, Schwerhörigkeit, körperliche und geistige Trägheit sowie eine auffallend dicke Zunge. Somatische und geistige Entwicklung sind verzögert. Skelettanomalien (verzögerter Schluß von Epiphysenfugen, Plattenwirbel, dysproportionierter Wuchs) treten auf. Das vorgealterte, faltige, oft stupide Gesicht verrät geistige Defekte, die bis zur Idiotie gehen können.

Therapie. Sie muß möglichst mit einem Thyroxinpräparat begonnen werden. Die Therapiekontrolle erfolgt durch klinische Beobachtung (Gewicht, Längenwachstum, Hautbeschaffenheit), durch Röntgenkontrollen (Handwurzelknochen, Epiphysenfugen) und durch gelegentliche Bestimmung der T_4- und/oder TSH-Serumkonzentration.

Hypothyreose im Erwachsenenalter

Das Häufigkeitsmaximum der erworbenen Hypothyreosen liegt zwischen dem 50. und 70. Lebensjahr, allerdings können sie in allen Lebensaltern auftreten. Im höheren Lebensalter wird die Hypothyreose oft als „Altersdepression" verkannt.

Ätiologisch ist die Hypothyreose am häufigsten Folge einer unbemerkten Hashimoto-Thyreoiditis; iatrogene Ursachen sind Thyreostatikagabe, Lithium und Hydantoinpräparate, Zustand nach Strumektomie oder Radiojodtherapie.

Das klinische Bild ist in Abb. 7.**24** dargestellt. Die Patienten klagen verhältnismäßig wenig, denn in Folge ihrer Antriebslosigkeit oder Indolenz werden die eintretenden körperlichen und geistigen Veränderungen vom Kranken wenig empfunden. Am häufigsten beklagen sie noch die hartnäckige Obstipation und das anhaltende Frieren.

Typisch für die Hypothyreose des Erwachsenen ist die Einlagerung von Glykoproteinen und Wasser in das Interstitium der Gewebe. Hierdurch kommt es zur charakteristischen Konsistenz der Subkutis, die zu der Bezeichnung Myxödem geführt hat: die Haut ist verdickt, teigig geschwollen und macht einen ödematösen Eindruck, wobei sich jedoch Dellen nicht eindrücken lassen. Durch Kombination der schlechten Durchblutung mit der oft bestehenden Anämie weist die Haut ein fahles, gelbliches Kolorit auf, ist kühl, spröde, rauh und neigt zu starker Schuppung. Des weiteren be-

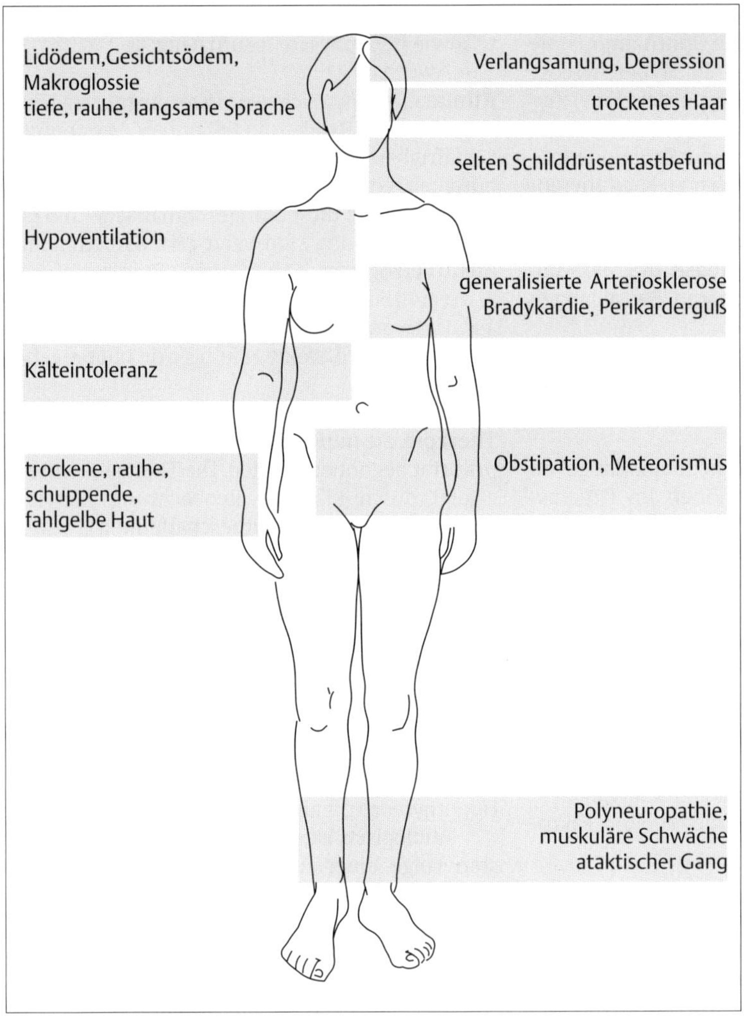

Abb. 7.**24** Klinisches Bild der Hypothyreose.

steht eine verminderte Talg- und Schweißdrüsensekretion. Die spröden Haare verlieren an Glanz und fallen vermehrt aus. Die Zähne sind kariös und lockern sich, die Nägel werden brüchig. Auch die Schleimhäute weisen Veränderungen auf: Die Zunge wird größer, plump und riesig (Makroglossie), worunter die Artikulation und die Sprache leiden. Die Schleimhautveränderung des Kehlkopfes bewirkt eine tiefe und blecherne Stimme.

Diagnose. Bei klinisch-anamnestischem Verdacht wird die Diagnose durch ein erhöhtes TSH bzw. vermindertes T_4 im Serum gesichert. Bei Zustand nach Hashimoto-Thyreoiditis finden sich Schilddrüsenperoxidase-Antikörper (TPO-AK) und Thyreoglobulin-Antikörper (TAK). Im Blutbild besteht eine Anämie, das Gesamtcholesterin ist erhöht.

Therapie. Die Therapie der Wahl ist die Substitution mit synthetischem Schilddrüsenhormon (L-Thyroxin) lebenslang in der Dosis von 100 – 200 µg täglich.

Hypothyreotes Koma

Das sehr selten auftretende hypothyreote Koma bedarf der sofortigen Noteinweisung auf eine Intensivstation. Dort werden neben der Gabe von hochdosiertem Thyroxin und Hydrokortison weitere allgemein-intensivmedizinische Maßnahmen durchgeführt.

Für die Hypothyreose gibt es ebenfalls kein beweisendes Einzelsymptom oder einen alles entscheidenden Einzeltest im Blut. Die Diagnose wird im Gegensatz zur Hyperthyreose zu selten gestellt. In 50% der Fälle ist ursächlich ein Autoimmunprozeß, der das Schilddrüsengewebe zerstört, nachweisbar. Die Substitution von Schilddrüsenhormon (L-Thyroxin) muß lebenslang durchgeführt werden. Regelmäßige Kontrolluntersuchungen sind notwendig.

Thyreoiditis

Schilddrüsenentzündungen können umschrieben (beispielsweise in einem Schilddrüsenpol oder -lappen) oder auch diffus im ganzen Organ auftreten. Auslösende Ursache sind neben bakteriellen und viralen Infektionen parainfektiöse Infektionen sowie Autoaggressionen bei genetischer Disposition und auch traumatische oder radiogene Schädigung.

In der systematischen Einteilung der Schilddrüsenentzündungen ist klinisch am weitesten verbreitet die Unterscheidung zwischen akuter, subakuter (De Quervain) und chronischer (Hashimoto-) Thyreoiditis (Tab. 7.**14**).

Bei akuter und subakuter Thyreoiditis führen die Beschwerden am Hals verbunden mit einer relativ schnellen Größenzunahme oder Knotenbildung der Schilddrüse bei allgemeinen Krankheitszeichen schnell auf die Verdachtsdiagnose.

In etwa 70% der Fälle kommt es zu einer Spontanheilung. Gegebenenfalls müssen Antiphlogistika bzw. in schweren Fällen Glukokortikoide, die dann zu einer schnellen Besserung führen, gegeben werden.

Die chronische Thyreoiditis ist wenig auffallend oder gänzlich symptomlos. Sie dürfte die Hauptursache aller erworbenen Hypothyreosen sein. Anfänglich können leichtere hyperthyreote Stoffwechsellagen auftreten, wobei die Symptomatik in der Regel durch Einsatz von Betablockern zu beherrschen ist.

Die Autoantikörpertiter im Blut (Anti-TPO, TAK) sind wie auch die Blutkörperchensenkungsgeschwindigkeit deutlich erhöht. Bei Auftreten einer Hypothyreose wird mit Thyroxin und L-Thyroxin substituiert.

Die häufigste Form der Thyreoiditis ist die Hashimoto-Thyreoiditis. Hierbei handelt es sich um eine Autoimmunerkrankung, die fast immer, jedoch unterschiedlich schnell zur Hypothyreose führt. Die subakute Thyreoiditis weist phasenhaft kurzdauernde Hyperthyreosenschübe auf und heilt fast regelhaft ohne Funktionsverlust aus.

Maligne Schilddrüsentumoren

Unter den Tumoren der Schilddrüse, die sehr selten sind (0,5–1% aller Malignome), spielen die Karzinome mit etwa 90% die wichtigste Rolle (Tab. 7.**15**).

Die organoid differenzierten Karzinome, die sich follikulär, papillär oder auch als Mischform darstellen, sind am häufigsten.

In Gebieten mit ausreichender Jodversorgung treten häufiger papilläre Karzinome auf, während in Jodmangelgebieten das follikuläre Karzinom überwiegt. Das papilläre Schilddrüsenkarzinom findet sich vorzugsweise bei Jugendlichen und jungen Erwachsenen, während das follikuläre Schilddrüsenkarzinom um das 5. Lebensjahrzehnt am häufigsten auftritt (Abb. 7.**25**).

Ätiologisch sind ionisierendes Strahlen (z. B. Röntgenbestrahlung des Halses bei Jugendlichen) in der Tumorgenese von erheblicher Bedeutung.

Die undifferenzierten anaplastischen Karzinome treten vermehrt im höheren Lebensalter auf. Sie sind durch ein ausgesprochen schnelles

Tabelle 7.**14** Formen der Thyreoiditiden

Akute Thyreoiditis	bakteriell, viral, traumatisch, radiogen	
Subakute Thyreoiditis (de Quervain)	viral, parainfektiös	
Chronische Thyreoiditis	autoimmun	a) lymphozytäre Form (Hashimoto) b) fibrös-invasive Form (Riedel)

Tabelle 7.15 Häufigkeitsverteilung verschiedener Schilddrüsentumoren

Art des Tumors	Ausreichende Jodversorgung	Jodmangelgebiet
Papilläres Karzinom	50%	25%
Follikuläres Karzinom	25%	40%
C-Zell-Karzinom	10%	10%
Anaplastisches Karzinom	15%	25%
in Norddeutschland überwiegend papilläre Karzinome in Süddeutschland überwiegend follikuläre Karzinome		

Wachstum gekennzeichnet und sind die bösartigsten Schilddrüsentumore.

Medulläre Karzinome stammen von C-Zellen ab und produzieren bei ausreichender Differenzierung Kalzitonin. Als multiple endokrine Neoplasie in Kombination mit Phäochromozytom und Nebenschilddrüsenadenom treten diese Karzinome familiär gehäuft auf.

Klinik. Alle Knoten, die in der Schilddrüse auftreten und schnell wachsen, sind tumorverdächtig, insbesondere solche, die szintigraphisch „kalt" sind (Abb. 7.**20 b**). Vergrößerte Lymphknoten in der Umgebung verstärken den Verdacht. Eine maligne Entartung sollte auch bei Strumawachstum und -rezidiv trotz ausreichender Suppressionstherapie mit Schilddrüsenhormonen angenommen werden. Groß gewachsene Tumoren können bis zum Ohr ausstrahlende Schmerzen, Heiserkeit und einen Horner-Symptomenkomplex auslösen.

Die Diagnose wird gesichert durch Sonographie, Szintigraphie (Nachweis von kalten Knoten)

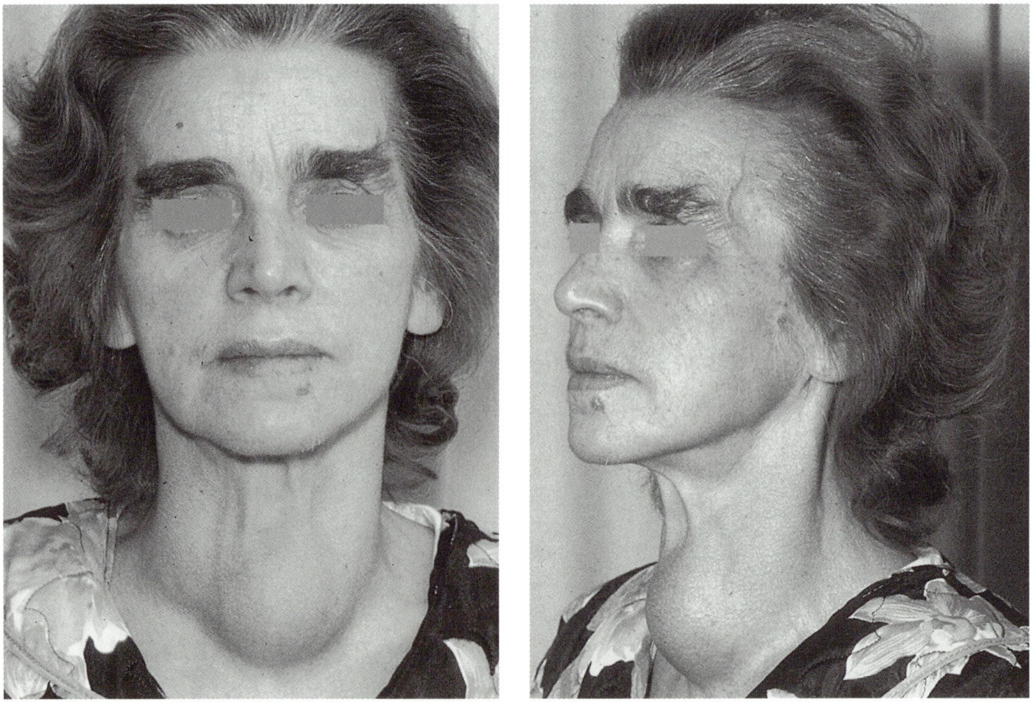

Abb. 7.**25** 56jährige Patientin mit follikulärem Schilddrüsenkarzinom.

und ggf. durch Feinnadelbiopsie. Im Zweifelsfall muß ein operativer Eingriff vorgenommen werden.

Therapie. Die Methode der Wahl ist die Radikaloperation. Sind jodspeichernde Schilddrüsengewebe und/oder jodspeichernde Metastasen vorhanden bzw. im Krankheitsverlauf aufgetreten, ist eine Radiojodtherapie durchzuführen. Schilddrüsenkarzinome, die nicht Jod-131 anreichern, können perkutan bestrahlt werden. Die Behandlung mit Zytostatika ist ebenfalls möglich.

Die postoperativ auftretende Hypothyreose wird durch Substitution mit Schilddrüsenhormonen in hoher Dosis behandelt. Therapiekontrollen (Messung von T_4- und/oder TSH-Serumspiegeln) erfolgen in 3–6monatigen Abständen.

Prognose. Sie ist abhängig vom Lebensalter des Patienten, von der Tumorausbreitung und dem Malignitätsgrad des Geschwulsttyps.

Solitärknoten, schnelles Wachstum einer Struma und derbe unverschiebliche Konsistenz lassen an das Vorliegen eines Schilddrüsenmalignoms denken. Die Prognose der differenzierten Schilddrüsenkarzinome bei Patienten unter 40 Jahren ist relativ gut.

Krankheiten der Nebenschilddrüsen

Anatomie und Physiologie

Die Anzahl der Nebenschilddrüsen (Epithelkörperchen, Glandula parathyroideae) beträgt normalerweise 4, gelegentlich 2 bis 6. Sie wiegen zusammen ca. 170 mg und liegen an den Polen der Schilddrüse, können aber auch außerhalb der Schilddrüsenkapsel liegen und werden über Zervikalganglien innerviert (Abb. 7.**15**).

In den Nebenschilddrüsen wird das Parathormon (PTH) gebildet. Parathormon reguliert den Kalzium-Phosphatstoffwechsel im Zusammenspiel mit Kalzitonin und Vitamin D. Ein Überschuß an Parathormon führt zur Hyperkalzämie, ein Mangel zur Hypokalzämie. Erniedrigte Kalzium- sowie erhöhte Phosphatserumkonzentrationen stimulieren, hohe Kalziumspiegel hemmen die Parathormonsekretion.

Bei der systematischen Einteilung der Krankheiten kann zwischen Über- und Unterfunktion der Nebenschilddrüsen unterschieden werden.

Primärer Hyperparathyreoidismus (pHPT)

Die primäre Erkrankung der Nebenschilddrüse geht mit einer vermehrten PTH-Bildung einher. In 80% der Fälle liegen solitäre, in 5% multiple Adenome der Nebenschilddrüsen vor. In der Regel besteht eine Hyperplasie, selten ein Karzinom der Epithelkörperchen.

Klinik. 50% der Patienten haben keine oder nur unspezifische Beschwerden; oft wird die Diagnose durch zufällige Bestimmung des erhöhten Kalziums im Blut gestellt.

Krankheitsbild und klinische Symptome lassen sich leicht durch die Wirkungen des erhöhten PTH-Spiegels und den Folgen der Hyperkalzämie erklären. Neben Nierenkoliken sowie Polydypsie und Polyurie klagen die Patienten über Appetitlosigkeit, Übelkeit, Gewichtsabnahme, Oberbauchschmerzen sowie Obstipation und Meteorismus. Nur bei ca. 10% findet sich ein Ulcus ventriculi/duodeni oder eine Pankreatitis. Schnelle Ermüdbarkeit, Muskelschwäche und Atrophie sowie depressive Verstimmungen sind ebenfalls nachweisbar.

Bei über 50% der Patienten werden Nephrolithiasis (Kalziumphosphat oder -oxalat), seltener eine Nephrokalzinose nachgewiesen. Die erhöhten PTH-Serumkonzentrationen führen zu einer Vermehrung der Osteoklastenzahl bzw. zur Erhöhung der Aktivität dieser Zellen mit der Folge einer diffusen Osteopenie. Als Symptome der Skelettmanifestation finden sich Wirbelsäulen- und Gliederschmerzen. Röntgenologisch lassen sich charakteristische subperiostale Defekte der Kortikalis an den Händen nachweisen. An den Zahnalveolen finden sich Erosionen der Lamina dura. Das komplette Krankheitsbild der Ostitis fibrosa generalisata (Morbus Recklinghausen), einhergehend mit Knochenzysten, Milchglasschädel, Osteosklerose und Akroosteolyse, ist dagegen selten.

Der primäre Hyperthyreoidismus kann jederzeit zu einer hyperkalzämischen Krise exazerbieren, die mit Temperaturerhöhung, Polyurie, Exsikkose, Verwirrung, Somnolenz und schließlich Koma einhergehen kann.

Differentialdiagnose. Differentialdiagnostisch müssen alle Krankheiten, die mit Hyperkalzämie einhergehen, sowie die generalisierten Skeletterkrankungen erwogen werden.

Diagnose. Die diagnostisch wichtigsten Parameter sind die Bestimmung des Serumkalziums (erhöht in 80 – 90 %) und des Parathormons (erhöht in 90 %). Das Serumphosphat ist in 70 % der Fälle erniedrigt.

Therapie. Die Behandlung der pHPT besteht in der operativen Exstirpation der vergrößerten Epithelkörperchen. Die Prognose ist bei rechtzeitiger Diagnosestellung gut, jedoch insbesondere abhängig vom Ausmaß der Nierenfunktionsschädigung.

Sekundärer Hyperparathyreoidismus

Der sekundäre Hyperparathyreoidismus ist Ausdruck einer reaktiv aufgetretenen Überfunktion der Epithelkörperchen. Pathologisch-anatomisch findet sich eine Hyperplasie aller Epithelkörperchen.

Die häufigste Ursache ist eine Hypokalzämie bei Niereninsuffizienz, einhergehend mit der Erhöhung von PTH. Es kommt wie beim pHPT zu Knochenveränderungen (renale Osteopathie) mit subperiostalen Resorptionsherden.

Weitere extraparathyreoidale Ursachen sind enterale Malabsorption, einhergehend mit Mangel an Vitamin D (z. B. Rachitis).

Unterfunktion der Nebenschilddrüse (Hypoparathyreoidismus)

Als Hypoparathyreoidismus wird eine Kalziumstoffwechselstörung bezeichnet, die durch fehlende oder verminderte Bildung von Parathormon oder Parathormonresistenz (Pseudohypoparathyreoidismus) hervorgerufen ist.

Häufigste Ursache ist die unbeabsichtigte Entfernung der Nebenschilddrüsen nach Halsoperationen (Strumektomien, Schilddrüsenkarzinom-OP). Beim Pseudohypoparathyreoidismus wird eine Nebenschilddrüseninsuffizienz dadurch vorgetäuscht, daß die Körperzellen auf das PTH nicht ansprechen.

Klinik. Die Patienten klagen über tetanische Anfälle, einhergehend mit Muskelschmerzen, Parästhesien sowie tonischen Kontraktionen der Muskeln z. B. an Händen, Füßen und in der Mundgegend. An den Händen entwickelt sich die charakteristische Pfötchenstellung („Geburtshelferhand"), bei der es neben der Adduktion des Daumens zum Zusammenpressen der Finger kommt. Gelegentlich bildet sich eine Faust. Der Krampf der Gesichtsmuskulatur führt durch die Kontraktion der Oberlippe zur „Karpfenmaulstellung" des Mundes. Im Rahmen des *tetanischen Syndroms* können Spasmen der Bronchien, Stenokardien, Gallenkoliken, Migräneanfälle sowie Laryngospasmen auftreten. Länger bestehender Hypoparathyreoidismus führt zu trophischen Störungen der Haut und ihrer Anhangsgebilde, zu Haarausfall, Schmelzdefekten an den Zähnen, brüchigen Nägeln sowie schuppiger Haut. Darüber hinaus kann sich eine Katarakt entwickeln.

Diagnose. Im Blut sind Kalzium und Magnesium erniedrigt sowie Phosphat erhöht.

Therapie. In der Behandlung des akuten tetanischen Anfalls werden 20 ml 10 %iger Kalziumglukonatlösung langsam intravenös injiziert.

Bei der chronischen Hypokalzämie erfolgt neben einer kalziumreichen und phosphatarmen Kost eine Dauertherapie mit Vitamin-D-Präparaten oder A.T. 10 (Dihydrotachysterol). Des weiteren wird Kalzium oral substituiert.

Leitbefund eines primären Hyperparathyreoidismus sind Nierensteine, einhergehend mit erhöhtem Kalzium im Blut. Es muß daher jede Hyperkalzämie differentialdiagnostisch abgeklärt werden.

Die wichtigsten Symptome des Hypoparathyreoidismus bzw. des Pseudohypoparathyreoidismus sind Hypokalzämie und Tetanie. Die tetanischen Symptome lassen sich durch langsame intravenöse Injektionen von Kalziumglukonat (20 – 40 ml einer 10 %igen Lösung) beheben.

Krankheiten der Nebennieren

Anatomie und Physiologie

Die Nebennieren, deren Gewicht etwa 4–8 g beträgt, sitzen beidseitig dem oberen Nierenpol auf. Sie bestehen aus einem *Rindenanteil*, der vom Mesoderm abstammt, und einem *Markanteil*, der zum chromaffinen System (S. 197) gehört.

In der Nebennierenrinde sind morphologisch und funktionell 3 Zonen zu unterscheiden:

- die äußere *Zona glomerulosa*,
- die mittlere *Zona fasciculata*,
- und die innere *Zona reticularis*.

In der Zona glomerulosa werden vorwiegend Mineralkortikoide, in der Zona fasciculata Glukokortikoide und in der Zona reticularis überwiegend Androgene und Östrogene gebildet (Tab. 7.**16**). Im Nebennierenmark werden Adrenalin und Noradrenalin produziert.

Das Cholesterin, über mehrere Zwischenstufen aus Azetyl-CoA synthetisiert, bildet die Vorstufe aller Steroidhormone. In Tab. 7.**16** sind die wichtigsten Vertreter der NNR-Hormone und ihre wesentlichen Eigenschaften zusammengefaßt. Die NNR-Hormone werden im Blut zu 90% an Eiweiß gebunden transportiert. Nur das nicht an Eiweiß gebundene Kortisol (etwa 10%) ist stoffwechselwirksam. Der überwiegende Teil der NNR-Hormone wird in der Leber metabolisiert und über die Nieren ausgeschieden.

Die Produktion der NNR-Glukokortikoide und z. T. der Sexualsteroide wird über den Rückkopplungskreis Hypothalamus-Hypophyse-Nebennierenrinde gesteuert. Das im Hypothalamus gebildete Corticotropin-Releasing-Hormon (vgl. S. 168 ff) führt zur Bildung und Ausschüttung des adrenokortikotropen Hormons (ACTH) in den basophilen Zellen des HVL. ACTH seinerseits wirkt fördernd auf die Glukokortikoidsynthese in der NNR. Nimmt der Blutkortisolspiegel ab, werden CRH und ACTH vermehrt ausgeschüttet, so daß die Kortisolkonzentration im Blut wiederum normalisiert wird.

Der Blutkortisolspiegel besitzt einen endogenen Tagesrhythmus mit einem Maximum zwischen 5 und 9 Uhr morgens und einem Minimum gegen 24 Uhr.

Unabhängig von dem oben genannten Regulationssystem wird die Aldosteronausschüttung durch Angiotensin II, erhöhte Kaliumkonzentration, erniedrigte Natriumkonzentration im Blut sowie durch Volumenverminderung im Blutgefäßsystem stimuliert.

Tabelle 7.**16** Physiologie der wichtigsten Nebennierenrindenhormone

	Zona glomerulosa	**Zona fasciculata**	**Zona reticularis**
	Mineralokortikoide	*Glukokortikoide*	*Androgene*
Beeinflussung	anorganischer Stoffwechsel	organischer Stoffwechsel	organischer Stoffwechsel
Hauptvertreter	Aldosteron	Kortisol	Dehydroepiandrosteron
Hauptwirkung	Na^+-Retention in der Niere K^+-Abgabe in der Niere sek. Flüssigkeitsretention	Glukoneogenese mit Hyperglykämie und Proteinabbau Verminderung des Wassereintritts in die Zelle	Proteinsynthese Virilisierung
Sekretionsrate	50–250 µg/24 h	10–40 mg/24 h	6–10 mg/24 h
Plasmakonzentration	2–15 µg/100 ml	6–25 µg/100 ml	Männer: 0,13–1,4 µg/100 ml Frauen: 0,14–1,06 µg/100 ml
Nachweis im Urin als	Aldosteron 5–10 mg/24 h	17-Hydroxykortikoide 3–13 mg/24 h	17-Ketosteroide Männer: 10–15 mg/24 h Frauen: 6–15 mg/24 h

Diagnostische Verfahren

Geeignet für die Bestimmung des Ausmaßes der Glukokortikoidproduktion ist die Messung der Kortisolblutkonzentration, die einmalig um 8 Uhr morgens (max. Plasmablutkortisolspiegel), mehrmals zur Kontrolle des Tagesrhythmus um 11 und um 16 Uhr durchgeführt wird. Bei den entsprechenden Krankheiten sind die Messungen von Transkortin, ACTH sowie Aldosteron und Plasmarenin indiziert. Im Urin (24-h-Sammelurin) werden freies Kortisol und Aldosteron gemessen. Darüber hinaus führen in der Diagnostik der Erkrankungen der Nebennierenrinde Stimulations- wie auch Suppressionstests weiter:

- **Dexamethason-Kurztest:** Plasmakortisol um 8 Uhr abnehmen, 2 mg Dexamethason (z.B. Fortecortin) peroral um 21 Uhr geben, erneute Plasmakortisolmessung am darauffolgenden Tag um 8 Uhr morgens. Bei Plasmakortisol $< 2\ \mu g/dl$ ist ein Cushing-Syndrom mit hoher Wahrscheinlichkeit ausgeschlossen.
- **ACTH-Kurztest:** Messung von Plasmakortisol 30 und 60 Minuten nach 250 µg ACTH i.v.; normaler Anstieg $> 7\ \mu g/dl$.
- **CRH-Test:** Gabe von 1 µg/kg CRH i.v.; Messung von ACTH und Kortikoid im Plasma vor und nach CRH-Applikation.

Bei Verdacht auf ein Phäochromozytom werden Adrenalin und Noradrenalin bzw. deren Abbauprodukte Vanillin-Mandelsäure und Normetanephrin sowie Metanephrin im 24-h-Sammelurin gemessen.

Lokalisationsdiagnostik: Ein Nebennierentumor kann erfaßt werden durch
- Sonographie (Untersuchung mittels Ultraschall, am wenigsten belastende Untersuchung),
- Computer- und Kernspintomographie,
- Nebennierenszintigraphie z.B. mit ^{131}Jod-Cholesterin (hohe Strahlenbelastung!!),
- selektive Angio- und Phlebographie der Nebennieren, einhergehend mit Blutentnahme zur Bestimmung von Plasmakortisol und bei V.a. Phäochromozytom von Adrenalin und Noradrenalin (selten indiziert!).

Krankheiten der Nebennierenrinde

Überfunktion der Nebennierenrinde

Hyperkortisolismus (Cushing-Syndrom)

Definition. Das gemeinsame Kennzeichen der Patienten mit Cushing-Syndrom ist der chronische Kortisolexzess und dessen Einwirkung auf die Körperzellen.

Ätiologie und Einteilung:
a) exogenes (iatrogenes) Cushing-Syndrom durch Langzeitbehandlung mit Glukokortikosteroiden oder ACTH (am häufigsten),
b) endogenes Cushing-Syndrom (durch erhöhte Sekretion von Kortisol oder ACTH):
   - 70% hypothalamisch-hypophysär; eigentlicher Morbus Cushing (Mikroadenom des HVL; hypothalamische Störung),
   - ektopische (paraneoplastische) ACTH-Sekretion (10%, sehr seltenes Krankheitsbild, z.B. bei kleinzelligen Bronchialkarzinomen, vgl. S. 60ff),
   - primär adrenal (20% der Fälle): Adenome (80%) der Nebennierenrinde bzw. Karzinome (20%, besonders bei Kindern) (Abb. 7.**27**).

Klinik. Die Symptome und Befunde des Cushing-Syndroms sind ohne weiteres als spezifische Hormoneffekte erklärbar. Die meist vorliegende Hypertonie entsteht durch die Wirkung von Kortisol auf die Natriumretention, z.T. ist sie durch die leicht erhöhte Produktion von Mineralokortikoiden mitverursacht. Übergewicht und charakteristische Fettverteilung können durch das unterschiedliche Ansprechen der Fettzellen verschiedener Körperbezirke auf die Glukokortikoide erklärt werden. Muskelatrophie, Osteoporose sowie Atrophie der Haut sind Folgen des vermehrten Proteinkatabolismus. Störungen der Menstruation, Hirsutismus, Akne, Schwund von Libido und Potenz, Erniedrigung der Testosteronspiegel und Oligospermie lassen sich auf die Wirkung der Überproduktion von Glukokortikoiden auf die Hypophysen-Gonaden-Achse zurückführen.

Die Patienten klagen über
- Gewichtszunahme (charakteristisch Stammfettsucht, Abb. 7.**26**),
- mangelnde Leistungsfähigkeit,
- Kopf- und Rückenschmerzen,
- psychische Veränderungen (Depressionen, Psychosen).

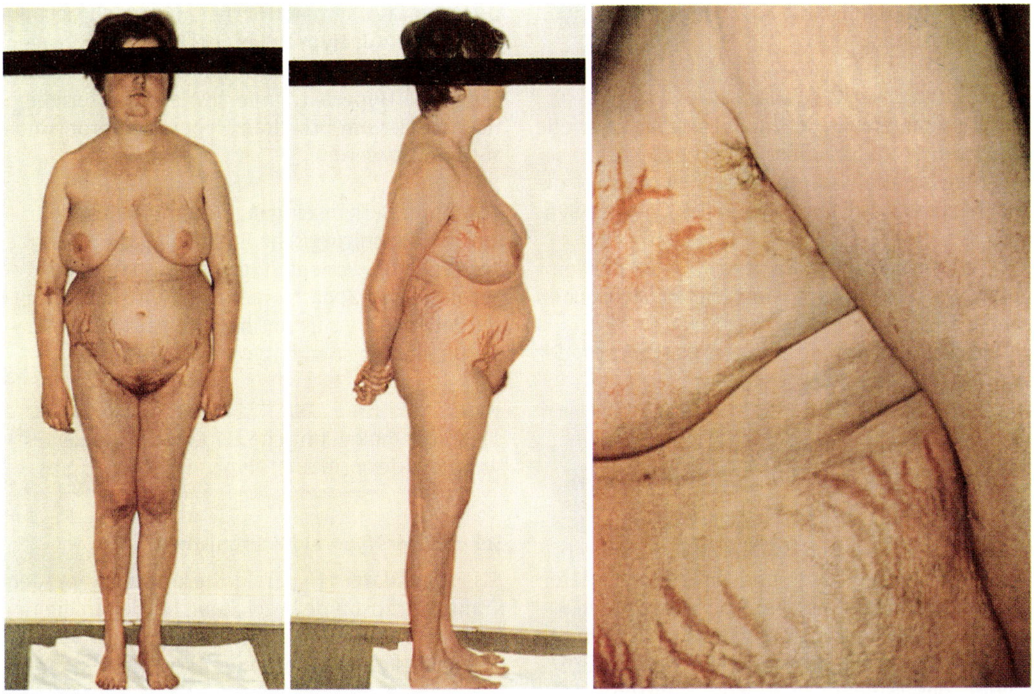

Abb. 7.**26** Patientin mit endogenem Hyperkortisolismus infolge eines Nebennierenadenoms. Es findet sich die charakteristische Fettverteilung (Stammfettsucht, Nackenhöcker) bei grazilen Extremitäten sowie Striae rubrae an Bauch, Hüfte sowie im Bereich der Brust und der Axillen.

Leitbefunde sind (Abb. 7.**26a, b, c**)

- rotes, rundes Vollmondgesicht,
- Stammfettsucht mit grazilen Extremitäten,
- Büffelnacken,
- blau-rote Striae,
- Akne und Hirsutismus,
- Neigung zu petechialen Blutungen und Ekchymosen,
- Hypertonie und Ödeme.

Diagnostik. Na im Blut erhöht, K^+ im Blut erniedrigt. Dexamethason-Hemmtest; Plasmakortisolbestimmung im 24-h-Urin, evtl. CRH-Test.

Lokalisationsdiagnostik s. S. 192. Zur Abgrenzung eines Nebennierentumors (Abb. 7.**27**) auch Computer- und Kernspintomogramm des Abdomens.

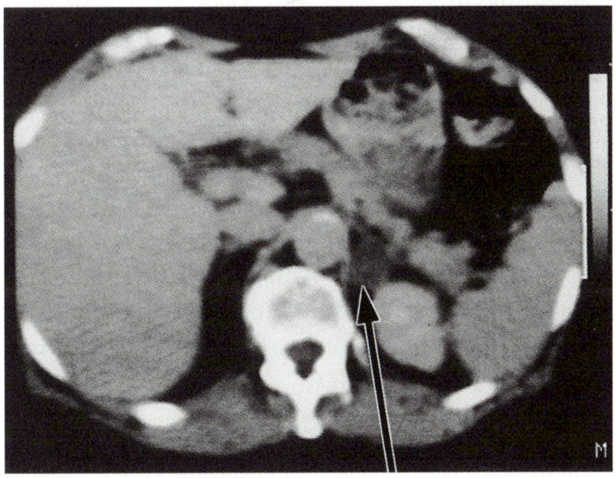

Abb. 7.**27** Computertomogramm der gleichen Patientin. Großes Adenom der Nebenniere (Pfeil).

Therapie:
- Bei exogener (iatrogener) Ursache des Hyperkortisolismus: Reduktion bzw. Absetzen des Glukokortikoidpräparates,
- Hypophysentumor: transsphenoidale selektive Adenomexstirpation,
- NNR-Adenom: Adrenalektomie, evtl. unter Glukokortikoidsubstitution,

- bei inoperablen NNR-Karzinomen: Gabe von Adrenostatika.

Stammfettsucht, Vollmondgesicht, arterielle Hypertonie, Hirsutismus, Muskelschwäche sowie Menstruationsstörungen und Akne sind die wichtigsten klinischen Zeichen des Cushing-Syndroms.

Wachstumsstillstand bzw. Wachstumshemmung wird bei Kindern und Heranwachsenden beobachtet.

In der Mehrzahl der Fälle ist die Therapie der Wahl ein chirurgisches Vorgehen.

Überproduktion von Mineralokortikoiden (Hyperaldosteronismus)

Definition. Ätiologisch kann zwischen einem primären (Conn-Syndrom) und einem sekundären Hyperaldosteronismus unterschieden werden.

Der primäre Aldosteronismus ist ein Krankheitsbild, das durch eine gesteigerte adrenale Sekretion des Mineralokortikoids Aldosteron hervorgerufen wird.

Primärer Hyperaldosteronismus (Conn-Syndrom)

Pathologische Anatomie und Physiologie. Bei etwa 0,5% der Hypertoniker eines unausgewählten Krankengutes liegt ein Conn-Syndrom vor. Frauen sind etwa doppelt so häufig betroffen wie Männer. Bei 70 – 80% der Patienten ist ein solitärer, autonom produzierender NNR-Tumor (Adenom, selten Karzinom), in 20 – 30% eine bilaterale NNR-Hyperplasie die Ursache.

Der erhöhte Aldosteronspiegel im Blut verursacht eine arterielle Hypertonie, Hypernatriämie, Hyperchlorämie, Hypokaliämie, Hypomagnesiämie, Hypervolämie und metabolische Alkalose. Der Reninspiegel im Blut ist infolge des erhöhten Blutvolumens erniedrigt.

Klinik. Die Patienten klagen über Kopfschmerzen und Parästhesien sowie Muskelschwäche, wobei letztere durch die Hypokaliämie bedingt ist. Häufig treten Herz-Rhythmusstörungen auf. Polydipsie und Polyurie sind Folge der hypokaliämischen Nierenfunktionsstörung.

Diagnostik. Kalium im Blut erniedrigt, Natrium im Blut erhöht, Aldosteron im Plasma und 24-h-Sammelurin erhöht. Plasmareninaktivität erniedrigt (Lokalisationsdiagnostik S. 192).

Differentialdiagnose. Hierbei müssen alle Krankheitsbilder mit Hypokaliämie (Überdosierung von Saluretika und vermehrte Einnahme von Laxanzien) und Hypernatriämie sowie mit arteriellem Hochdruck vom primären Hyperaldosteronismus abgegrenzt werden.

Therapie. Bei einseitigem Nebennierenrindentumor ist die chirurgische Entfernung die Therapie der Wahl. Bei Patienten mit einer bilateralen Hyperplasie der Zona glomerulosa wird eine Langzeitbehandlung mit Antihypertensiva bzw. Aldosteronantagonisten durchgeführt.

Die hypokaliämische Hypertonie ist das Leitsymptom des primären Hyperaldosteronismus.

Sekundärer Hyperaldosteronismus

Als sekundärer Hyperaldosteronismus werden Krankheitszustände bezeichnet, bei denen die Ursache nicht primär in der NNR gelegen ist.

Es besteht eine erhöhte Aktivität des Renin-Angiotensin-Systems. Eine solche Pathogenese ist anzunehmen bei Ödemen, die durch Leberzirrhose, Herzinsuffizienz, Nephrose oder „idiopathisch" verursacht werden, sowie bei Hypertonie infolge von Nierentumoren oder Nierensteinen und beim Bartter-Syndrom, das durch Hyperplasie des juxtaglomerulären Apparates der Niere infolge einer Unempfindlichkeit der Gefäßwandmuskulatur auf Angiotensin entsteht.

Überproduktion von androgenen Hormonen (Adrenogenitales Syndrom)

Definition. Unter dem kongenitalen adrenogenitalen Syndrom (AGS) werden mehrere autosomal rezessiv vererbte Defekte der NNR-Steroidbiosynthese zusammengefaßt. Man unterscheidet heute sog. klassische und nichtklassische AGS-Formen. Bei den nichtklassischen AGS-Formen überwiegen Symptome einer Überfunktion (adrenaler Hirsutismus).

Häufigkeit. Bei der seltenen Erkrankung kommt etwa 1 Fall von AGS auf 50000 – 67000 Lebendgeborene.

Ätiologie, Pathogenese, Pathophysiologie. Durch Überproduktion von androgenen Hormonen in der Nebennierenrinde wird das adrenogenitale Syndrom hervorgerufen. Das AGS kann angeboren sein oder postnatal auftreten. Bei der hereditären Form des AGS besteht ein genetischer Enzymdefekt in der Kortisolsynthese. Durch den Enzymdefekt ist im Blut Kortisol vermindert; dagegen sind die Vorläufer des Kortisols, die biologisch als Androgene und auch als Mineralokortikosteroide wirksam sind, vermehrt.

Zeichen des androgenen Überschusses beim weiblichen Geschlecht sind Bartwuchs, Neigung zu Glatzenbildung, tiefe Stimme sowie Vergrößerung der Klitoris. Darüber hinaus treten männliche Schambehaarung und Akne auf. Infolge der Hemmung der Gonadotropinausschüttung bestehen Amenorrhoe und Sterilität.

Bei Knaben entwickeln sich infolge der gehemmten Gonadotropinsekretion die Hoden nicht normal, der Penis wird übergroß; es kommt zu frühzeitiger Virilisierung und Azoospermie. Beide Geschlechter entwickeln infolge der Androgenwirkung eine starke Muskulatur (infantiler Herkules) sowie ein beschleunigtes Größenwachstum, das bei verfrühtem Epiphysenschluß zu untersetztem Körperbau führt.

Diagnostik und Therapie erfolgen bei speziell ausgebildeten Endokrinologen.

Das kongenitale AGS kann in der Mehrzahl der Fälle schon beim Neugeborenen, hier insbesondere beim weiblichen Neugeborenen aufgrund der durch den Androgenüberschuß bedingten Veränderung des äußeren Genitale vermutet werden. Die Therapie besteht in einer möglichst frühzeitigen Gabe von Glukokortikoiden.

Unterfunktion der Nebennierenrinde (NNR-Insuffizienz)

Definition. Das lebensbedrohliche Krankheitsbild der NNR-Insuffizienz wird hervorgerufen durch einen weitgehenden oder völligen Ausfall der Nebennierenrindensekretion von Kortisol und Aldosteron. Zwei Verlaufsformen werden je nach Auftreten der Symptomatik unterschieden: Die chronische und die akute NNR-Insuffizienz (Addison-Krise).

Weiterhin wird zwischen einer primären und sekundären NNR-Insuffizienz unterschieden; bei der primären NNR-Insuffizienz liegt die Ursache in der Nierenrinde selbst, bei der sekundären NNR-Insuffizienz besteht ein Ausfall der ACTH-produzierenden Zellen des HVL.

Primäre Nebennierenrindeninsuffizienz (Morbus Addison)

Ätiologie und Pathogenese. Ursache der primären NNR-Insuffizienz ist die Zerstörung des NNR-Gewebes durch autoimmunologische Prozesse (in über 70%); häufig finden sich gleichzeitig weitere Autoimmunerkrankungen wie z. B. eine perniziöse Anämie oder Hashimoto-Thyreoiditis. Seltenere Ursachen sind Karzinommetastasen, Tuberkulose oder Infektionen. Die NNR-Insuffizienz wird bei ca. 90%igem Ausfall der NNR manifest. Reaktiv werden aufgrund des Ausfalls an Kortisol ACTH und MSH vermehrt sezerniert. In 20% der Fälle besteht eine Weißfleckenkrankheit (Vitiligo) als Ausdruck eines Autoimmunprozesses.

Klinik. Durch Mangel an Kortisol und Aldosteron im Blut ist die Rückresorption von Natrium im Tubulusapparat der Niere beeinträchtigt, so daß erhebliche Kochsalz- und Wasserverluste die Folge und damit Hypotonie, Hypovolämie, orthostatische Beschwerden, Müdigkeit, Gewichtsabnahme, Muskelschwäche und gelegentlich vorhandener „Salzhunger" zwanglos zu erklären sind. Abnahme von Libido, bei Frauen Amenorrhoe, Verminderung von Schambehaarung und Reduktion der Muskelmasse sind Folgen des Androgenmangels. Darüber hinaus finden sich als Folge des Glukokortikoidmangels Hypoglykämie, Übelkeit, Erbrechen und Durchfall. Aufgrund der Erhöhung der MSH-Blutspiegel entsteht eine Hyperpigmentierung, einhergehend mit Bräunung nicht sonnenbeschienener Areale (Fußsohle, Handfläche, Narben, Mundschleimhaut, Abb. 7.**28 a, b**).

Diagnostik. Natrium im Blut ist erniedrigt, Kalium erhöht. Plasmakortisol ist erniedrigt. Im ACTH-Kurztest ergibt sich kein Anstieg des Plasmakortisols. Bei Verdacht auf Autoimmunadrenalitis ist die Bestimmung von Antikörpern gegen NNR-Gewebe indiziert.

Differentialdiagnose. Hyperpigmentation kommt auch bei anderen Krankheiten wie verschiedenen Hautkrankheiten, Hämochromatose, Porphyrie, Leberzirrhose, chronische Nephritis, Sprue, Argyrose sowie konstitutionell vor. Des weiteren muß der Morbus Addison von Anorexia nervosa und von der idiopathischen Hypotonie abgegrenzt werden. Das Symptom „Adynamie" muß differentialdiagnostisch gegen Hyperparathyreoidismus, Myopathie, Hyperthyreose und Myasthenia gravis abgegrenzt werden.

a

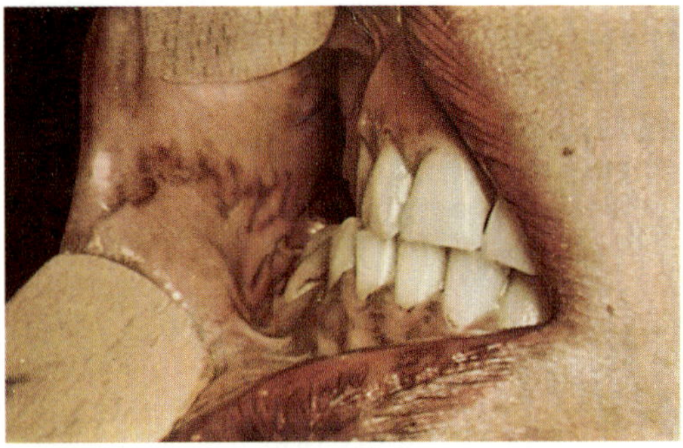

b

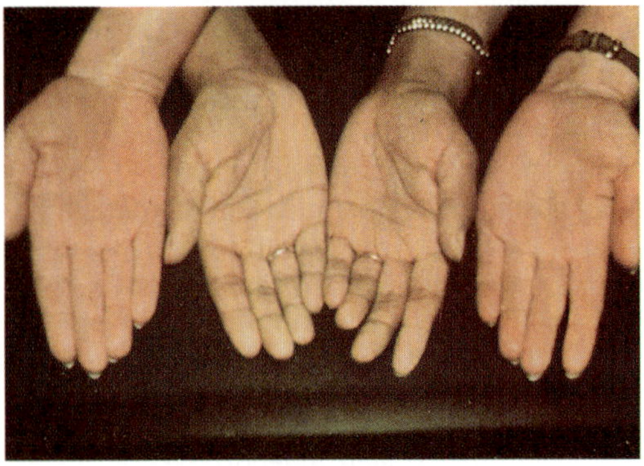

Abb. 7.**28** Morbus Addison.
a Bräunliche Pigmentierung der Wangenschleimhaut in Höhe der Zahnreihe.
b Vermehrte bräunliche Hautverfärbung der Hände sowie Pigmentierung der Handlinien (innere Hände).

Therapie. Eine lebenslange Substitution von Gluko- und Mineralokortikoiden ist erforderlich: 20–40 mg Hydrokortison täglich, Dosisaufteilung z.B. 20–10–5 mg; Fludrokortison (z.B. Astonin) 50–200 µg morgens. Die Patienten müssen darauf hingewiesen werden, daß bei auftretenden Infekten sowie Traumen oder Streß (Unfälle, Operationen, Zahnarztbesuch) die Substitution mit Hydrokortison erhöht werden muß (Mitgabe eines Addison-Ausweises).

Akute Nebennierenrindeninsuffizienz (Addison-Krise)

Die Addison-Krise kann sowohl im Verlauf einer chronischen NNR-Insuffizienz durch plötzliches Auftreten von Belastungssituationen wie Traumen, Operationen, Infektionen oder anhaltendes Fasten, aber auch als Erstmanifestation einer NNR-Insuffizienz auftreten.

Klinik. Es bestehen die klinischen Zeichen der NNR-Insuffizienz, wobei zusätzlich Exsikkose, Schock, Oligurie sowie evtl. Durchfall, Erbrechen und hypoglykämische Zeichen sowie eine Pseudoperitonitis auftreten können.

Therapie. Hochdosierte intravenöse Injektionen von Glukokortikoiden sowie Infusionen von Elektrolyten und hochprozentiger Glukose sind indiziert. Bei Infekt: Antibiotika.

Sekundäre Nebennierenrindeninsuffizienz

Zur sekundären NNR-Insuffizienz kommt es bei Vorliegen eines Panhypopituitarismus (totale HVL-Insuffizienz) durch verminderte ACTH-Sekretion, wobei diese allerdings in der Regel als letzte Funktion des HVL ausfällt (S. 168 ff).

Therapie. Wie bei primärer NNR-Insuffizienz.

Körperliche Schwäche, Gewichtsabnahme, Anorexie, arterielle Hypotonie sowie vermehrte Pigmentierung der Haut sind die Leitsymptome der primären chronischen NNR-Insuffizienz. Die akute Nebennierenrindenkrise ist charakterisiert durch das Auftreten eines lebensbedrohlichen Kreislaufkollaps mit Erbrechen und vermehrten abdominellen Schmerzen. Die Therapie besteht in der Substitution von Kortisol und evtl. von Mineralokortikoiden.

Krankheiten des Nebennierenmarkes

Anatomie und Physiologie

Das Nebennierenmark entwickelt sich wie die Ganglien des sympathischen Grenzstranges aus der ektodermalen Neuralleiste und wandert in die mesodermal gebildete Nebennierenrinde ein. Es wird dem chromaffinen System (dessen Zellen mit Chromsalz anfärbbar sind) zugerechnet, zu dem auch die Ganglien des Sympathikus sowie das Zuckerkandl-Organ gehören. Die Ganglienzellen des Sympathikus bilden nur Adrenalin, während das Nebennierenmark beide Katecholamine synthetisiert. Es enthält ca. 20% Noradrenalin und 80% Adrenalin und ist somit für die Kreislaufregulation ein außerordentlich wichtiges endokrines Organ. Auch hier finden wir sowohl Krankheitsbilder, die durch Überfunktion, als auch solche die durch Unterfunktion bedingt sind. Die wichtigste Erkrankung ist das Phäochromozytom.

Überfunktion des Nebennierenmarkes

Phäochromozytom

Definition. Das Phäochromozytom geht als Tumor der chromaffinen Zellen des sympathoadrenalen Systems mit erhöhter Produktion der Katecholamine Adrenalin und Noradrenalin einher. Als *Paragangliome* werden Tumore des chromaffinen Gewebes außerhalb des Nebennierenmarks bezeichnet.

Häufigkeit und Ätiologie. Etwa 0,1 – 0,5% aller Hochdruckerkrankungen sind durch ein Phäochromozytom verursacht. In 90% der Fälle besteht ein gutartiger, häufig einseitiger Tumor, gelegentlich doppelseitig (10%) und selten in den sympathischen Ganglien des Brust- und Bauchraumes (Paraganglion).

Bei der familiären Form des Phäochromozytoms muß immer an die Kombination mit einem Malignom (oder einer Hyperplasie) der Schilddrüsen und/oder Nebenschilddrüsen gerechnet werden. Das Zusammentreffen von doppelseitigem Phäochromozytom mit medullärem Schilddrüsenkarzinom wird als *Sipple-Syndrom* bezeichnet. Neben dem Katecholaminexzeß findet sich eine erhöhte Sekretion von Kalzitonin.

Das Phäochromozytom kann auch in Kombination mit einer anderen neuroektodermalen Erkrankung, der Neurofibromatose Recklinghausen auftreten, die durch charakteristische Neurofibrome und irreguläre, asymmetrische „Café-au-lait-Flecken" der Haut gekennzeichnet ist.

Klinik. Das Leitsymptom ist in etwa 40% der Fälle die anfallsweise (paroxysmale), in 60% die persistierende Hypertonie.

Die Patienten klagen über Nervosität, generalisierte Schweißausbrüche, Schwindelgefühl, Herzklopfen und pektanginöse Beschwerden. Heftige Kopfschmerzen, einhergehend mit Übelkeit und Erbrechen, werden in 50% der Fälle beschrieben. Das Auftreten einer orthostatischen Hypotonie bei unbehandelten Patienten mit Hypertonie weist auf ein Phäochromozytom hin. Physische Streßsituationen, Defäkation, aber auch bestimmte Körperbewegungen können exzessive Blutdrucksteigerungen auslösen. Im Anfall sehen die Patienten blaß aus, die Extremitäten sind kühl, es können Sehstörungen, Schwindelgefühl und gelegentlich epileptiforme Krämpfe auftreten. Die Herzfrequenz ist meist erhöht, Extrasystolen sind häufig. Gelegentlich führt die Blutdruckkrise zu Lungenödem, Apoplex, Herzinfarkt oder schwerem Kreislaufkollaps. Nach dem Anfall kommt es zu Schweißausbruch und Polyurie.

Diagnose und Differentialdiagnose. Die Diagnose wird gesichert durch Erfassung der erhöhten Ausscheidung von Adrenalin und Noradrenalin sowie deren Metabolite im 24-h-Urin. Die präoperative notwendige Lokalisation des Phäochromozytoms wird mittels Sonographie, CT oder Kernspintomographie sowie Szintigraphie mit 131-Jod-Benzyl-Guanidin durchgeführt.

Differentialdiagnostisch muß das Phäochromozytom vor allem gegen andere Formen der Hypertonie sowie des weiteren gegen Hyperthyreose, Diabetes mellitus, Nierenerkrankungen sowie Blutdruckkrisen bei Porphyrie und Bleivergiftung abgegrenzt werden.

Therapie. Die chirurgische Entfernung des Tumors ist Therapie der Wahl.

Die persistierende oder anfallsartige Hypertonie mit starken Kopfschmerzen, Schweißausbruch, Tachykardie und Gesichtsblässe ist das Leitsymptom des Phäochromozytoms. Therapie der Wahl ist die operative Entfernung des katecholaminproduzierenden Tumors.

Unterfunktion des Nebennierenmarkes

Krankheiten als Folge einer Unterfunktion des Nebennierenmarkes sind außerordentlich selten. Selbst eine bilaterale Adrenalektomie, bei der das Nebennierenmark vollständig entfernt wurde, erzeugt kein Krankheitsbild, so daß eine Substitution mit Adrenalin und/oder Noradrenalin überflüssig ist. Zwei Krankheitsbilder, die Hypoglykämie bei Säuglingen und Kindern (Mc Quarrie-Zetterstroem-Syndrom) sowie die familiäre Dysautonomie, eine rezessiv vererbte Entwicklungsstörung des vegetativen Nervensystems, seien erwähnt.

Krankheiten der Gonaden

Anatomie und Physiologie

Die Testes entwickeln sich ab der 8. Woche des embryonalen Lebens aus den Zellen der Urnierenfalten, wobei sich der Wolff-Gang zu Ductus deferens und Nebenhoden (Epididymis) umformt. Aus der Bauchhöhle wandern die Testes im 8. Monat durch den Leistenring in den Hodensack (Skrotum) ein, wo sie durch ein Septum voneinander getrennt liegen. Vorbedingung für die normale Entwicklung der Testes ist eine normale Funktion des Hypothalamus sowie des FSH und LH des HVL. Darüber hinaus nimmt auch das Prolaktin Einfluß auf den Testosteronmetabolismus (Abb. 7.**29**). Die eiförmig paarig angelegten Testes wiegen beim erwachsenen Mann zusammen etwa 35 g (20–60 g).

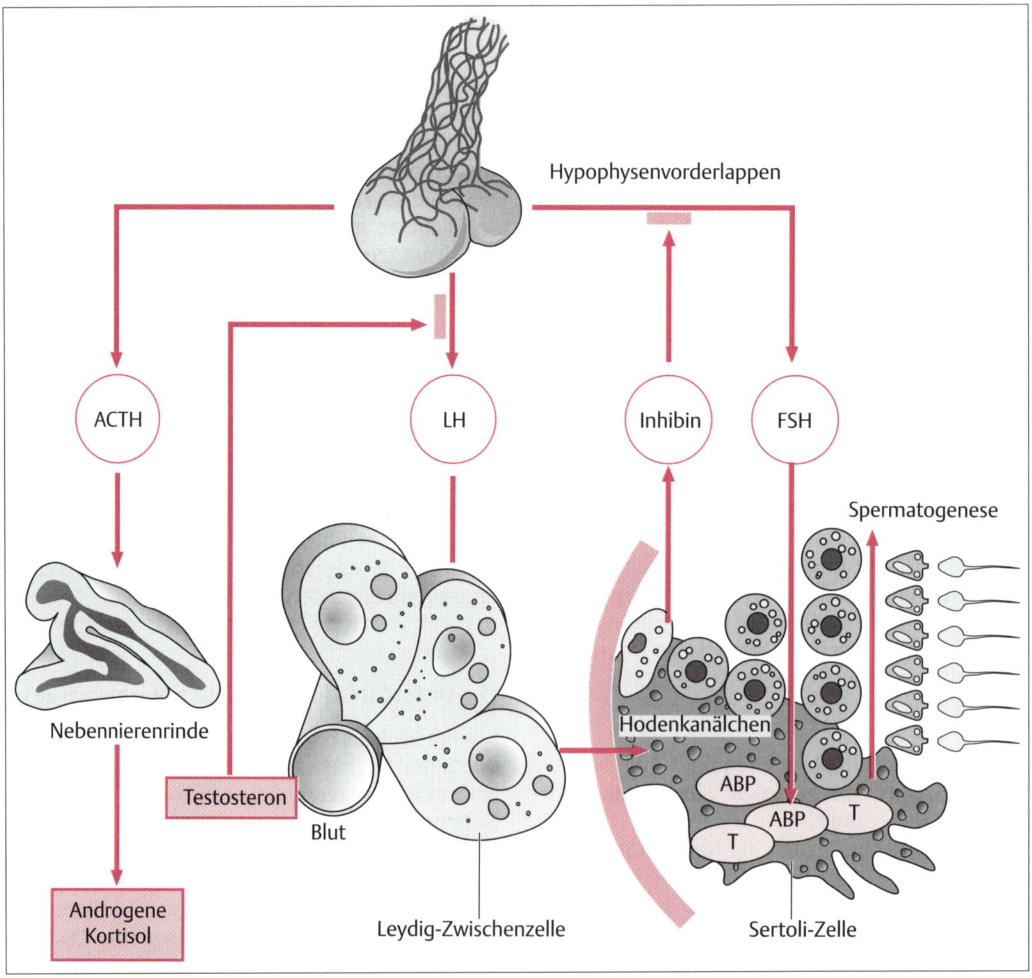

Abb. 7.**29** Regulation der endokrinen und exokrinen Funktion des Hodens und Testosteronwirkung. Die Leydig-Zellen bilden unter Stimulation von LH Testosteron und geben es in die Blutbahn bzw. ins Interstitium des Hodens ab. Die Wirkung von Testosteron auf die Samenkanälchen erfolgt durch Zwischenschaltung der Sertoli-Zellen, die ihrerseits von FSH zur Synthese eines Androgen-Bindungsproteins (ABP) für Testosteron und Dihydrotestosteron angeregt werden. Über Inhibin besitzen die Sertoli-Zellen eine hemmende Wirkung auf die hypophysäre FSH-Sekretion.

Histologisch lassen sich entsprechend der Doppelfunktion des Hodens zwei Parenchymanteile unterscheiden:

Die *exokrine Funktion* ist an die tubulären Drüsen (Hodenkanälchen, Tubuli seminiferi) wie auch an die Sertoli-Zellen (= Stützzellen für die Spermatogenese) gebunden. Im normalen Ablauf der Spermatogenese bilden sie befruchtungsfähige Samenzellen (Spermatozoen). Darüber hinaus wird in speziellen Zellen der tubulären Drüsen das Inhibin, ein Hormon, das die Ausschüttung von FSH aus dem HVL hemmt, produziert.

Die *endokrine Funktion* ist an die Leydig-Zellen des interstitiellen Gewebes gekoppelt. Überwiegend wird Testosteron, in geringerer Menge auch Östrogen gebildet.

FSH und Testosteron sind die wichtigsten Stimulatoren der Spermatogenese. Darüber hinaus beeinflußt Testosteron die pränatale Geschlechtsdifferenzierung, die Entwicklung des Genitales, das Eintreten von Libido und Potenz sowie die Entwicklung und Erhaltung der maskulinen Behaarung. Eiweißsynthese, vor allem im Muskelgewebe (anabole Wirkung des Testosteron!) sowie Knochenreifung (Epiphysenschluß) und Erhalten der normalen Knochenstruktur stellen weitere Wirkungen des Testosteron dar.

Hypogonadismus und Infertilität

Definition. Unter Hypogonadismus werden alle Störungen der Hodenfunktion verstanden. Zeichen des Hypogonadismus sind Infertilität und Androgenmangel bzw. eine Kombination beider Störungen.

Infertilität ist als ungewollte Kinderlosigkeit eines Paares trotz ungeschützten, regelmäßigen Geschlechtsverkehrs über ein Jahr definiert. Für die Mehrzahl der Fälle mit Infertilität gilt, daß die Störungen der Fortpflanzungsfähigkeit ohne faßbare Zeichen eines Androgenmangels auftreten.

Klinisches Bild des Hypogonadismus. Die Symptome des Androgenmangels hängen in ihrer Ausprägung vom Zeitpunkt des Auftretens ab (Tab. 7.**17**).

Bei Auftreten in der frühen Fetalperiode zwischen der 8. und 14. Schwangerschaftswoche lassen sich Störungen der sexuellen Differenzierung und Feminisierung der äußeren Geschlechtsorgane (Intersexualität) nachweisen. Der Androgenmangel gegen Ende der Fetalperiode führt zu Mikropenis und Lageanomalien der Hoden (z. B. Hodenhochstand). Androgenmangel zum Zeitpunkt der normalerweise einsetzenden Pubertät läßt das Bild des Eunuchoidismus entstehen. Aus verzögertem Epiphysenfugenschluß resultiert ein eunuchoider Hochwuchs. Die Armspannweite übertrifft

Tabelle 7.**17** Symptomatik des Androgenmangels in Abhängigkeit vom Manifestationsalter

Organ/Funktion	Vor der Pubertät	Nach Abschluß der Pubertät
Knochen	eunuchoider Hochwuchs, Osteoporose	Osteoporose
Kehlkopf	ausbleibender Stimmwechsel	keine Änderung der Stimme
Behaarung	horizontale Schamhaargrenze, gerade Stirnhaargrenze, mangelnder Bartwuchs	nachlassende sekundäre Geschlechtsbehaarung
Haut	fehlende Talgproduktion, ausbleibende Akne, Hautfältelung	Atrophie, Blässe, Hautfältelung
Knochenmark	leichte Anämie	leichte Anämie
Muskulatur	unterentwickelt	Atrophie
Penis	infantil	keine Größenänderung
Prostata	unterentwickelt	Atrophie
Spermatogenese	nicht initiiert	sistiert
Libido und Potenz	nicht entwickelt	Verlust

die Gesamtkörperlänge, die Beine werden länger als der Rumpf. Bei diesem dysproportionierten Hochwuchs imponieren die Patienten als Sitzzwerge und Stehriesen. Die primären und sekundären Geschlechtsmerkmale werden nur spärlich ausgebildet. Es verbleiben im Erwachsenenalter neben einem infantilen Penis eine kleine Prostata sowie kleine und weiche Hoden. Der Stimmbruch bleibt aus, bei reichlichem Haupthaar kommt es nicht zur Glatze, es findet sich eine typische feine periorale und periorbitale Hautfältelung, Bartwuchs tritt kaum auf. Bei fehlender anaboler Wirkung des Testosterons entwickelt sich die Skelettmuskulatur nur mangelhaft; oft bestehen eine Osteoporose sowie eine leichte Anämie. Die Patienten neigen zu Fettansatz besonders an den Hüften, Nates und Unterbauch. Das Fehlen von Libido und Potenz wird in der Regel nicht als Mangel empfunden. Die psychischen Ausfallserscheinungen bestehen in depressiven Verstimmungen, Antriebsarmut und Launenhaftigkeit. In Tab. 7.**17** ist die Symptomatik des Androgenmangels in Abhängigkeit vom Manifestationsalter zusammengestellt.

Bei Auftreten des Androgenmangels erst *nach der Pubertät* sind die klinischen Symptome diskret und können erst Jahre nach dem Auftritt des Defizits nachweisbar werden. Die erreichten Körperproportionen, Penisgröße und Skrotum sowie Stimmlage bleiben bestehen. Die Sekundärbehaarung wird allmählich spärlicher, wobei insbesondere der Bartwuchs betroffen ist. Eine vorzeitig auftretende Osteoporose kann zu Keil- und Fischwirbelbildungen sowie zu Wirbelfrakturen führen (S. 143 ff). Frühe klinische Symptome sind Verlust von Libido und Potenz.

Diagnose. Neben der Anamnese (einschließlich Sexualanamnese), die meist in Anwesenheit beider Partner erhoben werden sollte, da oft unerfüllter Kinderwunsch im Vordergrund steht, werden bei der körperlichen Untersuchung neben dem gesamten Organismus insbesondere die Genitalorgane und sekundären Geschlechtsmerkmale untersucht.

Untersuchung von Lage, Größe sowie Konsistenz der Hoden und Nebenhoden, des Penis und der Prostata einschließlich Ultraschalluntersuchung sind obligat. Darüber hinaus werden die Körperproportionen sowie die Behaarung, Larynx und Stimmlage sowie das Riechvermögen überprüft.

Bei den hormonellen Untersuchungen ist das Testosteron im Serum die wichtigste Labormeßgröße, um den klinischen Verdacht auf einen Hypogonadismus zu bestätigen und einen Androgenmangel zu dokumentieren. Darüber hinaus können freies Testosteron im Blut, Testosteron im Speichel, LH und FSH basal und nach Gabe von LH-Releasing-Hormon im Blut gemessen werden. Des weiteren sollte bei Verdacht auf Hyperprolaktinämie Prolaktin im Serum gemessen werden.

Die Ejakulatuntersuchung gehört zur Dokumentation des Hypogonadimus und zur Abklärung von Fertilitätsstörungen mit und ohne Symptomen des Androgenmangels. Neben der mikroskopischen Untersuchung (Spermienmotilität, Konzentration und Morphologie) werden biochemische und immunologische Untersuchungen des Ejakulats durchgeführt.

Bei Verdacht auf Chromosomenanomalien (z. B. Klinefelter-Syndrom, XXY-Mann) und intersexuellen Krankheitsbildern (z. B. testikuläre Feminisierung) ist eine Chromosomenanalyse erforderlich.

Differentialdiagnose. Einschränkungen der Hodenfunktion lassen sich auf Störungen im Bereich von Hypothalamus, Hypophyse sowie Hoden oder der androgenen Zielorgane (Resistenz gegenüber der Testosteronwirkung) zurückführen. In Tab. 7.**18** sind einige Störungen der Hodenfunktion, basierend auf der Lokalisation ihres Ursprungs, systematisch dargestellt.

Obwohl bisher eine große Anzahl von Krankheitsbildern, die zum Hypogonadismus führen, definiert werden konnte, läßt sich die Ursache einer männlichen Fertilitätsstörung oft nicht eruieren. Der Anteil der Patienten mit sog. idiopathischer Infertilität beträgt etwa 30%.

Therapie. Bei den zuvor beschriebenen Krankheitsbildern mit Mangel an Androgenen und/oder Infertilität kommen gleichartige therapeutische Prinzipien zur Anwendung. Die Beschreibung spezieller Behandlungsformen (z. B. Varikozelenoperation, medikamentöse Therapie bei Hyperprolaktinämie) würde den Rahmen des Kapitels sprengen.

Der idiopathische Mangel an Androgenen kann effektiv behandelt werden. Die Therapie der idiopathischen Infertilität ist insgesamt unbefriedigend. Die Partnerin sollte bei der Behandlung der männlichen Infertilität immer mit einbezogen werden.

Das „natürliche“ Testosteron ist zur Substitution des Androgenmangels am besten geeignet.

Tabelle 7.**18** Störungen der Hodenfunktion

Lokalisation der Störung	Krankheitsbild	Ursache	Androgen-mangel-symptome	Infertilität
Hypothalamus/ Hypophyse	Kallmann-Syndrom	GRH-Mangel	+	+
	sekundäre GRH-Sekretionsstörung	Tumoren, Infiltrationen, Traumata des Kopfes	+	+
	Hypopituitarismus	Tumoren, Strahlen Zustand nach OP	+	+
	Hyperprolaktinämie	Adenome Medikamente	+	+
Testes	angeborene Anorchie	fetaler Hodenverlust	+	+
	erworbene Anorchie	Trauma, Torsion, Tumor, Infektion, OP	+	+
	Klinefelter-Syndrom	Nondysjunktion in der Reifeteilung der Gameten XXY	+	+
	Lageanomalien der Testes	anlagebedingt Testosteronmangel, anatomische Besonderheiten	(+)	+
	Varikozele	Veneninsuffizienz m. Überwärmung u. Durchblutungsstörung d. Hoden	(−)	+
	Orchitis	Infektion mit Zerstörung des Keimepithels	(−)	+
	exogen und durch Allgemeinerkrankungen bedingte Symptome	z.B. Medikamente, ionisierte Strahlen, Hitze, Umwelt- und Genußgifte, Leberzirrhose, Niereninsuffizienz	+	+
Androgenzielorgane	testikuläre Feminisierung	anlagebedingter kompletter Androgenrezeptorenmangel	+	+

Testosteron wird bei Hypogonadismus intramuskulär, subkutan oder transkutan appliziert.

Bei Ausfall der Testosteronproduktion entsteht ein Hypogonadismus. Um Spätschäden zu verhindern, ist eine genaue Lokalisation der Ursache des Hypogonadismus erforderlich. Die Therapie besteht in einer frühzeitigen Dauersubstitution mit Testosteron. Der Testosteronmangel stellt eine Ursache der männlichen Infertilität dar. Weitere Ursachen sind hormonunabhängige direkte Schädigungen der Tubuli seminiferi sowie Fehlbildung oder entzündliche Verlegung der ableitenden Samenwege.

Intersexualität

Definition. Unter dem Begriff Intersexualität wird das Vorhandensein von Merkmalen beider Geschlechter bei einem Individuum verstanden. Im engeren Sinne ist das äußere Genitale intersexuell, d.h. weder eindeutig männlich noch eindeutig weiblich.

Das Geschlecht eines Individuums wird bestimmt durch dessen

- genetische Konstitution (genetisches Geschlecht; XY-Chromosomen beim Mann, XX-Chromosomen bei der Frau),
- gonadales Geschlecht (Hoden beim Mann, Eierstöcke bei der Frau),
- somatisches Geschlecht (körperliches Erscheinungsbild),
- sexuelle und psychische Einstellung.

Etwa 2% der Gesamtbevölkerung sind von Intersexualität betroffen. Es gibt eine Vielzahl von seltenen Krankheitsbildern. 3 Hauptgruppen der Intersexualität werden unterschieden:

- echter Hermaphroditismus,
- Pseudohermaphroditismus (Scheinzwitter),
- chromosomale Intersexualität.

Der echte Hermaphroditismus ist gekennzeichnet durch Vorliegen von sowohl Hoden wie Ovargewebe in einem Individuum sowie durch ein bisexuelles inneres und äußeres Genitale.

Beim Pseudohermaphroditismus sind das innere und äußere Genitale intersexuell entwickelt, wobei nach den Gonaden und dem Chromatinbefund ein eindeutig männliches bzw. weibliches Individuum besteht.

Bei der chromosomalen Intersexualität stimmen Kerngeschlecht und Gonadengeschlecht nicht überein. So liegen beim Klinefelter-Syndrom (Kapitel 14) 47 Chromosomen und bei der Gonadendyskinesie (Ullrich-Turner-Syndrom) 45 Chromosomen statt normalerweise 46 Chromosomen vor. Die Häufigkeit des Ullrich-Turner-Syndroms ist relativ groß (1 : 2000). Symptome des kompletten Syndroms sind

- Kleinwuchs,
- Hypogenitalismus,
- Kurzhals,
- Pterygium colli,
- Intelligenzdefekte,
- Aortenisthmusstenose, Pulmonalstenose,
- primäre Amenorrhoe.

Bei Intersexualität entspricht die Ausbildung des äußeren Genitales nicht der Gonadendifferenzierung, oder es bestehen Zwischenstufen zwischen maskulinen und femininen Phänotypen.

Hirsutismus

Definition. Der Terminus Hirsutismus (hirsutus = struppig) ist definiert als objektiv vermehrte Sexual-, Körper- und Gesichtsbehaarung vom männlichen Typ beim weiblichen Geschlecht. Bei der gesunden Frau bleiben normalerweise die Ausbreitung und Dichte der androgenabhängigen Haarfollikel auf Pubes und Axillae beschränkt.

Pathogenese und Ätiologie. Androgene werden bei der Frau vom Ovar und der Nebennierenrinde direkt sezerniert oder sie entstehen durch extraglanduläre Verstoffwechslung. Zu den Androgenen gehören u. a. Dehydroepiandrosteron (DHEA) bzw. Dehydroepiandrosteronsulfat, Testosteron, Dihydrotestosteron und Androstendion. Das Steroid mit der stärksten Androgenwirkung ist das Dihydrotestosteron (DHT). DHEA wird zum größten Teil aus der Nebenniere sezerniert; DHT entsteht zum überwiegenden Teil extraglandulär in den Körperzellen aus Testosteron.

Ursachen für einen Hyperandrogenismus sind erhöhte Androgenspiegel durch

- Hormone (z. B. Androgene, Anabolika, bestimmte Gestagene),
- nichthormonale Pharmaka (Diuretika, Antirheumatika),
- Ovarialtumoren (Syndrom der polyzystischen Ovarien),
- Nebennierenrindentumoren (adrenogenitales Syndrom AGS, Cushing-Syndrom, S. 191 ff),
- Hypophysenadenome (Prolaktinome, eosinophile oder basophile Adenome, Galaktorrhoe-, Amenorrhoe-Syndrom).

Diagnostik. In der Anamnese muß nach endokrinologischen Störungen, Tumorerkrankungen sowie Medikamenten gefragt werden. Darüber hinaus werden Lokalisationen und Ausmaß von Akne, Seborrhoe und Hirsutismus festgestellt und bei der gynäkologischen Untersuchung die Größe der Klitoris und der Ovarien beurteilt.

In der Hormondiagnostik werden Testosteron und Dehydroepiandrosteronsulfat als Routinediagnostik gemessen. Bei der medikamentösen Therapie kommen Antiandrogene, z. B. Cyproteronacetat (Androcur) zur Anwendung. Bei den schwersten Fällen (Virilismus) muß der Androgen produzierende Tumor exstirpiert werden.

Gynäkomastie

Definition. Unter Gynäkomastie wird die ein- oder doppelseitige, diffuse oder umschriebene subareoläre Vergrößerung der Brust beim Mann verstanden.

Ätiologie und Pathogenese. *Ätiologisch* kann unterschieden werden zwischen einer „physiologischen" Gynäkomastie (bei Säuglingen, in der Pubertät, im Alter) und einer pathologischen Gynäkomastie.

Ursächlich verantwortlich sind Hypogonadismus sowie zahlreiche Medikamente (Östrogene, Zytostatika, Spironolacton, Androgene, Marihuana, Methadon, Digitalispräparate) sowie Leberzirrhose, Niereninsuffizienz und Hyperthyreose vom Typ Morbus Basedow.

In der Pathogenese der Gynäkomastie spielt der trophische Effekt der Östrogene die Hauptrolle.

Diagnose. Neben der exakten Medikamenten- und Expositionsanamnese werden die Testes untersucht sowie die Leberfunktion überprüft. Hormonuntersuchungen zum Ausschluß von Hyperthyreose, eines östrogenproduzierenden Tumors bzw. eines primären oder sekundären Hypogonadismus werden durchgeführt. Bei einseitiger Gynäkomastie ist an ein Mammakarzinom des Mannes zu denken.

Therapie. Sie richtet sich nach der zugrundeliegenden Störung, z. B. Weglassen ursächlicher Medikamente, operative Entfernung von Tumoren, Androgensubstitution nur bei Hypogonadismus mit Testosteronmangel. Eine physiologische Gynäkomastie wird nicht behandelt.

8 Rheumatologie

M. Schneider

Unter „Rheuma“ versteht man im allgemeinen Schmerzen am Bewegungsapparat. Unterbewußt ordnet man diese Krankheit vornehmlich älteren Menschen zu und meint damit den degenerativen Rheumatismus. In diesem Kapitel werden vor allem entzündlich-rheumatische Krankheiten vorgestellt, die sich nicht nur an den Gelenken, sondern oft zusätzlich systemisch manifestieren. So können fast alle inneren Organe betroffen sein, auch auf dem Gebiet der Zahn-, Mund- und Kieferheilkunde gibt es zahlreiche Manifestationen, die nicht nur das Kiefergelenk betreffen. Auf diese Veränderungen soll im folgenden besonders eingegangen werden.

Entzündliche Gelenkkrankheiten

Rheumatoide Arthritis

Die rheumatoide Arthritis (Syn. chronische Polyarthritis, cP) ist die häufigste und damit sozioökonomisch bedeutendste entzündliche systemische Bindegewebserkrankung. Sie unterscheidet sich von anderen systemischen Bindegewebserkrankungen durch den bevorzugten Befall des muskulo-skelettalen Systems. Der unbehandelte Verlauf dieser chronischen Erkrankung ist durch die progrediente Destruktion der Gelenke und die dadurch bedingte fortschreitende Funktionseinschränkung gekennzeichnet.

Epidemiologie. Die Prävalenz (Zahl der Erkrankten in einer Gemeinschaft zu einem bestimmten Zeitpunkt) der rheumatoiden Arthritis in den Ländern Europas und Nordamerikas wird mit etwa 1–2% angegeben; Frauen erkranken dreimal häufiger als Männer. Der Erkrankungsbeginn liegt zumeist zwischen dem 20. und 50. Lebensjahr.

Ätiopathogenese. Trotz großer Anstrengungen in der Forschung sind die krankheitsauslösenden Faktoren der rheumatoiden Arthritis unbekannt geblieben. Während der letzten 50 Jahre wurden Traumen, Klima, Diät, Streß, metabolische oder endokrinologische Faktoren als mögliche Ursachen diskutiert. Obwohl es keinen sicheren Beweis gibt, ist es trotzdem möglich, daß einige dieser Faktoren eine auslösende oder verstärkende Funktion haben. Man nimmt an, daß bei gegebener genetischer Disposition ein oder mehrere exogene Antigene auslösend sein können.

Als einer dieser genetischen Faktoren kann das HLA-System angesehen werden, das auf dem kurzen Arm des Chromosoms 6 zusammen mit dem Komplementsystem genetisch determiniert ist. So konnte gezeigt werden, daß 55–70% der Patienten mit einer rheumatoiden Arthritis Merkmalträger eines HLA-DR 4 sind, aber nur 28% der Normalbevölkerung.

Der Prozeß, der bei der rheumatoiden Arthritis zur Zerstörung des Gelenkknorpels und der gelenknahen Knochen führt, findet an der Synovialis (Gelenkschleimhaut) statt. Es handelt sich um ein multifaktorielles Geschehen, an dem eine große Zahl verschiedener Zellsysteme und Mediatoren beteiligt ist. Die Proliferation der zellulären und extrazellulären Bestandteile des Bindegewebes führt zu einem Übergreifen der Synovialis auf den Knorpel. Im Kontaktbereich zwischen Pannus und Knorpel kommt es zum Eindringen des pannösen Gewebes auch in Knorpelschichten mit vitalen Chondrozyten.

Klinik. Der Beginn der rheumatoiden Arthritis ist bei der Mehrzahl der Betroffenen schleichend, 15% der Patienten weisen einen akuten Beginn auf. Vor allem bei der letzteren Form stehen häufig Allgemeinsymptome wie Fieber, Müdigkeit, Abgeschlagenheit oder auch eine Gewichtsabnahme im Vordergrund. Große Gelenke (Knie, Hüfte) sind ebenso häufig betroffen wie kleine Gelenke, meist findet sich eine Oligoarthritis (Befall von 2–4 Gelenken). Anfangs ändern sich die Beschwerden von Tag zu Tag. Im Verlauf entwickelt sich an den betroffenen Gelenken ein Beschwerdebild aus Schmerzhaftigkeit, Steifigkeit und Kraftlosigkeit.

Gelenke der oberen Extremität: Die am häufigsten betroffenen Gelenke (Abb. 8.**1**) sind

- Metakarpophalangealgelenke (MCP),
- proximale Interphalangealgelenke (PIP) und
- Handgelenke.

Das klinische Bild der Arthritis ist durch die allgemeinen Zeichen der Entzündung geprägt wie *Schwellung, Überwärmung, Schmerz und Funktionseinschränkung.* Klinisch ist die Synovitis am besten im Bereich der MCPs zu erkennen: bei 90 °-Beugestellung sind die Täler zwischen den Köpfchen der Metakarpalia durch eine teigige, prallelastische Masse verstrichen. Die Querkompression dieser Gelenke, z. B. beim Händedruck, ist ein charakteristisches Phänomen bei der rheumatoiden Arthritis *(Gaenslen-Zeichen).* Die Synovitis ist auch die Ursache der *Morgensteifigkeit* der Finger, welche die Patienten meist spontan äußern und die ein Diagnosekriterium der rheumatoiden Arthritis darstellt (s. Diagnose). Bei einer Beteiligung des Handgelenkes kann es durch Kompression des N. medianus unter dem Retinaculum flexorum zum *Karpaltunnelsyndrom* kommen, das der Diagnosesicherung der rheumatoiden Arthritis nicht selten Monate vorausgeht.

Die Destruktion der betroffenen Gelenke führt nicht allein zur Bewegungseinschränkung, sondern bei vielen Patienten über die Beteiligung des Bandapparates auch zu Gelenkdeformierungen. Gerade an den Fingern gibt es für die rheumatoide Arthritis typische Veränderungen.

Die *Knopflochdeformität* (Abb. 8.**2**) ist durch eine fixierte Beugestellung im PIP-Gelenk mit einer gleichzeitigen Überstreckung im DIP-Gelenk gekennzeichnet. Eine Sonderform dieser Fehlstellung ist die sog. 90/90 Stellung des Daumens.

Die *Schwanenhalsdeformität* (Abb. 8.**2**) ist das Gegenstück zur Knopflochdeformität: Die PIP-Gelenke stehen in Überstreckstellung, die DIP-Gelenke sind in einer Flexionsstellung fixiert. Diese Deformität verursacht eine ausgeprägte Funk-

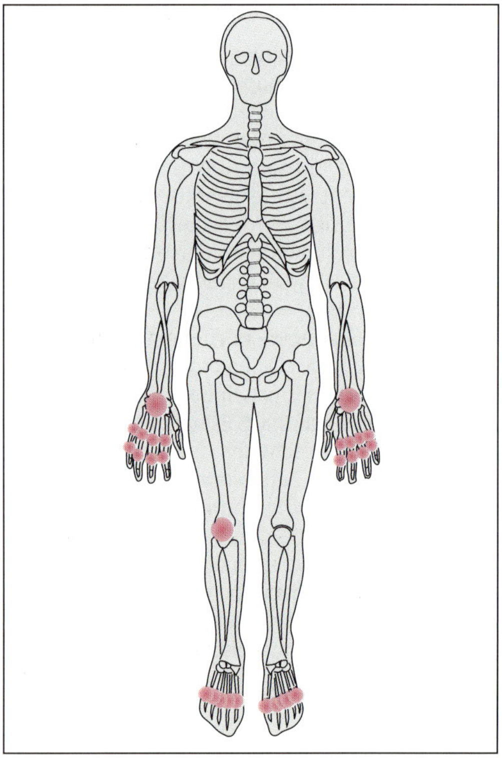

Abb. 8.**1** Gelenkbefallsmuster bei rheumatoider Arthritis: Am häufigsten sind die proximalen Interphalangealgelenke, die Metakarpophalangealgelenke, die Handgelenke und die Metatarsophalangealgelenke symmetrisch betroffen.

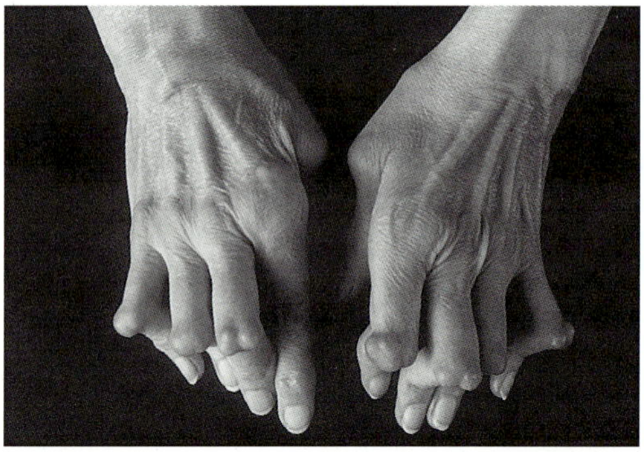

Abb. 8.**2** Fortgeschrittene Destruktion bei einer rheumatoiden Arthritis mit Knopflochdeformitäten am 3.–5. Strahl rechts sowie an allen Langfingern der linken Hand, Schwanenhalsdeformitäten am 2. Strahl rechts. Typische Atrophie der Mm. interossei, „Rheumaknoten" über den proximalen Interphalangealgelenken der Langfinger mit Knopflochdeformität. Diskrete „teigige Synovialitis" im rechten Handgelenk.

tionseinschränkung der betroffenen Hand, weil sie einen Faustschluß unmöglich macht.

Die *Ulnardeviation* ist eine ulnare Abduktion der Finger in den MCP-Gelenken, deren Funktionsbeeinträchtigungen geringer sind, als man vom optischen Anblick erwartet.

Ellenbogen, Schulter und Handgelenk werden bei den komplexen Bewegungen der oberen Extremität als sich ergänzende Einheit eingesetzt. Funktionsausfälle im Ellenbogen können deshalb häufig durch Ersatzbewegungen in den beiden anderen Gelenken relativ lange kompensiert werden.

Die Streckseite des Ellenbogens und die proximale Ulna sind eine Prädilektionsstelle von *Rheumaknoten.* Dabei handelt es sich um subkutan gelegene, derbe Knoten, die an mechanisch beanspruchten Stellen nur bei Rheumafaktor-positiven Patienten vorkommen.

Die Schultergelenke sind besonders häufig bei Spätmanifestationen der rheumatoiden Arthritis zuerst betroffen. Die Patienten klagen dann darüber, daß sie nachts nicht auf der betroffenen Seite liegen können.

Temporomandibulargelenk (TMG): Bei sorgfältiger Anamneseerhebung und klinischer Untersuchung weisen mehr als die Hälfte der Patienten mit rheumatoider Arthritis Symptome am TMG auf. Radiologisch sind sogar bei $^3/_4$ der Patienten Veränderungen nachweisbar. Klinisch können Erosionen an den mandibulären Kondylen und am Tuberculum articulare des Os temporale zum Überbiß führen. Gelegentlich kommt es auch zu akuten Schmerzattacken mit Blockierungen.

Die Beteiligung der krikoarytenoiden Gelenke (Symptom: Heiserkeit) und der Gehörknöchelchen im Rahmen der rheumatoiden Arthritis werden in ihrer Häufigkeit (etwa 30% der Patienten) meist unterschätzt.

Gelenke der unteren Extremität: Die Hüfte ist bei der rheumatoiden Arthritis weitaus seltener betroffen als bei der juvenilen chronischen Polyarthritis (S. 216). Im Laufe der rheumatoiden Arthritis entwickeln etwa 25% der Patienten eine Koxitis.

Im Gegensatz zum Hüftgelenk ist die Synovitis des Kniegelenkes offensichtlich. Neben der tastbaren fluktuierenden (Erguß, „tanzende Patella") oder teigigen (proliferative Synovialitis) Verdickung fällt relativ früh eine Atrophie des M. quadrizeps femoris auf. Eine für das Kniegelenk typische Veränderung ist die *Baker-Zyste,* eine Ruptur der poplitealen Gelenkkapsel in die Wadenregion. Diese Veränderung ist damit nicht spezifisch für die rheumatoide Arthritis, sondern kann bei jeder Affektion des Kniegelenkes auftreten.

Die Sprunggelenke sind vor allem im Rahmen stark progressiver Erkrankungsformen betroffen; klinisch findet sich eine zystische Schwellung anterior und posterior der Malleolen. Die Patienten sind dann schon vom Gangbild her auffällig, da sie den Fuß nicht abrollen.

Die Metatarsophalangealgelenke (MTP) sind bei der rheumatoiden Arthritis genauso häufig betroffen wie die kleinen Fingergelenke. Ihre Beteiligung führt zu einem Verlust des physiologischen Quergewölbes des Vorfußes mit nachfolgender Subluxation der Zehen nach dorsal und Verkürzung der Extensoren.

Wirbelsäule: Die rheumatoide Arthritis manifestiert sich nicht selten an der Halswirbelsäule (HWS); Lenden- und Brustwirbelsäule sind dagegen fast nie betroffen. An der HWS ist vor allem das atlantoaxiale Gelenk beteiligt. Typisch sind Erosionen am Dens axis und eine anteriore Subluxation des Atlas durch eine Bandinstabilität. Die Patienten klagen dann über Schmerzen, die typischerweise in den Hinterhauptbereich ausstrahlen.

Systemische, extraartikuläre Manifestationen: Der systemische Charakter der rheumatoiden Arthritis wird an den zahlreichen extraartikulären Manifestationen deutlich:

Vaskulitis (PNP, Perikarditis)
Hämatologische Veränderungen (hypochrome, normozytäre Anämie; Felty-Syndrom: Neutropenie)
Augenbeteiligung (Skleritis, Episkleritis)

Laboruntersuchungen. Im Jahre 1940 wies Waaler erstmals auf das Vorkommen eines Faktors im menschlichen Blut hin, der spezifisch die Agglutination von Schafsblutzellen aktivierte. Dies war die Erstbeschreibung des *Rheumafaktors.* Es handelt sich dabei um Antikörper gegen das Fc-Fragment von Immunglobulin G. Die Antikörper selbst können zur IgM-, IgA-, IgG- und auch IgE-Klasse gehören. Mit den gebräuchlichen Testverfahren (Waaler-Rose- oder Latex-Test) werden aber nur Rheumafaktoren der IgM-Klasse erfaßt. Mit Testverfahren wie ELISA oder RIA können auch Rheumafaktoren anderer Immunglobulinklassen bestimmt werden. Bei etwa 75–80% der Patienten mit einer rheumatoiden Arthritis läßt sich ein *IgM-Rheumafaktor* nachweisen (sog. *seropositive* Patienten). Die Patienten ohne Rheumafaktor werden als seronegativ bezeichnet. Trotz ihrer mangelnden Spezifität sind für die Verlaufsbeobachtung Akute-Phase-Proteine noch die am besten geeigneten laborchemischen Parameter. Weitgehend gleichwertig können dabei BSG, CRP (C-reaktives Protein) oder auch α_1- und α_2-Globuline eingesetzt werden. Gleiches gilt für die Serumeisen-Konzentration, wobei durch Bestimmung von Serum-Ferritin eine Verminderung des Gesamteisenpools ausgeschlossen werden muß. Serum-Ferritin selbst ist bei entzündlichen Erkrankungen eher erhöht.

Radiologische Befunde. Radiologische Untersuchungen der Gelenke sind für die Diagnose und Verlaufskontrolle der rheumatoiden Arthritis von entscheidender Bedeutung. Bei Verdacht auf die Erkrankung sollten zumindest die betroffenen Gelenke beidseitig (!) geröntgt werden. Dies ist auch für die Differentialdiagnostik notwendig, so z.B. bei der Abgrenzung gegenüber der Psoriasisarthritis, systemischen Bindegewebserkrankungen und seronegativen Spondarthritiden. Ist die Diagnose „rheumatoide Arthritis" gesichert, reichen zur Erfassung der Krankheitsprogression und der Therapie jährliche Röntgenuntersuchungen der betroffenen Gelenke aus. Die charakteristischen Veränderungen wurden von Larsen in einem Index zusammengefaßt:

Im *Grad 0* findet sich ein unauffälliges Gelenk mit erhaltenen Gelenkflächen, normal weitem Gelenkspalt und ohne Weichteilschwellung.

Die Veränderungen im *Grad I* sind die frühen, unspezifischen Befunde einer Arthritis: eine periartikuläre Weichteilschwellung und eine gelenknahe Osteoporose.

Der *Grad II* ist durch sichere Frühveränderungen charakterisiert. Außer an den gewichttragenden Gelenken sind dabei Aufhebungen der Grenzlamelle im Randbereich der Gelenkfläche (marginal) nachweisbar; auffällig zudem eine Gelenkspaltverschmälerung, die auf eine Abnahme der Knorpelmasse hinweist.

Beim *Grad III* sind die gleichen Veränderungen deutlicher ausgeprägt.

Ein *Grad IV* liegt vor, wenn die erosiven Veränderungen hochgradig zunehmen und zur fast vollständigen Destruktion der Gelenkfläche geführt haben.

Im *Grad V* ist die normale Gelenkstruktur völlig aufgehoben, es finden sich Subluxation, Luxation und Ankylose.

Erosionen sind die bedeutendsten radiologischen Hinweise auf eine rheumatoide Arthritis. In der Frühphase der Erkrankungen sind sie jedoch in der Regel nicht nachweisbar, was ihre Bedeutung für die Diagnosesicherung mindert. Szintigraphische Untersuchungen des Skelettsystems zeigen zwar eher pathologische Veränderungen, diese sind aber nicht spezifisch für die rheumatoide Arthritis. Ein Knochenszintigramm kann jedoch zur Differenzierung zwischen artikulären und periartikulären Ursachen von Schmerzzuständen hilfreich sein.

Diagnose. Die Diagnose der rheumatoiden Arthritis wird vornehmlich an Hand klinischer Kriterien gesichert. Einen einzigen klinischen, serologischen oder radiologischen Befund, der so spezifisch wäre, daß er allein die Diagnose „rheumatoide Arthritis" sichern könnte, gibt es nicht. Da aber eine gesicherte Diagnose die Grundvoraussetzung für eine adäquate Therapie ist, wurden Diagnosekriterien entwickelt, die sich aus verschiedenen Befunden zusammensetzen. Solche Diagnosekriterien sind für Therapiestudien zwingend erforderlich, können aber auch für die individuelle Entscheidung vor allem für Nicht-Rheumatologen nützlich sein.

Die **Diagnosekriterien des ACR** (American College of Rheumatology; früher ARA – American Rheumatology Association) gelten als Standard (s. Tab. 8.**1**). Zur Klassifikation einer Arthritis als rheumatoide Arthritis müssen mindestens vier dieser sieben Kriterien erfüllt sein.

Da auch die histologischen Veränderungen der Synovialis nicht beweisend für eine rheumatoide Arthritis sind, ergibt sich durch sie keine höhere Spezifität der Diagnosekriterien. Liegt jedoch ein atypischer Krankheitsverlauf vor – z.B. mit einem alleinigen Befall eines großen Gelenkes –, ist die Diagnostik durch histologische Untersuchungen durch die Möglichkeiten der Arthroskopie erheblich verbessert worden. Vor allem die Belastung für den Patienten konnte erheblich reduziert werden. Wenn eine diagnostische Arthroskopie durchgeführt wird, sollte auf eine Gewebeentnahme zur morphologischen Untersuchung *nie* verzichtet werden.

Tabelle 8.**1** Diagnosekriterien des ACR für die rheumatoide Arthritis

1. Morgensteifigkeit von wenigstens einer Stunde*
2. Gelenkschwellung an mehr als 3 von 14 möglichen Gelenkregionen (Fingermittel-, Fingergrund- und Handgelenke, Ellenbogen, Knie, obere Sprunggelenke, Zehengrundgelenke, jeweils rechts und links)*
3. Mindestens eine Schwellung im Bereich der genannten Handregionen*
4. Symmetrischer Befall von Gelenkregionen*
5. Rheumaknoten
6. Rheumafaktor im Serum
7. Typische radiologische Veränderungen im Bereich der Hände (wenigstens zweifelsfreie gelenknahe Osteoporose)

* Dauer der Beschwerden/Veränderungen mindestens 6 Wochen

Die Diagnose einer rheumatoiden Arthritis beruht im wesentlichen auf dem klinischen Befund!

Differentialdiagnose. Viele rheumatologische und nichtrheumatologische Erkrankungen können differentialdiagnostisch zur rheumatoiden Arthritis von Bedeutung sein. Im folgenden werden stichwortartig Besonderheiten der häufigeren Erkrankungen als Differenzierungskriterien angegeben (ausführliche Darstellung siehe jeweiliges Erkrankungsbild; ! = cave):

Psoriasisarthritis (Abb. 8.**3**, S. 216 ff)

- Psoriasis vulgaris (Haut- und Nagelveränderungen; auch bei Blutsverwandten),
- Befall der Fingerendgelenke (strahlenförmiger Befall aller Gelenke eines Fingers),
- asymmetrischer Befall der Gelenke,
- Mitbeteiligung des Achsenskeletts,
- seronegativ,
- klinisch und laborchemisch wenig Entzündungszeichen,
- typische radiologische Befunde treten erst sehr spät auf,
- ! rheumatoide Arthritis bei Psoriasis vulgaris,
- ! Psoriasisarthritis sine Psoriasis.

Ankylosierende Spondylitis (S. 218 ff), **Reiter-Syndrom** (S. 221 ff), **Gelenkbeteiligung bei chronisch-entzündlichen Darmerkrankungen** (S. 223 ff und S. 79 ff)

- Achsenskelettbefall,
- peripher: große Gelenke der unteren Extremität,
- Ansatztendinosen,
- Daktylitis (reaktive Arthritis),
- Augenbeteiligung: Konjunktivitis (Reiter-Syndrom); Iritis (Spondylitis ankylosans),
- Darmsymptome (reaktive Arthritis, chronisch entzündliche Darmerkrankungen),
- Balanitis, Urethritis (Reiter-Syndrom),
- Sakroiliitis,
- seronegativ,
- HLA-B27-positiv,
- direkter Keimnachweis; Serologie.

Kristall-induzierte Arthropathien (S. 225 ff und S. 136 ff)

- Podagra,
- Tophi,
- Kalkablagerungen,
- zentrale Erosionen,
- Kristallnachweis in der Synovialflüssigkeit,
- Hyperurikämie,
- seronegativ,
- chronische Gichtarthritis (Abb. 8.**10**) klinisch nicht von rheumatoider Arthritis differenzierbar (!).

Lyme-Borreliose (S. 222)

- Hydrops intermittens,
- Erythema chronicum migrans,
- Acrodermatitis chronica atrophicans,
- neurologische Manifestationen,
- Antikörpernachweis.

Polyarthrose (S. 226 ff, Abb. 8.**11**)

- Beteiligung der Fingerendgelenke,
- MCPs nicht betroffen,
- keine Allgemeinsymptome,
- erst spät Entzündungszeichen, wenn überhaupt (aktivierte Arthrose),
- Schmerzen im Laufe des Tages zunehmend, keine Morgensteifigkeit,
- Osteophyten,
- seronegativ,
- Pfropfarthritis (!).

Polymyalgia rheumatica (S. 238)

- Arteriitis (A. temporalis, A. mandibularis),
- Patienten bei Erkrankungsbeginn älter als 60 Jahre (nicht immer),
- sehr rasches Ansprechen auf Glukokortikoide,
- keine Synovitis,

- keine radiologischen Gelenkveränderungen,
- Polymyalgie nicht selten Frühzeichen einer rheumatoiden Arthritis im höheren Alter (!).

Morbus Boeck (Sarkoidose) (S. 224 und S. 54ff)

- Symmetrischer Befall der Sprunggelenke,
- Erythema nodosum,
- Fieber,
- bihiläre Lymphome,
- viele Patienten seropositiv (!).

Systemische Bindegewebskrankheiten (S. 229ff)

- Systemische Reaktion (z.B. Fieber, Organmanifestationen) im Vordergrund,
- typische Hautveränderungen,
- keine Erosionen trotz Arthritis,
- spezifische Autoimmunphänomene,
- Arthritis beim systemischen Lupus erythematodes klinisch nicht von rheumatoider Arthritis zu unterscheiden (!).

Therapieansätze bei der rheumatoiden Arthritis

Die rheumatoide Arthritis ist eine chronische Erkrankung. Unbehandelt führt sie zur zunehmenden Destruktion der Gelenke und damit zu wachsenden Einschränkungen im alltäglichen Leben. Der Verlauf kann durch rezidivierende Aktivierungen („Schübe") gekennzeichnet sein, die rheumatoide Arthritis kann aber auch kontinuierlich progredient verlaufen. Selbstlimitierende Erkrankungsformen sind selten, von einer Heilung kann nicht gesprochen werden. Die Behandlung der rheumatoiden Arthritis hat folgende Ziele:

- Schmerzlinderung
- Erhaltung/Wiederherstellung der Lebensqualität/Bewegungsfähigkeit (Ziel in Abhängigkeit von der Ausgangssituation variabel; z.B. Erhaltung/Wiederherstellung der Berufsfähigkeit oder aber der Selbstversorgung)
- Verhinderung/Verzögerung der Gelenkdestruktion

Diese Ziele können nur mit einem multifaktoriellen, komplexen, individuell angepaßten Therapiekonzept erreicht werden. Bei gesicherter Diagnose sind die sog. *Basistherapie* und Anwendungen der *physikalischen Therapie* ein absolutes Muß für jeden Patienten. Da für keine dieser Maßnahmen aber ein Behandlungserfolg garantiert werden kann und sich die Erkrankung auch jederzeit in ihrem Verlauf ändern kann, muß die Therapie mit einer Zielsetzung für ein definiertes Zeitintervall eingeleitet werden. Um solche Perioden überhaupt festlegen zu können, muß man z.B. die Zeitdauer bis zum Ansprechen einer Therapie abschätzen können.

Medikamentöse Therapie

Die medikamentöse Behandlung der rheumatoiden Arthritis läßt sich in zwei unterschiedliche, sich ergänzende Gruppen teilen:

- die *symptomatische*, antiphlogistische und analgetische Therapie mit nichtsteroidalen Antirheumatika (NSAR) und Steroiden und
- die sog. *Basistherapie*, die den Krankheitsprozeß beeinflussen soll.

Symptomatische Therapie

Nichtsteroidale Antirheumatika: NSAR sind peripher wirksame Analgetika, deren antiphlogistischer Effekt zum Teil über eine Prostaglandinsynthese-Hemmung erklärt wird. Bei der großen Zahl von verfügbaren Medikamenten (aus fünf Wirkstoffklassen) besteht die Kunst der Verordnung darin, das für den Patienten „optimale NSAR" auszuwählen. Es gibt keine objektivierbaren Parameter, welche die Wirksamkeit und Verträglichkeit eines Präparates bei einem Patienten voraussehen lassen. Eine Auswahl anhand der Nebenwirkungsrate ist nicht möglich, da sich die am häufigsten eingesetzten NSAR hierin kaum unterscheiden.

Die häufig eingesetzten NSAR wie Diclofenac, Indometacin und Ibuprofen haben eine relativ kurze Halbwertszeit von 2–5 Std. und müssen demnach mehrmals täglich eingenommen werden, um eine kontinuierliche Analgesie zu erzielen. Eine längere Wirksamkeit kann durch Retardformen (spezielle galenische Zubereitung mit verzögerter Abgabe des Medikamentes) und durch Verwendung von Suppositorien (verzögerte Aufnahme) erzielt werden. Eine andere Möglichkeit ist die Anwendung von NSAR mit sehr langer Halbwertszeit wie z.B. Oxicame. Sie müssen (und dürfen) nur einmal am Tag eingenommen werden. Dies hat den Vorteil einer guten Compliance, birgt aber wegen der schlechten Steuerbarkeit auch ein größeres Risiko für eine Überdosierung.

NSAR sind die Therapie der ersten Wahl bei der Frühform der rheumatoiden Arthritis. Wegen der hohen Plasmaeiweißbildung dieser Medikamente sollte immer nur ein NSAR gleichzeitig verordnet werden. Bei Bedarf ist eine Kombination mit einem zentral wirksamen Analgetikum möglich. Die Dosierung richtet sich nach dem einzelnen Wirkstoff und nach der Stärke der Schmerzsymptomatik. Sollte ein Patient ein bestimmtes NSAR (z.B. ein Propionsäure-Derivat) nicht vertragen, muß die Wirkstoffklasse (z.B. auf ein Essigsäurederivat) gewechselt werden. Eine parenterale Applikation hat gegenüber der oralen Einnahme keinen Vorteil – mit Ausnahme des psychologischen Effektes einer Spritze. Interaktionen mit gleichzeitig eingenommenen Medikamenten (z.B. Antidiabetika, Antikoagulanzien, Diuretika) sind zu beachten. Unter der Therapie mit NSAR sind regelmäßige (4wöchentliche) Kontrollen von Blutbild und Transaminasen erforderlich. Bei älteren Menschen und Patienten mit „Magenanamnese" kann die gleichzeitige Gabe eines synthetischen Prostaglandinanalogums hilfreich sein.

Kortison: Sind die NSAR in ihrer Wirksamkeit nicht ausreichend, z.B. zu Beginn der Basistherapie oder in Schüben der Erkrankung, ist die Indikation zur Kortikoidtherapie gegeben. Der Einsatz dieser Medikamente sollte immer als sog. Stoßtherapie zeitlich limitiert sein. Initial sind in der Regel Dosen von 30 mg Prednison-Äquivalent pro Tag ausreichend. Über eine Dosisreduktion um 2,5 mg alle 3 Tage oder um 5 mg alle 5 Tage sollte das Medikament dann langsam ausgeschlichen werden. Eine schnellere Dosisreduktion führt fast immer zu einer erneuten Aktivierung der Erkrankung und ist daher nicht sinnvoll.

Basistherapie

Unter dem Begriff „Basistherapeutika" versteht man die im angelsächsischen Schrifttum als „disease modifying drugs" oder „second/third line drugs" bezeichneten Therapeutika. Diesen Medikamenten wird eine den Krankheitsprozeß beeinflussende Wirksamkeit zugeschrieben. Mit der Diagnosestellung „rheumatoide Arthritis" ist die Indikation zu einer Basistherapie gegeben. Es sollte auf jeden Fall angestrebt werden, innerhalb des ersten halben Jahres nach Beginn der Symptome mit einer solchen Behandlung zu beginnen, da dadurch auch die besten Langzeitergebnisse erzielt werden können.

Im folgenden werden die zur Zeit zur Verfügung stehenden Therapeutika anhand der Kriterien Indikation, Vergleich zu anderen Basismedikationen, Risiken, Nebenwirkungen und Kontraindikationen vorgestellt. Eine Heilung der rheumatoiden Arthritis kann mit keinem dieser Medikamente erzielt werden.

Gold: Die ersten Ergebnisse zur Goldbehandlung der rheumatoiden Arthritis stammen aus den 20er Jahren dieses Jahrhunderts. Die großen Erfahrungen mit dieser Medikation haben dazu geführt, daß die Goldtherapie lange Zeit die Standardmedikation der rheumatoiden Arthritis war und in kontrollierten Studien als Vergleichsubstanz benutzt wird. Eine genaue Analyse prospektiver Therapiestudien läßt einen Nutzen dieser Substanz statistisch zwar nicht sichern, im klinischen Einsatz läßt sich ihre Effektivität jedoch belegen.

Die Indikation zu einer parenteralen oder oralen Goldtherapie ist mit der Diagnosesicherung „rheumatoide Arthritis" gegeben. Die Kontraindikationen sind im Wesentlichen vorbestehende Nierenerkrankungen, eine Schwangerschaft oder eine bekannte Goldallergie. Dabei stellt eine vorbestehende Nierenerkrankung für die seit 1983 zugelassene orale Therapieform nur eine relative Kontraindikation dar.

Um möglichst wenige frühe Therapieversager oder -abbrüche zu haben, wird die parenterale Goldbehandlung einschleichend begonnen und aufgesättigt. Ein Ansprechen der Therapie ist nicht vor 4 bis 6 Monaten zu erwarten – zum Teil werden durchgreifende Effekte noch nach einem Jahr beobachtet.

Neben der anfangs 14tägigen Kontrolle von Nierenfunktion (Kreatinin, Urinstatus), dem Ausschluß einer Leberschädigung (Transaminasen) und hämatologischer Nebenwirkungen (Blutbild) ist ein gezieltes Befragen der Patienten nach möglichen Nebenwirkungen und eine eingehende körperliche Untersuchung notwendig. Die meisten Nebenwirkungen sind nach Absetzen der Medikation rückläufig. Ein Ansprechen der Therapie ist bei etwa $^2/_3$ Patienten zu erwarten, bei etwa 25% der Patienten muß die Medikation vor dem Wirkungseintritt wegen Nebenwirkungen beendet werden. Nach einem Jahr stehen, wie auch bei den meisten anderen Basistherapeutika, nur noch die Hälfte der Patienten unter der eingeleiteten Therapie.

In Abhängigkeit vom Ansprechen der Goldbehandlung kann die Dosis durch Änderung des Applikationsintervalls oder der Einzeldosis variiert werden. Der Nutzen einer Goldspiegelbestimmung im Serum als Kontrollparameter für die Dosierung ist umstritten. Das früher angewandte Konzept einer kurzzeitigen „Goldkur" wurde verlassen, auch eine obere limitierende Grenze der applizierten Goldgesamtmenge (z.B. 1 g) gibt es nicht.

Bei der Goldtherapie gibt es die Möglichkeit der parenteralen und der oralen Applikationsform. Der Vorteil der *parenteralen Goldtherapie* besteht darin, daß durch die regelmäßigen notwendigen Arztbesuche der Patienten – aufgrund der i.m. Injektionen – eine engmaschige Kontrolle von Wirkung und Nebenwirkungen durch den Behandelnden möglich ist. Dies verhindert, daß die Therapie trotz eingetretener Nebenwirkung unkontrolliert fortgesetzt wird, hat aber für den Patienten den Nachteil von häufigen Injektionen. Dieser Nachteil überwiegt sicherlich auf Dauer den positiven Effekt der „Spritze".

Der Vorteil der *oralen Goldtherapie* besteht darin, daß die Goldretention deutlich geringer ist als bei der parenteralen Applikation, und daß das Gold vornehmlich parenteral ausgeschieden wird. Dies vermindert das Risiko einer renalen Nebenwirkung der Goldbehandlung. Dafür muß man in Kauf nehmen, daß das orale Gold zu einem niedrigeren Prozentsatz wirksam ist. Der eigentliche Nachteil der Auranofin-Behandlung aber besteht in der notwendigen Compliance der Patienten für die regelmäßige Einnahme der Tabletten und die damit erforderlichen Kontrollen.

Salazosulfapyridin: Salazosulfapyridin (SASP, Azulfidine, Azulfidine RA, Colopleon) wurde bereits 1948 erstmalig zur Behandlung der rheumatoiden Arthritis eingesetzt. Als NSAR, als das es angesehen wurde, war es jedoch wenig wirksam. Da es gute Effekte bei den chronisch-entzündlichen Darmerkrankungen zeigte, wurden damals keine weiteren Untersuchungen mehr durchgeführt. Erst Ende der 70er Jahre kamen dann aus Großbritannien Berichte über die Wirksamkeit von Salazosulfapyridin als „Basistherapeutikum" bei entzündlich-rheumatischen Erkrankungen.

Aufgrund seiner guten Nutzen-Risiko-Relation in der Behandlung der rheumatoiden Arthritis hat dieses Medikament rasch eine weite Verbreitung gefunden. Es gilt heute neben der Goldmedikation als Therapie der ersten Wahl bei der rheumatoiden Arthritis. Bei etwa gleicher Wirksamkeit ist die Wahrscheinlichkeit gravierender Nebenwirkungen im Vergleich zur Goldtherapie deutlich niedriger. SASP wird auch bei anderen entzündlichen Gelenkerkrankungen wie der Psoriasisarthritis und der seronegativen Spondylarthritis mit Erfolg eingesetzt. Aufgrund seines Sulfonamidanteils ist es bei systemischen Bindegewebserkrankungen kontraindiziert, bei systemischen Verlaufsformen der rheumatoiden Arthritis und Erkrankungen mit ausgeprägten immunologischen Fehlregulationen ist aus demselben Grund ebenfalls Vorsicht geboten.

Ebenso wie viele andere Basistherapeutika wird SASP einschleichend dosiert. Wir geben für 2 Wochen 2 × 0,5 g/d, weitere 2 Wochen 3 × 0,5 g/d und anschließend die Erhaltungsdosis von 2 × 1 g/d (nicht 3 × 1 g/d wie bei den chronisch-entzündlichen Darmerkrankungen). Unter dieser Strategie ist nach etwa 8 – 12 Wochen ein Ansprechen der Therapie zu erwarten, also eher als bei den meisten anderen Basistherapeutika. In dieser Zeit treten auch die meisten gravierenden Nebenwirkungen (Agranulozytose, allergische Pneumonitis) auf. Mit Nebenwirkungen muß bei etwa jedem 5. Patienten gerechnet werden (im Gegensatz zu den Patienten mit chronisch entzündlichen Darmerkrankungen, bei denen trotz höherer Dosierung nur etwa jeder 10. Patient Nebenwirkungen aufweist). Dies macht anfangs 14tägige Kontrollen von Leberfermenten, Blutbild und Nierenfunktion erforderlich. Nach 3 Monaten können die Kontrollen auf 4wöchige Intervalle ausgedehnt werden.

Antimalariamittel: Von den Antimalariamitteln stehen in Deutschland die Wirkstoffe Chloroquin (Resochin) und Hydroxychloroquin (Quensyl) zur Behandlung der rheumatoiden Arthritis zur Verfügung. Diese Medikamente stellen die nebenwirkungsärmste Behandlungsform der rheumatoiden Arthritis dar (etwa 7 % Nebenwirkungsrate!). Trotz eines vergleichsweise hohen Therapieeffekts werden die Antimalariamittel in Deutschland im Vergleich z.B. zu Großbritannien sehr selten eingesetzt. Dies liegt zum großen Teil an den potentiellen Nebenwirkungen dieser Therapieform an den Augen. Obwohl das Risiko eines bleibenden Schaden an Konjunktiven oder Retina weit unter 1 % liegt, ist die Angst der ohnehin behinderten Patienten vor dem zusätzlichen Verlust der Sehkraft sehr groß. Um dieses Risiko so klein wie möglich zu halten, sollte jeder Patient (ohne überzogene Aufklärung) vor der Behandlung und mindestens halbjährlich während der Behandlung ophthalmologisch untersucht werden. Die Beeinträchtigung des Patienten durch zentralnervöse Nebenwirkungen wie Schwindel und Kopfschmerzen können durch abendliche Einnahme der Tagesdosis reduziert werden; selten kommt es zu einer Cholestasesymptomatik.

Neben dem geringen Risiko für Nebenwirkungen besteht der Vorteil der (Hydroxy-)Chloroquin-Behandlung darin, daß sie auch bei Patienten mit systemischen Bindegewebserkrankungen indiziert ist. So ist der Einsatz von Antimalariamitteln Therapie der ersten Wahl vor allem dann, wenn zu Beginn der Erkrankung eine systemische Bindegewebserkrankung nicht sicher ausgeschlossen werden kann. Ein Einschleichen der Dosis ist bei dieser Art der Behandlung nicht erforderlich, vielmehr kann, um einen schnelleren Wirkungseintritt (nicht vor 6 Monaten) zu erzielen, in den ersten 4 Wochen die Tagesdosis (250 mg Chloroquin; 400 mg Hydroxychloroquin) verdoppelt werden. In der Dauerbehandlung scheint eine tägliche Dosis von 200 mg Hydroxychloroquin ebenso effektiv wie die doppelte Dosis zu sein, die niedrigere Dosis führt aber zu weniger Nebenwirkungen.

Ein weiteres Indikationsgebiet für diese Behandlungsform ergibt sich in letzter Zeit durch die auch bei der rheumatoiden Arthritis vermehrt durchgeführte *Kombinationsbehandlung* mit mehr als einem Basistherapeutikum, da das Nebenwirkungsprofil von Antimalariamitteln sich deutlich von dem anderer Basistherapeutika unterscheidet. Mit einer solchen Kombination verschiedener Basistherapeutika läßt sich zudem der Nachteil des verzögerten Wirkungeintrittes von Antimalariamitteln umgehen.

D-Penizillamin: D-Penizillamin (Metalcaptase; Trolovol) ist eine Komponente des Penizillin-Moleküls. Als Chelatbindner wird es mit Erfolg beim Morbus Wilson und auch bei Schwermetallvergiftungen eingesetzt; andere Indikationsgebiete sind die primär nicht-eitrig destruierende Cholangitis und auch die progressive Systemsklerose. Dabei wird der Effekt zumindest teilweise auf die Inhibition der Kollagenquervernetzung zurückgeführt.

In der Behandlung der rheumatoiden Arthritis war D-Penizillamin lange Zeit Therapie der 2. Wahl nach Versagen einer parenteralen Goldbehandlung. Diese Strategie wurde in den letzten Jahren verlassen, da nur etwa 30% der Patienten nach einem Jahr noch unter Behandlung sind. Dabei stehen als Ursache des Therapieabbruchs vor allem Nebenwirkungen im Vordergrund; die Wirksamkeit ist nicht schlechter als bei allen anderen Therapeutika. Die Nebenwirkungen treten trotz einer langsam einschleichenden Dosierung in Früh- wie auch in Spätphasen der Therapie auf. Dabei stehen gravierende Nebenwirkungen wie ein nephrotisches Syndrom, die Ausbildung einer Myasthenia gravis oder Thrombozytopenien im Vordergrund. Letztlich wurde auch über die Ausbildung von antizytoplasmatischen Antikörpern unter D-Penizillamin-Therapie berichtet.

Aufgrund des sehr schlechten Nutzen-Risiko-Verhältnisses sollte D-Penizillamin nur in Ausnahmefällen als Frühbehandlungsform der rheumatoiden Arthritis gewählt werden. Eine Indikation besteht eigentlich nur bei Patienten mit leicht- bis mittelgradig aktiver Erkrankung, die alle nichtimmunsuppressiven Therapieformen wegen Erfolglosigkeit oder Nebenwirkungen beenden mußten, bei denen aber Medikamente wie Azathioprin oder Methotrexat noch nicht eingesetzt werden sollen. Bei solchen Patienten kann aber auch mit einem geringeren Nebenwirkungsrisiko ein Therapieversuch mit Interferon gamma unternommen werden. Mußte parenterales Gold wegen einer renalen Nebenwirkung abgesetzt werden, besteht eine Kontraindikation für D-Penizillamin!

Methotrexat: Methotrexat ist ein Folsäureantagonist, der in der Behandlung verschiedener Tumoren eingesetzt wird. Bereits in den 60er Jahren wurden die ersten Erfahrungen in der Behandlung chronisch-entzündlicher Gelenkerkrankungen gemacht. Die damals gewählte wöchentliche Dosis von 25 mg und mehr, wie man sie von der Behandlung der Psoriasis vulgaris übernommen hatte, führte jedoch in der Langzeitbehandlung der Rheumatiker zu Zytopenien, weswegen dieses Behandlungskonzept trotz guter klinischer Erfolge wieder verlassen wurde.

Seit Anfang der 80er Jahre hat die Behandlung mit Methotrexat jedoch kontinuierlich an Bedeutung gewonnen. Zahlreiche Studien belegen die Wirksamkeit einer wöchentlichen Dosis von 7,5 – 15 mg Methotrexat, die einmal pro Woche eingenommen wird. Die Verteilung der Dosis über 24 Stunden ist für die Behandlung der rheumatoiden Arthritis nicht von Bedeutung (sie wird bei der Psoriasis vulgaris wegen des Zellzyklus vorgenommen). In der Regel kann die Therapie oral durchgeführt werden, nur bei massiven gastrointestinalen Nebenwirkungen kann eine parenterale Applikation von Nutzen sein. Die Vorteile einer Methotrexat-Therapie bestehen zum einen in dem überaus schnellen Wirkungseintritt von zum Teil weniger als 4 Wochen und zum anderen in der hohen Ansprechrate. So konnte in Langzeituntersuchungen gezeigt werden, daß nach 6 Jahren noch 50% der Patienten unter dieser Therapie sind, dies gelingt mit anderen Basistherapeutika vergleichsweise nur für ein Jahr. Obwohl in kontrollierten Studien belegt werden konnte, daß die röntgenmorphologisch faßbare Progression zumindest in den ersten beiden Jahren durch eine Methotrexat-Therapie verzögert wird, ist bisher nicht sicher, ob es sich überhaupt um ein „disease modifying drug" handelt. Alle Versuche, die Methotrexat-Medikation bei deutlicher klinischer Besserung oder gar bei Remission abzusetzen, führten innerhalb kurzer Zeit wieder zu einer Aktivierung der Erkrankung. Dies hat zur Folge, daß man Methotrexat nur bei solchen Patienten einsetzt, bei denen es keine alternativen Therapieformen mehr gibt, oder aber man versucht, den Therapieerfolg mit Methotrexat durch vorübergehende gleichzeitige Gabe eines anderen Basistherapeutikums zu stabilisieren und Methotrexat dann auszuschleichen. Hierzu werden zur Zeit Untersuchungen durchgeführt.

Die bei einer Langzeittherapie befürchteten Leberschäden durch Methotrexat haben sich erfreulicherweise nicht bestätigt. Patienten mit einer vorbestehenden Lebererkrankung und mit regelmäßigem Alkoholkonsum sollten jedoch von der Behandlung ausgeschlossen werden. Weitere Kontraindikationen ergeben sich aus den bekannten Wirkungen von Methotrexat. Durch die Inhibition der Dihydrofolsäurereduktase kann es zur Makrozytose (Frühzeichen von Nebenwirkungen) und zur Stomatitis kommen. Versuche wie in der Onkologie, die Nebenwirkungen durch Gabe von Folinsäure zu verhindern, scheiterten daran, daß dann auch der Effekt der Behandlung aufgehoben wurde. Statt dessen hilft die Gabe von 1 mg Folsäure, was eigentlich erst durch Verstoffwechselung über das inhibierte Enzym für den Zellmetabolismus zur Verfügung steht. Ob durch die Gabe von Folsäure auch die Infektionsrate reduziert werden kann, müssen weitere Untersuchungen zeigen.

Eine seltene, aber gefährliche Nebenwirkung der Methotrexat-Behandlung ist eine wohl allergisch induzierte Pneumonitis, die klinisch durch einen unproduktiven Husten imponiert. Wird die Behandlung nicht unverzüglich unterbrochen und eine Steroidbehandlung eingeleitet, kann sich eine lebensbedrohliche Situation entwickeln.

Durchschnittlich geben über 90% der Patienten Nebenwirkungen unter einer Methotrexat-Behandlung an. Trotzdem setzen sie die Therapie fort, weil es sich meist um leichte Übelkeit und Brechreiz handelt, die nur für den Tag der Einnahme bestehen.

Immunregulatorische Medikamente: Immunregulatorische Medikamente werden seit fast 40 Jahren in der Behandlung der rheumatoiden Arthritis eingesetzt. Gerade neue Therapieansätze werden unter der Hypothese der Immunregulation in die Behandlung der rheumatoiden Arthritis eingeführt. Dabei werden zwei Dinge vorausgesetzt, die aber keineswegs bewiesen sind:

- Die rheumatoide Arthritis ist zumindestens zu einem wesentlichen Teil durch eine Fehlregulation des Immunsystems bedingt.
- Die Wirksamkeit der verwendeten Therapeutika ist auf eine Regulation des Immunsystems zurückzuführen.

Die in der Behandlung der rheumatoiden Arthritis eingesetzten „Immunregulatoren" können in 2 Gruppen differenziert werden:

1. Zytotoxische Medikamente
2. Immunmodulatoren

Zytotoxische Medikamente sind Alkylantien (N_2-Mustard, Chlorambucil, Cyclophosphamid), Purinanaloge (8-Merkaptopurin, Azathioprin), der Folsäure-Antagonist Methotrexat (s.o.) und eine Gruppe anderer Therapeutika wie Vincristin oder 5-Fluorouracil, die in bestimmten Dosierungen den Zellzyklus proliferierender Zellen hemmen. Der Begriff zytotoxisch trifft jedoch auf ihren Einsatz in der Behandlung der rheumatoiden Arthritis nicht zu, da hierbei teilweise um 100–1000fach niedrigere Dosierungen eingesetzt werden als in der Tumorbehandlung. Obwohl die Wirkung dieser Medikamente somit nicht auf die Zytotoxizität zurückzuführen ist, werden sie doch (noch) mit der für Zytostatika üblichen Zurückhaltung eingesetzt, zumal es sich bei der rheumatoiden Arthritis nicht um eine maligne Erkrankung handelt.

Die größten Erfahrungen bestehen für eine Therapie mit *Azathioprin* (Imurek). Dieses Medikament wird in der Regel dann eingesetzt, wenn andere Basistherapeutika (second line drugs) versagt haben bzw. wegen Nebenwirkungen abgesetzt werden mußten. Trotz dieser Negativauslese von Patienten ist die Ansprechrate und die Zahl der Therapieabbrüche unter Azathioprin vergleichbar zu Medikamenten wie Salazosulfapyridin oder Gold. Die Hauptnebenwirkungen der Behandlung, die mit 1–2 mg/kg KG/d dosiert wird, bestehen in gastrointestinalen Symptomen wie Übelkeit und Brechreiz. Sie sind Ursache von etwa 50% der Therapieabbrüche wegen Nebenwirkungen; seltener sind schwerwiegende Nebenwirkungen wie eine Knochenmarkssuppression (meist Leukopenien) und eine Lebertoxizität. Zur Frage der Karzinogenität gibt es für Azathioprin widersprüchliche Ergebnisse. Die z.T. erhöht gefundene Inzidenz von Non-Hodgkin-Lymphomen scheint aber eher zur Erkrankung assoziiert als zur Therapie.

Im Gegensatz dazu muß ein erhöhtes Karzinogeneserisiko von *Cyclophosphamid* als gesichert angesehen werden. Dies gilt vor allem für Blasenkarzinome. Deshalb sollte diese Therapieform nur in begrenztem Umfang bei einer benignen Erkrankung wie der rheumatoiden Arthritis eingesetzt werden. Dies gilt auch für die anderen Alkylantien, zumal bekannt ist, daß selbst die Induktion einer Aplasie, wie sie in der Behandlung von Leukosen angestrebt wird, nur eine vorübergehende Remission ermöglicht. Die Indikation zu einer Therapie mit alkylierenden Substanzen ist auf Patienten mit systemischen Verlaufsformen zu beschränken.

Das Indikationsgebiet der sog. **Immunmodulatoren** ist bis heute noch nicht sicher gegeben. Von ihrem theoretischen Therapieansatz her müßten Medikamente wie *Interferon gamma* (Polyferon) und *Cyclosporin* (Sandimmun) eigentlich zu Beginn der Erkrankung eingesetzt werden, denn nur in dieser Phase kann als Auslöser eine immunologische Fehlregulation angenommen werden, die durch diese Medikamente ausgeglichen werden könnte. In späteren Phasen verläuft die Erkrankung möglicherweise unabhängig von Einflüssen des zellulären Teils des Immunsystems. In der Frühphase werden diese Medikamente aber derzeit noch nicht eingesetzt, da ihr therapeutischer Effekt bisher nicht gesichert ist.

Die vorliegenden Untersuchungen zur Interferon-gamma-Therapie zeigen, daß die Substanz in einem hohen Prozentsatz zu einem frühen Ansprechen der Erkrankung führt. Dabei wird im Gegensatz zu den meisten anderen Basistherapeutika mit einer hohen Dosis (5×50 µg/w s.c.) begonnen, die dann langsam ausgeschlichen wird. Das Problem dieser Therapie besteht darin, daß es keinen geeigneten Verlaufsparameter gibt, der eine ideale Dosisanpassung ermöglicht. Dies ist um so bedeutsamer, als durch eine Überdosierung – mit zunehmender Behandlungsdauer wird eine immer niedrigere Dosis benötigt – die Krankheit sogar aktiviert werden kann. Die kritische Phase in der Dosierung ist etwa zwischen 8–12 Wochen zu erwarten.

Erfreulicherweise ist die Nebenwirkungsrate einer Interferon-gamma-Therapie relativ gering, gravierende Nebenwirkungen finden sich selten. In der Regel handelt es sich dabei um grippeähnliche Symptome. Hier hilft möglicherweise die abendliche Injektion von Interferon gamma.

Zum jetzigen Zeitpunkt sind weitere Untersuchungsergebnisse zur sicheren Beurteilung des Therapieerfolges einer Interferon-gamma-Behandlung notwendig. Sie ermöglichen dadurch auch eine Zuordnung dieses Medikamentes in die generelle Therapiestrategie der Behandlung der rheumatoiden Arthritis. Trotzdem erscheint aufgrund der niedrigen Komplikationsrate und des raschen Ansprechens auch ein frühzeitiger Therapieeinsatz nicht unzulässig. Aufgrund der Dosierungsproblematik sollte die mit hohen Kosten verbundene Therapie aber nur in rheumatologischen Zentren durchgeführt werden.

Im Gegensatz zur Interferon-gamma-Behandlung ist die Therapie der rheumatoiden Arthritis mit Cyclosporin durch die hohe Nebenwirkungsrate kompliziert. Trotz einer Optimierung der Dosis anhand des Plasmaspiegels, wie sie auch von Organtransplantationen bekannt ist, werden in klinischen Untersuchungen bei fast allen Patienten eine Nephro- und Neurotoxizität gefunden. Dabei ist die Behandlung nach den vorliegenden Untersuchungsergebnissen z.B. einer Azathioprin-Therapie nicht überlegen.

Weitere Möglichkeiten einer immunmodulierenden Therapie befinden sich zur Zeit in der klinischen Erprobung. Dabei handelt es sich zum einen um Zytokin-Antagonisten und zum anderen um Antikörper gegen Oberflächenantigene aktivierter T-Helfer-Zellen oder Rezeptoren, die für die Entzündungsantwort von Bedeutung sind. Die Probleme der letzteren Therapieform bestehen im Einsatz von nichthumanen Antikörpern, die in einer Langzeittherapie zu einer Sensibilisierung des Patienten führen können.

Mit der Diagnose einer rheumatoiden Arthritis ist die Indikation zu einer Basistherapie gegeben!

Lokale und operative Therapieformen

Bei der Indikationsstellung zu lokalen und operativen Therapieformen muß man bedenken, daß es sich bei der rheumatoiden Arthritis um eine systemische Erkrankung handelt. Die Indikation zu solchen Behandlungsformen ist also in der Regel dann gegeben, wenn trotz einer systemischen Behandlung ein einzelnes oder wenige Gelenke weiter eine floride Synovialitis aufweisen. Andere Gründe können lokale Nervenkompressionssyndrome (z. B. ein Karpaltunnelsyndrom), eine Gelenkinstabilität oder eine Sekundärarthrose sein.

Juvenile chronische Polyarthritis

Die juvenile chronische Polyarthritis unterscheidet sich bei der überwiegenden Zahl der Patienten von der rheumatoiden Arthritis des Erwachsenen. Definitionsgemäß beginnen diese Erkrankungsformen vor Vollendung des 16. Lebensjahres. Der Erkrankungsgipfel liegt zwischen dem 2. und 4. Lebensjahr. Im Erwachsenenalter sind 70–90% dieser Erkrankungen ausgeheilt, 10% in einem deutlich eingeschränkten Funktionszustand.

Generell handelt es sich um sehr seltene Erkrankungen, die nach ihrem klinischen Erscheinungsbild in eine oligoartikuläre, eine polyartikuläre (seropositive und seronegativ) und eine systemische Verlaufsform differenziert werden. Sie machen 75% der systemischen Bindegewebserkrankungen des Kindesalters aus.

Ätiologie und Pathogenese dieser Erkrankungen sind weitgehend unbekannt. Differentialdiagnostisch müssen vor allem parainfektiöse und infektiöse Arthritiden sowie Gelenkentzündungen bei hämatologischen (z. B. Hämophilie oder Leukämien), neoplastischen (z. B. Histiozytose) und entzündlichen intestinalen (z. B. Morbus Crohn) Erkrankungen ausgeschlossen werden. Auch angeborene Stoffwechselerkrankungen wie Ochronose oder auch Gicht können Ursache von Arthritiden im Kindesalter sein.

Psoriasisarthritis

Eine Assoziation zwischen der Hauterkrankung Psoriasis und den Zeichen der Arthritis ist seit dem Anfang des 19. Jahrhunderts bekannt. Bei der Psoriasisarthritis handelt es sich um Gelenkerkrankungen, die in Zusammenhang mit einer Psoriasis oder einer genetischen Disposition zur Psoriasis auftreten. Dabei werden mindestens fünf verschiedene Verlaufsformen unterschieden:

Die **chronische Verlaufsform** der Psoriasisarthritis ist durch eine meist asymmetrisch verlaufende Oligoarthritis gekennzeichnet. Charakteristisch ist der transaxiale Befall (aller kleinen Gelenke eines Fingers) oder der transversale Befall aller Gelenke einer Hand in einer Ebene (MCP, PIP oder DIP) (Abb. 8.**3**). Klassisch ist der Befall aller DIP-Gelenke bei gleichzeitiger Manifestation der Psoriasis an den Nägeln (Tüpfelnägel, Ölflecken usw.) (Abb. 8.**4**). Die Nägel sind bei Patienten mit Arthritis weitaus häufiger betroffen als bei anderen Verläufen. In der Frühform kann sich diese chronische Psoriasisarthritis als Monarthritis eines großen Gelenkes – Knie, Sprunggelenk oder

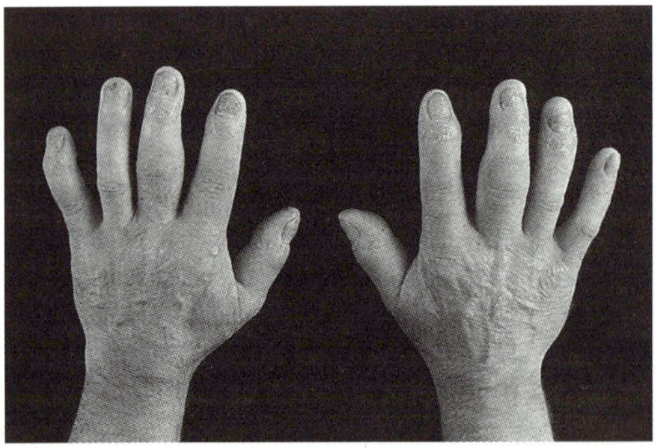

Abb. 8.**3** Typische Handveränderungen bei einer Psoriasisarthritis mit deutlicher „derber" Verdickung einzelner proximaler und distaler Interphalangealgelenke sowie Hautmanifestationen im Bereich der Endglieder.

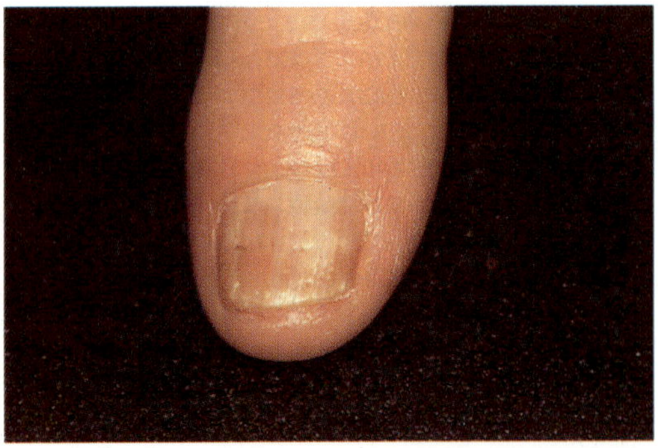

Abb. 8.**4** Klassischer Nagelbefall bei Psoriasis mit Arthritis im Bereich des Interphalangealgelenkes.

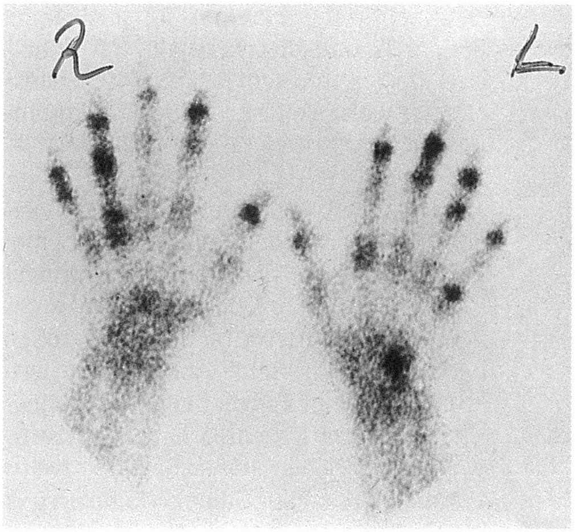

Abb. 8.**5** Szintigrafischer Befund an den Händen bei Psoriasisarthritis. Transaxialer Befall im 4. Strahl rechts, transversaler Befall in allen distalen Interphalangealgelenken links.

Hüfte – manifestieren. Das Temporomandibulargelenk weist bei der nicht seltenen Beteiligung Destruktionen und Osteolysen auf.

Die Diagnose dieser Verlaufsform ist in der Regel anhand des klassischen klinischen Befundes und der Hautmanifestation, die dem Beginn der Arthritis in etwa 70% um durchschnittlich 5 Jahre vorausgeht, leicht zu stellen. Man muß nach der Psoriasis aber auch suchen (Prädilektionsstellen: behaarter Kopfbereich, Ellenbogen- und Kniestreckseiten, Nabel, Rima ani). Das Ausmaß der Hauterkrankung und der Gelenkmanifestation korrelieren nicht. Die Psoriasis bei einem nahen Blutsverwandten gilt als disponierendes Zeichen.

Laborchemische Befunde sind für die Diagnostik wenig hilfreich: Rheumafaktoren sind nicht nachweisbar, und auch allgemeine Entzündungszeichen fehlen. Dies erschwert vor allem bei Patienten ohne Hautmanifestationen und alleinigem Befall der distalen Interphalangealgelenke die Differentialdiagnose zur Polyarthrose. Bei bestehender Psoriasis disponieren HLA-B13, -B17 und -B38 zu dieser chronischen Verlaufsform. Eine Szintigraphie (Abb. 8.**5**) kann besonders im Frühstadium hilfreich zur Diagnosestellung sein. Röntgenmorphologische Veränderungen treten erst spät im Verlauf der Erkrankung auf, sind dann aber relativ typisch durch gleichzeitige osteolytische und proliferative Knochenreaktionen. Bei den wenigen rapid progressiven Verlaufsformen sind die frühen Ankylosen und die „pencil-in-cup"-Deformität nachweisbar.

Die chronische Oligoarthritis macht etwa 40% der Verlaufsformen der Psoriasisarthritis aus. Seltener ist die **Arthritis psoriatica sine psoriasis** (etwa 6%). Dieser Typ unterscheidet sich von der chronischen Verlaufsform nur dadurch, daß die Psoriasis fehlt. Die Gelenkmanifestation ist klassisch.

Davon abzutrennen sind die **rezidivierenden Formen** der Psoriasisarthritis. Etwa 15% der Patienten zeigen intermittierende Arthritisschübe mit einer für die Psoriasisarthritis typischen Gelenkmanifestation. Der teilweise anfallsartige subakute Beginn der Arthritis läßt differentialdiagnostisch an eine Gicht denken. Rezidivierende Enthesiopathien hingegen erinnern an eine seronegative Oligoarthritis oder an einen Morbus Bechterew.

Dies gilt auch für die **psoriatische Spondylopathie,** eine weitere Manifestationsart der Psoriasisarthritis. Wie bei den anderen HLA-B27-assoziierten Gelenkerkrankungen (seronegative Spondylarthropathie, Morbus Bechterew, Spondylitis bei chronisch entzündlichen Darmerkrankungen) imponiert diese Form der Psoriasisarthritis durch die Manifestationen am Achsenskelett und an den Iliosakralgelenken.

Etwa 10–15% der Patienten mit Psoriasis entwickeln die klinischen Zeichen einer **rheumatoiden Arthritis** mit einem symmetrischen Befall kleiner Fingergelenke. Sind die Verläufe seropositiv, so dürfte es sich um die gleichzeitige Manifestation einer rheumatoiden Arthritis und einer Psoriasis vulgaris handeln.

Insgesamt ist der Verlauf der Psoriasisarthritis in den meisten Fällen weniger progredient als bei der rheumatoiden Arthritis. Mit Ausnahme der erosiven Manifestation an den DIP-Gelenken und der rheumatoiden-Arthritis-ähnlichen Verlaufsform ist mit der Diagnose nicht eine absolute Indikation zur Basistherapie gegeben. Dabei werden prinzipiell die gleichen Medikamente eingesetzt wie bei der rheumatoiden Arthritis mit Ausnahme von solchen, welche die Psoriasis verschlechtern können.

Therapie der ersten Wahl ist Salazosulfapyridin. Die chronische Verlaufsform der Psoriasisarthritis und die rheumatoide Arthritis bei Psoriasis können auch mit parenteralen Goldsalzen und oralen Goldapplikationen (s. Therapie der rheumatoiden Arthritis) behandelt werden. Unter den immunsuppressiven Medikamenten wird bevorzugt Methotrexat zur Behandlung der Psoriasisarthritis verwandt, da es seit längerem auch schon zur Therapie der Hauterkrankung eingesetzt wird.

Ankylosierende Spondylitis (AS, Morbus Bechterew)

Die ankylosierende Spondylitis ist eine chronisch-entzündliche Arthritis des Achsenskelettes, die sich auch an peripheren Gelenken manifestieren kann. Sie weist viele extraartikuläre Manifestationen und Symptome auf. Es handelt sich bei der AS um die bedeutendste Erkrankungsform der *seronegativen Spondarthritiden.* Eines der bedeutendsten Phänomene dieser Erkrankungsgruppe ist ihre Assoziation zum HLA-B27-Antigen oder -Gewebetyp.

Die Erkrankung kann in jedem Alter beginnen, gewöhnlich entwickelt sie sich im 2. oder 3. Lebensjahrzehnt mit einem Häufigkeitsgipfel zwischen dem 17. und 25. Lebensjahr. Der Krankheitsbeginn liegt selten jenseits des 45. Lebensjahres. Männer weisen eine progressivere Erkrankungsform auf.

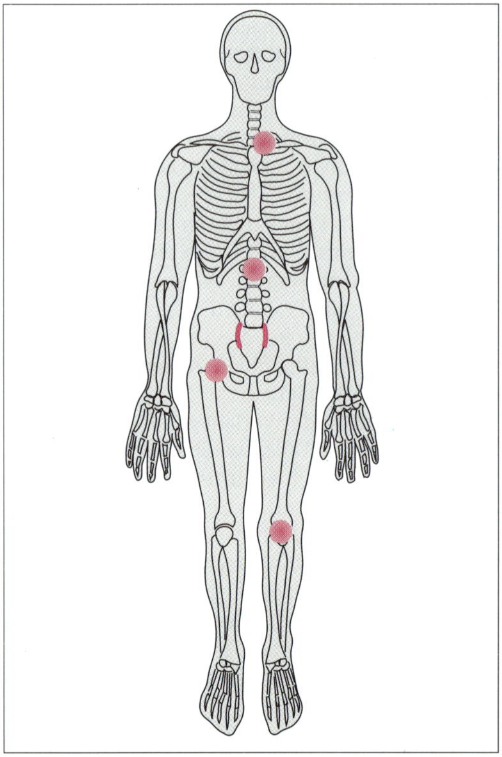

Abb. 8.**6** Gelenkbefallsmuster bei ankylosierender Spondylitis. Am Achsenskelett: Prädilektionsstelle Ileosakralgelenke und thorakolumbaler Übergang, häufig Befall des Sternoklavikulargelenkes. Peripher: zumeist Manifestationen an den großen Gelenken der unteren Extremität.

Klinik. Die Krankheit beginnt in der Regel schleichend. Bei der Mehrzahl der Patienten (70%) manifestiert sie sich als tiefsitzender Kreuzschmerz mit Steifigkeit. Bei 15 – 20% der Patienten ist das erste Zeichen eine Monarthritis in einem großen Gelenk der unteren Extremität (Abb. 8.**6**). Die periphere Arthritis kommt häufiger bei jungen Patienten vor. Etwa 10% der Patienten haben extraartikuläre Krankheitszeichen wie z. B. eine Uveitis (s. u.) vor Manifestation der Gelenkerkrankung.

Vertebrale Manifestation: Kreuzschmerzen sind ein sehr häufiges Ereignis, sie sind meist mechanisch bedingt. Es gibt einige charakteristische Zeichen, die diese Schmerzen von den Symptomen bei der AS abgrenzen lassen und daher für die Differentialdiagnose von Bedeutung sind. So ist der Beginn der Schmerzen bei AS in der Regel schleichend, die Patienten sind jünger als 40 Jahre und haben nicht selten eine Familienanamnese in Bezug auf eine Sakroiliitis. Nahezu pathognomonisch ist der frühmorgendliche Kreuzschmerz, der Patienten erwachen läßt und der dann unter Bewegung (!) rückläufig ist. Bei der Untersuchung des Patienten mit AS findet sich kein streng lokalisierter Schmerzpunkt, Hinweise auf eine Nervenirritation fehlen ebenfalls. Der Muskelhartspann betrifft symmetrisch diffus die LWS-Muskulatur. Richtungsweisend für die Diagnose können Schmerzen zwischen den Schulterblättern oder zirkulär im Thoraxbereich sein, ebenso eine gleichzeitige Beteiligung der Hüftgelenke.

Die Dokumentation und Erfassung der Wirbelsäulenbeteiligung bei AS wird durch einige spezifische Untersuchungen erleichtert. Das *Mennell-Zeichen* ist bei positivem Befund ein Hinweis auf eine Affektion der Iliosakralgelenke: Der Patient liegt dabei zur Überprüfung in Seitenlage und wird gebeten, das untenliegende Bein durch Heranziehen an den Körper in der Hüfte und im Knie maximal zu beugen. Der hinter dem Patienten stehende Untersucher fixiert das Becken und überstreckt das obenliegende, leicht abduzierte Bein ruckartig. Als positiver Befund gilt eine Schmerzangabe in Projektion auf die Kreuzdarmbeinregion.

Ein Maß für die Bewegungseinschränkung der Wirbelsäule sind die Zeichen nach Schober

(LWS) und Ott (BWS) sowie der Kinn-Jugulum-Abstand und Flèche (HWS).

Schober-Zeichen: Beim aufrecht stehenden Patienten wird vom Dornfortsatz L_5 nach kranial ein Abstand von 10 cm markiert. Bei maximaler Vorwärtsbeugung (mit gestreckten Knien) sollte sich dieser Abstand auf 15 cm vergrößern. Als pathologisch sind Werte von kleiner/gleich 13 cm zu bewerten (cave: auch bei Bandscheibenaffektion wird die Beweglichkeit reflektorisch eingeschränkt sein). Gleichzeitig kann der *Finger-Boden-Abstand* erfaßt werden, der aber sehr vom Trainingszustand des Patienten abhängig ist. Dieser Wert ist aber trotzdem eine geeignete Verlaufsgröße bei Patienten mit AS.

Ott-Zeichen: Dabei wird von C_7 eine Strecke von 30 cm nach kaudal markiert. Die Funktion wird dann wie beim Schober-Test geprüft; der Abstand zwischen den Punkten sollte um 3–5 cm zunehmen.

Der *Kinn-Jugulum-Abstand* ist ein Maß für die maximale Flexion/Extension der HWS. Normal ist ein minimaler Abstand zwischen oberem Sternalende und Kinn < 2 cm, bei Extension sollte ein Mindestabstand von 15 cm erreicht werden.

Flèche: Bei aufrechter Haltung berühren bei einem Gesunden Ferse, Thorax und Hinterhaupt eine senkrechte Wand. Durch die vermehrte Kyphosierung der BWS erreicht der Patient mit AS bei gleichzeitig eingeschränkter HWS-Beweglichkeit mit dem Hinterhaupt die Wand nicht mehr. Flèche ist der Abstand (in cm) zwischen Hinterhaupt und Wand.

Ein Maß für die Beteiligung der kostovertebralen Gelenke ist die *Atembreite*, die Differenz zwischen ex- und inspiratorischem Thoraxumfang. Ein normaler Unterschied liegt über 6 cm.

Extravertebrale, artikuläre Manifestation: Wie bei den anderen Formen von seronegativer Spondarthritis sind auch bei der AS die großen Gelenke der unteren Extremität häufig asymmetrisch beteiligt.

Das Temporomandibulargelenk ist bei etwa 10% der Patienten befallen, dies kann sogar das Erstzeichen der Erkrankung sein. Klinisch ist die Synovitis nicht von der bei anderen entzündlichen Gelenkerkrankungen zu differenzieren. Extravertebrale Manifestationen können der spinalen Manifestation vorausgehen, aber auch erst auftreten, wenn die Beteiligung der Wirbelsäule schon ausgebrannt ist.

Typische Lokalisation von *Enthesiopathien* sind die Achillessehne, Insertionsstellen der Interkostalmuskulatur und die Plantarfaszie. Häufigste extraartikuläre Manifestation ist die Iritis.

Radiologische Befunde. Zur Sicherung der Diagnose AS sind röntgenmorphologische Befunde von entscheidender Bedeutung. Dabei wird die Sakroiliitis in 4 Grade eingeteilt.

Im Gegensatz zur Psoriasisarthritis und zum Reiter-Syndrom ist die Sakroiliitis bei der AS (und auch bei den entzündlichen Darmerkrankungen) symmetrisch. Röntgenmorphologisch typisch ist das sog. bunte Bild mit unscharfen Gelenkkonturen, Pseudoerweiterungen des Gelenkspaltes und brückenartigen Gelenkspaltverschmälerungen (Abb. 8.**7**). Veränderungen an der Wirbelsäule treten erst später auf. Im Laufe der Erkrankung kann es möglicherweise zu einer Vielzahl von Knochenanbau- und -abbauprozessen kommen. Dies sind zum Beispiel Syndesmophyten, intervertebrale Knochenspangen, die axial im Bereich des vorderen oder seitlichen Längsbandes und/oder im prädiskalen Anteil des Anulus fibrosus (Abb. 8.**8**) wachsen (sog. „Bambusstabwirbelsäule").

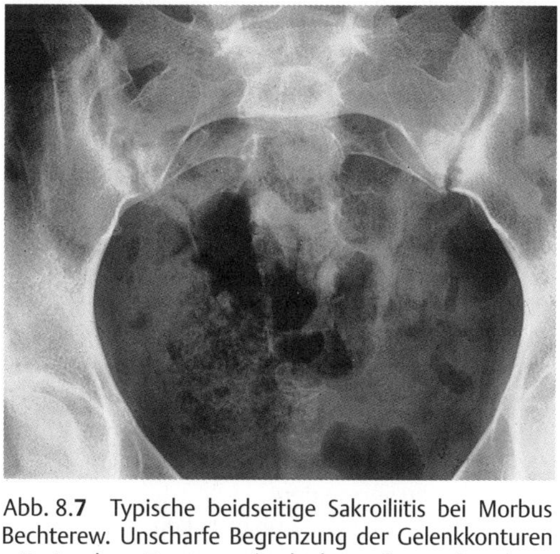

Abb. 8.**7** Typische beidseitige Sakroiliitis bei Morbus Bechterew. Unscharfe Begrenzung der Gelenkkonturen mit einzelnen Erosionen (rechtsbetont), sog. Pseudoerweiterungen. Brückenbildungen liegen bei diesem Beispiel (noch) nicht vor.

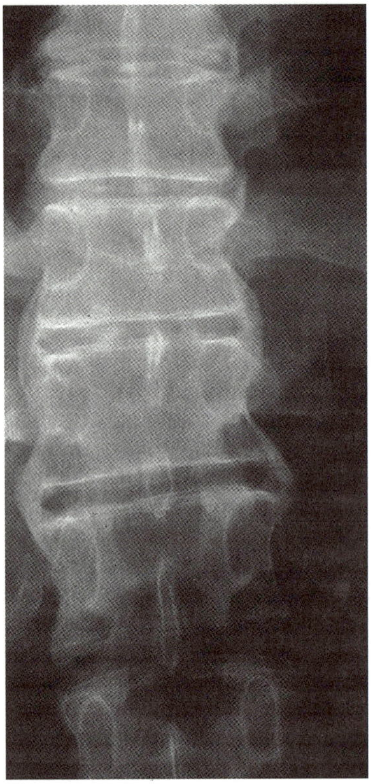

Abb. 8.**8** Klassischer „Bambusstab" bei fortgeschrittenem Morbus Bechterew.

Therapie der Spondylarthropathie. Die meisten Patienten mit AS haben eine gute Prognose für ein Leben ohne große Einschränkungen. Das Ziel der Behandlung ist, eine normale Körperhaltung und Beweglichkeit zu erhalten. Zum Erreichen dieses Zieles werden vornehmlich krankengymnastische Übungen eingesetzt: 2–3mal täglich müssen für mindestens 10 Minuten Extensionsübungen, die der Patient unter Anleitung erlernt, durchgeführt werden. Wärmeanwendungen wie heißes Duschen oder Saunagang helfen, die Steifigkeit zu überwinden und erleichtern damit die Übungen. Während des Alltags sollte sowohl im Sitzen als auch im Stehen bewußt eine aufrechte Haltung eingenommen werden, dabei sind häufige Positionswechsel nützlich. Kälte und feuchte Witterung können die Beschwerden verstärken und sind daher zu vermeiden.

NSAR werden in Abhängigkeit von der Beschwerdesymptomatik eingesetzt. Aufgrund des Schmerztyps (Nachtschmerz) werden bevorzugt NSAR mit langer Halbwertszeit verordnet. Wichtig ist, daß der Patient eine ausreichende Analgesie erfährt, damit er sich „normal" bewegen kann. Nur dadurch läßt sich eine gute Prognose erhalten. Das bedeutet, daß, falls es notwendig ist, auch zur richtigen und ausreichend intensiven Durchführung der krankengymnastischen Übungen NSAR eingenommen werden! Die Dosierung hängt vom Ansprechen und der jeweiligen Tageshöchstdosis des einzelnen NSAR ab.

Der typische frühmorgendliche Rückenschmerz bessert sich durch Bewegung.

Reiter-Syndrom (RS)

Im Jahre 1916 berichtete Professor Hans Reiter über einen preußischen Leutnant, der Durchfall und abdominelle Beschwerden entwickelt hatte, die etwa 2 Tage anhielten. Nach einer Woche Beschwerdefreiheit bekam der Leutnant eine Urethritis und Konjunktivitis, einen Tag später multiple Arthralgien und Arthritiden in Knie-, Ellenbogen- und Sprunggelenken. Dies war die Erstbeschreibung der Reiter-Trias *Urethritis, Konjunktivitis* und *(Poly-)Arthritis.*

Wie aus der Erstbeschreibung hervorgeht, folgt das RS auf eine Infektion. Das RS tritt entweder postenteritisch (Shigella flexneri, Yersinia enterocolitica) oder postvenerisch (Chlamydia trachomatis, Neisseria gonorrhoeae, Mykoplasmen) auf. Die Infektion führt bei genetisch Disponierten zu der klassischen Trias. Diese Prädisposition ist, wie seit 1973 bekannt ist, HLA-B27-assoziiert. So ist die Inzidenz des RS in Ländern mit hohem Anteil an HLA-B27 (Skandinavien) hoch, während das RS unter Schwarzen nicht vorkommt. Etwa 70–90% der Patienten mit RS sind HLA-B27-positiv.

Klinik. Das RS umfaßt eine große Zahl von Symptomen, von denen die Trias nur eine der möglichen Kombinationen darstellt.

Gelenkbeteiligung: Die Arthritis tritt meist nach einer Latenz von 1 bis 3 Wochen auf. Sie manifestiert sich bei den meisten Patienten an den großen Gelenken der unteren Extremität und verläuft polyartikulär. Das Ausmaß der Entzündung ist dabei sehr variabel. Persistierende Arthritiden sind selten, Rezidive werden häufiger beobachtet. Röntgenmorphologische Veränderungen treten nur bei persistierenden Erkrankungen im Spätverlauf auf. Bei diesen Verläufen kommt es dann auch zu persistierenden Wirbelsäulenbeschwerden, die klinisch von den Schmerzen bei AS nicht zu unterscheiden sind.

Wie bei anderen reaktiven Formen von Arthritis ist eine charakteristische Form der Gelenkbeteiligung die Daktylitis, die „wurstartige" Schwellung eines Zehes. Diese Reaktion ist zugleich ein Beleg für den enthesiopathischen Prozeß, der als Tendinitis bei etwa der Hälfte der Patienten die Achillessehne und die Plantarfaszie betrifft.

Radiologisch finden sich in Spätstadien die Zeichen einer meist einseitigen Sakroiliitis und periostale Reaktionen wie Spornbildungen, sehr selten auch Ankylosen.

Urogenitalbefall: Urogenitalinfektionen werden bei etwa 90% der Patienten beobachtet. Die klinische Ausprägung ist sehr variabel. Viele Patienten geben erst auf Befragen Beschwerden an, andere haben eine eitrige (den Krankheitsprozeß auslösende) Urethritis. Häufig ist der urethrale Prozeß von einer Prostatitis begleitet. Bei Patientinnen wird in 60% eine Zervizitis und Vaginitis festgestellt.

Augenbeteiligung: Die okuläre Reaktion zu Beginn der Erkrankung ist bei den meisten Patienten flüchtig, sie beeinträchtigt den Patienten nur selten. Die klassische Trias beinhaltet eine Konjunktivitis, es kann aber ebenso zur Iritis oder Uveitis kommen (Etwa $^1/_3$ der Patienten, die sich mit einer Uveitis beim Augenarzt vorstellen, haben eine rheumatologische Grunderkrankung!). Bei den chronischen Verläufen kann die Uveitis ein bedeutendes Problem werden.

Haut- und Schleimhautmanifestationen: Obwohl sie nicht zur klassischen Trias von Reiter gehören, stellen die Haut- und Schleimhautveränderungen beim RS doch eine bedeutende diagnostische, vor allem differentialdiagnostische Manifestation dar.

Das häufigste Symptom ist mit etwa 30–45% die Balanitis circinata, die leicht übersehen wird, weil sie nicht schmerzhaft ist. Jeder Patient mit Verdacht auf RS oder unklarer Oligoarthritis muß auf diese meist fleckförmigen Erosionen im Bereich der Glans penis untersucht werden.

Nicht selten mit einer Psoriasis verwechselt wird die Keratodermia blenorrhagica, die auch histologisch nicht differenzierbar ist. Hauptlokalisation sind Fußsohlen und Handinnenflächen, aber auch Rücken und behaarter Kopfbereich können betroffen sein. Zu Beginn finden sich bräunliche Vesikel bzw. Papeln, die in Pusteln und hyperkeratotische Knoten übergehen. Gleichzeitig können Nagelveränderungen auftreten. Die Stomatitis ist in der Regel flüchtig, nicht schmerzhaft und entgeht daher nicht selten der Diagnostik.

Für die Diagnose RS reicht der anamnestische Hinweis auf eine im zeitlichen Zusammenhang stattgehabte Enteritis oder venerische Infektion, für eine differenzierte Therapie sollte jedoch entweder durch Urethral- oder Vaginalabstrich ein direkter Keimnachweis oder durch KBR, Immunperoxidasetests oder Blotting ein indirekter Hinweis auf einen bestimmten Keim gewonnen werden.

Differentialdiagnose. Bei den Hautveränderungen wurde schon auf die Ähnlichkeiten zur Psoriasisarthritis hingewiesen.

Auch klinisch gibt es zahlreiche Überschneidungen zwischen dem RS und der Psoriasisarthritis. Hier kann zur Differenzierung die Familienanamnese einer Psoriasis, der Befall kleiner Fingergelenke (vor allem DIP-Gelenke) und der eher schleichende Beginn einer Psoriasisarthritis hilfreich sein.

Therapie. Das RS ist eine behandlungsbedürftige Erkrankung. Entgegen früheren Annahmen, daß das RS in über 90% spontan ausheilt, weiß man heute, daß über 60% der Patienten einen chronischen Krankheitsverlauf mit Polyarthralgien, rezidivierenden Arthritiden oder Augensymptomen entwickeln. Dabei ist bisher nicht geklärt, ob diese Schübe durch rezidivierende Infektionen im Urogenital- oder Darmtrakt ausgelöst werden, oder ob sich der Prozeß selbst unterhält. Bei Nachweis einer venerischen Erkrankung als Auslöser des RS sollte auf jeden Fall auch eine Partnerschaftsbehandlung erfolgen, um erneute Infektionen zu vermeiden. Zur Sicherheit kann auch die Verwendung eines Kondoms empfohlen werden.

Das RS ist nur mittelbar durch eine Infektion bedingt; zu der Symptomentrias Arthritis, Konjunktivitis und Urethritis kommt es erst durch eine Fehlreaktion des Immunsystems. Ist bei Patienten eine floride Infektion durch direkten Keimnachweis (z. B. durch Urethraabstrich) nachweisbar, muß jedoch auch bei ihnen eine antibiotische Behandlung – in der Regel mit einem Tetrazyklin – gefordert werden. Neben dieser Antibiose werden die akuten Gelenkbeschwerden mit NSAR (vgl.

Therapie der rheumatoiden Arthritis) symptomatisch behandelt. Sollten diese nicht ausreichend wirksam sein, können auch Steroide (lokal und systemisch) ohne Risiko für eine Aktivierung des RS eingesetzt werden. Häufig spricht die Erkrankung auf die systemische Steroidgabe aber sehr schlecht an, was im Einzelfall auch differentialdiagnostisch weiterhelfen kann.

Lyme-Borreliose

Bei der Lyme-Borreliose handelt es sich um einen durch den Spirochäten Borrelia burgdorferi ausgelösten Symptomen-Komplex. In der Gemeinde Lyme (Connecticut, USA) erkrankten 1975 12 Kinder an einer Arthritis. Klinische und epidemiologische Untersuchungen führten zu der Erstbeschreibung der Lyme-Arthritis. Neben der Gelenkmanifestation gehören zu dem Krankheitsbild dermatologische, neurologische und kardiale Manifestationen. Der Zusammenhang zwischen dem charakteristischen Hautbefund des Erythema chronicum migrans (ECM), neurologischen Manifestationen und vorausgegangenem Zeckenbiß wurde erstmals in den 30er Jahren beschrieben. Aufgrund der unterschiedlichen Latenzzeit von der Infektion bis zur klinischen Ausprägung läßt sich die Lyme-Borreliose in 3 Stadien einteilen: Tage bis Wochen nach der Infektion entstehen mit dem ECM Allgemeinsymptome und Lymphadenosis. Möglich sind auch flüchtige Arthralgien. Nach Wochen bis Monaten können sich eine Karditis, eine Meningoenzephalitis oder auch eine Iritis entwickeln. Zu den Spätstadien gehören nach Monaten bis Jahren die Arthritis, die Acrodermatitis chronica atrophicans und die Enzephalomyelitis.

Arthritis bei Lyme-Borreliose. Nach den Untersuchungen in Lyme und Umgebung erkranken etwa 65% aller Patienten mit einer Lyme-Borreliose an einer Arthritis. Im Gegensatz zum Stadium 1 der Erkrankung entwickelt sich eine klassische Mon- bis Oligoarthritis, betont im Bereich der großen Gelenke (vor allem Kniegelenke).

Ein Achsenskelettbefall kommt so gut wie nicht vor; dies erlaubt eine Differenzierung zu den seronegativen Oligoarthritiden. Der Verlauf mit Wechsel von akuten Schüben und symptomfreien Intervallen erinnert an einen Hydrops intermittens.

Laborbefunde und Diagnosesicherung. Bei der Lyme-Arthritis handelt es sich um eine seronegative Erkrankung, das heißt Rheumafaktoren werden nicht nachgewiesen. Laborchemisch finden sich unspezifische Entzündungszeichen, zum Teil mit diskreter Leukozytose und Linksverschiebung.

Der sicherste Beweis einer Borrelien-Infektion ist der direkte Erregernachweis. Dieser gelingt aber nur selten, obwohl selbst nach Jahren z. B. aus der Haut bei Acrodermatitis chronica atrophicans noch Spirochäten anzüchtbar sein können. Daher muß man sich auf serologische Verfahren verlassen. Zum Nachweis von Antikörpern gegen Borrelia burgdorferi werden die indirekte Immunfluoreszenz und ELISA-Systeme eingesetzt. Antikörper der IgM-Klasse können damit bereits 3–6 Wochen nach dem Zeckenstich nachgewiesen werden. Zum Zeitpunkt der Arthritis, die erst Monate bis Jahre nach der Infektion manifest wird, sind IgM-Antikörper meist nicht mehr nachweisbar. Ein positiver Befund für IgM-Antikörper gegen Borrelia burgdorferi schließt eine Lyme-Arthritis nahezu aus! Hingegen sind Antikörper der IgG-Klasse bei fast allen Patienten mit Lyme-Arthritis nachweisbar. Sie stellen einen Baustein in der Diagnosesicherung der Lyme-Borreliose dar; ihr Nachweis allein in Zusammenhang mit einer typischen Arthritis reicht aber keineswegs aus, da eine hohe Durchseuchung mit Borrelia burgdorferi besteht. Zur Bestätigung der Diagnose werden vor allem anamnestische Befunde wie ein Zeckenstich oder ein Erythema chronicum migrans benötigt.

Da nicht jeder Patient einen anamnestischen Hinweis auf einen Zeckenstich hat und nur bei 75% der Patienten ein Erythema chronicum migrans vorliegt, gestaltet sich die Diagnosesicherung der Lyme-Arthritis nicht selten schwierig.

Therapie. Eine antibiotische Therapie mit Penizillin oder Tetrazyklin im Stadium des Erythema chronicum migrans führt dazu, daß die Manifestationen der Stadien 2 und 3 der Erkrankung in der Regel nicht mehr auftreten. Auch in den anderen Stadien ist eine antibiotische Therapie hilfreich, wenn auch weniger erfolgreich. Im Stadium 3 mit Lyme-Arthritis sollte mit Penizillin oder Cephalosporinen i. v. behandelt werden. Das klinische Ansprechen kann nicht an einem Abfall der Antikörpertiter festgemacht werden!

Postenteritische reaktive Arthritiden

Bei den postenteritischen reaktiven Arthritiden handelt es sich um Gelenkentzündungen, die als

Folge einer Darminfektion nach einer gewissen Latenzzeit auftreten können. Nicht selten verläuft die gastrointestinale Erkrankung klinisch inapparent. Die Arthritis scheint auf eine HLA-B27-assoziierte immunologische Fehlreaktion des Wirtes auf den Erreger der Darminfektion zurückzuführen zu sein. Neuere Untersuchungen konnten antigene Strukturen einiger Erreger in der Synovia nachweisen (definitionsgemäß ist dabei der Erreger im Gelenk selbst nicht nachweisbar).

Die häufigsten Erreger sind:

- Campylobacter jejuni,
- Yersinia enterocolitica,
- Salmonella typhimurium,
- Salmonella enteritidis,
- Shigella flexneri.

Die häufigste Form stellt die Yersinia-Arthritis dar, die bei jeder zweiten bis zehnten Yersinia-Infektion auftritt.

Klinik. Klinisch finden sich viele Ähnlichkeiten zum Reiter-Syndrom. So sind Knie- und Sprunggelenke am häufigsten betroffen. Der Beginn ist meist akut, die Dauer beträgt zwischen wenigen Wochen und einem Jahr. Rezidive sind selten, ebenso Hautmanifestationen, was eine Differenzierung zum RS zuläßt. Dies gilt auch für die eher seltene Sakroiliitis trotz der Assoziation zum HLA-B27. Als Hinweis auf eine floride Infektion gilt der Nachweis von IgA-Antikörper gegen Yersinien.

Therapie und Prognose. Die einzig akzeptierte Therapie der postenteritischen reaktiven Arthritis ist die symptomatische Behandlung mit NSAR. Steroide helfen in der Regel nur wenig. Umstritten ist die Frage einer antibiotischen Behandlung.

Gelenkkrankheiten bei chronisch-entzündlichen Darmerkrankungen

Morbus Crohn und Colitis ulcerosa

So unterschiedlich beide Erkrankungsformen in Klinik, Lokalisation und in makroskopischem und histologischem Befund sind (S. 79ff), so wenig unterscheiden sie sich hinsichtlich der sog. Enteroarthritiden. Seltene Besonderheiten im Verlauf eines Morbus Crohn sind eine septische Arthritis und eine granulomatöse Synovialitis. Die septische Arthritis kann Folge eines Psoasabszesses oder einer Fistelbildung sein; sie manifestiert sich daher fast ausschließlich in den Hüftgelenken. Die granulomatöse Synovialitis unterscheidet sich nur morphologisch, nicht aber klinisch von den anderen Arthritisformen bei chronisch entzündlichen Darmerkrankungen.

Die artikulären Erkrankungen *seronegative Oligoarthritis, Spondylitis* und *Sakroiliitis* sind die häufigsten extraintestinalen Manifestationen der chronisch-entzündlichen Darmerkrankungen. Wie die Begleitreaktionen an Haut, Mundschleimhaut und Augen sind die Gelenkbeteiligungen meist mit einer Entzündung des Kolons und nur selten des Dünndarms assoziiert. Diese extraintestinalen Manifestationen finden sich daher häufig auch in Kombination.

Seronegative Oligoarthritis: Die seronegative Oligoarthritis bei Colitis ulcerosa und Morbus Crohn ist im Gegensatz zu den anderen Formen von seronegativer Spondarthitis nicht HLA-B27-assoziiert; im klinischen Verlauf der Gelenkerkrankung besteht jedoch kein wesentlicher Unterschied zu den HLA-B27-assoziierten Formen. Die am häufigsten betroffenen Gelenke sind Knie, Sprunggelenk und Ellenbogen. Kleine Gelenke sind selten beteiligt; auch Gelenkdestruktionen sind eine Seltenheit. Eine spezifische Therapie dieser Form der Arthritis ist nicht erforderlich, die Therapie der zugrundeliegenden Darmerkrankung ist zugleich die Behandlung der Gelenkmanifestation. So führt z.B. eine Resektion des entzündeten Darmanteils zum Sistieren der Gelenkbeschwerden. Durch die Sicherung der Diagnose einer Arthritis bei chronisch-entzündlicher Darmerkrankung ist somit der entscheidende Schritt zur adäquaten Therapie bereits gegeben. Die Diagnose sollte anhand der gleichzeitig bestehenden Symptome der Darmerkrankung und der Arthritis – die Arthritis wird in Zusammenhang mit der Darmentzündung aktiviert – leicht zu sichern sein.

Spondylitis und Sacroiliitis: Die Diagnose einer Spondylitis bei chronisch entzündlicher Darmerkrankung ist dagegen häufig dadurch erschwert, daß die Spondylitis im Gegensatz zur Arthritis Jahre vor der Darmerkrankung manifest werden kann und darüber hinaus in ihrer Symptomatik unabhängig von der Aktivität des Darmprozesses verläuft. Etwa 60% der Patienten mit Spondylitis sind HLA-B27-positiv; aber auch für HLA-B27-negative Patienten stellen beide entzündlichen Darmerkrankungen eine Disposition zur Spondylitis dar.

Die genetische Veranlagung zu dieser nicht HLA-B27-assoziierten Spondylitis wird durch die hohe Zahl von erkrankten Verwandten belegt.

Die Spondylitis bei chronisch entzündlichen Darmerkrankungen ist in der Regel sehr langsam progredient; häufig finden sich röntgenmorphologische Manifestationen ohne entsprechende klinische Symptomatik. Therapeutisch stehen physikalische Maßnahmen im Vordergrund; die Therapie der Darmerkrankung hat keinen Einfluß auf den Verlauf der Spondylitis. Die Wirksamkeit einer Salazosulfapyridin-Therapie bei den seltenen progredienten Erkrankungsformen bleibt zu prüfen.

Etwa 2–3mal häufiger als eine Spondylitis tritt bei den chronisch-entzündlichen Darmerkrankungen eine Sakroiliitis auf. Die in der Regel beidseitige Sakroiliitis ist möglicherweise als Frühform der Spondylitis anzusehen. In den meisten Fällen ist die Sakroiliitis asymptomatisch. Die Diagnose wird meist zufällig bei radiologischer Diagnostik der Darmerkrankung gestellt. Nach den röntgenmorphologischen Kriterien ist eine Differenzierung gegenüber einer Sakroiliitis bei Morbus Bechterew nicht möglich. Dies sollte nicht dazu führen, die ohnehin schwer erkrankten Patienten mit einer zweiten Diagnose zu belasten.

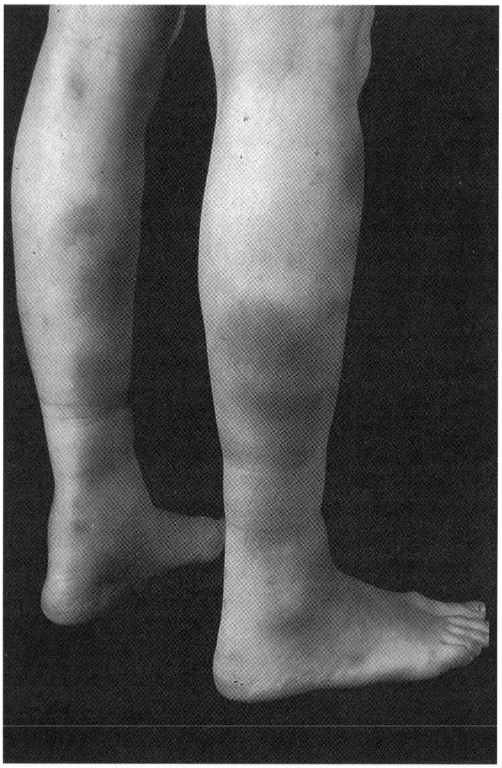

Abb. 8.**9** Erythema nodosum.

Gelenkkrankheiten bei Sarkoidose

Die Sarkoidose ist eine Multisystemerkrankung unklarer Ätiopathogenese, die sich vorwiegend zwischen dem 15. und 25. Lebensjahr manifestiert. Charakteristisch sind bihiläre Lymphome, pulmonale Infiltrate und Hautveränderungen. Bei der Hälfte dieser durch eine granulomatöse Entzündung gekennzeichneten Erkrankung kommt es auch zu einer Leberbeteiligung.

Das Skelettsystem ist in Form zweier verschiedener Erscheinungsformen betroffen. Beim sog. *Löfgren-Syndrom (= Morbus Boeck)* kommt es zu einer akuten symmetrischen Arthritis meist beider Sprunggelenke bei gleichzeitiger Manifestation eines Erythema nodosums (Abb. 8.**9**). Besteht zudem Fieber, ist die Diagnose schon fast ohne den Nachweis von bihilären Lymphomen gesichert. In über 90% gelingt dieser Nachweis durch eine Thoraxübersichtsaufnahme. Als einziges spezifischeres laborchemisches Phänomen findet sich ein erhöhtes Angiotensin-converting-enzyme. Die Prognose dieser Verlaufsform der Sarkoidose ist sehr gut. Meist heilt die Erkrankung spontan aus. Wenn es klinisch erforderlich sein sollte, können auch Steroide gegeben werden.

Einige Patienten mit einer Sarkoidose entwickeln im Verlauf der Erkrankung eine chronisch-entzündliche Synovialitis. Diese ist klinisch nicht von einer rheumatoiden Arthritis zu differenzieren. Diese Patienten benötigen eine niedrige dosierte Steroidmedikation oder aber auch eine immunsuppressive „Basistherapie“.

Von diesen Gelenkmanifestationen zu unterscheiden ist die meist asymptomatische *Knochensarkoidose.* Dabei finden sich massiv aufgetriebene Finger, in denen sich röntgenmorphologisch zystische Aufhellungen als Ursache nachweisen lassen. Seltener kommt es zu einer Verdickung der Kortikalis der Phalangen. Eine Rarität ist die Beteiligung der Muskulatur, die klinisch von einer einfachen Muskelschwäche bis zum Vollbild einer Polymyositis reichen kann. Eine Diagnosesicherung ist nur über eine Gewebeentnahme aus der betroffenen Muskulatur mit Nachweis von Granulomen möglich.

Arthritis urica

Die Gicht ist eine der ältesten rheumatischen Erkrankungen. Ihre Erstbeschreibung stammt von Hippokrates aus dem 5. Jahrhundert vor Christi. Sie wird als „Krankheit der Könige" bezeichnet. Klinische Manifestationen sind eine erhöhte Serum-Harnsäure, rezidivierende akute Gelenkentzündungen, periartikulär betonte Uratkristallablagerungen in Weichteilgeweben, Nierenerkrankungen und Harnsäuresteine. Dem Zahnheilkundler sollten vor allem die Tophi im Bereich der Ohrmuschel ins Auge fallen.

Klinik

Akute Gicht: Die klinische Manifestation der Gicht ist durch eine subakute, hoch schmerzhafte Monarthritis gekennzeichnet. Die Erstmanifestation dieser das männliche Geschlecht bevorzugenden Gelenkerkrankung liegt zwischen dem 4. und 5. Lebensjahrzehnt und betrifft in über 50% das Großzehengrundgelenk (Podagra). Klassischerweise geht der ersten Attacke ein üppiges Mahl mit einem gewissen Alkoholkonsum voraus; der Patient erwacht dann nachts wegen akuten Schmerzen. Nicht selten kommt es zu einer begleitenden Bursitis (Ellenbogen/Knie). In der Regel besteht zu Beginn der Erkrankung zwischen den Schüben, die wenige Stunden bis 2–3 Tage dauern, Beschwerdefreiheit. Später – nach Jahren – wird der Befall dann häufig polyartikulär und die Beschwerden sind nicht mehr komplett rückläufig. Meist sind dann Gelenke der unteren Extremität betroffen.

Chronisch tophische Gicht: Etwa 10 Jahre nach der ersten Attacke haben 50% der unbehandelten Patienten eine chronische Gicht mit Tophi entwikkelt. Etwa 25% dieser Patienten entwickeln eine destruierende, behindernde Gelenkerkrankung (Abb. 8.**10**), dabei handelt es sich vor allem um Patienten mit einem Harnsäurespiegel über 11 mg/dl. Man nimmt an, daß die Bildung der Tophi direkt von der Dauer und dem Ausmaß der Hyperurikämie abhängt. Dies wird auch dadurch belegt, daß seit den Möglichkeiten einer medikamentösen Therapie die Entwicklung einer chronischen Gicht selten ist. Die Tophi bilden sich im Gelenkknorpel, der Synovialis, den Sehnen und im Weichteilgewebe. Eine klassische Manifestation ist die Ohrmuschel.

Die Hauptursache der Gicht ist eine Überernährung. Dies wird auch dadurch belegt, daß die Gicht in Deutschland während und nach dem 2. Weltkrieg nahezu „ausgestorben" war. Weitaus seltener sind die Formen der primären Gicht, die durch molekulare Defekte der Purinsynthese oder des -abbaus oder durch X-chromosomal-assoziierte Enzymdefekte bedingt sind. Dabei sind heterozygote Mangelträgerinnen in der Regel asymptomatische Konduktorinnen, was dazu führt, daß nur Männer erkranken.

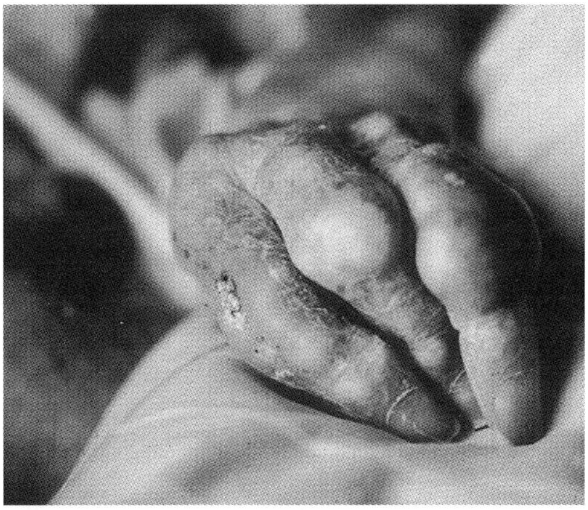

Abb. 8.**10** Massive Synovialitiden im Bereich der Metakarpophalangealgelenke und proximalen Interphalangealgelenke bei chronisch tophischer Gicht, klinisch nicht von einer rheumatoiden Arthritis zu differenzieren.

Eine der häufigsten Ursachen der sekundären Gicht ist eine Diuretikabehandlung. Aber auch andere Medikamente wie Heparin oder Cyclosporin A können zu einer verminderten Harnsäureausscheidung führen. Eine andere Ursache besteht in einer Überproduktion der Harnsäure, z. B. bei vermehrtem Zellumsatz im Rahmen hämatologischer Systemerkrankungen und bei Malignomen.

Pathogenese und Diagnosesicherung. Als Ursache der Arthritis urica wird der Ausfall von Uratkristallen in der Synovia angesehen, der auf eine Überschreitung des Löslichkeitsproduktes im Serum zurückzuführen ist. Dieser Wert ist interindividuell sehr unterschiedlich, was zum Teil bedingt, daß etwa 1/3 aller Patienten mit Arthritis urica normale Harnsäurespiegel im Serum haben. Nicht nur bei diesen Patienten ist zur Diagnosesicherung „Arthritis urica" der Nachweis von Uratkristallen in der Synovia mittels Polarisationsmikroskop zu führen.

Radiologisch finden sich in akuten Gichtstadien zuerst einmal die Zeichen der Weichteilschwellung. Durch die Uratpräzipitation kommt es jedoch im weiteren Verlauf zu charakteristischen Befunden: die zentrale Erosion, den überhängenden Knochenrand, die Kolbenphalanx sowie Weichteiltophi.

Therapie. Die akute Gicht erfordert aufgrund der ausgeprägten Schmerzsymptomatik eine Behandlung. Therapie der Wahl ist die Gabe von Kolchizin. Es sollten 0,5 mg/Std. gegeben werden, bis der Patient die Therapie wegen gastrointestinaler Nebenwirkungen beenden muß, oder bis zu einer maximalen Dosis von 6 g/d. Unterstützt werden kann die Therapie durch NSAR, unter denen Indometacin wegen seiner starken analgetischen Potenz bevorzugt wird.

Nach Therapie der akuten Attacke muß eine prophylaktische Therapie erfolgen, deren Ziel eine Senkung des Harnsäurespiegels im Serum ist. Dabei stehen diätetische Maßnahmen im Vordergrund. Neben einer anzustrebenden Gewichtsnormalisierung – was auch die Begleiterkrankungen günstig beeinflußt – müssen solche Nahrungsmittel vermieden werden, die große Mengen Purin enthalten (z. B. Innereien, Hering, Muscheln). Darüber hinaus ist eine Alkoholkarenz zu verordnen. Erst wenn diese Maßnahmen nicht ausreichend greifen, sollte die Hyperurikämie medikamentös behandelt werden. Bevorzugte Therapeutika sind hier Xanthin-Oxidase-Hemmstoffe wie Allopurinol.

Nur 1/3 der Patienten hat bei einem Gichtanfall einen erhöhten Harnsäure-Serumspiegel!

Pseudogicht

Bei den als Pseudogicht bezeichneten Erkrankungen handelt es sich wie bei der Gicht um Kristall-induzierte Arthritiden. Im Gegensatz zur Gicht fallen jedoch keine Uratkristalle, sondern Kalzium-Pyrophosphate oder Hydroxylapatite aus.

Chondrokalzinose: Die Kalzium-Pyrophosphat-induzierte Chondrokalzinose kommt etwa halb so häufig vor wie die Gicht. Hereditäre Formen der Chondrokalzinose sind selten, meist liegt der Chondrokalzinose eine andere Erkrankung zugrunde. Man spricht dann von einer sekundären Chondrokalzinose. Als Primärerkrankung kommen ein Hyperparathyreoidismus (S. 189 ff), eine Hämochromatose (S. 140 ff) und eine Hypomagnesiämie in Frage. Seltenere Assoziationen sind eine Ochronose, ein Morbus Paget, ein Morbus Wilson oder eine Akromegalie.

Die Bezeichnung Pseudogicht verdeutlicht, daß die Chondrokalzinose klinisch ähnlich verläuft wie die Gicht. Die akute Monarthritis betrifft dabei aber weitaus häufiger das Kniegelenk als das MTP I. Nicht selten „springt" die Arthritis von dort auch auf andere Gelenke über.

Bei der als pseudorheumatoide Arthritis bezeichneten Chondrokalzinose-Verlaufsform stehen chronische Synovitiden großer Gelenke im Vordergrund der Erkrankung. Selten sind kleine Gelenke beteiligt. Die Sicherung der Diagnose „Chondrokalzinose" kann nur über den Nachweis von Kalzium-Pyrophosphat im Gelenkpunktat erfolgen. Radiologisch lassen sich die Kristalle vor allem im Faserknorpel nachweisen: in den Menisken, der Symphyse und den Bandscheiben. Aber auch in den Gelenkweichteilen sind die Ablagerungen nicht selten zu sehen.

Die Therapie der Pseudogicht besteht in der symptomatischen Behandlung mit Kolchizin und NSAR.

Degenerative Gelenk- und Wirbelsäulenkrankheiten

Zu den häufigsten Ursachen rheumatischer Beschwerden gehören die degenerativen Gelenk- und Wirbelsäulenerkrankungen, die **Arthrosen.** Die Arthrose ist eine Reaktion des Knorpel- und Knochengewebes auf unphysiologische Kräfte, welche zu einem veränderten Stoffwechsel führen, der die vorhandenen Schäden nur unzureichend reparieren kann.

Degenerative Veränderungen des Skeletts beginnen schon im zweiten Lebensjahrzehnt, bei epidemiologischen Studien hatten im Alter von 40 Jahren 91 % der Untersuchten bereits Veränderungen an den gewichtstragenden Gelenken. Radiologisch erkennbare Zeichen sind dabei nur in ca. der Hälfte der Fälle mit klinischen Symptomen vergesellschaftet, und ihr Ausmaß korreliert nicht mit dem Schweregrad der Beschwerden.

Ätiologie. Verschiedene auslösende und begünstigende Faktoren und ein sich selbst unterhaltender Verschleißvorgang sind in der Pathogenese der Arthrosen zu berücksichtigen. In der Entstehung von Arthrosen werden unter anderem genetische, hormonelle und klimatische Faktoren, Übergewicht, eine vermehrte Knochendichte, berufliche und sportliche Überbelastung diskutiert.

Man unterscheidet die *primären Arthrosen,* bei denen anamnestisch kein einwandfrei erfaßbarer ätiologischer und pathophysiologischer Faktor für die Entstehung ergründet werden kann (z.B. generalisierte Polyarthrose, Chondromalazia patellae) von den *sekundären Formen,* wo vorbestehende Form- und Funktionsstörungen der Gelenke verantwortlich für die degenerativen Veränderungen sind (z.B. bei angeborenen Gelenkdeformitäten, Gelenkerkrankungen, Entzündungen wie rheumatoide Arthritis, systemischen Erkrankungen, Traumen, Überlastungen, Immobilisation).

Pathogenese. Der durch unphysiologische Einwirkungen in seiner Matrix geschädigte Knorpel nimmt an Elastizität ab und wird somit für Druck und Stöße, die das Gelenk treffen, zusehends empfindlicher. Durch Abrieb, Aufbrechen von Knorpelpartikeln und Riß kollagener Fasern wird der Knorpel aufgerauht und zerstört. Der darunterliegende Knochen wird freigelegt; reaktiv entwikkeln sich nadelförmige Knochenneubildungen an den Gelenkgrenzen *(Osteophyten)* und eine Sklerose der Gelenkflächen. Es kommt zur Bildung eines Granulationsgewebes und einer lockeren Narbe, welche mit zunehmendem Alter faserreicher und zellärmer wird und bei verminderter mechanischer Belastbarkeit, aber ständiger Bewegung in die Kontur der Gelenkoberfläche glättend eingebaut wird. Auf diese Weise kann eine bindegewebige Remodellierung der Gelenkoberfläche mit Verschluß der Knochenwunde eintreten, was für die Behandlung der Arthrosen von Bedeutung ist. Sekundär kann es zu entzündlichen Reaktionen der Gelenkschleimhaut kommen und klinisch den Eindruck einer entzündlich-rheumatischen Erkrankung erwecken. Man spricht dann von einer „aktivierten Arthrose".

Klinik. Im Anfangsstadium sind die Arthrosen meist symptomlos, auch fortgeschrittene Gelenkdeformationen verursachen oft keine Beschwerden. Andererseits können schon geringe degenerative Veränderungen selbst oder sekundäre Entzündungen und Weichteilveränderungen erhebliche Schmerzen bereiten. Meist haben die Patienten das 40. Lebensjahr überschritten. Die am häufigsten betroffenen Gelenke sind Hüften, Knie, Fingerend- und mittelgelenke, Daumensattel- und Großzehengrundgelenk. Handgelenke, Schultern und Metatarsophalangealgelenke sind bei der Osteoarthrose selten beteiligt.

Der Beginn der Erkrankung ist schleichend. Hauptsymptom ist der Schmerz bei Belastung der betroffenen Gelenke, der in Ruhe – bei Fehlen von entzündlichen Begleitreaktionen – in den allermeisten Fällen verschwindet. Typisch ist die Angabe einer Steifigkeit, wobei diese Steife im Gegensatz zu der rheumatoiden Arthritis nur wenige Minuten andauert, und der Anlaufschmerz nach Ruhephasen, der zu Beginn der Bewegung auftritt, dann aber abklingt. Nach einem Intervall unterschiedlicher Länge folgt dann der oben beschriebene Belastungsschmerz.

Bei der Untersuchung lassen sich Bewegungsschmerzen, -einschränkungen und Gelenkgeräusche („Reiben, Knacken") objektivieren, manchmal auch Druckschmerzen auslösen und Schwellungen bei Begleitentzündungen feststellen.

Klinisch läßt bereits die Lokalisation der Beschwerden häufig eine Unterscheidung zwischen der chronischen Polyarthritis und einer aktivierten Polyarthrose zu, da bei der cP die Fingergrund- und -mittelgelenke betroffen sind, bei der Arthrose jedoch in den meisten Fällen die Fingermittel- *(Bouchard-Arthrose)* und Fingerendgelenke *(Heberden-Arthrose),* während die Grundgelenke ausgespart sind (s. Abb. 8.**11**, 8.**12**). Die Arthrose des Daumensattelgelenkes **(Rhizarthrose)** wird meist in Kombination hierzu gefunden. Stärker ausge-

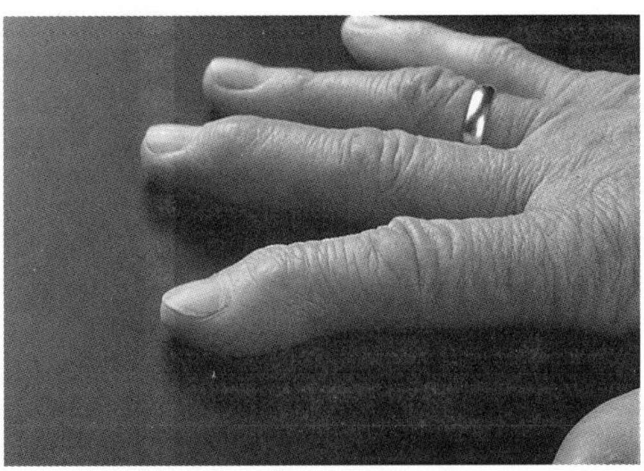

Abb. 8.**11** Auftreibung der distalen Interphalangealgelenke im Sinne einer Heberden-Arthrose.

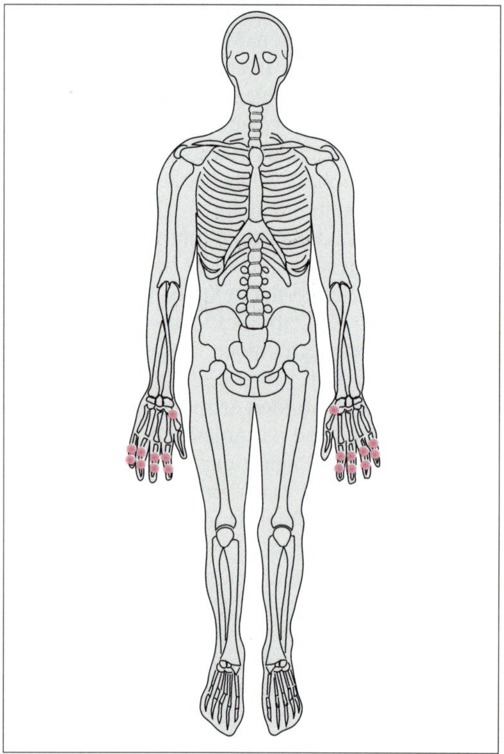

Abb. 8.12 Gelenkbefallsmuster bei Polyarthrose: Distale Interphalangealgelenke (Heberden-Arthrose), proximale Interphalangealgelenke (Bouchard-Arthrose), Rizarthrose.

prägt sind die Befunde überwiegend an der dominierenden Hand. Kleine Knötchen an den Fingerstreckseiten, die sehr schmerzhaft sind, wenn sie größer werden, kommen besonders häufig bei Frauen mit primärer Polyarthrose vor. Laborchemisch findet man keine Entzündungszeichen, Blutbild und Elektrophorese sind normal. Radiologisch imponieren Gelenkspaltverschmälerungen, vermehrte subchondrale Sklerosierung, Osteophyten, Geröllzysten und Gelenkfehlstellungen. Diese Veränderungen stehen im Gegensatz zu den radiologischen Zeichen bei einer rheumatoiden Arthritis, wo es nach gelenknaher Demineralisation zu subchondralen Osteolysen, Erosionen und Usuren kommt.

Therapie. Die Krankheit entwickelt sich gewöhnlich langsam über mehrere Jahre. Sowohl klinisch noch stumme als auch symptomatische Arthrosen behandelt man prophylaktisch mit Gelenkschulung zum richtigen Sitzen, Liegen, Tragen und Gehen und mit krankengymnastischen Übungsbehandlungen, um Fehlstellungen und -belastungen durch gezieltes Muskeltraining möglichst zu beseitigen oder zu mindern. Ergotherapeutische Behandlungen zum Gelenkschutz und Maßnahmen am Arbeitsplatz gehören ebenfalls dazu. Bei der Auswahl des richtigen Sportes sind Fahrradfahren und Schwimmen dem Tennis und Joggen bei Arthrosen der gewichtstragenden Knie- und Hüftgelenke vorzuziehen. Eine Reduzierung des Übergewichts ist immer anzustreben, ferner das Tragen von geeignetem Schuhwerk.

Bei aktivierten Arthrosen ist eine vorübergehende Ruhigstellung und Entlastung oft hilfreich. Physikalische Therapieformen mit Krankengymnastik zur Dehnung und Kräftigung der Muskulatur, Wärmemaßnahmen, Ultraschall und Massagen zur Lockerung, evtl. Kryotherapie und Iontophoresen bei Entzündungen nehmen eine zentrale Stellung in der Behandlung ein. Medikamentös sind nichtsteroidale Antiphlogistika, vor allem in lokaler Form, nützlich. Es gibt bisher keine medikamentöse Behandlung, welche die Progression, radiologische Veränderungen und Gelenkdestruktionen beeinflussen könnte. Bei aktivierter Arthrose mit Synovialisschwellung und Erguß können intraartikulär Kortikoide injiziert werden, jedoch wegen möglicher negativer Wirkungen auf Knorpel und Knochen nicht mehr als drei Injektionen pro Gelenk innerhalb einiger Monate. Bei fortbestehender Entzündungsaktivität sollten eine radiologische, chemische oder chirurgische Synovektomie in Betracht gezogen werden.

Operative Maßnahmen zur Wiederherstellung der Gelenkfunktion werden z. B. bei Fehlstellungen und Instabilitäten eingesetzt, am besten bekannt ist hier die Totalendoprothese an Hüft- und Kniegelenken. Schmerzlinderung ist darüber hinaus auch durch psychische Entspannungstherapien und Schmerzbewältigungskurse möglich.

Systemische Bindegewebskrankheiten

Systemischer Lupus erythematodes

Der systemische Lupus erythematodes (SLE) ist eine chronische Erkrankung mit verschiedenartigen klinischen Symptomen und laborchemischen Manifestationen und einem sehr variablen Verlauf. Die systemische Verlaufsform des Lupus – der Begriff beschreibt die an einen Wolfsbiß erinnernden Hautveränderungen beim diskoiden LE – wurde erstmalig 1875 durch Kaposi und andere beschrieben.

Meist erkranken junge Frauen, von 10 Patienten ist nur einer ein Mann. Die Prävalenz der Erkrankung hat in den letzten Jahren aufgrund verbesserter diagnostischer Möglichkeiten zugenommen, sie wird heute mit durchschnittlich 1 auf 1000–2000 angegeben. Schwarze erkranken etwa 3–4mal so häufig wie Weiße. Der SLE ist damit die häufigste systemische Bindegewebserkrankung. Die verfeinerte Diagnostik, die ihren Ursprung 1948 mit der Beschreibung des LE-Zellphänomens hat, führte aber nicht nur zu einer häufigeren Erkennung der Erkrankung, sondern damit auch zu einer Veränderung der Prognose.

Klinik. Die Erkrankung eines Patienten mit SLE stellt ein individuelles Mosaik aus verschiedenen der vielschichtigen Manifestationen eines SLE dar. Am häufigsten handelt es sich dabei um Gelenk- und Hautveränderungen. Hinzu kommen bei fast allen Patienten besonders in den Schüben der Erkrankung Allgemeinsymptome wie Müdigkeit, Abgeschlagenheit, Gewichtsabnahme oder Fieber, welche die Diagnostik häufig eher erschweren als erleichtern. Nur durch die detaillierte Kenntnis aller spezifischen und unspezifischen Manifestationsmöglichkeiten der Erkrankung kann diese frühzeitig erkannt werden. Ein einzelner diagnostisch beweisender Befund ist eine absolute Rarität; hundertprozentig spezifische Laborparameter fehlen (Ausnahme Anti-ENA-Sm) oder sind so wenig sensitiv, so daß sie nur ein Baustein in der Diagnostik sein können. Im weiteren werden daher die häufigsten Befunde an den verschiedenen Organsystemen dargestellt.

Haut- und Schleimhautveränderungen: Es gibt zahlreiche spezifische und unspezifische Hautveränderungen im Rahmen des Lupus erythematodes. Die klassiche Hauterscheinung des SLE ist das Schmetterlingserythem im Wangen- und Nasenrückenbereich (Abb. 8.**13**).

Diagnostisch richtungsweisender Befund ist die Photosensitivität der Patienten, die von mehr als 50% der Patienten angegeben wird. Vaskulitische Veränderungen an den Fingern und Nekrosenbildungen bei gleichzeitig ausgeprägtem Raynaud-Phänomen (Abb. 8.**14**) sind ein typischer Be-

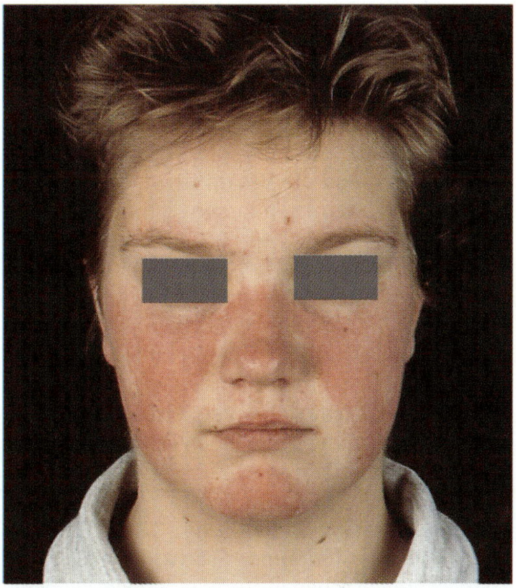

Abb. 8.**13** Klassisches Schmetterlingserythem als Manifestation eines systemischen Lupus erythematodes mit Aussparung der Nasolabialfalte und der Oberlippe.

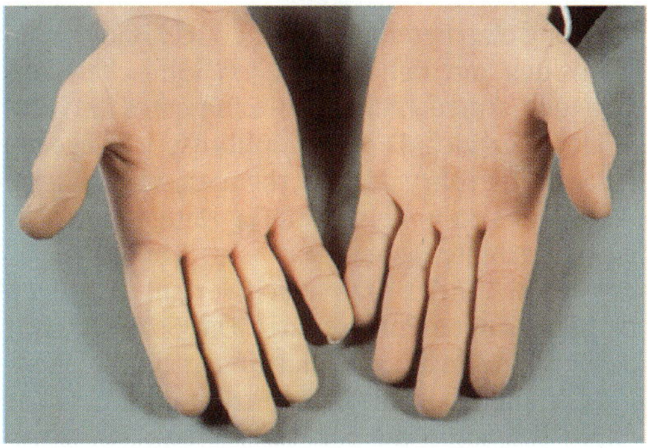

Abb. 8.**14** Abblassung des 2. bis 4. Fingers rechts im Sinne eines Raynaud-Syndroms.

fund für Patienten mit Antikörpern gegen ENA-RNP (s. Immunologische Befunde).

Muskel- und Skelettsystem: Nahezu 90% aller Patienten weisen bereits zu Beginn der Erkrankung Manifestationen am Skelettsystem auf. Die Arthritis läßt sich klinisch häufig schwierig von der bei der rheumatoiden Arthritis unterscheiden. Denn auch beim SLE kommt es in der Regel zu einem symmetrischen Befall der Fingergrund- und -mittelgelenke sowie der Handgelenke. Differentialdiagnostisch kann hilfreich sein, daß die Verdickung weniger teigig ist als bei der rheumatoiden Arthritis und auch das Weichteilgewebe zwischen den Gelenken nicht selten mitbeteiligt ist.

Eine weitere Skelettmanifestation des SLE ist die aseptische Knochennekrose, die bevorzugt an den Hüften auftritt. Als Ursache werden zwei Faktoren diskutiert: die Therapie mit hohen Dosen von Steroiden und die Vaskulitis im Rahmen des SLE. Frühveränderungen lassen sich nur mit dem MRT erfassen.

Unspezifische Muskelschmerzen werden in Phasen einer aktiven Erkrankung von mehr als der Hälfte der Patienten angegeben. Muskelentzündungen mit Bevorzugung der Schulter- und Bekkenmuskulatur werden bei weniger als 30% der Patienten beobachtet. Im Vergleich zur Muskelentzündung bei der Poly- oder Dermatomyositis ist die Symtomatik relativ mild.

Kardiopulmonale Beteiligung: Die klassische kardiale Manifestation des SLE ist die nach ihren Erstbeschreibern benannte *abakterielle Endokarditis Libman-Sacks.* Bereits Kaposi und Osler beschrieben im letzten Jahrhundert Endokarditis und Perikarditis als Organbeteiligungen des SLE, ebenso häufig ist eine Myokarditis. Etwa jeder 2. Patient mit SLE entwickelt im Verlauf seiner Erkrankung eine Beteiligung der Lunge. Häufig sind Pleuritiden mit den klassischen klinischen Zeichen des atmenabhängigen Schmerzes im Rippenbogenbereich. Die Lungenfibrose ist dagegen klinisch erst sehr spät zu erkennen, in der Regel handelt es sich um eine zufällig röntgenmorphologisch gestellte Diagnose.

Klinisch meist dramatisch verläuft hingegen die akute Lupus-Pneumonitis. Die Schwierigkeit dieser mit flächigen Verschattungen einhergehenden Erkrankung ist die Differenzierung gegenüber einer Pneumonie, die bei Patienten im Schub unter Immunsuppression auch keine Seltenheit ist. Hier muß über eine Bronchoskopie der Keimnachweis geführt werden. Gelingt dies nicht, sollte in der Behandlung der Patienten trotzdem erst davon ausgegangen werden, daß es sich um eine Pneumonie handelt, und eine antibiotische Therapie eingeleitet werden. Erst bei Nicht-Ansprechen einer solchen Behandlung ist unverzüglich eine immunsuppressive Therapie erforderlich.

Eine schlechte Prognose haben auch die Patienten mit einer pulmonalen Hypertonie, deren Ursache nicht bekannt ist. Auffällig ist die Assoziation dieser pulmonalen Beteiligung zum Raynaud-Syndrom.

Hämatologische und das retikuloendotheliale System betreffende Veränderungen: Hämolytische Anämie, Thrombozytopenie und Leuko- und Lymphozytopenie gehören zu den Diagnosekriterien des SLE. Obwohl es sich auf den ersten Blick um relativ unspezifische Befunde handelt, sind gerade diese Befunde nicht selten richtungsweisend. So entwickeln z. B. Patienten mit rheumatoider Arthritis in der Regel als unspezifisches Zeichen des entzündlichen Prozesses eine Thrombozytose, Patienten mit Vaskulitis haben dagegen häufig eine Leukozytose. Eine Lymphozytose schließt einen SLE nahezu aus. Häufig Anlaß zu einer fehlgeleiteten Diagnostik geben Lymphadenopathien, die bei 30% der Patienten im Schub der Erkrankung zu beobachten sind. Ebenso häufig ist eine *Splenomegalie.*

Niere: 1954 hatten etwa 70% der SLE-Patienten eine klinisch manifeste Nierenerkrankung, 1985 nur noch etwa jeder 3. Patient. Trotzdem hat die absolute Zahl von SLE-Patienten mit Lupus-Nephritis nicht abgenommen, da die Zahl der diagnostizierten milden Krankheitsverläufe deutlich zugenommen hat. Vielmehr ist die Lupus-Nephritis, die histologisch bei nahezu allen Patienten gefunden werden kann, auch heute noch eines der schwierigsten therapeutischen Probleme. Stellt die Lupus-Nephritis doch einen der prognostisch ungünstigsten Faktor des SLE dar.

Einer der entscheidenden Schritte zur Prävention eines chronischen Nierenversagens ist die frühzeitige Diagnose der Nierenbeteiligung beim SLE. Da es sich um Glomerulonephritiden handelt, sind sie an einer Proteinurie, Hämaturie und Zylindern im Urinsediment zu erkennen. Histologisch werden fünf verschiedene Formen unterschieden, von denen die diffus proliferative Glomerulonephritis die schlechteste Prognose hat.

Nervensystem: Neben der Beteiligung der Niere und Infektionen ist die Beteiligung am ZNS die dritthäufigste Todesursache der Patienten. Etwa 15–50% der Patienten erfahren im Rahmen ihrer Erkrankung eine solche Manifestation. Die Diagnosesicherung einer ZNS-Manifestation ist eines der schwierigsten Probleme im Rahmen des SLE überhaupt: sind die psychischen Auffälligkeiten eines Patienten direkte oder nur mittelbare Folge der Erkrankung? Wird eine Psychose durch die Erkrankung oder durch die Steroidmedikation ausgelöst? Haben die eingesetzten Antikonvulsiva einen medikamentösen LE ausgelöst, oder war die Epilepsie bereits die Erstmanifestation des SLE? Sind die vom Patienten angegebenen Kopfschmerzen oder anderen Allgemeinsymptomen Folge einer Vaskulitis im ZNS? Diese und eine Reihe anderer Fragen sind im Einzelfall nur schwer zu beantworten, da es eine endgültige Sicherung der Diagnose „zentralnervöse Komplikation eines SLE" nicht gibt. Mit dem sensitiven Verfahren der Magnetresonanztomographie erfaßt man etwa bei 50% der klinisch auffälligen Patienten einen pathologischen Befund.

Neben der Beteiligung des ZNS gibt es im Rahmen eines SLE auch Neuropathien, die sich sowohl an Hirnnerven als auch am peripheren Nervensystem manifestieren können. Gesichtsfeldausfälle, Ptosis, Augenmuskellähmungen oder auch eine Trigeminusneuralgie können Zeichen dieser Beteiligung sein, ebenso eine Polyneuropathie.

Diagnosesicherung. Die zahlreichen möglichen klinischen Befunde des SLE und die sich daraus ergebenden Kombinationen von Symptomen verdeutlichen, daß es häufig schwierig ist, die Diagnose zu sichern. Darüber hinaus gibt es keinen Befund, der so spezifisch wäre und dabei noch sensitiv genug, daß er allein die Diagnose „SLE" sichern könnte. Das hat zur Erstellung sog. *Diagnosekriterien* durch die ARA (jetzt ACR) geführt (Tab. 8.**2**). 4 der 11 Symptome müssen erfüllt sein, um die Diagnose als gesichert anzusehen. Die Spezifität dieser Befunde ist in Klammern angegeben. Dabei muß jedoch bedacht werden, daß viele Patienten gerade zu Beginn der Erkrankung spezifische Befunde vermissen lassen, vielmehr ist die Klinik zu Beginn häufig durch Allgemeinsymptome wie Müdigkeit, Abgeschlagenheit und Fieber gekennzeichnet. Häufigste klinische Manifestation ist die Arthritis.

Tabelle 8.**2** Diagnosekriterien des American College of Rheumatology für den systemischen Lupus erythematodes

1. Schmetterlingserythem
2. Diskoide Hautveränderungen
3. Photosensibilität
4. Orale Schleimhautulzerationen
5. Nicht deformierende Polyarthritis
6. Serositis
7. Nierenbeteiligung (Proteinurie > 0,5 g/d oder Zylindrurie)
8. Neurologische Symptome
9. Hämatologische Befunde – hämolytische Anämie – Leukopenie (< 4000/µl) – Thrombozytopenie (< 100 000/µl)
10. Anti-ds-DNA Anti-Sm Positives LE-Zellphänomen Phospholipidantikörper
11. Antinukleäre Antikörper (ANA)

Immunologische Befunde und deren Nutzen für die Differenzierung und Verlaufskontrolle. Ein charakteristischer immunologischer Befund bei systemischen Bindegewebserkrankungen ist der Nachweis von *antinukleären Antikörpern (ANA).* Dieser Test wird heute auf kultivierten humanen Zellen durchgeführt, was die Sensitivität, d. h. den Nachweis bei Erkrankten, verbessert hat, die Spezifität für systemische Bindegewebserkrankungen aber deutlich reduziert. So haben nur etwa 50% aller Patienten mit positiven ANA auch eine Kollagenose oder eine andere Autoimmunerkrankung. Hinzu kommt, daß im Alter die Häufigkeit von ANA in der Normalbevölkerung auf etwa 10% ansteigt. Trotzdem ist der Immunfluoreszenz-Nachweis von ANA immer noch der geeignete Screening-Test für die Untersuchung auf Antikörper gegen Zellkernbestandteile.

Der Nachweis eines homogen Immunfluoreszenzmusters in der indirekten Immunfluoreszenz ist Hinweis auf das Vorliegen von *Antikörpern gegen native doppelsträngige (ds-)DNA.* Bei etwa 60–70% der SLE-Patienten sind diese Antikörper im Radioimmunoassay oder ELISA nachweisbar. Die Spezifität dieser Antikörper für den SLE ist relativ hoch, der Nachteil besteht jedoch darin, daß bei vielen Patienten diese Antikörper erst im Verlauf der Erkrankung nachweisbar sind.

Anti-ENA-Sm-Antikörper wurden bisher nur bei SLE-Patienten nachgewiesen, leider ist die Sensitivität dieses Befundes gering. Dies gilt auch für Antikörper gegen ENA-RNP (gesprenkelte ANA), die bei vielen systemischen Bindegewebserkrankungen gefunden werden. In hoher Konzentration sind sie ein Diagnosekriterium für ein MCTD (s. weiter unten).

Auch bei Patienten mit fehlendem Nachweis von ANA können Anti-Ro- und Anti-La-Antikörper nachgewiesen werden. Sie sind spezifisch für das Sjögren-Syndrom und den SLE. Beim SLE definieren diese Antikörper verschiedene Subtypen der Erkrankung. Der wichtigste Befund ist, daß Patienten mit Antikörpern gegen Ro und ohne Antikörper gegen La häufig eine Nierenbeteiligung entwickeln, Patienten mit beiden Antikörper haben dagegen fast nie eine Lupus-Nephritis.

Der wichtigste Verlaufsparameter für die Therapie aber ist der Patient selbst. Die Laborparameter bestätigen nur den klinisch gewonnenen Eindruck. Prognostische Parameter fehlen leider.

Außer unspezifischen Entzündungsparametern kommt hämatologischen Befunden und der Bestimmung der Komplementfaktoren C3 und C4 eine wesentliche Bedeutung zu. Dies ist von Patient zu Patient aber sehr unterschiedlich, so daß eine allgemeingültige Aussage nicht möglich ist. Vor allem bei Patienten mit Nierenbeteiligung muß jedoch durch die Therapie eine Normalisierung der Komplementfaktoren erreicht werden, da ein persistierender Komplementverbrauch in der Regel Zeichen einer progredienten Nierenerkrankung ist. Ein nicht seltener angeborener Komplementmangel muß als Ursache der Komplementerniedrigung ausgeschlossen sein.

Therapie. Es gibt nicht die Behandlung des SLE, sondern nur eine Behandlung der Symptome des SLE. Dies ist bei der Vielzahl verschiedener Erkrankungsformen unter dem Oberbegriff SLE einsichtig. Die bedeutendsten Schritte für eine adäquate Therapie sind die Diagnosestellung und die frühzeitige Erfassung von Organbeteiligungen!

Die Therapie des SLE setzt sich aus der Vermeidung von Schub-auslösenden Faktoren und aus der medikamentösen, krankheitsadaptierten Therapie zusammen.

a) Prävention

Viele Patienten sind sensitiv gegen eine UV-Bestrahlung. Durch die Sonnenbestrahlung werden dann nicht nur Hautveränderungen induziert, sondern es können Schübe der Erkrankung mit Fieber, Gelenkschwellungen oder Serositis ausgelöst werden. Diesen Patienten, die ihre Empfindlichkeit meist aus der Erfahrung sehr gut kennen, ist daher nicht nur ein Sonnenschutz mit Lichtschutzfaktor >20 zu verordnen, sondern sie sollten direkte Sonnenbestrahlung weitgehend meiden. Bereits eine leichte Bedeckung der Haut ist dabei hilfreich.

Auch eine große Zahl von Medikamenten kann den SLE verschlechtern. Einige Patienten reagieren auch auf Lokalanästhetika, wie sie in der Zahnheilkunde eingesetzt wurden, andere erfahren unter einer oralen Antikonzeption eine Verschlechterung ihrer Erkrankung. Vorsicht ist auch bei der Verwendung von Fremdeiweißen geboten. Impfungen sollten nur in klinischen Phasen der Remission durchgeführt werden, sind dann aber komplikationslos möglich.

Nicht selten werden Schübe der Erkrankung durch physischen oder psychischen Streß ausgelöst. In dieser Beziehung müssen die Patienten mit Unterstützung der Behandelnden und durch Selbsterfahrung ihre Möglichkeiten und Grenzen kennenlernen.

b) Medikamentöse Therapie

Die meisten Arthralgien und Arthritiden im Rahmen eines SLE sprechen auf eine Therapie mit NSAR an. Nur wegen der Gelenkbeschwerden ist im Gegensatz zur rheumatoiden Arthritis eine Basistherapie nicht erforderlich, da die Arthritis das Gelenk nicht destruiert. Prinzipiell können alle NSAR eingesetzt werden, wobei auf überwiegend renal ausgeschiedene Formen wie Ibuprofen-Präparate bei Nierenbeteiligung verzichtet werden sollte.

Antimalariamittel: Antimalariamittel wie Hydroxychloroquin und Chloroquin sind eine der Hauptsäulen der SLE-Therapie. Sie sind nicht nur bei ausgeprägten Hautveränderungen des diskoiden und systemischen Lupus erythematodes indiziert; auch Arthritiden, die nur unzureichend auf NSAR ansprechen, können mit Antimalariamitteln gut behandelt werden. Neuere Untersuchungen bestätigen unsere eigene, über Jahrzehnte gepflegte Strategie einer Schubprävention mit dem frühzeitigen Einsatz von Antimalariamitteln, was auch zu einer verbesserten Prognose des SLE führt.

Steroide: Es ist unbestritten, daß viele Krankheitsmanifestationen des SLE gut auf eine Behandlung mit Steroiden ansprechen. Meist reichen bereits niedrige Dosen um initial 25–30 mg Prednisolon-Äquivalent aus. Da vor allem die Allgemeinsymptome wie Müdigkeit und Abgeschlagenheit unter dieser Therapie nahezu verfliegen, kommt es häufig zu einer konstanten Einnahme dieser Medikamente. Dies führt dann leider auf Dauer zu Nebenerscheinungen wie Osteoporose, Gefäßfragilität und Disposition zu Bandläsionen, die nicht mehr behoben werden können. Nicht zu unterschätzen ist das erhöhte Infektionsrisiko unter einer Dauerkortisonbehandlung.

Indikation zu einer kurzzeitig begrenzten Steroidmedikation sind Allgemeinsymptome, Hautveränderungen, Arthritiden und pulmonale Veränderungen, die auf eine Therapie mit NSAR nur unzureichend ansprechen. Auch kann mit dieser Therapie die Zeit bis zum Wirkungseintritt der Antimalariamittel überbrückt werden. Bei diesen Krankheitssymptomen gibt es keinen Grund zu einer alleinigen Steroidmedikation. Sie ist aber bei hämatologischen Veränderungen wie hämolytischer Anämie oder Thrombozytopenien und auch bei einer Neumanifestation einer Nierenbeteiligung eine durchaus adäquate Therapieform. Eine hämolytische Anämie und eine Thrombozytopenie sprechen in der Regel auf Dosen von 1 mg/kg/d an. Da ein einmaliger Steroidstoß häufig zum Sistieren dieser Befunde führt, ist eine begleitende immunsuppressive Therapie nicht erforderlich. Sollte es zu einem sofortigen Rezidiv kommen, ist auch in diesen Fällen eine Kombinationsbehandlung anzustreben.

Auch eine Neumanifestation einer Lupus-Nephritis kann versuchsweise mit einem Steroidstoß von initial 2 mg/kg/d gehandelt werden. Bei rechtzeitigem Therapieeinsatz kann dadurch eine Progression der Nierenerkrankung verhindert werden. Ein Rezidiv nach Ansprechen, ein einmaliges Therapieversagen oder eine Nierenmanifestation unter laufender Steroidmedikation sind dagegen eine Kontraindikation gegen eine alleinige Steroidmedikation. Dies gilt in der Regel auch für zentralnervöse Begleiterscheinungen des SLE. In diesen Fällen ist eine immunsuppressive Therapie zwingend erforderlich. Auch eine Steroid-Pulsetherapie mit täglichen Dosen über 1 g hilft hier nicht weiter.

Immunsuppression: Indikationen zur immunsuppressiven Therapie sind die beschriebenen renalen Manifestationen und eine Beteiligung des ZNS. In diesen Fällen ist eine Behandlung mit Azathioprin, Cyclophosphamid oder Cyclosporin erforderlich.

Wegen des gesicherten karzinogenen Risikos einer Cyclophosphamid-Therapie ziehen wir in der Regel eine Azathioprin-Medikation vor. Bei Nieren- oder ZNS-Beteiligung des SLE sollte die Dosis 2–3 mg/kg/d betragen. Bis zum Ansprechen der Therapie kann ein Überbrücken mit einer an die Klinik adaptierten Steroidmedikation erforderlich sein. Eine andere Möglichkeit stellt eine Plasmapherese oder eine Immunadsorption dar.

Sprechen die Krankheitserscheinungen eines Nieren- oder ZNS-Lupus nicht auf Azathioprin an, muß die Therapie auf Cyclophosphamid umgesetzt werden. Auch dann sind wie beim Einsatz von Steroiden mehrere Versuche mit demselben Therapeutikum nur eine Zeitverzögerung, die nicht nur die Organfunktion bedrohen kann. Prinzipiell wird die Cyclophosphamid-Therapie oral mit Dosen von 1–3 mg/kg/d durchgeführt; wegen des erhöhten Nebenwirkungsrisikos einer oralen Dauermedikation und wegen des verzögerten und schlechteren Ansprechens wird Cyclophosphamid heute meist als Stoßtherapie mit täglichen Dosen zwischen 600 mg und 1 g eingeleitet.

Nur jeder zweite SLE-Patient hat Hautveränderungen.

Progressive Systemsklerose (PSS)

Der Krankheitsbegriff „Sklerodermie" bezeichnet eine Gruppe von Krankheiten, die durch die Ausbildung einer lokalisierten oder systemischen Fibrose gekennzeichnet sind. Zu den lokalisierten Formen zählt z. B. die zirkumskripte Sklerodermie, zu den systemischen Verlaufsformen die progressive Systemsklerose. In der Rheumatologie sind vor allem die systemischen Verlaufsformen von Bedeutung. Frauen sind dabei deutlich häufiger betroffen als Männer, insgesamt ist die Inzidenz der Erkrankung jedoch mit 4–12 Neuerkrankten pro 1 Million pro Jahr gering.

Klinik. Für den klinischen Verlauf ist es von entscheidender Bedeutung, die systemische Sklerose in zwei große Krankheitsgruppen zu teilen: die akrale Verlaufsform, die durch den Nachweis von Antizentromer-Antikörpern charakterisiert ist, und den diffusen Sklerodermietyp, bei dem häufig SCL-70-Antikörper nachweisbar sind.

Akrale Verlaufsform: Diese Form der PSS kommt bei etwa 70% der Erkrankten vor. Sie beginnt in der Regel mit einem Raynaud-Phänomen (Abb. 8.**14**), mit einer leichten ödematösen Schwellung der Finger und einer begleitenden Arthritis der kleinen Fingergelenke. In dieser Phase entwickeln die Patienten meist auch ein Spannungsgefühl im Gesichtsbereich mit einer bereits eingeschränkten Mundöffnung („Tabaksbeutelmund") (Abb. 8.**15**, 8.**16**).

Im weiteren Verlauf kommt es dann zu einer derben Verdickung der Haut an den Fingern mit einem Streckdefizit in den PIP- und DIP-Gelenken, zu der Ausbildung akraler Nekrosen durch das veränderte Stromgebiet und zu Akroosteolysen. Im Gesicht fallen zunehmende Teleangiektasien und der sog. Tabaksbeutelmund auf; nicht selten kommt es auch an der Mundschleimhaut zu Nekrosenbildungen. Von den inneren Organen sind bei dieser Verlaufsform der Ösophagus mit einer verminderten Motilität – klinisch manifestiert durch Schluckstörungen – und die Lunge durch eine sich langsam ausbildende Lungenfibrose – beginnend und damit betont in den unteren Lungenpartien – betroffen.

Eine Sonderform dieses akralen Typs der PSS ist das *CREST-Syndrom* mit Calcinosis cutis, Raynaud-Phänomen, Ösophagus-Motilitätsstörungen (engl. esophagus), Sklerodaktylie und Teleangiektasien.

Diffuse PSS: An der diffusen PSS erkranken etwa ebenso viele Männer wie Frauen. Sie ist durch eine diffuse Sklerosierung der Haut gekennzeichnet, die meist am Stamm beginnt. Das fehlende Raynaud-Phänomen und der Nachweis von SCL-70-Antikörpern lassen diese Form leicht von der akralen Verlaufsform differenzieren, wenn auch selten Übergangsformen beobachtet werden. Die Prognose der diffusen PSS ist erheblich schlechter durch die Beteiligung von Herz und Niere, die sich in Folge der veränderten Gefäßarchitektur entwickeln. Hinzu kommen eine progressive Lungenfibrose und nicht selten eine Myositis.

Die schlechteste Prognose haben Männer mittleren Alters mit einer Nierenbeteiligung der PSS. Bei ihnen nimmt die Erkrankung in den meisten Fällen leider einen therapeutisch nicht zu beeinflussenden letalen Ausgang.

Therapie

Im Vordergrund der Behandlung der „limited disease", der akralen Verlaufsform, steht die Verbesserung der peripheren Durchblutung, die in Folge der veränderten Gefäßstrombahn gestört ist. Vorrangig müssen zusätzliche perfusionsmindernde Reize wie Kälte und auch Rauchen vermieden werden. Medikamentös stehen periphere Vasodilatatoren wie Kalzium-Antagonisten und α_2-Rezeptoren-Antagonisten zur Verfügung. Sollten diese nicht ausreichend wirksam sein, kann auch ein Versuch mit einem Serotonin-Rezeptorantagonisten wie Ketanserin oder mit Prostazyklin unternommen werden. In einigen Fällen hilft die lokale Applikation von Glyzeryltrinitrat („Nitroglyzerin"). Bewährt hat sich auch eine Lymphdrainage.

Nicht jede angiospastische Diathese ist pathologisch!

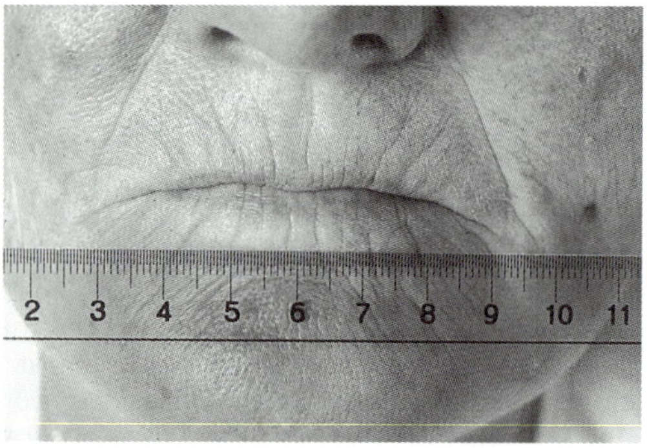

Abb. 8.**15** „Tabaksbeutelmund" bei progressiver Systemsklerose.

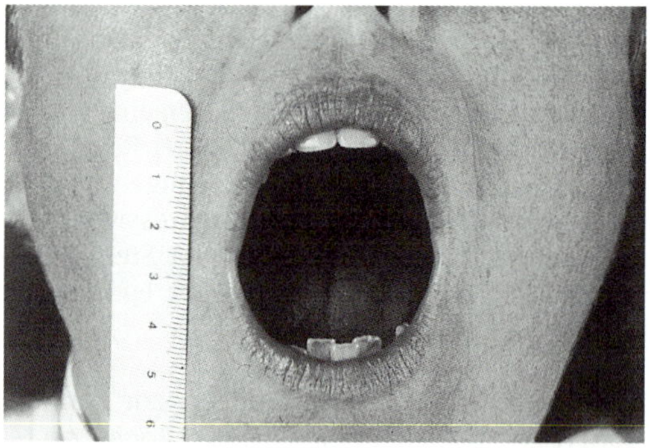

Abb. 8.**16** Verminderte Mundöffnung (Mikrostomie) bei progressiver Systemsklerose.

Polymyositis/Dermatomyositis

Klinik. Poly- und Dermatomyositis können als eigenständiges Krankheitsbild oder im Rahmen anderer entzündlich-rheumatischer Erkrankungen und von Malignomen auftreten. Klinisch finden sich Zeichen der Muskelschwäche und -schmerzen, die an den Extremitäten proximal meist ausgeprägter sind als distal. Wenn Hautveränderungen fehlen, müssen vor allem Myalgien und neurologisch bedingte Muskelerkrankungen ausgeschlossen werden. Hinweisend können in diesem Fall Arthralgien und besonders Arthritiden sein, die bei $^1/_3$ der Patienten beobachtet werden. Die Myositis muß jedoch über ein EMG und Biopsie aus einem betroffenen Muskel gesichert werden. Im Verlauf der Erkrankung kann es zur Kalzifizierung der betroffenen Muskulatur kommen.

Hautbefunde: Die Unterscheidung zwischen Dermatomyositis und Polymyositis ergibt sich aus der klinischen Manifestation an der Haut. Die Hautmanifestationen sind relativ typisch und erlauben daher fast die Diagnosesicherung. Zu diesen Befunden gehören die sog. „lilac eyes“, eine Schwellung der Augenlider mit einem lila Farbton, Gottron-Papeln an Streckseiten von PIP- und MCP-Gelenken, Knie- und Ellenbogengelenken und subunguale Hämorrhagien.

Myositis bei Malignomen: Immer wieder hingewiesen wird auf myositische Begleitreaktionen bei malignen Erkrankungen. Wichtig zu wissen ist, daß solche Erkrankungen nahezu ausschließlich im Rahmen manifester Malignome vorkommen und eine Tumorsuche daher erforderlich ist.

Organbeteiligungen: Die Herzmuskulatur ist bei der Poly- und Dermatomyositis meist nicht betroffen. Von den inneren Orangen ist am häufigsten die Lunge unter den Zeichen der Lungenfibrose beteiligt. Diese Manifestation entwickeln vor allem männliche Patienten mit gleichzeitig bestehendem Raynaud-Syndrom und Nachweis von Jo-1-Antikörpern. Hierbei handelt es sich am ehesten um eine Übergangsform zur PSS.

Laborbefunde. Im Rahmen der entzündlichen Veränderungen der Skelettmuskulatur kommt es zu einer Erhöhung der Muskelenzyme CK und Aldolase, durch den Zellzerfall sind auch GOT und weniger ausgeprägt GPT erhöht. Diese Parameter eignen sich auch zur Verlaufskontrolle unter Therapie. Bei einigen Patienten sind auch ANA und Rheumafaktoren sowie eine Hypergammaglobulinämie nachweisbar. Es gibt zudem eine Reihe spezifischer Autoantikörper wie Jo-1, Pl-7, Pl-12 und Mi-2, die in ihrer Prävalenz aber so gering sind, daß sie mit Ausnahme des Jo-1 für die Diagnostik kaum von Bedeutung sind.

Therapie. Mit Ausnahme der Tumorresektion bei Malignom-assoziierten Myositiden ist die Behandlung mit Glukokortikoiden die Therapie der Wahl. Initial sollte täglich eine Dosis von 1,5 – 2 mg/kg gegeben werden. Wichtig ist vor allem eine vorsichtige Dosisreduktion, um nicht erneut einen Schub auszulösen. Die Dosis sollte erst dann reduziert werden, wenn es auch klinisch zu einer Besserung der Symptomatik kommt, und nicht schon dann, wenn die Muskelenzyme abfallen. In der akuten Phase der Erkrankung ist zudem eine Schonung des Patienten erforderlich. Eine langsam aufbauende krankengymnastische Behandlung ist erst nach Sistieren der Symptome möglich. Dabei sind Belastungen, die zu muskelkaterähnlichen Symptomen führen, bereits deutlich zu stark.

Sollte es unter Kortikoidreduktion zu einem Rezidiv kommen oder ist primär die Atemmuskulatur betroffen, ist eine Kombination mit einem Immunsuppressivum erforderlich. Hier bieten sich Methotrexat, Cyclophosphamid, Cyclosporin und Azathioprin an. Eine sichere Empfehlung für eines dieser Medikamente kann nicht gegeben werden.

In der Regel heilen Poly- und Dermatomyositis nach einigen Jahren aus. Dann bleiben jedoch leider noch für lange Zeit die Residuen der Muskelzerstörung. Scheint eine Myositis klinisch unter einer Langzeitsteroidmedikation zu persistieren, muß auch an die Induktion einer Steroidmyopathie gedacht werden!

Mixed Connective Tissue Disease (MCTD)

Zwischen den verschiedenen Formen systemischer Bindegewebserkrankung gibt es in den klinischen Erscheinungen einige Überschneidungen. Darüber hinaus gibt es Krankheitsverläufe, die nicht sicher einem Krankheitsbild zuzuordnen sind, weil sie Symptome verschiedener dieser Erkrankungen aufweisen. Diese Erkrankungen werden als Overlap-Syndrome bezeichnet. 1972 wurde von Sharp ein solches Overlap-Syndrom beschrieben, das Symptome der PSS, des SLE und der Dermatomyositis aufwies.

Sjögren-Syndrom (SS)

Auch das Sjögren-Syndrom weist eine enge Beziehung zu den systemischen Bindegewebserkrankungen auf. Es ist definiert als Verbindung von Keratoconjunctivitis sicca, Xerostomie und systemischer Bindegewebserkrankung. In den meisten Fällen besteht ein sekundäres SS bei einer definierten systemischen Bindegewebserkrankung. Ist eine solche nicht zu sichern, und es bestehen neben dem Sicca-Syndrom klinische Erscheinungsbilder einer systemischen Erkrankung wie Fieber, Müdigkeit, Abgeschlagenheit und Vaskulitis, so handelt es sich um ein primäres SS, eine generalisierte, autoimmune Exokrinopathie.

Wie die meisten anderen Autoimmunerkrankungen betrifft das SS vornehmlich Frauen zwischen dem 25. und 45. Lebensjahr.

Klinik. Das klinische Bild des SS wird durch das Sicca-Syndrom im Bereich der Augen und des Mundes geprägt, das wohl durch eine zellvermittelte Entzündung der Drüsen bedingt ist. Das Sicca-Syndrom im Bereich der Augen läßt sich leicht durch einen Schirmer-Test sichern. Die Entzündung an den Speicheldrüsen führt zu einer Schwellung, wie z. B. der Parotis. Hier sind Infektionen (z. B. Mumps), Tumoren (Lymphome, Morbus Waldenström) oder Gangsteine differentialdiagnostisch zu erwägen. Eine Sicherung der Diagnose ist über eine Sialographie mit Darstellung von Rarefizierung und teilweise sackartigen Erweiterungen der Gänge möglich. Aber auch über eine histologische Untersuchungen der Mundschleimhautdrüsen ist eine Diagnosesicherung möglich. Im chronischen Verlauf können sich in den Speicheldrüsen Pseudolymphome entwikkeln, aber auch intra- und vor allem extraglanduläre Lymphome haben bei Patienten mit einem SS eine erhöhte Inzidenz.

Beim primären SS können auch die Schleimdrüsen des Respirations und des Magen-Darmtraktes betroffen sein. Dies führt zu einem trockenen Husten und nach längerem Verlauf zur Lungenfibrose. Am Intestinum können Schluckstörungen, eine atrophische Gastritis oder auch eine Pankreatitis Folge der glandulären Erkrankung sein. Nicht selten klagen die Patientinnen auch über eine Sicca-Symptomatik im Genitalbereich.

Zum primären SS gehört auch die Vaskulitis, vor allem im Bereich der abhängigen Körperpartien. Diese purpuraähnlichen Veränderungen treten bevorzugt bei Patientinnen mit Hypergammaglobulinämie, hochtitrigem Rheumafaktor und Antikörpern gegen Ro auf (s. Lupus erythematodes). Weitere Symptome eines SS können periphere sensomotorische oder kraniale Neuropathien sein. Nicht selten sind laborchemische und histologische Befunde, die an eine primär biliäre Zirrhose erinnern.

Laborbefunde. Bei den meisten Patienten finden sich eine Leukopenie, eine deutliche IgG-Vermehrung und eine dadurch bedingte Hypergammaglobulinämie und Hyperviskosität. Spezifische Autoimmunphänomene sind Antikörper gegen Ro und La, die bei etwa 75% der Patienten nachweisbar sind. Noch mehr Patienten haben Rheumafaktoren; einige weisen Antikörper gegen Parietalzellen, Mitochondrien oder glatte Muskelzellen auf.

Therapie. Die Behandlung der SS besteht zunächst in der Beseitigung der lokalen Trockenheit durch künstlichen Ersatz der Drüsensekrete. Dies beseitigt nicht nur die lokalen Symptome, sondern verhindert auch Superinfektionen und deren Folgen. Gegen den trockenen Mund helfen dabei am besten häufige, kleine Mengen ungesüßter Getränke. Auf Steroide sollte nur zurückgegriffen werden, wenn Neuropathien und akute pulmonale Veränderungen auftreten. Gegen das Hyperviskositätssyndrom bietet eine Plasmapheresebehandlung einen relativ lang anhaltenden Erfolg.

Vaskulitiden

Eine einheitliche Klassifizierung der unter dem Krankheitsbegriff Vaskulitis zusammengefaßten entzündlichen Gefäßerkrankungen gibt es nicht. An eine Vaskulitis muß man bei einer Erkrankung mit gleichzeitiger klinischer Manifestation an verschiedenen Organen und ausgeprägten Allgemeinsymptomen denken. Dabei stehen nicht selten Perfusionsstörungen an den betroffenen Strukturen im Vordergrund. Generell akzeptiert ist die Unterscheidung in primäre und sekundäre Formen. Die sekundären Vaskulitiden treten im Rahmen anderer Erkrankungen wie SLE, rheumatoide Arthritis oder Malignome auf und werden dort besprochen.

Die primären Vaskulitiden lassen sich anhand der Größe der betroffenen Gefäße und nach der Differenzierung granulomatös – nicht granulomatös einteilen. Aus dieser Einteilung wird deutlich, daß die Diagnose in der Regel histologisch gestellt wird.

Polyarteriitis nodosa (Panarteriitis nodosa, PAN)

Die PAN ist eine seltene Erkrankung, die vornehmlich Männer zwischen dem 30. und 50. Lebensjahr betrifft. Man nimmt an, daß die Gefäßentzündung, die kleine bis mittelgroße Arterien und Venen befällt, durch Virus/Virusantikörper-Komplexe ausgelöst wird. So sind 50% der Erkrankten HBsAg-positiv. Die Gefäßentzündung beginnt als Medianekrose und führt zur Thrombosierung und zu kleinen Aneurysmen der Gefäße (Abb. 8.**17**).

Klinik. Die Klinik ist durch die mannigfaltigen Lokalisationen kleiner und mittelgroßer Gefäße sehr vielgestaltig. Es kann jedes Organ betroffen sein. Charakteristisch sind eine renale Beteiligung mit Hypertonus und möglicherweise nephrotischem Syndrom, eine nekrotisierende Vaskulitis mit Purpura und Knötchenbildung an der Haut und eine Mononeuritis multiplex durch Beteiligung der Vasa nervorum.

Mögliche Manifestationen am Gastrointestinaltrakt können unter dem Bild eines akuten Abdomens, eines Leberversagens oder eines Darminfarktes klinisch werden. Auch eine Hemiplegie, Ausfälle von Hirnnerven, eine Perikarditis, Arrhythmien, ein Herzinfarkt oder periphere Gefäßverschlüsse können Ausdruck der PAN sein. Zu diesen Organbeteiligungen, die in wechselnder Ausprägung auftreten, kommen in der Regel Allgemeinsymptome wie Müdigkeit, Fieber, Gewichtsabnahme, Myalgien und Arthritiden.

Laborbefunde und Diagnosesicherung. Im Gegensatz zu den systemischen Bindegewebserkrankungen fehlen bei der PAN typische Laborbe-

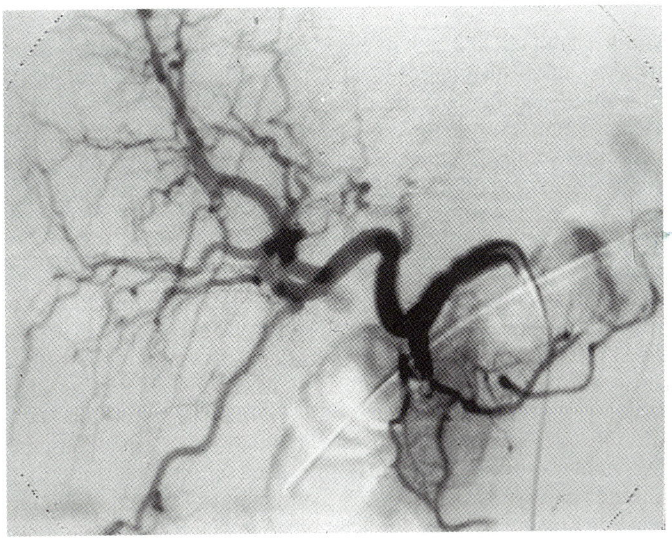

Abb. 8.**17** Angiographische Darstellungen der A. mesenterica superior mit einzelnen Aneurysmata als charakteristischer Hinweis auf eine Panarteriitis nodosa (klassische PAN).

funde. ANA und RF können positiv sein, ansonsten stehen allgemein entzündliche Befunde wie eine erhöhte BSG und eine Anämie im Vordergrund. Ein Komplementverbrauch ist richtungsweisend, die Leukozytose läßt eine Differenzierung zum SLE zu.

Die Diagnosesicherung PAN ist entweder über die Biopsie eines klinisch betroffenen Organs oder über eine Angiographie möglich. Bei Hautmanifestationen sollte dort die histologische Sicherung angestrebt werden.

Therapie. Da es sich bei der PAN um eine lebensbedrohliche Erkrankung handelt, ist bei Diagnosestellung eine immunsuppressive Therapie zwingend erforderlich. Zu Beginn besteht diese aus Glukokortikoiden und Cyclophosphamid. Steht eine Glomerulonephritis im Vordergrund, kann auch eine Plasmapherese hilfreich sein.

Wegener-Granulomatose

Die Wegener-Granulomatose ist eine seltene Erkrankung, die durch eine nekrotisierende Vaskulitis des oberen Respirationstraktes, eine generalisierte Angiitis und eine nekrotisierende Glomerulonephritis gekennzeichnet ist.

Das Erscheinungsbild der Wegener-Granulomatose hat sich in den letzten Jahren entscheidend verändert: die Prognose ist durch die Einführung der Cyclophosphamid-Therapie als „Standardbehandlung" und durch die „Entdeckung" der anti-neutrophilen zytoplasmatischen Antikörper (ANCA) grundlegend verbessert.

Klinik. Die Klinik läßt sich in zwei Stadien einteilen. Das *Initialstadium* mit rheumatischen Beschwerden und den Manifestationen im Nasen-Rachen-Raum kann dem Generalisationsstadium um Jahre vorausgehen. So sind anamnestische Hinweise auf ein blutig-tingiertes Nasensekret, Nekrosen des Nasenseptums oder eine chronische Otitis media diagnostisch richtungsweisende Befunde.

Das *Generalisationsstadium* ist durch die Manifestationen an Lunge und Niere gekennzeichnet. Die klinischen Symptome des Befalls der unteren Luftwege sind Husten, Hämoptysis und Pleuritis. Radiologisch finden sich wechselnde pulmonale Infiltrate oder Kavernenbildungen. Die Niere weist Zeichen der Glomerulonephritis auf. Nicht selten kommen okuläre Symptome (Episkleritis) und allgemeine Krankheitserscheinungen hinzu.

Diagnosesicherung und Therapie. Die Diagnose „Wegener-Granulomatose" läßt sich bei der Hälfte der Patienten durch eine Biopsie aus dem oberen Respirationstrakt sichern. Eine hohe Spezifität haben auch die ANCA, die bei über 90% der Patienten mit aktiver Erkrankung nachweisbar sind. Die Titerhöhe der ANCA ist zudem ein guter Verlaufsparameter für die Wegener-Granulomatose.

Die Behandlung des Generalisationsstadiums der Wegener-Granulomatose besteht aus einer Kombination von Steroiden (über 3 Monate ausschleichend) und einer oralen Cyclophosphamidgabe (2–4 mg/kg/d in Abhängigkeit von der Leukozytenzahl).

Churg-Strauss-Vaskulitis

Die Churg-Strauss-Vaskulitis ist wie die Wegener-Granulomatose durch eine Granulombildung gekennzeichnet. Charakteristisch für das klinische Bild dieser Erkrankung ist eine jahrelange Anamnese einer allergischen Rhinitis und/oder eines allergischen Asthmas. Laborchemisch fällt eine Eosinophilie auf. Klinisch kann jedes Organ von der Erkrankung betroffen sein.

> Merke: Eine „Kopfklinik" kann einer systemischen Vaskulitis um Jahre vorausgehen!

Kryoglobulinämie

Die gemischte Kryoglobulinämie ist für ein Krankheitsbild verantwortlich, das klinisch als Purpura-Myalgie-Syndrom imponiert. Weitere Zeichen der Erkrankung können eine Hepatosplenomegalie, ein Sjögren-Syndrom, eine chronische Hepatitis oder eine diffuse Glomerulonephritis sein. Die Diagnose wird durch den Nachweis von Kryoglobulinen gesichert.

Polymyalgia rheumatica

Auf die Gesamtbevölkerung bezogen ist auch die Polymyalgia rheumatica eine seltene Krankheit. Untersucht man jedoch Menschen, die älter als 70 Jahre alt sind, so ist die Inzidenz über 100 auf 100 000. Dies verdeutlicht, daß die Polymyalgia rheumatica eine Erkrankung des hohen Alters ist; bevorzugt sind weiße Frauen betroffen. Ein Alter unter 50 Jahren schließt die Diagnose einer Polymyalgia rheumatica nahezu aus.

Klinik: Die Polymyalgia rheumatica gehört zur Krankheitsgruppe der Riesenzellarteriitiden, zu denen auch die Arteriitis cranialis und das entzündliche Aortenbogensyndrom gerechnet werden. Klinisch beherrschen bei der Polymyalgia rheumatica Schmerzen im Schulter-Nacken-Bereich und möglicherweise gleichzeitig im Beckengürtelbereich das klinische Bild. Auffällig ist dabei die Betonung der Beschwerden im stammnahen Extremitätenbereich. Die Schmerzen sind morgens betont mit einer ausgeprägten Steifigkeit. Charakteristische Befunde sind ein Schläfenkopfschmerz, Sehstörungen und eine periphere, nichtdestruierende Synovitis. Hinzu kommt eine Verschlechterung des Allgemeinbefindens. Die zugrundeliegende Riesenzellarteriitis kann aber auch zu einer Stenosierung im Aortenbogen oder zu einer Koronariitis führen. Durch Manifestation an der A. carotis kann die Erkrankung auch einen Apoplex auslösen.

Diagnosesicherung und Therapie. Die Schwierigkeit in der Diagnostik besteht darin, daß die vorherrschenden Symptome wechseln. Richtungsweisend ist eine deutlich erhöhte BSG von zum Teil > 100 mm/1 Std. n.W. Auch die Akute-Phase-Proteine sind deutlich erhöht. Zur Diagnosesicherung trägt eine Biopsie der A. temporalis bei, die bei einseitigem negativen Befund auch auf der zweiten Seite durchgeführt werden sollte. Bei entsprechender klinischer Symptomatik ist auch eine Beurteilung der Netzhautgefäße hilfreich, die bei jedem Patienten mit Verdacht auf Polymyalgia rheumatica gefordert werden muß! Differentialdiagnostisch müssen entzündliche Muskelerkrankungen – bei der Polymyalgia rheumatica ist die CK normal – und ein paraneoplastisches Syndrom ausgeschlossen werden.

Als weiteres diagnostisches Kriterium der Polymyalgia rheumatica gilt das rasche Ansprechen der myalgischen Beschwerden im Schulter- und Beckenbereich auf Steroiddosen von 0,25–0,5 mg/kg/d; dies muß vornehmlich dann diagnostisch genutzt werden, wenn eine Riesenzellarteriitis histologisch nicht zu sichern ist. Bei einer Beteiligung der kranialen Gefäße oder der Augen sind höhere Steroiddosen von 1–2 mg/kg/d erforderlich. Die Dosis muß im Verlauf in Abhängigkeit von der klinischen Symptomatik langsam reduziert werden. Selten sind Kombinationstherapien mit anderen Immunsuppressiva notwendig. Bei Organmanifestationen ist eine mindestens einjährige Steroidmedikation erforderlich. Ein Absetzen ist nur bei mindestens 6monatiger Beschwerdefreiheit unter einer niedrigen Erhaltungsdosis möglich.

Bei der Polymyalgia rheumatica handelt es sich um eine zeitlich limitierte Erkrankung. Die mittlere Erkrankungsdauer beträgt etwa 3–4 Jahre. Einige Formen gehen in eine rheumatoide Arthritis über.

Die Polymyalgia rheumatica ist die häufigste entzündlich-rheumatische Erkrankung des Alters.

Weichteilrheumatismus

Muskelschmerz und Muskelschwäche sind Leitsymptome zahlreicher verschiedener Krankheitsbilder. Mit dem laienhaften Begriff „Rheuma" wird gerade immer wieder die Muskulatur in Verbindung gebracht und ist somit als „Muskelrheuma" eine beliebte Selbstdiagnose von Patienten.

In der Rheumatologie versteht man unter „Weichteilrheumatismus" Erkrankungen, die mit schmerzhaften Zuständen an Sehnen und Muskeln einhergehen, sog. *Tendomyopathien.* Unterschieden werden generalisierte (z. B. Fibromyalgie) und lokalisierte Formen der Tendomyopathien. Der Name bezieht sich bei letzteren meist beschreibend auf die grobe anatomische Zuordnung zum nächstgelegenen Gelenk (z. B. Periarthropathia humeroscapularis) oder bei genauer Lokalisation auf die betroffene Struktur (z. B. Supraspinatussehnen-Syndrom). Sehnenscheidenentzündungen, Kapsulitiden und Bursitiden gehören ebenfalls zu den lokalisierten Formen.

Die Häufigkeit weichteilrheumatischer Erkrankungen in der Gesamtbevölkerung ist nicht genau bekannt; aus amerikanischen Statistiken geht jedoch hervor, daß tendomyopathische Syndrome neben den Arthrosen und der chronischen Polyarthritis zu den häufigsten in der Rheumatologie gestellten Diagnosen gehören. Im folgenden soll wegen der Vielzahl von lokalisierten Tendomyopathien vor allem auf eine für den Zahnmediziner besonders wichtige Form des Weichteilrheumatismus im Bereich der Temporomandibulargelenke und auf die Fibromyalgie eingegangen werden.

Ätiologie. Der Weichteilrheumatismus wird ätiologisch unterteilt in

- Erkrankungen, bei denen lokale Strukturschäden an Sehne und Muskel mit direkter Reizung der dort befindlichen Nozirezeptoren (z. B. Sehnenzerrung, Entzündung) vorliegen *(Typ I)*, und
- die zahlreicheren Formen, bei denen es sich um funktionell-reflektorische Störungen handelt, wobei das schmerzhafte Myotenon strukturell intakt ist *(Typ II)*.

Neben definierbaren Erkrankungen des Skelettsystems (Arthritis, Arthrose, Wurzelirritationen) und der inneren Organe führen funktionelle Faktoren (Kontrakturen, klimatische und psychische Faktoren) durch nervale Impulse zur Ausbildung der Schmerzsymptomatik.

Als Auslöser werden bei Typ-II-Störungen nervaler Steuerungsvorgänge (z. B. Schulterschmerz bei Handgelenksentzündung) diskutiert, oft können aber auch keine ursächlichen Korrelate gefunden werden. Auch psychogen bedingte muskuläre Verspannungen führen oft zu generalisierten Tendomyopathien. Vorstellbar ist auch eine Senkung der Hemmschwelle für die Nozirezeptoren, so daß auch Schmerzen ohne über das normale Maß hinausgehende Reizung der Schmerzrezeptoren empfunden werden.

Klinik. Subjektiv geben die Patienten Ruhe- und Bewegungsschmerzen in Sehnen und Muskeln an, oft werden diese von einem Steifigkeits- und Verspannungsgefühl begleitet. Subjektiv werden häufig Gelenk- und Weichteilschwellungen angegeben. Allgemeinsymptome wie Müdigkeit, verminderte Leistungsfähigkeit, Schwäche und Schlafstörungen fehlen bei der generalisierten Tendomyopathie selten. Oft werden auslösende oder verschlimmernde Faktoren genannt, z. B. kühle und feuchte Wetterfronten. Sowohl körperliche Inaktivität als auch Überlastung verschlechtern das klinische Bild, auch psychische Belastungen verstärken die Schmerzen.

Die körperliche Untersuchung erbringt schon bei nur relativ geringem Druck eine ausgeprägte Schmerzhaftigkeit der Muskulatur bzw. der Sehnen und Sehnenansatzstellen umschrieben an einzelnen Stellen oder über den ganzen Körper verteilt (typische sog. Fibromyalgie-Druckpunkte v. a. am Übergang vom Muskel zur Sehne in der Nähe der knöchernen Insertion, also auch im Gelenkbereich, wie z. B. am Olekranon, Trochanter major, Beckenkamm und Skapula). Ferner besteht eine schmerzhafte Einschränkung der aktiven, bei normaler passiver Gelenkbeweglichkeit. Zum Teil findet man sogar Muskelatrophien oder Bandverkürzungen als Folge der längeren Ruhigstellung oder Fehlbelastung.

Diagnosestellung. Sie stützt sich einzig auf die Klinik. Laborchemisch finden sich (außer bei sekundären Tendomyopathien im Rahmen von anderen entzündlich-rheumatischen Erkrankungen) weder Entzündungszeichen noch Autoimmunphänomene.

Differentialdiagnostisch ausgeschlossen werden muß vor allem die Polymyalgia rheumatica (BSG-Erhöhung! s. S. 238).

Therapie. Bei den generalisierten Tendomyopathien gestaltet sich die Behandlung oft schwierig. Wenn möglich, sollten bei lokalisierten Tendomyopathien funktionelle und strukturelle Ursachen beseitigt werden, eine ursächliche Therapie ist in den meisten Fällen aber nicht realisierbar.

Symptomatische Lokaltherapien wie Dehnungs- und Entspannungstechniken, isometrisches Muskeltraining, Wärmeanwendungen, Massagen mit Querfriktion und Ultraschalltherapie werden neben Analgetika, Antiphlogistika und Myotonolytika eingesetzt. Auch Psychopharmaka sind in manchen Fällen als ergänzende Behandlung sinnvoll, sollten jedoch nicht unkritisch eingesetzt werden.

Eine individuell ausgerichtete und langfristige Therapie stellt sowohl an den Arzt als auch an den Patienten hohe Anforderungen. Wichtigste Therapieform ist auch hier die physikalische Therapie zur Dehnung verkürzter Muskulatur, Kräftigung und Mobilisation. Da man bei der generalisierten Tendomyopathie auch psychosomatische Ursachen vermutet, werden hier zusätzlich psychotherapeutische Behandlungsformen eingesetzt, z. B. autogenes Training und verhaltenstherapeutisch ausgerichtete Verfahren zum besseren Umgang mit dem Schmerz (wie Aufmerksamkeitsumlenkung) oder die Veränderung von Alltagsverhalten (wie überzogene Leistungsanforderungen an sich selbst). In jedem Fall ist die Therapie langwierig und basiert auf einem besonderen Vertrauensverhältnis zwischen Arzt und Patient. Das Krankheitsbild sollte vor allem auch den Angehörigen erläutert werden. Dem Patienten sollte gleichzeitig eine positive Einstellung zur Zukunft vermittelt werden.

Weichteilrheumatismus im Bereich der Temporomandibulargelenke (Myofaziales Syndrom)

Weichteilrheumatische Beschwerden im Bereich der Kiefergelenke entstehen durch Funktionsstörungen des stomatognathen Systems. Ursächlich hierfür können Okklusionstörungen, Dysgnathien, Entzündungen, Traumata, Tumoren und psychomotorische Fehlfunktionen sein. Durch Verspannungen der Muskulatur erzeugen sie eine Beteiligung der Kiefergelenke, welche wiederum einen Reizzustand auf die Muskeln ausüben. Nach Karies und Paradontopathien stehen diese Myoarthropathien in der Häufigkeit in der Zahn-, Mund- und Kieferheilkunde heute an dritter Stelle der Erkrankungen.

Klinik. Die Patienten klagen über Schmerzen im Mittelgesicht und Ohrbereich, über Gelenkgeräusche und eine schmerzhafte Behinderung bei der Mundöffnung.

Bei der klinischen Untersuchung finden sich vor allem Druckschmerzen im Bereich der Kaumuskulatur (insbesondere des M. masseter, des M. temporalis, des M. pterygoideus lateralis und des M. digastricus venter posterior, aber auch akzessorischer Muskelgruppen im Bereich des Nackens und des Halses). Mit Hilfe des Stethoskopes sind Gelenkgeräusche zu objektivieren, außerdem ist die Unterkieferbeweglichkeit eingeschränkt.

Diagnose. Primäre Kiefergelenkerkrankungen (Arthritis, Tumoren, traumatische Gelenkerkrankungen, Entwicklungsstörungen) müssen differentialdiagnostisch ausgeschlossen werden. Daher sind Laboruntersuchungen und Röntgenfunktionsaufnahmen der Kiefergelenke unerläßlich.

Therapie. Zunächst sollten ursächliche Funktionsstörungen beseitigt werden. Weiterhin hilfreich sind lokale Wärmeanwendungen und Elektrotherapie, ein Aufbißbehelf zur Gelenk- und Muskelentlastung sowie die lokale/systemische Gabe von NSAR.

9 Blutkrankheiten

B. Wörmann

Das periphere Blut besteht aus Blutzellen und Bluteiweißen. Zu den Blutzellen gehören

- Erythrozyten,
- Leukozyten,
- Thrombozyten.

Die Entwicklung der Zellen des peripheren Blutes erfolgt aus pluripotenten Stammzellen im Knochenmark unter Einfluß verschiedener hämatopoetischer Wachstumsfaktoren (Abb. 9.**1**). Die Zellzahl im peripheren Blut resultiert aus dem Gleichgewicht zwischen der Neubildung von Blutzellen im Knochenmark und deren Verlust bzw. Abbau.

Krankheiten der Erythropoese

Vorbemerkungen

Die im Durchmesser etwa 7 µm großen, kernlosen Erythrozyten sind die dominierende Zellpopulation im peripheren Blut. Sie haben ihren Namen vom roten Blutfarbstoff (Hämoglobin). Ihre Hauptaufgabe ist der Sauerstofftransport. Die Oberfläche der Erythrozyten weist charakteristische Proteine und Kohlenhydratstrukturen auf, die u.a. für die Blutgruppeneigenschaften verantwortlich sind. Die im Knochenmark unter Einfluß von Erythropoetin gebildeten Erythrozyten (Abb. 9.**1**) werden nach einer durchschnittlichen Lebensdauer von ca. 100 – 120 Tagen im retikuloendothelialen System (RES) vornehmlich der Milz, aber auch intravasal durch Hämolyse abgebaut.

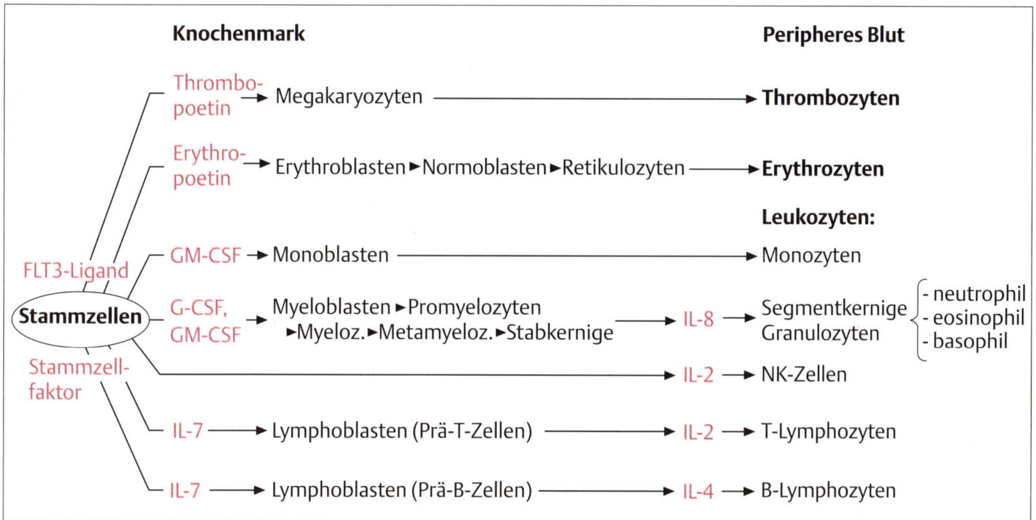

Abb. 9.**1** Hämatopoese. Darstellung von mikroskopisch unterscheidbaren Zellen und relevanten Zytokinen. IL, Interleukin; GM-CSF, Granulozyten/Makrophagen-Kolonie-stimulierender Faktor; G-CSF, Granulozyten-Kolonie-stimulierender Faktor; NK-Zellen, Natürliche Killerzellen.

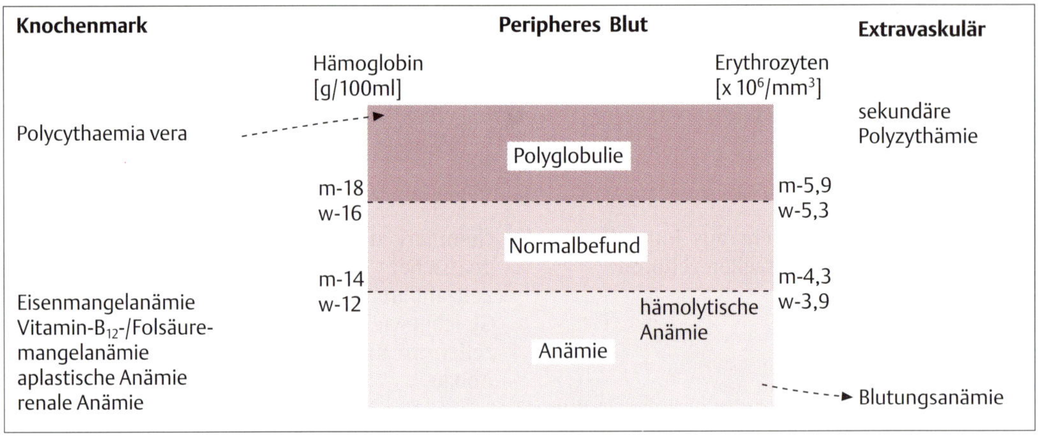

Abb. 9.**2** Erkrankungen der Erythropoese. Darstellung der Entstehungsorte von verschiedenen Formen der Anämie und der Polyglobulie inklusive Angabe der oberen und unteren Grenzwerte der Normalbefunde des Hämoglobingehaltes bzw. der Erythrozytenzahl (m, männlich; w, weiblich).

Junge Erythrozyten werden wegen ihrer besonderen Struktur auch als Retikulozyten bezeichnet. Bei erhöhtem Erythrozytenumsatz steigt die Zahl der Retikulozyten an. Tab. 9.**1** gibt einen Überblick über wichtige Kenngrößen des roten Blutbildes. Abb. 9.**2** zeigt die Entstehungsorte von verschiedenen Formen der Anämie und der Polyglobulie.

Anämien

Definition. Unter Blutarmut (Anämie) versteht man einen Mangel an rotem Blutfarbstoff und/oder Erythrozyten.

Ätiologie. Eine Anämie kann bedingt sein durch verminderte Bildung von Erythrozyten und/oder Hämoglobin sowie durch einen vermehrten Abbau bzw. Verlust von Erythrozyten, z. B. durch eine Blutung. Tab. 9.**2** zeigt eine deskriptive Einteilung der ätiologisch unterschiedlichen Formen einer Anämie nach dem sog. *Färbeindex.* Dabei wird unterschieden, ob nur die Erythrozyten vermindert sind, nur der Hämoglobinwert erniedrigt ist oder ob beides zutrifft.

Klinik. Unabhängig von der Ätiologie weisen alle Anämien gemeinsame klinische Zeichen auf. *Leitsymptome* einer Anämie sind Blässe der Haut und (Mund-)Schleimhaut. Als Folge des verminderten Sauerstofftransportes zum Gehirn können Symptome wie Müdigkeit, Konzentrationsschwäche, Ohrensausen, Kopfschmerzen, Schwindel und Luftnot bei Belastung hinzutreten. Bei hochgradiger, insbesondere rasch einsetzender Anämie (z. B. durch Blutung) findet man Tachykardie und Kollapsneigung bis hin zum Kreislaufschock (S. 29 f). Die für den Zahnarzt wichtigen Formen der Anämie werden nachstehend besprochen.

Bei auffälliger Blässe der Mundschleimhaut muß der Zahnarzt stets an eine Anämie denken und eine weitere Abklärung veranlassen. Eine Anämie kann immer auch Symptom einer malignen Erkrankung des hämatopoetischen Systems sein.

Blutungsanämie

Definition. Unter einer Blutungsanämie versteht man eine durch Blutverlust nach außen, in den Magen-Darm-Trakt oder nach innen in eine der großen Körperhöhlen entstandene Anämie.

Ätiologie. Zahlreiche Ursachen können zu einem Blutverlust führen. Das Spektrum umfaßt u. a. Verletzungen, die Regelblutung oder chronischen Blutverlust durch einen gastrointestinalen Tumor.

Klinik. Bei akutem Blutverlust kommt es nicht selten zum Kreislaufschock, da aus dem Gewebe nicht genügend rasch Flüssigkeit nachströmen kann. Bei chronischem Blutverlust hat der Orga-

Tabelle 9.1 Parameter zur Diagnose einer Erkankung der Erythrozyten (Normwerte)

Hämoglobin (Hb)	Männer Frauen	14–18 g/100 ml 12–16 g/100 ml
Erythrozyten	Männer Frauen	4,3–5,9 × 10^6/mm³ 3,9–5,3 × 10^6/mm³
Hämatokrit (Hk)	Männer Frauen	42–52% 37–47%
Ergänzende Parameter zur genaueren Differenzierung		
MCV (mean corpuscular volume, mittlerer Durchmesser der Erythrozyten)		83–103 μm³
MCH (mean corpuscular hemoglobin, mittlerer Hämoglobingehalt der Erythrozyten)		28–34 pg
MCHC (mean corpuscular hemoglobin concentration, mittlere Hämoglobinkonzentration der Erythrozyten)		32–36%
Retikulozytenanteil		4–15‰
Erythrozytenmorphologie	– Mikrozyten – Makrozyten – Anisozytose – Poikilozytose	∅< 6 μm ∅> 9 μm ungleiche Größe der Erythrozyten ungleiche Form der Erythrozyten
Eisen		60–140 μg/100 ml
Transferrin		200–400 mg/100 ml
Ferritin		7–270 μg/l
Bilirubin	– gesamt – direkt	< 1,0 mg/100 ml < 0,25 mg/100 ml
LDH		< 240 U/l
Haptoglobin		50–220 mg/dl
Coombs-Test	– direkt	Nachweis von an Erythrozyten gekoppelten Antikörpern
	– indirekt	Nachweis von zirkulierenden Antikörpern im Plasma

Tabelle 9.2 Einteilung der Anämien nach Färbeindex und Erythrozytengröße

Färbeindex	Erythrozytengröße	Ursachen
Hypochrom	mikrozytär	Eisenmangel Thalassämie
Hypochrom	normozytär	renale Anämie Tumoranämie
Normochrom	normozytär	Blutung aplastische Anämie paroxysmale nächtliche Hämoglobinurie
Hyperchrom	makrozytär	Vitamin-B_{12}-Mangel Folsäuremangel myelodysplastisches Syndrom

nismus Zeit zur Adaptation, so daß eher die oben genannten allgemeinen Anämiesymptome im Vordergrund stehen.

Diagnose. Eine akute Blutungsanämie kann leicht anamnestisch diagnostiziert werden. Bei Blutverlust in den Magen-Darm-Trakt besteht oft Teerstuhl (S. 75 f, 247). Das Blutbild zeigt unmittelbar nach einem akuten Blutverlust noch vollkommen normale Resultate. Je nach Flüssigkeitsangebot kommt es mehr oder weniger rasch zu einem Abfall des Hämoglobins und der Erythrozyten (normochrome, normozytäre Anämie, Tab. 9.**2**). Bei chronischem Blutverlust gelingt die Diagnose z. B. durch Nachweis des gastrointestinalen Verlustes und Darstellung der Blutungsquelle.

Therapie. Bei akutem Blutverlust ist sofortiger Flüssigkeitsersatz, evtl. auch die Transfusion von Erythrozytenkonzentraten erforderlich. Nach Kreislaufstabilisierung muß die Blutungsquelle gesucht und die Grunderkrankung entsprechend therapiert werden. Ähnlich wird bei chronischem Blutverlust verfahren.

Aplastische Anämie

Definition. Unter aplastischer Anämie versteht man eine verminderte Neusynthese von Erythrozyten. Häufig betrifft der Defekt auch die Vorläuferzellen von Granulozyten und Thrombozyten als Ausdruck einer Erkrankung der Stammzellen (Abb. 9.**1**), die Patienten haben eine Panzytopenie (Fehlen aller drei Zellreihen).

Ätiologie. Eine aplastische Anämie ist selten angeboren und meist erworben. Ursächlich kommen für letztere Gruppe u. a. in Betracht:

- Toxine (z. B. Benzol und seine Derivate, chronischer Alkoholismus u. a.),
- Medikamente (z. B. Phenylbutazon, Antikonvulsiva u. a.),
- Infektionen (z. B. infektiöse Mononukleose, Hepatitis, Parvovirus, HIV u. a.),
- Bestrahlung des Knochenmarks,
- Knochenmarkinfiltration bei maligner Erkrankung (z. B. Lymphom).

Von *idiopathischer aplastischer Anämie* spricht man, wenn keine der vorstehend genannten Ursachen plausibel verantwortlich gemacht werden kann.

Diagnose. Eine aplastische Anämie wird diagnostiziert bei normochromem, normozytärem peripherem Blutbild durch Knochenmarkpunktion mit Nachweis einer Verminderung bzw. des völligen Fehlens der Erythropoese.

Therapie. Eine aplastische Anämie wird soweit wie möglich kausal behandelt durch Elimination der als ursächlich angenommenen Faktoren. Die weitere Therapie ist symptomatisch mit Erythrozytentransfusionen. Eine immunsuppressive Therapie mit Glukokortikoiden ist bei etwa 20% der Patienten erfolgreich. In schweren Fällen kann eine allogene Knochenmarktransplantation notwendig werden.

Patienten mit einer aplastischen Anämie und Panzytopenie sind vermehrt infektanfällig und sollten vor zahnärztlichen Eingriffen entsprechend antibiotisch abgeschirmt werden.

Mangelanämien

Vitaminmangelanämie

Ätiologie. Zur Synthese von Erythrozyten werden Vitamin B_{12} und Folsäure essentiell benötigt. Vitamin B_{12} wird bei Anwesenheit des Intrinsic factor – einem in den Belegzellen des Magens gebildeten Glykoprotein – im terminalen Ileum absorbiert. Ein Mangel resultiert aus ungenügender Zufuhr (u. a. Vegetarier), fehlendem Intrinsic factor (u. a. atrophische Gastritis, Zustand nach Magenresektion) oder selten aus Absorptionsstörungen im Ileum (u. a. Morbus Crohn, S. 79).

Folsäure wird ebenfalls mit der Nahrung aufgenommen. Ein Mangel beruht oft auf ungenügender Zufuhr (u. a. chronischer Alkoholismus). Seltener verursachen auch Folsäureantagonisten wie z. B. Methotrexat einen Mangel.

Klinik. Symptome eines Vitamin-B_{12}-Mangels entwickeln sich erst nach Entleerung der körpereigenen Speicher (insbesondere Leber), was meist mehr als 3 Jahre dauert. Ein Folsäuremangel kann auch eher auftreten. Neben den oben genannten unspezifischen Anämiesymptomen ist der Vitamin-B_{12}-Mangel charakterisiert durch neurologische Symptome wie Parästhesien, Störungen der Feinmotorik, der Tiefensensibilität und des Tastsinns. Glossitis und Zungenbrennen können hinzutreten. Mitunter werden die neurologischen Ausfallerscheinungen sogar vor der Anämie beobachtet.

Diagnose. Das Blutbild zeigt eine hyperchrome makrozytäre Anämie. Die Verdachtsdiagnose wird bestätigt durch Nachweis eines unter 200 pg/ml erniedrigten Vitamin-B_{12}-Spiegels bzw. eines unter 100 pg/ml verminderten Folsäurespiegels im Blut.

Im Falle eines Vitamin-B_{12}-Mangels kann bioptisch im Magen die Schleimhautatrophie verifiziert werden. Ein Vitamin-B_{12}-Absorptionstest (Schilling-Test) untermauert die Diagnose.

Therapie. Sie besteht bei Vitamin-B_{12}-Mangel in parenteraler Gabe von Vitamin B_{12}. Bei Folsäuremangel reicht meist die orale Gabe von 1 – 5 mg täglich. Vor einer Folsäure-Monotherapie muß ein Vitamin-B_{12}-Mangel ausgeschlossen werden, da die neurologische Symptomatik des Vitamin-B_{12}-Mangels durch alleinige Folsäuretherapie verschlimmert werden kann.

Zungenbrennen, Glossitis und Papillenatrophie vornehmlich an der Zungenspitze sollten den Zahnarzt an einen Vitamin-B_{12}- bzw. Folsäuremangel denken lassen, insbesondere wenn zusätzlich neurologische Ausfallerscheinungen bestehen.

Eisenmangelanämie

Ätiologie. Das für die Hämoglobinbildung essentielle Eisen wird durch die Magensäure von der dreiwertigen in die zweiwertige Form überführt, im oberen Jejunum absorbiert und an ein Transportprotein, das Transferin, gebunden. Ein Eisenmangel resultiert aus:
- verminderter Zufuhr (z.B. vegetarische oder einseitige Ernährung),
- mangelhafter Absorption (z.B. Zustand nach Magenresektion),
- gesteigertem Bedarf (z.B. Schwangerschaft),
- Verlust (z.B. verstärkte Menstruationsblutung, gastrointestinaler Blutverlust bei Tumor),
- Transportstörung (z.B. Tumor- oder Infektanämie).

Klinik. Neben den Allgemeinsymptomen einer Anämie können zusätzlich als Zeichen des Eisenmangels trophische Störungen auftreten wie beispielsweise Mundwinkelrhagaden, brüchige Haare und Nägel, Atrophie des Zungenepithels mit rötlicher Verfärbung, Zungenbrennen und Schluckbeschwerden.

Diagnose. Eine Eisenmangelanämie kann vermutet werden bei mikrozytärer hypochromer Anämie. Die Diagnose wird gesichert durch Nachweis einer Erniedrigung des Serumeisens sowie des Ferritins. Das Transferrin ist meist erhöht. Die Retikulozyten sind normal oder erniedrigt. Weitere Untersuchungen sind erforderlich, um die Ursachen eines Eisenverlusts zu evaluieren.

Therapie. Orale Gaben von 200 – 300 mg Eisen täglich, verteilt auf mehrere Dosen. Wegen der schlechten Verträglichkeit von Eisenpräparaten sollten diese nicht nüchtern eingenommen werden. Orale Eisengaben verfärben den Stuhl schwarz („Teerstuhl"), was den Patienten vorher erklärt werden muß. Besteht ein Eisenverlust, muß die Grunderkrankung entsprechend therapiert werden.

Bei atrophischer Glossitis und Zungenbrennen sollte der Zahnarzt an einen Eisenmangel denken. Eisenmangel ist jedoch nie eine Diagnose, sondern ein Symptom, das weiterer Abklärung bedarf.

Hämolytische Anämien

Definition. Unter Hämolyse versteht man einen vermehrten und oft verfrühten Abbau der Erythrozyten. Eine Anämie resultiert, sobald der Abbau rascher verläuft als die Neusynthese der Erythrozyten.

Ätiologie. Eine Hämolyse kann verursacht werden durch eine Störung im Erythrozyten selbst (korpuskuläre Anämie) oder durch Faktoren außerhalb der Erythrozyten. Man unterscheidet:

a) korpuskuläre hämolytische Anämie:
  - Membrandefekte (z.B. Sphärozytose, paroxysmale nächtliche Hämoglobinurie),
  - Hämoglobindefekte (z.B. Sichelzellanämie, Thalassämie),
  - Enzymdefekte (z.B. Glukose-6-Phosphat-Dehydrogenase-Mangel).

b) extrakorpuskulär bedingte Hämolyse:
  - Immunhämolyse,
  - toxische Hämolyse,
  - mechanische Hämolyse.

Klinik. Gemeinsames *Leitsymptom* aller hämolytischen Anämien ist die vermehrte, teils sogar intravasale Freisetzung von Hämoglobin mit einem daraus resultierenden Überangebot an Bilirubin, welches nach Konjugation in der Leber biliär ausgeschieden wird. Bei ausgeprägter Hämolyse überwiegt das nichtkonjugierte (sog. indirekte) Bilirubin, woraus sich der Skleren- und Hautikterus erklären. Der Urin kann dunkel verfärbt sein und enthält vermehrt Urobilinogen. Als Folge der Hämolyse sind die Serumaktivität der LDH und das Serumeisen oft stark erhöht, freies Haptoglobin als empfindlichster Parameter der Hämolyse ist erniedrigt oder nicht nachweisbar.

Einige Formen der hämolytischen Anämie sollen entsprechend der oben genannten Gliederung nachstehend beispielhaft kurz besprochen werden.

Korpuskuläre hämolytische Anämien

Hereditäre Sphärozytose (Kugelzellanämie)

Ätiologie. Die Kugelzellanämie beruht auf einem erblich bedingten Membrandefekt der Erythrozyten, wodurch diese nicht ihre typische bikonkave Form annehmen können, sondern kugelig bleiben. Diese Kugelzellen werden vermehrt in der Milz sequestriert. Kompensatorisch kommt es zu einer gesteigerten Neubildung im Knochenmark.

Klinik. Neben den oben genannten Leitsymptomen einer Hämolyse findet man eine Splenomegalie und oft schon im Kindesalter Bilirubingallensteine. Sekundär können durch die gesteigerte Erythropoese auch Skelettdeformitäten entstehen.

Diagnose. Bei normochromer Anämie findet man im Blutausstrich Kugelzellen, die jedoch nicht streng pathognomonisch sind, sondern auch bei anderen Hämolyseformen gelegentlich beobachtet werden. Die Retikulozyten sind als Folge der kompensatorischen Neubildung stark erhöht. Die osmotische Resistenz der Erythrozyten ist vermindert. LDH und indirektes Bilirubin sind oft stark erhöht.

Therapie. Eine kausale Therapie des angeborenen Defektes ist nicht möglich. Jedoch läßt sich durch Entfernung des Abbauortes der Erythrozyten – der Milz – funktionell oft eine deutliche Besserung erzielen.

Paroxysmale nächtliche Hämoglobinurie (Marchiafava-Micheli-Anämie)

Ätiologie. Die Ursache dieser relativ seltenen Erkrankung liegt in einem Defekt der hämatopoetischen Stammzellen; die granulozytäre und die thrombozytäre Zellreihe (Abb. 9.**1**) sind ebenfalls betroffen.

Klinik. Meist beginnt die Erkrankung schleichend im Alter von 30–50 Jahren. Nur etwa ein Viertel der Patienten beobachtet eine Dunkelfärbung des Morgenurins infolge einer nächtlichen Hämoglobinurie, woher sich der Name der Erkrankung herleitet. Oft bestehen eine erhöhte Infektneigung sowie eine Thromboseneigung durch gesteigerte Thrombozytenaggregation.

Diagnose. Laborchemisch zeigen sich Zeichen der chronischen Hämolyse mit Erhöhung von LDH, indirektem Bilirubin, erniedrigtem Haptoglobin und Retikulozyten. Leukozyten und Thrombozyten sind meist erniedrigt. Im Urin findet sich bei einem Teil der Patienten freies Hämoglobin.

Therapie und Prognose. Eine spezifische Therapie ist nicht möglich. Bedarfsweise werden Erythrozyten transfundiert. Die Prognose ist durch die Infektneigung belastet.

Für den Zahnarzt ist die paroxysmale nächtliche Hämoglobinurie wegen der Neigung dieser Patienten zu Infekten bedeutsam.

Hämoglobinopathien

a) Sichelzellanämie

Ätiologie. Eine Sichelzellanämie wird hervorgerufen durch einen vererbten Defekt der β-Globinkette des Hämoglobins. Das so entstandene HbS-Molekül bindet nur ungenügend Sauerstoff. Die Erythrozyten nehmen Sichelform an und zeigen eine vermehrte Adhärenz an Gefäßendothelien.

Klinik. Beschwerden entwickeln meist nur homozygote Merkmalsträger mit Beginn des zweiten Lebensjahres nach Ersatz des fetalen HbF durch das krankhafte HbS. Klinisch findet man die Zeichen der chronischen Anämie mit Splenomegalie. Durch verminderte Oxygenierung und Infekte ausgelöste hämolytische Krisen mit schmerzhaften Mikrozirkulationsstörungen und Infarkten zahlreicher Organe charakterisieren die Sichelzellanämie. Es ist bemerkenswert, daß Patienten mit HbS eine relative Malariaresistenz aufweisen.

Diagnose. Die Erythrozyten zeigen im Blutausstrich die typische Sichelform. Beweisend ist die Hämoglobinelektrophorese mit Nachweis von HbS. Leukozyten und Thrombozyten sind oft erhöht.

Therapie und Prognose. Eine kausale Behandlung ist nicht bekannt. Stehen Mikrozirkulationsstörungen im Vordergrund, kann Azetylsalizylsäure gegeben werden. Wichtig ist der Schutz vor Infekten. Insbesondere bei geplanten (zahnärztlichen) Eingriffen sollte prophylaktisch antibiotisch abgeschirmt werden. Die Prognose der Sichelzellanämie ist belastet durch nicht beherrschbare Infektionen.

Bei Sichelzellanämie sollte vor geplanten zahnärztlichen Eingriffen stets eine Antibiotikaprophylaxe durchgeführt werden.

b) Thalassämie

Definition. Die Thalassämie ist eine heterogene Gruppe angeborener Defekte der Hämoglobinsynthese. Man unterscheidet eine Major-, eine Intermedia- und eine Minorform.

Klinik. Bei der Thalassaemia major findet man die typischen Zeichen der hämolytischen Anämie bereits innerhalb des ersten Lebensjahres. Aufgrund der gesteigerten Erythropoese kommt es zu Knochenveränderungen wie Turmschädel und verdünnter Kortikalis der Röhrenknochen mit Neigung zu Spontanfrakturen. Nicht selten findet sich eine Hypertrophie der Maxilla mit Überbiß. Die anderen Formen der Thalassämie zeigen klinisch weniger ausgeprägte Symptome.

Therapie. Eine kausale Therapie ist nicht bekannt. Bei schwerem Verlauf sind frühzeitig Transfusionen erforderlich. Diese führen in Zusammenhang mit der gesteigerten Erythropoese letztlich zu einer starken Eisenüberladung (Hämosiderose) des Organismus. Aus diesem Grunde kann eine entsprechende Behandlung zum Eisenentzug notwendig werden.

Prognose. Sie ist bei der Thalassaemia major ernst. Die Patienten erreichen meist nicht das Erwachsenenalter.

Patienten mit einer Thalassaemia major sind vermehrt infektanfällig und sollten vor zahnärztlichen Eingriffen entsprechend antibiotisch abgeschirmt werden.

Enzymdefekte

Erythrozyten beziehen ihre Energie durch anaerobe Glykolyse und durch den aeroben Pentosephosphatzyklus. Angeborene Enzymdefekte mit zahlreichen Varianten können diese Energieversorgung gefährden. Nachstehend soll als Beispiel eines mit weltweit mehr als 100 Millionen Merkmalsträgern relativ häufigen Stoffwechseldefektes der Glukose-6-Phosphat-Dehydrogenase (G-6-PDH)-Mangel besprochen werden.

Glukose-6-Phosphat-Dehydrogenase (G-6-PDH)-Mangel

Ätiologie. G-6-PDH ermöglicht durch Bereitstellung von NADPH im Pentosephosphatzyklus die Inaktivierung oxidativer Stoffwechselprodukte. Klinisch manifest wird ein Mangel an G-6-PDH meist erst bei vermehrter Oxidation. So können typischerweise bestimmte Medikamente wie Primaquin, Sulfonamide, Nitrofurantoin u.a., aber auch Favabohnen eine hämolytische Krise auslösen.

Klinik. G-6-PDH-Mangel findet sich vermehrt bei Mittelmeeranrainern und bei der schwarzen amerikanischen Bevölkerung. Bei meist leerer Vorgeschichte löst der Genuß von Favabohnen oder die Gabe bestimmter Medikamente eine hämolytische Krise aus, die je nach Schwere der Enzymstörung bis zum Nierenversagen führen kann.

Diagnose. Laborchemisch findet man die Zeichen der akuten Hämolyse mit LDH- und Bilirubinanstieg und Abfall des Haptoglobins und dem Nachweis von freiem Hämoglobin im Serum und Urin. Die Diagnose wird gesichert durch Bestimmung der Erythrozytenenzyme.

Therapie. Sie besteht in der Vermeidung der die Hämolyse auslösenden Substanz. Die übrige Therapie ist symptomatisch.

Bei bekanntem G-6-PDH-Mangel sollten Medikamente nur zurückhaltend verordnet werden.

Extrakorpuskulär bedingte hämolytische Anämien

Immunhämolytische Anämie

Immunhämolytische Anämien werden durch Antikörper induziert. Diese können vom Körper selbst gebildet werden (Autoantikörper) oder von außen in den Organismus gelangen. Mit Antikörpern beladene Erythrozyten werden entweder durch das aktivierte Komplementsystem lysiert oder im retikuloendothelialen System (RES) zerstört.

a) Hämolytischer Transfusionszwischenfall

Ätiologie. Die meisten schweren Transfusionszwischenfälle entstehen durch Unverträglichkeiten im AB0-System. Die nicht kompatiblen Erythrozyten des Spenders werden von präformierten Antikörpern des Empfängers sofort hämolysiert. Transfusionszwischenfälle sind fast immer Folge von Unaufmerksamkeit bei der Blutgruppentestung.

Klinik. Die Patienten erkranken innerhalb weniger Minuten nach Transfusionsbeginn – mitunter auch erst kurz nach Transfusionsende – mit schweren Allgemeinreaktionen wie Fieber, Schüttelfrost, Schweißausbruch, Angstgefühl, Unruhe, Rückenschmerzen, Tachykardie, Tachypnoe sowie Blutdruckabfall bis hin zum Schock.

Diagnose. Die Verdachtsdiagnose eines Transfusionszwischenfalles ist meist leicht zu stellen. Die Laborbefunde weisen auf eine schwere Hämolyse hin (Anstieg von LDH und Bilirubin). Darüber hinaus findet man die Zeichen einer Verbrauchskoagulopathie (S. 265) mit Abfall von Fibrinogen und Vermehrung der Fibrinspaltprodukte.

Therapie. Die evtl. noch laufende Bluttransfusion muß schon bei bloßem Verdacht auf einen Transfusionszwischenfall sofort beendet werden. Die weitere Behandlung umfaßt Kreislaufstabilisierung und Gabe von Glukokortikoiden.

Vor jeder Erythrozytentransfusion muß der transfundierende Arzt mit einem sog. Bedside-Test die Blutgruppe des Empfängers und der Konserve im AB0- und Rhesussystem überprüfen.

b) Wärmeantikörper

Ätiologie. Wärmeantikörper vom IgG-Typ entfalten ihre größte Wirksamkeit bei 37 °C, woraus sich ihr Name erklärt. Sie können bei entsprechend sensibilisierten Patienten nach Medikamenteneinnahme wirksam werden. Nicht selten bleibt die Ursache ihrer Entstehung jedoch unklar. Die Antikörper-beladenen Erythrozyten werden im retikuloendothelialen System vor allem der Milz abgebaut.

Klinik. Die Erkrankung beginnt oft schleichend. Man findet meist die Zeichen der chronischen, klinisch lange Zeit kompensierten Hämolyse.

Diagnose. Die Laborbefunde zeigen eine normochrome, normozytäre Anämie mit Erhöhung von LDH und Bilirubin sowie der Retikulozyten erniedrigtem Haptoglobin. Im direkten Coombs-Test lassen sich unmittelbar Antikörper auf den Erythrozyten nachweisen.

Therapie. Kommen Medikamente als Auslöser in Betracht, so werden diese abgesetzt. Zur Unterdrückung der Antikörperbildung werden zusätzlich meist Glukokortikoide über mehrere Monate mit langsamer Reduktion nach Ansprechen gegeben. Bei fehlendem Erfolg kommen eine Splenektomie sowie die Gabe von Zytostatika in Frage.

Wärmeantikörper sind eine nicht ganz seltene, mitunter medikamentös induzierte Ursache einer chronischen Hämolyse.

c) Kälteantikörper

Ätiologie. Kälteantikörper vom IgM-Typ entfalten ihr Aktivitätsmaximum bei 10–20 °C. Neben der Hämolyse induzieren sie eine Agglutination von Erythrozyten mit daraus resultierenden Mikrozirkulationsstörungen in kälteren Körperpartien. Ursache können eine chronische lymphatische Leukämie oder ein malignes Lymphom sein (S. 257 ff).

Klinik. Die meist älteren Patienten klagen über nicht selten schmerzhafte Durchblutungsstörungen der Extremitäten bei Kälteexposition mit Akrozyanose. Mitunter beginnt die Erkrankung im Anschluß an einen Infekt.

Diagnose. Die Verdachtsdiagnose einer Kälteantikörperkrankheit ist meist leicht zu stellen. Sie wird gesichert durch den Nachweis von Kälteantikörpern. Differentialdiagnostisch sind andere Durchblutungsstörungen der Akren wie z. B. bei Kollagenosen (S. 233 f) abzugrenzen.

Therapie. Sie besteht symptomatisch in Vermeidung von Kälteexpositionen. Kausal kann eine evtl. zugrundeliegende Erkrankung wie z. B. ein malignes Lymphom behandelt werden. Darüber hinaus können Glukokortikoide oder auch Zytostatika eingesetzt werden.

Kälteantikörper werden nur wirksam bei erniedrigter Umgebungstemperatur, weswegen Schutz vor Kälteexposition die wichtigste Prophylaxe ist.

Toxische Hämolyse

Unabhängig von Autoimmunmechanismen können selten bestimmte Stoffe wie Arsen oder Sulfonamide direkt toxisch die Erythrozyten so schädigen, daß es zu einer Hämolyse kommt. Die klinische Symptomatik wird vom Ausmaß der Schädigung geprägt. Die Therapie besteht in Meidung der toxischen Substanzen. In schweren Fällen kann eine Austauschtransfusion bzw. Plasmapherese notwendig werden.

Mechanische Hämolyse

Ätiologie. Künstliche Herzklappen können aufgrund besonderer physikalischer Gegebenheiten zu einer erhöhten mechanischen Schädigung der Erythrozyten und zu einer Hämolyse führen.

Klinik. Oft bleibt eine mechanische Hämolyse ohne klinisch faßbare Folgen. Laborchemisch finden sich die Zeichen der intra- und extravasalen Hämolyse. Im Blutausstrich erkennt man zahlreiche Fragmentozyten.

Therapie. Sie ist symptomatisch. Verringerte körperliche Belastung soll helfen, das Herzminutenvolumen und somit die Fragmentierung der Erythrozyten zu reduzieren.

Mischformen der Anämie

Renale Anämie

Ätiologie. Verminderte Erythrozytenproduktion durch Mangel des in der Niere hergestellten Erythropoetins und verkürzte Überlebenszeit der Erythrozyten infolge der Urämie können gleichermaßen zur renalen Anämie beitragen.

Klinik. Meist stehen die Zeichen der fortgeschrittenen Niereninsuffizienz im Vordergrund (S. 122 f). Neben den Laborparametern der Anämie findet sich eine Erniedrigung des Erythropoetins.

Therapie. Sie besteht in Besserung der Grundkrankheit durch Dialyse sowie evtl. Nierentransplantation. Bei Dialysepatienten mit chronischer Niereninsuffizienz ist die regelmäßige Gabe von rekombinantem Erythropoetin indiziert.

Tumor-/Infektanämie

Ätiologie. Bei entzündlichen Erkrankungen, aber auch bei malignen Tumoren besteht nicht selten eine leicht- bis mittelgradige Anämie. Diese hat ihre Ursache in vermindertem Eiseneinbau in die Erythroblasten. Das Eisen wird im retikuloendothelialen System abgelagert. Darüber hinaus besteht eine verkürzte Überlebenszeit der Erythrozyten.

Klinik. Die Symptomatik wird meist von der Grunderkrankung geprägt, wobei die Anämie nur als Begleitsymptom auftritt. Die Besprechung erfolgt daher bei den jeweiligen Organerkrankungen.

Diagnose. Laborchemisch ist eine Tumoranämie meist normo- bis hypochrom. Eisen und Transferrin sind erniedrigt, das Ferritin ist erhöht. Im Knochenmark erkennt man Eisenablagerungen in den Makrophagen.

Therapie. Sie zielt auf die Besserung der Grunderkrankung. Transfusionen werden zurückhaltend gegeben.

Bei schweren Entzündungen, fortgeschrittener Niereninsuffizienz oder Tumorleiden findet sich oft eine Anämie, deren Ursache in einer Kombination aus verminderter Neubildung und verstärktem Abbau der Erythrozyten liegt.

Polyglobulien

Definition. Unter Polyglobulie versteht man eine absolute oder relative Vermehrung der Erythrozyten. Man unterscheidet eine primäre Polyglobulie (Polycythaemia vera) von sekundären Formen.

Polycythaemia vera

Ätiologie. Die Polycythaemia vera ist eine myeloproliferative Erkrankung, welche auch eine Steigerung der Granulopoese und Megakaryopoese als Audruck eines Stammdefektes umfassen kann. Aufgrund der erhöhten Zellzahl kommt es zu einer Viskositätssteigerung des Blutes mit daraus resultierenden Mikrozirkulationsstörungen.

Klinik. Die Erkrankung beginnt meist im mittleren Lebensalter. Man findet eine Hautrötung, vornehmlich im Gesicht und am Thorax. Die Patienten klagen über Hautjucken, Schwindel, Kopfschmerzen und Sehstörungen. Oft besteht eine Thromboseneigung.

Diagnose. Die durch den klinischen Aspekt der Hautrötung gestellte Verdachtsdiagnose wird bestätigt durch Nachweis einer Erhöhung von Erythrozyten und Hämatokrit. Die meisten Patienten weisen auch eine Leukozytose sowie Thrombozytose auf. Das Erythropoetin ist erniedrigt. Im Knochenmark findet man anfänglich eine Hyperplasie, später eine zunehmende Fibrosierung.

Therapie. Sie besteht in regelmäßigen Aderlässen und Reduktion der Eisenaufnahme, wodurch der Hämatokrit in den Normalbereich abgesenkt wird. Darüber hinaus kann eine medikamentöse Behandlung mit Harnstoffderivaten notwendig werden.

Prognose. Sie ist bei der Polycythaemia vera durch einen allmählichen Übergang in eine Osteomyelofibrose (S. 262) oder eine akute myeloische Leukämie belastet. Die mittlere Lebenserwartung nach Diagnosestellung beträgt etwa 10 – 15 Jahre.

Die Polycythaemia vera ist eine langsam verlaufende myeloproliferative Erkrankung, die mit erhöhter Neigung zu Mikrozirkulationsstörungen und Thrombosen einhergeht.

Sekundäre Polyglobulie

Ätiologisch kann eine sekundäre Polyglobulie auf unterschiedlichen Mechanismen beruhen:

a) Kompensatorische Polyglobulie als Folge verminderter Sauerstoffsättigung des Blutes mit konsekutiver Steigerung der Erythropoetinsekretion, z. B. bei
   - langem Aufenthalt in großer Höhe,
   - fortgeschrittener chronisch-obstruktiver Lungenerkrankung (S. 45 ff)
   - Herzfehlern mit Shunt (S. 10 f)
   - Pickwick-Syndrom (S. 131).

b) Vermehrte autonome Sekretion von Erythropoetin, z. B. bei
   - Hypernephrom (S. 117),
   - hepatozellulärem Karzinom (S. 91).

c) Relative Polyglobulie bei Eindickung des Blutes infolge Exsikkose.

   Die Therapie der vorstehenden Formen der Polyglobulie ist symptomatisch und orientiert sich an der jeweiligen Grunderkrankung.

Krankheiten des leukozytären Systems

Vorbemerkungen

Zu den Leukozyten gehören neutrophile Granulozyten, eosinophile Granulozyten, basophile Granulozyten, Monozyten und Lymphozyten. Diese entwickeln sich aus den pluripotenten Stammzellen des Knochenmarks unter dem Einfluß von Zytokinen. Im Knochenmark sind die verschiedenen Vorläufer mikroskopisch unterscheidbar (Abb. 9.**1**, S. 243).

Charakteristisch für die Granulozyten sind Granula im Zytoplasma, die den Zellen ihren Namen gegeben haben. Nach dem Färbeverhalten unterscheidet man eosinophile, basophile und neutrophile Granulozyten, nach Reifungsstufe werden Stab- oder Segmentkernige unterschieden. Diese Zellen werden je nach Bedarf aus dem Knochenmark ausgeschwemmt. Unter dem Einfluß von Zytokinen und chemotaktischen Faktoren wandern sie durch die Gefäßwand in das Gewebe, wo sie mittels Phagozytose Krankheitserreger zerstören. Die mittlere Halbwertszeit von neutrophilen Granulozyten im Blut beträgt nur wenige Stunden.

In der Gruppe der Lymphozyten werden T- und B-Zellen nach ihrer Funktion und der Expression charakteristischer Oberflächenantigene unterschieden. Zur Beurteilung der Leukozyten werden deren Gesamtzahl im peripheren Blut sowie die Untergruppen im Blutausstrich, dem sog. Differentialblut, herangezogen (Tab. 9.**3**). Mit Hilfe der Immunphänotypisierung können die charakteristischen Oberflächenantigene von Lymphozyten unterschieden werden, was einen weiteren Einblick in die aktuelle Immunabwehr vermittelt. Weitergehende Informationen liefert die Untersu-

Tabelle 9.3 Parameter zur Diagnose bzw. Differenzierung einer Erkrankung der Leukozyten (Normwerte)

Leukozyten	4000–10000/mm³	
Differentialblutbild		
Segmentkernige (neutrophile Granulozyten)	45–70%	
Stabkernige (neutrophile Granulozyten)	2– 6%	
Metamyelozyten	0%	
Eosinophile (Granulozyten)	1– 6%	
Basophile (Granulozyten)	0– 2%	
Monozyten	1–10%	
Lymphozyten	22–48%	
– B-Lymphozyten		7–23%
– NK-Zellen		5–10%
– T-Lymphozyten		60–85%
– Quotient CD4:CD8	1,3–2,3	

chung des durch Punktion gewonnenen Knochenmarks.

Leukozytopenie

Veränderungen der Leukozytenzahl im Blut sind häufig und reflektieren die aktuelle Aktivität des Immunsystems. Ein Absinken der Leukozyten unter 4000/µl wird als Leukozytopenie bezeichnet. Unter klinischen Aspekten unterscheidet man eine Granulozytopenie von einer Lymphozytopenie.

Granulozytopenie

Ätiologie. Eine Granulozytopenie kann selten angeboren sein. Weitaus häufiger ist insbesondere der Mangel an neutrophilen Granulozyten erworben, wofür zahlreiche Ursachen in Betracht kommen:
- Medikamente (Thyreostatika, Zytostatika, Sulfonamide, nichtsteroidale Antiphlogistika u. a., insgesamt mehr als 50 verschiedene Medikamente),
- Infektionen (schwere Sepsis, Typhus, virale Infekte u. a.),
- Mangelzustände (chronischer Alkoholismus u. a.),
- Knochenmarkinfiltration durch maligne Erkrankungen,
- aplastische Anämie (S. 246).

Klinik. Ein Mangel an Granulozyten führt zu einer gesteigerten Infektanfälligkeit, wobei verschiedene Organsysteme betroffen sein können. In der Mundhöhle entwickeln sich Ulzera und Gingivitiden. Besonders eindrucksvoll ist die Stomatitis durch Candida albicans (Abb. 9.3). Darüber hinaus können auch ohne erkennbare Ursache septische Temperaturen auftreten.

Diagnose. Im Differentialblutbild findet sich eine Verminderung der neutrophilen Granulozyten bis hin zu deren fast vollständigem Fehlen. Klinisch und laborchemisch zeigen sich ausgeprägte Entzündungszeichen. Durch eine Knochenmarkuntersuchung kann die Verdachtsdiagnose einer Agranulozytose bestätigt werden.

Therapie. Alle potentiell ursächlich in Betracht kommenden Medikamente müssen unverzüglich abgesetzt werden. Symptomatisch wird eine antibiotische Abschirmung vorgenommen. Unter dieser Behandlung und abwartendem Verhalten kommt es oft zu einer spontanen Remission. Bei

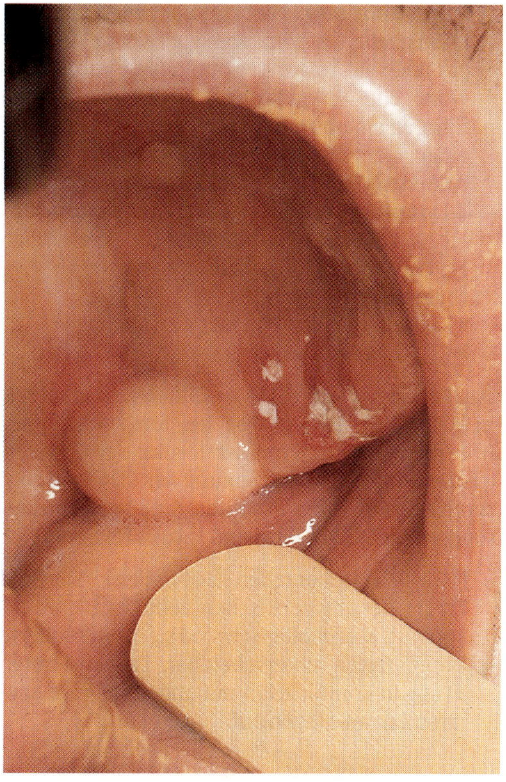

Abb. 9.3 Stomatitis durch Candida albicans. 40jähriger Patient mit schwerer Granulozytopenie nach Chemotherapie einer akuten lympathischen Leukämie.

einer anderweitig bedingten Erkrankung muß diese entsprechend therapiert werden.

Prognose. Eine schwere Granulozytopenie ist lebensbedrohlich. Die Komplikationsrate hängt wesentlich von der Dauer der Granulozytopenie ab.

Ulzera und besonders eine Candidainfektion in der Mundhöhle sind stets verdächtig für eine Granulozytopenie und erfordern umgehend eine weitere Abklärung. Elektive zahnärztliche und insbesondere zahnchirurgische Eingriffe sind bei Granulozytopenie möglichst zu vermeiden.

Lymphozytopenie

Nach funktionellen Gesichtspunkten und mit Hilfe von monoklonalen Antikörpern (Immunphänotypisierung) können mehrere Untergruppen von Lymphozyten unterschieden werden:

- **B-Lymphozyten:** Sie differenzieren sich zu Plasmazellen, produzieren spezifische Antikörper und sind Träger der humoralen Immunantwort. Eine Erkrankung der B-Lymphozyten führt zu einem Antikörpermangelsyndrom mit einer vermehrten Anfälligkeit vor allem für bakterielle Infektionen, z. B. Pneumonien.
- **T-Lymphozyten:** Sie sind Träger der spezifischen zellulären Immunantwort. Wesentlich ist die weitere Differenzierung in zwei weitere Untergruppen:
  - T-Helferzellen (T4- oder CD4-Zellen)
  - T-Suppressorzellen (T8- oder CD8-Zellen).

Das Verhältnis von CD4- zu CD8-Zellen (Tab. 9.**3**) ist charakteristischerweise bei fortgeschrittener HIV-Infektion durch die Zerstörung der CD4-Zellen erniedrigt. Eine Erkrankung der CD4-Lymphozyten führt zu einer erhöhten Anfälligkeit insbesondere gegenüber Pilz- und Virusinfektionen.

- Natürliche Killerzellen (NK-Zellen): Sie sind Träger der unspezifischen zellulären Immunantwort. Morphologisch sind sie als granulierte Lymphozyten unterscheidbar. Defekte treten häufig in Kombination mit anderen lymphozytären Erkrankungen auf.

Angeborenes Antikörpermangelsyndrom

Klinik. Diese angeborene Störung der Immunglobulinsynthese manifestiert sich bereits im Säuglingsalter und führt zu einer erhöhten Anfälligkeit, insbesondere gegen bakterielle Infektionen. Bemerkenswert ist die normale zelluläre Immunreaktion beispielsweise bei Schutzimpfungen oder einem Tuberkulintest.

Diagnose. Bei normaler oder nur leicht erniedrigter Gesamtlymphozytenzahl im peripheren Blut fehlen die Immunglobuline vollständig oder sind stark vermindert. Die Lymphozytendifferenzierung beweist das Fehlen der B-Zellen.

Therapie. Eine kausale Behandlung ist nicht möglich. Symptomatisch müssen Immunglobuline oft lebenslang substituiert werden. Bei Infektionen sollte frühzeitig antibiotisch behandelt werden.

Patienten mit Antikörpermangelsyndrom neigen zu Infekten und müssen vor notwendigen Eingriffen antibiotisch abgeschirmt werden.

Common variable immunodeficiency syndrome

Definition. Unter diesem Begriff wird eine heterogene Gruppe von Erkrankungen mit gestörter B-Zell-Funktion zusammengefaßt. Bei einzelnen Syndromen kann auch die T-Lymphozytopoese betroffen sein.

Klinik. Im Gegensatz zum angeborenen Antikörpermangelsyndrom entwickeln diese Patienten erst im weiteren Leben rezidivierende Infekte, vornehmlich der Atemwege und des Magen-Darm-Traktes.

Diagnose. Laborchemisch imponiert oft ein selektiver Mangel einzelner Immunglobulinklassen. Die B-Lymphozyten sind normal oder erniedrigt.

Therapie. Prophylaktische Gabe von Immunglobulinen und frühzeitige antibiotische Abschirmung bei Infektionen.

Auch beim Common variable immunodeficiency syndrome ist eine großzügige antibiotische Abschirmung erforderlich.

Leukozytose

Granulozytose

Definition. Vermehrung der Granulozyten auf über 8000/μl.

Ätiologie. Eine reaktive Vermehrung der Leukozyten, insbesondere der Granulozyten, findet sich charakteristischerweise bei bakteriellen Infektionen. Eine Leukozytose kann ebenfalls bei Gewebszerfall, z. B. bei einem akuten Herzinfarkt oder einer akuten Pankreatitis, vorkommen. Auch bei Rauchern kann eine mäßiggradige Leukozytose auftreten.

Klinik. Bei einer bakteriellen Infektion werden Zellzahlen von 20000 bis 30000/μl erreicht. Höhere Werte werden selten beobachtet und weisen auf eine mögliche myeloische Leukämie hin. Bemerkenswerterweise findet man bei Typhus, Paratyphus und den meisten Virusinfektionen keine Leukozytose. Glukokortikoide verursachen nach akuter Gabe eine deutliche Leukozytose. Diese findet sich auch nach der therapeutischen Gabe von G-CSF oder GM-CSF (Granulozyten- bzw. Granulozyten/Makrophagen-Kolonie-stimulierender Faktor; Abb. 9.**1**).

Diagnose. Im Differentialblutbild findet man als Folge der vermehrten Mobilisierung der Granulozyten aus dem Knochenmark Stabkernige, Metamyelozyten und Myelozyten (sog. *physiologische Linksverschiebung*). Eine Leukozytose ohne plausiblen Hinweis auf eine Entzündung muß an eine Knochenmarkerkrankung wie z. B. die chronische myeloische Leukämie (S. 256 f) oder die Polycythaemia vera (S. 251 f) denken lassen. Bei schwerer Sepsis kann es selten zu einer Leukozytopenie kommen.

Therapie. Sie erfolgt durch antibiotische Behandlung der bakteriellen Grunderkrankung.

> Eine Leukozytose mit Linksverschiebung ist eine häufige Veränderung des Blutbildes und deutet meist auf eine bakterielle Entzündung hin.

Eosinophilie

Definition. Relative Zunahme der eosinophilen Granulozyten auf mehr als 7% im Differentialblutbild.

Ätiologie. Eine Eosinophilie kann u. a. durch allergische Reaktionen (z. B. Medikamente, Heuschnupfen) oder durch Wurmerkrankungen hervorgerufen werden. Auch bei bestimmten malignen Knochenmarkerkrankungen findet sich gelegentlich eine Eosinophilie. Diagnose und Therapie richten sich nach der Grundkrankheit.

Basophilie

Definition. Relative Zunahme der basophilen Granulozyten auf mehr als 2% im Differentialblutbild.

Ätiologie. Die seltene Basophilie kann in bestimmten Stadien einer allergischen Reaktion, bei chronischer myeloischer Leukämie (S. 256 f) oder bei Polycythaemia vera (S. 251 f) beobachtet werden. Diagnose und Therapie richten sich nach der Grunderkrankung.

Monozytose

Definition. Relative Vermehrung der Monozyten auf mehr als 10% im Differentialblutbild.

Ätiologie. Eine Monozytose findet man bei chronischen Infektionen wie Typhus, Tuberkulose, Malaria u. a. Auch Formen von akuter und chronischer myeloischer Leukämie können eine Monozytose im peripheren Blut aufweisen. Diagnose und Therapie richten sich nach der Grunderkrankung.

Lymphozytose

Definition. Relative Vermehrung der Lymphozyten auf mehr als 40% im Differentialbild.

Ätiologie. Eine Lymphozytose findet sich häufig bei Virusinfekten (z. B. Epstein-Barr-Virus, S. 277), Tuberkulose, Syphilis u. a., aber auch bei akuter und chronischer lymphatischer Leukämie (S. 257 f). Diagnose und Therapie richten sich nach der Grunderkrankung.

Bösartige Krankheiten des hämatopoetischen Systems

Akute myeloische Leukämie (AML)

Ätiologie. AML ist eine maligne Erkrankung der hämatopoetischen Stammzellen mit einem Differenzierungsdefekt in der myeloischen Zellreihe. Durch unkontrollierte Zellvermehrung der leukämischen Blasten kommt es zu einer Verdrängung der normalen Zellpopulationen des Knochenmarks. Risikofaktoren sind Expositionen gegenüber organischen Lösungsmitteln, Bestrahlung und Zytostatika. Die so ausgelösten Erkrankungen werden als sekundäre Leukämien bezeichnet und machen etwa ein Drittel der AML aus.

Klinik. Die AML ist die häufigste akute Leukämie im Erwachsenenalter. Das mittlere Erkrankungsalter beträgt 60 Jahre. Im Vordergrund stehen die Zeichen der Knochenmarkinsuffizienz: Anämie führt zu Schwindel, Müdigkeit, Kopfschmerzen und Leistungsknick; Mangel an funktionstüchtigen Granulozyten zu Infektionen mit Haut- und Schleimhautulzerationen; Thrombozytopenie zu Haut- und Schleimhauteinblutungen (u.a. Nase, Zahnfleisch, gastrointestinal, selten zerebral). Die Zeit von den ersten Symptomen bis zur Diagnosestellung beträgt häufig nur wenige Wochen. Eine Infiltration der Schleimhaut durch leukämische Blasten kann zu einer Gingivahyperplasie als Frühsymptom führen (Abb. 9.**4**).

Diagnose. Im peripheren Blut findet sich oft eine Leukozytose mit Vermehrung leukämischer Blasten im Differentialblut bei gleichzeitiger Verminderung reifer Granulozyten (Abb. 9.**5a**). Im Knochenmark erkennt man eine monomorphe Blastenpopulation mit hochgradiger Verminderung der normalen Hämatopoese. Pathognomonisch ist der Nachweis von Auer-Stäbchen im Zytoplasma der leukämischen Blasten.

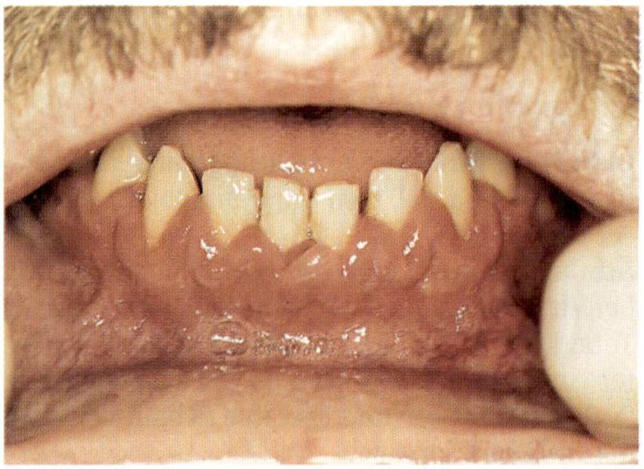

Abb. 9.**4** Gingivahyperplasie. 36jähriger Patient mit Gingivahyperplasie durch Schleimhautinfiltration bei akuter myeloischer Leukämie.

Therapie. Die intensive Polychemotherapie gliedert sich in verschiedene Blöcke: Ziel der initialen Induktionstherapie ist die Reduktion der leukämischen Blasten unter die Grenze der lichtmikroskopischen Nachweisbarkeit und die Regeneration der normalen Hämatopoese (Vollremission). Es folgt eine Konsolidierungschemotherapie, eine mehrjährige Erhaltungstherapie oder bei jüngeren Patienten eine Hochdosistherapie mit allogener Knochenmarktransplantation. Während der Phase der therapieinduzierten Knochenmarkaplasie sind die Patienten besonders gefährdet durch Infektionen sowie durch Blutungen aufgrund der Thrombozytopenie. Dies macht umfangreiche supportive Maßnahmen mit Antibiotika und Substitution von Blutbestandteilen erforderlich.

Prognose. 70 – 80% der Patienten mit neu diagnostizierter AML erreichen durch Induktionstherapie eine komplette Remission. Etwa ein Drittel der Patienten ist nach 5 Jahren rezidivfrei.

Bei Gingivahyperplasie (nicht mehr passende Prothesen), insbesondere in Verbindung mit neu aufgetretener vermehrter Blutungsneigung, sollte der Zahnarzt an eine akute myeloische Leukämie denken.

Chronische myeloische Leukämie (CML)

Ätiologie. Die CML ist eine maligne Erkrankung der hämatopoetischen Stammzellen aufgrund einer Translokation zwischen Chromosom 9 (abl-Gen) und Chromosom 22 (bcr-Gen) mit zytogenetischem Nachweis des sog. Philadelphia-Chromosoms und Entstehung eines neuen Fusionsgens abl/bcr. Daraus resultiert eine unkontrollierte Steigerung der Granulopoese, häufig auch der Thrombopoese, bei erhaltener Differenzierungsfähigkeit.

Klinik. Das mittlere Erkrankungsalter liegt bei 50 Jahren, betroffen sind auch Kinder und Ältere. Die Diagnose wird häufig zufällig aufgrund einer Leukozytose im peripheren Blut gestellt. Klinisch werden drei Phasen unterschieden: die *chronische Phase* mit langsamen Verlauf und erhaltener Differenzierung der Granulopoese, die *Akzeleration* mit Anstieg der Leukozytenzahl und der *terminale Blastenschub* mit Verlust der Differenzierungsfähigkeit. Die Symptome der Erkrankung entstehen durch Verdrängung der gesunden Zellreihen und durch eine langsam progrediente Insuffizienz des Knochenmarks mit Müdigkeit, Infektanfälligkeit, Fieber, Gewichtsverlust oder Blutungsneigung. Charakteristisch ist eine deutliche Splenomegalie, die in fortgeschrittenen Stadien bis zur Hälfte des gesamten Bauchraumes beanspruchen kann.

Diagnose. Im peripheren Blut findet sich eine ausgeprägte Leukozytose mit z. T. mehr als 100 000/µl und Linksverschiebung bis zu Promyelozyten und Myeloblasten (Abb. 9.**5 b**), häufig einer Thrombozytose und vermehrtem Anteil von Eosinophilen und Basophilen. Beweisend ist der zytogenetische Nachweis des Philadelphia-Chromosoms oder der molekularbiologische Nachweis der abl/bcr-Translokation.

Therapie. Durch eine orale Therapie mit Hydroxyharnstoff oder die subkutane Injektion von Interferon-α kann eine hämatologische Remission erreicht werden. Bei einem kleinen Teil von Patienten wird durch Interferon-α auch eine zytogenetische Remission induziert. Für eine Heilung ist eine hochdosierte Therapie mit Zytostatika und/oder Ganzkörperbestrahlung mit nachfolgender allogener Knochenmarktransplantation von einem HLA-identischen Spender erforderlich.

Prognose. Die mittlere Lebenserwartung unter medikamentöser Therapie beträgt 5 Jahre. Durch Knochenmarktransplantation können etwa 70% der Patienten geheilt werden.

Akute lymphatische Leukämie (ALL)

Ätiologie. ALL ist eine maligne Erkrankung von Vorläuferzellen der Lymphopoese mit Differenzierungsstörung.

Klinik. Die akute lymphatische Leukämie macht etwa 80% der akuten Leukämien im Kindesalter, nur 10 – 20% der akuten Leukämien im Erwachsenenalter aus. Zur Diagnose führen die Symptome der Knochenmarkinsuffizienz mit Anämie, Thrombozyto- und Granulozytopenie. Zusätzlich finden sich die Symptome einer Infiltration lymphatischer Organe, z. B. nicht schmerzhaft vergrößerte Lymphknoten der Halsregion, Befall des Waldeyer-Rachenringes, Hepato- und Splenomegalie. Der Krankheitsverlauf bis zur Diagnosestellung beträgt nur wenige Wochen.

Diagnose. Im peripheren Blut findet man oft eine Leukozytose mit Vermehrung von Lymphoblasten bei Verminderung der normalen Leukozyten. Die Diagnose wird durch lichtmikroskopische Analyse des Knochenmarkaspirates gestellt.

Therapie. Die intensive Polychemotherapie besteht aus einer Kombination verschiedener Zytostatika mit Glukokortikoiden und erstreckt sich in Intervallen über ein bis zwei Jahre.

Prognose. Bei etwa 80% der Erwachsenen und bei etwa 95% der Kinder wird durch die Induktionschemotherapie eine komplette Remission erreicht. Die Heilungsrate beträgt 30 – 40% bei Erwachsenen und 60 – 80% bei Kindern.

Symptome der ALL sind die oralen Anzeichen einer verminderten Infektabwehr, Befall des Waldeyer-Rachenringes und zervikale Lymphknotenvergrößerungen.

Chronische lymphatische Leukämie (CLL)

Ätiologie. Bei der CLL findet sich eine neoplastische Vermehrung morphologisch reifer Lymphozyten der B-Zellreihe mit zunehmender Infiltration des Knochenmarks sowie von Lymphknoten, Milz und Leber mit Verdrängung der anderen Zellreihen. Eine CLL der T-Zellreihe ist selten. Immunglobuline sind im fortgeschrittenen Stadium vermindert.

Klinik. Das mittlere Erkrankungsalter liegt bei 60 Jahren und darüber, eine Erkrankung junger Erwachsener ist selten. Klinische Symptome sind nicht schmerzhafte Lymphknotenschwellungen, bevorzugt zervikal, supraklavikulär und axillär, sowie eine Hepatosplenomegalie (Abb. 9.**6**). Die

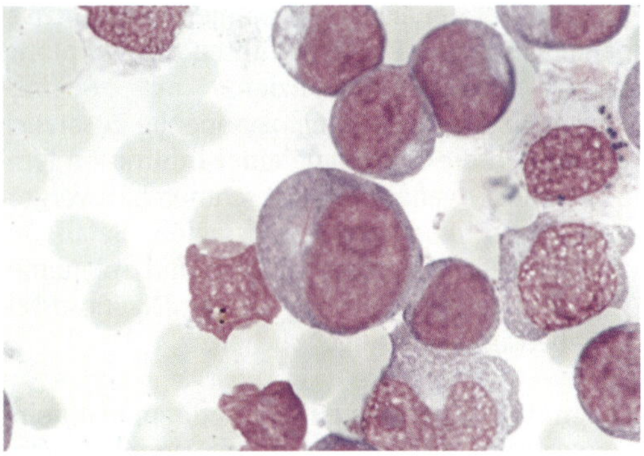
a

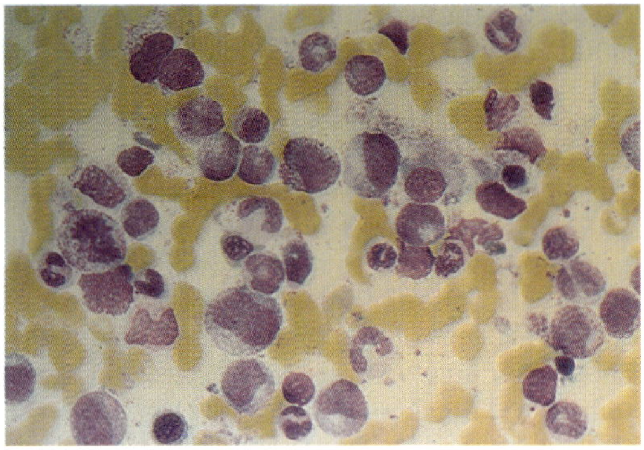
b

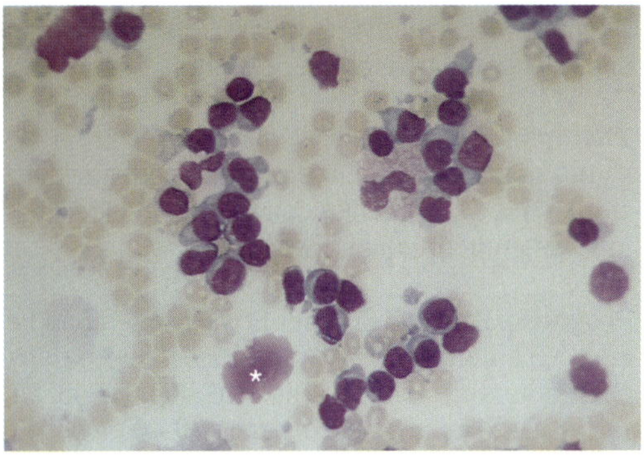
c

Abb. 9.**5** Zytologische Bilder bei malignen hämatologischen Systemerkrankungen.
a Akute myeloische Leukämie (AML). Große Blasten mit Nukleoli, Granula im Zytoplasma und Auer-Stäbchen.
b Chronische myeloische Leukämie (CML). Buntes Bild, aber fast ausschließlich von Zellen der myeloischen Reihe mit Ausreifung in Promyelozyten, Metamyelozyten, Stabkernige und Segmentkernige.
c Chronische lymphatische Leukämie (CLL). Homogene Population von kleinen Lymphozyten mit sehr schmalem Zytoplasmasaum, daneben Kernschatten (s. Stern).

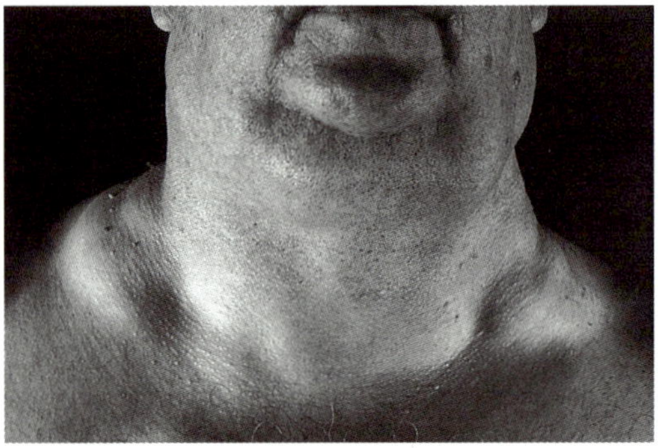

Abb. 9.**6** Lymphknotenvergrößerungen. Symmetrisch vergrößerte Lymphknoten submandibulär, zervikal und supraklavikulär bei einem 59jährigen Patienten mit chronischer lymphatischer Leukämie (CLL).

Erkrankung entwickelt sich langsam über Monate bis Jahre. Häufig wird sie zufällig aufgrund einer Leukoyztose unklarer Genese diagnostiziert. Im weiteren Krankheitsverlauf kommt es zu den Zeichen der Anämie, Thrombozytopenie und zur vermehrten Infektanfälligkeit aufgrund eines Antikörpermangelsyndroms und einer Granulozytopenie.

Diagnose. Im peripheren Blut findet sich eine ausgeprägte Leukozytose bis über 100 000/μl. Das Knochenmark ist hochgradig infiltriert durch reife Lymphozyten (Abb. 9.**5 c**). Charakteristisch ist der Nachweis von zerfallenen Leukämiezellen, sog. Gumprecht-Kernschatten. Die Immunphänotypisierung zeigt eine homogene Population reifer B-Lymphozyten.

Therapie. Wegen des langsamen Krankheitsverlaufes und des häufig höheren Lebensalters der erkrankten Patienten wird die Indikation zur Therapie zurückhaltend gestellt. Sie ist gegeben bei progredienter Anämie, Thrombozytopenie und/oder Organinfiltration. Mittel der ersten Wahl ist Chlorambucil. Glukokortikoide sind effektiv zur kurzfristigen Symptomlinderung. In fortgeschrittenen Stadien werden Fludarabin oder Medikamentenkombinationen wie bei Non-Hodgkin-Lymphomen (S. 260) eingesetzt. Bei zahnmedizinischen

Eingriffen ist eine antibiotische Abschirmung indiziert.

Prognose. Die mittlere Lebenserwartung beträgt je nach Stadium und Progression 5 – 15 Jahre.

CLL ist charakterisiert durch einen langsam progredienten Verlauf und eine vermehrte Anfälligkeit gegenüber bakteriellen Infektionen.

Maligne Lymphome

Unter diesem Begriff werden maligne Erkrankungen des lymphatischen Systems zusammengefaßt. Es werden zwei große Gruppen unterschieden: der Morbus Hodgkin und die Non-Hodgkin-Lymphome.

Morbus Hodgkin (Lymphogranulomatose)

Ätiologie. Sie ist bei dieser Erkrankung nicht geklärt. Charakteristische mikroskopische Befunde sind der Nachweis von einkernigen (Hodgkin-) und mehrkernigen (Sternberg-) Riesenzellen. Histologisch werden vier Untergruppen unterschieden.

Klinik. Die Altersverteilung der Patienten ist zweigipfelig mit einem Maximum zwischen dem 15. und 30. Lebensjahr und einem zweiten jenseits des 50. Lebensjahres. Die Patienten erkranken mit schmerzhaften Lymphknotenvergrößerungen, meist zervikal und supraklavikulär. Charakteristische allgemeine Krankheitszeichen von Patienten mit Morbus Hodgkin werden als *B-Symptome* bezeichnet. Dazu gehören: Fieber (> 38 °C), Nachtschweiß und Gewichtsabnahme von mehr als 10% des Körpergewichts innerhalb von 6 Monaten. Weitere allgemeine Krankheitszeichen sind Leistungsknick, Pruritus, manchmal Alkoholschmerz im Bereich von betroffenen Lymphknotenregionen.

Diagnose. Sie muß histologisch aus einer Lymphknotenbiopsie gestellt werden. Nach Diagnosesicherung erfolgen klinische und bildgebende Untersuchungen zur Festlegung der Erkrankungsausbreitung (Staging). Charakteristisch ist der Nachweis einer Raumforderung im oberen Mediastinum durch Röntgenaufnahmen des Thorax (Abb. 9.**7a**) und computertomographisch (Abb. 9.**7b**).

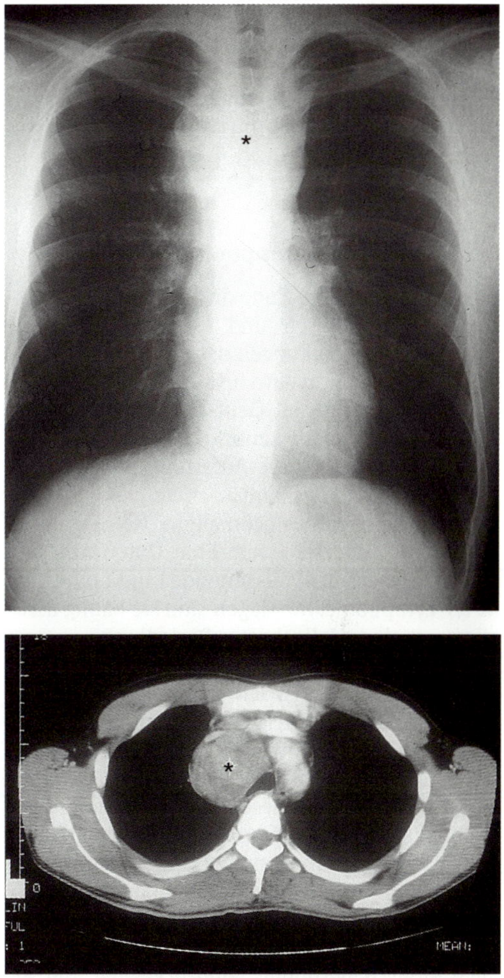

a

b

Abb. 9.**7** Morbus Hodgkin. Mediastinale Raumforderung (s. Stern) im Röntgenthorax (**a**) und im CT-Thorax (**b**) bei einem 19jährigen Patienten.

Therapie. Grundpfeiler der Behandlung sind Polychemotherapie und Bestrahlung. Die Intensität der Therapie richtet sich nach dem Erkrankungsstadium.

Prognose. Die Heilungschancen sind abhängig vom Erkrankungsstadium bei Diagnosestellung und reichen von mehr als 90% bei Befall von nur einer Lymphknotenregion bis zu weniger als 40% bei disseminierter Erkrankung.

Schmerzlose Lymphknotenvergrößerungen in Verbindung mit B-Symptomen bedürfen als Hinweis auf einen Morbus Hodgkin umgehend weiterer Abklärungen.

Non-Hodgkin-Lymphome (NHL)

Ätiologie. Die Non-Hodgkin-Lymphome umfassen eine ätiologisch und klinisch heterogene Gruppe von Erkrankungen des lymphatischen Systems. Die Diagnose wird histologisch gestellt. Die Einteilung erfolgt in Deutschland weitgehend nach der Kiel-Klassifikation oder seit 1995 nach der REAL-Klassifikation. Aufgrund des histologischen Bildes und des klinischen Verlaufes werden niedrigmaligne und hochmaligne Non-Hodgkin-Lymphome unterschieden. Eine Unterform sind von der Schleimhaut ausgehende Lymphome, sog. MALT-Lymphome. Im Magen sind sie häufig assoziiert mit einer Helicobacter-Besiedlung.

Klinik. Charakteristisch sind schmerzlose Lymphknotenvergrößerungen zusammen mit Allgemeinsymptomen wie Fieber, Nachtschweiß, Gewichtsabnahme (B-Symptome, vgl. Morbus Hodgkin). Die Anamnese ist bei Patienten mit hochmalignen Lymphomen kurz mit einer Dauer von Wochen bis Monaten, bei Patienten mit niedrigmalignen Non-Hodgkin-Lymphomen länger mit einer Dauer von Monaten bis Jahren.

Zu den Non-Hodgkin-Lymphomen gehören auch klinisch besonders eindrucksvolle, mit Eigennamen versehene Unterformen wie das *Burkitt-Lymphom* (hochmalignes B-Zell-Lymphom mit aggressivem Verlauf), die *Haarzelleukämie* (niedrigmaligne B-Zell-Erkrankung mit ausgeprägter Splenomegalie und mikroskopisch nachweisbaren haarfeinen Zytoplasmaausläufern), der *Morbus Waldenström* (IgM-produzierendes, niedrigmalignes B-Zell-Lymphom mit Mikrozirkulationsstörungen und daraus resultierenden Sehstörungen, Akrozyanose und vermehrter Blutungsneigung) sowie die *Mycosis fungoides* (niedrigmalignes T-Zell-Lymphom mit Hautinfiltraten).

Diagnose. Zur Sicherung der Diagnose und Klassifikation ist eine Biopsie, meistens aus einem Lymphknoten, erforderlich. Danach wird eine umfangreiche klinische und bildgebende Diagnostik mit Analyse aller Lymphknotenstationen zur Stadienerhebung durchgeführt (Staging).

Therapie. Sie erfolgt bei hochmalignen Non-Hodgkin-Lymphomen durch 4–6 Zyklen einer Polychemotherapie. Die Therapie niedrigmaligner Non-Hodgkin-Lymphome richtet sich nach der Progredienz der Symptome. Bei Befall nur einer Lymphknotenregion oder bei persistierenden Lymphomen nach Chemotherapie ist zusätzlich eine Bestrahlung indiziert.

Prognose. Etwa 80% der Patienten mit hochmalignen Non-Hodgkin-Lymphomen erreichen eine komplette Remission. Etwa 40% sind langfristig geheilt. Bei Patienten mit niedrigmalignen Non-Hodgkin-Lymphomen ist eine Heilung nur in Ausnahmefällen möglich, die mittlere Lebenserwartung hängt von der histologischen Subklassifikation ab und reicht von weniger als 2 Jahren bis zu mehr als 10 Jahren.

Neu aufgetretene Lymphknotenvergrößerungen zusammen mit Allgemeinsymptomen oder über mehrere Monate persistierende schmerzlose Lymphknotenvergrößerungen auch ohne weitere klinische Symptome sind Hinweis auf ein malignes Lymphom und müssen diagnostisch weiter abgeklärt werden.

Plasmozytom (Multiples Myelom, Morbus Kahler)

Ätiologie. Das Plasmozytom ist charakterisiert durch eine unkontrollierte Proliferation reifer Plasmazellen.

Klinik. Das mittlere Erkrankungsalter liegt zwischen 55 und 65 Jahren. Die Symptomatik ist geprägt durch die lokalen Folgen der Expansion von Plasmazellen im Knochenmark mit Knochendestruktion, Verdrängung der normalen Zellreihen und Produktion eines monoklonalen Immunglobulins (Paraproteins). Folgen der Knochendestruktion sind multiple Osteolysen (Abb. 9.**8**). In tragenden Knochen können die Osteolysen stabilitätsgefährdend sein. Bei ausgeprägten Osteolysen kann auch eine Hyperkalzämie auftreten. Folgen der Knochenmarkinfiltration sind bei progredienter Erkrankung zuerst eine Anämie, später eine Thrombozyto- und Granulozytopenie. Folgen der Immunglobulinsekretion sind eine Hyperviskosität und eine vermehrte Eiweißausscheidung im Urin mit progredientem Nierenversagen.

Diagnose. Charakteristischer laborchemischer Befund bei orientierenden Untersuchungen ist eine maximal beschleunigte Blutsenkung. Das Gesamteiweiß ist oft erhöht. In der Eiweißelektrophorese findet sich ein scharf begrenzter Gipfel in der Gammaglobulinfraktion. Durch die etwa gleich hohen Zacken von Albumin und Gammaglobulin bekommt die Elektrophorese das Bild eines M (M-Gradient). Serumkalzium und alkalische Phosphatase sind oft erhöht. Im Urin findet sich eine Proteinurie mit Nachweis von leichten Ketten des Immunglobulins, sog. Bence-Jones-Protein. Bei Erstdiagnose muß ein röntgenologischer Status des gesamten Skelettes zur Erfassung stabilitätsgefährdender Osteolysen durchgeführt werden. Multiple Osteolysen der Schädelkalotte führen zum Bild des sog. Schrotschuß-Schädels (Abb. 9.**8**). In der Knochenmarkbiopsie wird eine vermehrte Infiltration mit Plasmazellen (> 10%) nachgewiesen.

Therapie. In Abhängigkeit von den Krankheitssymptomen und der Progredienz wird die Therapie mit Zytostatika in Kombination mit Glukokortikoiden durchgeführt. Schmerzhafte und stabilitätsgefährdende Osteolysen werden bestrahlt. Die Therapie ist palliativ. Die mittlere Überlebenszeit beträgt etwa 3 Jahre.

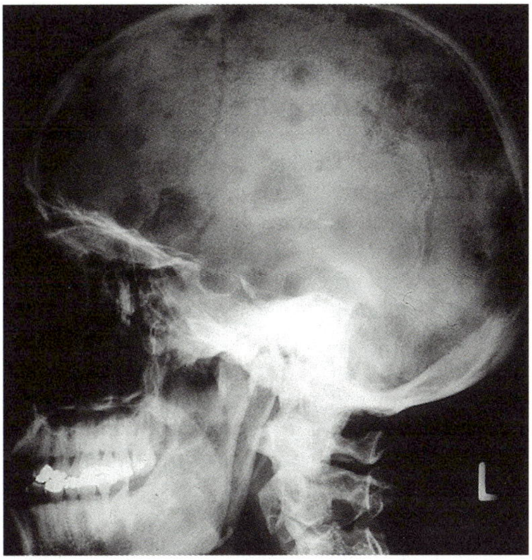

Abb. 9.**8** Plasmozytom. Multiple, scharf begrenzte Osteolysen in den Schädelknochen einer 64jährigen Patientin mit IgG-Plasmozytom.

Die Osteolysen beim Plasmozytom können alle Knochen einschließlich des Kiefers betreffen. Die Patienten sind vermehrt infektgefährdet.

Myelodysplastisches Syndrom

Definition. Unter diesem Begriff wird eine Reihe von Erkrankungen zusammengefaßt, die durch eine ineffektive Hämatopoese und daraus resultierender Panzytopenie im peripheren Blut gekennzeichnet sind. Ursache der Erkrankung ist ein Stammzelldefekt. Die Einteilung richtet sich nach der Anzahl der betroffenen Zellreihen und nach der sog. FAB-Klassifikation:
- refraktäre Anämie (RA),
- refraktäre Anämie mit Ringsideroblasten (RARS),
- refraktäre Anämie mit Exzeß von Blasten (RAEB),
- refraktäre Anämie mit Exzeß von Blasten in Transformation (RAEB t),
- chronische myelomonozytäre Leukämie (CMML).

Klinik. Die Diagnose des myelodysplastischen Syndroms wird in den letzten Jahren zunehmend häufiger gestellt. Das mittlere Erkrankungsalter liegt über 60 Jahre. Risikofaktoren sind Exposition gegenüber organischen Lösungsmitteln, Zytostatika oder Bestrahlung. Die Patienten weisen Symptome der Zytopenie wie Müdigkeit, Leistungsschwäche und Belastungsdyspnoe bei Anämie,

Blutungsneigung bei Thrombozytopenie und Infektneigung bei Granulozytopenie auf. Die Zeit von der Erstmanifestation der Symptome bis zur Diagnosestellung kann Monate bis Jahre betragen.

Diagnose. Im Blutbild ist eine hyperchrome, makrozytäre Anämie charakteristisch (Tab. 9.**2**), in Verbindung mit einer Leukozyto- und Thrombozytopenie. Im Gegensatz dazu zeigt das Knochenmark oft einen erhöhten Zellgehalt mit den morphologisch charakteristischen Zeichen der Dyshämatopoese.

Therapie. Eine kausale Therapie ist nicht bekannt. Bei jüngeren Patienten mit rasch progredientem Verlauf wird die Therapie wie bei einer akuten myeloischen Leukämie (S. 257) durchgeführt. Eine langfristige Heilung ist durch myeloablative Therapie mit Zytostatika oder Ganzkörperbestrahlung und nachfolgender allogener Knochenmarktransplantation möglich. Bei der großen Mehrzahl der Patienten erfolgt die Therapie symptomatisch mit Erythrozytentransfusionen bei Anämie und Thrombozytenkonzentrationen bei Thrombozytopenie.

Patienten mit einem myelodysplastischen Syndrom leiden an Anämie, Thrombozytopenie mit Blutungsneigung und Granulozytopenie mit Infektneigung, so daß bei Eingriffen eine antibiotische Abschirmung erforderlich ist.

Myeloproliferatives Syndrom

Definition. Das myeloproliferative Syndrom ist ein Sammelbegriff für eine Gruppe von Erkrankungen, in die gut definierte Syndrome, beispielsweise die chronische myeloische Leukämie und die Polycythaemia vera, und ätiologisch und genetisch weniger gut charakterisierte Syndrome eingeordnet werden. Charakteristisch ist eine Erhöhung von Erythro-, Leuko- und Thrombozyten, differentialdiagnostisch müssen die beiden oben erwähnten Erkrankungen ausgeschlossen werden. Die Therapie erfolgt analog zur Polycythaemia vera.

Osteomyelofibrose

Ätiologie. Es handelt sich um eine Erkrankung unbekannter Ätiologie mit anfänglicher Hyperplasie aller drei Zellreihen des Knochenmarks und nachfolgender Hypoplasie aufgrund einer zunehmenden Fibrosierung mit kompensatorischer, extramedullärer Blutbildung in Leber und Milz.

Klinik. Nach jahrelangem symptomlosen Verlauf erkranken Patienten im mittleren Lebensalter mit uncharakteristischen Beschwerden wie Müdigkeit, Abgeschlagenheit oder Druck im linken Oberbauch aufgrund der Splenomegalie. Infektanfälligkeit oder Blutungsneigung können hinzutreten.

Diagnose. Im Blut befindet sich zunächst eine Erhöhung der Erythrozyten, häufig auch der beiden anderen Zellreihen. Im weiteren Krankheitsverlauf kommt es dann jedoch zu einem Abfall aller drei Zellreihen mit Auftreten unreifer Vorläuferzellen im peripheren Blut als Ausdruck der extramedullären Blutbildung. Leber und Milz sind vergrößert. Die Knochenmarkpunktion ist unergiebig (Punctio sicca), so daß eine Biopsie erforderlich ist.

Therapie. Eine kausale Therapie gibt es nicht. Die Behandlung erfolgt symptomatisch, bei Bedarf werden Erythrozyten oder Thrombozyten übertragen.

Prognose. Die Erkrankung ist langsam über Jahre progredient. Bei einem Teil der Patienten kann sie in eine akute Leukämie übergehen.

Krankheiten der Hämostase

Vorbemerkungen

Das System der Blutgerinnung ist komplex und wird bedarfsorientiert durch zahlreiche Faktoren reguliert. Es benutzt drei Komponenten:

- Gefäßwand,
- Thrombozyten,
- lösliche, plasmatische Gerinnungsfaktoren.

Erstes Ziel ist es, eine Blutung durch Verschluß der Läsion kurzfristig zu stillen. Zweites Ziel ist es, eine überschießende Gerinnung durch Auflösung von Gerinnseln zu verhindern. Die Blutstillung (Hämostase) kann in drei Phasen unterschieden werden:

1. **Primäre Blutstillung:** Thrombozyten lagern sich an geschädigtes Gefäßendothel und bilden einen Thrombozytenpropf.
2. **Sekundäre Blutstillung:** Durch Aktivierung der plasmatischen Gerinnung bildet sich ein Fibrinnetz zur Stabilisierung.
3. **Fibrinolyse:** Beseitigung von Gerinnseln durch Auflösung von Fibrin.

Die Aktivierung der Gerinnung erfolgt in einer Kaskade (Abb. 9.**9**). Je nachdem, ob sie aus dem Gewebe (extrinsisch) oder aus dem Blut (intrinsisch) aktiviert werden, werden unterschiedliche Faktoren nacheinander benötigt. Angeborene oder erworbene Erkrankungen können auf jeder Ebene auftreten und führen zu einer vermehrten Blutungsneigung.

Neben den Faktorenkaskaden zur Gerinnungsaktivierung mit dem Ergebnis der Fibrinbildung verfügt der Körper auch über ein System zur Auflösung von Fibringerinnseln (Fibrinolyse, Abb. 9.**9** unten). Durch Aktivatoren wird die Umwandlung von Plasminogen in Plasmin bewirkt, das Fibrin proteolytisch spaltet. Plasminogenaktivatoren (z.B. Streptokinase, Urokinase, Tissue-Plasminogenaktivator [t-PA]) werden auch therapeutisch zur Auflösung von Gefäßverschlüssen (z.B. Herzinfarkt, peripherer Arterienverschluß, Venenthrombose) eingesetzt.

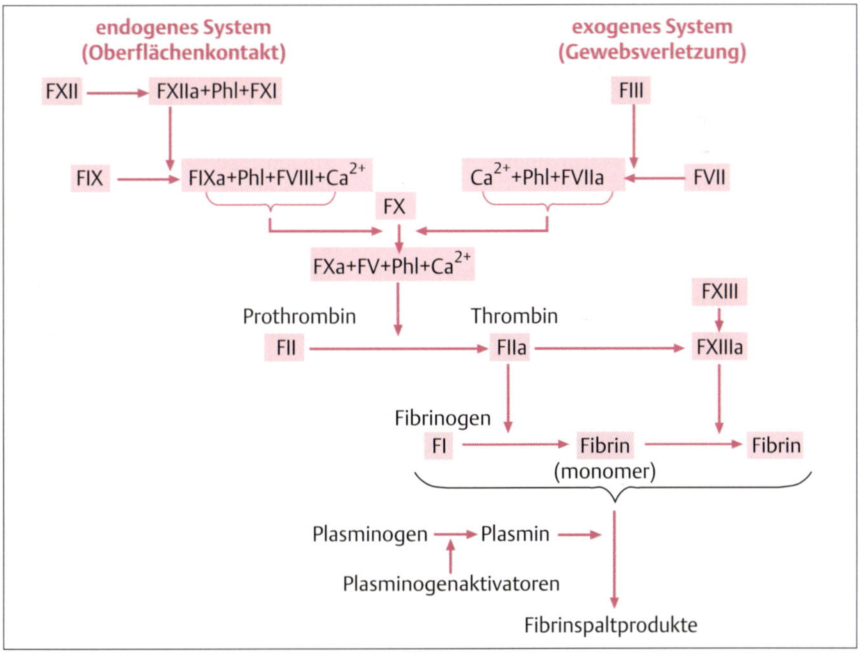

Abb. 9.**9** Hämostase. Schematische Darstellung der Gerinnung und der Fibrinolyse (unterer Bildteil). a = aktiviert, F = Faktor, Phl = Phospholipid.

In der klinischen Routine werden orientierende Globaltests zur Analyse des Gerinnungssystems eingesetzt (Quicktest, PTT, TZ, Blutungszeit, Thrombozytenzahl; s. Kap. 15, S. 377). Eine Bestimmung der Einzelfaktoren der Gerinnungskaskade ist nur bei speziellen Fragestellungen erforderlich.

Vermehrte Blutungsneigung

Angeborene Koagulopathien

Hämophilie

Ätiologie. Die Hämophilie wird durch einen angeborenen Mangel plasmatischer Gerinnungsfaktoren hervorgerufen. Die häufigere Hämophilie A entsteht durch Defekte im Faktor-VIII-Gen, bei der Hämophilie B liegt der Defekt im Gen von Faktor IX. Beide Erkrankungen werden X-chromosomal rezessiv vererbt, d. h. nur Männer erkranken, während gesunde Frauen Überträger (Konduktorinnen) des Gendefektes sein können.

Klinik. Von der frühen Kindheit an neigen die Patienten zu vermehrten Blutungen bei geringen Traumata und verzögerter Blutstillung nach operativen Eingriffen. Charakteristisch bei Kindern sind Einblutungen in Gelenke, besonders in die stärker beanspruchten Knie-, Sprung- und Ellenbogengelenke. Bei rezidivierenden Blutungen können diese zu Destruktionen mit Versteifungen führen. Beobachtet werden auch Weichteileinblutungen, z. B. in die Muskulatur, oder Schleimhautblutungen. Zahnärztlich wichtig sind spontane Gingivablutungen.

Diagnose. Es handelt sich um einen Defekt der intrinsischen Gerinnungskaskade, entsprechend ist die partielle Thromboplastinzeit (PTT) verlängert. Die übrigen globalen Gerinnungstests und die Thrombozytenzahl sind normal. Die Diagnose wird gestellt durch die Einzelbestimmung der Aktivitäten von Faktor VIII bzw. Faktor IX. Je nach Gendefekt ist die klinische Manifestation unterschiedlich stark ausgeprägt.

Therapie. Eine kausale Therapie mit Korrektur des Gendefektes ist nicht verfügbar. Bei Blutungen erfolgt die Substitution mit gereinigten Faktor-VIII- bzw. Faktor-IX-Präparaten. Seit kurzem steht auch gentechnisch hergestellter Faktor VIII zur Verfügung. Bei elektiven operativen Eingriffen muß prophylaktisch eine Faktorensubstitution erfolgen. Für kleinere, z. B. zahnärztliche Eingriffe ist eine Faktor-VIII-Aktivität von 50% der Norm ausreichend. Die Substitution erfolgt je nach Schwere des Eingriffes und des individuellen Blutungstyps über 2 – 14 Tage.

Die früher durchgeführte Substitution mit nicht virussicheren Präparaten hat bei zahlreichen Hämophiliepatienten zu Infektionen (HIV, Hepatitis B und Hepatitis C) geführt.

Bei Hämophiliepatienten muß vor einem geplanten zahnärztlichen Eingriff die erforderliche Faktorensubstitution festgelegt werden. Intramuskuläre Injektionen sind kontraindiziert. Viele ältere Hämophiliepatienten sind HIV-positiv.

Willebrand-Jürgens-Syndrom

Ätiologie. Dieses Syndrom ist die häufigste angeborene Erkrankung mit vermehrter Blutungsneigung durch den verminderten oder fehlenden Willebrand-Faktor. Der Willebrand-Faktor bildet einen Komplex mit Faktor VIII und vermittelt u. a. über einen spezifischen Rezeptor die Thrombozytenadhäsion. Die Erkrankungsgruppe ist in sich heterogen und kann sowohl autosomal dominant als auch rezessiv vererbt werden.

Klinik. Je nach Erkrankungstyp kommt es bereits in der Kindheit zu vermehrten Blutungen bei geringen Traumata und zur verzögerten Blutstillung nach operativen Eingriffen. Gelegentlich wird die Diagnose erst bei Nachblutungen, z. B. nach zahnärztlichen Eingriffen, gestellt. Bei Frauen besteht oft eine Hypermenorrhoe.

Diagnose. Charakteristisch ist eine Verlängerung der Blutungszeit, die PTT kann normal oder gering verlängert sein. Die Thrombozytenzahl ist normal. Die Diagnose wird gesichert durch die quantitative Bestimmung des Willebrand-Faktors.

Therapie. Bei geringerer Blutungsneigung ist die Gabe von Desmopressin hinreichend. Bei schweren Blutungen werden Kryopräzipitate gegeben, die den Willebrand-Faktor zusammen mit anderen Faktoren enthalten.

Bei anamnestischem Hinweis auf eine vermehrte Blutungsneigung sollte vor einem elektiven zahnärztlichen Eingriff ein Willebrand-Jürgens-Syndrom ausgeschlossen werden.

Erworbene Koagulopathien

Vitamin-K-Mangel

Ätiologie. Vitamin K wird essentiell zur Synthese der Gerinnungsfaktoren II (Prothrombin), VII, IX und X benötigt. Da es sich um ein fettlösliches Vitamin handelt, kann ein Mangel durch fettfreie Diät sowie durch mangelnde Absorption entstehen, z. B. bei Cholestase infolge eines Gallengangverschlusses (S. 93) oder bei bestehendem Malabsorptionssyndrom (S. 148). Auch die Therapie mit Vitamin-K-Antagonisten (Cumarinderivaten) zur Verhinderung einer Thrombosebildung verursacht letztlich einen Vitamin-K-Mangel. Abzugrenzen vom Vitamin-K-Mangel ist die häufigere mangelnde Synthese von Gerinnungsproteinen in der Leber bei einem schweren Leberzellschaden, z. B. einer Leberzirrhose.

Klinik. Die Patienten neigen zu vermehrten Hämatomen bei Bagatelltraumen und zu Nasen- oder gastrointestinalen Blutungen. Gelenkblutungen sind selten. Oft dominieren die Zeichen der Grunderkrankung.

Diagnose. Erfaßt wird ein Vitamin-K-Mangel durch einen erniedrigten Quickwert (Prothrombinzeit), dem Globaltest für Störungen des extrinsischen Systems. PTT und Blutungszeit sind ebenfalls verlängert, die Thrombozytenzahl ist normal.

Therapie. Der Vitamin-K-Mangel wird durch orale Substitution in Tropfenform behandelt. Die intravenöse Applikation ist mit dem Risiko allergischer Reaktionen verbunden. Meist steigt der Quickwert nach 12–24 Stunden deutlich an. Bei schweren Blutungen muß Prothrombinkomplex (PPSB) oder Frischplasma gegeben werden. Dies ist auch erforderlich, wenn die Koagulopathie Folge einer mangelnden Syntheseleistung der Leber ist.

Antikoagulanzientherapie mit Vitamin-K-Antagonisten (z. B. Marcumar) ist eine der häufigsten Ursachen für einen Vitamin-K-Mangel. Je nach Indikation der Therapie muß diese vor einem zahnärztlichen Eingriff ausreichend lange abgesetzt oder in Notfällen Prothrombinkomplex gegeben werden. Ein Quickwert von mindestens 40% ist vor einem zahnärztlichen Eingriff zu fordern.

Verbrauchskoagulopathie (disseminierte intravasale Gerinnung)

Ätiologie. Die Verbrauchskoagulopathie ist gekennzeichnet durch eine pathologisch gesteigerte Aktivierung des Gerinnungssystems (Hyperkoagulopathie) mit zunehmendem Verbrauch von Gerinnungsfaktoren und kompensatorisch gesteigerter Fibrinolyse. Zahlreiche Erkrankungen können eine Verbrauchskoagulopathie auslösen. Dazu gehören Sepsis, maligner Tumor, Eklampsie, massiver Gewebszerfall, z. B. bei Verbrennungen, auch ein Transfusionszwischenfall. Die Hyperkoagulopathie führt zunächst zur Ausbildung intravasaler Mikrothromben in kleinen Gefäßen, später zu einer vermehrten Blutungsneigung durch Verbrauch von Thrombozyten und plasmatischen Gerinnungsfaktoren.

Klinik. Eine Verbrauchskoagulopathie verläuft bei den meisten Patienten hochakut. Die Mikrozirkulationsstörungen führen zu Nekrosen der Akren, vor allem der Zehen, Fingerspitzen, Ohrläppchen und Nasenspitze. Weitere Symptome sind Nierenversagen und zerebrale Symptome. Die vermehrte Blutungsneigung führt zu Hauteinblutungen, Schleimhautblutungen, Nasen- und gastrointestinalen Blutungen. Eine rasch progrediente Schocksymptomatik mit Multiorganversagen führt zum Tode.

Diagnose. Sie kann bei dem meist dramatischen Verlauf klinisch vermutet werden. In den Globaltests findet sich eine Erniedrigung des Quickwertes, eine Verlängerung von PTT und TZ sowie eine Verminderung der Thrombozyten. Gesichert wird die Diagnose durch den Nachweis von Fibrinspaltprodukten als Folge der pathologisch gesteigerten Fibrinolyse.

Therapie. Zur Verhinderung von Mikrozirkulationsstörungen wird Heparin niedrigdosiert intravenös gegeben. Die plasmatischen Gerinnungsfaktoren und Thrombozyten müssen substituiert werden. Kurativ kann die Verbrauchskoagulopathie nur durch Therapie der Grundkrankheit behandelt werden.

Eine Verbrauchskoagulopathie ist Ausdruck einer schweren Grundkrankheit. Sie ist gekennzeichnet durch das gleichzeitige Auftreten von Mikrozirkulationsstörungen und vermehrter Blutungsneigung und führt unbeherrscht rasch zum Tode.

Vaskuläre hämorrhagische Diathesen

Hereditäre Teleangiektasie (Morbus Osler)

Ätiologie. Die Erkrankung beruht auf einem autosomal dominant vererbten Gefäßwanddefekt mit Verlust elastischer Fasern und Ausbildung von Teleangiektasien der Haut und Schleimhaut (Osler-Knötchen).

Klinik. Mit zunehmendem Alter der Patienten erkennt man an der Haut und insbesondere der Schleimhaut zahlreiche, im Durchmesser ein bis zwei Millimeter große Teleangiektasien mit Blutungsneigung spontan und bei geringen Traumata. Betroffen sind besonders die Lippen (Abb. 9.**10**), die Nasenschleimhaut, die Zunge, der Gastrointestinaltrakt, seltener die Bronchien.

Diagnose. Der Morbus Osler ist eine Blickdiagnose. Da es sich um Gefäßfehlbildungen handelt, sind die Osler-Knötchen mit dem Glasspatel wegdrückbar. Laborchemisch besteht oft eine ausgeprägte Blutungsanämie. Die globalen Gerinnungstests sind normal.

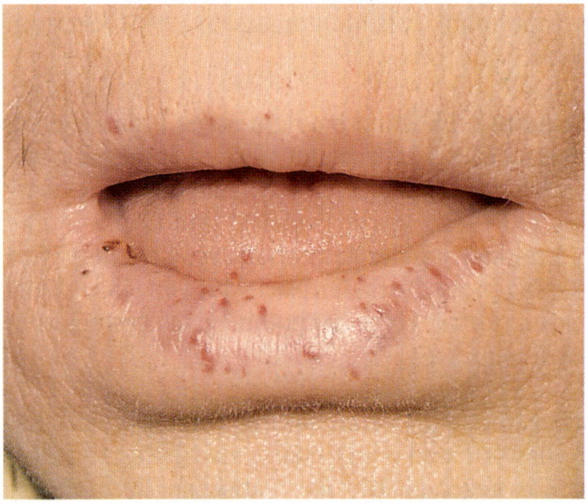

Abb. 9.**10** Morbus Osler. Multiple Teleangiektasien, vor allem an der Unterlippe, bei einem Patienten mit hereditären Teleangiektasien (Morbus Osler).

Therapie. Eine kausale Therapie ist nicht möglich. Bei rezidivierenden Blutungen mit Anämie ist eine Verödungsbehandlung, z. B. durch Laserkoagulation, möglich. Die symptomatische Therapie besteht in der Gabe von Erythrozytenkonzentraten bei ausgeprägter Blutungsanämie und von Eisen zur Kompensation der häufig ausgeprägten Eisenmangelanämie (S. 247).

Der Morbus Osler ist eine zahnärztliche Blickdiagnose.

Purpura-Schoenlein-Henoch (thrombotisch-thrombozytopenische Purpura)

Ätiologie. Die Purpura entsteht durch eine Immunvaskulitis mit erhöhter Gefäßwandpermeabilität. Sie wird ausgelöst durch Infekte, Medikamente oder noch unklare Ursachen.

Klinik. Meist sind Kinder, Jugendliche und junge Erwachsene mit akuten Beschwerden wie Fieber, Gelenkbeschwerden oder heftigen abdominellen Schmerzen betroffen. An den Streckseiten der Arme und Beine (aber auch am Bauch) erkennt man petechiale (flohstichartige) Einblutungen. Die Immunvaskulitis kann sich auch an der Niere als Glomerulonephritis (S. 109 ff) manifestieren.

Diagnose. Die Diagnose ist klinisch zu vermuten aufgrund der Assoziation zwischen Infekt, vermehrter Blutungsneigung und Nierenerkrankung. Laborchemisch finden sich die Zeichen einer akuten Entzündung mit beschleunigter Blutsenkung und Nachweis von C-reaktivem Protein. Darüber hinaus sind Immunkomplexe nachweisbar. Die globalen Gerinnungstests sind charakteristischerweise normal. Folge der Glomerulonephritis ist eine Proteinurie (S. 110).

Therapie. Sie erfolgt medikamentös durch hochdosierte Glukokortikoide. Alternative ist die Elimination der Immunkomplexe durch Plasmapheresen.

Erkrankungen der Thrombozyten

Thrombozytopenie

Definition. Thrombozytenzahlen < 150 000/µl werden als Thrombozytopenie bezeichnet. Eine klinisch relevante Blutungsneigung tritt jedoch erst bei Werten < 20 000/µl auf.

Ätiologie. Eine Thrombozytopenie ist selten angeboren und manifestiert sich dann im Kindesalter. Häufiger ist eine erworbene Thrombozytopenie. Ursachen sind:
- idiopathische Thrombozytopenie (Morbus Werlhof),
- Knochenmarkinfiltration durch eine maligne Erkrankung, z. B. akute oder chronische Leukämie, Plasmozytom, ossäre Metastasen u. a.,
- Medikamententoxizität (Zytostatika, Immunsuppressiva, nichtsteroidale Antiphlogistika, Heparin u. a.),
- aplastische Anämie,
- Hypersplenismus,
- Verbrauchskoagulopathie.

Idiopathische thrombozytopenische Purpura (ITP, Morbus Werlhof)

Ätiologie. Antikörper gegen charakteristische Antigene lagern sich auf der Thrombozytenoberfläche ab und führen zur beschleunigten Zerstörung im peripheren Blut und in der Milz. Ursachen können Infekte, Medikamente oder noch nicht geklärte Auslöser sein.

Klinik. Leitsymptom der Thrombozytopenie sind spontan auftretende, flohstichartige Blutungen (Petechien, Abb. 9.**11**). Dazu kommen Nasenbluten (Epistaxis), gastrointestinale und urogenitale Blutungen, Hämatome bei Bagatelltraumen und Nachblutungen bei operativen Eingriffen. Für den Zahnarzt bedeutsame Zeichen sind spontane Zahnfleischblutungen oder längeres Bluten nach Zähneputzen.

Diagnose. Die Bestimmung des Blutbildes zeigt die Thrombozytopenie, bei klinisch manifesten Blutungszeichen meist unter 20 000/µl. Die Blutungszeit ist verlängert bei normaler plasmatischer Gerinnung. Im Knochenmark sind die Megakaryozyten kompensatorisch vermehrt. Bei etwa der Hälfte der Patienten lassen sich Thrombozytenantikörper nachweisen.

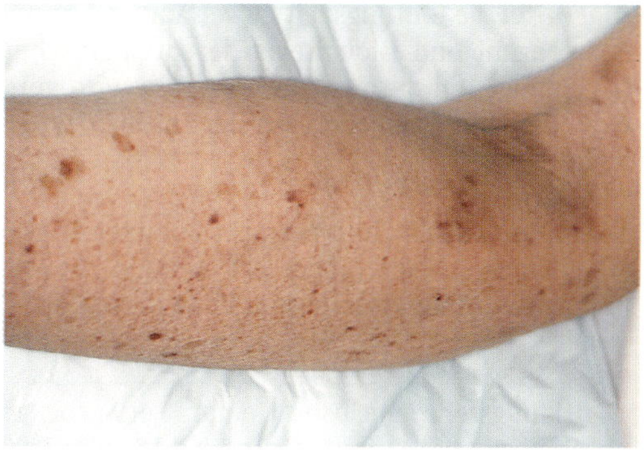

Abb. 9.**11** Idiopathische thrombozytopenische Purpura (Morbus Werlhof). Multiple, flohstichartige Blutungen (Petechien) und kleine Hämatome am Unterarm einer Patientin mit ITP.

Therapie. Bei symptomatischer Thrombozytopenie ist die Therapie der Wahl eine hochdosierte Glukokortikoidtherapie mit anschließender, über Wochen bis Monate ausschleichender Reduktion. Bei Nicht-Ansprechen auf die Therapie oder Rezidiv unter Glukokortikoid-Dauertherapie ist eine Splenektomie indiziert. Weiterhin möglich ist die Therapie mit Zytostatika oder Interferon.

Bei spontanem Zahnfleischbluten muß differentialdiagnostisch an eine Thrombozytopenie gedacht werden. Elektive zahnärztliche Eingriffe sollten bei Thrombozytenzahlen unter 50 000/µl nicht durchgeführt werden.

Thrombozytenfunktionsstörungen

Ätiologie. Angeborene Thrombozytenfunktionsstörungen (Thrombasthenien) sind selten. Sehr viel häufiger sind erworbene Störungen der Thrombozytenadhäsion. Sie können ausgelöst werden durch:
- Medikamente (Azetylsalizylsäure, nichtsteroidale Antiphlogistika, Antibiotika, Antidepressiva u. a.),
- myelodysplastisches Syndrom (S. 261 f),
- Paraproteine (S. 261).

Klinik. Charakteristisch sind vermehrte Blutungsneigung bei Bagatelltraumen, Haut- und Schleimhautblutungen sowie Nachblutungen bei operativen Eingriffen.

Diagnose. Die Blutungszeit ist verlängert, Thrombozytenzahl und Globaltests der plasmatischen Gerinnung sind normal. Die Diagnose wird gesichert durch funktionelle Tests der Thrombozytenaggregation.

Therapie. Ursächlich in Betracht kommende Medikamente müssen abgesetzt werden. Soweit möglich, wird die Grunderkrankung behandelt.

Häufigster Auslöser einer erworbenen Thrombozytenfunktionsstörung ist Azetylsalizylsäure. Sie muß mindestens 5 Tage vor einem zahnärztlichen Eingriff mit Blutungsrisiko abgesetzt werden.

Vermehrte Gerinnungsneigung

Hyperkoagulabilität

Ätiologie. Wie aus dem unteren Teil der Abb. 9.**9** hervorgeht, ist auch der Abbau von Gerinnseln eine der Aufgaben des Gerinnungssystems. Der Mangel eines der zentralen Faktoren führt zur vermehrten Thromboseneigung. Am häufigsten sind Mangel von Protein C, Protein S und Antithrombin III. Diese Defekte sind angeboren und werden autosomal dominant vererbt.

Der häufigste angeborene Defekt, die aktivierte Protein-C-(APC-)Resistenz, wurde erst 1993 entdeckt.

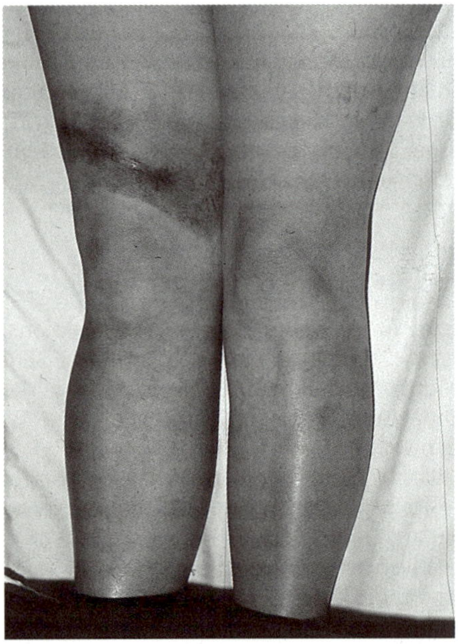

Abb. 9.**12** Phlebothrombose. Schwellung des rechten Unterschenkels mit Rötung, glänzender Haut und verstrichener Tibiakante bei einer Patientin mit Hämatom oberhalb des Knies nach einem Autounfall.

Klinik. Charakteristisch sind rezidivierende thrombotische Ereignisse vor dem 40. Lebensjahr. Diese können sich im venösen System als Phlebothrombose (Abb. 9.**12**), oberflächliche Thrombophlebitis oder Lungenembolie, im arteriellen System als Verschluß der A. subclavia, A. mesenterica oder der renalen Arterien manifestieren. Klinische Zeichen einer Thrombose sind Schwellung der betroffenen Extremitäten und Überwärmung.

Diagnose. Die Verdachtsdiagnose einer Thrombose wird klinisch gestellt und durch Duplexsonographie und ggf. Angiographie bildgebend nachgewiesen. Eine angeborene Koagulopathie wird durch Einzelfaktorbestimmung bzw. den Protein-C-Funktionstest nachgewiesen.

Therapie. Bei einer angeborenen, symptomatischen Hyperkoagulabilität ist eine langfristige Antikoagulation mit Vitamin-K-Antagonisten (Cumarin), Heparin oder einem Thrombozytenaggregationshemmer (Azetylsalizylsäure, Ticlopidin) erforderlich.

Thrombozytose

Definition. Unter einer Thrombozytose versteht man eine Erhöhung der Thrombozytenzahl auf mehr als 500000/μl.

Ätiologie. Eine Thrombozytose kann reaktiv auftreten, z. B. im Rahmen eines Infektes oder einer neoplastischen Erkrankung. Nach einer Splenektomie (z. B. nach traumatischer Milzruptur) entwickelt sich eine vorübergehende Thrombozytose. Eine pathologisch gesteigerte Megakaryopoese kann auch bei malignen Erkrankungen der Hämatopoese auftreten. Sie kann isoliert sein als essentielle Thrombozythämie oder andere Zellreihen des Knochenmarks betreffen, wie bei der Polycythaemia vera (S. 251 f).

Klinik. Durch die erhöhte Thrombozytenzahl wird die Ausbildung venöser und arterieller Thrombosen begünstigt. Die klinische Symptomatik richtet sich nach dem betroffenen Organ und wird bei sekundären Thrombozytosen oft durch die zugrundeliegende Erkrankung geprägt.

Diagnose. Im peripheren Blut finden sich bei symptomatischer Thrombozytose häufig Thrombozytenzahlen von über 1000000/μl. Im Knochenmark sind die Megakaryozyten vermehrt.

Therapie. Soweit möglich, wird die Grunderkrankung behandelt. Symptomatisch erfolgt die Prophylaxe thrombotischer Ereignisse durch die Gabe von Thrombozytenaggregationshemmern, z.B. Azetylsalizylsäure.

Patienten mit einer Thrombozythämie neigen vermehrt zu Thrombosen und erhalten oft prophylaktisch Azetylsalizylsäurepräparate, die vor zahnärztlichen Eingriffen abgesetzt werden müssen.

10 Infektionskrankheiten

N. van Husen

Vorbemerkungen

Täglich steht der menschliche Organismus in ständigem Kontakt mit einer Vielzahl von apathogenen, fakultativ pathogenen sowie pathogenen Viren, Bakterien, Pilzen und vielen anderen Erregern, ohne daß es zu einer Erkrankung kommt. Teilweise sind Keime (z.B. Darmbakterien) sogar zum Leben notwendig. Eine Infektionskrankheit kann erst entstehen, wenn virulente Erreger den mechanischen Schutz (die Haut) des menschlichen Körpers überwinden (z.B. bei einer Hautverletzung oder Zahnextraktion). Dann können sich diese Erreger im Körper – evtl. unter Toxinbildung – vermehren und so die eigentliche Infektion auslösen. Der Infektionsausbreitung stehen Abwehrmechanismen (Abb. 10.**1**) gegenüber durch

- humorale Antikörper,
- Phagozytose.

Eine Infektion kann auf diese Weise lokal begrenzt werden wie z.B. beim Erysipel (S. 282) oder sich dennoch systemisch ausbreiten wie z.B. bei Sepsis. Von einer Infektion können alle Organe betroffen sein.

Viele Infektionskrankheiten sind dadurch charakterisiert, daß sie infolge von Wechselwirkungen zwischen Erregern und Wirtsorganismus in einem bestimmten Zyklus ablaufen: Auf die Infektion folgt die *Inkubationszeit*, in welcher sich der Erreger bereits im Körper befindet, ohne daß Krankheitszeichen auftreten. Der Beginn der klinischen Symptomatik fällt oft zusammen mit der aktiven zellulären und humoralen Auseinandersetzung des Organismus mit dem krankmachenden Agens. Obsiegt der Wirtsorganismus, wird die Infektion zurückgedrängt.

Oft entwickelt sich aufgrund spezifischer Abwehrmechanismen eine mitunter lebenslange Immunität gegen einen bestimmten Erreger. So treten einige Krankheiten, z.B. Masern, typischerweise im Kindesalter auf; im späteren Leben ist der Organismus dann aufgrund der von Lymphozyten gebildeten Antikörper gegen das Masernvirus geschützt, so daß eine 2. Infektion nicht mehr auftreten kann.

Die *Abwehrlage* des Organismus kann durch den Nachweis von *Antikörpern* überprüft werden: Antikörper der Immunglobulinklasse M sind ty-

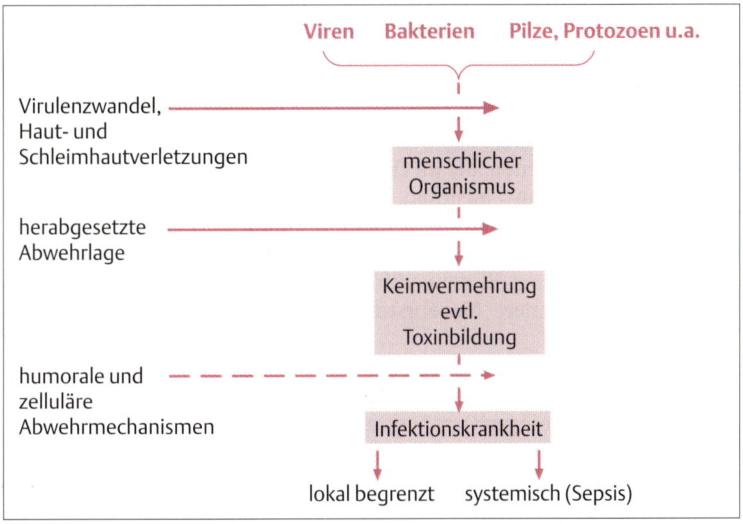

Abb. 10.**1** Ausbreitungsweg und Abwehr von Infektionskrankheiten (Einzelheiten s. Text).

pisch für eine frühe Phase der Auseinandersetzung, Antikörper der Immunglobulinklasse G deuten auf eine spätere Phase dieser Abwehr und verbleiben mitunter lebenslänglich.

Der *Verdacht* auf eine Infektionskrankheit ergibt sich aufgrund der klinischen Symptome, die vom allgemeinen Krankheitsgefühl mit Abgeschlagenheit, Schwäche etc. bis hin zu einem für einen bestimmten Erreger charakteristischen Krankheitsbild reichen. Der Verdacht wird erhärtet durch die sog. Infektionsanamnese, d. h. unter anderem Angaben des Patienten über ähnliche Infektionen in seiner näheren Umgebung, Aufenthalt in tropischen Endemiegebieten, Verzehr suspekter Nahrungsmittel u. dgl.

Die *Diagnose* einer Infektionskrankheit gelingt prinzipiell auf 3 verschiedenen Wegen:

- anhand des typischen klinischen Bildes (z. B. Masern),
- durch den Erregernachweis (z. B. Salmonellen-Enteritis),
- durch den Antikörpernachweis (z. B. Virus-Hepatitis).

Viele Infektionskrankheiten sind selbstlimitierend, d. h. die Infektion wird auch ohne ärztliche Hilfe aufgrund der Abwehrmechanismen des menschlichen Körpers mit bleibender Immunität überstanden. Mitunter verläuft die Infektion klinisch so uncharakteristisch, daß eine exakte Diagnose in diesem Stadium nicht gelingt. Erst im nachhinein läßt sich dann anhand des Antikörpernachweises der Beweis führen, daß eine solche Infektion stattgefunden haben muß. Man spricht dann von sog. stiller Feiung (erworbene Immunität durch klinisch inapparenten Krankheitsverlauf).

Immunität gegen einen Erreger kann auch erreicht werden durch *aktive Immunisierung (Impfung)*, bei welcher dosiert inaktivierte Erreger-Antigene zugeführt werden, die im Organismus eine Antikörperproduktion auslösen, ohne selbst krankmachend zu sein, und so zu einer Immunität führen. Als *passive Immunisierung* bezeichnet man die Gabe von solchen Bluteiweißfraktionen, die besonders konzentriert Abwehrstoffe enthalten *(Gamma-Globuline)*.

Verschiedene Infektionskrankheiten wie z. B. Virus-Hepatitis oder bakterielle Endokarditis sind bereits bei den jeweiligen Organerkrankungen besprochen worden. Im folgenden sollen ohne Anspruch auf Vollständigkeit vornehmlich solche Infektionskrankheiten dargestellt werden, die aufgrund ihrer Symptome im zahnärztlichen Blickfeld erkennbar sind (z. B. Masern) oder deren Kenntnis aus Gründen der Infektionsprophylaxe (z. B. Tuberkulose) für den Zahnarzt von Bedeutung ist.

Bakterielle Anginen

Unter einer Angina (Enge) versteht man die durch entzündliche Schwellung der Gaumenmandeln hervorgerufene Einengung des Rachenraumes. Ursächlich kommen verschiedene Erreger in Betracht.

Angina tonsillaris

Erreger: Oft β-hämolysierende Streptokokken, auch Staphylokokken, Pneumokokken und andere Bakterien, nicht selten auch Viren.

Meldepflicht: Keine.

Klinik. Die Übertragung erfolgt durch Tröpfcheninfektion. Die Inkubationszeit ist mit 1 – 2 Tagen kurz. Die Patienten klagen über Schluckbeschwerden infolge der Tonsillenschwellung. Oft besteht Fieber, mitunter auch Schüttelfrost. Bei Inspektion des Rachenraumes findet sich eine Rötung und Schwellung der Tonsillen. Die regionären Lymphknoten können ebenfalls vergrößert sein. Man trennt nach dem klinischen Aspekt (Abb. 10.**2**):

- Angina catarrhalis (einfache Tonsillenschwellung),
- Angina follicularis (Lymphfollikel geschwollen),
- Angina lacunaris (breite Beläge in den Tonsillenbuchten),
- Angina Plaut-Vincenti (einseitige ulzerierende Entzündung).

Der meist einseitigen Angina Plaut-Vincenti liegt eine Infektion mit Borrelien und Fusobakterien zugrunde.

Diagnose. Eine Angina tonsillaris wird anhand des typischen klinischen Bildes nach Inspektion der Tonsillenregion diagnostiziert. Eine bakteriologische Differentialdiagnose ist nur bei atypischem Verlauf notwendig.

Therapie. Die Angina tonsillaris wird mit Penizillin behandelt. Bei stark fieberhaftem Verlauf sind Bettruhe und symptomatische Maßnahmen anzuraten. Die Prognose ist zumeist gut. Komplikationen drohen in Form eines Paratonsillarabszesses. Unbehandelt kann eine Angina durch Antigen-Antikörperreaktionen zu Folgeerkrankungen an den Nieren (Glomerulonephritis) oder am Herzen (Endokarditis) führen.

Scharlach

Erreger: β-hämolysierende Streptokokken der Gruppe A.

Meldepflicht: Tod durch Scharlach.

Klinik. Die Erkrankung wird durch Tröpfcheninfektion oder infizierte Gegenstände übertragen. Die Inkubationszeit beträgt 2–4 Tage. Ansteckungsgefahr besteht bis 48 Stunden nach Beginn einer effektiven Antibiotikatherapie.

Die Krankheit beginnt mit Halsschmerzen, rasch ansteigendem Fieber und Schüttelfrost. Es findet sich eine flammende Rötung (Enanthem) und Schwellung des Rachenringes. Die Tonsillen zeigen *abwischbare Beläge* (im Gegensatz zur Diphtherie, s. u.). Etwa am 4. Krankheitstag entwickelt sich nach Abstoßung eines Zungenbelages die sog. *Himbeerzunge* mit Anschwellen der Zungenpapillen.

Das aus dicht gesäten roten Punkten bestehende *Scharlachexanthem* tritt meist unter Aussparung des Gesichtes etwa am 2.–3. Krankheitstag auf und befällt besonders intensiv die Leistenbeugen. Etwa 2–3 Tage später klingt das Exanthem wieder ab. In der 3. Krankheitswoche kommt es zu einer kleieförmigen Schuppung der gesamten Haut.

Diagnose. Eine Scharlacherkrankung kann an dem typischen klinischen Bild erkannt werden. Durch Nachweis β-hämolysierender Streptokokken im Tonsillenabstrich kann die Diagnose erhärtet werden. Als *Frühkomplikation* der Scharlacherkrankung kann es durch eine massive Toxineinschwemmung zu einem toxischen Kreislaufversagen kommen. Etwa in der 3. Krankheitswoche kann sich – vermittelt durch Antigen-Antikörper-Reaktionen – eine sog. *Zweitkrankheit* entwickeln, beispielsweise eine Glomerulonephritis (S. 109 ff) oder eine Endokarditis (S. 5 ff).

Therapie. Sie umfaßt symptomatisch Bettruhe und kausal hochdosiert Penizillin für etwa 2 Wochen. Dadurch kann die Infektion zumeist beherrscht werden. Die Zweitkrankheit bleibt davon jedoch unberührt.

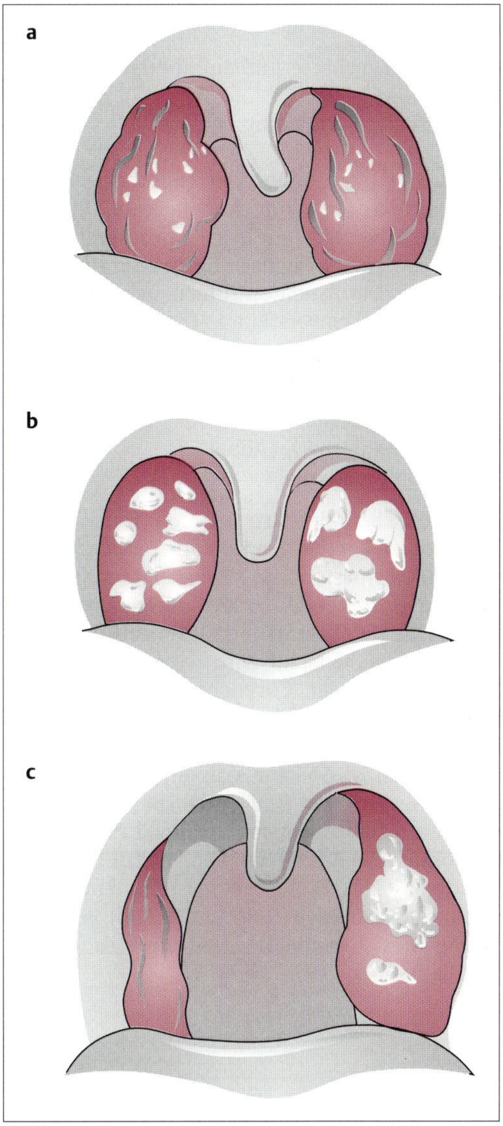

Abb. 10.**2** Verlaufsformen der Angina:
a Angina follicularis.
b Angina lacunaris.
c Angina Plaut-Vincenti.

Prophylaxe. Patienten, die schon einmal ein rheumatisches Fieber (S. 5 ff) durchgemacht haben, werden prophylaktisch langfristig antibiotisch abgeschirmt.

Diphtherie

Erreger: Corynebacterium diphtheriae.

Meldepflicht: Erkrankung und Tod.

Klinik. Die Übertragung der Diphtherie erfolgt überwiegend durch Tröpfcheninfektion. Die Inkubationszeit beträgt 3–5 Tage. Ansteckend ist ein Kranker bis zum 3. Tag nach Beginn der Antibiotikatherapie. Die Patienten fühlen sich bei mäßig hohem Fieber schwerstkrank. Die klinische Symptomatik wird geprägt durch die Hauptlokalisation des Befalls im oberen Respirationstrakt:

- Nasendiphtherie,
- Tonsillendiphtherie (Abb. 10.**3**),
- Kehlkopfdiphtherie.

Inspektorisch findet sich auf den Tonsillen ein grau-weißer, konfluierender und deutlich haftender Belag. Es besteht ein süßlicher Mundgeruch. Wegen der drohenden Erstickungsgefahr ist besonders die Kehlkopfmanifestation gefürchtet.

Das Krankheitsbild wird wesentlich geprägt durch ein von den Corynebakterien gebildetes Toxin, das zu Epithelnekrosen führt, von der Schleimhaut aufgenommen werden kann und neurotoxisch ist. So kann sich eine Lähmung des Gaumensegels oder eine Fazialisparese entwikkeln. Sehstörungen entstehen durch Lähmung der Augenmuskeln. Am Herzen kann es zur toxischen Schädigung des Reizleitungssystems sowie zur Myokarditis kommen (S. 8 ff und S. 21 ff). Bei Schädigung des Vasomotorenzentrums droht ein Kreislaufschock.

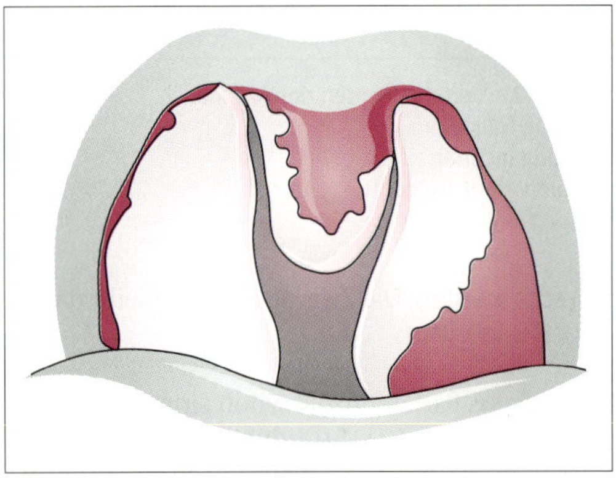

Abb. 10.**3** Tonsillen-Diphtherie.

Diagnose. Eine Diphtherie wird an den typischen klinischen Symptomen erkannt. Der Verdacht kann durch den mikroskopischen Nachweis von Corynebakterien im Tonsillenabstrich erhärtet werden. Gesichert wird die Diagnose durch den Toxinnachweis.

Therapie. Da der Toxinnachweis zeitaufwendig ist, muß schon bei klinisch begründetem Diphtherieverdacht sofort mit der Behandlung begonnen werden. Sie besteht in der Gabe eines spezifischen Antitoxins und der Einleitung einer Antibiotikabehandlung (z. B. Penizillin oder Erythromycin).

Prognose. Sie hängt an der möglichst frühzeitigen Antitoxingabe.

Prophylaxe. Bei der Diphtherie dient die aktive Schutzimpfung im Säuglingsalter der Prophylaxe.

Bakterielle Anginen sind eine häufige, durch Tröpfcheninfektion übertragene Entzündung der Mandeln, deren klinisches Spektrum von banalen Infekten bis hin zu Scharlach und Diphtherie reicht. Da die Erkrankung im zahnärztlichen Blickfeld liegt, muß der Zahnarzt mit den Grundzügen der Krankheitserkennung vertraut sein. Bei Scharlach können Folgeerkrankungen u. a. an Nieren und Herz auftreten. Bei Diphtherie schädigen Bakterientoxine Herz und Kreislauf, wogegen frühzeitig Antitoxine gegeben werden müssen.

Exanthematische Viruserkrankungen

Masern

Erreger: Masernvirus.

Meldepflicht: Tod durch Masern.

Klinik. Die Übertragung des hochkontagiösen Virus erfolgt durch Tröpfcheninfektion. Nach einer Inkubationszeit von etwa 10–12 Tagen erkranken die Patienten mit einem katarrhalischen Infekt und hohem Fieber. Konjunktivitis und Lichtscheu sind typisch. Am dritten Tag bildet sich an der Wangenschleimhaut – meist gegenüber den unteren Molaren – ein *Enanthem* mit kleinen kalkspritzerartigen, von einem roten Hof umgebenen Stippchen *(Koplik-Flecken).* Unter Rückgang des Fiebers entwickelt sich dann von kranial nach kaudal fortschreitend ein grobfleckiges Exanthem. Nach 4–7 Tagen beginnt das Exanthem abzublassen, das Fieber geht gänzlich zurück. Bis zu diesem Zeitpunkt gelten die Kranken als infektiös.

Komplikationen der Krankheit sind die Masernenzephalitis sowie Sekundärinfektionen wie Bronchopneumonie oder Otitis media.

Diagnose. Eine Masernerkrankung wird anhand der Koplik-Flecken oder später aufgrund des typischen Bildes des Masernexanthems klinisch diagnostiziert.

Therapie. Sie ist rein symptomatisch. Bei bakterieller Sekundärinfektion werden frühzeitig Antibiotika gegeben. Bei abwehrgeschwächten Kindern können zur Verlaufsmitigierung Gammaglobuline i. m. gegeben werden.

Prophylaxe. Mit der Masernimpfung steht eine Prophylaxe zur Verfügung, um durch frühzeitige und effektive Antikörperbildung den Patienten zu schützen.

Masern sind eine hochkontagiöse exanthematische Viruserkrankung, die bereits im Prodromalstadium vom Zahnarzt an den Koplik-Flecken erkannt werden kann.

Röteln

Erreger: Rötelnvirus.

Meldepflicht: Erkrankung und Tod durch angeborene Rötelnembryopathie.

Klinik. Die Übertragung dieser überwiegend im Kindesalter auftretenden Erkrankung erfolgt bei engem Kontakt durch Tröpfcheninfektion von Mensch zu Mensch. Nach einer Inkubationszeit von 2–3 Wochen erkranken die Patienten mit einer fieberhaften katarrhalischen Entzündung der oberen Luftwege und Konjunktiven. Lymphknotenschwellungen der Halsregion, am Nacken sowie retroaurikulär sind charakteristisch. Es entwickelt sich das typische Rötelnexanthem, das aus hellroten, fein- bis mittelfleckigen, makulopapulösen Effloreszenzen besteht. Sie beginnen im Gesicht und breiten sich von dort auf den Körper aus. Die Infektiosität beginnt etwa 1 Woche vor dem Exanthemausbruch und endet etwa 10 Tage nach Auftreten des Exanthems.

Bei Infektion in der Schwangerschaft kann es zu Abort, Totgeburt oder Mißbildungen kommen *(Röteln-Embryopathie)*. Häufiger beobachtet werden Mißbildungen am Herzen sowie an Augen und Ohren.

Diagnose. Sie wird aufgrund des typischen klinischen Bildes gestellt.

Therapie und Prophylaxe. Die Behandlung ist symptomatisch. Wichtig ist die Überprüfung des Rötelnantikörpertiters vor einer Schwangerschaft. Bei fehlendem Titer sollte eine aktive Schutzimpfung vorgenommen werden, um eine Rötelnembryopathie zu verhindern.

Die prinzipiell harmlose Rötelnerkrankung ist gefürchtet wegen ihrer Gefahren für die Frühschwangerschaft. Eine aktive Impfung ist daher anzuraten.

Windpocken

Erreger: Varizellenvirus.

Meldepflicht: Keine.

Klinik. Die Infektion mit dem hochkontagiösen Virus erfolgt durch Tröpfcheninfektion in der Kindheit. Über 90% der Erwachsenen besitzen Antikörper gegen das Virus. Nach einer Inkubationszeit von 2 bis knapp 3 Wochen kommt es nach uncharakteristischem Prodromalstadium mit Gliederschmerzen und mäßigem Fieber zu dem typischen Exanthem. Die Erkrankung beginnt typischerweise am Stamm mit stark juckendem Exanthem: linsengroße rote Flecken werden rasch papulös und bilden sich dann zu wasserhellen, später trübeitrigen Bläschen um, die unter Krustenbildung nach 1–2 Tagen eintrocknen und ohne Narbenbildung abfallen. Das Krankheitsbild ist charakterisiert durch das Nebeneinander von frischen und älteren Läsionen, die schubweise etwa eine Woche lang auftreten. Die Krankheit ist ansteckend bis zum Abheilen der Borken.

Diagnose. Windpocken werden diagnostiziert aufgrund des typischen klinischen Bildes. Die Differentialdiagnose zu den als nahezu ausgestorben geltenden Pocken gelingt durch das vollkommen gleichmäßige Erscheinungsbild der Pocken, die Mehrkammerigkeit der Pocken sowie den Befall von Handteller und Fußsohlen, die bei Windpocken typischerweise ausgespart sind.

Therapie. Sie ist symptomatisch. Bei starkem Juckreiz wird mit Puder oder Antihistaminika behandelt. Sekundärinfektionen durch Kratzen werden antibiotisch abgedeckt.

Gürtelrose (Herpes zoster)

Erreger: Varizellenvirus.

Meldepflicht: Keine.

Klinik. Eine Gürtelrose entwickelt sich durch Reaktivierung der Erreger nach einer früher durchgemachten Windpockenerkrankung bei Schwächung der Immunität – beispielsweise infolge einer konsumierenden (malignen) Erkrankung. Die Ausbreitung folgt bestimmten Dermatomen und manifestiert sich in der Regel einseitig. Gefürchtet ist der Befall der Augen (Zoster ophthalmicus). Die Erkrankung beginnt mit Schmerzen und Sensibilitätsstörungen im betroffenen Dermatom. Einige Tage später entwickeln sich in diesem Areal stecknadelkopfgroße Maculae, die sich zu Bläschen umwandeln. Die örtlichen Lymphknoten können anschwellen. Der Ausschlag heilt oft innerhalb von 1 – 2 Wochen ab, kann aber auch über längere Zeit bestehen bleiben. Die neuralgiformen Beschwerden können die Abheilung der Hauterkrankung Monate überdauern. Bei stark herabgesetzter Abwehrlage kann sich selten ein generalisierter Zoster entwickeln.

Diagnose. Sie wird anhand des typischen klinischen Bildes gestellt. Die Patienten sind ansteckend für diejenigen, die noch keine Windpocken durchgemacht haben.

Therapie und Prophylaxe. Bei unkompliziertem Verlauf beschränkt man sich bei der Behandlung auf die Analgetikagabe. Bei schwerem Verlauf (Varizellenpneumonie, Zoster ophthalmicus) oder Immuninkompetenz (z. B. AIDS, S. 279 ff) ist eine frühzeitige Gabe von Aciclovir angezeigt. Prophylaktisch kann eine Impfung durchgeführt werden.

Windpocken und Gürtelrose sind verschiedene Manifestationen derselben Viruserkrankung. Windpocken treten bei Erstkontakt meist in der Kindheit auf. Bei herabgesetzter Abwehrlage kann sich im späteren Leben eine Gürtelrose entwickeln. Bei schwerem Verlauf ist eine virustatische Therapie angezeigt.

Herpes simplex

Erreger: Herpes-simplex-Virus (HSV).

Meldepflicht: Keine.

Klinik. Das Herpes-simplex-Virus wird durch Tröpfcheninfektion (HSV 1) oder durch Geschlechtsverkehr (HSV 2) übertragen. Die Durchseuchung mit HSV 1 ist hoch, wohingegen nur etwa 10 % der Erwachsenen Antikörper gegen HSV 2 aufweisen.

Die HSV-1-Erstmanifestation verläuft klinisch unter dem Bild einer *Stomatitis aphthosa*. Es bilden sich auf der geröteten Mundschleimhaut rasch aufplatzende Bläschen, die in ein ulzeröses Stadium übergehen und nach etwa 10 Tagen abheilen.

Bei der HSV-2-Infektion kommt es zu schmerzhaften Ulzerationen an Vulva und Vagina bzw. an der Glans penis. Als bedrohlich gilt die Herpes-simplex-Enzephalitis.

Durch eine Vielzahl auslösender Faktoren kann es ähnlich wie bei dem Varizellen-Zoster-Virus zu einer Reaktivierung der latenten Infektion kommen. Solche auslösenden Ursachen sind u. a. Infektionen (sog. Fieberbläschen), Traumen, Gravidität oder auch nur exzessive Sonnenbestrahlung. Die rekurrierende Infektion des HSV 1 zeigt sich als *Herpes labialis*, die HSV-2-Infektion als *Herpes genitalis*.

Diagnose. Eine HSV-Infektion wird in aller Regel klinisch diagnostiziert.

Therapie. Sie ist überwiegend symptomatisch. In bedrohlichen Fällen wird mit Aciclovir behandelt.

Das Herpes-simplex-Virus kommt in zwei verschiedenen Ausprägungen vor. Die Erkrankung neigt zu Rezidiven, insbesondere dem zahnärztlich häufiger zu beobachtenden Herpes labialis.

Weitere Viruserkrankungen

Mumps (Ziegenpeter, Parotitis epidemica)

Erreger: Parotitisvirus.

Meldepflicht: Keine.

Klinik. Die Übertragung erfolgt durch Tröpfcheninfektion von Mensch zu Mensch. Nach einer Inkubationszeit von etwa 18 – 21 Tagen kommt es zu einer in der Regel zunächst einseitigen Entzündung und schmerzhaften Schwellung der Glandula parotis. Nach einigen Tagen kann auch die kontralaterale Seite betroffen sein. Die Umgebung der Drüse ist teigig geschwollen, das Ohrläppchen abgehoben. Nach etwa einer Woche bilden sich diese Veränderungen zurück. Ansteckungsfähigkeit besteht wenige Tage vor bis eine Woche nach Erkrankungsbeginn. Wegen der ähnlichen Organstrukturen kann auch die Bauchspeicheldrüse miterkranken. Gefürchtete Komplikation einer Parotitis epidemica ist die Orchitis, die bei Beteiligung beider Hoden zur Sterilität führen kann. Auch eine Mumpsenzephalitis wird gelegentlich beobachtet.

Diagnose. Sie kann leicht aufgrund des typischen klinischen Bildes gestellt werden. In Zweifelsfällen helfen Antikörperbestimmungen weiter.

Therapie und Prophylaxe. Die Behandlung ist symptomatisch. Mundspülungen mit Kamillentee u. ä. lindern die Beschwerden. Prophylaktisch wird eine Impfung empfohlen, beispielsweise mit einem Dreifachimpfstoff (Masern, Mumps, Röteln).

Mumps ist eine überwiegend die Parotis betreffende, im Prinzip jedoch generalisierte Viruserkrankung (Orchitis, Enzephalitis). Nur die rechtzeitige Impfung schützt vor diesen gefürchteten Komplikationen.

Infektiöse Mononukleose

Erreger: Epstein-Barr-Virus (EBV).

Meldepflicht: Keine.

Klinik. Die auch als *Pfeiffer-Drüsenfieber* bezeichnete infektiöse Mononukleose wird durch Tröpfcheninfektion meist bei jüngeren Menschen übertragen („Kissing disease"). Das Virus befällt überwiegend das lymphatische System und führt nach einer Inkubationszeit von etwa 1 – 2 Wochen zu einer fieberhaften Infektion mit Laryngitis, Tonsillenhypertrophie mit diphtherieähnlichen Belägen (S. 274) sowie zu einer generalisierten Lymphknotenschwellung. Als Ausdruck einer Mitbeteiligung der Leber kann Druckgefühl im rechten Oberbauch bestehen, seltener entwickelt sich ein Ikterus. Die Milz ist vergrößert. Typischerweise findet sich im peripheren Blutbild eine ausgeprägte Monozytose.

Diagnose. Sie kann bei einem Pfeiffer-Drüsenfieber oft bereits klinisch gestellt werden. Sie wird gesichert durch EBV-Antikörper oder durch den Nachweis heterophiler Hammelblutagglutinine (Paul-Bunnel-Test). Differentialdiagnostisch müssen andere Formen einer Angina und bei überwiegend hepatotropem Verlauf die klassischen Virushepatitiden (S. 84 ff) berücksichtigt werden. Stehen Lymphknotenschwellungen im Vordergrund, muß ein malignes Lymphom ausgeschlossen werden.

Therapie. Sie ist symptomatisch. Die Prognose ist im allgemeinen gut.

Die Infektion mit dem Epstein-Barr-Virus kann zum Vollbild des Pfeiffer-Drüsenfiebers führen, kann aber auch oligosymptomatisch verlaufen und beispielsweise einer akuten Virus-Hepatitis ähneln.

Zytomegalie

Erreger: Zytomegalie-Virus (CMV).

Meldepflicht: Keine.

Klinik. Eine Infektion mit dem Zytomegalie-Virus ist häufig. Etwa ein Drittel der Bevölkerung hat eine Infektion durchgemacht. Klinisch reicht das Spektrum vom asymptomatischen Verlauf über Fieber unklarer Genese und eine interstitielle (atypische) Pneumonie bis hin zu schweren Mißbildungen bei konnataler Infektion.

Diagnose. Bei einer CMV-Erkrankung gelingt sie angesichts des stark variablen klinischen Bildes meist nur durch den Antikörpernachweis. Differentialdiagnostisch müssen andere Viruserkrankungen abgegrenzt werden.

Therapie. Sie erfolgt meist symptomatisch. Bei atypischer Pneumonie wird gegen eine zusätzliche bakterielle Infektion antibiotisch abgedeckt. Bei immuninkompetenten Patienten kann eine Behandlung mit dem Virustatikum Ganciclovir erforderlich werden.

Eine Zytomegalie-Virus-Infektion kann sich an den unterschiedlichsten Organen abspielen. Gefürchtet ist die interstitielle Pneumonie bei immunsupprimierten Patienten.

AIDS (acquired immunedeficiency syndrome, erworbenes Immunschwäche-Syndrom)

Erreger: Human immunedeficiency virus (HIV).

Meldepflicht: Labormeldepflicht für positive HIV-Tests. Anonymisierte Meldung der AIDS-Kranken wird empfohlen.

Klinik. Die HIV-Infektion erfolgt entweder parenteral (Blut, Blutprodukte, unsaubere Nadel bei i. v. Drogengebrauch) oder durch Intimkontakte (überwiegend bei homosexuellen Männern, seltener heterosexuell). Betroffen sind in diesen Risikogruppen überwiegend jüngere Menschen. Von Übertragungen durch Spritzer ins Auge wird selten berichtet.

Nach einer Latenzzeit von einigen Wochen bis zu mehreren Monaten können Antikörper gegen HIV im Blut gefunden werden. Ein Antigennachweis ist zusätzlich möglich. Von den bisher besprochenen Viruserkrankungen unterscheidet sich die HIV-Infektion insofern, als sie unmittelbarer in die körpereigene Immunabwehr eingreift mit der Konsequenz, daß das Virus kaum wieder eliminiert werden kann.

Die akute Infektion verläuft analog einem banalen Virusinfekt und ist oft uncharakteristisch. Es folgt eine mitunter über 10 Jahre dauernde *Latenzperiode* ohne wesentliche klinische Symptomatik (Abb. 10.**4**). Blut und Sekrete der HIV-Träger sind jedoch dabei zunehmend infektiös. Später treten die Zeichen einer gestörten Immunabwehr auf. Nach klinischen Gesichtspunkten unterscheidet man ein Lymphadenopathie-Stadium (LAS, PGL = *p*ersistierende *g*eneralisierte *L*ymphadenopathie) mit generalisierten Lymphknotenschwellungen, dem später ein sog. *ARC*-Stadium (AIDS-related complex) folgt.

Klinisches Zeichen einer manifesten AIDS-Erkrankung sind Infektionen mit opportunistischen Erregern. Zu nennen sind Kandidosen (Candida albicans) im Mundbereich und Magen-Darm-Trakt, Infektionen mit Pneumocystis carinii, Cryptosporidien, Cryptococcus neoformans sowie insbeson-

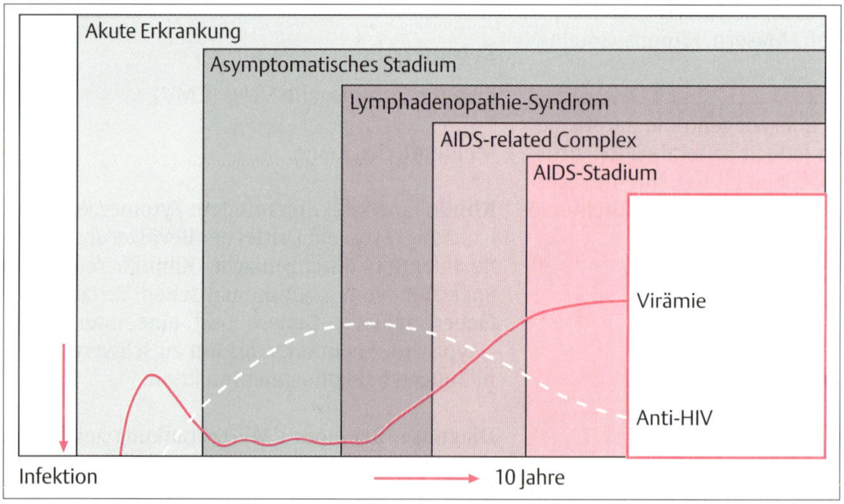

Abb. 10.**4a** Schematisierter Verlauf einer HIV-Infektion.

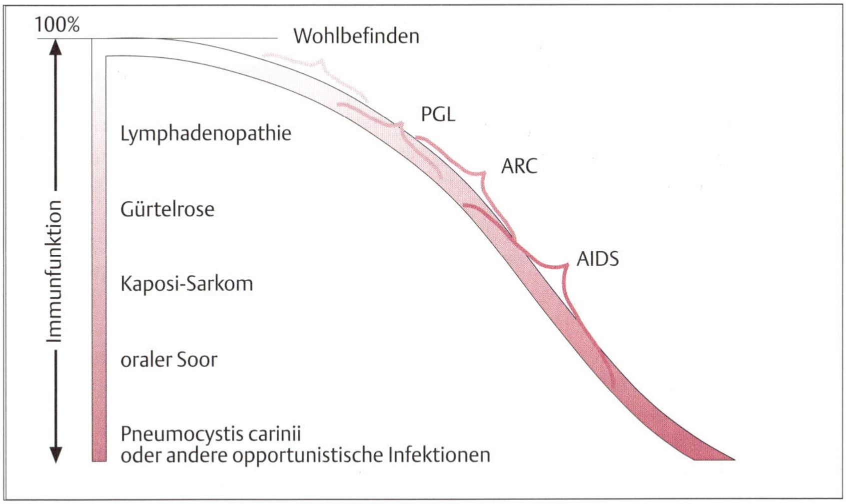

Abb. 10.**4b** Abhängigkeit des körperlichen Befindens von der Leistungsfähigkeit des Immunsystems im Verhältnis zu den definierten Syndromen bei HIV-Infektion und den sich entwickelnden opportunistischen Krankheiten. Die geschweiften Klammern lassen die weiten Bereiche der Überlappung der verschiedenen Syndrome und Krankheiten erkennen

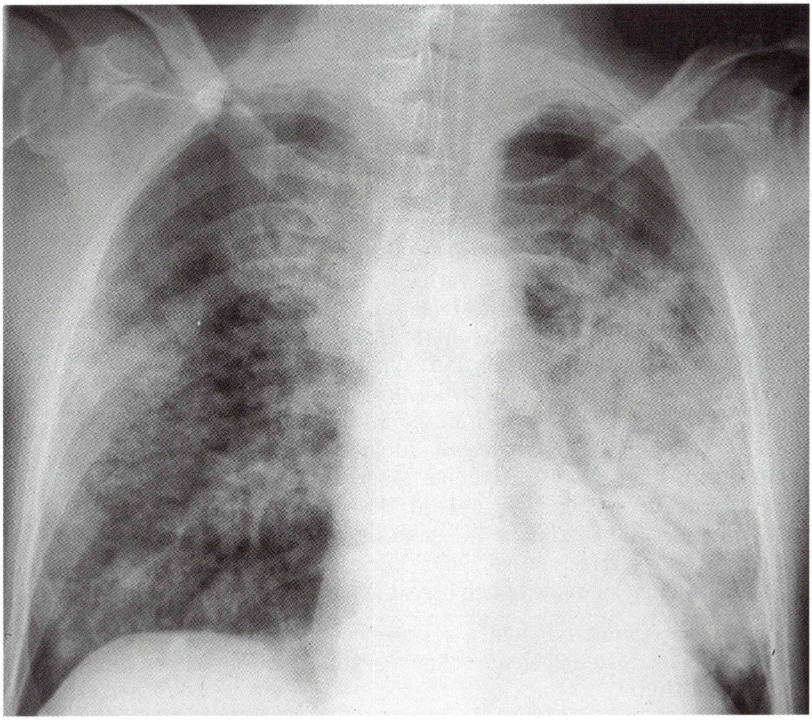

Abb. 10.**4c** Röntgenaufnahme des Thorax bei einem Patienten mit Pneumocystis-carinii-Pneumonie. Neben milchglasartiger Trübung finden sich entzündliche interstitielle Einlagerungen: Zusätzlich besteht der Verdacht auf superinfizierte Infiltrate beidseits, links ausgeprägter als rechts. Die Lungenperipherie ist typischerweise ohne Infiltrate.

dere mit dem Herpes-simplex-Virus (S. 276), dem Zytomegalie-Virus (S. 277) und dem Epstein-Barr-Virus (S. 277). Auch ein tuberkulöser Primärkomplex kann reaktiviert werden. Keineswegs selten entwickelt sich ein Kaposi-Sarkom. Dabei handelt es sich um ein generalisiertes Sarkom, das sich an der Mundschleimhaut durch die violette Verfärbung zu erkennen gibt und flach oder erhaben auftritt.

Diagnose. Die HIV-Infektion kann einige Monate nach Virus-Inokulation durch den Antikörpernachweis im Blut diagnostiziert werden. Das Ausmaß der Schädigung der zellulären Immunität kann durch Bestimmung von Lymphozytensubpopulationen abgeschätzt werden (sog. CD4/CD8-Quotient). Die Diagnose des manifesten AIDS verlangt definitionsgemäß zusätzlich den Nachweis opportunistischer Infektionen oder eines Kaposi-Sarkoms.

Therapie und Prognose. Eine kausale Therapie der HIV-Infektion oder des manifesten AIDS ist bisher nicht bekannt. Das Virustatikum Azidothymidin scheint lebensverlängernd zu wirken. Die übrige Behandlung zielt auf die Beherrschung der opportunistischen Infektionen durch entsprechende Antibiotika, Antimykotika, Tuberkulostatika oder Virustatika. Die Prognose der HIV-Infektion ist wegen des letztlich nicht zu beeinflussenden Verlaufes äußerst ernst.

Prophylaxe. Da weder eine prophylaktische Impfung noch eine kausale Therapie verfügbar sind, kommt dem Schutz vor der HIV-Infektion entscheidende Bedeutung zu. Die häufigste Ursache von HIV-Infektionen im ärztlichen und zahnärztlichen Bereich sind versehentliche Nadelstiche z. B. beim Zurückstecken von Kanülen in die Schutzkappen („Recapping"), Verletzungen durch benutzte Instrumente sowie Infektionen über die Schleimhäute bzw. über rissige Haut. Deshalb müssen bei der zahnärztlichen Tätigkeit die bewährten Schutzmaßnahmen vor einer Infektion bei allen Patienten konsequent befolgt werden:

- Tragen von Latexhandschuhen (Handschuhe aus anderem Material bieten keinen ausreichenden Schutz!).
- Bei Operationen 2 Paar Handschuhe tragen.
- Vermeiden von Verletzungen mit gebrauchten Instrumenten (z. B. Bohrern, Skalpellen, Kanülen).
- Tragen von Mundschutz, Schutzbrille und -kittel.
- Regelmäßiges Eincremen der Hände, um rissiger Haut vorzubeugen. Hautrisse stellen potentielle Eintrittspforten dar.
- Vor jeder Untersuchung und Behandlung das mitarbeitende Personal über die Infektionsgefahr informieren.
- Material, das mit erregerhaltigen Körpersekreten in Berührung gekommen ist, sorgfältig entsorgen (Sondermüll); hierzu gehört auch die Kennzeichnung als *infektiös*. Blut oder andere Körperausscheidungen auf Geräte, Praxisinventar und Fußboden sorgfältig aufwischen und die Flächen anschließend desinfizieren.

Da HIV ein relativ empfindliches Virus ist, kann es außerhalb des menschlichen Körpers durch gängige Desinfektionsmittel abgetötet werden.

Bei Zeichen einer oralen Kandidose oder eines Kaposi-Sarkoms muß der Zahnarzt an eine HIV-Infektion denken und alle Schutzmaßnahmen konsequent einhalten, um eine HIV-Infektion zu vermeiden.

Anthropozoonosen

Unter diesem Begriff werden solche Krankheiten zusammengefaßt, bei denen die Übertragung überwiegend vom Tier auf den Menschen erfolgt.

Leptospirosen

Aus der Gruppe der Leptospirosen wird nachfolgend exemplarisch der *Morbus Weil* besprochen.

Erreger: (U. a.) Leptospira icterohaemorrhagiae.

Meldepflicht: Erkrankung und Tod.

Klinik. Durch infizierte Nagetiere gelangen die Erreger in das Abwasser, wodurch sich entsprechend exponierte Menschen (u. a. Kanalarbeiter, Angler etc.) infizieren können. Nach einer Inkubationszeit von 1 – 2 Wochen erkranken die Patienten plötzlich mit hohem Fieber, schwerem Krankheitsgefühl mit Muskelschmerzen und gelegentlicher Nackensteifigkeit als Ausdruck einer meningealen Reizung. Nach vorübergehendem Fieberabfall kommt es am Ende der ersten Krankheitswoche zur Ausbildung von Organmanifestationen:

- Leber (Ikterus, Transaminasenerhöhung),
- Nieren (Proteinurie, Erythrozyturie, Kreatininanstieg),
- Meningen (Liquorpleozytose, Eiweißvermehrung).

Diagnose. Ein Morbus Weil kann bei typischer Anamnese aufgrund des klinischen Bildes diagnostiziert werden. Der Nachweis von Antikörpern nach der ersten Krankheitswoche bestätigt die klinische Verdachtsdiagnose.

Therapie. Penizillin und Tetrazykline müssen frühzeitig hochdosiert gegeben werden. Bei Nieren- und Leberversagen sind spezielle Behandlungsverfahren notwendig. Die Prognose ist ernst. Prophylaktisch empfiehlt sich die Verwendung entsprechender Schutzmaßnahmen bei exponierten Personen.

Hohes Fieber, Gliederschmerzen sowie drohendes Nieren- und Leberversagen deuten bei entsprechend exponierten Personen auf eine Weil-Krankheit. Nur frühzeitige hochdosierte Penizillintherapie kann die ansonsten ungünstige Prognose bessern.

Brucellosen

Erreger: (U. a.) Brucella suis, Brucella melitensis, Brucella abortus.

Meldepflicht: Erkrankung und Tod.

Klinik. Die Erkrankung wird übertragen durch Kontakt mit erkrankten Tieren sowie durch Genuß infizierter Milch und Milchprodukte. Nach einer Inkubationszeit von etwa 2 Wochen entwickelt sich ein recht wechselndes Krankheitsbild mit allgemeiner Leistungsschwäche, abendlichem Fieber, rheumatoiden Beschwerden sowie Kopfschmerzen. Die Lymphknoten schwellen an, Leber und Milz sind vergrößert.

Diagnose. Richtungsweisend zur Krankheitserkennung ist eine entsprechende (berufliche) Exposition. Die Diagnose gelingt serologisch durch den Nachweis eines Antikörperanstiegs.

Therapie. Sie besteht in längerfristiger Gabe von Tetrazyklinen, Cotrimoxazol oder Gyrasehemmern. Mit Rezidiven muß dennoch gerechnet werden.

Prophylaxe. Die Abschaffung infizierter Tierbestände, eine aktive Immunisierung und die Pasteurisierung der Milch dienen der Prophylaxe.

Obwohl die Erkrankung selten vorkommt, sollte bei entsprechend exponierten Personen mit unklarem Fieber an eine Brucellose gedacht werden.

Listeriose

Erreger: Listeria monocytogenes.

Meldepflicht: Bei angeborener Listeriose, Erkrankung und Tod.

Klinik. Die Übertragung erfolgt in der Regel durch Schmierinfektion von infizierten Tieren (Kaninchen!). Vorzugsweise erkranken Neugeborene und Menschen mit abgeschwächter Abwehrlage. Das klinische Bild ist stark variabel: septische, anginöse oder meningeale Verlaufsformen werden beobachtet. Bei intrauteriner Infektion kann es zum Abort, aber auch zu einer Neugeborenensepsis kommen.

Diagnose. Sie basiert auf dem Antikörpernachweis.

Therapie und Prophylaxe. Die Behandlung besteht in hochdosierter Gabe von Penizillin oder Tetrazyklinen.

Angesichts der weiten Verbreitung des Erregers sollten prophylaktisch insbesondere Schwangere auf sorgfältige Hygiene achten und auf den Genuß von Hackfleisch und nichtpasteurisierter Milch verzichten.

Toxoplasmose

Erreger: Toxoplasma gondii.

Meldepflicht: Bei angeborener Toxoplasmose, Erkrankung und Tod.

Klinik. Die Übertragung des bei Vögeln und Tieren weltweit verbreiteten Protozoon Toxoplasma gondii erfolgt durch mangelnde Hygiene im Umgang mit Tieren (Katzen!) oder durch ungenügend gebratenes Fleisch. Die Inkubationszeit beträgt Tage bis Wochen. Die häufigste Verlaufsform ist die Lymphknotentoxoplasmose mit generalisierter Lymphknotenschwellung bei wechselndem Krankheitsgefühl und mittelhohem Fieber. Eine Infektion während der Schwangerschaft kann durch Infektion des Feten zur konnatalen Toxoplasmose führen.

Diagnose. Die Toxoplasmose kann ab der 2.–3. Krankheitswoche durch Antikörpernachweis diagnostiziert werden, wozu Komplementbindungsreaktionen, der Sabin-Feldman-Test und Enzymimmunassays zur Verfügung stehen.

Therapie und Prophylaxe. Eine Behandlung ist nur im akuten Stadium sinnvoll, wozu Pyrimethamin und Sulfonamide verwendet werden. Prophylaktisch sollten gerade Schwangere im Umgang mit Tieren vorsichtig sein.

Die Toxoplasmose ist eine weitverbreitete, überwiegend mit Lymphknotenbefall einhergehende Infektionskrankheit, die zu Fehlbildungen beim Ungeborenen und zum Abort führen kann.

Tollwut

Erreger: Lyssa-Virus.

Meldepflicht: Verdacht, Erkrankung und Tod.

Klinik. Die auch als Lyssa oder Rabies bezeichnete Tollwut ist eine Viruserkrankung, die mit dem Speichel befallener Wildtiere bei Biß- und Kratzverletzungen auf den Menschen übertragen wird. Nach einer Inkubationszeit von etwa 2–3 Monaten erkranken die Patienten mit uncharakteristischen Prodromi wie Kopfschmerzen, Übelkeit, Erbrechen und Fieber. Rasch entwickeln sich dann im Bereich der Verletzung Parästhesien und Lähmungen. Im weiteren Krankheitsverlauf kommt es zu Angstzuständen, vermehrtem Speichelfluß und Muskelkrämpfen (insbesondere beim Schlucken), so daß der Erkrankte nicht einmal mehr Wasser trinken kann (Hydrophobie). Ohne Intensivbehandlung tritt bei erhaltenem Bewußtsein etwa eine Woche später der Tod ein.

Diagnose. Eine Tollwut muß aufgrund der Infektionsanamnese und des typischen klinischen Bildes diagnostiziert werden. Falls möglich, wird sie gesichert durch den Nachweis von Negri-Einschlußkörperchen im Gehirn des tollwutübertragenden Tieres. Auch im Speichel und Kornealsekret des Kranken kann das Virus nachgewiesen werden.

Therapie und Prophylaxe. Eine erfolgreiche Behandlung der manifesten Tollwut ist trotz verschiedenster Ansätze bis heute nicht möglich. Aus diesem Grund muß möglichst umgehend nach fraglicher Infektion die Bißwunde gereinigt werden und eine passive wie aktive Immunisierung erfolgen. Die gute Verträglichkeit der heute verfügbaren Impfstoffe erlaubt die prophylaktische Immunisierung gefährdeter Personen (u.a. Tierpfleger, Förster, evtl. Entwicklungshelfer).

Tollwut kann nur in der Frühphase durch passive und aktive Immunisierung erfolgreich behandelt werden.

Erysipel

Erreger: Hämolysierende Streptokokken der Gruppe A.

Meldepflicht: Keine.

Klinik. Das auch als Wundrose bezeichnete Erysipel nimmt von kleinsten Hautverletzungen seinen Ausgang und breitet sich per continuitatem über Gewebsspalten und Lymphwege aus. Die Inkubationszeit beträgt Stunden bis wenige Tage.

Die Patienten erkranken mit rasch ansteigendem Fieber und einer schmerzhaften Rötung und Schwellung im Bereich der Eintrittspforte. Die sich nach allen Seiten ausbreitende Entzündung hat typischerweise einen hochroten Rand, wohingegen das Zentrum schon wieder abgeblaßt sein kann. Betroffen sind oft die unteren Extremitäten, mitunter auch das Gesicht.

Diagnose. Ein Erysipel wird anhand des typischen klinischen Bildes diagnostiziert. Im Abstrich lassen sich hämolysierende Streptokokken der Gruppe A nachweisen.

Therapie. Antibiose der ersten Wahl ist die frühzeitige hochdosierte Gabe von Penizillin. Zusätzlich kann lokal mit Umschlägen gekühlt werden. Das Erysipel neigt zu Rezidiven.

Das Erysipel ist ein durch Schmierinfektion entstandener Streptokokkeninfekt, der unverzüglich eine hochdosierte Penizillintherapie erfordert.

Aktinomykose

Erreger: Actinomyces israelii.

Meldepflicht: Keine.

Klinik. Der strikt anaerobe Keim Actinomyces israelii ist ein fakultativ pathogener Bewohner der Mundhöhle, von wo aus er in Zusammenwirken mit der Mundflora in geschädigtes Gewebe (z.B. nach Zahnextraktion) einwandern kann. Es bildet sich ein chronisch-entzündliches Granulationsgewebe, das sich per continuitatem oder hämatogen unter Abszedierung und Fistelbildung ausbreitet. Bei der häufigen zervikofazialen Verlaufsform bilden sich an Wangen und Unterkiefer blau-rote indurierte Infiltrationen. Daneben wird eine durch Aspiration entstandene pulmonale Verlaufsform mit Infiltraten und Empyem oft im Lungenunterlappen beobachtet. Auch abdominelle Verlaufsformen – beispielsweise mit Ileozoekalabszeß – sind beschrieben.

Diagnose. Eine Aktinomykose wird diagnostiziert anhand der typischen *Drusen* im Eiter oder histologisch aus Biopsiematerial.

Therapie. Sie besteht in hochdosierter Penizillintherapie, evtl. auch Gabe von Tetrazyklinen. Falls erforderlich, muß der Abszeß operativ drainiert werden.

Die Aktinomykose verläuft oft unter dem Bild indurierter Entzündungen im Unterkiefer- bzw. Wangenbereich und neigt zur Fistelung.

Tetanus

Erreger: Clostridium tetani.

Meldepflicht: Erkrankung und Tod.

Klinik. Clostridium tetani ist ein ubiquitär (besonders in Erde) vorkommender anaerober Keim, der durch Hautwunden in das Gewebe eindringen kann. Ein unter anaeroben Bedingungen gebildetes neurotropes Toxin verursacht nach einer Inkubationszeit von Tagen bis Wochen unter Fieberentwicklung das typische klinische Bild mit Spasmus der Kaumuskulatur und charakteristischem grinsenden Lächeln *(Risus sardonicus)*. Auch die großen Körperstrecker sind mitbetroffen. Bei klarem Bewußtsein werden durch leichte Berührung schwere Krämpfe ausgelöst.

Diagnose. Sie kann bei typischem Bild klinisch gestellt werden. Sie wird bestätigt durch den Nachweis von Clostridium tetani im Wundgebiet.

Therapie. Bereits bei Tetanusverdacht muß unverzüglich ein Antitoxin (Hyperimmunglobulin) gegeben werden. Bei schwerem Krankheitsverlauf ist eine intensivmedizinische Behandlung zur Muskelrelaxation mit künstlicher Beatmung notwendig, um die Krämpfe abzufangen. Die Eintrittspforte muß chirurgisch saniert werden. Die Prognose des manifesten Tetanus ist auch heute noch ernst.

Prophylaxe. Eine aktive Schutzimpfung mit Tetanustoxoid gewährt nach 3 Impfungen etwa 10 Jahre Schutz. Bei vermuteter Inokulation und zurückliegender Impfung wird eine Auffrischimpfung gegeben, ansonsten wird unverzüglich simultan mit der aktiven und passiven Immunisierung begonnen.

Tetanus ist eine lebensbedrohliche Erkrankung, weswegen prophylaktisch geimpft werden sollte. Bei Inokulationsverdacht muß eine aktiv/passive Simultanimmunisierung erfolgen.

Tuberkulose

Erreger: Mycobacterium tuberculosis.

Meldepflicht: Verdacht, Erkrankung und Tod.

Pathogenese. Die Infektion mit Tuberkulose erfolgt meist durch Tröpfcheninfektion von Mensch zu Mensch. Nach einer Inkubationszeit von 5–6 Wochen entwickelt sich – oft klinisch unbemerkt – ein Primärherd in der Lunge, von dem aus auch regionale Lymphknoten befallen werden können. In diesem Krankheitsstadium wird durch zelluläre Abwehrmechanismen die Infektion zumeist abgekapselt und kommt zur Ruhe. Primärherd und regional befallene Lymphknoten werden auch als *Primärkomplex* bezeichnet (Abb. 10.**5**). Später kommt es zur Kalkeinlagerung, so daß der Primärkomplex nicht selten Jahre später ein röntgenologischer Zufallsbefund ist. Bei herabgesetzter Abwehrlage kann der Primärkomplex jedoch auch verkäsend einschmelzen und eine Frühkaverne bilden. Ausgehend von den regionären Lymphknoten des Primärkomplexes können weitere Lymphknoten befallen werden. Auch kann unmittelbar nach der Erstinfektion eine käsige Lobärpneumonie entstehen.

Im Primärkomplex können die Tuberkulosebakterien lange Jahre abgekapselt überleben. Bei reduzierter Abwehrlage infolge einer konsumierenden Erkrankung oder immunsuppressiver Behandlung kann lymphogen oder hämatogen eine Streuung erfolgen. Diese kann diskret verlaufen und auf die Lunge beschränkt bleiben oder zu einer Organtuberkulose führen. Häufige Manifestationen einer Organtuberkulose sind das Urogenitalsystem, das Skelett, die Haut und die Hirnhäute. Bei rascher Aussaat der Tuberkelbakterien kommt es zur tuberkulösen Sepsis, woraus in der Regel eine *Miliartuberkulose* mit tuberkulöser Absiedlung in fast allen Körperorganen resultiert.

Die Verbreitung der Tuberkulose erfolgt oft durch Abhusten von Material einer *Kaverne.* Diese kann durch Einschmelzung aus einem Primärkomplex (s. o.) oder später aus einer lymphogenen oder hämatogenen Aussaat entstehen.

Klinik. Die klinische Symptomatik einer Tuberkulose variiert stark in Abhängigkeit vom Krankheitsstadium und der Abwehrlage des Organismus. Während der Primärkomplex in der Regel ohne klinische Symptome entsteht und abgekapselt wird, deuten folgende Zeichen auf eine aktive Tuberkulose hin:

Allgemeines Krankheitsgefühl, Schwäche, Nachtschweiß, Gewichtsverlust, subfebrile Temperaturen sowie insbesondere Bluthusten (Hämoptoe) bei Lungentuberkulose.

Diagnose. Je nach vermutetem Stadium der Tuberkulose werden verschiedene Verfahren zur Diagnostik eingesetzt. Mit dem intrakutanen *Tuberkulintest* wird die Abwehrlage gegenüber Tuberkulose geprüft. Eine positive Reaktion erlaubt

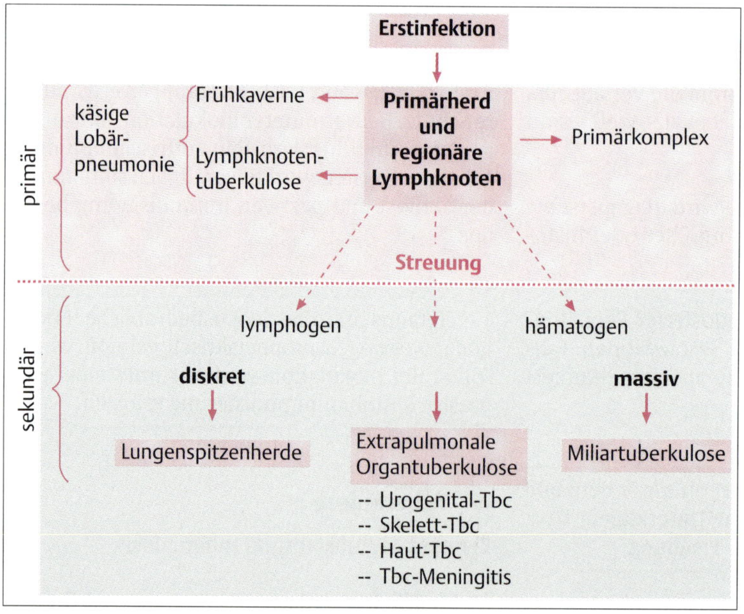

Abb. 10.**5** Verlaufsformen einer Tuberkulose-Infektion (Einzelheiten s. Text).

den Rückschluß auf eine zurückliegende Infektion. Ein negatives Resultat besagt zunächst, daß keine Infektion stattgefunden hat. Der Test ist jedoch falsch negativ innerhalb der ersten 8 Wochen nach Infektion. Auch bei mangelnder Immunkompetenz (z. B. AIDS, S. 279 ff) kann der Test falsch negativ ausfallen.

Mit einer *Röntgenuntersuchung* des Brustkorbs wird nach einem verkalkten Primärkomplex, einer Lymphknotentuberkulose, einer pulmonalen Miliartuberkulose oder einer Kaverne gesucht (Abb. 10.**6**). Gegebenenfalls helfen röntgenologische Verlaufskontrollen, sicherer zwischen aktiver und inaktiver Tuberkulose zu trennen.

Die Diagnose einer offenen Tuberkulose basiert schließlich auf dem direkten *Bakteriennachweis.* Dazu werden das expektorierte Sputum, der Magensaft oder – bei Nierentuberkulose – der Urin mikroskopisch und kulturell untersucht.

Therapie und Prophylaxe. Die Behandlung der Tuberkulose orientiert sich am jeweiligen klinischen Stadium. Der inaktive Primärkomplex bedarf keiner Behandlung. Er muß allenfalls ins Kalkül gezogen werden, wenn aus anderen Gründen eine immunsuppressive Behandlung notwendig wird.

Eine aktive Organtuberkulose oder gar eine offene Tuberkulose wird tuberkulostatisch behandelt mit dem Ziel, die aktive in eine inaktive Tuberkulose zu überführen. Dazu wird in der Regel eine 3 oder 4fach-Kombination verschiedener Tuberkulostatika gewählt.

Zur Prophylaxe der Tuberkulose wird die BCG-(bacille Calmette-Guérin-)Impfung empfohlen.

Die Tuberkulose ist eine ungewöhnlich vielgestaltige Erkrankung, die alle Organe befallen und klinisch inaktiv oder aktiv (dies wiederum geschlossen oder offen) sein kann. Obwohl heute eine effektive Tuberkulostatikatherapie zur Verfügung steht, darf die Gefahr einer Tuberkulose nicht unterschätzt werden, zumal der Zahnarzt bei offener Tuberkulose dem Infektionsrisiko in besonders hohem Maße ausgesetzt ist.

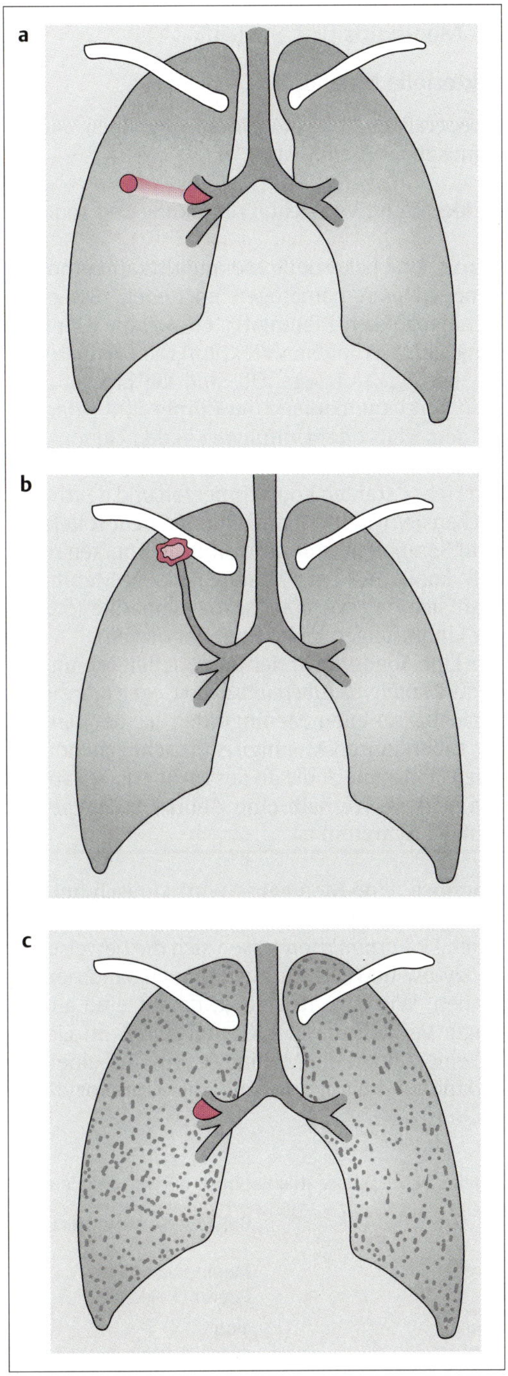

Abb. 10.**6** Schematisierte Röntgenbefunde des Thorax bei Tuberkulose.
a Primärkomplex.
b Kaverne mit Drainagebronchus.
c Miliartuberkulose.

Meningitis (vgl. S. 314ff)

Bakterielle Meningitis

Erreger: Pneumokokken, Meningokokken, andere Keime zu je einem Drittel.

Meldepflicht: Verdacht, Erkrankung und Tod.

Klinik. Eine bakterielle Meningitis kann othogen, rhinogen oder hämatogen entstehen. Bei einer Meningokokken-Meningitis erfolgt die Übertragung durch Tröpfcheninfektion. Die Inkubationszeit beträgt 2–3 Tage. Oft sind die Erreger aber auch bereits unbemerkt im Körper und gelangen auf dem Blut- oder Lymphweg in den Liquor.

Die Patienten erkranken mit plötzlichem hohen Fieber, starken Kopfschmerzen und deutlicher Nackensteifigkeit (Meningismus). Nicht selten besteht Somnolenz, mitunter sind die Kranken sogar tief komatös. Bei Meningokokken-Meningitis kann sich eine Verbrauchskoagulopathie (S. 265) mit Einblutungen in die Haut entwickeln.

Eine Sonderform der bakteriellen Meningitis ist die *Meningitis tuberculosa*. Im Gegensatz zu anderen bakteriellen Meningitiden ist der Verlauf der tuberkulösen Meningitis oft schleichend. Befallen sind zumeist die an der Hirnbasis verlaufenden Nerven, weshalb eine Abduzenz-Parese ein häufiges Symptom ist.

Diagnose. Eine Meningitis wird klinisch anhand der typischen Nackensteifigkeit diagnostiziert. Durch Liquorpunktion lassen sich die beweisende Pleozytose und evtl. die auslösenden Bakterien erkennen. Wie Tab. 10.**1** zeigt, deutet eine ausgeprägte Vermehrung der Granulozyten im Liquor auf eine bakterielle Meningitis hin. Bei einer tuberkulösen Meningitis sind die granulozytären Zellen oft nicht so stark vermehrt. Mikroskopisch können im Liquorausstrich die typisch semmelförmigen Meningokokken oder lanzettförmigen Pneumokokken gesehen werden.

Therapie. Ohne Verzögerung muß die Behandlung einer bakteriellen Meningitis unmittelbar nach Liquorpunktion beginnen. Bewährt ist die hochdosierte Gabe von Penizillin. Besteht begründeter Verdacht auf eine tuberkulöse Meningitis, wird nach den für Tuberkulose dargelegten Kriterien therapiert (S. 284ff).

Prognose. Auch bei frühzeitig begonnener Therapie ist die Prognose der bakteriellen Meningitis keineswegs immer günstig. Ansteckungsfähigkeit besteht bis zum 2. Tag nach Beginn einer effektiven Antibiose.

Bei Verdacht auf bakterielle Meningitis muß sofort eine Lumbalpunktion durchgeführt und hochdosiert antibiotisch therapiert werden.

Virus-Meningoenzephalitis

Erreger: (U. a.) Herpes-Virus, Epstein-Barr-Virus, Frühsommer-Meningoenzephalitis (FSME)-Virus, Mumpsvirus, Enteroviren.

Meldepflicht: Keine.

Klinik. Die Infektion kann klinisch unter dem Bild einer Meningitis oder (häufiger) einer Meningoenzephalitis verlaufen. Die Symptome bei ausschließlich meningitischem Verlauf ähneln denen der oben beschriebenen bakteriellen Meningitis. Auf eine Meningokokken-Enzephalitis weisen

Tabelle 10.**1** Differentialdiagnose der verschiedenen Meningitisformen

	Bakterielle Meningitis	Tuberkulöse Meningitis	Virale Meningitis
Erreger	Meningokokken, Pneumokokken	Tuberkelbakterien	HSV, CMV, Mumpsviren, Enteroviren
Beginn	akut	schleichend	akut
Zellzahl im Liquor	1000–20000/mm³	100–1000/mm³	100–200/mm³
Überwiegende Zellart	Granulozyten	Granulozyten, später Lymphozyten	Lymphozyten
Liquoreiweiß	erhöht	stark erhöht	kaum erhöht
Liquorzucker	erniedrigt	stark erniedrigt	oft normal

darüber hinaus Symptome wie Unruhe, Sensibilitätsstörungen, gesteigerte Reflexe, Hirnnervenlähmungen sowie psychotische Krankheitsbilder hin.

Diagnose. Die Verdachtsdiagnose wird klinisch gestellt und durch Liquorpunktion gesichert. Charakteristisch für eine Virusmeningoenzephalitis ist eine relativ geringe lymphozytäre Pleozytose (Tab. 10.**1**). Das Liquoreiweiß ist allenfalls grenzwertig erhöht. Im Gegensatz zur tuberkulösen Meningitis ist der Liquorzucker oft normal. Zur besseren Beurteilung muß zeitgleich der Blutzukker bestimmt werden.

Ein direkter Virusnachweis ist zeitaufwendig. Hilfreich ist der Nachweis eines Antikörperanstiegs. Differentialdiagnostisch ist eine bakterielle, insbesondere tuberkulöse Meningitis abzugrenzen.

Therapie. Sie ist bei der Virus-Meningitis in der Regel symptomatisch. Bei diagnostischer Unsicherheit sollte zusätzlich wie bei bakterieller Meningitis behandelt werden.

Prognose. Sie ist günstiger als bei der bakteriellen Meningitis. Jedoch können insbesondere bei enzephalitischem Verlauf Spätschäden verbleiben.

Eine viral bedingte Meningoenzephalitis muß differentialdiagnostisch stets von der prognostisch ungünstigeren tuberkulösen Meningitis abgegrenzt werden.

Infektiöse Darmkrankheiten

Salmonellosen

Salmonellosen können je nach Erreger klinisch recht unterschiedlich verlaufen. Man unterscheidet Typhus/Paratyphus von enteritischen Salmonellosen.

Typhus/Paratyphus

Erreger: (U. a.) Salmonella typhi, Salmonella paratyphi A, B, C.

Meldepflicht: Verdacht, Erkrankung und Tod.

Klinik. Die Übertragung von Typhus und Paratyphus erfolgt zumeist durch Schmierinfektion. Klinisch beginnt die Erkrankung nach einer Inkubationszeit von 1 – 4 Wochen, in welcher sich die Erreger im lymphatischen Gewebe des Dünndarms vermehren, mit uncharakteristischen Prodromi wie Abgeschlagenheit, Kopf- und Gliederschmerzen. Es folgt langsam ansteigendes Fieber mit einer etwa 2 Wochen dauernden Kontinua. In diesem Stadium ist das Bewußtsein der Kranken eingetrübt (typhös). Es besteht neben einer relativen Bradykardie eine Leukopenie mit Linksverschiebung. Ab der 2. Krankheitswoche finden sich meist spärlich gesäte linsengroße Typhusroseolen an Brust und Bauch. In der 3. Krankheitswoche treten erbsbreiartige Durchfälle auf; durch die Toxinwirkung sind Herz, Kreislauf, Leber, Milz, Nieren und Gallenwege betroffen.

Diagnose. Sie kann bei typischem Bild klinisch gestellt werden. Sie wird abgesichert durch den Erregernachweis im Stuhl. Ab der 2. Woche nach Infektion können Antikörper im Blut gefunden werden.

Therapie. Zur Behandlung des Typhus und Paratyphus haben sich Ampicillin und Cotrimoxazol bewährt. Nach Therapieende müssen mindestens 3 Stuhlproben salmonellenfrei sein. Werden nach klinischer Ausheilung Salmonellen weiter ausgeschieden, spricht man von *Dauerausscheidern*. Solche Patienten unterliegen der Überwachung durch die Gesundheitsämter. Sie dürfen nicht in sensitiven Bereichen wie Krankenhäusern, Lebensmittelbetrieben etc. tätig sein. Ansteckungsfähigkeit besteht, solange Salmonellen ausgeschieden werden!

Prophylaxe. Peinliche Hygiene, Isolierung der Kranken, sorgfältige Desinfektion der Ausscheidungen sowie Sanierung der Dauerausscheider sind essentielle Maßnahmen zur Seuchenbekämpfung. Eine aktive Schutzimpfung ist ebenfalls verfügbar.

Gastroenteritis salmonellosa (Lebensmittelvergiftung, S. 297)

Erreger: Samonella enteritidis, Salmonella typhimurium u. a.

Meldepflicht: Erkrankung und Tod.

Klinik. Enteritidis-Salmonellen kommen vornehmlich in der Tierwelt vor und werden durch verunreinigte Lebensmittel auf den Menschen übertragen. Nach einer Inkubationszeit von Stunden bis zu 3 Tagen kommt es zu Fieber, Bauchschmerzen, Erbrechen und wäßrigen Durchfällen. Diese auch als Lebensmittelvergiftung bezeichnete Erkrankung kann durch Wasserverlust zur Exsikkose und durch Bakterientoxine zum Kreislaufkollaps führen (Tab. 10.**2**).

Diagnose. Die Erkrankung wird diagnostiziert aus der typischen Infektionsanamnese und dem klinischen Bild. Sie wird gesichert durch den Erregernachweis im Stuhl.

Therapie und Prophylaxe. Die Behandlung besteht in Nahrungskarenz, ausreichender Flüssigkeitszufuhr und Elektrolytsubstitution. Die Erkrankung ist in der Regel selbstlimitierend. Aus diesem Grunde kommen Antibiotika nur in Betracht, wenn ein septischer Krankheitsverlauf eine Bakterieninvasion vermuten läßt.

Entscheidend ist die Prophylaxe durch einwandfreie Hygiene bei der Lebensmittelherstellung und -verarbeitung.

Salmonellosen sind meldepflichtige Infektionskrankheiten, deren klinisches Spektrum von der Lebensmittelvergiftung bis zu schweren typhösen Verlaufsformen reicht. Die Diagnose wird klinisch gestellt und mikrobiologisch abgesichert. Eine Antibiotikatherapie ist nur bei septischer und typhöser Verlaufsform notwendig. Entscheidend sind die Prophylaxe und die Sanierung von Dauerausscheidern.

Shigellose

Erreger: Shigella flexneri, Shigella dysenteriae u. a.

Meldepflicht: Verdacht, Erkrankung, Tod.

Klinik. Shigellen werden mit den Faezes ausgeschieden und durch Schmierinfektion von Mensch zu Mensch übertragen. Auch durch verunreinigtes Trinkwasser sowie durch Lebensmittel ist eine Übertragung möglich. Bereits 10 Keime von Shigella dysenteriae können ausreichen, eine Infektion auszulösen. Nach einer Inkubationszeit von 1–3 Tagen treten abdominelle Krämpfe, Erbrechen, Fieber und Durchfall auf. Typischerweise werden breiig-schleimige und blutige Stühle abgesetzt. Nach wenigen Tagen erfolgt in der Regel die spontane Heilung. Jedoch kann es insbesondere bei älteren Kranken zu einer schweren Exsikkose kommen (Tab. 10.**2**).

Diagnose. Sie basiert auf dem mikrobiologischen Erregernachweis im Stuhl.

Therapie und Prophylaxe. Im Vordergrund der Behandlung steht der Elektrolyt- und Flüssigkeitsausgleich. Nach anfänglicher Nahrungskarenz wird vorsichtig die Ernährung aufgebaut. Eine Antibiotikatherapie sollte zurückhaltend indiziert werden.

Prophylaktisch empfiehlt sich eine ausreichende Hygiene (Händedesinfektion) sowie Isolierung der Kranken. Ansteckungsfähigkeit besteht, solange Shigellen ausgeschieden werden!

Die Shigellose führt zu blutig-schleimigen Durchfällen. Die Therapie ist symptomatisch. Bei schwerem Verlauf werden Antibiotika gegeben.

Tabelle 10.**2** Symptome ausgewählter intestinaler Infektionskrankheiten

Symptom / Erkrankung	Fieber	Erbrechen	Tenesmen	Diarrhoe	Exsikkose
Typhus/Paratyphus	+++	+	(+)	(+)	(+)
Salmonellen-Enteritis	++	++	(+)	++	++
Shigellose	+++	(+)	+++	+++ blutig	+
Cholera	(+)	++	∅	+++ wäßrig	+++
Intestinale Virusinfektion	+	++	∅	++	++

Cholera

Erreger: Vibrio cholerae.

Meldepflicht: Verdacht, Erkrankung und Tod.

Klinik. Die Übertragung der in tropischen Ländern heimischen Cholera erfolgt von Mensch zu Mensch durch direkten Kontakt oder mittels verseuchter Lebensmittel einschließlich Trinkwasser. Nach einer Inkubationszeit von etwa 2–5 Tagen setzen die Kranken reiswasserähnliche Durchfallstühle ab, wodurch es zu einer raschen Dehydratation kommt. Im Gegensatz zur Shigellose fehlen die Tenesmen. Infolge des Elektrolytverlustes kann es zu Muskelkrämpfen, infolge der Dehydratation zum hypovolämischen Schock und Koma kommen (Tab. 10.**2**).

Diagnose. Sie kann vermutet werden aufgrund der Infektionsanamnese (Reisen aus Endemiegebieten) sowie durch den mikroskopischen Nachweis im frisch untersuchten Stuhl oder in der Stuhlkultur.

Therapie und Prophylaxe. Lebensrettend ist der sofortige Elektrolyt- und Volumenersatz. Durch zusätzliche Gabe von Tetrazyklinen oder Cotrimoxazol kann die Diarrhoe abgekürzt werden.

Prophylaktisch empfiehlt sich insbesondere in Endemiegebieten eine sorgfältige Hygiene sowie die Isolierung Erkrankter. Zusätzlich steht eine Choleraschutzimpfung zur Verfügung.

Die Cholera ist charakterisiert durch reiswasserähnliche Stühle mit starkem Flüssigkeitsverlust. Entscheidend ist der sofortige Flüssigkeitsersatz.

Yersiniose

Erreger: Yersinia enterocolitica u. a.

Meldepflicht: Verdacht, Erkrankung und Tod.

Klinik. Nach einer Inkubationszeit von 1–3 Wochen beginnt die Erkrankung mit Bauchschmerzen, Durchfall und Fieber. Als Komplikationen können sich Arthralgien oder ein Erythema nodosum einstellen (s. auch Reiter-Syndrom S. 220 ff).

Diagnose. Sie basiert auf dem mikrobiologischen Nachweis von Yersinia enterocolitica im Stuhl. Darüber hinaus kann etwa 2 Wochen nach Infektion ein Antikörpernachweis geführt werden.

Therapie. Angesichts der hohen Selbstheilungsrate ist die Behandlung symptomatisch. Bei septischem Verlauf sollten Tetrazykline oder Ampicillin gegeben werden.

Die Bedeutung der Yersinienenteritis liegt in der Auslösung systemischer Erkrankungen wie Infektarthritis und Erythema nodosum.

Campylobacter-Infektion

Erreger: Campylobacter jejuni, Campylobacter intestinalis u. a.

Meldepflicht: Verdacht, Erkrankung und Tod.

Klinik. Die Erreger werden meist mit der Nahrung (ungenügend erhitzte Speisen, verunreinigtes Trinkwasser) aufgenommen. Nach einer Inkubationszeit von etwa 2–4 Tagen kommt es zu Erbrechen, Durchfall und Leibschmerzen. Eine postinfektiöse Arthritis kann sich bei prädisponierten Patienten entwickeln.

Diagnose. Sie gelingt durch mikrobiologischen Erregernachweis im Stuhl. Darüber hinaus steht ein Antikörpertest zur Verfügung.

Therapie. Angesichts der hohen Selbstheilungstendenz ist eine spezifische Therapie meist nicht erforderlich. Bei schwerem Krankheitsverlauf werden u. a. Erythromycin, alternativ Chinolone gegeben.

Campylobacter führt zu einer selbstlimitierenden Darminfektion, deren Bedeutung in der Auslösung einer Infektarthritis oder des Reiter-Syndroms bei entsprechend prädisponierten Personen liegt.

Intestinale Virusinfektion

Erreger: Rotaviren, Norwalk-Virus u. a.

Meldepflicht: Keine.

Klinik. Rotaviren gehören zu den häufigsten Erregern einer Gastroenteritis. Sie werden mit dem Stuhl ausgeschieden und durch Schmierinfektion weiter verbreitet. Die Inkubationszeit beträgt Stunden bis wenige Tage. Die Erkrankung beginnt mit Übelkeit, Erbrechen, abdominellen Beschwerden sowie wäßrigen Durchfällen. Fieber kann auftreten. Das klinische Spektrum der Symptome ist groß. Gefürchtet ist die Dehydratation durch wäßrige Diarrhoe (Tab. 10.**2**). Die Erkrankung hat eine hohe Selbstheilungstendenz und kommt meist innerhalb einer Woche zur Ruhe.

Diagnose. Die Verdachtsdiagnose basiert oft nur auf den klinischen Symptomen einschließlich der Infektionsanamnese. Eine exakte Diagnose gelingt durch elektronenmikroskopischen Virusnachweis im Stuhl oder durch Agglutinationsreaktionen. Differentialdiagnostisch müssen andere, insbesondere bakterielle Infektionen ausgeschlossen werden.

Therapie und Prophylaxe. Angesichts der hohen Selbstheilungstendenz beschränkt sich die Therapie – falls überhaupt erforderlich – auf Elektrolyt- und Flüssigkeitssubstitution. Eine spezifische Behandlung steht nicht zur Verfügung.

Prophylaktisch sollten die bekannten Hygienevorschriften exakt eingehalten werden.

Intestinale Virusinfektionen sind mit die häufigste Ursachen von in der Regel selbstlimitierenden Diarrhoen. Die Therapie ist symptomatisch.

11 Akute Vergiftungen

N. van Husen

Diagnostische und therapeutische Prinzipien

Definition. »Allein die Dosis macht das Gift« – eine Substanz kann, in kleiner Menge genommen, durchaus gewünschte Effekte haben (z.B. Beruhigung), in großer Menge zugeführt jedoch tödlich sein.

Ätiologie. Nach der Art der Giftzufuhr unterscheidet man:

- Inhalationsgifte,
- perkutan resorbierbare Gifte,
- Ingestionsgifte.

Nach den näheren Umständen der Giftzufuhr trennt man:

- suizidale Vergiftungen,
- akzidentelle Vergiftungen,
- gewerbliche Vergiftungen.

Während akzidentelle Vergiftungen im privaten wie industriellen Bereich dank vielfältiger Vorkehrungen unter Kontrolle zu halten sind und häufiger Kinder betreffen, zeigen suizidale Vergiftungen dank der leichten Verfügbarkeit der dafür benutzten „Medikamente" eher steigende Tendenz. Sie machen etwa $^3/_4$ aller Vergiftungen im Erwachsenenalter aus. Ein Problem besonderer Art stellt die Drogensucht dar, deren Vergiftungssymptomatik teils durch Überdosierung, teils durch die Folgen des chronischen Mißbrauchs und gelegentlich auch durch die des plötzlichen Entzugs charakterisiert ist.

Klinik. Je nach Art des Giftes können Schäden verschiedenster Organsysteme auftreten:

Herz und Kreislauf können durch direkt toxische Wirkung auf die Erregungsbildung im Herzen, den Herzmuskel oder auf die vasomotorische Regulation betroffen sein. Die Lunge wird bei Inhalationsgiften oft zuerst angegriffen, kann aber auch bei anders zugeführten Giften sekundär betroffen sein. Ebenso können die Nieren durch Gifte toxisch geschädigt werden oder infolge eines toxischen Kreislaufschocks ihre Funktion einbüßen. Die Leber ist angesichts ihrer zentralen Stellung im Stoffwechsel bei zahlreichen Vergiftungen betroffen, wobei hepatitisähnliche oder cholestatische Schädigungsmuster auftreten können.

Der *Anamnese* kommt bei der Erkennung einer Vergiftung entscheidende Bedeutung zu. Die Angaben des Kranken und seiner Angehörigen, die Umstände, unter denen der Patient aufgefunden wurde (z.B. leere Tablettenschachteln, Einstichstellen in den Venen) legen den Verdacht auf eine Vergiftung nahe. In Anbetracht der Vielzahl in Betracht kommender Noxen und des weiten Spektrums dosisabhängiger Schäden wird verständlich, daß es keine generell obligaten Symptome einer Vergiftung geben kann.

Unspezifische *Leitsymptome* können potentiell sein:

- zentralnervöse Störungen (Somnolenz, Bewußtlosigkeit, Hypo-/Hyperreflexie, Hypo-/Hyperthermie, unmotivierte Angst oder Euphorie),
- respiratorische Sörungen (Hypo-/Hyperventilation),
- kardiovaskuläre Störungen (Arrhythmien, Schock),
- intestinale Störungen (Übelkeit, Erbrechen, Durchfall, Hypersalivation),
- äußere Zeichen (Einstichstellen, Druckmarken).

Der Schweregrad einer Vergiftung kann klinisch anhand von Tab. 11.**1** abgeschätzt werden.

Diagnose. Eine Intoxikation wird gesichert durch den Giftnachweis. Angesichts der Vielzahl mögli-

Tabelle 11.**1** Schweregrade einer Vergiftung

I	Patient schläfrig, jedoch ansprechbar
II	Nicht ansprechbar, jedoch Reaktion auf leichten Schmerz
III	Geringe Reaktion auf stärkere Schmerzen
IV	Keine Reaktion auf maximale Schmerzreize. Alle Reflexe fehlen

cher Noxen gibt es keine universale Suchreaktion. Anamnese, nähere Umstände der Auffindung und klinischer Befund richten den Anfangsverdacht in eine konkrete Richtung. Blutuntersuchungen (z. B. Alkoholspiegel), Schnelltests im Urin, Asservierung von Erbrochenem oder Magenspülflüssigkeit können helfen, den Verdacht einer Vergiftung zu sichern.

Therapie

1. **Sofortige Notfallmaßnahmen** bei Vergiftung bezwecken die Aufrechterhaltung der Vitalfunktionen und sollen die weitere Giftaufnahme verhindern. So wird man z. B. bei einer Rauchvergiftung zuallererst den Patienten an die frische Luft bringen, um weitere Inhalation zu verhindern. Die erste Hilfe bei Vergifteten orientiert sich am sog. *ABC*-Merkschema:
   - *A*temwege freihalten,
   - *B*eatmung,
   - *C*irkulation aufrechterhalten.

   Die dazu erforderlichen Maßnahmen werden in Kapitel 13 (S. 341 ff) eingehend erläutert.
2. **Entgiftung.** Nach Einleitung der vorstehend skizzierten Notfallmaßnahmen zur Lebensrettung dient die weitere Behandlung der Giftelimination, wobei zweckmäßig zwischen primärer und sekundärer Giftelimination (Detoxikation) getrennt wird.
   a) *Primäre Detoxikation:*
   Verfahren zur primären Giftelimination orientieren sich an der Art der Giftzufuhr. Bei oral aufgenommenen Giften kann man durch *bewußt hervorgerufenes Erbrechen* rasch größere Giftmengen aus dem Körper entfernen. Dies kommt jedoch nur in Betracht, wenn der Patient noch ausreichend bewußtseinsklar sowie kooperationsfähig und -willig ist und die Kreislaufverhältnisse stabil sind. Kontraindiziert ist provoziertes Erbrechen bei schaumbildenden Mitteln oder Laugen- und Säurenverätzung. Provoziertes Erbrechen läßt sich am einfachsten durch hypertone Kochsalzlösung auslösen: 2 Eßl. Salz auf ein Glas Wasser führen – rasch getrunken – nach ca. 10 Min. zum Erbrechen. Daneben haben sich Ipecacuanha-Sirup (2 Eßl.) oder Apomorphin (0,1 mg/kg Körpergewicht) als Emetikum bewährt.
   Die *Magenspülung* ist nach oraler Giftzufuhr der verläßlichste Weg zur Detoxikation. Bei den meisten Giften ist jedoch nur innerhalb ein bis zwei Stunden nach Ingestion eine Spülung sinnvoll. Über einen großlumigen Magenschlauch wird solange fraktioniert gespült, bis die Spülflüssigkeit klar zurückkommt.
   Nach Beendigung der Eliminationsmaßnahmen können lokal wirksame *Antidota* gegeben werden, um Giftreste zu „neutralisieren" bzw. die Resorption zu bremsen. Oft benutzt wird dazu Aktivkohle (Carbo medicinalis, 1 Fertigbecher in Wasser gelöst). Nach Ingestion ätzender Substanzen kann durch reichliches Trinken eine *Verdünnung* angestrebt werden. Durch Neutralisationsversuche kann zusätzlich noch eine Hitzeschädigung entstehen. Sie sollten daher vermieden werden.
   Um Giftreste aus dem Darm zu entfernen, wird eine *forcierte Diarrhoe* z. B. durch Glaubersalz (2 Eßl./Glas) eingeleitet.
   Bei perkutanen Vergiftungen müssen die kontaminierten Kleidungsstücke entfernt und die Haut gereinigt werden. Ist Gift ins Auge gelangt, ist eine ausgiebige Spülung mit Wasser oder speziellen Augenspüllösungen angezeigt.
   b) *Sekundäre Detoxikation:*
   Ist das Gift durch die Haut, über die Atemwege oder den Magen-Darm-Trakt in den Körper gelangt, sind die Möglichkeiten der primären Detoxikation erschöpft. Aus diesem Grunde muß jede schwere Vergiftung sofort in ein Krankenhaus gebracht werden, um sich dort unter intensivmedizinischen Kautelen einer sekundären Giftelimination zu unterziehen.
   Bei renal ausscheidbaren Giften wird mit einer *forcierten Diurese* versucht, die renale Giftelimination anzukurbeln. Dies erfolgt durch Steigerung der Urinproduktion auf 10–20 l/d unter Intensivobservation mit engmaschiger Kontrolle der Bilanz, des zentralen Venendruckes und der Serumelektrolyte. Die forcierte Diurese ist kontraindiziert bei Kreislauf- oder Niereninsuffizienz. Auch die Gefahr eines Hirnödems (abhängig vom Gifttyp) muß beachtet werden. Ist die forcierte Diurese kontraindiziert oder führt sie wegen des Gifttyps nicht zum Ziel, muß eine *extrakorporale Detoxikation* durchgeführt werden. Dazu stehen heute verschiedene Verfahren der Dialyse (S. 126 ff) oder der Plasmapherese, evtl. auch als Kombination von Plasmaseparation und Hämoperfusion, zur Verfügung. Wegen des hohen apparati-

ven Aufwands sind diese Verfahren der extrakorporalen Giftelimination schweren Intoxikationen vorbehalten.

Prognose. Sie ist bei einer Vergiftung vornehmlich abhängig von der Art und Menge des Giftes und der bis zur Einleitung einer wirksamen Therapie verstrichenen Zeitspanne.

Bei der ubiquitären Verfügbarkeit der verschiedenartigsten toxischen Substanzen muß immer dann an eine Vergiftung gedacht werden, wenn sich das klinische Bild nicht zwanglos plausibel erklären läßt.

Ausgewählte spezielle Vergiftungen

Aus der großen Zahl unterschiedlichster Vergiftungen sollen im folgenden einige häufiger vorkommende Vergiftungen exemplarisch besprochen werden.

Schlafmittelvergiftungen

Schlafmittel und Sedativa gehören zu den am häufigsten gebrauchten Medikamenten. Pharmakologisch gehören sie verschiedenen Stoffklassen an, deren einzelne Vertreter pharmakodynamisch erheblich voneinander abweichen können. Allen gemeinsam ist der gewünschte zentral dämpfende Effekt, der bei Überdosierung in eine Schlafmittelvergiftung umschlagen kann.

Klinik. Die Symptome der Schlafmittelvergiftung sind abhängig von der Menge des eingenommenen Schlafmittels sowie von der Zeitspanne, die seit der Aufnahme verstrichen ist. Das Spektrum reicht von Müdigkeit über Schläfrigkeit, Somnolenz, Schlaf und Bewußtlosigkeit bis hin zum tiefen Koma zunächst ohne, später mit Störung der Atmung (Abb. 11.**1**).

Diagnose. Sie muß bei einer Schlafmittelvergiftung zunächst klinisch gestellt werden, da der prinzipiell erforderliche toxikologische Giftnach-

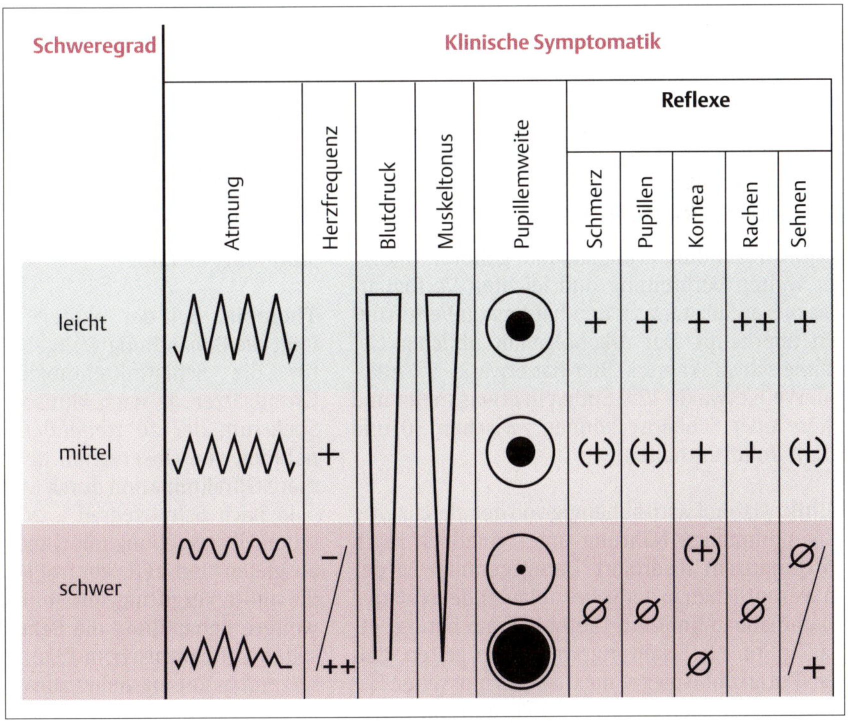

Abb. 11.**1** Schematisierte Darstellung der klinischen Symptomatik einer Vergiftung in Abhängigkeit vom Schweregrad.

weis oft zu lange dauert und rasches Handeln geboten ist.

Therapie. Bei klinisch begründetem Verdacht auf eine Schlafmittelvergiftung wird zunächst eine primäre Giftelimination durchgeführt (S. 292). Ist diese wegen der Schwere der bereits eingetretenen Intoxikation nicht mehr ausreichend, muß eine forcierte Diurese eingeleitet werden. Obschon deren Wirksamkeit von der chemischen Struktur des Schlafmittels abhängt, gilt sie bei lang wirkenden und einigen mittellang wirkenden Barbituraten durchaus als hilfreich. Bei der klinisch gefürchteten Metaqualonintoxikation ist dieses Verfahren wirkungslos und wegen der Neigung zur Entwicklung eines Lungen- und Hirnödems kontraindiziert.

Prognose. Sie ist bei frühzeitiger Einleitung der primären und sekundären Detoxikation oft günstig. Sofern keine Komplikationen wie z. B. Aspirationspneumonie eingetreten sind, können die Patienten auch bei schwerer Vergiftung oft gerettet werden.

Der Schweregrad der häufigen Schlafmittelvergiftung ist abhängig von der Menge und dem Zeitpunkt der Einnahme. Daher stets eine primäre Detoxikation anstreben und im Zweifelsfall die stationäre Einweisung in die Wege leiten.

Alkoholvergiftung

Vergiftungen durch Äthylalkohol gehören infolge der weiten Verbreitung und leichten Verfügbarkeit dieser Substanz zu den häufigsten Vergiftungen überhaupt. Der Alkoholgehalt üblicher Getränke schwankt stark. Bier hat etwa 2 – 5% Alkohol, Wein etwa 6 – 12%, Südwein etwas mehr, und Liköre oder Schnäpse können zwischen 30 und 60% Alkohol enthalten.

Klinik. Alkohol wird abhängig von der gleichzeitig aufgenommenen Nahrung unterschiedlich rasch im Dünndarm absorbiert. Demgegenüber ist der im wesentlichen in der Leber ablaufende oxidative Alkoholabbau limitiert. Die Abbaurate beträgt etwa 7 g/Std. Als Erfahrungswert kann gelten, daß der Blutalkoholspiegel nach abgeschlossener Resorption stündlich um etwa 0,15‰ abnimmt.

Die enthemmende und euphorisierende Wirkung kleiner Mengen Alkohol ist allgemein bekannt. Mit steigendem Alkoholspiegel kommt es zunächst zu einem Exzitationsstadium mit vermehrter Hautdurchblutung und Gesichtsrötung verbunden mit Wärmegefühl. Puls und Blutdruck können erhöht sein. Bei weiter steigendem Alkoholspiegel kommt es zu visuellen Störungen, glasigen, stierenden Augen, Akkommodationsstörungen und Doppelbildsehen. Die Sprache wirkt verwaschen bis hin zum Lallen. Gangstörungen oder gar Torkeln, Unfähigkeit zu koordinierten Bewegungen sowie Übelkeit und Erbrechen vervollständigen die Symptomatik. Inadäquate Stimmungsschwankungen, teils auch aggressive Züge können das klinische Bild überlagern. Im Spätstadium kommt es zur Alkoholnarkose, die in Atemdepression und Hypothermie übergeht.

Auch wenn keine enge Beziehung zwischen Blutalkoholspiegel und klinischem Bild besteht, so werden gemeinhin bei Blutalkoholkonzentrationen von 1 – 2‰ Gehstörungen beobachtet. Von einem schweren Rausch spricht man bei Alkoholkonzentrationen ab ca. 3‰. Bei mehr als 4‰ besteht akute Lebensgefahr.

Diagnose. Nie darf aus einer „Alkoholfahne" auf eine Alkoholintoxikation geschlossen werden! Die sog. Fahne ist überwiegend Folge von Begleitstoffen alkoholischer Getränke und kaum Folge des Alkohols selber. Schon der Genuß von einem Glas Bier verursacht bekannterweise eine „Fahne". Andere Ursachen einer Bewußtseinsstörung, wie z. B. Schädel-Hirn-Traumen oder Stoffwechselkomata (S. 353), müssen ausgeschlossen werden. Die Sicherung der Diagnose gelingt durch Alkoholbestimmung im Blut.

Therapie. Bei der akuten Alkoholintoxikation folgt die Behandlung weitgehend den vorstehend für die Schlafmittelintoxikation dargelegten Grundsätzen. Je nach klinischem Bild reicht das Spektrum der zu treffenden Behandlungsmaßnahmen von Observation des Kranken über primäre Giftelimination durch Magenspülung bis hin – je nach Schweregrad – zur intensivmedizinischen Überwachung mit Glukose- und Elektrolytausgleich und evtl. kontrollierten Beatmung. Ist die akute Vergiftungsphase überwunden, hat die weitere Behandlung die Beherrschung des nicht selten bei chronischem Alkoholabusus (s. u.) einsetzenden Entzugsdelirs zum Ziel.

Chronische Alkoholkrankheit

Alkoholmißbrauch führt im Laufe der Zeit zu organischen und psychischen Veränderungen. Immer größere Alkoholmengen sind nötig, um die angestrebte Euphorie zu erreichen. Es kommt zu Änderungen in der Persönlichkeitsstruktur mit abnehmendem Urteilsvermögen, Intelligenzverlust und zunehmendem Persönlichkeitsverfall.

Organische Veränderungen an Leber, Bauchspeicheldrüse und Magen sind bei chronischem Alkoholmißbrauch häufig. Nicht selten liegt eine alkoholische Kardiomyopathie (Biertrinkerherz) vor. Häufig findet man auch eine periphere Polyneuropathie. Veränderungen des zentralen Nervensystems mit Halluzinationen, Delirium tremens und Alkoholepilepsie sind häufig. Ebenso wird eine Wernicke-Enzephalopathie beobachtet, die klinisch auch unter dem Bild einer Korsakow-Psychose verlaufen kann.

Die Prognose der Alkoholkrankheit hängt ganz entschieden an einer konsequenten und dauerhaften Abstinenz.

Bevor ein Alkoholrausch diagnostiziert wird, müssen stets andere Komaursachen mit hinreichender Wahrscheinlichkeit ausgeschlossen werden!

Psychopharmakavergiftungen

Unter verschiedenen Indikationen werden Psychopharmaka mit steigender Tendenz verordnet. Man unterscheidet Tranquilizer, Neuroleptika und Antidepressiva. Hinzu kommen „Drogen", die wegen ihres Einflusses auf die Psyche oft in Verbindung mit anderen Suchtmitteln wie Alkohol konsumiert werden.

Klinik. Angesichts der Vielfalt in Betracht kommender Substanzen gibt es kein einheitliches Intoxikationsmuster. Zudem ist die seit der Intoxikation verstrichene Zeitspanne zu berücksichtigen. Bei Drogensüchtigen kann sich darüber hinaus in Abhängigkeit vom letzten Drogengebrauch eine klinisch differente Entzugssymptomatik manifestieren.

Bei einer *Neuroleptikaintoxikation* wird die klinische Symptomatik durch den zentral dämpfenden und sedierenden Effekt geprägt. Auch extrapyramidale Erscheinungen, die an ein Parkinson-Syndrom denken lassen, sind zu beobachten.

Über die bei Vergiftung mit trizyklischen *Antidepressiva* auftretende vielfältige Symptomatik orientiert Tab. 11.**2**.

Vergiftungen mit dem Antidepressivum *Lithium* verursachen Durstgefühl, Polyurie, Erbrechen und Durchfall. Bei schweren Vergiftungen kommt es zu Schwindel und Bewußtseinstrübung.

Diagnose. Eine Psychopharmakaintoxikation ist angesichts des facettenreichen und variablen klinischen Bildes oft nur schwer zu erkennen, zumal Mischintoxikationen mit Alkohol, Schlafmitteln und „Drogen" nicht selten vorkommen. Der sog. Fremdanamnese, d.h. aufgefundenen Tablettenpackungen, Spritzen etc., kommt daher oft entscheidende Bedeutung zu.

Therapie. Auch wenn letztlich nur der pharmakologische Nachweis der Substanz die Diagnose absichert, muß sofort eine Therapie eingeleitet werden.

Nach oraler Tabletteneinnahme steht die primäre Detoxikation (Magenspülung!) am Anfang.

Tabelle 11.**2** Klinische Symptomatik der Antidepressiva-Intoxikation

Vergiftung	Parasympathische Reaktionen	ZNS	Kardiovaskuläre Reaktionen	Atmung
Leicht	Mundtrockenheit Sehstörungen	Erregung	Sinustachykardie	Atemdepression
Mittel	Mydriasis	Zuckungen Halluzinationen	Bradykardie ventrikuläre Tachykardie	Aspiration
Schwer	Harnverhalt Obstipation Fieber	Krämpfe Hypothermie Koma	Leitungsstörungen Asystolie	ARDS Apnoe

Bei Patienten mit Benzodiazepinintoxikation kann gezielt Flumazenil, ein spezifischer Antagonist, eingesetzt werden. Lithiumvergiftungen sind einer forcierten Diurese zugänglich, wohingegen bei Tranquilizerintoxikation erforderlichenfalls auf die Verfahren der extrakorporalen Detoxikation (S. 126ff) zurückgegriffen werden muß.

Prognose. Sie ist bei einer schweren Antidepressivaintoxikation ernst, wenn die primäre Detoxikation nicht mehr greift und Verfahren der extrakorporalen Detoxikation nicht frühzeitig angewendet werden.

Psychopharmakaintoxikationen können – insbesondere bei Mischintoxikation – außerordentlich unterschiedliche klinische Symptome und neurologische Ausfallserscheinungen hervorrufen. Wegen der unsicheren Prognose gehören schwere Vergiftungen in die Hand des Erfahrenen.

Metallvergiftungen

Metallvergiftungen sind angesichts der großen Zahl von Schlafmittel-, Alkohol- und Drogenvergiftungen ausgesprochen selten. Akute Metallvergiftungen finden sich im Gesamtspektrum der Vergiftungen nur mit einem Promillesatz. Obschon prinzipiell alle Schwermetalle Vergiftungserscheinungen hervorrufen können, haben nur bestimmte Metallvergiftungen praktische Bedeutung erlangt.

Arsenvergiftung

Arsen findet in der Industrie und gelegentlich auch noch als Schädlingsbekämpfungsmittel Verwendung. Die giftige Wirkung der Arsenverbindungen beruht auf einer Enzymblockade.

Klinik. Nach oraler Arsenaufnahme kommt es innerhalb weniger Stunden zu einer Gastroenteritis mit abdominellen Beschwerden, Erbrechen und Durchfall. Die Atemluft weist einen Knoblauchgeruch auf. Als Folge der einsetzenden Organschäden entwickelt sich ein Ikterus, eine Oligo- bzw. Anurie oder eine Kardiomyopathie. Chronische Arsenexposition durch wiederholten Hautkontakt bewirkt über Hautreizung eine Hyperkeratose und Hyperpigmentierung.

Diagnose. Angesichts der unspezifischen klinischen Symptomatik basiert die Diagnose auf der Bestimmung der Arsenkonzentration im Blutserum und Urin. Chronische Arsenvergiftungen können durch Arsennachweis in den Haaren gesichert werden.

Therapie. Durch Gabe des Antidots Dimercaptopropansulfonsäure (DMPS, Dimercaprol) wird versucht, Arsen in Komplexform zur Ausscheidung zu bringen.

Bleivergiftung

Bleiverbindungen werden bei verschiedenen industriellen Herstellungsprozessen benutzt. Nach oraler Aufnahme wird Blei langsam absorbiert und überwiegend im Skelett abgelagert.

Klinik. Bei *akuter Bleivergiftung* klagen die Kranken über Metallgeschmack im Mund und vermehrten Speichelfluß. Unspezifische Symptome wie Müdigkeit, Kopfschmerzen, Schwindel und Angstgefühl können hinzutreten.

Bei *chronischer Bleivergiftung* findet sich nicht selten ein Bleisaum der Gingiva und ein Bleikolorit der Haut. Obstipation, Anämie, periphere Polyneuropathie und Arthralgien sind weitere potentielle Symptome einer Bleivergiftung.

Diagnose. Durch Bestimmung des Bleispiegels im Blut und Urin wird die Verdachtsdiagnose gesichert.

Therapie. Bei akuter oraler Aufnahme sollte zunächst eine primäre Detoxikation durchgeführt werden. Die Haut ist zu reinigen. Nach erfolgter Giftabsorption wird versucht, durch Ca-EDTA oder DMPS Blei in Chelatform zur Ausscheidung zu bringen. Die übrige Therapie ist symptomatisch.

Quecksilbervergiftung

Quecksilber ist in der Industrie weit verbreitet. Auch in der Zahnheilkunde wird Quecksilber als Bestandteil des Amalgams seit langem benutzt. Während nach oraler Aufnahme von metallischem Quecksilber meist keine Vergiftungserscheinungen auftreten, kann die Inhalation von Quecksilberdampf oder ionisiertem Quecksilber schwere Vergiftungen auslösen. Quecksilber reichert sich auch im zentralen Nervensystem an.

Klinik. Quecksilberdämpfe verursachen durch Schädigung der Atemwege Reizhusten und Atemnot. In schweren Fällen kann es zum Lungenödem kommen. Ionisiertes Quecksilber verursacht nach oraler Aufnahme einen grau-weißen, zur Blutung neigenden Schorf und starken Speichelfluß. Schleimig-blutige Stühle können hinzutreten.

Vor dem Hintergrund der allgemeinen Umweltbelastung durch Quecksilber ist die mit 2 μg täglich angenommene Quecksilberbelastung durch Amalgam vergleichsweise sehr gering. Die Symptome der chronischen Quecksilberbelastung sind unspezifisch (Müdigkeit, Konzentrationsschwäche). Schwere Vergiftungen führen zu Nierenschäden mit Proteinurie.

Diagnose. Eine Quecksilbervergiftung wird diagnostiziert durch Messung der Blut- und Urinspiegel. Bei chronischer Vergiftung kann zusätzlich ein Nachweis in den Haaren geführt werden.

Therapie. Nach oraler Aufnahme wird zunächst die primäre Detoxikation angestrebt. Als spezifisches Antidot nach erfolgter Resorption kann Dimercaptopropansulfonsäure (DMPS) benutzt werden, wodurch Quecksilber als Komplex zur Ausscheidung gebracht wird.

Akute Metallvergiftungen sind angesichts der weiten privaten, medizinischen und industriellen Nutzung von Metallen außerordentlich selten. Da die Symptomatik insbesondere bei chronischer Exposition uncharakteristisch ist, basiert die Diagnose auf der Bestimmung der Blut- und Urinkonzentrationen.

Nahrungsmittelvergiftungen

Trotz eines hohen Hygienestandards kommen auch heute Nahrungsmittelvergiftungen keineswegs selten vor. Grund dafür ist oft die unachtsame Handhabung von Nahrungsmitteln (z.B. Unterbrechung der Kühlkette). Da ein größerer Teil der Bevölkerung regelmäßig in Kantinen verpflegt wird, kann eine Nahrungsmittelvergiftung rasch beinahe endemische Ausmaße annehmen.

Akute Nahrungsmittelvergiftungen können verursacht werden durch

- chemische Giftstoffe (z.B. Konservierungsmittel),
- biologische Toxine (z.B. Botulismus),
- Bakterien (z.B. Salmonellen),
- pflanzliche Gifte (z.B. Pilze).

Klinik. Angesichts des weiten Spektrums möglicher Ursachen sind die Symptome stark variabel. Treten Beschwerden innerhalb von 1/2 Stunde nach dem Essen auf, so deutet die kurze Latenz am ehesten auf eine durch chemische, mit der Nahrung aufgenommene Stoffe ausgelöste Intoxikation hin. Eine Latenz von wenigen Stunden ist gut vereinbar mit einer durch Staphylokokkenendotoxin ausgelösten Vergiftung. Eine Latenz von einigen Stunden findet sich typischerweise auch bei Salmonellen. Eine Latenz von bis zu 48 Std. kann bei Botulismus beobachtet werden, einer Erkrankung, die durch das Toxin des Bazillus Clostridium botulinum hervorgerufen wird.

Diagnose. Eine Nahrungsmittelvergiftung wird klinisch diagnostiziert. Dies wird erleichtert durch die Angabe, daß auch andere Essensteilnehmer erkrankt sind. Im strengen Sinne gesichert werden kann die Diagnose durch Nachweis des Toxins im Erbrochenen oder z.B. Nachweis der Erreger im Stuhl.

Therapie. Sie ist symptomatisch. Bei noch im Magen vermuteten Speiseresten kann Erbrechen ausgelöst oder eine Magenspülung durchgeführt werden. Bei Verdacht auf Pilzvergiftung ist wegen der differenten Therapie umgehend fachärztlicher Rat in Anspruch zu nehmen. Bei einer Salmonelleninfektion sind entsprechende Hygienemaßnahmen notwendig, um einer Ausbreitung entgegenzuwirken (S. 287 ff).

Prognose. Sie ist bei einer Nahrungsmittelvergiftung gemeinhin gut; die Prognose der Pilzvergiftung kann ernst sein.

Nahrungsmittelvergiftungen können z.B. durch chemische Zusatzstoffe in der Nahrung, biologische Toxine oder mit der Nahrung aufgenommene Krankheitserreger ausgelöst werden.

Vergiftungen durch Pflanzenschutzmittel

Die Vielzahl der verwendeten Pflanzenschutzmittel läßt sich nach dem Anwendungsziel in Mittel zur Pilzbekämpfung, Insektenbekämpfung, in wuchshemmende bzw. wuchsfördernde, wurmtötende Mittel u. dgl. unterscheiden. Unter vergiftungsmedizinischen Aspekten trennt man:

- organische Phosphorverbindungen (Alkylphosphate),
- Chlorkohlenwasserstoffe,
- Mittel auf Strychninbasis,
- Metaldehyd,
- Paraquat.

Exemplarisch soll die Vergiftung mit Alkylphosphaten kurz besprochen werden. Das Wirkprinzip besteht in Hemmung der Cholinesterase, wodurch es zu einer Anreicherung von Azetylcholin kommt (endogene Azetylcholinvergiftung).

Klinik. Alkylphosphate können oral, durch Einatmen oder perkutan in den Körper gelangen. Das klinische Bild ist geprägt durch Zeichen der Acetylcholinüberdosierung: Am Auge entsteht Tränenfluß bei stecknadelkopfgroßen Pupillen. Vermehrter Speichelfluß und überschießende Bronchialsekretion können ein Lungenödem vortäuschen. Bradykardie und Hypotonie, Übelkeit und Erbrechen sowie mitunter Muskelzuckungen können auftreten. Das Bewußtsein ist nicht selten auch bei schweren Vergiftungen noch erhalten, bis unter dem Bild der Atemlähmung der Tod eintritt.

Diagnose. Sie basiert auf der Vergiftungsanamnese und dem Nachweis einer verminderten Cholinesteraseaktivität, die bis auf 10% der Norm zurückgehen kann. Gesichert wird die Diagnose durch den Giftnachweis, auf den jedoch kaum gewartet werden kann.

Therapie. Bei perkutaner Giftaufnahme wird die Haut gereinigt, wobei zu beachten ist, daß dadurch evtl. die Resorption gesteigert wird. Bei oraler Giftaufnahme wird der Magen gespült. Die Wirkungen der endogenen Azetylcholinanreicherung können durch Atropin abgeschwächt werden. Dosen von bis zu 5 mg müssen u.U. mehrfach gegeben werden. Zusätzlich können Esterasereaktivatoren (z.B. Toxogonin) gegeben werden. Da eine forcierte Diurese wirkungslos ist, muß evtl. eine extrakorporale Detoxikation durchgeführt werden (S. 126ff).

Prognose. Sie ist bei einer schweren Alkylphosphatvergiftung trotz aller intensivmedizinischen Fortschritte nicht gut.

Pflanzenschutzmittel sind eine chemisch inhomogene Gruppe. Sie können nach akzidenteller perkutaner oder suizidaler oraler Aufnahme beim Menschen zu schwersten Vergiftungen führen, die intensive Therapie erfordern.

Vergiftungen durch Haushaltsmittel

In fast jedem Haushalt finden potentiell toxische Substanzen zur Reinigung der Böden, der Sanitäranlagen oder für Hobbyarbeiten Verwendung. Gefährdet sind Kinder bei nicht ordnungsgemäßem Verschluß dieser Mittel. Erwachsene erleiden Vergiftungen durch Verwechslung oder durch suizidale Aufnahme. Unter praktischen Gesichtspunkten trennt man die Vielzahl der benutzten Mittel und die entsprechenden Vergiftungen in drei Hauptgruppen.

Säurevergiftung

Entkalkungsmittel, WC-Reiniger, Rostentferner oder Autobatterien enthalten teils hochkonzentrierte Säuren. Diese führen bei Gewebskontakt zur *Koagulationsnekrose.*

Klinik. Die Symptomatik wird geprägt von der Art des Kontaktes (Haut, Auge, Magen-Darm-Trakt) und von der Konzentration. Bei oraler Zufuhr bestimmt zusätzlich die Kontaktzeit das Ausmaß der Schäden. Meist unmittelbar nach Trinken der Säure entsteht eine schwere, schmerzhafte Stomatitis mit schmutzig-grauen Belägen. Reaktiv entwikkelt sich starker Speichelfluß. Nach Säureingestion in den Magen kommt es nicht selten als Folge der ausgelösten Schleimhautblutung zu Kaffeesatzerbrechen.

Diagnose. Sie wird gestellt aufgrund der Angaben des Patienten und des örtlichen Befundes.

Therapie. Bei Hautkontakt ist eine sofortige ausreichende Waschung und Entfernung evtl. säuregetränkter Kleidungsstücke erforderlich. Ist Säure ins Auge gelangt, wird sofort ausgiebig mit Wasser gespült. Nach oraler Säureaufnahme wird durch Nachtrinken von Wasser eine Säureverdünnung angestrebt. Wegen der Gefahr einer Ösophagusverletzung ist Erbrechen unbedingt zu vermeiden. Eine stationäre Krankenhauseinweisung ist zur genaueren Beurteilung der eingetretenen Schäden stets ratsam.

Prognose. Sie hängt bei einer Säureverätzung entscheidend von Einwirkort, Konzentration sowie Kontaktzeit ab. Sie kann auch heute noch durchaus ernst sein (z. B. bei Speiseröhrenverätzung).

Nach Säureverätzung muß sofort die Spülung von Haut und Augen erfolgen. Nach oraler Säurezufuhr Wasser nachtrinken. Bei Säurenekrosen im Mund auch die Speiseröhre untersuchen lassen. Nach oraler Säureaufnahme Erbrechen vermeiden!

Laugenvergiftung

Im Haushalt werden Laugen z. B. in Abflußreinigern, Ablaugemitteln (Salmiakgeist!), Grillreinigern oder Bleichmitteln verwendet.

Klinik. Laugenkontakt führt zu einer weichen, eher verquollen wirkenden sog. *Kolliquationsnekrose.* Die Symptomatik ist ähnlich der Säureverätzung; bedingt durch den weichen Nekrosegrund ist jedoch die Ösophagusperforation eine gefürchtete Folge der oralen Laugeningestion.

Diagnose. Sie wird anhand der Angaben des Patienten sowie des klinischen Befundes gestellt.

Therapie. Die örtlichen Maßnahmen gleichen denen bei Säureverätzung (S. 298). Eine Magenspülung ist wegen der Gefahr der Ösophagusperforation nur mit größter Vorsicht vertretbar. Symptomatisch ist auf freie Atemwege (Verquellung des Kehldeckels!) sowie auf ausreichende Schmerzbekämpfung zu achten.

Nach Laugenkontakt sofortige Spülung der Kontaktstelle. Nach oraler Laugenaufnahme Wasser nachtrinken. Kein provoziertes Erbrechen auslösen!

Lösungsmittelvergiftung

Zahlreiche Haushaltsmittel enthalten organische Lösungsmittel. Diesen ist gemeinsam, daß sie gut fettlöslich, schwer wasserlöslich und leicht flüchtig sind. Chemisch handelt es sich um Äther, Phenole, Alkohole, Chlorkohlenwasserstoffe u. a.

Klinik. Organische Lösungsmittel können perkutan, oral oder durch Inhalation aufgenommen werden. Entsprechend der Vielfalt der Substanzen variiert das klinische Bild ungemein. Nach oraler Zufuhr kann es zu unterschiedlichsten Störungen im Magen-Darm-Trakt kommen. Wegen der hohen Fettlöslichkeit organischer Lösungsmittel kommt es leicht zur Anreicherung im zentralen Nervensystem mit entsprechenden klinischen Ausfallserscheinungen. Nach Einatmung von Lösungsmitteldämpfen kann es zu einer Lungenreizung bis hin zum Lungenödem kommen.

Diagnose. Eine sorgfältige Anamnese ist die Basis der Verdachtsdiagnose. Sie kann bewiesen werden durch den jedoch aufwendigen und zeitraubenden Nachweis des Lösungsmittels in der Atemluft oder den Körpergeweben.

Therapie. Nach Inhalation organischer Lösungsmittel sollte der Kranke an die frische Luft gebracht werden. Bei stärkerer Atemwegsreizung hilft oft Dexamethason-Dosieraerosol. Bei zunehmender Luftnot ist evtl. eine kontrollierte Beatmung zum Abrauchen des Lösungsmittels indiziert. Nach oraler Aufnahme kann eine frühzeitige Magenspülung helfen. Durch Gaben von flüssigem Paraffin wird versucht, die Resorption des Lösungsmittels zu verlangsamen. Kontraindiziert sind resorptionsfördernde Mittel wie Alkohol oder Rizinusöl.

Die weitere Therapie ist symptomatisch, da nach abgeschlossener Giftaufnahme eine kausale Therapie im engeren Sinne nicht mehr möglich ist.

Prognose. Sie ist bei einer Lösungsmittelvergiftung abhängig von der Substanz sowie Menge und den zu erwartenden Organschäden nicht günstig.

Lösungsmittelvergiftungen kommen perkutan, durch Inhalation oder Ingestion vor. Entscheidend ist die rasche primäre Detoxikation. Nach abgeschlossener Giftaufnahme akkumulieren Lösungsmittel im Fettgewebe und sind dann nur noch schwer zu eliminieren.

12 Neurologie und Psychiatrie

A. Engelhardt

Einleitung

Die Neurologie beschäftigt sich mit den Krankheiten des zentralen und peripheren Nervensystems sowie der Muskulatur (Abb. 12.**1**). Gegenstand der Psychiatrie sind seelische Krankheiten und Störungen. Die Fächer sind zwar heute völlig eigenständig, es bestehen jedoch zahlreiche Überschneidungen. Daher ist die gemeinsame Darstellung in einem kurzen Überblick gerechtfertigt. Der Schwerpunkt liegt allerdings auf Syndromen und Krankheitsbildern der Neurologie, wobei insbesondere auf die für Zahnmediziner wichtigen Erkrankungen im Kopf- und Gesichtsbereich einge-

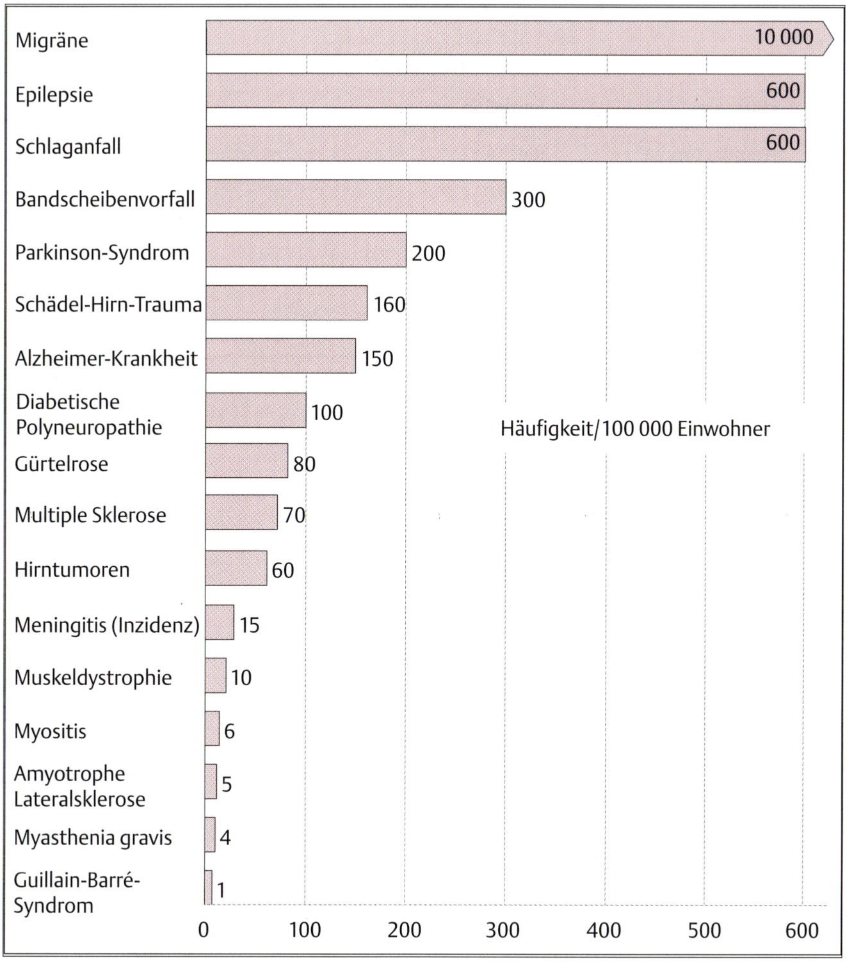

Abb. 12.**1** Prävalenz einiger neurologischer Erkrankungen.

gangen wird. Da sich die neurologische Diagnostik weitgehend von der internistischen unterscheidet, sei auch sie kurz dargestellt.

Neurologische Diagnostik

Neurologische Untersuchung

Eine sorgfältige neurologische Untersuchung ist auch bei den heute zur Verfügung stehenden zahlreichen technischen Hilfsmethoden unverzichtbar. Die Untersuchung muß sich stets auf alle Bereiche erstrecken, da die Beschränkung auf einzelne Körperregionen oder Teilfunktionen zu schwerwiegenden Fehleinschätzungen führen kann.

Hirnnerven

Die Untersuchung der Hirnnerven in ihrer anatomischen Reihenfolge gibt nicht nur Aufschluß über Funktionsstörungen der einzelnen Nerven, sondern läßt häufig auch Rückschlüsse auf Prozesse im Bereich der Schädelbasis und des Hirnstamms zu (Tab. 12.**1**).

Motorik

Durch Prüfung einzelner Muskeln oder ganzer Extremitätenabschnitte läßt sich eine Kraftminderung *(Parese)* feststellen. Hierbei können ein Muskel, eine Extremität (Monoparese), eine Körperhälfte (Hemiparese), beide Beine (Paraparese)

Tabelle 12.**1** Hirnnervenfunktionen und ihre Ausfallssymptome

	Hirnnerv	Funktion	Ausfall
I	(N. olfactorius)	Riechen	Anosmie
II	(N. opticus)	Sehen	Visusverlust, Gesichtsfelddefekte
III	(N. oculomotorius)	Äußere Augenmuskeln (außer von IV und VI innervierte), M. sphincter pupillae, M. levator palpebrae	Doppelbilder in Richtung des gelähmten Muskels, Mydriasis, Ptosis
IV	(N. trochlearis)	M. obliquus superior	Doppelbilder bei Blick nach nasal unten
V	(N. trigeminus)	Sensibilität im Gesicht, Mundhöhle und Nasen-Rachen-Raum; motorisch: Kaumuskulatur	Sensibilitätsstörung, Kornealreflex abgeschwächt, Abweichung des Unterkiefers beim Mundöffnung zur gelähmten Seite
VI	(N. abducens)	M. rectus lateralis	Doppelbilder beim Blick zur gelähmten Seite
VII	(N. facialis)	Mimische Muskulatur, Tränen- und Speicheldrüsen, Geschmack: vordere zwei Drittel der Zunge (süß, salzig, sauer)	Gesichtslähmung, je nach Läsionshöhe auch: Störung der Tränen- und Speichelsekretion, Hyperakusis, Geschmacksstörung
VIII	(N. vestibulocochlearis)	Hören und Gleichgewicht	Hypakusis, Drehschwindel mit Fallneigung zur gelähmten Seite, Nystagmus zur Gegenseite
IX	(N. glossopharyngeus)	Schlucken, Sensibilität Mittelohr, Pharynx, Zungengrund, Geschmack: hinteres Drittel der Zunge (bitter)	Schluckstörung, Gaumensegel wird auf gelähmter Seite nicht gehoben, Uvula zur Gegenseite verschoben
X	(N. vagus)	Schlucken, Gaumensegel und Kehlkopf, Parasympathikus	Schluckstörung, Heiserkeit, Tachykardie
XI	(N. accessorius)	M. sternocleidomastoideus und M. trapezius (oberer Anteil)	Kopfwendung zur Gegenseite kraftlos, Schulterheberschwäche auf betroffener Seite
XII	(N. hypoglossus)	Zungenmuskulatur	Atrophie und Parese der betroffenen Zungenhälfte, Abweichen zur gelähmten Seite

oder alle vier Extremitäten betroffen sein (Tetraparese). Durch passives Bewegen der Extremitäten wird der *Muskeltonus* festgestellt. Bei Rigor ist er gleichmäßig („wächsern") erhöht, bei Spastik zeigt er einen federnden, geschwindigkeitsabhängigen Widerstand. Auch auf Verminderung des Muskelumfangs *(Atrophie)* ist zu achten.

Reflexe

Durch Schlag mit dem Reflexhammer auf die Sehne werden die Muskelspindeln gedehnt. Dieser Reiz führt über afferente Fasern zum Rückenmark, wird monosynaptisch auf motorische Vorderhornzellen umgeschaltet und bewirkt durch deren Erregung eine Kontraktion des Muskels (Abb. 12.**2**).

- Schädigungen innerhalb dieses Reflexbogens (Vorderhorn, Nervenwurzel, Plexus, Nerv) führen zu einer *Abschwächung des Muskeleigenreflexes.*
- *Gesteigerte Muskeleigenreflexe* durch Enthemmung des Reflexbogens finden sich dagegen bei Spastik. Sie zeigen damit eine Schädigung zentraler Bahnen an (Gehirn, Rückenmark).
- Eine Schädigung des zentralen motorischen Neurons von der Zentralregion bis zur Vorderhornzelle im Rückenmark läßt sich außerdem durch sogenannte *Pyramidenbahnzeichen* nachweisen: Bestreichen der Fußsohle (Babinski-Zeichen), Druck auf die Schienbeinkante (Oppenheim-Zeichen) oder Kneten der Wadenmuskulatur (Gordon-Zeichen) führen im pathologischen Fall zu einer Dorsalextension der Großzehe.
- *Fremdreflexe* werden ebenfalls durch Bestreichen der Haut ausgelöst. Hierbei kommt es über polysynaptische Verschaltungen zur Kontraktion der zugehörigen Muskulatur (Kornealreflex, Bauchhautreflexe, Kremasterreflex, Analreflex). Seitendifferenzen sind als pathologisch zu werten.

Sensibilität

Mit einem Zahnstocher (Schmerz) und den Fingerspitzen (Berührung) wird die Oberflächensensibilität, mit der Stimmgabel (Vibration) und durch Bewegen der Großzehe (Lagesinn) die Tiefensensibilität geprüft. Schmerz und Temperatur werden über den Tractus spinothalamicus, Vibrations- und Lagesinn über die Hinterstränge des Rückenmarks geleitet.

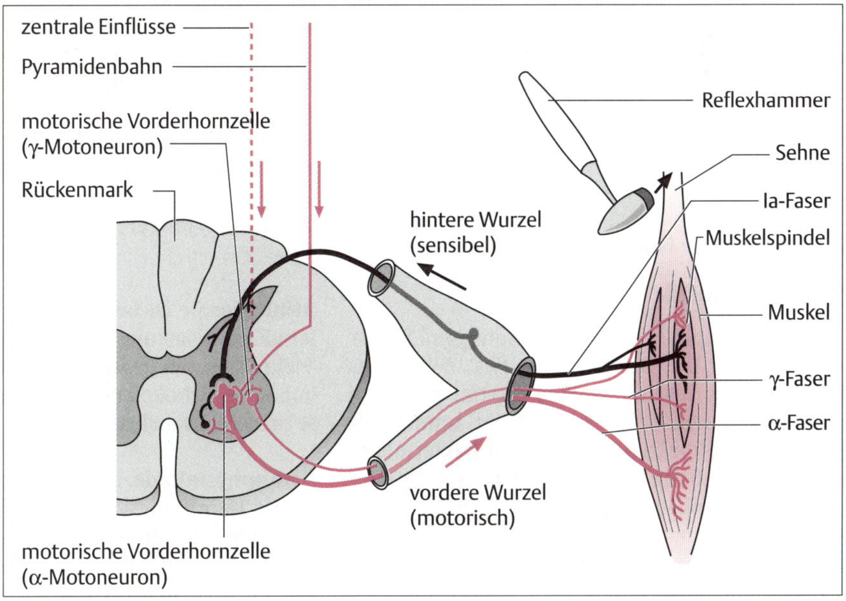

Abb. 12.**2** Schema eines Reflexbogens (Muskeleigenreflex).

Koordination

Wichtig ist die Prüfung von repetitiven Drehbewegungen der Hand (Diadochokinese), zielsicherem Zeigen bei geschlossenen Augen (Finger-Nase-Versuch, Knie-Hacke-Versuch), ruhigem Stand auch bei geschlossenen Augen (Romberg-Stehversuch) sowie von Blindgang und Seiltänzergang.

Störungen der Koordination werden als *Ataxie* bezeichnet. Ihre Ursache kann im Bereich des Kleinhirns samt seinen afferenten und efferenten Bahnen oder des vestibulären Systems (Innenohr, N. vestibulocochlearis, Hirnstamm) liegen oder durch Tiefensensibilitätsstörungen bedingt sein (periphere Nerven-, Hinterstrang- oder parietale Großhirnschädigung).

Neuropsychologische Untersuchung

Sprachstörungen (motorische und sensorische Aphasien), Sprechstörungen (Dysarthrien) und sonstige „Hirnwerkzeugstörungen" (Apraxie, Alexie, Akalkulie, Agnosie) werden beschrieben. Schließlich gehört zu einer vollständigen neurologischen Untersuchung ein kurzer *psychopathologischer Befund,* der Bewußtseinszustand (Somnolenz, Sopor, Koma), Orientierung (Ort, Zeit und Person), Gedächtnis, Antrieb, Affekt sowie Denken und Intelligenz berücksichtigt.

Eine neurologische Untersuchung muß immer vollständig sein (Hirnnerven, Motorik, Reflexe, Sensibilität, Koordination, Psyche). Sie darf sich nicht auf einen Ausschnitt (z. B. nur den Kopf) beschränken.

Technische Hilfsmethoden

Liquordiagnostik

Durch Lumbalpunktion werden wenige ml Liquor entnommen. Die Bestimmung des Zellgehalts (Zellzahl), des Gesamteiweißes und der einzelnen Eiweißfraktionen (insbesondere der Immunglobuline) sowie die zytologische und bakteriologische Untersuchung geben Hinweise auf Entzündungen, Störungen der Blut-Hirn-Schranke, Blutungen und vorhandene Tumorzellen.

Weitere Hilfsmethoden (Tab. 12.**2**)

Die wichtigsten neurologischen Hilfsmethoden sind bildgebende Verfahren (Computertomographie, Kernspintomographie, Dopplersonographie), Elektrophysiologie und Liquordiagnostik.

Kopf- und Gesichtsschmerzen

Es gibt wahrscheinlich nur wenige Menschen, die Kopfschmerzen nie kennengelernt haben. Unter der Vielfalt der Erscheinungsformen und Ursachen sind die harmlosen Varianten (Migräne, Spannungskopfschmerz) am häufigsten. Durch sorgfältige Anamnese und Untersuchung können „gefährliche" Ursachen wie intrakranielle Raumforderungen, Subarachnoidalblutung, Meningitis, Sinusthrombose, Arteriitis temporalis und hypertensive Krisen ausgeschlossen werden. Vor allem erstmals auftretende oder in Intensität, Lokalisation und Schmerzcharakter sich von früheren Ereignissen unterscheidende Kopfschmerzen bedürfen einer besonders sorgfältigen Abklärung.

Migräne

Die Migräne ist ein anfallsartiger Kopfschmerz von Minuten bis mehreren Tagen Dauer. Typischerweise ist er halbseitig *(Hemikranie)* oder umschrieben in der Schläfen- oder Augenregion, wobei die Seite zumeist wechselt. Es gibt jedoch auch diffuse oder beidseitig lokalisierte Schmerzen.

Vorkommen und Häufigkeit. Die Migräne zählt zu den häufigsten Kopfschmerzformen. Zwischen 2 und 10% aller Menschen leiden daran. Bevorzugt sind Frauen jüngeren und mittleren Alters betroffen.

Ätiologie. Sie ist bei der Migräne ungeklärt. Eine familiäre Belastung ist sehr häufig nachweisbar. Viele Patienten geben bestimmte Faktoren (Alkohol, Käse, Schokolade, Streß, hormonelle Einflüsse) als anfallsauslösend an.

Pathophysiologie. Bei der Migräne scheinen neuronale Hemmungsvorgänge, welche sich von der Sehrinde nach frontal ausbreiten, und eine vermehrte Freisetzung von Serotonin eine Rolle zu spielen. Die hierdurch ausgelöste Gefäßreaktion besteht in einer Vasokonstriktion, der eine Vasodi-

Tabelle 12.2 Technische Hilfsmethoden der Neurologie (Aussagekraft, Indikation)

Elektrophysiologie	
Elektroenzephalogramm (EEG)	diffuse oder herdförmige Funktionsstörungen des Gehirns, Krampfpotentiale
Nervenleitgeschwindigkeit (NLG)	periphere Nervenschädigung (Markscheidenschädigung)
Elektromyographie (EMG)	Denervierung, Reinnervation, myopathische Schäden der Muskulatur
Blinkreflex	Schädigung des N. trigeminus oder N. facialis
Visuelle evozierte Potentiale (VEP)	Leitungsverzögerung im N. opticus, Tractus opticus
Somatosensibel evozierte Potentiale (SEP)	Leitungsstörung sensibler Afferenzen
Akustisch evozierte Potentiale (AEP)	Leitungsstörung im Bereich des Hörnerven und der Hörbahn
Transkranielle Magnetstimulation (CMCT)	motorische Leitungsverzögerung (von der Hirnrinde bis zum Muskel)
Bildgebende Verfahren	
Dopplersonographie	nichtinvasive Darstellung der hirnversorgenden Arterien (A. carotis, A. vertebralis)
Computertomographie (CT)	tomographische Röntgenschichtbilder des Gehirns oder von Teilabschnitten der Wirbelsäule
Magnetresonanztomographie (Kernspintomographie, MRT, NMR)	durch Magnetfeldeinwirkung erzeugte Schichtbilder des Gehirns oder der Wirbelsäule (beste Detaildarstellung!)
SPECT (single photon emission computertomography) PET (Positronen-Emmisions-Tomographie)	Darstellung der Hirnperfusion bzw. des Metabolismus durch radioaktiv markierte Substanzen
Angiographie	Kontrastmitteldarstellung der extra- und intrakraniellen Gefäße (Katheter über A. femoralis)
Myelographie	Kontrastmitteldarstellung des Spinalkanals nach Lumbalpunktion
Biopsien	
Muskelbiopsie	degenerative, metabolische und entzündliche Veränderungen der Muskulatur
Nervenbiopsie (Suralisbiopsie)	degenerative und entzündliche Veränderungen am peripheren Nerven (Polyneuropathieabklärung)
Arterienbiopsie	Histologie der A. temporalis zur Diagnostik der Arteriitis temporalis
Hirnbiopsie	nach Trepanation stereotaktische oder offene Entnahme von Hirngewebe zur Abklärung degenerativer, entzündlicher und tumoröser Prozesse

latation mit Ödembildung und entzündlicher Reaktion folgt.

Klinik. Aufgrund der klinischen Symptomatik werden verschiedene Migräneformen unterschieden:

- Bei der *Migräne ohne Aura (einfache oder gewöhnliche Migräne)* treten die Kopfschmerzattacken mit vegetativen Begleiterscheinungen (Übelkeit, Erbrechen) und Lichtscheu auf.
- Bei der *Migräne mit Aura (klassische Migräne)* treten neurologische Begleitphänomene hinzu. Am häufigsten ist die ophthalmische Migräne mit visuellen Wahrnehmungen (Lichtblitze, Flimmerskotome mit gezackten Rändern = „Fortifikationsspektren") oder die *Migraine accompagnée* mit flüchtigen halbseitigen Sensibilitätsstörungen, Lähmungserscheinungen und Sprachstörungen.

- Unter *komplizierter Migräne (Migränekomplikationen)* werden Kopfschmerzanfälle von mehreren Tagen Dauer (Status migraenosus) und längere Zeit persistierende Halbseitenlähmungen oder Augenmuskellähmungen verstanden. In seltenen Fällen kann sogar ein Hirninfarkt (migränöser Infarkt) auftreten.

Diagnostik. Die charakteristische Anfallsschilderung läßt in den meisten Fällen bereits die Diagnose vermuten. Außerhalb der Attacken ist der neurologische Befund unauffällig. Das EEG ist in den Schmerzattacken häufig, in schmerzfreien Intervallen gelegentlich pathologisch verändert. Bildgebende Verfahren (CT, NMR) sind normal, falls es nicht zu einem migränösen Infarkt gekommen ist.

Verlauf und Prognose. Die Migräne besteht zumeist über Jahrzehnte oder lebenslang, wobei viele Patienten nach der Menopause oder in höherem Lebensalter über ein Verschwinden der Kopfschmerzen berichten. Die Frequenz der Attacken und deren Dauer ist sehr unterschiedlich, nicht selten treten mehrere Schmerzattacken pro Monat auf.

Therapie

a) **Im Anfall:**
   - Ruhe, Abdunkeln des Raumes,
   - Antiemetika: Metoclopramid (Paspertin) als Supp. oder Domperidon (Motilium),
   - Analgetika: Azetylsalizylsäure (als Brausetablette oder i. v.), Paracetamol (Supp.),
   - Sumatriptan (Imigran), ein 5 HT_1-Agonist, als Tablette oder s.c. nur bei schweren, anders nicht beherrschbaren Kopfschmerzen (sehr teuer!),
   - Ergotamintartrat (Supp., Aerosol-Medihaler, i.m. oder i.v. Injektion) nur selten oder bei schweren Kopfschmerzattacken anwenden.

b) **Zur Schmerzprophylaxe im Intervall:**

Bei zwei und mehr Schmerzattacken pro Monat kommen in Frage:

- In erster Linie niedrig dosierte Betablocker (Metoprolol, Propranolol),
- als zweite Wahl Kalziumantagonisten (Flunarizin),
- an dritter Stelle Serotoninantagonisten (Pizotifen, Lisurid, Methysergid).

Zu warnen ist vor der Langzeitgabe von Dihydroergotamin (oft in „Migränetabletten“, Gefahr des Ergotismus!) und der chronischen Einnahme von Schmerztabletten (analgetikainduzierter Kopfschmerz!). Nichtmedikamentöse Behandlungen (Akupunktur, autogenes Training) können ebenfalls zum Erfolg führen.

Halbseitige Kopfschmerzen, Lichtscheu und Übelkeit sind die typischen Symptome des Migräneanfalls. Eine Aura (Flimmerskotome, Sensibilitätsstörungen, selten Lähmungen) kann vorausgehen. Die Erkrankung ist harmlos, „begleitet“ den Patienten jedoch zumeist über Jahrzehnte, so daß die Gefahr des Analgetikamißbrauchs hoch ist.

Clusterkopfschmerz

Definition und Pathogenese. Der Clusterkopfschmerz, welcher im Gegensatz zur Migräne fast nur bei Männern auftritt, wird auch als Bing-Horton-Syndrom oder Erythroprosopalgie bezeichnet. Die Pathogenese ist ungeklärt, es werden jedoch ähnliche Transmitterfreisetzungen (Histamin, Serotonin) wie bei der Migräne vermutet.

Klinik. Es handelt sich um außerordentlich schmerzhafte, zumeist nachts auftretende, streng einseitige, bohrende Schmerzen in der Schläfen- und Augenregion. Die Dauer der Attacken beträgt wenige Minuten bis zu zwei Stunden. Sie können von Rötung der Gesichtshälfte und des Auges, Tränenfluß, Rhinorrhoe oder Miosis begleitet sein. Charakteristisch ist die Wiederholung der Schmerzattacken in regelmäßigen Abständen (sog. Cluster), zwischen denen oft jahrelange Beschwerdefreiheit besteht.

Therapie. Im Anfall ist das Einatmen von reinem Sauerstoff wirksam. Zur Intervalltherapie kommen bei häufigen Attacken Prednisolon oder Lithium in Frage.

Spannungskopfschmerz

Der Spannungskopfschmerz (tension headache) kann mit den sog. vasomotorischen Kopfschmerzen gleichgestellt werden. Die Schmerzen beginnen schleichend und dauern zumeist über Tage und Wochen, gelegentlich auch monatelang an (chronischer Spannungskopfschmerz). Sie werden als dumpfes Druckgefühl beschrieben, welches sich vom Nacken auf beide Seiten des Kopfes ausbreitet. Häufig beschreiben Patienten auch ein Gefühl „wie ein Reifen oder ein Helm". Die Schmerzen sind unangenehm, aber erträglich.

Vorkommen und Häufigkeit. Spannungskopfschmerz ist der häufigste Kopfschmerz. Das banale „Kopfweh" ist zumeist ein Spannungskopfschmerz. Jüngere Lebensalter und Frauen sind häufiger betroffen. Eine gewisse genetische Disposition ist anzunehmen.

Ätiologie. Die Bezeichnung deutet zum einen auf eine muskuläre Verspannung der Nackenmuskulatur hin, welche sich häufig auch nachweisen läßt, zum anderen jedoch auch auf psychische Spannungszustände („Belastungskopfschmerzen") jeglicher Art. Streß, Wettereinflüsse, Schlafmangel, Nikotin- und Alkoholabusus sind häufige Auslöser.

Klinik. Die Patienten berichten über diffuse, ring- oder helmförmige, okzipital oder temporal betonte dumpfe Kopfschmerzen. Neurologischer Untersuchungsbefund und apparative Zusatzdiagnostik sind unauffällig. Mischformen von Spannungskopfschmerz und Migräne kommen vor (Kombinationskopfschmerz).

Verlauf und Prognose. Vor allem nach Auslösesituationen treten die Kopfschmerzen immer wieder auf (episodischer Spannungskopfschmerz), wobei die einzelnen Schmerzperioden immer weniger abgrenzbar werden und schließlich einem Dauerschmerz Platz machen. Sehr häufig liegt in diesem Stadium ein Analgetika- und Tranquilizerabusus vor.

Therapie. Primär sind nichtmedikamentöse Therapieformen angebracht (autogenes Training, funktionelle Entspannung, Spazierengehen, Massagen, lokale Wärmeanwendung). Auf ausreichenden Schlaf, Vermeidung von Alkohol und Nikotin sowie möglichst auch von psychischer und körperlicher Überlastung soll geachtet werden. Ist eine medikamentöse Therapie nicht zu umgehen, bieten sich vor allem Antidepressiva, z. B. Amitriptylin (Saroten retard 25 – 75 mg abends) und Muskelrelaxanzien (Muskel-Trancopal) an. Analgetika sollten nur in Ausnahmefällen zur Anwendung kommen (Azetylsalizylsäure oder Paracetamol). Von Mischpräparaten und Tranquilizern muß ganz abgeraten werden.

Der Spannungskopfschmerz ist die häufigste Kopfschmerzform. Neurologischer Untersuchungsbefund und apparative Zusatzdiagnostik sind hierbei unauffällig. Schmerzmittel sollten nur in Ausnahmefällen, keinesfalls regelmäßig, eingenommen werden.

Symptomatische Kopfschmerzen

Dentogener Kopf- und Gesichtsschmerz

Erkrankungen der Zähne (vor allem Pulpitis, Wurzelabszesse, Zahnfrakturen) lösen zumeist einen lokalisierten Schmerz und Temperaturempfindlichkeit am Ort der Schädigung aus. Gelegentlich kommt es jedoch zu einer Schmerzausbreitung auf den gesamten Kiefer- und Gesichtsbereich der betroffenen Seite (ausstrahlende Schmerzen). Schmerzen im ganzen Kopf sind sehr ungewöhnlich und sollten an andere Ursachen oder Komplikationen (Meningitis, Sinusthrombose) denken lassen.

Häufiger als die direkt dentogen ausgelösten Gesichtsschmerzen sind Störungen im Bereich des Temporomandibulargelenks, welche sich auf dem Boden einer fehlerhaften Okklusion, von zu hohen Füllungen, Bruxismus oder zu häufigem Kaugummikauen entwickeln (Myoarthropathien). Das Kiefergelenk ist deutlich druckschmerzhaft mit Schmerzausbreitung in die betroffene Gesichts- und Kopfhälfte (sog. *Costen-Syndrom*), evtl. Parästhesien und Ohrgeräuschen.

Bei einer dentogenen Ursache kann der Schmerz zumeist gut lokalisiert werden. Ausgebreitete Kopf- oder Gesichtsschmerzen sind ein Anlaß, an andere Ursachen oder Komplikationen zu denken.

Zervikogener Kopfschmerz

Der zervikogene Kopfschmerz wird häufig mit dem Spannungskopfschmerz verwechselt. Er ist jedoch sehr viel seltener und typischerweise einseitig lokalisiert. Durch Kopfbewegungen, Husten, Niesen oder Druck auf die Dornfortsätze der oberen Halswirbelsäule läßt sich die typische Schmerzausstrahlung von okzipital nach frontal entsprechend dem Versorgungsgebiet der Wurzel

C_2 provozieren. Oft besteht eine ausgeprägte Schonhaltung der HWS und eine Schmerzausstrahlung in den Arm. Migräneartige vegetative Syndrome, Lichtscheu, Schwindel und Schleiersehen kommen vor. Die Erkrankung wurde früher auch als „Migraine cervical" oder Okzipitalisneuralgie bezeichnet. Therapeutisch kommen Wärmeanwendungen, vorübergehendes Tragen einer Halskrawatte (Zervikalstütze nach Prof. Henßge) und muskelrelaxierende Medikamente (Muskel Trancopal) in Frage. Lokale Infiltration im Bereich des N. occipitalis major ist oft wirksam, die (nicht ungefährliche und daher nur von erfahrenen Therapeuten durchzuführende!) Blockade der Wurzel C_2 führt zu schlagartigem Verschwinden der Schmerzen.

Bei plötzlich auftretenden heftigen Nacken-Hinterkopf-Schmerzen sollte man in erster Linie an eine Subarachnoidalblutung denken! Nicht selten werden Patienten mit dieser lebensgefährlichen Erkrankung „eingerenkt", weil fälschlicherweise ein zervikogener oder Spannungskopfschmerz angenommen wurde.

Analgetika-Kopfschmerz

Dies ist eine sehr häufige Kopfschmerzform. Langdauernde Einnahme von analgetischen Mischpräparaten, seltener auch Monosubstanzen, welche ursprünglich zur Beseitigung von Kopfschmerzen verordnet wurden, kann selbst zu Kopfschmerzen führen. Hierdurch wird ein verhängnisvoller circulus vitiosus in Gang gesetzt. Aussicht auf Erfolg hat nur das radikale Absetzen der Analgetika evtl. unter stationären Bedingungen (Psychiatrie).

Posttraumatischer Kopfschmerz

Nach einer Schädelprellung (ohne Bewußtlosigkeit) oder Commotio cerebri (mit Bewußtlosigkeit) können lokalisierte oder diffuse Kopfschmerzen über Tage oder wenige Wochen anhalten. Dasselbe gilt für Nacken-Hinterkopf-Schmerzen nach einem HWS-Schleudertrauma. Bei einer Contusio cerebri (Hirnverletzung mit neurologischen Ausfällen) oder Schädelfrakturen können diese Kopfschmerzen auch jahrelang immer wieder auftreten. Übelkeit, unsystematischer Schwindel, Erbrechen und Sehstörungen ähnlich wie bei Migräne können hinzutreten. Die Pathogenese dieser Schmerzen ist uneinheitlich. Stets ist neben der Unfallschädigung auch an eine posttraumatische depressive Reaktion, an Analgetikamißbrauch oder ein Rentenbegehren zu denken. Bei offenen Schädelhirntraumata (mit Duraverletzung) und kontusionellen Hirnschäden mit intrakranieller Blutung sind allerdings auch Spätkomplikationen (Meningitis auf dem Boden einer Liquorfistel, Liquorresorptionsstörungen mit Hydrozephalus) möglich.

Weitere Ursachen für symptomatische Kopfschmerzen

Kopfschmerz tritt als Symptom bei zahlreichen Grundkrankheiten und äußeren Einflüssen auf. Weitere seltene (aber teilweise „gefährliche"!) Kopfschmerzursachen finden sich in Tab. 12.**3**.

Gesichtsschmerzen

Trigeminusneuralgie („Tic douloureux")

Fälschlicherweise werden häufig alle Gesichtsschmerzen (Prosopalgien) als „Trigeminusneuralgie" bezeichnet. Die *typische (idiopathische, essentielle) Trigeminusneuralgie* kann man jedoch klinisch gut von anderen Gesichtsschmerzen abgrenzen. Hierbei treten blitzartige, nur Sekunden dauernde, heftigste Schmerzen im Versorgungsgebiet des zweiten (N. maxillaris) oder dritten (N. mandibularis) Trigeminusastes auf. Durch Berührung, Kauen, Sprechen oder Zähneputzen werden die Schmerzattacken getriggert. Sie können sich bis über 100mal am Tag wiederholen und haben die höchste Intensität aller Schmerzen (daher Suizidgefahr!).

Vorkommen und Häufigkeit. Die Prävalenz beträgt etwa 40 auf 100 000 Einwohner. Zumeist sind ältere Patienten jenseits des 50. Lebensjahres betroffen, Frauen etwas häufiger als Männer.

Ätiologie. Zwar ist die Pathophysiologie des Tic douloureux ungeklärt, in zahlreichen Fällen dürfte jedoch eine mechanische Irritation der Trigeminuswurzel im Bereich der Eintrittszone am Kleinhirnbrückenwinkel ursächlich sein. Häufig finden sich hier elongierte Gefäßschlingen der A. cerebelli superior und subarachnoidale Verwachsungen. Durch Druckschädigung des Nerven kann es zu Ephapsenbildung (neurale Kurzschlüsse) zwischen taktilen und schmerzleitenden Fasern kommen.

Tabelle 12.3 Weitere Ursachen für symptomatische Kopfschmerzen

Kopfschmerz	Besonderheiten
Sinusitis	Schmerzverstärkung beim Vornüberbeugen, Druckschmerz der Nervenaustrittspunkte des Trigeminus
Otitis	Druckschmerz in Ohrumgebung (Trommelfellinspektion!)
Hirninfarkt	Schmerzen häufiger bei Posterior- und Hirnstamminfarkten
Intrazerebrale Blutung	Kopfschmerz und Erbrechen bei Hirndruck
Dissektion der A. carotis	Schmerzen im Karotisverlauf am Hals und temporal, Horner-Syndrom (Miosis, Ptosis, Enopthalmus) homolateral, evtl. Hemiparese kontralateral
Arteriitis temporalis	Schmerzen in der Temporalregion bei älteren Pat. BKS stets deutlich erhöht! Erblindungsgefahr! Therapie: Kortikoide
Sinusthrombose	progrediente, oft beidseitige neurologische Ausfälle, Anfälle, evtl. Sepsis im Gesichts- oder HNO-Bereich
Karotis-Kavernosus-Fistel (arteriovenöse Fistel)	Stirnkopfschmerz, Doppelbilder, Exophthalmus, pulssynchrones Ohrgeräusch
Hypertensive Krise	krisenhafte Blutdruckerhöhung (über 220 mmHg)
Subarachnoidalblutung	plötzliche heftige Nacken-Hinterkopf-Schmerzen, Meningismus
Meningitis	Meningismus, Fieber
Allgemeininfekt	Fieber, *kein* Meningismus
Hirntumoren	selten als lokales Zeichen, zumeist bei Hirndruck (mit Erbrechen)
Meningeosis carcinomatosa	Meningismus, im Liquor Tumorzellen (Zytologie!)
Hydrozephalus	Hirndruck (mit Übelkeit, Erbrechen)
Anstrengung	diffuser drückender Schmerz, auch als „Koitus-Kopfschmerz“ (DD: Subarachnoidalblutung!)
Sauerstoffmangel, Barotrauma	bei Aufenthalt in großen Höhen, Tauchen etc.
Glutamat u.a. Nahrungsmittel	v.a. nach chinesischem Essen (Glutamat!), Pizza, Rotwein u.a. Alkohol, Käse
Kälte	äußerliche Kälteeinwirkung oder Eiscreme

Klinik. Während der blitzartig einschießenden Schmerzattacken wird die betroffene Gesichtshälfte zumeist ticartig verzogen. Die sich häufig wiederholenden Schmerzattacken führen dazu, daß die Patienten Sprechen, Essen und Trinken vermeiden, so daß die Gefahr einer Exsikkose oder Kachexie besteht. Der neurologische Untersuchungsbefund ist völlig regelrecht. Auch bildgebende Verfahren und sonstige Zusatzuntersuchungen ergeben bei der typischen Trigeminusneuralgie keine Hinweise auf strukturelle Läsionen.

Insbesondere, wenn der erste Trigeminusast (N. ophthalmicus) betroffen ist oder die Patienten einen Dauerschmerz angeben, sollte verstärkt nach feststellbaren Ursachen der Trigeminusneuralgie gesucht werden *(symptomatische Trigeminusneuralgie)*. Dies ist besonders wichtig, wenn neurologische Ausfälle wie Sensibilitätsstörungen oder Abschwächung des Kornealreflexes bzw. die Einbeziehung weiterer Hirnnerven auftreten. Häufigste Ursache für eine symptomatische Trigeminusneuralgie ist die Multiple Sklerose, auch Nasennebenhöhlenentzündungen und Tumoren (Akustikusneurinom, Karzinome der Schädelbasis) kommen in Frage.

Therapie. Analgetika sind nicht wirksam! Mittel der Wahl ist Carbamazepin (Tegretal) in langsam ansteigender Dosierung (300 – 1200 mg/d), wobei zur Vermeidung von Überdosierungen Serumspiegelkontrollen durchgeführt werden sollten. Diese Therapie (evtl. auch kombiniert mit Amitriptylin, Neuroleptika oder Baclofen) führt in 60 – 90% der Fälle zum Erfolg. Bei pharmakoresistenten Patienten kommt insbesondere im jüngeren

Lebensalter die operative *neurovaskuläre Dekompression nach Janetta* (nach Eröffnung der hinteren Schädelgrube) in Frage, deren Letalität allerdings zwischen 0,2 und 2% liegt. Bei älteren Patienten wird man daher zumeist die *perkutane Thermokoagulation des Ganglion Gasseri* durchführen. Hierbei werden durch dosierte Wärmeentwicklung an der durch das Foramen ovale geschobenen Thermosonde bei optimaler Durchführung lediglich die Schmerzfasern des Trigeminus geschädigt, Berührungsreize werden weiterhin wahrgenommen. Zerstörungen des Trigeminus durch Alkoholinjektionen, Elektrokoagulation oder Exhairese, wie sie früher häufig durchgeführt wurden, sind völlig verlassen worden, da die große Gefahr von Deafferenzierungsschmerzen (Anaesthesia dolorosa) besteht.

Bei der typischen idiopathischen Trigeminusneuralgie dauern die Attacken nur Sekunden. Fast immer ist der zweite oder dritte Ast betroffen. Der neurologische Befund ist unauffällig. Treffen diese Charakteristika nicht zu, muß an eine symptomatische Form der Trigeminusneuralgie gedacht und nach deren Ursachen gesucht werden. Zahnärztliche Maßnahmen sind bei der typischen Trigeminusneuralgie erfolglos. Mittel der ersten Wahl ist Carbamazepin.

Atypische Gesichtsschmerzen

Neben der Trigeminusneuralgie sind dies die häufigsten Gesichtsschmerzen. Es handelt sich zumeist um Dauerschmerzen in der Tiefe des Gesichts, oft beidseitig im Oberkiefer oder um den Mund herum lokalisiert. Neurologischer Befund und bildgebende Verfahren sind regelrecht. Häufig wurden wegen der chronischen Schmerzen bereits zahlreiche erfolglose Eingriffe an Zähnen und Nebenhöhlen durchgeführt. Ursache ist in den meisten Fällen eine somatisierte Depression. Therapeutisch werden trizyklische Antidepressiva (z. B. Amitriptylin 25 – 150 mg/d) gegeben.

Ursache für Dauerschmerzen im Gesicht ist zumeist eine somatisierte Depression. Die Zähne sind nur selten schuld!

Andere Gesichtsneuralgien

Zahlreiche andere Gesichtsneuralgien und -schmerzen wurden früher beschrieben und mit Eigennamen belegt. Sie sind jedoch selten und hinsichtlich ihres idiopathischen Charakters umstritten (Tab. 12.**4**). Immer sind daher bei entsprechenden Symptomen entzündliche oder tumoröse Prozesse im Bereich der Schädelbasis, der Orbita, der Nase und des Gesichtsschädels auszuschließen.

Krankheiten der Hirnnerven

N. olfactorius

Eine Schädigung des N. olfactorius (Bulbus olfactorius oder Fila olfactoria) macht sich durch eine ein- oder beidseitige Anosmie bemerkbar. Dabei werden aromatische Geruchssubstanzen (z. B. Vanille) nicht mehr wahrgenommen. Alle Speisen schmecken fade. Ursächlich kommen in Frage: Schädel-Hirn-Trauma mit Abriß der Fila olfactoria, frontaler Hirntumor (Olfaktoriusrinnenmeningeom), Infektion oder toxische Einwirkung von verschiedenen Medikamenten und Gasen.

N. opticus

Plötzlich auftretender oder langsam zunehmender Verlust der Sehschärfe (Visus) kann auf eine Schädigung des N. opticus hinweisen. Bei Druck eines Hypophysentumors auf das Chiasma opticum treten seitliche Gesichtsfeldausfälle (bitemporale Hemianopsie, „Scheuklappengesichtsfeld") auf. Bei Schädigung im Bereich der Sehrinde findet sich dagegen ein halbseitiger Gesichtsfeldverlust zur Gegenseite ab der Mittellinie des Gesichts (homonyme Hemianopsie). Die Ursachen für eine Optikusschädigung sind vielfältig: akute und chronische Durchblutungsstörungen, Entzündungen (Retrobulbärneuritis bei Multipler Sklerose), metabolische und toxische Ursachen (Vitamin-B-Mangel, Alkohol), orbitale und retroorbitale Tumoren sowie erbliche degenerative Erkrankungen des Sehnerven (Lebersche Optikusatrophie).

Augenmuskelparesen

Läsionen der optomotorischen Nerven (N. oculomotorius, N. trochlearis und N. abducens) führen zu Paresen der betroffenen Augenmuskeln, einer Fehlstellung des Bulbus und zum Auftreten von

Tabelle 12.**4** Seltene Gesichtsneuralgien und Gesichtsschmerzen

Glossopharyngeusneuralgie	Zungengrund und Tonsillengegend mit Ausstrahlung zum Ohr (DD: Peritonsillarabszeß)
Intermediusneuralgie	umschriebener Bereich vor dem Ohr
Nasoziliarisneuralgie (Charlin-Syndrom)	innerer Augenwinkel, Nasenrücken, Rötung und Tränenfluß
Pterygopalatinumneuralgie (Sluder-Syndrom)	Orbita, Nasenwurzel (Niesreiz), ausstrahlend zum Ohr
Aurikulotemporalisneuralgie (Baillarger-Frey-Syndrom)	präaurikulär und temporal mit Gesichtsrötung und Geschmacksschwitzen
Laryngeus-superior-Neuralgie	Kehlkopf bis zum gleichseitigen Ohr, ausgelöst durch Schlucken oder Sprechen
Karotidodynie	Schmerzen und Druckempfindlichkeit im Verlauf der A. carotis am Hals (DD: Dissektion der A. carotis!)
Syndrom des Processus styloideus (Eagle-Syndrom)	Schluckerschwernis, Globusgefühl, Druckschmerz des zu langen Processus styloideus (umstritten)
Tolosa-Hunt-Syndrom	retroorbitale Schmerzen, Doppelbilder, Sensibilitätsstörung im 1. Trigeminusast (DD: Sinus-cavernosus- oder Schädelbasisprozeß)
Reader-Syndrom	Schmerzen im 1. oder 2. Trigeminusast, Horner-Syndrom (DD: Sinus-cavernosus- oder Schädelbasisprozeß)
Costen-Syndrom („Temporomandibulargelenksneuralgie“)	Spontan- und Druckschmerz im Bereich des Kiefergelenks bei mangelhafter Okklusion, Bruxismus, Arthrose oder Arthritis des Gelenks
Sudeck-Syndrom im Bereich des Gesichts	nach Verletzungen und Zahnextraktionen auftretende dauerhafte Brennschmerzen und Schwellung des Gesichts (Szintigraphie, Röntgen)

Doppelbildern (Lähmungsschielen, Strabismus paralyticus, Abb. 12.**3**).

Bei Schädigung der parasympathischen Fasern des N. oculomotorius tritt eine Pupillenerweiterung (Mydriasis), bei Schädigung der sympathischen Fasern des Auges eine Verengung (Miosis), ein hängendes Augenlid (Ptosis) und ein Zurücksinken des Bulbus (Enophthalmus) auf (*Horner-Syndrom*, Abb. 12.**4**). Ursachen für eine Schädigung der optomotorischen Nerven sind häufig: Schädelhirntrauma, Tumor oder ein Aneurysma, aber auch Durchblutungsstörungen im Bereich des Hirnstamms, Multiple Sklerose, Infektionen (tuberkulöse Meningitis) oder Stoffwechselstörungen (Diabetes mellitus). Falls mehrere optomotorische Hirnnerven zusammen mit dem er-

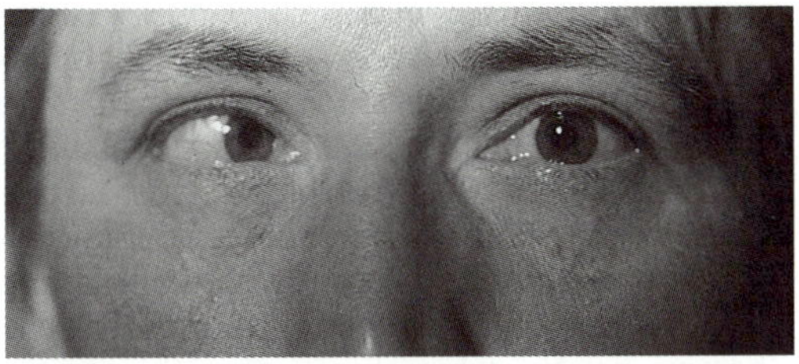

Abb. 12.**3** Abduzensparese links (Patient blickt nach links).

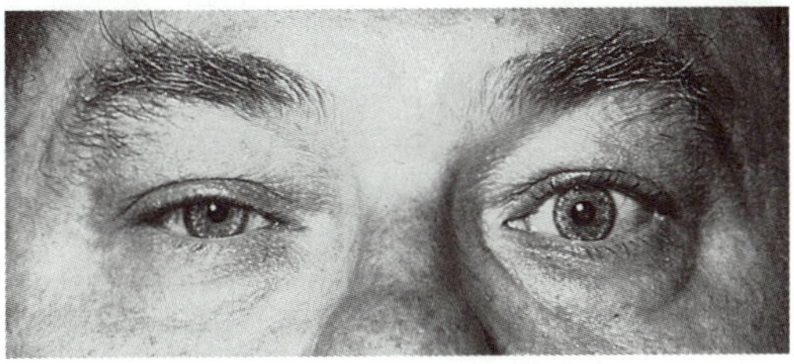

Abb. 12.**4** Horner-Syndrom rechts (Miosis, Ptosis, Enophthalmus).

sten Trigeminusast (N. ophthalmicus) betroffen sind, ist an einen Prozeß im Bereich der Orbitaspitze, des Keilbeinflügels oder im Sinus cavernosus (Thrombose!) zu denken.

Auftreten von Doppelbildern oder Pupillendifferenzen sollte stets Anlaß zu einer neurologischen Untersuchung sein!

N. trigeminus

Auf die Trigeminusneuralgie wurde bereits eingegangen. Eine Schädigung des N. trigeminus (Trigeminusneuropathie) macht sich durch Sensibilitätsstörungen im Gesicht (Hypästhesie, Hypalgesie), Abschwächung des Kornealreflexes und ein Abweichen des Unterkiefers beim Mundöffnen bemerkbar. Sie kann bei Tumoren oder Entzündungen im Bereich des Hirnstamms und der Schädelbasis, aber auch bei Kollagenosen (Sklerodermie, MCTD, Sjögren-Syndrom) vorkommen (S. 229 ff).

Periphere Fazialisparese (Bell-Lähmung)

Eine Läsion des N. facialis führt zur Lähmung der mimischen Muskulatur der betroffenen Gesichtshälfte mit Auftreten des *Bell-Phänomens* (durch die Aufwärtsbewegung des Bulbus bei Augenschluß wird bei gelähmtem Lidschluß das Weiß der Sklera sichtbar). Je nach Schädigungshöhe findet sich darüber hinaus eine Hörverstärkung (Hyperakusis) sowie Störungen der Tränen- und Speichelsekretion (Abb. 12.**5**).

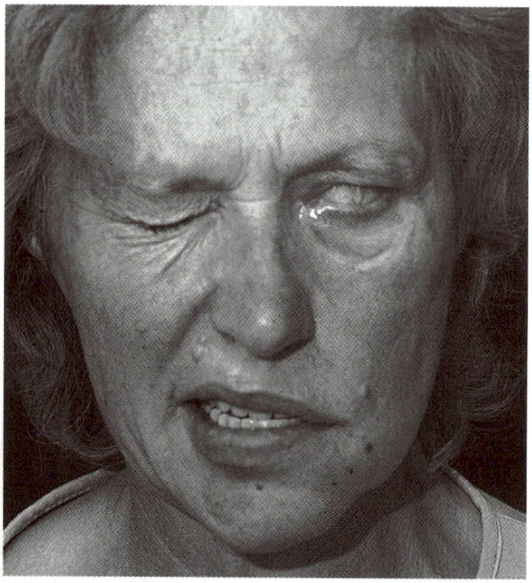

Abb. 12.**5** Periphere Fazialisparese links (mangelhafter Augenschluß mit Bell-Phänomen).

Ätiologie. Zumeist (in 75%) ist die Ursache der peripheren Fazialisparese ungeklärt *(idiopathische periphere Fazialisparese)*. Virologische, immunologische und vaskuläre Ursachen werden diskutiert. Wegen des langen Verlaufs durch die knöcherne Schädelbasis führt eine ödematöse Schwellung des Nerven offenbar leicht zu einer Druckschädigung.

Ursachen für eine *symptomatische periphere Fazialisparese* sind:

- Traumen (Felsenbeinfraktur, Gesichtsfraktur),
- Infektionen (insbesondere Borreliose nach Zekkenstich, Zoster, Otitis media, Meningitis),
- Tumoren des Kleinhirnbrückenwinkels, der Schädelbasis oder der Parotis,
- Sarkoidose und Kollagenosen,
- Diabetes mellitus u. a.

Klinik. Die Parese entwickelt sich zumeist innerhalb von 1–2 Tagen. Stirnast (Stirnrunzeln, Augenschluß), Oberkieferast (Naserümpfen) und Unterkieferast (Zähnezeigen) sind bei der peripheren Fazialisparese betroffen. Im Unterschied hierzu ist bei der *zentralen Fazialisparese* (z. B. nach Hirninfarkt) die Innervation des Stirnastes erhalten, da dieser zentral doppelseitig innerviert wird. Sonstige neurologische Ausfälle finden sich nicht. Bildgebende Verfahren (CT, NMR) und Lumbalpunktion sind nur zum Ausschluß symptomatischer Ursachen notwendig.

Therapie. Bei mangelhaftem Lidschluß (Lagophthalmus) ist die Anwendung einer Augensalbe und einer Schutzklappe wichtig. Zusätzlich sollten mimische Übungen vor dem Spiegel durchgeführt werden. Elektrostimulation wird nicht empfohlen, da es hierbei zu Kontrakturen kommen kann. Ein positiver Effekt von Kortisongaben ist nicht bewiesen, allenfalls sind sie in den ersten beiden Tagen wirksam. Bei symptomatischen peripheren Fazialisparesen ist die entsprechende Behandlung der Grundkrankheit notwendig, z. B. antibiotische Therapie bei Neuroborreliose oder Otitis media, Gabe von Aciclovir bei Gürtelrose.

Verlauf und Komplikationen. In 80% der Fälle ist bei idiopathischer Fazialisparese eine Spontanremission innerhalb eines halben Jahres zu erwarten. Als Komplikationen können Mitbewegungen der mimischen Muskulatur (Syndyskinesien) oder kosmetisch entstellende Kontrakturen der Muskulatur (Gesichtsasymmetrie) auftreten. Auf fehlerhafte Einsprossung bei der Regeneration ist auch das „Krokodilstränenphänomen" (Tränensekretion beim Essen) zurückzuführen.

Bei der peripheren Fazialisparese ist der Stirnast mitbetroffen. Zumeist bleibt die Ursache ungeklärt (idiopathisch). Nicht selten steckt auch eine Borreliose dahinter.

N. vestibulocochlearis

Eine Schädigung des N. vestibulocochlearis äußert sich in einseitiger Hörminderung und Gleichgewichtsstörungen. Bei Augenschluß neigt der Patient zum Fallen oder zur Gangabweichung auf die betroffene Seite. Die Augen zeigen einen Nystagmus (rasche ruckartige Augenbewegung) mit Schlagrichtung zur Gegenseite der Läsion. Die Patienten klagen über heftigen Drehschwindel, Übelkeit und Erbrechen.

Die Ursache ist ähnlich wie bei der peripheren Fazialisparese zumeist ungeklärt *(akute Vestibulopathie, „Neuronitis vestibularis")*. Ein Tumor im Bereich des Kleinhirnbrückenwinkels (Akustikusneurinom, Meningeom), eine *Entzündung* (z.B. Multiple Sklerose) oder eine Hirnstammischämie müssen jedoch ausgeschlossen werden.

Tritt neben den Gleichgewichtsstörungen auch ein Hörverlust auf, wobei die Symptomatik in Attacken mit symptomfreien Intervallen verläuft, ist in erster Linie an einen *Morbus Menière* zu denken. Hierbei handelt es sich um eine Erkrankung des Labyrinths ungeklärter Ätiologie mit Auftreten eines Hydrops und Einreißen der Labyrinthmembran.

Heftige Drehschwindelattacken, welche jeweils für Sekunden nach Seitlagerung auftreten, haben ihre Ursache zumeist in einer harmlosen vorübergehenden Schädigung der Gleichgewichtsrezeptoren im Innenohr (Kupulolithiasis). Diese recht häufige Störung wird als *benigner paroxysmaler Lagerungsschwindel* bezeichnet. Die Therapie besteht in mehrfach täglicher Wiederholung der Seitlagerung, wodurch eine Neueinstellung des Systems mit Verschwinden der Drehschwindelattacken einsetzt.

Vestibulärer Schwindel (Drehschwindel, Schwankschwindel, Liftschwindel) wird subjektiv als äußerst unangenehm und bedrohlich erlebt. Die Ursachen sind jedoch zumeist harmlos. Ein Akustikusneurinom oder eine Hirnstammischämie sollten allerdings ausgeschlossen werden.

Läsionen kaudaler Hirnnerven

Die kaudalen Hirnnerven (N. glossopharyngeus, N. vagus, N. accessorius und N. hypoglossus) liegen im Bereich der Schädelbasis in enger Nachbarschaft und ziehen teilweise gemeinsam durch das Foramen jugulare. Eine kombinierte Schädigung (ohne N. hypoglossus) wird daher auch als *Foramen-jugulare-Syndrom (Collet-Sicard-Syndrom)* zusammengefaßt. Als Schädigungsursache kommen insbesondere Tumoren (Glomustumor, Karzinome, Plasmozytom), Schädelbasisfrakturen, Thrombosen des Sinus transversus oder der V. jugularis interna sowie Entzündungen der Hirnbasis (Tuberkulose, Sarkoidose) in Frage. Schmerzangabe in der Tonsillenregion („Glossopharyngeusneuralgie"), Hängen eines Gaumensegels und (bei Hypoglossusbeteiligung) einseitige Zungenatrophie können auch bei der zahnärztlichen Behandlung auffallen (Abb. 12.**6**). Bei beidseitiger Läsion mit ausgeprägter Schluck- und Sprechstörung ist an einen Prozeß im Zentralnervensystem (amyotrophe Lateralsklerose, arteriosklerotische Pseudobulbärparalyse, Multiple Sklerose) oder der

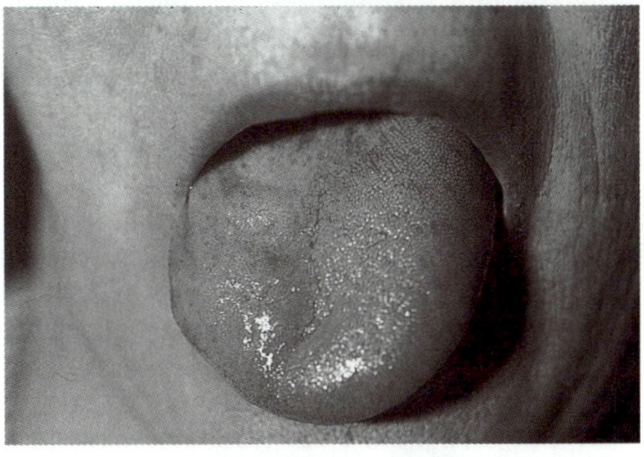

Abb. 12.**6** Hypoglossusparese rechts (mit Atrophie und Abweichen der betroffenen Zungenhälfte).

Muskulatur (Myasthenia gravis) zu denken. Isolierte Läsionen des N. accessorius und des N. hypoglossus sind zumeist iatrogen durch Operationen im Halsbereich bedingt.

Auf eine ein- oder beidseitige Zungenatrophie mit Faszikulieren sollte auch bei der zahnärztlichen Untersuchung geachtet werden. Die Ursachen sind zumeist ernst (z.B. amyotrophe Lateralsklerose, Schädelbasistumoren).

Entzündungen des Zentralnervensystems

Erregerbedingte Meningitis/Enzephalitis

(vgl. S. 286ff)

Entzündungen der Hirnhäute *(Meningitiden)* sind zumeist durch Bakterien oder Viren bedingt. Kardinalsymptom ist Kopfschmerz mit Nackensteifigkeit (Meningismus), zumeist verbunden mit hohem Fieber. Treten neurologische Ausfälle, Bewußtseinstrübung oder epileptische Anfälle auf, so ist eine Beteiligung des Gehirns an der Entzündung *(Enzephalitis)* anzunehmen. Eine Querschnittslähmung spricht für eine Entzündung des Rückenmarks *(Myelitis)*. Insbesondere bei Verursachung durch Bakterien ist auch eine Abszeßbildung im Zentralnervensystem möglich.

Vorkommen und Häufigkeit. Die jährliche Inzidenz der bakteriellen Meningitis beträgt etwa 10 pro 100000 Einwohner, die virale ist mindestens doppelt so häufig. Kleinkinder und abwehrgeschwächte Personen sind häufiger betroffen.

Ätiologie und Pathogenese. Zahlreiche Erreger kommen in Frage (Tab. 12.**5**). Sie gelangen überwiegend *hämatogen* in den Schädelinnenraum. Bei Herzklappenentzündung (Endocarditis lenta) können bakterienhaltige Thromben embolisch in das Gehirn verschleppt werden (embolisch-eitrige Herdenzephalitis) und dort multiple Mikroabszesse bilden. Auch andere Eiterherde kommen als Streuquelle in Frage (metastatisch-eitrige Herdenzephalitis). Darüber hinaus können sie jedoch bei Nachbarschaftsprozessen (z.B. Abszesse im Kiefer- und Gesichtsbereich, Sinusitis, Otitis) *fortgeleitet* eine Entzündung der Hirnhäute bewirken. Nach offenen Schädel-Hirn-Traumata (Kriterium hierfür ist eine Duraverletzung) besteht die große Gefahr einer *direkten* bakteriellen Infektion. Hinweisend auf eine frontale Durafistel ist Liquorfluß aus der Nase (Glukose-Teststreifen positiv!). Neben den erregerbedingten Meningitiden ist auch an Immunreaktionen (parainfektiöse Enzephalitis, Impfenzephalitis) zu denken.

Pathologische Anatomie. Akute eitrige Meningitiden sind zumeist an der Konvexität des Gehirns lokalisiert *(Haubenmeningitis)*. Bei chronischen Entzündungen (z.B. Tuberkulose) sinkt das Exsudat zur Hirnbasis ab *(basale Meningitis)*. Im Bereich der Basis werden die Hirnnerven und die hirnversorgenden Arterien in den entzündlichen Prozeß mit einbezogen, was zu entsprechenden neurologischen Ausfällen führt (Doppelbilder, Fazialisparese, Schlaganfälle). Virale und andere nichtbakterielle Infektionen führen zumeist zu einer lymphozytären Meningitis.

Klinik. Heftige Kopfschmerzen und Fieber lassen den Verdacht auf eine Meningitis aufkommen. Typischerweise besteht eine ausgeprägte Nackensteifigkeit (Meningismus), das Anheben des gestreckten Beins ist schmerzhaft *(Lasègue-Zeichen)*. Bei Mitbeteiligung des Gehirns treten Lähmungen, Sensibilitätsstörungen, Bewußtseinsstörungen oder epileptische Anfälle auf. Doppelbilder, Sensibilitätsstörungen im Gesicht oder eine Gesichtslähmung weisen auf die Beteiligung der Hirnnerven hin.

Diagnostik. Bei entsprechendem klinischen Verdacht sollte eine Computertomographie (zum Ausschluß einer intrakraniellen Raumforderung) und danach eine Lumbalpunktion durchgeführt werden. Zellzahl und Eiweiß sind bei eitrigen Meningitiden im Liquor sehr stark erhöht (mehrere 1000 Zellen/mm^3), bei viralen Meningitiden ist die Pleozytose weniger deutlich. Bei bakteriellen Entzündungen überwiegen die Granulozyten (eitrige Meningitis), bei viralen und anderen Ursachen die Lymphozyten (lymphozytäre Meningitis). Bei der Tuberkulose finden sich Mischbilder.

Verlauf und Prognose. Unbehandelt sind bakterielle Meningitiden einschließlich der tuberkulösen Meningitis in allen Fällen tödlich. Durch rechtzeitige antibiotische Therapie läßt sich die Letalität auf 20–30% senken. Virale Meningitiden sind zumeist harmlos. Gefürchtet ist allerdings die nekrotisierende Herpes-Enzephalitis, welche rechtzeitig mit hochdosierter intravenöser Gabe von

Tabelle 12.5 Wichtige Ursachen der Meningitis/Enzephalitis

Erreger	Manifestation	Therapie
Bakterien		
Neisseria meningitidis (Meningokokken)	eitrige Meningitis (Erwachsene)	Penizillin G, Cephtriaxon
Streptococcus pneumoniae (Pneumokokken)	eitrige Meningitis (Erwachsene)	Penizillin G, Cephtriaxon
Haemophilus influenza	eitrige Meningitis (v. a. Jugendliche)	Cephtriaxon
Escherichia coli	Neugeborene	Aminoglykoside, Cephtriaxon
Staphylococcus aureus	fortgeleitete Meningitis, Abszeß	Cephtriaxon, Vancomycin
Listeria monocytogenes	Neugeborene u. Abwehrgeschwächte	Ampizillin
Mycobacterium tuberculosis	basale Meningitis (Hirnnervenausfälle!)	INH, Protionamid, Ethionamid
Spirochäten		
Trepenoma pallidum	Tertiärstadium der Lues (Neurosyphilis)	Penizillin G
Borrelia burgdorferi	Sekundärstadium der Neuroborreliose nach Zeckenstich	Cephtriaxon
Viren		
Herpes-simplex-Virus Typ 1 u. 2 (Typ 2 bei Neugeborenen)	schwere nekrotisierende Enzephalitis	Aciclovir
Varizella-Zoster-Virus	Enzephalitis (schwer), Meningitis (leicht)	Aciclovir
Poliovirus	Poliomyelitis	Schluckimpfung
Enterovirus	Meningitis bei „Sommergrippe"	keine
FSME-Virus	Frühsommer-Meningoenzephalitis (nach Zeckenstich)	Schutzimpfung möglich
Mumpsvirus	1 auf 400 Mumpsfälle (leicht)	Schutzimpfung möglich
Masernvirus	1 auf 1000 Masernfälle (schwer)	Schutzimpfung möglich
„slow virus"-Infektion bei Jugendlichen nach Masern	SSPE: subakute sklerosierende Panenzephalitis (immer letal)	keine
Lyssavirus (Tollwut)	immer letal	postexpositionelle Impfung
Retrovirus (HIV)	Meningitis, Enzephalitis bei AIDS	Zidovudin
Zytomegalievirus (CMV)	schwere Enzephalitis bei AIDS	Ganciclovir, Foscarnet
Papovavirus	progressive multifokale Leukenzephalopathie (rasch tödlich)	evtl. Beta-Interferon
Sonstige		
Pilze (Candida, Kryptokokken, Aktinomyzeten)	basale Meningitis oder Herdenzephalitis (bei Abwehrschwäche)	Amphoterizin B, Miconazol, Flucytosin
Toxoplasmen	konnatal oder bei AIDS	Daraprim
Rickettsien (bei Läusen)	Fleckfieberenzephalitis	Chloramphenicol
Prionen („infektiöse Proteine")	Creutzfeldt-Jakob-Erkrankung (letal)	keine
Erreger unbekannt	Sarkoidose (basale Meningitis)	Glukokortikoide
Erreger unbekannt	Bickerstaff-Enzephalitis (gutartige Hirnstammenzephalitis)	keine
Paraneoplastisch	limbische Enzephalitis (letal)	keine

Aciclovir (Zovirax) behandelt werden muß. Zur Prophylaxe der Frühsommer-Meningoenzephalitis (FSME) nach Zeckenstich ist eine aktive Impfung möglich, welche in Endemiegebieten (Österreich, Süddeutschland) empfohlen wird. Die FSME ist nicht zu verwechseln mit der ebenfalls durch Zecken übertragenen Neuroborreliose, welche antibiotisch behandelt wird (Cephtriaxon 3 × 2 g/d). Hier ist die Prognose insgesamt gut. Als Spätschäden nach Enzephalitiden sind neben Lähmungserscheinungen und psychischen Veränderungen vor allem epileptische Anfälle gefürchtet.

Die bakterielle eitrige Meningitis ist ohne rechtzeitige antibiotische Behandlung tödlich. Zum Glück liegt bei Meningitiszeichen (Kopfschmerzen, Fieber, Meningismus) zumeist eine harmlose virale Entzündung vor. Anfälle, neurologische Ausfälle und Bewußtseinstrübung deuten allerdings auch hier auf eine komplizierende Hirnbeteiligung (Enzephalitis) hin.

Multiple Sklerose (Encephalomyelitis disseminata)

Die Multiple Sklerose (MS) ist eine entzündliche Entmarkungskrankheit des Zentralnervensystems.

Vorkommen und Häufigkeit. Es handelt sich um eine Erkrankung des jüngeren Erwachsenenalters (zumeist 20.–40. Lebensjahr). Für Deutschland beträgt die Prävalenz 50–80 pro 100000 Einwohner. Auffällig ist die geographische Bevorzugung von Ländern mit gemäßigtem Klima, während in äquatornahen Gegenden die Erkrankung fast unbekannt ist.

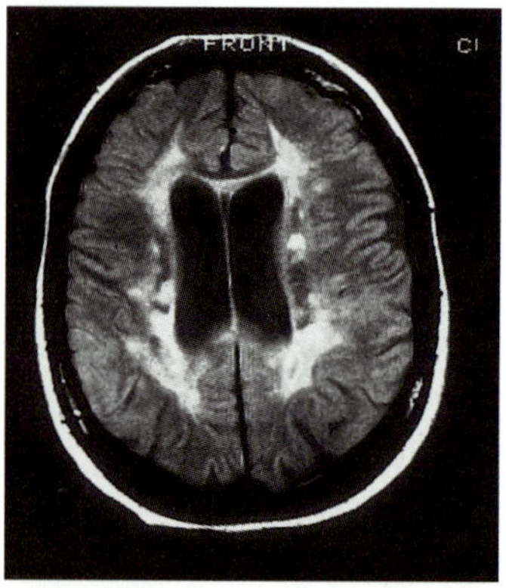

Abb. 12.**7** Multiple Sklerose (Kernspintomographie). Ausgedehnte periventrikuläre Entmarkungsherde (weiß).

Ätiologie. Alle Befunde sprechen dafür, daß es sich bei der MS um eine Autoimmunerkrankung handelt, bei welcher Autoantikörper gegen Markscheidenproteine des ZNS gebildet werden. Das auslösende Antigen ist jedoch nicht bekannt. Auch die Suche nach Erregern, welche den Autoimmunprozeß in Gang setzen, war bislang nicht erfolgreich. Frauen sind etwa doppelt so häufig befallen wie Männer. Eine bestimmte genetische Disposition ist offenbar erforderlich (seltenes Vorkommen bei Chinesen, Japanern, Zigeunern, Eskimos; häufige Assoziation der Erkrankung mit den HLA-Typen A 3, B 7, DR 2 und DW 2).

Pathologische Anatomie und Pathophysiologie. Insbesondere tierexperimentelle Befunde bei der experimentellen allergischen Enzephalitis (EAE) sprechen dafür, daß gegen Markscheidenproteine (z. B. MBP) sensibilisierte Lymphozyten die Blut-Hirn-Schranke durchdringen und im Zusammenspiel mit den dort ortsständigen Zellen eine Entzündung und schließlich Destruktion der Markscheiden bewirken. Hierbei werden nur zentrale Markscheiden betroffen, die des peripheren Nervensystems bleiben verschont. Innerhalb des Zentralnervensystems finden sich fleckförmige disseminierte Entmarkungsherde, bevorzugt in Nähe der Hirnventrikel (Abb. 12.**7**). Nach Abklingen eines Entzündungsschubs bleiben die entmarkten, zwar noch funktionstüchtigen, jedoch in ihrer Leitungsgeschwindigkeit reduzierten Axone zurück.

Klinik. Der weitgehend wahllose Befall des Zentralnervensystems führt zu einem ungeheuer vielfältigen klinischen Bild. Daher sollten alle neurologischen Ausfälle mit Zeichen einer Schädigung des Zentralnervensystems in der entsprechenden Altersgruppe zumindest differentialdiagnostisch an eine MS denken lassen. Sehr häufig sind Visusminderungen infolge einer Retrobulbärneuritis. Eine Großhirnbeteiligung führt zu halbseitigen spastischen Lähmungen, Sensibilitätsstörungen mit oft fleckförmiger Verteilung und psychischen Veränderungen. Der Befall des Hirnstamms zeigt sich zumeist in Doppelbildern, Nystagmus und Koordinationsstörungen (Ataxie bei den Zeigeversuchen, Stand und Gang) sowie einer Sprechstörung (Dysarthrie). In schweren Fällen kann eine Tetraparese auftreten. Die häufige Entzündung des Rückenmarks manifestiert sich in querschnittsförmigen Sensibilitätsstörungen, spastischen Lähmungen der Beine (Paraplegie) und Blasenstörungen. Letztere sind besonders ernstzunehmen, da sie über eine sekundäre Schädigung der Niere zu tödlichen Komplikationen führen können.

Diagnostik. Die Erkrankung wird durch die anamnestische Angabe mehrfacher Schübe, den klinischen Nachweis disseminierter zentralnervöser Ausfälle, entzündliche Liquorveränderungen (lymphoplasmazelluläre leichte Pleozytose) und durch die Kernspintomographie gesichert. Elektrophysiologische Methoden (insbesondere VEP, SEP, CMCT; vgl. Tab. 12.**2**) geben in einem hohen Prozentsatz der Erkrankten Hinweise auf entmarkungsbedingte Leitungsstörungen im Bereich des Sehnerven und der zentralen Leitungsbahnen.

Verlauf und Prognose. In den meisten Fällen verläuft die MS schubförmig progredient. Während des akuten Schubs treten mehr oder weniger deutliche neurologische Ausfälle auf, welche zumeist einige Wochen oder Monate anhalten und sich dann wieder zurückbilden. Da die Rückbildung zumeist inkomplett ist, kommt es nach mehreren Krankheitsschüben zu einer Summation der Ausfälle und einer hierdurch bedingten Progredienz. Insbesondere in den ersten Jahren der Erkrankung kommen jedoch auch sehr leichte Ausfälle (flüchtige Sehstörungen, umschriebene sensible Störungen) mit kompletter Rückbildung vor. In etwa 18 % der Fälle ist ein chronisch-progredienter Verlauf ohne Remission zu beobachten. Dieser ist vor allem bei spätem Beginn der MS häufiger. Die mittlere Überlebenszeit der MS liegt heute zwischen 25 und 35 Jahren. In den ersten 10 Jahren der Erkrankung ist die Letalität am höchsten. Etwa ein Drittel der Patienten hat einen ausgesprochen gutartigen Verlauf mit fehlender oder unwesentlicher Behinderung bis ins hohe Alter zu erwarten. Maligne Verläufe mit Tod in den ersten 5 Jahren sind selten (ca. 5 %).

Komplikationen. Infektionen und Hitzeeinwirkung (Sonnenbaden, Sauna) sowie extreme körperliche und psychische Belastung können zu akuter Verschlechterung oder sogar Schubauslösung führen. Ungünstig kann sich auch eine zusätzliche Stimulation des Immunsystems durch parenterale Gabe von Fremdeiweiß (Frischzellen, Impfungen) auswirken. Sekundäre bakterielle Infektionen im Urogenitalsystem, der Lunge oder der Haut (Dekubitalulzera bei bettlägerigen Patienten) führen zu ernstzunehmenden, häufig tödlichen Komplikationen.

Therapie. Durch die Gabe von Glukokortikoiden, welche heute zumeist in hoher Dosierung (500 mg für 2 – 5 Tage) verabreicht werden, kann eine Verkürzung der Krankheitsschübe erreicht werden. Eine Dauertherapie mit Kortison ist sinnlos. Andere Immunsuppressiva (Azathioprin) können hingegen bei Dauergabe die Häufigkeit der Krankheitsschübe vermindern. Auch für die Gabe von Beta-Interferon (Betaferon) wurde dies bewiesen. Zahlreiche Medikamente (COP 1, orale Gabe von MBP, Linomide u. a.) befinden sich in Erprobung. Eine Heilung der Erkrankung ist jedoch auch hiermit nicht möglich. Blasenstörungen, Infektionen, hochgradige spastische Tonuserhöhungen der Muskulatur und Schmerzen (vor allem im Trigeminusbereich) können symptomatisch behandelt werden. Zur Vermeidung von sekundären Gelenkschäden ist regelmäßige Krankengymnastik wichtig. Einige Patienten berichten über günstige Auswirkungen einer fleischlosen Diät (Ewers-Diät).

Bei jüngeren Patienten auftretende Ausfälle des Zentralnervensystems (insbesondere Sehstörungen, Taubheitsgefühle, Koordinationsstörungen und Lähmungen) lassen stets an die Möglichkeit einer Multiplen Sklerose denken. Die Erkrankung ist bislang unheilbar. Allerdings führen viele Betroffene ein normales oder nur gering eingeschränktes Leben. Eine Dauertherapie mit Kortikoiden ist sinnlos, sie sollten nur im akuten Schub gegeben werden.

Zerebrovaskuläre Krankheiten

Schlaganfall

Mit dem sehr ungenauen Begriff „Schlaganfall" (Apoplex) werden alle plötzlich auftretenden neurologischen Ausfälle bezeichnet, die ihre Ursache im vaskulären Bereich haben.

Zumeist handelt es sich um Hirninfarkte (zerebrale Ischämien, ischämische Insulte) auf dem Boden der Arteriosklerose oder bei kardialen Embolien. In einem Viertel der Fälle sind intrazerebrale Blutungen verantwortlich, in etwa 5% Hirnvenen- und Sinusthrombosen. Sehr selten sind Gefäßentzündungen (zerebrale Vaskulitis) Ursache der neurologischen Ausfälle. Schließlich gehört auch die Subarachnoidalblutung (s. u.) zu den seltenen Schlaganfallsursachen.

Vorkommen, Häufigkeit. Schlaganfälle sind häufig (Prävalenz etwa 600 auf 100000 Einwohner). Sie liegen auf dem dritten Platz der Todesursachenstatistik. Zumeist sind ältere Patienten zwischen 60 und 90 Jahren betroffen, bei entsprechend ungünstigen Voraussetzungen treten sie jedoch auch bei jüngeren Patienten, gelegentlich sogar bei Jugendlichen auf. Patienten mit intrazerebralen Blutungen sind im Durchschnitt 10 Jahre jünger als solche mit Hirninfarkten.

Ätiologie. *Hirninfarkte* entstehen zu etwa 90% auf dem Boden der Arteriosklerose, welche zu Stenosen und Verschlüssen der hirnversorgenden Arterien führt. Hierzu prädisponieren die bekannten Risikofaktoren Bluthochdruck, Rauchen, Hyperlipidämie, Diabetes. Bei Frauen besteht zusätzlich ein erhöhtes Risiko durch Einnahme von hormonellen Kontrazeptiva. Herzrhythmusstörungen oder Herzklappenfehler können zu arteriellen Thromboembolien im Gehirn führen. Selten sind zerebrale Fettembolien, Luftembolien, Dissektion der Wand der A. carotis oder A. vertebralis, Gefäßentzündungen (zerebrale Vaskulitis) oder eine verstärkte Blutgerinnungsneigung (Protein-S-, Protein-C-Mangel).

Intrazerebrale Blutungen sind zu etwa zwei Drittel durch Hypertonie bedingt (hypertone Massenblutung). Seltener sind Gefäßmißbildungen (Angiome), Gerinnungsstörungen (Marcumar!), Gefäßentzündungen, Tumoreinblutungen und die in höherem Alter auftretende kongophile Angiopathie.

Hirnvenen- und Sinusthrombosen können als blande Thrombosen vor allem in Schwangerschaft und Wochenbett sowie als septische Thrombosen bei Infektionen im Ohr-, Nasennebenhöhlen- und Gesichtsbereich entstehen.

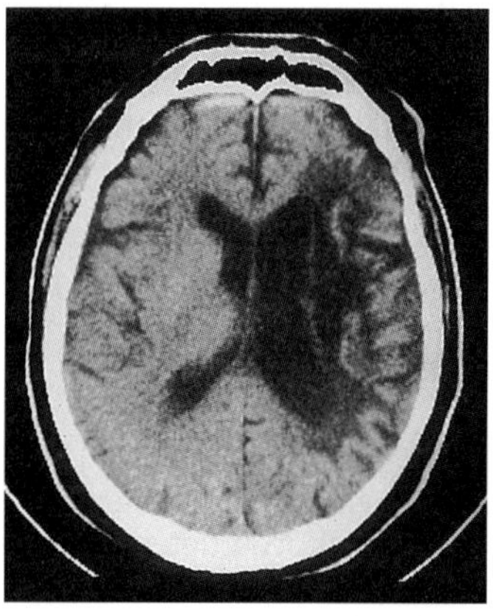

Abb. 12.**8** Alter Hirninfarkt rechts (Computertomographie). Pseudozystisch gereinigter Substanzdefekt im Versorgungsgebiet der A. cerebri media, Erweiterung des Seitenventrikels.

Pathologische Anatomie und Pathophysiologie. Die Blutversorgung des Gehirns erfolgt über die beiden Aa. carotides internae und Aa. vertebrales. Durch die Bildung eines Arterienkreises an der Hirnbasis (Circulus arteriosus Willisii) können sich diese Arterien teilweise gegenseitig ersetzen. Die Hauptarterie für das Großhirn ist die A. cerebri media aus der A. carotis interna, kleinere Teile werden von der A. cerebri anterior und posterior versorgt. Die Aa. vertebrales auf beiden Seiten vereinigen sich zur A. basilaris und versorgen so den Hirnstamm. Durch Autoregulation wird der zerebrale Blutdurchfluß bei einem arteriellen Mitteldruck zwischen 70 und 160 mmHg konstant auf 700–900 ml/min gehalten. Zur Aufrechterhaltung seiner Funktion ist das Gehirn auf permanente Sauerstoff- und Glukosezufuhr angewiesen. Ist diese nicht gewährleistet, kommt es innerhalb von Sekunden zu einer reversiblen *Störung des Funktionsstoffwechsels,* welche nach mehreren Minuten in irreversible *Störungen des Strukturstoffwechsels* und Zelltod (Nekrose) einmündet. Die nekrotisch erweichten Gewebsareale werden innerhalb von 4–6 Wochen abgeräumt, zurück bleibt ein pseudozystischer Substanzdefekt (Abb. 12.**8**). Intrazerebrale Massenblutungen auf dem Boden der Hypertonie sind zumeist im Bereich der Stammganglien lokalisiert (Abb. 12.**9**). Venöse Abflußstörungen (Sinusthrombosen) führen zu einer hämorrhagischen Infarzierung des Hirngewebes mit oft beidseitigen Einblutungen.

Klinik. Einem Hirninfarkt können flüchtige Durchblutungsstörungen vorausgehen. Diese sog. *transitorischen ischämischen Attacken (TIA)* führen im Karotisstromgebiet meist zu Sehstörungen (Amaurosis fugax), Sprachstörungen (Aphasien) oder halbseitigen Lähmungen (Hemiparesen), die sich nach spätestens einem Tag wieder zurückbilden. Flüchtige Durchblutungsstörungen des Hirnstamms mit Sekunden oder Minuten anhaltenden Doppelbildern, Schwindel, Gangunsicherheit, Fallen auf die Knie („drop attacks"), verwaschener Sprache (Dysarthrie) und Hörstörungen treten vor allem in höherem Lebensalter häufiger auf. Dieses Bild ist als *vertebrobasiläre Insuffizienz (VBI)* bekannt. Dauern neurologische Defizite bis zu einer Woche an, werden sie als *prolongiertes reversibles ischämisches neurologisches Defizit (PRIND)* bezeichnet. Gelegentlich kommt es auch zu einer Progredienz über Stunden und Tage *(„progressive stroke")*. Bei fehlender Rückbildung der Ausfälle innerhalb einer Woche oder bei im CT sichtbarem Infarktareal kann man von einem kompletten Infarkt *(„completed stroke")* sprechen. Intrazerebrale Massenblutungen führen meist zu ausgeprägteren neurologischen Ausfällen. Häufig ist hierbei auch eine initiale Bewußtlosigkeit und eine Blickparese vorhanden. Symptome der Sinusthrombosen sind Kopfschmerzen, evtl. Doppelbilder, beidseitige neurologische Ausfälle, epileptische Anfälle und Bewußtseinstrübung.

Das Ausfallsmuster ist von den jeweils betroffenen Gefäßgebieten abhängig: Bei *Großhirninfarkten* dominieren brachiofazial betonte Hemiparesen der Gegenseite, Aphasien (A. cerebri media), beinbetonte Hemiparesen (A. cerebri antrior) und Gesichtsfeldausfälle (A. cerebri posterior). Die Blickparese führt zu einer Blickwendung (Déviation conjuguée) auf die Seite der Läsion („der Kranke schaut seinen Herd an").

Hirnstamminfarkte zeigen bei einseitigem Auftreten das klassische Bild der gekreuzten Lähmungen (Hirnnervenausfälle auf der homolateralen, Hemiparesen oder halbseitige Sensibilitätsstörungen auf der kontralateralen Körperseite). Eine Thrombose der A. basilaris führt zu schwersten Hirnstammausfällen mit Augenbewegungsstörungen, Lähmungen aller vier Extremitäten (Tetraparese) und Bewußtlosigkeit.

Kleinhirninfarkte äußern sich in einer homolateralen Koordinationsstörung (Hemiataxie), zusätzlich besteht zumeist Drehschwindel und Nystagmus.

Diagnostik. Apparative Methode der Wahl ist das Computertomogramm des Gehirns. Ist es bei akut aufgetretenen neurologischen Ausfällen unauffällig, ist ein frischer Hirninfarkt anzunehmen. Die Gewebsnekrose ist oft erst nach einem oder mehreren Tagen als Hypodensität im entsprechenden Versorgungsgebiet einer Hirnarterie sichtbar. Die intrazerebrale Massenblutung stellt sich dagegen ohne zeitliche Verzögerung sofort als hyperdense Raumforderung dar. Bei Verdacht auf Sinusthrombose ist eine sofortige zerebrale Angiograpie oder Kernspintomographie indiziert. Auch bei den so harmlos wirkenden flüchtigen Durchblutungsstörungen im Großhirnbereich (TIA) sollte eine Angiographie rasch durchgeführt werden, um bei einer Karotisstenose durch operative Desobliteration des Gefäßes einen manifesten Infarkt zu verhindern. Mit hoher Treffsicherheit können Karotisstenosen auch nichtinvasiv mittels Dopplersonographie nachgewiesen werden.

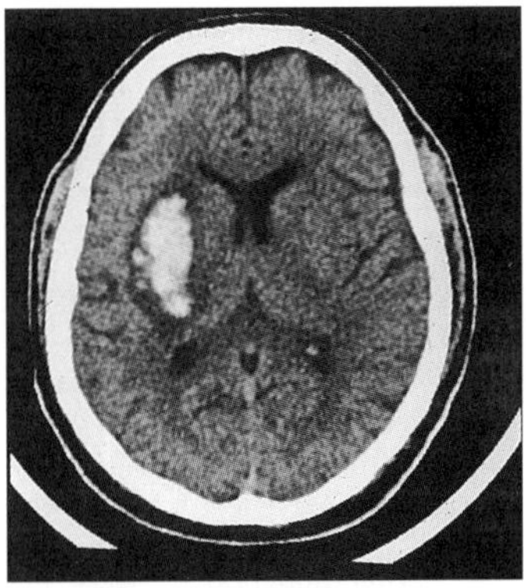

Abb. 12.**9** Intrazerebrale Massenblutung (Computertomographie) in den Stammganglien links bei Hypertonie.

Verlauf und Prognose. Die Letalität bei Hirninfarkten beträgt etwa 30%. Sie ist stark abhängig von der Ausdehnung des Infarkts und dessen Lokalisation. Große Infarkte führen zu starker Ödembildung und daraus resultierendem Hirndruck. Besonders gefürchtet sind Basilaristhrombosen, da sie ohne Intensivtherapie fast immer tödlich verlaufen. Intrazerebrale Blutungen haben in der Akutphase eine höhere Letalität als Ischämien. Nach Resorption der Blutung (ca. 2–4 Wochen) ist die Rückbildung der neurologischen Defizite oft jedoch besser. Sinusthrombosen haben ohne rasche Therapie (Heparinisierung) eine sehr schlechte Prognose. Bleibt nach einem Schlaganfall eine Halbseitenlähmung bestehen, kommt es innerhalb von Wochen zur Ausbildung einer Spastik und dem typischen Gangbild vom Wernicke-Mann-Typ (Abb. 12.**10**).

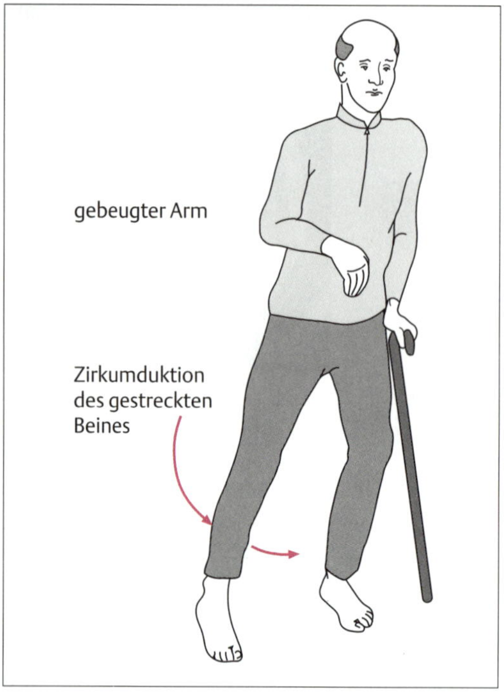

Abb. 12.**10** Gangbild vom Wernicke-Mann-Typ nach linkshirnigem Schlaganfall.

Komplikationen. Die höchste Letalität findet sich in der ersten Woche. Die Patienten sind insbesondere durch Hirndruck und die dadurch bedingte Einklemmung des Hirnstamms bedroht. Die lähmungsbedingte Bettlägerigkeit begünstigt Pneumonien, Beinvenenthrombosen, Lungenembolien und Dekubitalulzera. Später bereiten vor allem Gelenkveränderungen (Schulter, Hände, Füße) Probleme.

Therapie und Prophylaxe. Bei transitorischen ischämischen Attacken (TIA) durch Karotisstenose ist die operative Desobliteration der A. carotis möglich. Bei kompletten Hirninfarkten kommt diese Maßnahme zu spät. Eine Karotisstenose kann dann allenfalls nach 4–6 Wochen zur Prophylaxe weiterer Schlaganfälle durchgeführt werden.

Zur Prophylaxe zerebraler Ischämien hat sich die Langzeitgabe von Thrombozytenaggregationshemmern (Azetylsalizylsäure 100–500 mg/d) bewährt (cave: Blutungsneigung bei Zahnextraktionen!).

Bei progredienten neurologischen Ausfällen (progressive stroke) oder kardialer Emboliequelle wird eine Vollheparinisierung und nach 4 Wochen eine Marcumarisierung durchgeführt (cave: Blutungsneigung bei Zahnextraktionen!). Die Vollheparinisierung ist auch die Methode der Wahl bei Sinusthrombosen (selbst wenn sie bereits zu intrazerebralen Hämorrhagien geführt haben).

Wegen der infausten Prognose der Basilaristhrombose wird heute in einigen Zentren eine Lyse mit Urokinase durchgeführt.

Intrazerebrale Massenblutungen werden nur selten und mit mäßigem Erfolg operativ ausgeräumt. Zumeist wird die spontane Resorption des Hämatoms abgewartet.

Wichtig in der Therapie von Schlaganfällen ist die rechtzeitige Einleitung rehabilitativer Maßnahmen (Ergotherapie, Logopädie) und regelmäßige Krankengymnastik (zumeist nach dem Bobath-Prinzip).

Auch flüchtige neurologische Herdsymptome (Lähmungen, Sensibilitätsstörungen, Sehstörungen, Sprachstörungen etc.) sind akut abklärungsbedürftig. Durch Desobliteration einer zugrundeliegenden Karotisstenose kann in diesen Fällen ein manifester Hirninfarkt verhindert werden. Patienten mit Schlaganfall in der Anamnese erhalten häufig ASS oder Marcumar als Dauermedikation. Bei zahnärztlichen operativen Eingriffen bedenken!

Subarachnoidalblutung

Die Subarachnoidalblutung (SAB) kann ebenfalls zu den Schlaganfallsursachen gerechnet werden.

Pathophysiologie. Sie entsteht fast immer durch Ruptur eines anlagebedingten Aneurysmas (Gefäßwandaussackung) der Hirnbasisarterien. Derartige Aneurysmen finden sich bei etwa 1% der Bevölkerung. Bei intrakranieller Druckerhöhung (z.B. Husten, Stuhlgang, Koitus), aber auch ohne erkennbare Ursache kann die dünne Aneurysmawand reißen und damit eine arterielle Blutung in den Subarachnoidalraum auslösen.

Klinik. Kennzeichen ist ein heftiger plötzlicher Kopfschmerz (zumeist im Nacken und Hinterkopf) mit nachfolgendem Meningismus. In günstigen Fällen sind dies die einzigen Zeichen, in ungünstigeren treten Hirnnervenlähmungen, Hemiparesen oder Bewußtseinstrübungen hinzu.

Diagnostik. Wichtigste apparative diagnostische Maßnahme ist das Computertomogramm. Stellt sich hierbei Blut im Subarachnoidalraum dar, ist die Diagnose gesichert. Bei negativem Computertomogramm sollte unbedingt eine Lumbalpunktion zum Nachweis der intrathekalen Blutung durchgeführt werden. Dies gelingt mit zytologischen Methoden auch noch Wochen nach dem Ereignis. Das Aneurysma selbst wird durch die zerebrale Angiographie dargestellt.

Therapie. Bei der Subarachnoidalblutung ist die möglichst frühzeitige neurochirurgische Operation (Klippen des Aneurysmas) Therapie der Wahl.

Bei plötzlich auftretendem Nacken-Hinterkopf-Schmerz immer zuerst an eine Subarachnoidalblutung denken!

Hirntumoren

Pathologie. Da der intrakranielle Raum knöchern begrenzt ist, führen Raumforderungen durch Tumoren (aber auch durch Blutungen, Abszesse oder Hirninfarkte mit Ödem, Abb. 12.**11**) neben neurologischen Herdsymptomen zu allgemeiner Hirndrucksteigerung. Durch Verdrängung des umgebenden Hirngewebes in kraniokaudaler Richtung kommt es schließlich (auch bei „gutartigen" Tumoren) zur oberen und unteren Einklemmung mit tödlicher Kompression des Hirnstamms (Abb. 12.**12**).

Klinik und Diagnostik. Grundsätzlich sind alle progredienten zentralen neurologischen Ausfälle mit oder ohne Kopfschmerzen verdächtig. Auch erstmals im Erwachsenenalter auftretende epileptische Anfälle (fokal oder generalisiert) sollten an Hirntumoren denken lassen. Die klassischen Hirndrucksymptome Kopfschmerzen, Übelkeit, Erbrechen und Stauungspapille sind oftmals erst in Spätstadien vorhanden, so daß heute rechtzeitig durchgeführten bildgebenden Methoden (insbesondere der Kernspintomographie mit ihrer Treffsicherheit von fast 100%) eine entscheidende Rolle zukommt.

Prognose. Nach ihrer postoperativen Prognose werden Hirntumoren häufig in vier Grade von I

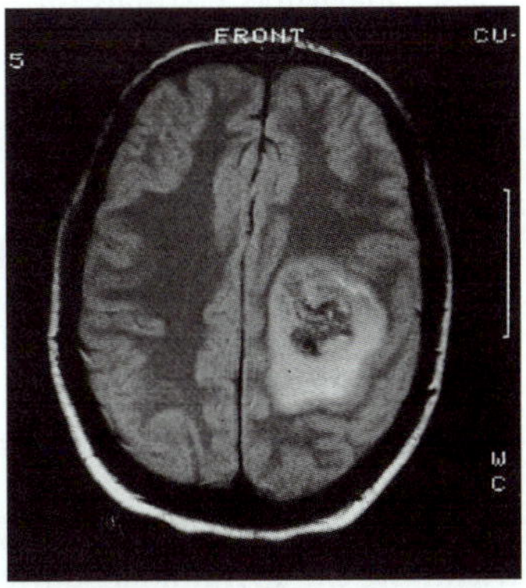

Abb. 12.**11** Hirnmetastase eines Hodenkarzinoms (Kernspintomographie) mit perifokalem Ödem (weiß).

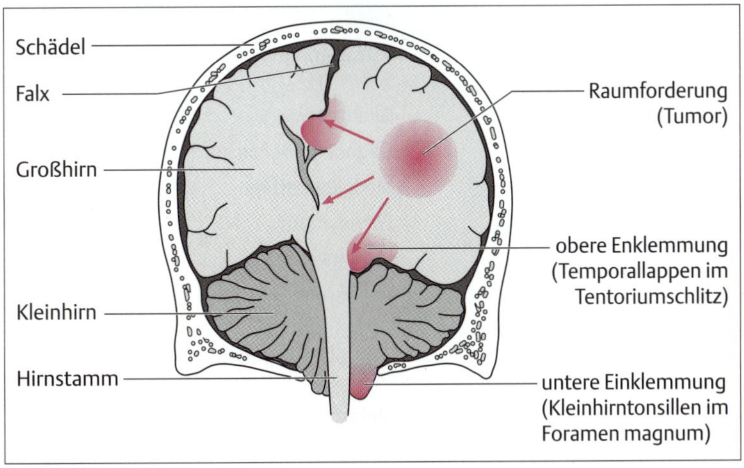

Abb. 12.**12** Obere und untere Einklemmung des Gehirns bei intrakranieller Raumforderung (Tumor).

(benigne, Überlebenszeit mehr als 5 Jahre) bis IV (hochmaligne, Überlebenszeit meist unter 1 Jahr) eingeteilt (Tab. 12.**6**).

Therapie. Eine rechtzeitige Operation kann bei gutartigen Tumoren zu Dauerheilungen führen, bei malignen verlängert sie (trotz anschließender Bestrahlung) die Überlebenszeit meist nur gering. Durch antiödematöse Therapie (Dexamethason, Sorbit, Glyzerin) kann der Hirndruck verringert werden.

Auch gutartige Hirntumoren führen wegen des knöchern begrenzten Schädelinnenraums ab einer gewissen Größe zu Hirndruck und Tod durch Einklemmung des Gehirns. Besonders gefährlich sind diesbezüglich Tumoren im Bereich der hinteren Schädelgrube. Erstmals im Erwachsenenalter auftretende epileptische Anfälle (fokal oder generalisiert) sollten an Hirntumoren denken lassen.

Bewegungsstörungen und degenerative Krankheiten

Parkinson-Syndrom

Die drei Kardinalsymptome *Akinese* (Bewegungsarmut), *Rigor* (Muskelstarre) und *Tremor* (Zittern) kennzeichnen das Parkinson-Syndrom als die wichtigste extrapyramidale Bewegungsstörung.

Vorkommen. Die Parkinson-Krankheit (Paralysis agitans) tritt in höherem Lebensalter auf, die Prävalenz beträgt etwa 200 auf 100000 Einwohner, Männer sind häufiger als Frauen betroffen. Symptomatische Formen des Parkinson-Syndroms traten früher nach der Encephalitis lethargica von Economo, heute zumeist nach Gabe von Neuroleptika, toxischen (Mangan, Kohlenmonoxid), hypoxischen und traumatischen Hirnschädigungen, Hirntumoren und Durchblutungsstörungen der Stammganglien (Status lacunaris) auf. Bei Jugendlichen ist bei parkinsonähnlichen Symptomen an einen Morbus Wilson (Kupferspeicherung durch Coeruloplasminmangel) zu denken.

Pathologische Anatomie und Pathophysiologie. Bei der Parkinson-Krankheit kommt es aus unbekannter Ursache zur progredienten Degeneration dopaminerger Neurone in der Substantia nigra des Mittelhirns. Dies führt zu einem ausgeprägtem Dopaminmangel in den Stammganglien und hierdurch zu einem Übergewicht cholinerger Neurone.

Klinik. Die Akinese äußert sich in einer auffälligen Verarmung der Mimik („Maskengesicht"), gebeugter Körperhaltung (Abb. 12.**13**), kleinschrittigem Gang mit fehlender Mitbewegung der Arme und leiser, kaum verständlicher Sprache. Der Rigor ist eine Tonuserhöhung der Muskulatur, welche im Gegensatz zur Spastik gleichmäßig („wächsern") ist, häufig überlagert von einem ruckarti-

Tabelle 12.**6** Übersicht über die häufigsten Hirntumoren

Tumorart	Malignitätsgrad	Lokalisation/Besonderheiten
Astrozytome	I–IV	Großhirn (im Kindesalter gutartig in Kleinhirn oder Sehnerv)
Glioblastome	IV	Großhirn
Oligodendrogliome	II	Großhirn
Medulloblastome	IV	Kleinhirn (Kindesalter)
Ependymome	II	Ventrikelnähe
Meningeome	I	Konvexität, Schädelbasis
Neurinome	I	Kleinhirnbrückenwinkel („Akustikusneurinom")
Hypophysenadenome	I	(bitemporale Hemianopsie, Hormonstörung!)
Metastasen	IV	häufig bei: Bronchial- und Mammakarzinom, Lymphom, Melanom

gen „Zahnradphänomen". Beim Tremor handelt es sich um einen niederfrequenten (4–7/s) Ruhetremor zumeist der Hände und Finger („Geldzähl-, Pillendreh-Tremor"). Vegetative Symptome (vermehrter Speichelfluß), Seborrhoe („Salbengesicht"), Blasen-Mastdarm-Störungen und allgemeine psychische Verlangsamung mit Depression kommen hinzu.

Diagnostik. Das charakteristische Syndrom wird klinisch diagnostiziert. Sonstige neurologische Auffälligkeiten finden sich bei der idiopathischen Form (Morbus Parkinson) nicht. Sind weitere klinische oder apparative pathologische Befunde vorhanden, ist an eine symptomatische Form oder an eine Überlappung zu anderen Systemdegenerationen zu denken.

Verlauf und Prognose. Das Leiden ist innerhalb von Jahren langsam progredient. Unbehandelt liegt die Letalität dreimal so hoch wie bei der vergleichbaren Normalbevölkerung, behandelt ist heute die Lebenserwartung normal.

Komplikationen. Bewegungsverarmung und mangelnde Fähigkeit, auf äußere Einflüsse rasch zu reagieren, führen zu häufigen Stürzen. Bei hochgradiger Akinese (akinetische Krise) ist die Nahrungsaufnahme nicht möglich und es kommt rasch zu Pneumonien. In Spätstadien treten bei behandelten Fällen paradoxe Zustände von Überbeweglichkeit (Hyperkinesen) in raschem Wechsel mit Phasen völliger Akinese auf (sog. „on-off Phänomen").

Therapie. Die Degeneration der Ganglienzellen in der Substantia nigra kann nicht verhindert werden; es ist jedoch möglich, Dopamin (als L-Dopa in Kombination mit einem Decarboxilasehemmer, Madopar) zuzuführen, Dopaminagonisten wie Bromocriptin (Pravidel) und Lisurid (Dopergin) oder MAO-B-Hemmer wie Deprenyl (Movergan) zu geben. Weitere wirksame Medikamente sind Anticholinergika (Biperiden, Metixen) sowie Amantadin (PK-Merz), das bei akinetischen Krisen auch parenteral gegeben werden kann. Bei Überdosierung können die genannten Medikamente zu Verwirrtheitszuständen und Psychosen führen. Basis jeder Parkinson-Therapie ist intensive krankengymnastische Behandlung.

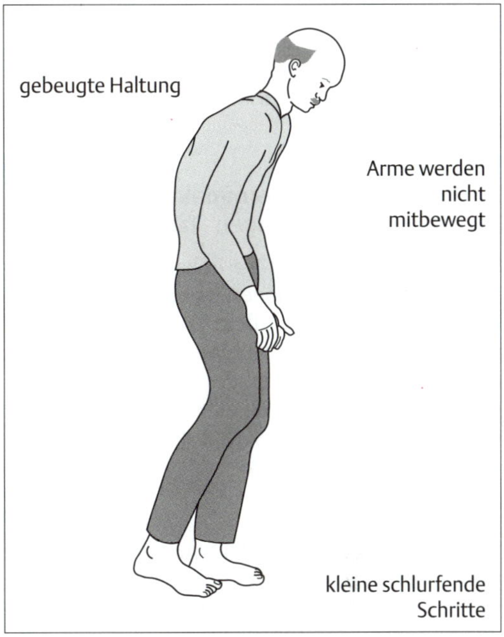

Abb. 12.**13** Typische Körperhaltung bei Parkinson-Syndrom.

Parkinson-Kranke ähneln sich häufig wie Geschwister. Die klassische Trias beinhaltet Rigor, Tremor und Akinese. Vegetative Symptome (wie Hypersalivation) können auch bei der zahnärztlichen Behandlung auffallen. Eine Überdosierung von dopaminergen oder anticholinergen Medikamenten kann zu Verwirrtheitszuständen führen.

Chorea

Choreatische Hyperkinesen bestehen in unwillkürlichen arrhythmischen Gesichts- und Extremitätenbewegungen sowie Phonations-, Sprech- und Schluckstörungen. Zugehörige Erkrankung ist zumeist die autosomal-dominant vererbte *Chorea Huntington* mit Degeneration von Nervenzellen in den Stammganglien (Corpus striatum). Der Beginn liegt im mittleren Erwachsenenalter. In Spätstadien treten zunehmende Persönlichkeitsveränderungen und Demenz hinzu. Nach 15jährigem Verlauf sterben zwei Drittel der Erkrankten. Eine Kausaltherapie ist nicht möglich. Symptomatisch werden gegen die Hyperkinesen Neuroleptika oder Tiaprid (Tiapridex) gegeben.

Differentialdiagnostisch ist an die gutartige *Chorea minor* zu denken (bei Jugendlichen nach Streptokokkeninfekt, bei Schwangeren bzw. nach Einnahme von Ovulationshemmern als *Chorea gravidarum*).

Sonstige extrapyramidalmotorische Bewegungsstörungen (Tab. 12.7)

Therapie. Medikamentöse Behandlungsversuche sind bei den verschiedenen Bewegungsstörungen angebracht, wobei vor allem Tiaprid zum Einsatz kommt. Durch Injektion kleiner Dosen von Botulinumtoxin (Botox) können die beteiligten Muskelgruppen für mehrere Monate ausgeschaltet und damit die Symptome beseitigt werden.

Tremor

Als Tremor (Zittern) werden regelmäßige repetitive Bewegungen zumeist der Finger und der Hand, selten auch des Kopfes („Ja- oder Nein-Tremor") und Rumpfes, bezeichnet.

- *Ruhetremor:* Niederfrequenter Tremor (4–7 Hz) der Agonisten und Antagonisten („Pillendreh-, Geldzähltremor"), beim Parkinson-Syndrom.
- *Intentionstremor:* Bei Bewegungsintention (Zielbewegung) zunehmender niederfrequenter Tremor, bei Kleinhirnschädigung.
- *Haltetremor:* hochfrequenter Tremor bei Haltearbeit (z.B. Händevorhalten mit gespreizten Fingern), zumeist als essentieller Tremor (familiär) mit Zunahme im Alter (seniler Tremor), auch als vegetativer Tremor (bei Aufregung, Fieber, Hyperthyreose, Delir).

Medikamentöse Behandlungsversuche sind mit niedrigdosierten Betablockern möglich (Propranolol 3mal 10–40 mg/d, oder Einzeldosen von 20 mg ca. 1 Stunde vor zu erwartender Belastungssituation).

Motorische Systemdegenerationen

Amyotrophe Lateralsklerose (ALS)

Die ALS ist eine Systemdegeneration des ersten (zentralen) und zweiten (peripheren) motorischen Neurons unbekannter Ursache.

Häufigkeit und Vorkommen. Die Prävalenz beträgt etwa 5 auf 100000. Der Beginn liegt zumeist im höheren Lebensalter.

Klinik. Es kommt zu fortschreitenden atrophischen Paresen der gesamten quergestreiften Muskulatur mit auffälligen sichtbaren Faszikulationen (Spontanaktivität von Muskelfasern), welche an der atrophischen Zunge oft besonders deutlich sind. Als Hinweis auf Beteiligung des ersten motorischen Neurons finden sich gesteigerte Muskeleigenreflexe und Pyramidenbahnzeichen. Sensible Störungen oder intellektuelle Leistungsminderung treten nicht auf. Bei der Sonderform der *Bul-*

Tabelle 12.7 Sonstige extrapyramidalmotorische Störungen

Störung	Symptome
Torsionsdystonie	bizarre Verdrehung des Körpers
Blepharospasmus	unwillkürliches Zusammenziehen der Augenlider, Meige-Syndrom mit gleichzeitiger Mundbewegung
Oromandibuläre Dystonie	unwillkürliche Kau- und Mundöffnungsbewegungen (Breughel-Syndrom, nach dessen Gemälde „Der Gähner")
Schreibkrampf	
Torticollitis spasmodicus	unwillkürliche Drehbewegung des Kopfes
Athetose	nach perinataler Hirnschädigung auftretende bizarre wurmförmige Drehbewegungen der Hände
Ballismus	unwillkürliche Schleuderbewegungen der Arme oder Beine
Tic	zahlreiche Formen unwillkürlicher Bewegungen, teilweise mit Phonation (Tourette-Syndrom)

bärparalyse beginnen die Lähmungserscheinungen im Bereich der Zunge und der Schlundmuskulatur. Differentialdiagnostisch ist an die *Pseudobulbärparalyse* zu denken, bei welcher es infolge von zerebralen Durchblutungsstörungen ebenfalls zu Artikulations- und Schluckstörungen, jedoch nicht zu einer Atrophie der Zunge kommt.

Verlauf. Die Krankheit ist rasch progredient und führt innerhalb von 3 – 5 Jahren zum Tod an Atemlähmung. Eine Heilung ist nicht möglich. Neuerdings wird eine Therapie mit Riluzol empfohlen.

Häufig manifestiert sich die ALS mit Schluckstörung, Dysarthrie und Zungenatrophie bei älteren Patienten. Diese bulbärparalytische Form fällt auch bei der zahnärztlichen Behandlung auf.

Andere motorische Systemdegenerationen

- *Spastische Spinalparalyse:* Familiäre Degeneration des ersten motorischen Neurons mit gutartigerem Verlauf.
- *Spinale Muskelatrophie:* Zumeist ebenfalls hereditäre Degeneration des zweiten motorischen Neurons (Vorderhornzellen im Rückenmark). Spinale Muskelatrophien bei Säuglingen können innerhalb weniger Jahre zum Tod führen (Typ Werdnig-Hoffmann), bei Erwachsenen sind sie zumeist gutartig. Eine bulbäre Erwachsenenform (Typ Kennedy) kommt nur bei Männern vor (x-chromosomal rezessiv). Bei ihr findet sich frühzeitig eine Zungenatrophie mit Faszikulationen, Schluck- und Sprechstörung. Da sie sehr gutartig ist, sollte dieses Bild nicht mit der bulbärparalytischen Form der ALS verwechselt werden!

Zerebelläre und spinozerebelläre Systematrophien

Zahlreiche seltene und zumeist erbliche Systemdegenerationen betreffen die Kleinhirnbahnen oder das Kleinhirn selbst. Symptomatische Formen kommen v. a. bei Alkoholismus, Antiepileptika-Therapie und paraneoplastisch vor.

Mit einer Prävalenz von 2 auf 100000 Einwohner ist der *Morbus Friedreich* am häufigsten. Das Krankheitsbild mit ausgeprägter Gangataxie, Verlust der Muskeleigenreflexe, der Tiefensensibilität und einer ausgeprägten Hohlfußbildung (Friedreich-Fuß) beginnt bereits im Kindesalter und verläuft über 15 – 30 Jahre allmählich progredient.

Die *zerebellären Systematrophien* (zerebelläre Heredoataxie, Nonne-Marie-Syndrom) beginnen zumeist in mittlerem Lebensalter. Auffällig ist die Dysarthrie mit verwaschener, lauter Sprache („Löwenstimme"). Wenn neben der Kleinhirnataxie auch Hirnstammsymptome (Augenmuskelparesen, Gaumensegelnystagmus) sowie Stammgangliensymptome (Parkinson-Syndrom, Chorea) auftreten, spricht man von *olivopontozerebellärer Atrophie (OPCA)*. Auch diese Systemdegenerationen sind zumeist erblich und nicht kausal behandelbar.

Creutzfeldt-Jakob-Krankheit

Eine rasch tödlich verlaufende Degeneration des Zentralnervensystems kann durch sog. *Prionen* („proteinaceous infectious particles") verursacht werden. Klinische Kennzeichen der seltenen Erkrankung (Inzidenz 1 : 1 Million) sind

- rasch progrediente Demenz,
- generalisierte Myoklonien (ruckartige Muskelzuckungen),
- charakteristische EEG-Veränderungen (triphasische Wellen).

Geräte, die mit Nervengewebe Erkrankter in Berührung gekommen sind (z. B. auch bei Zahnwurzelbehandlung), müssen vernichtet werden, da Prionen gegenüber herkömmlichen Desinfektionsmitteln resistent sind.

Alzheimer-Krankheit

Sie ist die häufigste Demenzform im höheren Lebensalter (etwa 15 % der über 85jährigen sind betroffen!). Diffuse Hirnatrophie durch Nervenzelldegeneration unbekannter Ätiologie (vermutlich Beteiligung von Amyloidvorläufern) charakterisiert die Alzheimer-Krankheit.

Klinik. Im Vordergrund stehen Merkfähigkeits- und Orientierungsstörungen. Häufig sind neurologische Herdsymptome (Aphasie, Apraxie). Die „Fassade" der Persönlichkeit bleibt oft erstaunlich lange erhalten. Die Erkrankung führt in wenigen Jahren zu völliger Pflegebedürftigkeit und Tod an sekundären Komplikationen (Infektionen). Eine Therapie ist nicht bekannt. Differentialdiagnostisch muß vor allem an die *vaskuläre Demenz*, die an zweiter Stelle der Demenzhäufigkeit steht, gedacht werden. Sie ist durch rezidivierende zerebrale Ischämien bedingt.

Die Alzheimer-Krankheit ist die häufigste Ursache für eine Demenz im höheren Lebensalter.

Epilepsie

Epileptische Anfälle sind vorübergehende Funktionsstörungen des Gehirns infolge synchron gesteigerter neuronaler Entladungen oder verminderter Hemmungsmechanismen. Einen sog. „Gelegenheitsanfall" erleiden etwa 5% aller Menschen, zumeist nach Schlafentzug, Fieber, Alkoholentzug oder Kreislaufkollaps. Erst wenn zerebrale Anfälle mehrfach auftreten, wird von Epilepsie gesprochen.

Vorkommen und Häufigkeit. Etwa 0,5–1% der Bevölkerung leidet an Epilepsie. Die höchsten Inzidenzraten finden sich im Kindes- und Jugendalter. Nach dem 20. Lebensjahr erstmals auftretende epileptische Anfälle sollten verstärkt an symptomatische Ursachen (Hirntumor, Alkoholismus) denken lassen.

Ätiologie. Für die Manifestation der Epilepsie spielen sowohl die genetische Disposition als auch Realisationsfaktoren (frühkindliche Hirnschädigung, Trauma, Infektionen des Gehirns, Hirntumoren, Durchblutungsstörungen, Fehlbildungen, Stoffwechselstörungen) eine Rolle. Nur in etwa der Hälfte der Fälle lassen sich mit bildgebenden Verfahren oder labortechnisch ursächliche Faktoren feststellen *(symptomatische Epilepsie)*. Bei der anderen Hälfte liegt entweder eine genetisch bedingte Anfallsbereitschaft vor *(idiopathische Epilepsie)* oder die Ursachen lassen sich mit den heute zur Verfügung stehenden Methoden nicht feststellen *(kryptogene Epilepsie)*. Ätiologisch spielen bei Kindern und Jugendlichen perinatale Hirnschäden, Fehlbildungen und idiopathische Epilepsien die größte Rolle, im mittleren Erwachsenenalter überwiegen traumatische Hirnschädigungen, Alkoholismus und Tumoren, im höheren Lebensalter die vaskulären Ursachen.

Klinik. Epileptische Anfälle sind außerordentlich vielgestaltig. Grundsätzlich können partielle (fokale) und generalisierte Anfälle unterschieden werden.

Partielle (fokale) Anfälle sind einfach-partiell, wenn das Bewußtsein erhalten bleibt. Sie äußern sich beispielsweise in rhythmischen Zuckungen einer Extremität oder Körperhälfte, Kopfwendungen, paroxysmal auftretenden sensiblen oder sensorischen Symptomen (auch Geschmacks- oder Geruchssensationen), in vegetativer Symptomatik oder psychischen Auffälligkeiten (z. B. Déjà-vu-Erlebnis, d. h. das Gefühl, etwas Unbekanntes schon einmal gesehen zu haben). Komplex-partielle Anfälle (psychomotorische Anfälle, Temporallappenepilepsie) gehen mit Bewußtseinsverlust einher. Hierbei werden im Anfall Handlungsabläufe zumeist stereotyper Art (z. B. Trommeln mit den Fingern, Kaubewegungen) durchgeführt.

Generalisierte Anfälle können sich aus einem fokalen Anfall heraus entwickeln oder primär generalisiert sein. Hierbei kann es zu kurzzeitiger geistiger Abwesenheit (Absence) kommen, zu plötzlichem Hinstürzen (atonische Anfälle), zu tonischen Anspannungen aller Extremitäten (tonische Anfälle), zu kurzen myoklonischen Zuckungen oder zu klonischen rhythmischen Bewegungen aller Extremitäten. Der typische Ablauf eines „Grand mal" (großer, tonisch-klonischer Anfall) besteht in einem plötzlichem Hinstürzen und tonischer Anspannung der gesamten Muskulatur, wobei es zum Verschluß der Stimmritze (Zyanose) und häufig zum Zungenbiß (seitlich lokalisiert) kommt. Danach treten klonische Konvulsionen der Extremitäten auf, welche innerhalb von Sekunden oder wenigen Minuten langsam verebben, wobei häufig blutiger Schaum aus dem Mund tritt. Vor dem Anfall kann eine Aura (unbestimmtes Vorgefühl, zumeist in der Magengegend – epigastrische Aura) auftreten, nach dem Anfall tritt zumeist tiefer Schlaf ein (Terminalschlaf). Der Ausdruck „Petit mal" für ganz verschiedene partielle und generalisierte Anfälle mit diskreter Symptomatik (v. a. bei Kindern) wird kaum mehr verwendet.

Bei einer *Anfallsserie* wiederholen sich Anfälle in kurzen Abschnitten, bei einem *Status epilepticus* treten die Anfälle ohne Pause über Stunden oder Tage auf. Bei der Epilepsia partialis continua Kojewnikoff können bei erhaltenem Bewußtsein Zuckungen von Extremitätenabschnitten sogar über Jahre anhalten.

Diagnostik. Entscheidend ist die Anfallsbeobachtung: Kopf- und Blickwendung, fokaler Beginn und Ablauf der motorischen Entäußerung, Bewußtseinslage, Amnesie für das Anfallsereignis, Zungenbiß und Einnässen. Das EEG zeigt bei vielen Epilepsien zwar charakteristische Veränderungen (sog. epilepsietypische Potentiale), ein normales EEG schließt jedoch eine Epilepsie keineswegs aus! Bildgebende Verfahren (Computertomographie, Kernspintomographie) sind heute zur Ursachenabklärung der Epilepsie unerläßlich. Durch Lumbalpunktion kann eine Entzündung als Ursache ausgeschlossen werden. Vor epilepsiechirurgischen Maßnahmen ist eine weitergehende Diagnostik (Videodokumentation der Anfälle, Langzeit-EEG, invasive EEG-Ableitung) notwendig.

Verlauf und Prognose. Anfallsformen können im Verlauf des Lebens wechseln. Nicht tageszeitlich gebundene Anfälle (diffuse Grand mal) und fokale Anfälle sind zumeist symptomatisch. Ihre Prognose wird durch das Grundleiden mitbestimmt. Gehäufte Anfälle führen zu einer sekundären Hirnschädigung, welche vor allem psychische Veränderungen bewirkt (sog. epileptische Wesensänderung). 60–70% der Patienten werden durch antiepileptische Therapie anfallsfrei.

Komplikationen. Ein Status epilepticus ist lebensbedrohlich. Ansonsten tritt eine Gefährdung zumeist durch unglückliche Stürze, Ertrinken, Aspiration oder plötzliches Herzversagen auf.

Therapie. Bei einem einzelnen Anfall ist eine medikamentöse Therapie nicht notwendig. Verletzende Gegenstände sollten allerdings aus dem Weg geräumt werden. Keinesfalls darf ein Gummikeil, Taschentuch oder ähnliches zwischen die Zähne geschoben werden (Erstickungsgefahr)! Nur der Status epilepticus stellt einen behandlungsbedürftigen Notfall dar. Antiepileptische medikamentöse Therapie ist stets eine Langzeittherapie, die in Händen des Neurologen liegen sollte.

Die wichtigsten Antiepileptika sind
- Carbamazepin,
- Valproinsäure,
- Phenytoin (Nebenwirkung: u.a. Gingivahyperplasie!),
- Ethosuccimid,
- Primidon,
- Benzodiazepine,
- Lamotrigin.

Keinesfalls dürfen Antikonvulsiva plötzlich abgesetzt werden, da dies zu schweren Entzugsanfällen führen kann. Epilepsiepatienten dürfen kein Kraftfahrzeug führen, nicht an Maschinen oder auf Gerüsten arbeiten. Bei einzelnen medikamentös nicht einstellbaren Epilepsien kann heute in bestimmten Zentren eine prächirurgische Epilepsiediagnostik und die nachfolgende neurochirurgische Entfernung des epileptogenen Fokus durchgeführt werden.

Im Anfall keinen Gummikeil oder Taschentuch in den Mund stecken! Ein einzelner epileptischer Anfall ist nicht behandlungsbedürftig, sollte aber abgeklärt werden. Für die Diagnose ist die Beobachtung des Anfallsablaufs am wichtigsten. Ein normales EEG schließt eine Epilepsie nicht aus.

Spinale Prozesse

Querschnittslähmung

Eine Unterbrechung der Bahnsysteme im Rückenmark führt zum Bild der Querschnittslähmung.

Ätiologie
- Traumen,
- Entzündungen (Multiple Sklerose),
- Tumoren (Wirbelsäulenmetastasen, intraspinale Tumoren),
- Bandscheibenvorfälle (zervikal, selten thorakal)
- Fehlbildungen (z.B. Syringomyelie mit Verlust des Schmerz- und Temperaturempfindens),
- vaskuläre Ursachen (Infarkte, Blutungen, Angiome).

Klinik. Im Halsbereich sind alle vier Extremitäten (Tetraparese), im Thorakalbereich nur die Beine (Paraparese) gelähmt. Je nach Schädigungshöhe tritt zudem ein querschnittsförmiger Verlust für alle sensiblen Qualitäten ab dem betroffenen Dermatom auf (Abb. 12.**14**). Fast immer bestehen Blasen-, Mastdarm- und Potenzstörungen. Da das Rückenmark in Höhe des ersten Lendenwirbelkörpers endet, führen Schädigungen unterhalb dieser Höhe nicht mehr zu Querschnittslähmungen, sondern zu radikulären Symptomen (s.u.). In Höhe des ersten Lendenwirbelkörpers liegt der Conus

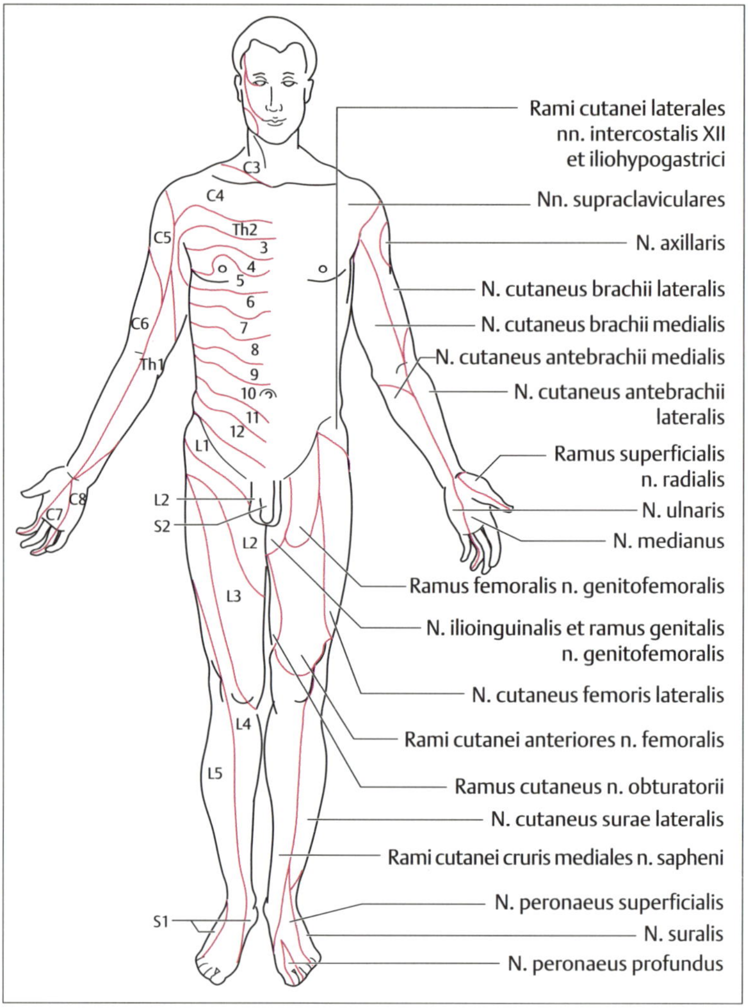

Abb. 12.**14** Schema der sensiblen Innervation (Dermatome und Versorgungsgebiete peripherer Nerven). Aus Scheid, W.: Lehrbuch der Neurologie. 5. Aufl., Thieme, Stuttgart 1983.

medullaris. Schädigungen in dieser Höhe verursachen das *Konussyndrom* mit reithosenförmigen perianalen Sensibilitätsstörungen („Reithosenanästhesie"), Potenz- und Blasen-Mastdarm-Störungen.

Bei querschnittsförmigen Sensibilitätsstörungen, Lähmungen beider Beine oder Blasen-Mastdarm-Störung muß eine spinale Raumforderung unverzüglich mit bildgebenden Verfahren (NMR, CT, Myelographie) ausgeschlossen werden.

Radikuläre Syndrome

Wird durch einen Prozeß im Bereich der Wirbelsäule nicht das Rückenmark selbst geschädigt, sondern die ein- und austretenden Nervenwurzeln, treten radikuläre Symptome auf.

Ätiologie. Ursache hierfür ist meist ein Bandscheibenvorfall (Abb. 12.**15**), seltener ein Tumor (Neurinom, Meningiom, Metastasen) oder eine Entzündung.

Klinik. Radikuläre Symptome machen sich durch ausstrahlende Schmerzen in das betreffende Dermatom, streifenförmige Sensibilitätsstörungen in diesen Arealen (Abb. 12.**14**), Abschwächung einzelner Muskeleigenreflexe und Paresen der von den jeweiligen Wurzeln versorgten Muskeln bemerkbar (Tab. 12.**8**).

Sind bei einer kompletten Schädigung unterhalb des ersten Lendenwirbelkörpers alle Wurzelfasern geschädigt, resultiert ein *Kaudasyndrom* mit schlaffer Lähmung der Beine und Sensibilitätsstörungen. Sind nur die untersten sakralen Fasern betroffen, welche in der Cauda equina mittelliniennah verlaufen, resuliert ähnlich wie beim Konussyndrom eine Reithosenanästhesie mit Blasen-Mastdarm-Störungen (z.B. bei medianen lumbalen Bandscheibenvorfällen).

Ein „HWS-Syndrom" (häufig bei Zahnärzten!) mit Taubheitsgefühl oder gar Lähmungen in den Fingern sollte unbedingt neurologisch abgeklärt werden. Dies gilt auch für hartnäckige Lumbago und Ischialgie. Treten Störungen der perianalen Sensibilität oder der Blasen-Mastdarm-Funktion auf, handelt es sich um einen dringlichen Notfall!

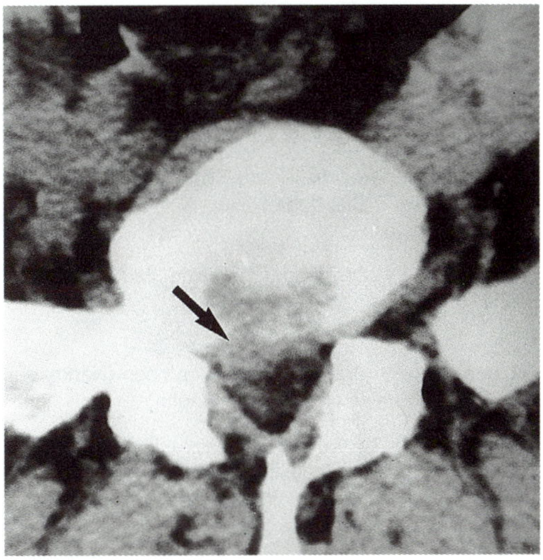

Abb. 12.**15** Bandscheibenvorfall L_5/S_1 im Computertomogramm der LWS.

Periphere Nervenschäden

Läsionen einzelner Nerven (Mononeuropathien)

Einzelne periphere Nerven oder Nervengeflechte (Armplexus, Beinplexus) werden meist durch scharfes Trauma, Druck oder Zug geschädigt (Tab. 12.**9**). Nervenschädigungen durch berufliche oder sportliche Betätigung sind hierbei häufig.

Klinik. Schäden peripherer Nerven führen zu schlaffen Lähmungen, Atrophie der Muskulatur, Reflexverlust, Sensibilitätsstörungen, vegetativen Ausfallserscheinungen und häufig zu Mißempfindungen (Parästhesien) oder Schmerzen.

Diagnostik. Die Ausfälle entsprechen dem Versorgungsgebiet des jeweiligen Nerven (Abb. 12.**14**). Mit elektrophysiologischen Methoden (Nervenleitgeschwindigkeit, Elektromyographie) kann das Ausmaß der Schädigung und der Schädigungstyp (demyelinisierend, axonal) bestimmt werden.

Tabelle 12.**8** Häufige radikuläre Syndrome

Wurzel	Sensibilitätsstörung	Lähmungen
C_5	Oberarmaußenseite (über M. deltoideus)	M. deltoideus (Armabduktion)
C_6	Daumen, Zeigefinger, Unterarm radial	Ellenbogenbeuger
C_7	Mittelfinger	Ellenbogenstrecker, Daumenopposition
C_8	Ringfinger, kleiner Finger	Fingerspreizer
L_4	Knie, Unterschenkelinnenseite	Kniestrecker, Fußheber (mit L_5)
L_5	Unterschenkelaußenseite, Fußrücken, Großzehe	Großzehenheber, mediale Fußrandheber
S_1	Beinrückseite, Fußaußenseite	Fußsenker, laterale Fußrandheber

Tabelle 12.**9** Häufige periphere Nervenschäden

Nerv	Hauptursache	Hauptsymptome
N. medianus	Karpaltunnelsyndrom (CTS) am Handgelenk (Lig. carpi transversum)	nächtliche Armschmerzen, Sensibilitätsstörung Finger I–III, Lähmung der Daumenballenmuskulatur
N. ulnaris	Sulkus-Ulnaris-Syndrom am medialen Ellenbogen	Sensibilitätsstörung Finger IV–V, Lähmung der Fingerspreizer und des Daumenadduktors, in ausgeprägten Fällen „Krallenhand“
N. radialis	Druck am Oberarm („Parkbanklähmung“)	Sensibilitätsstörung Unterarm-, Hand-, Daumenrückseite, Lähmung der Finger- und Handstrecker („Fallhand“)
N. peronaeus	Druck am Fibulaköpfchen (Narkose, Beine Übereinanderschlagen)	Sensibilitätsstörung am Fuß- und Zehenrücken, Lähmung der Fuß- und Zehenstrecker („Steppergang“)
N. ischiadicus	Spritzenlähmung (nach fehlerhafter intraglutealer Injektion)	Sensibilitätsstörung an Beinrückseite, Unterschenkel und Fuß, Lähmung der Kniebeuger, Fußheber, Fußsenker
Armplexus	Geburtstrauma, Druck in der Achselhöhle, Bronchial-Ca, Mamma-Ca (auch als Strahlenfolge), allergisch-entzündlich („neuralgische Schulteramyotrophie“)	atrophische Lähmungen und Sensibilitätsstörungen einer oberen Extremität, evtl. Horner-Syndrom
Beinplexus	Beckentumoren, -frakturen, Hüftgelenks-OP, Diabetes („diabetische Amyotrophie“)	atrophische Lähmungen und Sensibilitätsstörungen einer unteren Extremität

Bei traumatischen Nervenschädigungen wird ein vorübergehender Funktionsverlust *(Neurapraxie)*, eine duch Aussprossen reversible strukturelle Schädigung der Axone *(Axonotmesis)* und eine ohne Nervennaht irreversible Durchtrennung des Gesamtnerven *(Neurotmesis)* unterschieden.

Falls die Kontinuität der bindegewebigen Hüllstrukturen erhalten bleibt, können periphere Nerven regenerieren. Der Aussprossungsvorgang dauert allerdings lange (1 mm/d) und kann auch durch das häufig praktizierte „Elektrisieren“ der Muskulatur nicht gefördert werden.

Polyneuropathien

Eine Schädigung mehrerer oder aller peripherer Nerven wird als Polyneuropathie (PNP) bezeichnet.

Klinik. Sensibilitätsstörungen (zumeist socken- oder handschuhförmig), atrophische Paresen, Verlust der Muskeleigenreflexe und vegetative Störungen zusammen mit unangenehmen Reizerscheinungen (Muskelkrämpfe, Kribbelparästhesien, Brennschmerzen). Zumeist beginnt die Störung an den distalen Extremitätenabschnitten, da hier die längsten Nervenverläufe enden. Es können jedoch auch proximale Nervenabschnitte und mehrere Einzelnerven (auch Hirnnerven) betroffen sein (Abb. 12.**16**).

Ätiologie und Diagnostik. Das Syndrom der Polyneuropathie wird klinisch-neurologisch diagnostiziert. Am häufigsten sind die *diabetische* und die *alkoholische Polyneuropathie*. Mehr als 100 andere Ursachen kommen jedoch in Frage (Tab. 12.**10**). Die Abklärung wird mit einer breiten Palette von Laboruntersuchungen, Liquordiagnostik, Elektrophysiologie und schließlich Nervenbiopsie durchgeführt.

Therapie. Nach Möglichkeit sollte die schädigende Ursache (z.B. Alkohol) beseitigt werden. Behandelbare Polyneuropathieursachen sind beispielsweise Vaskulitiden oder Vitaminmangel. Bei Schmerzen im Rahmen von Polyneuropathien wird zumeist Carbamazepin oder Amitriptylin gegeben.

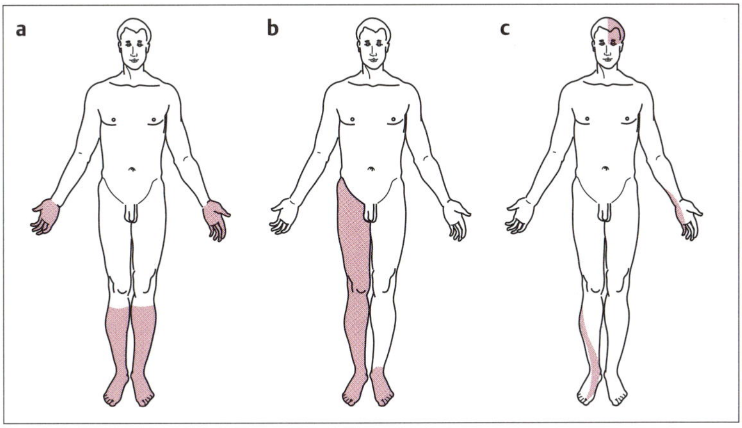

Abb. 12.**16** Verteilungsmuster sensibler Störungen bei Polyneuropathien. **a** distalsymmetrisch, **b** asymmetrisch (Schwerpunktspolyneuropathie), **c** Mononeuritis multiplex.

Tabelle 12.**10** Polyneuropathie-Ursachen (Auswahl)

Gruppe	Ursache	Besonderheiten
Metabolisch	Diabetes mellitus	häufigste Polyneuropathie; symmetrisch oder asymmetrisch. Vegetative Störungen
	Vitamin-B_{12}-Mangel durch Malabsorption	Tiefensensibilität früh betroffen. Therapie: Vitamin B_{12} i. m.
Toxisch	Alkohol	zweithäufigste PNP; symmetrisch, Nervendruckschmerz, rückbildungsfähig bei Karenz
	Medikamente: Vincristin, Cisplatin, Chloroquin, Nitrofurantoin, INH u. zahlreiche andere	symmetrisch, rückbildungsfähig nach Absetzen
	Schwermetalle (Blei, Quecksilber, Thallium, Arsen), Lösungsmittel	meist weitere Intoxikationszeichen (Haut, Blut, Gehirn), heute durch Schutzmaßnahmen (MAK) sehr selten geworden
Hereditär	genetische Markscheidendefekte („neurale Muskelatrophie" Charcot-Marie-Tooth u. zahlreiche andere Formen)	Hohlfußbildung, „Storchenbeine", Neigung zu Druckparesen
	genetische Stoffwechseldefekte (Porphyrie, Amyloidose u. a.)	abdominelle Krisen bei Porphyrie, andere Organe mitbeteiligt
Immunologisch	Immunreaktion gegen Gefäße (Vaskulitis)	andere Organe häufig beteiligt (z. B. Panarteriitis nodosa, Morbus Wegener), oft asymmetrisch. Therapie: Immunsuppression
	Immunreaktion gegen Markscheiden (Guillain-Barré-Syndrom)	symmetrisch, aufsteigend
Erregerbedingt	Lepra, Borrelien (nach Zeckenstich), HIV, Zoster	häufig asymmetrisch mit Befall einzelner Nerven
Paraneoplastisch	Fernwirkung durch Karzinome, Lymphome u. a., auch durch Paraproteinämie	meist symmetrisch

Mehr als die Hälfte der Polyneuropathien sind durch Diabetes oder Alkohol bedingt. Gabe von Vitaminen („neurotrope Vitamine") ist nur sinnvoll, wenn ein nachgewiesener Vitaminmangel vorliegt.

Guillain-Barré-Syndrom

Besondere Form der peripheren Nerven- und Wurzelschädigung *(idiopathische Polyradikuloneuritis).*

Pathogenese. Autoimmunerkrankung mit Zerstörung von Markscheiden des peripheren Nervensystems. Zumeist tritt die Erkrankung im Anschluß an einen Infekt auf.

Klinik und Verlauf. Innerhalb von Tagen kommt es zu aufsteigenden peripheren Lähmungen, schlimmstenfalls bis zur Atemlähmung. Die Erkrankung kann auch zum Einschluß von Hirnnerven mit Gesichtslähmung, Schluck- und Sprechstörung führen. Sensibilitätsstörungen sind zumeist nur gering ausgeprägt. Nach einer mehrwöchigen Plateauphase bilden sich die Störungen in den meisten Fällen wieder zurück.

Diagnostik. Charakteristisch ist eine Eiweißerhöhung im Liquor bei normaler Zellzahl und eine deutliche Verlängerung der Nervenleitgeschwindigkeit infolge der Markscheidenschädigung.

Therapie. In schweren Fällen Plasmapherese oder hochdosierte Gabe von humanem Immunglobulin.

Muskelkrankheiten

Die außerordentlich vielfältigen Muskelerkrankungen gehören traditionsgemäß ebenfalls zum Fachgebiet der Neurologie. Grundsätzlich kann man unterscheiden:

- *neurogene Muskelatrophie* infolge einer Schädigung peripherer Nerven,
- *Myopathie* als Schädigung der Muskelzellen selbst zumeist auf degenerativer (Muskeldystrophie) oder metabolisch-toxischer Basis,
- *Myositis,* zumeist durch Autoimmunprozesse bedingt (Polymyositis, Dermatomyositis),
- *Myasthenie* als Störung der neuromuskulären Endplatte (Myasthenia gravis),
- *Myotonie,* hereditäre verzögerte Muskelerschlaffung.

Progressive Muskeldystrophie

Erbliche, überwiegend im Kindesalter beginnende progrediente Myopathie mit Schwäche und Atrophie zumeist proximaler Gliedmaßenabschnitte, von Rumpf und Gesicht. Die Prävalenz aller Unterformen beträgt etwa 30 auf 100000 Einwohner. Am häufigsten ist der X-chromosomale, rezessiv vererbte maligne *Typ Duchenne,* bei dem der Tod an Lähmung der Atemmuskulatur vor dem 25. Lebensjahr eintritt. Eine Therapie ist nicht bekannt.

Dystrophia myotonica (Curschmann-Steinert)

Langsam progredient verlaufende, autosomal-dominant vererbte Muskeldystrophie mit myotoner Reaktion (verzögerte Entspannung der Muskulatur nach Kontraktion) und zahlreichen Begleitsymptomen (Stirnglatze, Katarakt, hormonelle Störungen). Mit einer Prävalenz von etwa 10 auf 100000 Einwohner häufigste Muskeldystrophie im Erwachsenenalter. Eine Therapie ist nicht bekannt.

Myasthenia gravis pseudoparalytica

Die Myasthenie ist eine Autoimmunerkrankung mit Antikörperbildung gegen Azetylcholinrezeptoren im Bereich der neuromuskulären Endplatte.

Vorkommen und Häufigkeit. Sie kommt mit einer Prävalenz von 4 auf 100000 Einwohner vor allem bei jungen Frauen vor. Ein zweiter Gipfel findet sich im Alter.

Pathogenese. Bei der Krankheitsentstehung scheint dem Thymus eine wichtige Rolle zuzukommen. Bei zahlreichen Patienten findet sich eine Thymushyperplasie oder ein Thymom.

Klinik. Kardinalsymptom ist die rasche Ermüdbarkeit der Muskulatur, vor allem im Bereich der Augenmuskeln (Doppelbilder, Ptosis) sowie der bulbären Muskulatur (Sprech-, Kau-, Schluckstörung). Das Gesicht ist zumeist mitbetroffen und wirkt schlaff und ausdrucksarm (Facies myopathica). Die Schwäche der sonstigen Muskulatur kann so ausgeprägt sein, daß die Gefahr der Atemlähmung besteht.

Diagnostik. Bestimmung der Azetylcholinrezeptorantikörper im Serum, elektrophysiologische repetitive Reizung der Muskulatur, Tensilon-Test (Cholinesterasehemmer i.v., dabei kurzfristige Besserung der Symptome).

Komplikationen. Zahlreiche Medikamente (Muskelrelaxanzien, Tranquilizer, Antibiotika u.a.) können die Myasthenie verschlechtern und zu einer myasthenischen Krise führen. Daher ist Vorsicht bei der Verordnung aller Medikamente angebracht.

Therapie. Zwischen dem 5. und 60. Lebensjahr wird bei allen Myastheniepatienten (außer bei rein okulärer Beteiligung) eine Thymektomie angestrebt. Ansonsten kann die Erkrankung mit Immunsuppressiva (Glukokortikoiden, Azathioprin) und Cholinesterasehemmern (Pyridostigmin) behandelt werden, in schweren Fällen auch mit Plasmapherese oder Gabe von hochdosiertem humanem Immunglobulin.

Doppelbilder und Schluckstörungen können Symptome einer Myasthenie sein. Die Patienten werden leider häufig als „hysterisch" eingestuft, bevor sie die notwendige Diagnostik und wirksame Therapie erhalten.

Polymyositis/Dermatomyositis (s. S. 229 ff)

Es handelt sich um eine Autoimmunerkrankung mit Entzündungsreaktion und Nekrose im Bereich der Muskulatur. Neben proximal betonter Muskelschwäche (Paresen) sind Muskelschmerzen (Myalgien) charakteristisch. Außer der Extremitätenmuskulatur sind zumeist die Kopfbeuger und häufig die bulbären Muskeln betroffen (Sprech-, Schluckstörung). Bei der Dermatomyositis treten Hautveränderungen (charakteristische ödematöse Lilaverfärbung der Augenumgebung sowie des Gesichts- und Halsbereiches) hinzu. BKS und CK sind zumeist deutlich erhöht. Die Diagnose wird durch die Muskelbiopsie gesichert. Die Therapie besteht in langzeitiger Gabe von Immunsuppressiva (Glukokortikoide, Azathioprin).

Schluckstörungen sind bei Polymyositis häufig. Das charakteristische weinrote periorbitale Ödem ermöglicht eine „Blickdiagnose" der Dermatomyositis. Bei progredienter, proximal betonter Schwäche (Treppensteigen, Kämmen) sollte an eine Myositis gedacht werden (Muskelbiopsie!)

Psychiatrische Krankheiten

Psychiatrische Erkrankungen umfassen die drei großen Teilbereiche („triadisches System"):

- Körperlich begründbare psychische Störungen (somatisch bedingt),
- endogene Psychosen (somatische Ursache (noch) nicht bekannt),
- psychogene Störungen (nicht somatisch bedingt).

Zwischen den Gruppen bestehen zahlreiche Überschneidungen.

Eine zentrale Rolle in der psychiatrischen Diagnostik spielt der *psychopathologische Befund*, der hier am Beispiel der körperlich begründbaren psychischen Störungen ausführlicher dargestellt, entsprechend jedoch auch bei den anderen psychiatrischen Erkrankungen erhoben wird.

Bei allen psychiatrischen Erkrankungen ist die Beachtung der *Einwilligungsfähigkeit* des Patienten in eine Behandlungsmaßnahme von erheblicher juristischer Bedeutung. Falls diese nicht gegeben ist, muß auch vor zahnärztlichen Eingriffen eine Betreuung eingerichtet werden.

Körperlich begründbare psychische Störungen

Diffuse oder lokale Schädigungen des Gehirns können zu psychischen Störungen führen. Von einem *hirnorganischen Psychosyndrom (HOPS)* wird vor allem dann gesprochen, wenn hierbei die Defizite (Hirnleistungsschwäche, Demenz, hirnorganische Wesensänderung) überwiegen. Bei *exogenen Psychosen* ist die Symptomatik zumeist akuter, und produktive Symptome (Halluzinationen, Wahn oder Depressionen) stehen im Vordergrund.

Vorkommen. Etwa 3 – 5 % der Erwachsenenbevölkerung leiden an organisch bedingten psychischen Störungen.

Ätiologie. Psychische Störungen können durch alle körperliche Erkrankungen, die das Gehirn direkt oder indirekt betreffen, verursacht werden. In Frage kommen vor allem:

- Vaskuläre Ursachen: Multiinfarkt-Demenz, Morbus Binswanger (subkortikale Enzephalopathie bei Hypertonie),
- degenerative Erkrankungen: Alzheimer-Krankheit, Chorea Huntington, Pick-Krankheit, Creutzfeldt-Jakob-Krankheit, chronischer Alkoholismus,
- Entzündung: Enzephalitis, progressive Paralyse, Multiple Sklerose,
- Epilepsie,
- Schädel-Hirn-Trauma (SHT): Commotio oder Contusio cerebri, epidurales oder subdurales Hämatom,
- intrakranielle Raumforderung: Hirntumoren, Metastasen, Hydrozephalus,
- internistische Erkrankungen: Diabetes, Schilddrüsenfunktionsstörung, Morbus Addison, Vitamin-B_{12}-Mangel, Leberzirrhose, Morbus Wilson,
- Intoxikationen: Alkohol, Lösungsmittel, Medikamente (auch in zahnärztlicher Praxis, z. B. Atropin!)

Klinik (Psychopathologie):

- *Quantitative Bewußtseinsstörung (Vigilanzstörung):*
  Bewußtseinsstörungen sind immer Hinweis auf eine organische Ätiologie! Dazu gehören Somnolenz (schläfrig, aber erweckbar auf Ansprache), Sopor (nur bei Schmerzreizen erweckbar, evtl. zielgerichtete Abwehrbewegung) und Koma (nicht erweckbar, auf Schmerzreize allenfalls ungerichtete Abwehrbewegung). Eine Sonderform ist das „Coma vigile“ (apallisches Syndrom, Dezerebration zumeist nach Hypoxie): Patient liegt mit offenen Augen da, fixiert jedoch nicht und reagiert nicht adäquat auf Sinnesreize (dabei häufig Kaubewegungen mit extremem Bruxismus!)
- *Qualitative Bewußtseinsstörung:*
  Verwirrtheit, Delir, Bewußtseinseinengung (traumhafte Bewußtseinsveränderung) oder Bewußtseinsverschiebung (abnorme Bewußtseinshelligkeit).
- *Orientierungsstörung:* fehlende Orientierung hinsichtlich Zeitpunkt, Ort, Situation und eigener Person.
- *Aufmerksamkeits- und Konzentrationsstörungen*
- *Merkfähigkeitsstörungen* (neue Eindrücke werden nicht über mehrere Minuten gemerkt, „Sekundengedächtnis“ und *Gedächtnisstörungen.* Amnesie: Erinnerungslosigkeit für die Zeit vor (retrograde Amnesie) oder nach (anterograde Amnesie) einem Ereignis. Eine besondere Erkrankung mit isolierter Amnesie ist die ***transitorische globale Amnesie (TGA):*** einige Stunden dauernde, zumeist einmalige Merkfähigkeits- und Gedächtnisstörung („Filmriß“) mit auffälliger Ratlosigkeit und Amnesie für diesen Zeitraum (Ursache ungeklärt). Erinnerungslücken bei mnestischen Störungen werden häufig durch Konfabulation ausgefüllt.
- *Wahrnehmung*: Halluzinationen sind Trugwahrnehmungen ohne objektiven Sinnesreiz, die für wirkliche Sinneseindrücke gehalten werden (akustische Halluzinationen, optische, olfaktorische und gustatorische, taktile und Leibhalluzinationen). Im Gegensatz zur Halluzination ist bei der illusionären Verkennung der Wahrnehmungsgegenstand tatsächlich vorhanden, wird jedoch für etwas anderes gehalten (vgl. Goethes „Erlkönig“).
- *Formale Denkstörungen:* vor allem Verlangsamung des Denkens, Kleben am Thema, Wiederholungen (Perseveration), Umständlichkeit, Weitschweifigkeit, Vorbeireden, Gedankenabreißen, zerfahrenes Denken (Inkohärenz), Ideenflucht („gerät vom Hundertsten ins Tausendste“).
- *Inhaltliche Denkstörungen:* Wahn ist bei organischen Störungen seltener (Verfolgungswahn, bei Alkoholismus auch Eifersuchtswahn).
- *Affektivität:* Auffällige Affektlabilität (rascher Wechsel von Freude und Trauer), Affektinkontinenz (fehlende Beherrschung von Affektäußerung), Stimmungslabilität, Depressivität, Dysphorie (Gereiztheit), Apathie (Gefühllosigkeit).
- *Antrieb:* zumeist Antriebsmangel, aber auch Steigerung (Agitiertheit) möglich.
- *Intelligenz:* Bestimmungen durch den Intelligenzquotienten (IQ, z. B. durch HAWIE, Hamburg-Wechsler-Intelligenztest für Erwachsene) mit Durchschnittswert 100. Unterscheidung von praktischer und theoretischer Intelligenz. Der Verlust von früheren intellektuellen Fähigkeiten durch organische Hirnerkrankungen wird als Demenz bezeichnet.
- *Wesensänderung:* Zuvor vorhandene Wesenszüge können sich vergröbern und verstärken (z. B. konsequentes Handeln wird zu „Altersstarrsinn“) oder ändern, zumeist im Sinne einer Enthemmung (Distanzlosigkeit, Witzelsucht).

Diagnostik. Bei Bewußtseinstrübung, organischem Psychosyndrom oder exogenen Psychosen ist entsprechend der vielfältigen Ätiologie eine breite Palette laborchemischer und apparativer Zusatzuntersuchungen notwendig. Bei akut aufgetretenen Störungen vor allem nach Intoxikationsmöglichkeiten fahnden, Blutzucker bestimmen und Vitalfunktionen sichern (Atmung, Herz-Kreislauf).

Therapie. Entsprechend der Grundkrankheit. Bei Unruhe und Agitiertheit Neuroleptika (z.B. Atosil, Neurocil, bei Wahnsymptomatik auch Haldol). Vor eingreifenden diagnostischen oder therapeutischen Maßnahmen (auch zahnärztlichen Eingriffen!) muß bei Geschäftsunfähigkeit des Patienten ein Betreuer bestellt werden (Antrag beim Vormundschaftsgericht). Dies gilt sinngemäß auch bei anderen psychischen oder körperlichen Erkrankungen.

Bewußtseinsstörungen und neurologische Ausfälle sind ein Hinweis auf eine organische Genese des Psychosyndroms.

Endogene Psychosen

Schizophrenie

Die Schizophrenie ist eine endogene Psychose mit Störungen des Denkens, der Wahrnehmung und der Affektivität bislang ungeklärter Ätiologie.

Vorkommen und Häufigkeit. Die Prävalenz beträgt etwa 500 auf 100000 Einwohner, Frauen sind etwas häufiger als Männer betroffen. Zumeist beginnt die Erkrankung zwischen dem 20. und 40. Lebensjahr. Das Risiko der Erkrankung bei Verwandten ersten Grades beträgt etwa 10%, bei eineiigen Zwillingen 25–85%.

Klinik. Folgende Unterformen schizophrener Psychosen werden unterschieden:

- *Hebephrenie:* Beginn zumeist in der Adoleszenz. Affektive Störungen, wie Affektindolenz, Manierismen, zunehmende Beziehungslosigkeit, konfuses Denken mit Wahnvorstellungen.
- *Paranoid-halluzinatorische Schizophrenie:* Häufigster Typ. Ausgeprägte Wahnwahrnehmungen (einem realen Sinneseindruck wird abnorme Bedeutung beigemessen), Beziehungswahn, Verfolgungswahn, akustische Halluzinationen (bedrohende und befehlende Stimmen), Ich-Störungen („Gefühl des Gemachten").
- *Katatone Form:* Katatoner Stupor mit Erstarren in bestimmten stereotypen Haltungen oder katatoner Erregungszustand, seltener perniziöse Katatonie mit Stupor, hohem Fieber und Kreislaufstörungen (lebensbedrohlich, Indikation zu Elektrokrampftherapie!).
- *Schizophrenia simplex:* Ohne auffällige produktive Symptome, Knick in der Lebensentwicklung, Mangel an Aktivität und Vitalität (Eigenständigkeit umstritten).

Diagnostik. Nach Ausschluß einer körperlichen Grundkrankheit liegt eine Schizophrenie vor, wenn „Symptome ersten Ranges" (Gedankenlautwerden, Gedankeneingebung, Gedankenentzug, Gedankenausbreitung, Kontroll- und Beeinflussungswahn, „Gefühl des Gemachten", Wahnwahrnehmungen, dialogische oder kommentierende Stimmen, Stimmen aus einem Körperteil, bizarrer, völlig unrealistischer Wahn) vorliegen. Sonstige Halluzinationen, Denkstörungen und katatone Symptome können hinzukommen.

Verlauf und Prognose. Die Schizophrenie kann kontinuierlich oder episodisch (in Schüben) verlaufen. Ein Drittel heilt folgenlos aus, ein Drittel zeigt Rückfälle und ein leichtes Residuum, ein Drittel leidet an schweren Dauerdefekten.

Therapie. Bei akuter Psychose hochpotente Neuroleptika (z.B. Haloperidol). Als Dauertherapie Depotneuroleptika (Fluphenazin, Perphenazin). Dabei häufig unangenehme extrapyramidale Nebenwirkungen (Parkinsonoid, Spätdyskinesien). Im Umgang mit den Patienten den Wahn nicht übernehmen, aber auch nicht versuchen, ihn auszureden. Bei Unruhe und Aggression Distanz halten, ruhig zureden, bei Gefahr rechtzeitig Hilfe holen. Bei Selbst- oder Fremdgefährdung Zwangseinweisung in geschlossene psychiatrische Station nach dem Unterbringungsgesetz (ärztliches Einweisungszeugnis, ggf. mit Hilfe der Polizei; verschiedene Regelungen der Bundesländer).

Die Therapie mit hochpotenten Neuroleptika ist immer mit extrapyramidalen Nebenwirkungen (Parkinsonoid) verbunden. Sie ermöglicht aber den meisten Kranken ein angstfreies Leben in ihrer gewohnten Umgebung.

Affektive Psychosen

Psychosen mit Störungen der Affektivität (Verstimmung) können sich als *endogene Depression* (Melancholie) oder als *Manie* äußern. Sie werden daher auch als manisch-depressive Krankheiten oder, weil sie in Phasen auftreten, als Zyklothymie bezeichnet. Das *depressive Syndrom* als solches ist unspezifisch und kann außer bei der endogenen Depression bei zahlreichen somatischen Grunderkrankungen, bei organischer Wesensänderung, nach Belastungen (depressive Reaktion) und als neurotische Depression vorkommen.

Vorkommen und Häufigkeit. Die Morbidität beträgt etwa 0,8% der Bevölkerung, wobei Frauen mehr als doppelt so häufig betroffen sind wie Männer. Am häufigsten (etwa 2/3) sind monopolare Verläufe mit ausschließlich depressiven Phasen, 28 % betreffen bipolare Verläufe mit abwechselnden depressiven und manischen Phasen, sehr selten sind monopolare manische Phasen.

Ätiologie. Sie ist bei affektiven Psychosen nicht bekannt. Eine Balancestörung von Neurotransmittern wird angenommen (Noradrenalin, Serotonin). Bedeutsam scheinen auch Störungen endogener Rhythmen (Schlaf-Wach-Rhythmus) zu sein.

Klinik. Bei der *endogenen Depression* stehen eine nicht erklärbare depressive Verstimmung („Herabgestimmtsein"), ein Gefühl der inneren Leere und der Verlust der affektiven Schwingungsfähigkeit („Gefühl der Gefühllosigkeit") im Vordergrund. Neben Verzweiflung und Resignation treten oft Schuldgefühle auf. Auffällig sind Tagesschwankungen (Morgentief). Der Antrieb ist zumeist gehemmt, kann jedoch auch agitiert sein. Körperliche Störungen (Vitalstörungen) sind häufig (Schlafstörungen, Appetitverlust, sexuelle Störungen, körperliche Mißempfindungen). Das Denken ist verlangsamt und auf wenige Inhalte reduziert. Inhaltlich kann depressiver Wahn (Schuldwahn, Versündigungswahn, Verarmungswahn, Krankheitswahn, nihilistischer Wahn) bestehen. Zwangsgedanken können sich aufdrängen (z.B. Tötungsimpulse).

Sonderformen der Depression mit unterschiedlicher Überlappung von somatischen und psychogenen Auslösern sind:

- larvierte Depression mit ganz im Vordergrund stehenden leiblichen Mißempfindungen,
- postpartale Depression in Schwangerschaft und Wochenbett,
- depressives Syndrom im Klimakterium,
- Erschöpfungsdepression.
- Involutionsdepression/Depression im Senium (hohe Suizidgefahr!).

Die *Manie* stellt das Gegenteil der Depression dar. Die Stimmung ist gehoben mit Selbstüberschätzung und Kritiklosigkeit, gelegentlich auch Gereiztheit („gereizte Manie"). Der Antrieb ist stark gesteigert (Taten- und Rededrang, Enthemmung). Werden Größenideen in die Tat umgesetzt, kann dies zum finanziellen Ruin führen. Zumeist bestehen ausgeprägte Schlafstörungen und gesteigerte Sexualität. Hinsichtlich des Denkens ist die Ideenflucht (Gedankenjagen) auffällig, inhaltlich häufig Größenwahn.

Prognose und Verlauf. Zwischen den Phasen sind die Patienten zumeist unauffällig. Die Phasen können sehr rasch wechseln („rapid cycler"), gelegentlich kommen auch Mischzustände vor. Die Prognose ist im wesentlichen durch die erheblich erhöhte Suizidalität bestimmt (Suizidhäufigkeit bei Zyklothymie etwa 10%).

Therapie. Eine medikamentöse Behandlung ist bei Depression wegen der hohen Suizidgefahr notwendig. Die Basisbehandlung erfolgt mit Antidepressiva (Thymoleptika) und MAO-Hemmern (Mittel der zweiten Wahl). Additiv wirksam ist auch Schlafentzug oder Lichttherapie (speziell bei Winterdepression) und Elektrokrampftherapie (EKT, nur bei Versagen der Pharmakotherapie); bei Wahnsymptomatik werden Neuroleptika gegeben. Zur Phasenprophylaxe Dauertherapie mit Lithiumsalzen oder Carbamazepin. Manische Phasen werden mit hochpotenten Neuroleptika behandelt. Wichtig ist die rechtzeitige stationäre psychiatrische Behandlung auf einer geschlossenen Station bei Suizidalität.

Suizidalität ist das Kernproblem jeder Depression. Selbstmordgedanken oder -versuche sollten immer sehr ernst genommen werden (psychiatrischer Notfall).

Schizoaffektive Psychosen (Mischpsychosen)

Endogene Psychosen mit gemeinsamen Symptomen einer schizophrenen und einer manisch-depressiven Psychose kommen vor.

Wahnentwicklung

Anhaltender Wahn kann sich auch ohne sonstige produktive Symptome der Schizophrenie entwikkeln. Diese Wahnentwicklungen sind zumeist psychogen erklärbar und therapeutisch schwer zu beeinflussen. Durch rationale Argumente läßt sich ein Wahn nicht ausräumen („Wahngewißheit").

Formen:
- *Paranoia (sensitiver Beziehungswahn):* nicht schizophrener, chronischer, systematischer Wahn („Wahngebäude"),
- *Querulantenwahn* (häufig in der Gutachterpraxis, zu Beginn oft tatsächlich erlittene Ungerechtigkeit, vgl. Kleists „Michael Kohlhaas"!),
- *Eigengeruchsparanoia* (wahnhafte Vorstellung, an unangenehmem Körpergeruch zu leiden),
- *Dysmorphophobie* (wahnhafte Vorstellung, mißgestaltet zu sein),
- *Dermatozoenwahn* (Wahn, an einer Parasitose zu leiden),
- *seniler Beeinträchtigungswahn (Kontaktmangelparanoid),*
- *Schwerhörigenwahn,*
- *induzierter Wahn* (symbiontischer Wahn, „Folie à deux"): Übernahme der Wahnsymptomatik durch einen Lebenspartner.

„Wahngewißheit" ist eines der Kennzeichen von Wahn. Eine Beeinflussung mit rationalen Argumenten ist daher nicht möglich.

Neurosen

Nach dem psychoanalytischen Phasenmodell der Neurosenentwicklung (Freud) sind Neurosen Störungen der Erlebnisverarbeitung, welche ihre Ursache in Konflikten der frühen Kindheit haben (orale, anale, phallische und ödipale Phase). Eine erbliche Komponente ist jedoch nachgewiesen. Zusammen mit Reaktionen, Persönlichkeits-, Sexual- und psychosomatischen Störungen werden Neurosen auch als *psychogene Störungen* bezeichnet.

Vorkommen und Häufigkeit. Von letzteren sind mindestens 10–20% der Bevölkerung betroffen, in internistischen und neurologischen Praxen 40–50%(!). Manifestation von Neurosen zumeist zwischen 20. und 50. Lebensjahr, Frauen sind häufiger betroffen.

Formen:
- *Neurotische Depression:* Verstimmung, Hemmung und Verlustängste. Häufigste Neurosenform (5–7% der Bevölkerung). Erhöhtes Suizidrisiko!
- *Phobien:* Angst gegenüber bestimmten Objekten (Tierphobie) oder Situationen (Agoraphobie, Erythrophobie). Häufige Neurose (in leichter Form bis zu 7% der Bevölkerung).
- *Angstneurose:* „Frei flottierende Angst". Auch minutenlange Angstanfälle („Panikattacken") mit vegetativen Störungen. Häufige Störung (ca. 5% der Bevölkerung). Gefahr der Medikamentenabhängigkeit.
- *Hysterische Neurose* (Konversionsneurose, somatoforme Störung): häufig „neurologische" Symptome (psychogene Lähmungen, Anfälle, Sensibilitätsstörungen) ohne organischen Hintergrund.
- *Hypochondrische Neurose:* Unrealistische Krankheitsbefürchtungen (Karzinom, AIDS etc.).
- *Zwangsneurose* (Waschzwang, Zählzwang, Kontrollzwang etc.). Seltene Neurose mit ungünstiger Prognose (maligne Verlaufsform: Zwangskrankheit).

Verlauf und Therapie. Nach jahrzehntelangem Verlauf in 60% der Fälle Besserung, in jeweils 20% Heilung bzw. Verschlechterung. Psychotherapie, kurzzeitig (!) auch Psychopharmaka (Benzodiazepine, Antidepressiva).

Die Therapie von Neurosen ist langwierig und schwierig. Viele Neurotiker neigen zu „Agieren". Konflikte mit und zwischen den betreuenden Personen (auch den behandelnden Ärzten) sind häufig. Unabhängig von der Neurose auftretende organische Erkrankungen werden oft übersehen.

Reaktionen (psychoreaktive Störungen)

Fehlverarbeitung eines psychischen Traumas unabhängig vom Lebensalter (akute Belastungsreaktion, posttraumatische Belastungsstörung, Anpassungsstörung). Vorkommen zumeist nach Tod eines Angehörigen, Trennung oder anderen belastenden Ereignissen, zumeist als depressive Reaktion. Therapie: Konfliktzentrierte Psychotherapie, evtl. medikamentös unterstützt (Benzodiazepine, Antidepressiva).

Bei depressiven Reaktionen stets die Suizidgefahr im Auge behalten! Eine vorübergehende Behandlung in einer geschlossenen psychiatrischen Station kann notwendig sein.

Persönlichkeitsstörungen (Psychopathien)

Persönlichkeitsstörungen sind keine Krankheiten, sondern „Spielarten des Normalen“ mit Problemen der sozialen Anpassung („Persönlichkeiten, die an sich oder unter denen die Umwelt leidet“). Prävalenz 2 – 10% der Bevölkerung, Männer häufiger als Frauen. Zahlreiche Typen werden beschrieben:

- Schizoide („anästhetisch-hyperästhetische“),
- paranoide (mißtrauische),
- emotional instabile (Sonderform: „Borderline“-Typ mit Neigung zur Selbstschädigung),
- hysterische (geltungssüchtige),
- anankastische (zwanghafte),
- sensitive (selbstunsichere),
- asthenische (abhängige),
- depressive (dysthyme),
- hyperthyme („Stimmungskanone“),
- hypochondrische (zur Selbstbeobachtung neigende),
- dissoziale (Soziopathen),
- narzißtische (selbstgefällige) Typen.

Therapeutisch sind die Patienten schlecht, am ehesten durch Psychotherapie und soziale Maßnahmen (Soziotherapie) zu beeinflussen.

Psychopathien sind keine Krankheiten, sondern Varianten der Persönlichkeit, welche bei den Betroffenen zu Schwierigkeiten mit sich selbst oder der Umwelt führen.

Mißbrauch und Abhängigkeit (Sucht)

Mißbrauch ist der schädliche Gebrauch von Substanzen in übermäßiger Menge oder nicht zweckentsprechender Weise. *Abhängigkeit (Sucht)* ist das übermächtige Verlangen nach Substanzen. Auch bestimmte Beschäftigungen, wie Glücksspiele oder Arbeit („workaholics“) können Abhängigkeit erzeugen. Kennzeichnend für Suchtverhalten sind:

- Kontrollverlust,
- seelische und körperliche Entzugserscheinungen,
- Toleranzentwicklung (Notwendigkeit der Dosissteigerung),
- soziale Schwierigkeiten (sozialer Abstieg, Arbeitslosigkeit, Ehescheidung, bei Medikamenten und Drogen „Beschaffungskriminalität“ und Prostitution).

Alkoholismus

Alkoholismus ist weit verbreitet. In der BRD (zweithöchster Pro-Kopf-Alkoholkonsum der Welt!) sind 1 – 3% der Erwachsenen von behandlungsbedürftiger Alkoholkrankheit betroffen. 30% der psychiatrischen Krankenhausaufnahmen sind alkoholbedingt. Auf Alkoholismus beruhen zahlreiche Begleit- und Folgeerkrankungen (Tab. 12.**11**).

Therapiemöglichkeit (30 – 60% Erfolg) durch mehrmonatige stationäre Behandlung mit einem Stufenplan aus:

- körperlichem Entzug (Entgiftung),
- Psychotherapie (Entwöhnung),
- Rückfallprophylaxe durch Selbsthilfegruppen (z. B. Anonyme Alkoholiker).

Bestehender Alkoholismus wird zumeist geleugnet. Das Eingeständnis „Ich bin Alkoholiker“ steht am Anfang der Therapie. Auch kleinste Mengen Alkohol (Schnapspralinen, alkoholische Medikamentenlösungen) können eine erfolgreiche Entzugsbehandlung zunichte machen.

Medikamenten- und Drogenabhängigkeit

Die psychische und physische Abhängigkeit von Medikamenten und Drogen mit psychotroper Wirkung (Tab. 12.**12**) hat eine ähnlich große so-

Tabelle 12.**11** Neuropsychiatrische Begleit- und Folgekrankheiten des Alkoholismus

Alkoholische Polyneuropathie	Atrophische Paresen, Sensibilitätsstörungen. Rückbildungsfähig bei Karenz
Epileptische Anfälle	bei Alkoholentzug, aber auch bei alkoholbedingter diffuser Hirnschädigung (im CT meist Hirnatrophie)
Chronisch subdurales Hämatom	progrediente Halbseitenlähmung, Bewußtseinstrübung. Rasche OP, sonst tödlich
Einfacher Rausch	akute Alkoholvergiftung: v.a. Kleinhirnsymptome, Enthemmung, Konzentrationsstörung, Bewußtseinstrübung
Komplizierter Rausch	Erregungszustand, Bewußtseinstrübung, Amnesie
Pathologischer Rausch	Dämmerzustand mit Halluzinationen bei u.U. geringer Alkoholmenge (v.a. bei zerebraler Vorschädigung)
Delirium tremens	lebensbedrohliche Psychose zumeist bei Alkoholentzug: Unruhe, Zittern, Schwitzen, Tachykardie, Fieber, Desorientiertheit, Halluzinationen („weiße Mäuse"). Therapie: Distraneurin
Alkoholhalluzinose	akustische Halluzinationen während chronischen Trinkens (selten)
Eifersuchtswahn	zumeist bei (ebenfalls alkoholbedingter) Impotenz
Wernicke-Korsakow-Syndrom	lebensbedrohlicher Zustand mit Doppelbildern, Ataxie, Nystagmus (Wernicke-Enzephalopathie), Merkfähigkeitsstörungen, Desorientiertheit und Konfabulation (Korsakow-Syndrom). Bedingt durch Vitamin-B_1-Mangel (hochdosierte i.v. Therapie nötig, sonst tödlich)
Kleinhirnspätatrophie	Koordinationsstörungen auch bei vermindertem Alkoholkonsum
Zentrale pontine Myelinolyse	seltene, zumeist tödliche Entmarkung im Hirnstamm (Brücke)

Tabelle 12.**12** Suchterzeugende Substanzklassen

Opioide	Opium, Morphium, Heroin, Kodein (häufig!), Valoron u.a.
Cannabinoide	Cannabis, Marihuana (typische „Einstiegsdroge")
Sedativa/Hypnotika	früher Barbiturate, heute v.a. Benzodiazepine (Valium, Tavor, Rohypnol u.a.). Sehr häufig! Bei Entzug Gefahr von epileptischen Anfällen!
Kokain	keine körperlichen Entzugserscheinungen, allenfalls psychische Abhängigkeit. Akute Schäden (Schlaganfälle) möglich
Psychostimulanzien	Amphetamine („speed"), Captagon, Ephedrin, „ecstasy", Appetitzügler, evtl. auch Genußmittel (Koffein, Nikotin). Akute und chronische körperliche Schäden („Gefäßgifte")
Halluzinogene	LSD, Meskalin. Keine körperliche Abhängigkeit, aber schwere Psychosen möglich („Horrortrip", Echopsychosen)
Flüchtige Lösungsmittel („Schnüffeln")	Benzin, Chloroform, Leim (Pattex), Verdünner (auch in Zahnarztpraxen!). Lebensgefährliche Komplikationen möglich!

zialmedizinische Bedeutung und Verbreitung wie der Alkoholismus. Da die Einnahme nicht so offensichtlich ist („keine Fahne"), kann man von einer hohen Dunkelziffer ausgehen. Gefährdet sind wegen der leichten Verfügbarkeit u.a. Ausübende von Heilberufen und ihre Angehörigen. Körperliche Entzugserscheinungen sind bei einigen Substanzen noch schwerer und längerdauernd als bei Alkohol, daher ist nur eine Entzugsbehandlung unter stationären Bedingungen erfolgversprechend.

Häufige Zahnschmerzen können der Anlaß zu Medikamentenabhängigkeit sein. Vor allem Mischpräparate (mit Kodein, Koffein oder Barbiturat) oder zusätzliche Einnahme von Benzodiazepinen sind gefährlich.

Psychosomatische Störungen

Bei zahlreichen körperlichen Erkrankungen spielen psychogene Faktoren zumindest eine mitverursachende Rolle. Im Gegensatz zur hysterischen und hypochondrischen Neurose sind an psychosomatischen Störungen leidende Patienten tatsächlich körperlich, nicht selten sogar lebensbedrohlich krank und bedürfen daher einer somatischen Behandlung (je nach Erkrankung Medikamente, Operationen, künstliche Ernährung), welche durch Psychotherapie ergänzt wird.

„Klassische" psychosomatische Erkrankungen sind:

- Ulcus duodeni,
- Colitis ulcerosa,
- Asthma bronchiale,
- essentielle Hypertonie,
- chronische Polyarthritis,
- Hyperthyreose,
- Neurodermitis.

Von zunehmender Bedeutung sind darüber hinaus vor allem Eßstörungen (Anorexia nervosa, Bulimia nervosa), unter denen etwa 1% aller Frauen zumeist während der Adoleszenz leidet. Die Anorexia nervosa ist lebensbedrohlich (10% Mortalität!) und muß daher gegebenenfalls stationär behandelt werden.

Psychosomatische Erkrankungen sind schwer, häufig sogar lebensbedrohlich. Hinter dem vordergründigen Streben nach dem von der Werbung vermittelten „Schlankheitsideal" kann eine u.U. tödlich verlaufende Anorexia nervosa stecken.

Sexualstörungen

Hierunter fallen:
- *sexuelle Funktionsstörungen (sexuelle Dysfunktion):* Alibidimie, Impotenz, Orgasmusstörung, Dyspareunie,
- *Störungen der Geschlechtsrolle:* Transsexualität (Identifikationsstörung mit dem eigenen Geschlecht),
- *sexuelle Abweichungen (Deviationen, Perversionen):* Hinsichtlich der Partnerwahl (Pädophilie, Inzest, Sodomie) oder der Sexualpraktiken (Exhibitionismus, Fetischismus, Transvestitismus, Sado-Masochismus u.a.).

Sexualverhalten ist sehr stark kultur- und zeitbedingt (etwa die Einstellung zur Homosexualität). Entscheidend für die Annahme einer krankhaften und behandlungsbedürftigen Störung ist daher der Leidensdruck des Patienten oder seiner Umwelt.

Die Behandlung sexueller Funktionsstörungen ist durch Beratung, Übungsbehandlung (idealerweise als Paartherapie) und Psychotherapie möglich. Angesichts der anzunehmenden Häufigkeit sexueller Dysfunktionen (ca. 1/3 der Paare) sind spezielle sexualtherapeutische Einrichtungen heute noch selten. Bei Transsexualität mit hohem Leidensdruck (Depression mit Suizid- oder Selbstverstümmelungsgefahr) ist eine hormonelle und operative Geschlechtsumwandlung möglich. Sexuelle Deviationen (Pädophilie, Inzest, Exhibitionismus) können teilweise strafrechtlich verfolgt werden.

Sexuelle Funktionsstörungen sind zumeist psychogen. Eine organische Ursache (Diabetes, Arteriosklerose, spinale Prozesse, gynäkologische oder urologische Erkrankungen, Alkohol-, Medikamenten- und Nikotinabusus) sollte dennoch ausgeschlossen werden.

13 Internistische Notfälle

A. Horn und H. Wagner

Vorbemerkungen

In der Regel werden diagnostisches und therapeutisches Handeln in der Inneren Medizin nicht unter Zeitdruck ausgeführt; Beschwerden, die einen Krankheitsverdacht auslösen, können „in Ruhe" abgeklärt werden.

In einer Notfallsituation jedoch, bei der das Leben des Patienten akut gefährdet ist oder erhebliche Beschwerden, z.B. massive Schmerzen, bestehen, muß rasch und zielbewußt gehandelt werden. Die Krankheitssymptome müssen sicher gedeutet werden, um prompt und zielgerichtet die erforderlichen Maßnahmen einzuleiten. Hierbei kann es sich entweder um definitive Hilfeleistungen handeln oder um die entscheidenden ersten Sofortmaßnahmen, die erforderlich sind, damit der Notfallpatient die Zeit bis zum Eintreffen fachärztlicher Hilfe oder den Transport in das Krankenhaus gut übersteht.

Die Ausführungen auf den folgenden Seiten können die praktische Übung notfallmedizinischer Maßnahmen, z.B. in Notfallkursen, nicht ersetzen. Dies betrifft besonders den Herz-Kreislauf-Stillstand, der beispielsweise als Komplikation eines Herzinfarktes auftreten kann. Das Schicksal des Patienten entscheidet sich hier binnen weniger Minuten. Die Wiederbelebungsmaßnahmen sollten einwandfrei beherrscht und gegebenenfalls in entsprechenden Kursen regelmäßig aufgefrischt werden.

Wiederbelebungsmaßnahmen können am effektivsten durch zwei Personen geleistet werden (eine Person zur Herzdruckmassage, eine Person zur Beatmung). Es ist daher wünschenswert, daß das Praxispersonal ebenfalls über entsprechende Kenntnisse und Fähigkeiten verfügt.

Die *Notrufnummern* (Rettungsdienst, ärztlicher Notdienst) sollten für den Bedarfsfall jedem Mitarbeiter bekannt und leicht zugänglich sein (z.B. neben dem Praxistelefon).

Die Infrastruktur einer Praxis sollte so ausgelegt sein, daß Notfälle (z.B. allergische Reaktionen auf verabreichte Pharmaka) schnell und effektiv behandelt werden können. Dies setzt auch das Vorhandensein der elementaren Instrumente und Medikamente voraus, die z.B. in einem *mobilen Notfallkoffer* untergebracht werden können. Ein Vorschlag für eine sinnvolle Ausrüstung ist in Tab. 13.**1** aufgeführt.

Störungen im Herz-Kreislauf-System

Herz-Kreislauf-Stillstand

Definition, Ätiologie und Pathophysiologie. Der Begriff „Herzstillstand" ist funktionell definiert als vollständiger Verlust der Pumpleistung des Herzens. Dies führt zu einem Stillstand der Blutzirkulation (Kreislaufstillstand) mit einer akuten Mangelversorgung aller Organe mit oxygeniertem Blut. Am Gehirn, dem Organ mit der geringsten Ischämietoleranz, treten bereits nach 3–5 Minuten irreversible Schäden auf.

Die Erfolgsaussichten von Wiederbelebungsmaßnahmen sinken wegen der zunehmenden Gewebehypoxie und Azidose mit steigender Dauer des Herzstillstandes. Wiederbelebungsmaßnahmen sind daher *sofort* und unter Vermeidung unnötiger Verzögerungen (z.B. Warten auf den Notarzt) einzuleiten.

Die Ursachen eines Kreislaufstillstandes können vielfältig sein (Tab. 13.**2**). In seltenen Fällen ist der Kreislaufstillstand Folge einer Asystolie. Meist resultiert er aus einer pathologisch gesteigerten Herzaktivität, die wegen der extrem verkürzten Diastole keine adäquate Füllung der Kammern erlaubt (Tachykardie und Kammerflattern) oder bei der die einzelnen Myokardbezirke unkoordiniert aktiviert werden (Kammerflimmern). Für die erforderlichen Sofortmaßnahmen (s.u., kardiopulmonale Reanimation) spielt die Art der zugrundeliegenden Störung zunächst keine Rolle.

Klinik und Differentialdiagnose. Tab. 13.**3** gibt einen Anhalt über die zeitliche Abfolge der Leitsymptome des Herz-Kreislauf-Stillstandes.

Die Diagnose des Herz-Kreislauf-Stillstandes (Abb. 13.**1**) erfordert den Nachweis der Pulslosigkeit. Am sichersten gelingt dies durch Palpation

Tabelle 13.1 Notfallausrüstung

Diagnostikausrüstung
- Stethoskop
- Blutdruckmeßgerät
- Taschenlampe
- Stauschlauch
- Fieberthermometer
- Evtl. EKG-Gerät

Spritzenausrüstung
- Injektionsspritzen 2 ml, 5 ml, 10 ml, 20 ml
- Venenverweilkanülen (Viggonyle Braun), Größen 0,8; 1,2; 2,0 (je zwei Stück)
- Infusionsbesteck

Technische Hilfsmittel zur Beatmung
- Zange zum Entfernen von Fremdkörpern
- Sauger mit Absaugkatheter
- Guedel- und Wendl-Tuben (20, 26, 32 Charrière)*
- Beatmungsbeutel mit Maskenansatz, Gr. 0,2 u. 4*
- Evtl. Intubationsbesteck*

Empfohlene Pharmaka
- Infusionslösungen: Volumenersatzmittel (z. B. HAES-steril 6% 500 ml), Elektrolytlösung (z. B. Jonosteril 500 ml)
- Adrenalin (z. B. Suprarenin 1 : 1000 1 ml, Aqua dest. pro inj. zum Verdünnen)
- Atropin (z. B. Atropinsulfat 0,5 mg)
- H_1-Rezeptorantagonist (Tavegil 2 mg)
- H_2-Rezeptorantagonist (Tagamet 200 mg)
- Glukokortikoid (z. B. Urbason solubile forte 250 mg)
- Theophyllinpräparat (z. B. Euphyllin 200 mg)
- Inhalationssprays: β-Sympathomimetikum (z. B. Berotec 200 Dosieraerosol), Glukokortikoid (z. B. Pulmicort Dosieraerosol 6,25 ml)
- Nitrat (z. B. Nitrolingual-Kapseln 0,8 mg)
- Diuretikum (z. B. Lasix 20 mg Injektionslösung)
- Sedativum (z. B. Valium 5 mg)
- Analgetika
- Antihypertonikum (z. B. Adalat Kapseln 10 mg)
- Heparin (z. B. Heparin-Injekt 5000)
- Glukose 40% Amp.
- Natriumbikarbonat 8,4%
- Antiemetikum (z. B. Paspertin 10 mg)

* vgl. Abb. 13.6

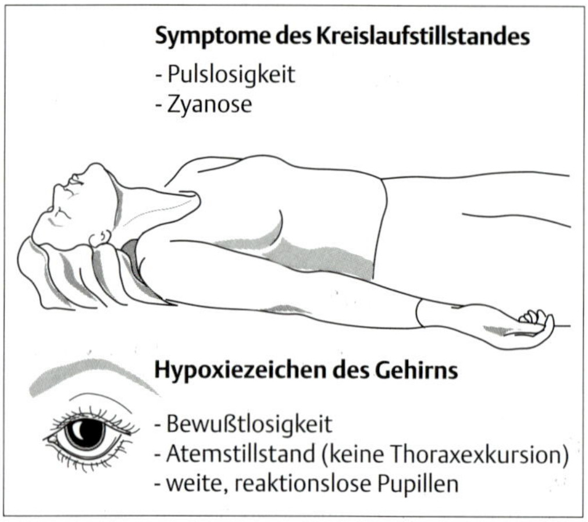

Abb. 13.1 Symptome des Herz-Kreislauf-Stillstandes.

Tabelle 13.2 Ätiologie des Herz-Kreislauf-Stillstandes

Primär kardiale Ursachen
- Myokardinfarkt
- Myokarditis
- Kardiomyopathie u. a.

Reflektorischer Herzstillstand
- Vagusreiz (Karotissyndrom u. a.)

Extrakardiale Ursachen
- Thoraxtrauma
- Lungenembolie u. a.

Medikamente
- Digitalis, Antiarrhythmika u. a.

Tabelle 13.3 Leitsymptome des Kreislaufstillstandes

Symptom	Latenz
Pulslosigkeit	sofort
Bewußtlosigkeit	6–12 s
Atemstillstand	30–60 s
Weite, reaktionslose Pupillen	2–3 min

der A. carotis (beidseits!), in zweiter Linie kommt die Palpation der A. femoralis in Frage. Als Folge des Kreislaufstillstandes tritt eine Zyanose auf.

Da das Gehirn das Organ mit der geringsten Ischämietoleranz ist, stehen neben der Pulslosigkeit zunächst Symptome seitens des ZNS im Vordergrund, zu denen auch der Atemstillstand gehört.

Die schnelle Aufeinanderfolge der Ereignisse mit dem rasch einsetzenden Atemstillstand unterscheidet den Herz-Kreislauf-Stillstand von anderen Formen der Bewußtlosigkeit. Gelegentlich können vor Eintreten der Bewußtlosigkeit generalisierte Krampfanfälle auftreten. Eine Schnappatmung ist Ausdruck einer erheblichen Schädigung des Atemzentrums und kommt funktionell einem Atemstillstand gleich. Weite, reaktionslose Pupillen zeigen in der Regel den irreversiblen Untergang von Gehirnzellen an.

Eine Differenzierung des zugrundeliegenden Mechanismus (Asystolie/Tachykardie; Kammerflattern/Kammerflimmern) ist nur durch EKG-Analyse möglich, ohne die eine sinnvolle Elektrotherapie (Schrittmacher/Kardioversion/Defibrillation) nicht durchgeführt werden kann.

Die Sofortmaßnahmen in der zahnärztlichen Praxis müssen sich umständehalber in der Regel auf Herzdruckmassage und Atemspende beschränken, die in vielen Fällen aber lebensrettend sein können.

Kardiopulmonale Reanimation

Reanimation bedeutet Wiederbelebung bei Herz-Kreislauf-Atemstillstand. Primäre Maßnahmen zur Reanimation sind Herzdruckmassage und Atemspende. Ziel dieser Maßnahmen ist es, einen Minimalkreislauf zu unterhalten und dadurch den Zelluntergang in lebenswichtigen Organen zu verhindern. Im Idealfall gelingt die Wiederherstellung der spontanen Atem- und Kreislauffunktion des Patienten bei Vermeidung irreversibler Organschäden.

Die Indikation zur kardiopulmonalen Reanimation besteht bei *jedem Herz-Kreislauf-Atemstillstand,* sofern kein infaustes Grundleiden in einem fortgeschrittenen Stadium (z. B. eine Krebserkrankung im Endstadium) besteht.

Nach Feststellung des Kreislauf- und Atemstillstandes (s. o.) muß **sofort** mit Atemspende und Herzmassage begonnen werden.

Das praktische Vorgehen hängt davon ab, ob die Wiederbelebungsmaßnahmen von einer oder von zwei Personen durchgeführt werden.

Steht nur eine Person zur Verfügung, muß sie jeweils 2 Atemspenden und 15 Herzdruckmassagen (80 – 100/min) im Wechsel durchführen (Abb. 13.**2**). Bei zwei Personen führt ein Helfer 80 – 100 Herzdruckmassagen pro Minute durch, während der zweite nach jeder 5. Herzmassage eine tiefe Atemspende verabreicht (Abb. 13.**3**).

Die Herzdruckmassage ist nur effektiv, wenn der Patient auf einer harten Unterlage liegt. Die Kompression muß an der Grenze zwischen mittlerem und unterem Sternumdrittel erfolgen durch Druckausübung in senkrechter Richtung mit ausgestreckten Armen (Abb. 13.**4**). Das Sternum sollte bei Erwachsenen um ca. 5 cm eingedrückt werden.

Die Beatmung erfolgt meist durch eine Mund-zu-Nase- oder Mund-zu-Mund-Beatmung (Abb. 13.**5**). Falls vorhanden, erleichtern Guedel- bzw. Wendl-Tuben das Freihalten der Atemwege. Eine

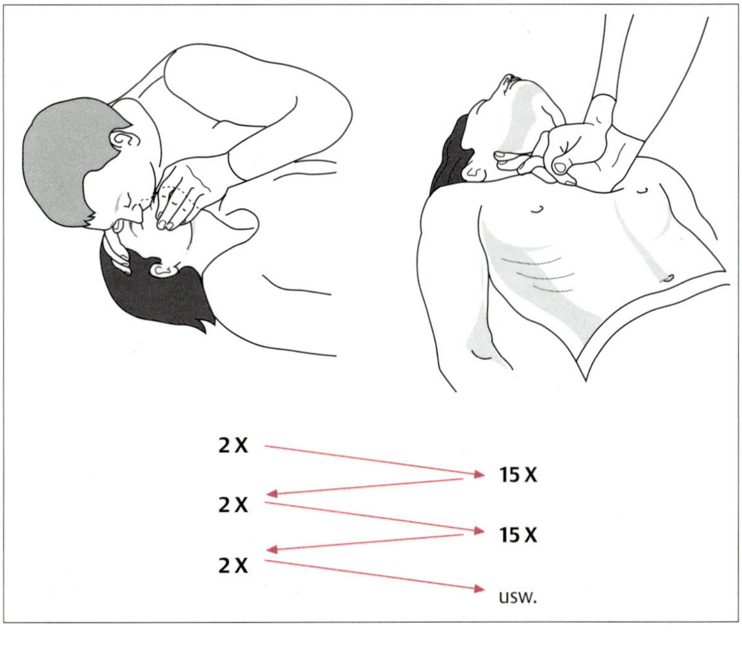

Abb. 13.**2** Durchführung der kardiopulmonalen Reanimation (Ein-Helfer-Methode). Gabe von 2 Atemspenden und Durchführung von 15 Herzdruckmassagen im Wechsel.

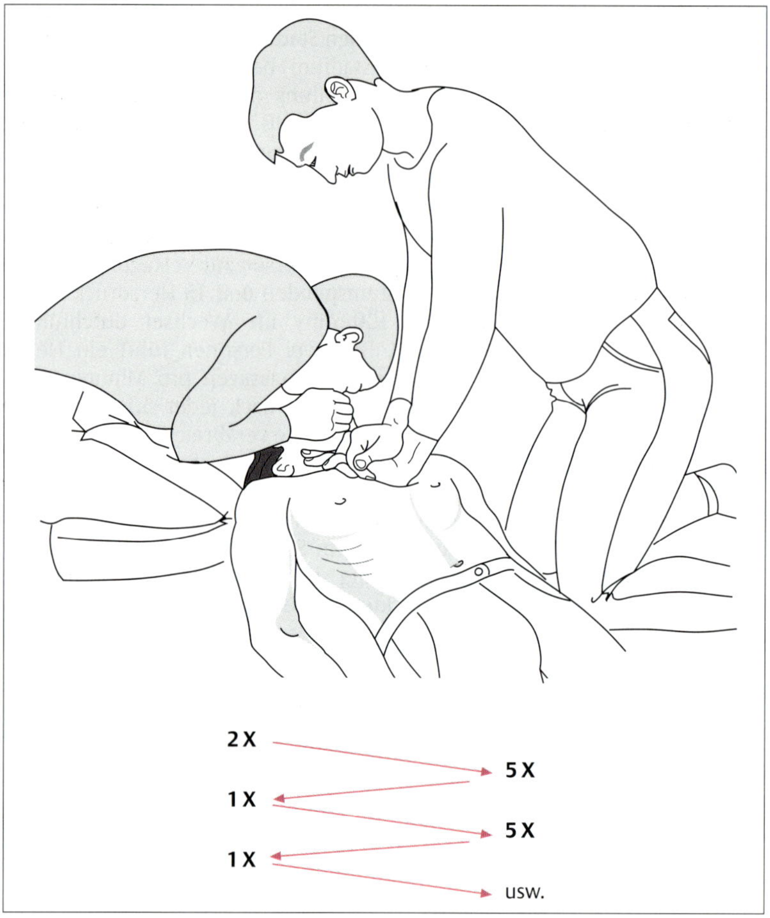

Abb. 13.**3** Durchführung der kardiopulmonalen Reanimation mit 2 Personen (Zwei-Helfer-Methode). Nach Gabe von 2 Atemspenden Durchführung von 5 Herzdruckmassagen durch den 2. Helfer, dann 1 Atemspende durch den 1. Helfer und 5 Herzdruckmassagen durch den 2. Helfer im Wechsel.

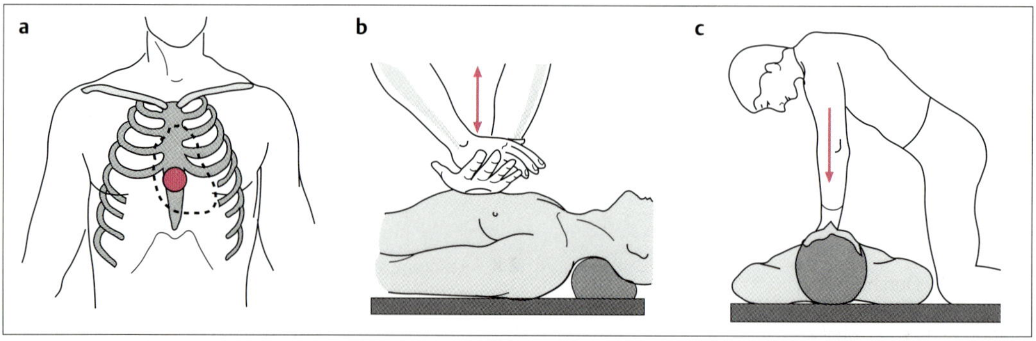

Abb. 13.**4 a – c** Durchführung der Herzdruckmassage. Der korrekte Druckpunkt liegt am Übergang vom mittleren zum unteren Sternumdrittel. Nur der Handballen wird auf den Druckpunkt aufgesetzt, die Finger sind vom Brustkorb abzuheben. Die Druckausübung erfolgt senkrecht auf den Druckpunkt bei gestreckten Armen durch Gewichtsverlagerung des Oberkörpers.

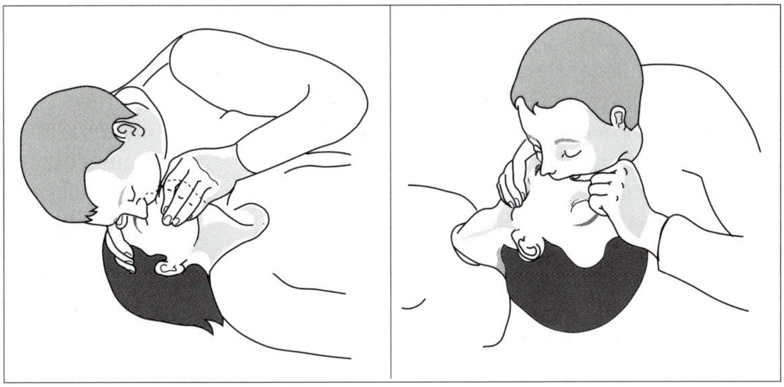

Abb. 13.**5** Beatmung ohne Hilfsmittel. Zur Freihaltung der Atemwege muß der Hals überstreckt werden. Durch Beobachtung der Thoraxbewegungen wird die Effektivität der Beatmung kontrolliert. Eine Insufflation des Magens durch zu hohen Beatmungsdruck ist zu vermeiden.

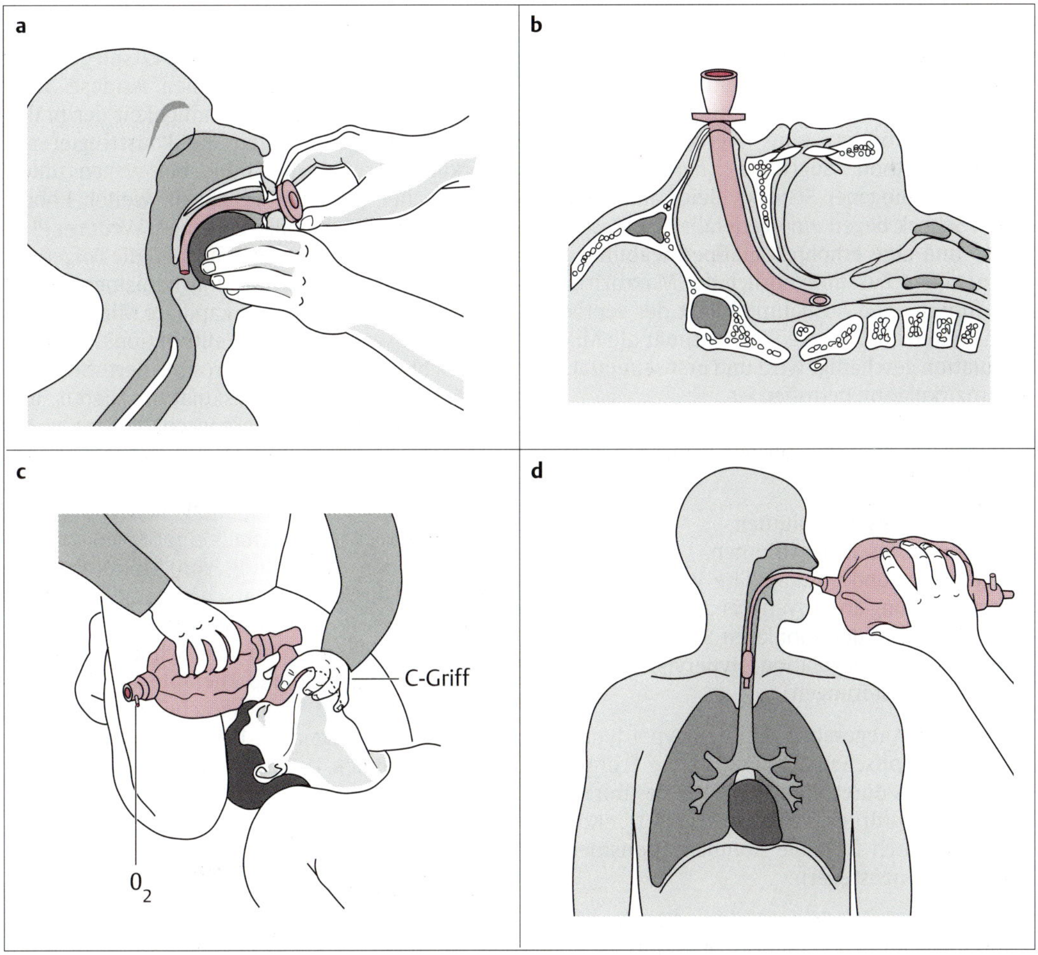

Abb. 13.**6** Hilfsmittel zur Beatmung. **a** Guedel-Tubus in situ (Oropharyngealtubus). **b** Wendel-Tubus (Nasopharyngealtubus). **c** Maskenbeatmung mit Beatmungsbeutel. Eine effektive Maskenbeatmung gelingt durch Anwendung des „C-Griffes". Fakultativ kann am Beutel eine Sauerstoffzuleitung angebracht werden. Eine Aufblähung des Magens durch zu hohen Beatmungsdruck ist zu vermeiden (max. 20 cmH_2O). **d** Endotrachealtubus in situ.

Intubation sollte nur von Geübten durchgeführt werden (Abb. 13.**6**).

Die Technik der Herzdruckmassage und Beatmung muß durch praktische Übungen geschult sein. Während der Reanimation muß regelmäßig (jede Minute) der Karotispuls geprüft werden. Beim Einsetzen eines spontanen Kreislaufes ist die Herzdruckmassage zu beenden.

Schock

Definition und Pathophysiologie. Ein Schock liegt vor, wenn die lebenswichtigen Organe akut unzureichend nutritiv versorgt werden. Es resultiert eine Gewebehypoxie.

Die Ursache für die Störung der nutritiven Organversorgung beim Schock liegt in einer *Minderperfusion* der kapillaren Strombahn. In den meisten Fällen liegt der schockbestimmenden Mikrozirkulationsstörung eine Verminderung der Makrozirkulation zugrunde (hypovolämischer Schock, kardiogener Schock). Beim anaphylaktischen Schock liegen eine generalisierte Vasodilatation und eine erhöhte Gefäßpermeabilität vor, die zu einem Zusammenbruch der Makrozirkulation führen. Eine Ausnahme bildet der septische bzw. Endotoxinschock, bei dem primär die Mikrozirkulation geschädigt wird und erst sekundär die Makrozirkulation betroffen ist.

Zusammenfassend können folgende Faktoren zu einer Minderperfusion der kapillaren Strombahn führen:

- vermindertes Blutvolumen,
- vermindertes Schlagvolumen,
- arterioläre und postkapilläre Vasokonstriktion bzw. Öffnung arteriovenöser Shunts,
- Störungen in der kapillären Strombahn selbst (intravasale Koagulation, Hyperviskosität, Permeabilitätsstörungen).

In der Regel (abgesehen von der hyperdynamen Phase des septischen Schocks) ist die Frühphase eines Schocks durch eine Abnahme des mittleren arteriellen Blutdruckes charakterisiert. Der Körper versucht, durch folgende Kompensationsmechanismen gegenzusteuern:

- Aktivierung des Sympathikus, d.h. Ausschüttung von Adrenalin und Noradrenalin,
- Ausschüttung von Aldosteron und antidiuretischem Hormon zur Volumenregulation.

Die Katecholamine führen u.a. zu einer Konstriktion der präkapillaren Arteriolen und postkapillaren Venen in den meisten Organen. Die Erhöhung des Gesamtwiderstandes und des arteriellen Blutdruckes um den Preis einer Verminderung der Durchblutung peripherer Organe (*„Zentralisation“*) dient dazu, die Durchblutung von Herz und Gehirn aufrechtzuerhalten, die entsprechend dem unterschiedlichen Verteilungsmuster von α- und β-Rezeptoren von der ansonsten generalisierten Vasokonstriktion ausgenommen sind.

Katecholamine bewirken jedoch u.a. auch eine Hyperkoagulabilität und erhöhte Aggregationsneigung der Thrombozyten, so daß sie zu einer disseminierten intravasalen Gerinnung mit der möglichen Folge einer Verbrauchskoagulopathie beitragen können. Die kapilläre Minderperfusion führt zu einem Anstieg saurer Stoffwechselprodukte mit Erhöhung des Laktatspiegels und Ausbildung einer metabolischen Azidose. U. a. führt dies zu einer Unempfindlichkeit der präkapillären Arteriolen gegen die konstringierende Wirkung der Katecholamine bei wegen unterschiedlicher pH-Empfindlichkeit weiter hohem Tonus in den postkapillären Venen. Weiterer Plasmaverlust und Blutdruckabfall sind die Folgen.

Werden die Schockmechanismen nicht durchbrochen, so führt die kapilläre Minderperfusion unausweichlich zu Zellfunktionsstörungen und schließlich zu Zellnekrosen. Betroffen sind zunächst z.B. Haut, Muskulatur, Nieren und Splanchnikusgebiet. Endorganschäden treten daher beim Schocksyndrom primär an Niere und Leber auf (*„Schockorgane“*). Zu den Schockorganen zählt auch die Lunge. Als pathogenetische Mechanismen spielen hier ebenfalls eine Störung der Mikrozirkulation, Ausbildung von Mikrothromben sowie eine direkte Kapillarschädigung durch toxische Einflüsse (z.B. Sepsis) eine Rolle.

Entscheidend ist für alle Schockformen die frühzeitige Diagnose und Therapie, da die Pathomechanismen des Schockgeschehens ab einem bestimmten Punkt auch bei Beseitigung der zugrundeliegenden Ursache eigengesetzlich ablaufen und kaum mehr zu beeinflussen sind.

Schockformen und jeweilige Sofortmaßnahmen

Im Rahmen dieser Abhandlung sollen nur für die Praxis relevante Aspekte der Symptomatik und Therapie der einzelnen Schockformen genannt werden.

Hypovolämischer Schock

Die Ursachen liegen in einem Blut- oder Plasmaverlust oder in einer Exsikkose (Tab. 13.**4**).

Diagnostisch wegweisend sind neben den direkten Hinweisen auf die Ursache der Hypovolämie die Zeichen der sympathoadrenergen Aktivierung wie Unruhe, Hautblässe, Kaltschweißigkeit und Weitstellung der Pupillen. Als kritische Zeichen sind Blutdruckabfall und Herzfrequenzanstieg bei auch im Liegen fehlender Füllung der Halsvenen zu werten. Ein systolischer Blutdruck unter 100 mmHg und eine Herzfrequenz über 100/min zeigen das Versagen der Kompensationsmechanismen an. Der „*Schockindex*" (Quotient aus Herzfrequenz und systolischem Blutdruck, normal ca. 0,5) wird >1. Ein unter 60 mmHg liegender oder nicht mehr meßbarer systolischer Blutdruck ist Ausdruck eines manifesten oder unmittelbar bevorstehenden Kreislaufzusammenbruches mit Bewußtlosigkeit und Anurie.

Sorfortmaßnahmen:

1. Flachlagerung oder Seitlagerung (vgl. Abb. 13.**9**) mit Schutz vor Abkühlung,
2. Freihalten der Atemwege, Sauerstoffgabe,
3. engmaschige Puls- und Blutdruckkontrolle,
4. intravenöser Volumenersatz (z. B. HAES steril), ggf. über mehrere Kanülen gleichzeitig,
5. sofortige Klinikeinweisung.

Septischer Schock

Diese Schockform tritt meist als Komplikation bei einer Infektion mit gramnegativen Erregern auf, z. B. bei urogenitalen oder nosokomialen Infektionen.

Im Gegensatz zu allen anderen Schockformen liegt in der Frühphase des septischen Schocks eine Hyperzirkulation vor („hyperdyname Phase") mit rosiger, trockener, warmer Haut, erhöhtem Herzzeitvolumen und normalem oder nur leicht erniedrigtem Blutdruck. Als Verdachtsmomente sind das Zusammentreffen von Hyperventilation und Fieber (oft mit Schüttelfrost) anzusehen. Bereits im hyperdynamen Stadium kommt es zu Störungen im Gerinnungssystem (Thrombozytenabfall, Verminderung von Fibrinogen, AT III, Quick). Schließlich folgt eine hypodyname Phase mit Hypotonie, Tachykardie, metabolischer Azidose und Olig-/Anurie.

Die **Sofortmaßnahmen** bestehen in Flachlagerung, Sauerstoffgabe, intravenöser Volumengabe und evtl. Korrektur der metabolischen Azidose. Vor Einleitung einer antibiotischen Therapie sollten bakterielle Kulturen (Blut, Sputum, Urin) mit Resistenzbestimmungen angelegt werden.

Nach Einweisung in die Klinik erfolgt dort eine niedrig dosierte Heparingabe (100 IE/kg/d) sowie ggf. Respiratortherapie. Falls ein Eiterherd besteht, muß dieser umgehend saniert werden.

Anaphylaktischer Schock

(s. „Anaphylaxie und anaphylaktoide Reaktionen", S. 354 f)

Kardiogener Schock

Die primäre Verminderung des vom Herzen ausgeworfenen Blutvolumens führt zum kardiogenen Schock. Mögliche Ursachen sind in Tab. 13.**5** aufgelistet. Am häufigsten tritt der akute Myokardinfarkt auf (s. dort).

Allgemeine Sofortmaßnahmen beim kardiogenen Schock sind:

1. Lagerung (Abb. 13.**9 b** und **c**,
2. Sauerstoffgabe (3 – 4 l/min über Nasensonde),
3. Sedierung (z. B. Valium 5 mg i. v.).

Spezifische Sofortmaßnahmen bestehen z. B. in Analgetikagabe bei akutem Myokardinfarkt (s. dort).

Tabelle 13.**4** Ursachen des hypovolämischen Schocks

Blutung - nach außen: traumatisch, gastrointestinal, urogenital, pulmonal - nach innen: z. B. Aneurysmablutung, Leberruptur, Extrauteringravidität, Weichteilhämatom etc.
Plasmaverlust (z. B. Verbrennung)
Dehydratation - Erbrechen, Durchfall - Polyurie (z. B. Diabetes mellitus; Diuretika etc.) - Peritonitis, Ileus etc.

Tabelle 13.**5** Ursachen des kardiogenen Schocks

Verminderung der Förderleistung des Herzens - Myokardinfarkt - Myokarditis - Kardiomyopathie - Herzklappenfehler - Herzrhythmusstörung (tachykard/bradykard)
Behinderung der Füllung des Herzens - Herzbeuteltamponade - Lungenembolie

Eine umgehende Krankenhauseinweisung ist selbstverständlich.

Angina pectoris und Myokardinfarkt
(vgl. S. 16ff)

Definition und Pathophysiologie. Der Terminus „Angina pectoris“ beschreibt das plötzlich auftretende Gefühl der Brustenge, das häufig auch als Schmerz mit unterschiedlicher Ausstrahlung (Schulter, Arm, Hals, Unterkiefer, Epigastrium) oder als Druckgefühl empfunden wird. Stenosen und gelegentlich auch Spasmen der Herzkranzarterien führen zu einem akuten Mißverhältnis zwischen Sauerstoffangebot und Sauerstoffbedarf des Myokards, jedoch nicht zum Untergang von Herzmuskelzellen.

Beim Myokardinfarkt hingegen liegt meist ein thrombotischer Verschluß einer Koronararterie vor, der dazu führt, daß die Herzmuskelzellen im betroffenen Areal absterben.

Unter notfallmedizinischen Gesichtspunkten ist die Unterscheidung zwischen einer stabilen und einer instabilen Angina pectoris entscheidend, da letztere klinisch häufig nicht von einem Herzinfarkt unterschieden werden kann und bis zum Beweis des Gegenteils als solcher behandelt werden muß.

Klinik. Die *stabile Angina pectoris* wird im typischen Falle durch eine körperliche oder psychische Belastung ausgelöst. Die Schmerzattacken dauern max. 15 Minuten und bessern sich nach Beendigung der Belastung. Charakteristisch und differentialdiagnostisch hilfreich ist die sofortige Schmerzlinderung (binnen max. 5 Minuten) durch Nitrate.

Eine *instabile Angina pectoris* liegt hingegen vor, wenn eine der folgenden Bedingungen erfüllt ist:

- Erstmaliges Auftreten einer Angina pectoris (< 2 Monate) mit heftigen und/oder häufigen Anfällen (mind. 3/Tag).
- Auffällige Veränderung der Symptomatik einer vorher stabilen Angina mit deutlich häufigeren, schwereren oder längeren Anfällen oder Auslösung durch deutlich geringere Anstrengung als vorher.
- Ruheangina.

Die instabile Angina pectoris ist eine Indikation zur umgehenden Krankenhauseinweisung und intensivmedizinischen Überwachung. Gleiches gilt selbstverständlich auch für den akuten Myokardinfarkt. Der Transport sollte stets in Begleitung eines Arztes mit dem Notarztwagen erfolgen.

Leitsymptom für den Myokardinfarkt ist ebenfalls der linksthorakale Schmerz, der häufig mit Todesangst und Vernichtungsgefühl einhergeht. Es ist zu beachten, daß Herzinfarkte bei etwa 30% der über 70jährigen und ca. 20% der Diabetiker ohne Schmerzen ablaufen („stummer Infarkt“). Weitere Symptome eines Myokardinfarktes sind eine akute Herzinsuffizienz (Dyspnoe, Ödeme, Nykturie) und Rhythmusstörungen.

Sofortmaßnahmen beim Herzinfarkt

1. Aufklärung des Patienten und Beruhigung,
2. Lagerung des Patienten mit angehobenem Oberkörper (Abb. 13.**9c**), bei Dyspnoe in Sitzposition.
3. venöser Zugang: Ellbogen oder Unterarm. *Keine i. m. Injektion!*
4. Sauerstoff (soweit verfügbar),
5. Sedierung: z. B. Valium 5 mg i. v.,
6. Schmerzbekämpfung:
   a) 1–2 Nitrokapseln (probatorisch bei Schmerzdauer < 15 min zur Differenzierung einer Angina pectoris; beim Herzinfarkt erwartungsgemäß wirkungslos).
   b) Morphin (z. B. Morphinum hydrochloricum 3–5 mg langsam i. v.) oder morphinähnliche Derivate (z. B. Pethidin [Dolantin] 100 mg) i. v.
7. Thrombozytenaggregationshemmung: Azetylsalizylsäure 500 mg i. v.

Sofortmaßnahmen bei Komplikationen des Herzinfarktes

- *Rhythmusstörungen:*
  Die differenzierte Behandlung setzt die Möglichkeit der EKG-Ableitung voraus, die in der zahnärztlichen Praxis in der Regel nicht besteht.
- *Linksventrikuläre Stauung und Lungenödem:*
  1. Lagerung im Sitzen,
  2. Nitrate: 2 Nitrokapseln sublingual, alle 10 min. wiederholen unter RR-Kontrolle,
  3. Diuretika: Furosemid 40 mg i. v.,
  4. Falls vorhanden: Sauerstoffzufuhr. Ggf. Intubation und O_2-Beatmung.

Falls indiziert:
5. Nachlastsenkung durch Blutdrucksenkung (erst Nitrowirkung 10 min abwarten. Therapie bei RR > 190/120).
6. Eventuell antiarrhythmische Therapie.

- *Kardiogener Schock:*
  1. Ausschluß weiterer Schockursachen: Volumenmangel (Jugularvenen nicht gestaut)? Rhythmusstörungen? Periphere Vasodilatation?
  2. Lagerung (Abb. 13.**9**).
  3. Sympathikomimetika (Dobutamin, ggf. Dopamin).
- *Kreislaufstillstand:*
  Kardiopulmonale Reanimation.

Nach stationärer Aufnahme im Krankenhaus steht dort die Wiedereröffnung des verschlossenen Koronargefäßes innerhalb der 6-Stunden-Grenze durch Lysetherapie bzw. PTCA (perkutane transluminale Koronarangioplastie) im Mittelpunkt der therapeutischen Bemühungen. Intramuskuläre Injektionen vor der Klinikeinweisung sind daher unbedingt zu unterlassen.

Lungenembolie (vgl. S. 57 ff und 349 ff)

Definition, Pathogenese und Pathophysiologie. Eine Lungenembolie ist definiert als die Verschleppung eines körperlichen Gebildes in die Lungenstrombahn durch den Blutkreislauf. Fast immer handelt es sich hierbei um losgelöste Thromben oder Teile von Thromben, die in 90% der Fälle dem Einzugsgebiet der unteren Hohlvene entstammen.

Voraussetzung für das Zustandekommen einer Lungenembolie ist daher die Entstehung einer Thrombose (meist der tiefen Beinvenen), die durch eine Vielzahl prädisponierender Faktoren begünstigt werden kann (Alter, Immobilisation, orale Kontrazeptiva, Rauchen, Herz- und Lungenerkrankungen, Operationen u.a.). Die Loslösung des Thrombus kann durch akute Erhöhungen des Venendruckes ausgelöst werden, z.B. beim Pressen während des Stuhlganges, durch Hustenanfälle und Bewegungsübungen.

Die Lungenembolie führt zur mechanischen Verlegung der Lungenstrombahn und löst Spasmen der Pulmonalarterien und der Bronchien aus. Im Hinblick auf die Hämodynamik bedeutet dies eine vermehrte Rechtsherzbelastung und eine Verminderung des Herzzeitvolumens bis hin zum Kreislaufschock. Die mangelhafte Sauerstoffversorgung des Myokards führt zu einer weiteren Verminderung der Herzleistung (diastolisches Versagen).

Die respiratorische Situation ist durch eine erhöhte Totraumventilation, durch Ventilations-Perfusions-Verteilungsstörungen mit intrapulmonalen Shunts und durch eine arterielle Hypoxämie gekennzeichnet.

Klinik. Der Verdacht auf eine Lungenembolie besteht grundsätzlich beim plötzlichen Einsetzen thorakaler Symptome. Am häufigsten werden Luftnot, Pleuraschmerzen und Husten angegeben. Verschiedene Schweregrade einer Lungenembolie können unterschieden werden:

- *Schweregrad 1:* Tachypnoe, Tachykardie, Druck im großen und kleinen Kreislauf normal.
- *Schweregrad 2:* wie Schweregrad 1, jedoch verminderter Sauerstoffpartialdruck.
- *Schweregrad 3:* Hypotension.
- *Schweregrad 4:* Schock.

In leichteren Fällen herrschen die respiratorischen Symptome (Dyspnoe, Tachypnoe, Thoraxschmerzen, ggf. Hämoptoe) vor, die häufig mit einem verminderten Sauerstoffpartialdruck im Blut einhergehen. Auch diese leichteren Verlaufsformen, die definitionsgemäß nicht zu einer Störung des Blutkreislaufes führen, verdienen große Aufmerksamkeit, da sie in einem hohen Prozentsatz fulminanten Embolien vorausgehen *(„Signalembolien“)*.

Charakteristische Symptome für eine massive Lungenembolie sind schlagartig einsetzende Atemnot und Thoraxschmerzen, einhergehend mit einer Schocksymptomatik bis hin zum reanimationspflichtigen Herz-Kreislauf-Versagen. 60% der Patienten mit einer massiven Lungenembolie versterben innerhalb der ersten Stunde.

Sofortmaßnahmen

Die Sofortmaßnahmen beim Verdacht auf eine Lungenembolie bestehen aus Lagerung, Sedierung, falls nötig Schmerzbekämpfung, Heparinisierung (5000–10000 IE Bolus) und eventuell Gabe von Glukokortikosteroiden. Bei Herz-Kreislauf-Stillstand ist die sofortige Reanimation einzuleiten. Weitere Maßnahmen (Lysetherapie bei Schweregrad 3 und 4) bleiben der stationären Behandlung vorbehalten.

Akute Arterienverschlüsse (vgl. S. 30 ff)

Ätiologie und Pathophysiologie. Dem akuten arteriellen Verschluß liegt entweder eine Thrombose (10%) oder eine Embolie (90%) zugrunde. Hinweise auf eine Thrombose ergeben sich, wenn anamnestisch oder klinisch Zeichen einer chronischen Durchblutungsstörung im Versorgungsgebiet des betroffenen Gefäßes bestehen (z. B. Claudicatio intermittens, Angina abdominalis, dystrophische Störungen, vorangegangene Gefäßoperationen). Embolien treten insbesondere bei Herzklappenerkrankungen, Herzrhythmusstörungen oder als Komplikation eines frischen Herzinfarktes auf.

Klinik. Das Leitsymptom des akuten Arterienverschlusses ist der plötzliche, oft schlagartig einsetzende Schmerz. Der Schmerz sistiert erst mit dem Absterben der Gewebezellen (Ischämietoleranzzeit: ca. 3 Stunden für die Darmmukosa, ca. 6 Stunden für Extremitätenweichteile).

Im Gegensatz zu anderen Geweben verfügt das Hirngewebe nicht über Schmerzfasern, so daß sich ein ischämischer Hirninfarkt lediglich durch plötzliche neurologische Ausfallserscheinungen bemerkbar macht, ohne mit Schmerzen einherzugehen.

Die typische Symptomatik des akuten Verschlusses von Extremitätenarterien wird durch die *„6 P"* beschrieben:

- Pain (plötzlicher Schmerz),
- Paraesthesia (Parästhesie, Hypästhesie, Kältegefühl),
- Paresis (Lähmung),
- Pulselessness (Pulslosigkeit),
- Pallor (Blässe, einhergehend mit Kälte; nach kurzer Zeit Marmorierung der Haut, kollabierte Venen),
- Prostration (Schocksymptomatik).

Sofortmaßnahmen

- *Verschlüsse der Extremitätenarterien:*
  Cave: Keine i. m. Injektion!

1. Lagerung: Tieflagerung der betroffenen Extremität. Keine Wärme- oder Kälteapplikation, möglichst Wattepolster,
2. Schmerztherapie: z. B. Dolantin i. v.,
3. Antikoagulanzien: Heparin 5000–10000 IE i. v.,
4. umgehende Einweisung in eine chirurgische Klinik mit der Fähigkeit zum sofortigen gefäßchirurgischen Eingriff (i. d. R. Embolektomie mittels Fogarty-Katheter).

- *Mesenterialinfarkt:*
  Der akute Abdominalschmerz beim Mesenterialinfarkt sollte als ein Leitsymptom des akuten Abdomens zur umgehenden Klinikeinweisung führen.
- *Schlaganfall:*

1. Lagerung: Bei bewußtseinsgetrübten und bewußtlosen Patienten stabile Seitlagerung zur Aspirationsprophylaxe (Abb. 13.**9a**).
2. Freihalten der Atemwege: Entfernen von Prothesen, Absaugen von Schleim, ggf. Guedel- oder Nasentubus (Abb. 13.**6a**, **b**), O_2-Gabe.
3. Venöser Zugang.
4. Bei exzessiver Hypertonie: Adalat-Kapsel.
5. Bei Unruhe Sedierung, z. B. Valium 5 mg i. v.
6. Krankenhauseinweisung.

Hypertensive Krise

Definition. Eine hypertensive Krise besteht, wenn aufgrund einer pathologischen Blutdrucksteigerung eine potentiell lebensbedrohliche Situation eintritt.

Pathogenese und Klinik. Eine hypertensive Krise entwickelt sich am häufigsten im Rahmen einer renalen Hypertonie, sie kann aber auch bei essentieller Hypertonie und beim Phäochromozytom beobachtet werden. Nicht selten tritt eine hypertensive Krise als Rebound-Phänomen nach Absetzen des Antihypertensivums Clonidin auf.

Klinisch steht meist die hypertensive Enzephalopathie im Vordergrund, die sich in vielfältiger Weise manifestieren kann. Die Symptome reichen von Kopfschmerzen, Übelkeit und Erbrechen, über Sehstörungen und neurologische Ausfälle bis hin zu Hemiplegie, Desorientiertheit, Psychosen, Krampfanfällen und Koma. Derartige Störungen des ZNS sollten also immer zur umgehenden Messung des arteriellen Blutdrucks Anlaß geben.

Die massive Erhöhung der Nachlast für den linken Ventrikel kann bei eingeschränkter kardialer Reserve eine Linksherzinsuffizienz bis hin zum schweren Lungenödem auslösen.

Sofortmaßnahmen

Primäres Ziel ist die möglichst rasche Blutdrucksenkung.

1. Nifedipin sublingual 10 mg, falls nach 10 min keine Besserung:
2. Nifedipin sublingual 10 mg, falls nach 10 min keine Besserung:
3. Clonidin-HCl 150 µg i. v., falls nach 10 min keine Besserung:
4. Clonidin-HCl 150 µg i. v., falls nach 10 min keine Besserung:
5. Dihydralazin 25 mg i. v. fraktioniert mit regelmäßiger Blutdruckkontrolle.

Wegen der unterschiedlichen Auswirkungen auf die Herzfrequenz (Clonidin-HCl: Bradykardie; Dihydralazin: Tachykardie) empfehlen einige Autoren auch, 1 Amp. = 150 µg Clonidin-HCl und 1 Amp. = 25 mg Dihydralazin zu mischen, auf 10 ml 0,9 % NaCl aufzufüllen und in Portionen von je 2 ml zu injizieren.

Notfälle der Atemwege und der Lunge

Verlegung der großen Atemwege

Die größte praktische Relevanz besitzen Fremdkörperaspirationen und das entzündliche oder allergische Larynx-Ödem (z. B. im Rahmen eines Quincke-Ödems).

Sofortmaßnahmen

Aspiration:

1. Kurzes Abklopfen des Brustkorbes bei Tieflagerung oder in Seitlagerung.
2. Fremdkörperentfernung mit Laryngoskop und langer Zange.
3. Notfalltracheotomie (Abb. 13.**7**).

Larynxödem:

1. Intravenös: Antihistaminikum (z. B. Tavegil 2 – 4 mg i. v.), Glukokortikoide (z. B. Urbason solubile forte 250 mg i. v.).
2. Lokal: Absaugen von Sekret, Eiskrawatte.
3. Bei zunehmendem Stridor trotz konservativer Therapie: Intubation.
4. Falls dies nicht gelingt: Nottracheotomie (Abb. 13.**7**).

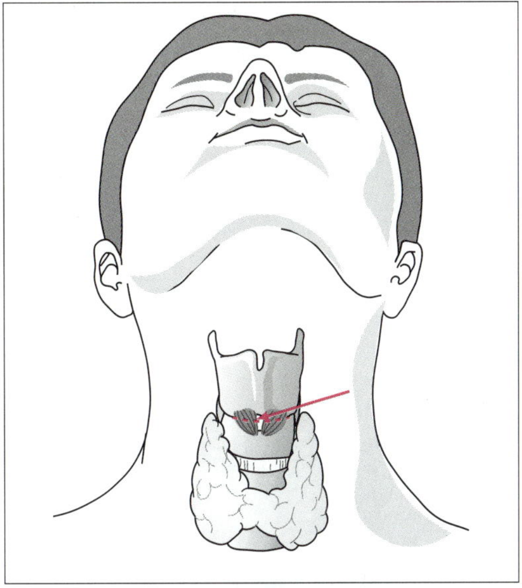

Abb. 13.**7** Notfalltracheotomie (Koniotomie). Die Inzisionsstelle liegt im Bereich des Lig. conicum und kann durch Tasten leicht als Spalt zwischen dem Schildknorpel und dem Ringknorpel aufgesucht werden. Die Tracheotomie erfolgt als Querinzision von 1 – 2 cm Länge mit einem Skalpell. Anschließend wird, sofern die Atemwege frei sind (ggf. Entfernen von Fremdkörpern mit der Zange), ein dünner Tubus eingelegt. Nicht zuletzt wegen der möglichen Komplikationen (z. B. Blutung aus der Schilddrüse) ist die Koniotomie in der zahnärztlichen Praxis nur als ultima ratio zu betrachten.

Pneumothorax und Spannungspneumothorax (vgl. S. 64 ff)

Bei Verdacht auf Pneumothorax umgehende Klinikeinweisung, bei Hinweisen auf Spannungspneumothorax umgehende Entlastung durch eine dicke Kanüle im 2. oder 3. ICR (Medioklavikularlinie). Bis zur definitiven Versorgung in der Klinik mit einer Thoraxsaugdrainage wird ein Tiegel-Ventil angebracht: ein Gummifingerling wird um das aus dem Thorax herausragende Ende der Kanüle gebunden. Durch eine Öffnung, die am Fingerling gemacht wird, kann Luft aus dem Thorax strömen. Das Eindringen von Luft in den Thorax wird durch den kollabierenden Fingerling verhindert (Abb. 13.**8**).

Asthma bronchiale

Akute Asthmaanfälle können sowohl beim allergischen Asthma als auch bei chronisch-obstruktiven Lungenerkrankungen auftreten. Die Behandlungsmaßnahmen sind ähnlich.

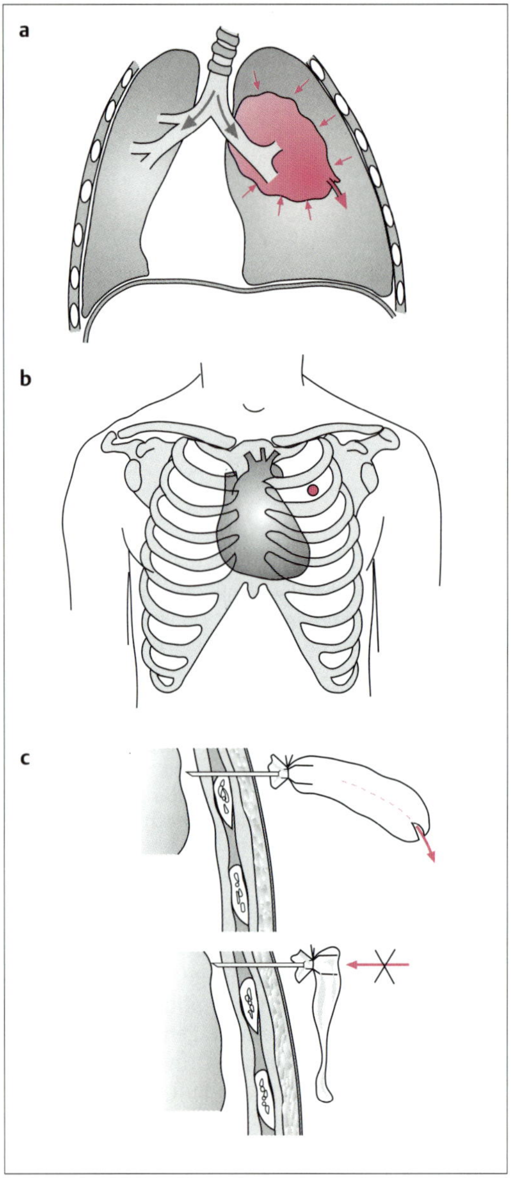

Abb. 13.**8** Spannungspneumothorax: Fingerlingkanüle nach Tiegel. Der Spannungspneumothorax führt zu einer lebensbedrohlichen Verlagerung des Mediastinums zur Gegenseite (**a**). Die Entlastung erfolgt im 2. Interkostalraum in der Medioklavikularlinie (**b**). Zur Entlastung eignet sich jede dicke Kanüle. Provisorisch kann ein eingeschnittener Fingerling am äußeren Ende der Kanüle angebracht werden, um das erneute Eindringen der Luft während der Inspiration zu verhindern (Ventilmechanismus).

Sofortmaßnahmen

1. β2-Sympathikomimetika inhalativ,
2. 200–400 mg Theophyllin (z. B. Euphyllin) langsam (!) i. v.,
3. Glukokortikoide (z. B. Urbason solubile forte 250) i. v.,
4. Sekretolytika,
5. evtl. Antibiotika (z. B. Tetrazykline).

Hyperventilationssyndrom

Pathogenese und Klinik. Ein Hyperventilationssyndrom entsteht bei pathologisch erhöhter CO_2-Abatmung mit der Folge einer respiratorischen Alkalose ($pCO_2 < 36$ mmHg, pH $> 7{,}44$). Meist liegen psychogene Ursachen zugrunde (Streß, Angst), die zu einer unbewußten Hyperventilation führen.

Die beschleunigte und/oder vertiefte Atmung ist meist direkt sichtbar. Der pCO_2-Abfall kann durch eine zerebrale Vasokonstriktion zu Schwindel, Angstgefühlen und sogar Bewußtlosigkeit führen. Die Auslösung zerebraler Krampfanfälle ist möglich. Mit der Erhöhung des pH-Wertes sinkt das ionisierte Kalzium im Plasma mit der Folge einer erhöhten neuromuskulären Erregbarkeit. Neben perioralen Parästhesien treten Muskelzuckungen und Karpopedalspasmen auf („Hyperventilationstetanie").

Therapeutisch sind die Rückatmung der Exspirationsluft durch Vorhalten eines Plastikbeutels sowie aufklärende Gespräche hilfreich. Nur selten sind Sedativa (z. B. Valium) erforderlich.

Der bewußtlose Patient

Die wichtigsten Formen des Bewußtseinsverlustes sind Synkope, Koma und Krampfanfälle. Eine einfache Unterscheidung dieser Formen gelingt in den meisten Fällen durch die Beobachtung des Muskeltonus in der Zeit der Bewußtlosigkeit: während bei den meisten Krampfanfällen eine erhöhte tonische und/oder klonische Aktivität der Muskulatur vorliegt, zeichnen sich Synkopen und Komata im allgemeinen durch einen Tonusverlust der Muskulatur aus.

Synkope und Koma

Ein wesentliches Kriterium zur Unterscheidung zwischen Synkope und Koma ist die Dauer eines Bewußtseinsverlustes:

- Synkope: Kurzdauernd (Sekunden bis Minuten),
- Koma: Langdauernd (Stunden bis Tage).

Mögliche Ursachen für **Synkopen** sind:

1. *Kardiovaskuläre Ursachen* (Herzrhythmusstörungen, Karotissinussyndrom u. a.),
2. *zerebrovaskuläre Ursachen* (Stenosen und Verschlüsse der hirnversorgenden Arterien u. a.).
3. *zerebrale Ursachen* (Krampfanfälle).

Eine umgehende fachärztliche Abklärung ist unbedingt anzuraten.

Mögliche Ursachen für **Komata** sind:

1. Stoffwechselstörungen:
   - Hypoglykämisches Koma,
   - diabetisches ketoazidotisches Koma,
   - diabetisches hyperosmolares Koma,
   - laktazidotisches Koma,
   - hepatisches Koma,
   - urämisches Koma,
   - hypophysäres Koma,
   - thyreotoxisches Koma,
   - Myxödemkoma,
   - Hyperviskositätssyndrom,
   - Störungen des Wasser-, Elektrolyt- und Säuren-Basenhaushalts.
2. Exogene Intoxikationen:
   - Alkohol,
   - Hypnotika und Sedativa,
   - Opiate u. a.

Sofortmaßnahmen

Im Notfall können Fremdanamnese und sorgfältige Untersuchung des Patienten und seiner Umgebung wichtige Hinweise liefern. Folgende Richtlinien sind entscheidend und sollten unbedingt bei Vorfinden eines bewußtlosen Patienten eingehalten werden:

1. Überprüfung der Herz-Kreislauf-Funktion und Atmung. Bei Herz-Kreislauf- und Atem-Stillstand kardiopulmonale Reanimation.
2. Probatorische Gabe von Glukose.
   Ein unklarer Bewußtseinsverlust sollte im Notfall immer probatorisch wie eine Hypoglykämie behandelt werden. Eine Hypoglykämie kann mannigfaltige Ursachen haben. Am häufigsten wird sie durch orale Antidiabetika vom Sulfonylharnstofftyp oder durch Insulin bei Diabetikern ausgelöst.

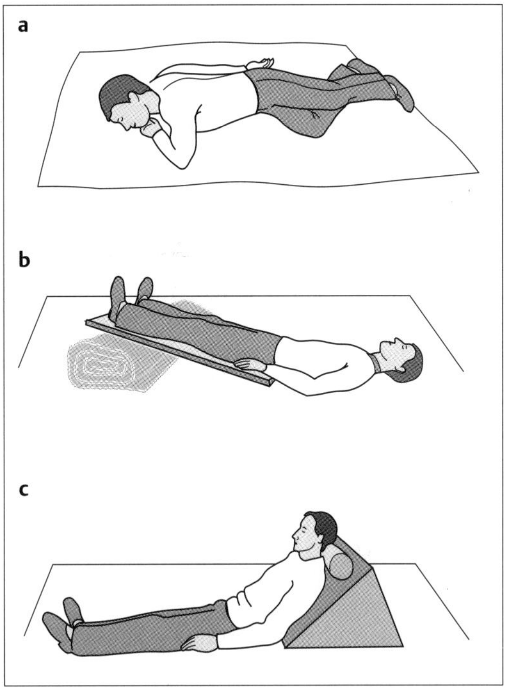

Abb. 13.**9** Lagerung des Patienten. Oberster Grundsatz jeder Lagerung ist: Bewußtlose müssen, solange sie nicht intubiert sind, unabhängig vom Krankheits- bzw. Verletzungsbild in stabiler Seitenlage (**a**) gelagert werden. Die Schocklage (**b**) bewirkt durch die Hochlagerung der Beine eine Verbesserung des venösen Rückstroms („Autotransfusion"). Dem gegenteiligen Effekt dient die Hochlagerung des Oberkörpers (**c**) bei kardialen Notfällen mit Lungenstauung, die eine Senkung der kardialen Vorlast sowie eine hydrostatische Entlastung im kleinen Kreislauf bewirkt.

Sofortmaßnahmen bei Hypoglykämie:

1. Stabile Seitlagerung (Abb. 13.**9**),
2. Glukose 40% 40 – 100 ml i. v.,
3. Glukagon 1 mg i. m.,
4. Dauerinfusion von Glukose 10%,
5. Transport in die Klinik.

Bei den anderen Komaformen muß sich das Vorgehen im Notfall an der sorgfältigen Überwachung und symptomatischen Stabilisierung der Vitalfunktionen orientieren (einschl. stabile Seitlagerung). Der Transport soll möglichst im Notarztwagen erfolgen. Eine differenzierte Diagnostik und Therapie bleibt der intensivmedizinischen Betreuung in der Klinik vorbehalten.

Krampfanfälle (vgl. S. 326 ff)

Ein Krampfanfall ist definiert als plötzliche Änderung der elektrischen Hirnaktivität, die sich klinisch durch Bewußtseinsstörung, Verhaltensstörung und motorische oder sensorische Symptome manifestiert. Treten Krampfanfälle über einen längeren Zeitraum wiederholt auf, spricht man von Epilepsie.

Eine sinnvolle Einteilung der Krampfanfälle ist nach phänomenologischen Gesichtspunkten möglich (Tab. 13.**6**).

Wichtigstes Unterscheidungskriterium hierbei ist, ob primär eine diffus über beide Hemisphären ausgebreitete Erregungsstörung anzunehmen ist *(primär generalisierter Anfall)* oder ob die Anfallssymptomatik lediglich umschrieben ist *(fokaler Anfall)*. Die Symptomatik des fokalen Anfalls wird durch die Funktion des betroffenen Hirnareals bestimmt (z. B. Zuckungen in der Hand bzw. im Arm bei Krampfpotentialen im kontralateralen Gyrus praecentralis). Der fokale Anfall kann mit oder ohne Bewußtseinsstörung einhergehen und lokalisiert bleiben oder sekundär generalisieren. Eine alleinige oder einem generalisierten Anfall vorausgehende fokale Symptomatik (dazu gehören z. B. auch Geruchs- oder Geschmackssensationen, motorische Automatismen etc.) zeigt immer an, daß es sich um eine symptomatische Epilepsie bei zugrundeliegender hirnorganischer Erkrankung handelt (z. B. Tumor, Enzephalitis etc.).

Klinik. Unter notfallmäßigen Gesichtspunkten interessiert in erster Linie der generalisierte „große" Anfall (Grand-mal-Anfall). Er beginnt plötzlich mit einem tonischen generalisierten Muskelkrampf, der meist ca. eine halbe Minute dauert. Darauf folgt ein Stadium mit heftigen klonischen Zuckungen des ganzen Körpers. Initialschrei, Zungenbiß, schaumig-blutiger Speichel vor dem Mund, Urin- und Stuhlabgang sind typische Zeichen des generalisierten Krampfanfalles, die häufig auch differentialdiagnostisch weiterhelfen. Gleiches gilt für den typischen postiktalen Dämmerzustand, der v. a. bei der differentialdiagnostisch häufig zur Diskussion stehenden Synkope nicht zu beobachten ist.

Wenn mehrere Grand-mal-Anfälle aufeinanderfolgen, ohne daß der Patient das Bewußtsein vollständig wiedererlangt, so liegt ein lebensbedrohlicher Zustand vor, der als Status epilepticus bezeichnet wird.

Tabelle 13.**6** Formen der Epilepsie

Generalisierte Anfälle – „Grand mal": großer Anfall ohne Aura oder fokalen Beginn – „Petit mal": BNS-(Blitz-Nick-Salaam-)Attacken bei Kleinkindern, Pyknolepsie (Absencen), astatisch-akinetische Anfälle, myoklonische Attacken
Fokale bzw. fokal beginnende sekundär generalisierte Anfälle – motorisch (Jackson-Anfälle) – sensibel/sensorisch – komplexe Symptomatik (z. B. Dämmerattacken, psychomotorische Anfälle) – viszerale und autonome Anfälle – Epilepsia corticalis partialis continua (Kojevnikov)

Sofortmaßnahmen

Sofern zeitlich möglich, muß versucht werden, den Patienten vor Verletzungen zu schützen (z. B. Entfernung gefährlicher Gegenstände aus der Nähe des Patienten etc.). Eine medikamentöse Therapie ist bei einem einzelnen epileptischen Anfall nicht nötig. Sie ist jedoch beim Status epilepticus unbedingt erforderlich. Bewährt hat sich die Gabe von 10 – 20 mg Valium i. v. (langsam wegen der Gefahr des Atemstillstandes!) mit anschließendem unmittelbaren Transport ins Krankenhaus, möglichst in Begleitung eines Arztes. Bei Therapieresistenz kommen Phenytoin oder Phenobarbital zum Einsatz.

Anaphylaxie und anaphylaktoide Reaktionen

Definition, Ätiologie und Pathophysiologie. Eine anaphylaktische Reaktion ist eine IgE-vermittelte Überempfindlichkeitsreaktion vom Soforttyp (Typ I), die erst nach vorheriger Sensibilisierung des Organismus durch das auslösende Allergen auftritt. Die Bindung des Allergens an spezifische Antikörper, die an der Oberfläche von Mastzellen fixiert sind, löst die Degranulation dieser Zellen aus. Dabei werden Mediatorsubstanzen (Histamin, Bradykinin, Serotonin, Leukotriene u. a.) freigesetzt, die zu Vasodilatation, Permeabilitätserhöhung in der Mikrozirkulation und Kontraktion der glatten Muskulatur (z. B. Bronchien) führen.

Anaphylaktoide Reaktionen treten meist bereits bei der Erstapplikation auf und haben einen dosisabhängigen, toxisch-idiosynkratischen Entstehungsmechanismus. Sie führen jedoch ebenfalls zur Freisetzung von Mediatoren (Histamin u.a.) und sind klinisch nicht von den anaphylaktischen Reaktionen zu unterscheiden.

Als auslösende Allergene kommen u.a. Antibiotika, Lokalanästhetika und jodhaltige Kontrastmittel in Betracht.

Klinik. Charakteristischerweise treten die Symptome Sekunden bis Minuten (bei enteraler Zufuhr häufig später entsprechend der Resorptionszeit) nach Kontakt mit dem Allergen auf. Typische Symptome sind:

Allgemeinsymptome: Schwindel, Kopfschmerz
Haut: Erythem, Urtikaria, Juckreiz
Magen-Darm: Übelkeit, Erbrechen, Durchfall
Atmung: Bronchokonstriktion, Laryngospasmus, Glottisödem
Herz-Kreislauf: Blutdruckabfall (systolisch und diastolisch), Tachykardie, Schock, Herz-Kreislauf-Stillstand.

Der Schweregrad der anaphylaktischen Reaktion ist im Einzelfall sehr unterschiedlich. Die Erkennung auch der milden Formen kann für den Patienten jedoch lebensrettend sein, da sie die Möglichkeit einer dauerhaften Meidung des Allergens bietet (Expositionsprophylaxe). Im übrigen ist bei typischem Verlauf (z.B. generalisiertes juckendes Erythem wenige Minuten nach Injektion eines Lokalanästhetikums) unter Vermeidung jeder weiteren Verzögerung (ausgiebige Anamnese etc.) umgehend mit der Behandlung zu beginnen.

Sofortmaßnahmen

1. Glukokortikoide hochdosiert (z.B. Urbason solubile forte 250 mg i.v.); H_1- (z.B. Tavegil 2–4 mg i.v.) und H_2-Rezeptorantagonist (Tagamet 200–400 mg i.v.).
2. Bei Hypotonie und Schock:
   - Schocklagerung (Abb. 13.**9**).
   - Suprarenin (1 : 1000) 1 ml auf 10 ml NaCl verdünnt i.v.
   - Volumensubstitution, z.B. 500–1000 ml HAES-steril.
3. Bei Bronchospasmus: 200–400 mg Theophyllin (z.B. Euphyllin) langsam (!) i.v.
4. Bei inspiratorischem Stridor (Larynxödem!): Sofortige Intubation, da sich binnen kürzester Zeit ein lebensbedrohlicher Zustand einstellen kann!
5. Bei Herz-Kreislauf-Stillstand: Sofortige Reanimation.

Auch bei nur milden Kreislaufproblemen ist eine sofortige stationäre Einweisung angezeigt. Der Transport in die Klinik sollte immer in Begleitung eines Arztes erfolgen.

Der häufigste Fehler beim Auftreten allergischer Komplikationen ist die unsachgemäße Verzögerung einer adäquaten Therapie. Die nötigen Medikamente und ein funktionierendes Intubationsbesteck müssen daher jederzeit zum sofortigen Einsatz zur Verfügung stehen.

14 Leitsymptome und Blickdiagnosen

H. Wagner und A. Horn

Was ist das Schwerste von allem?
Was Dir das Leichteste dünket.
Mit den Augen zu seh'n,
Was vor den Augen Dir liegt.

J. W. v. Goethe (Farbenlehre)

In der ärztlichen Diagnosefindung nimmt nach der eingehenden Anamnese die körperliche Untersuchung eine zentrale und in der Regel wegweisende Stellung ein. Die hierbei erhobenen Befunde integriert der Arzt mit seinem Fachwissen und seiner Erfahrung zu einer Arbeitshypothese, die als Grundlage für das weitere diagnostische Vorgehen dient, um eine optimale Behandlung des Patienten zu ermöglichen.

Bereits die aufmerksame Beobachtung kann zu charakteristischen Befundkonstellationen führen, die dem Geübten die Erkennung wichtiger Krankheiten oder Krankheitsgruppen erlaubt. Auch und oft kann gerade der Zahnarzt durch genaue Beobachtung des gesamten Erscheinungsbildes des Patienten charakteristische Symptome wahrnehmen und somit unter Umständen eine frühzeitige ärztliche Diagnostik ermöglichen.

Körpergröße und Konstitution

Körpergröße und Konstitution weisen auch bei Gesunden eine erhebliche Normvarianz auf.

Ein pathologischer Kleinwuchs mit gedrungenem Habitus tritt häufig beim Down-Syndrom (Mongolismus) auf, das auf eine chromosomale Aberration (Trisomie 21) zurückgeht (Abb. 14.**1**). Der Schädel der schwachsinnigen Patienten ist klein und kurz (Brachy- und Mikrozephalus). Die charakteristische Fazies wird geprägt durch die weit auseinanderstehenden Augen mit zur Mittellinie hin abfallender („mongoloider") Lidachse und dem Epikanthus („Mongolenfalte": halbmondförmige, den inneren Augenwinkel verdeckende Hautfalte). Kennzeichnend sind ferner die breite, eingesunkene Nasenwurzel sowie der meist etwas geöffnete Mund mit breiter, gefurchter Zunge. Die tiefsitzenden Ohrmuscheln sind in 50% der Fälle mangelhaft modelliert. Der Hals ist kurz und breit, die Hände und Füße sind plump, die Phalangen kurz. Zu beachten sind das vermehrte Auftreten von Herzfehlern und die erhöhte Infektanfälligkeit von Menschen mit Down-Syndrom.

Bei dysproportioniertem Hochwuchs und vergröberten Gesichtszügen (prominente Supraorbitalwülste, Prognathie, wulstige Lippen, große und plumpe Zunge) sollte endokrinologisch eine Akromegalie ausgeschlossen werden (Abb. 7.**12**, 7.**13**). Hochwuchs, Spinnenfingrigkeit und extreme Überstreckbarkeit der Gelenke sind charakteristisch für das Marfan-Syndrom. Beim Klinefelter-Syndrom liegt neben dem Hochwuchs ein Hypogonadismus vor (Abb. 14.**2**).

Von der „normalen" Adipositas unterscheidet sich der cushingoide Habitus durch die Lokalisation des Fettansatzes am Körperstamm (Stammfettsucht) und im Nacken (Büffelnacken), wäh-

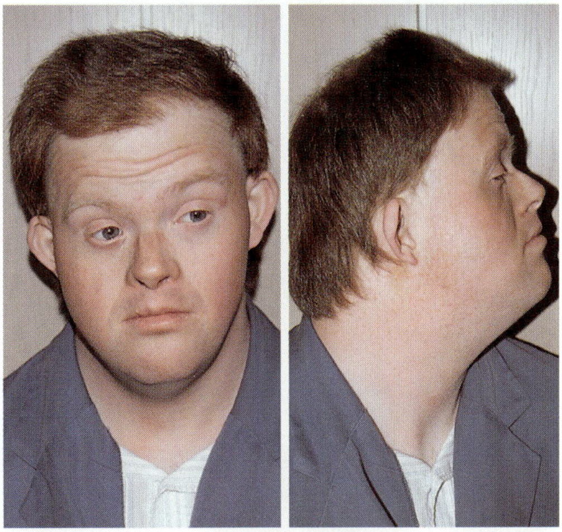

Abb. 14.**1** Patient mit Down-Syndrom: „Flaches Gesicht" mit mongoloider Lidspaltenstellung, Epikanthus, tief liegender Nasenwurzel, kleiner Nase und dysplastischen äußeren Ohren bei kurzem Hirnschädel mit steil abfallendem Hinterhaupt. Neben Makroglossie (oft Lingua scrotalis) besteht Dysodontie.

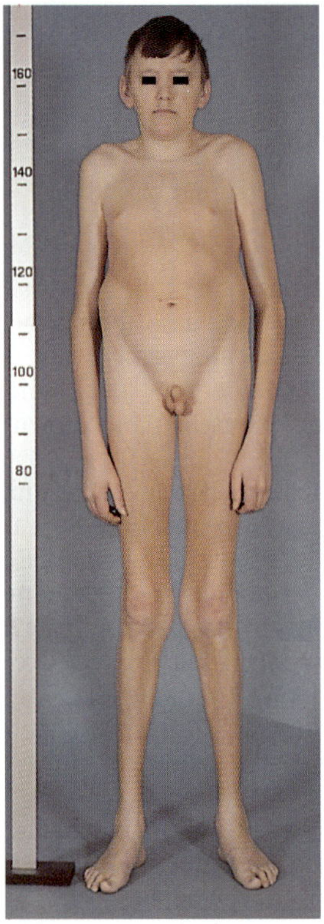

Abb. 14.**2** Patient mit Klinefelter-Syndrom.

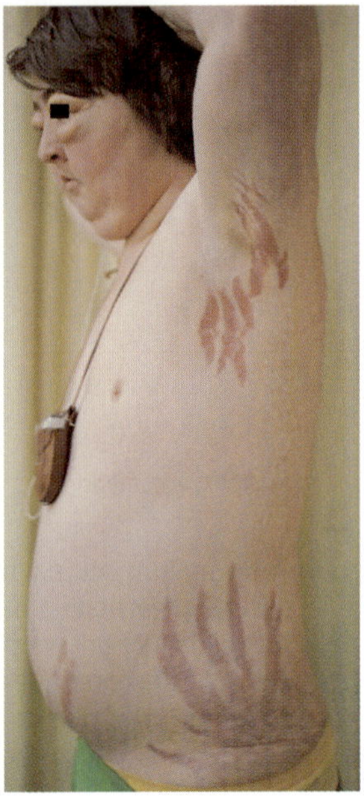

Abb. 14.**3** Patient mit Periarteriitis nodosa, der hochdosiert mit Glukokortikoiden behandelt wurde. Massive Striae rubrae am Stamm.

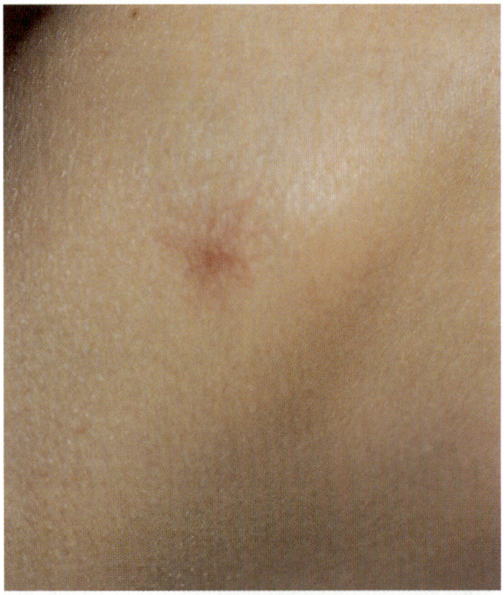

Abb. 14.**4** Spider naevus („Lebersternchen") bei einem Patienten mit Leberzirrhose.

rend die Extremitäten im Gegensatz dazu relativ schlank erscheinen (S. 193). Weitere charakteristische Befunde beim Cushing-Syndrom sind das Vollmondgesicht mit roten Backen und dunkelviolette Streifen an der Haut des Körperstammes (Striae rubrae distensae). Letztere treten jedoch auch bei sich schnell entwickelnder Fettsucht und während der Schwangerschaft auf und sind für sich allein nicht pathognomonisch. Ein Cushing-Syndrom ist heute in der Regel durch die Behandlung mit Glukokortikoiden verursacht, so daß der Patient nach der behandelten Grunderkrankung gefragt werden muß (Abb. 14.**3**).

Eine häufige Ursache für eine nicht fettbedingte Massenzunahme des Rumpfes ist die Leberzirrhose mit Aszites. Sie ist durch den meist ausgemergelten Zustand des Patienten mit eingefallenen Wangen und oft ikterischem Hautkolorit zu erkennen. Die Extremitäten sind atroph („Storchenbeine"). Spider naevi („Lebersternchen"), Bauchglatze, Gynäkomastie und prominente Bauchhautvenen (Umgehungskreisläufe) erhärten den Verdacht (Abb. 14.**4** u. 14.**5**).

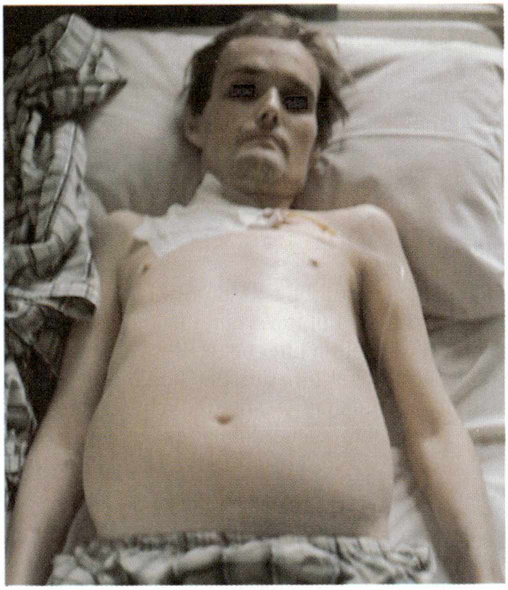

Abb. 14.**5** Aszites bei einem Leberzirrhotiker. Atrophie der Extremitäten, „Bauchglatze".

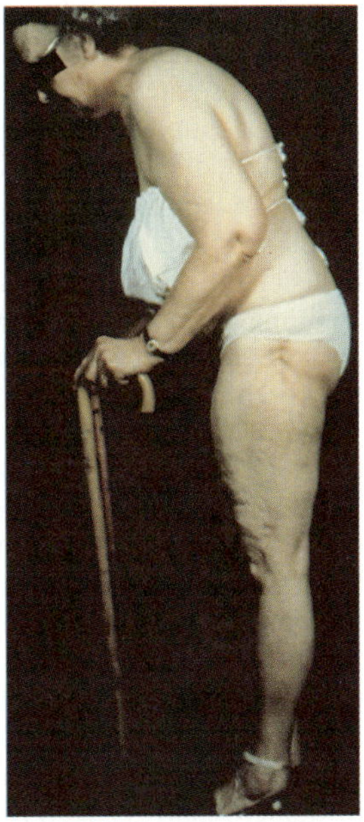

Abb. 14.**6** Typische Haltung einer Patientin mit Morbus Bechterew.

Skelettveränderungen und Haltungsschäden

An der Wirbelsäule treten zivilisationsbedingt häufig statische Fehlhaltungen auf (Flachrücken, Rundrücken, Skoliose), die zu chronischen Schmerzsyndromen führen können. Dabei sollte man stets eine Beinlängendifferenz mit konsekutivem Beckenschiefstand als korrigierbare konstitutionelle Ursache ausschließen.

Kyphoskoliotische und gibbusartige Veränderungen, die sich bei postklimakterischen Frauen entwickeln, lenken den Verdacht auf eine Osteoporose. Charakteristisch sind eine begleitende Abnahme der Körpergröße sowie episodenhafte Schmerzexazerbationen.

Ein Morbus Scheuermann gibt sich bereits im jugendlichen Alter durch eine verstärkte Kyphose zu erkennen, deren Krümmungsscheitel zur kaudalen Brustwirbelsäule hin verschoben ist (Röntgen: Schmorl-Knorpelknötchen).

Die total versteifte Wirbelsäule mit Abflachung der Lordose der Lendenwirbelsäule, maximaler Verstärkung der Brustkyphose und resultierender vornübergebeugter Haltung ist pathognomonisch für den Morbus Bechterew, der in 90% junge Männer befällt (Abb. 14.**6**).

Eine winkelige Abknickung der Wirbelsäule (Gibbus) deutet in erster Linie auf eine tuberkulöse Spondylitis hin (oft assoziiert mit Senkungsabszeß und Rückenmarksymptomen). Aber auch ein Trauma oder Tumoren des Skelettsystemes können eine derartige Abknickung der Wirbelsäule hervorrufen.

Gangstörungen

Zahlreiche neurologische und nichtneurologische Störungen führen zu einer Änderung des Gangbildes. Oft liegen mechanische Ursachen zugrunde wie eine Gelenkaffektion und/oder -versteifung, Beinverkürzung oder Wirbelsäulenverkrümmung. Auch auf Veränderungen an den Füßen ist zu achten, wie z.B. auf einen Klavus („Hühnerauge") oder auf Knick-Senk-Spreizfüße („Plattfüße"), die schmerzbedingt zu Gangstörungen führen können.

Der spastische Gang nach einem Schlaganfall ist durch die Zunahme des Beugertonus im Arm und des Streckertonus im Bein charakterisiert (spastische Lähmung). Zusätzlich bestehen Schwierigkeiten in der Hüft- und Kniebeugung, so daß der Patient das Becken zur Gegenseite kippen muß, um das paretische Bein vom Boden freizubekommen. Es wird in einem Bogen um den Körper herumgeführt und schleift dabei häufig mit der Fußspitze am Boden („Zirkumduktionsgang"). Der Fußballen setzt vor der Ferse auf. Der Arm wird in adduzierter und gebeugter Haltung fest an die Seite gepreßt, die Faust ist geschlossen.

Beim Steppergang kann der Patient den Vorderfuß und die Fußspitze nicht anheben. Es handelt sich um eine schlaffe Lähmung. In einer Übertreibung des normalen Bewegungsablaufes beugt er das Bein in der Hüfte und im Knie so stark, daß der herabhängende Fuß den Boden bei Vorschwingen des Beines nicht berührt. Zehen und Ballen werden vor der Ferse aufgesetzt. Die Aufforderung, auf den Zehen zu stehen oder zu gehen, kann nicht ausgeführt werden. Dieses Gangbild tritt bei einer Schädigung der Vorderhornzellen oder der Vorderwurzeln im Lumbosakralbereich, bei Kaudaläsionen sowie bei Läsionen des N. ischiadicus und des N. peronaeus auf. Letzterer kann durch eine Druckschädigung über dem Fibulansköpfchen, z.B. bei falscher Lagerung während einer Operation, in Mitleidenschaft gezogen werden. Gedacht werden muß allerdings auch an eine toxische (Alkohol!) oder diabetische Polyneuropathie.

Ein breitbeinig-torkelnder Gang deutet, sofern der Patient nicht unter Alkoholeinfluß steht, auf eine ataktische Störung hin. Sie kann durch Läsionen des Kleinhirns oder der propriozeptiven Hinterstrangbahnen des Rückenmarkes verursacht sein. Im letzteren Fall richtet der Patient seinen Blick nach unten auf den Boden und auf seine Füße, um sich optisch die Informationen über Lage und Stellung seiner Extremitäten zu holen, welche ihm aus den Muskel- und Sehnenrezeptoren nicht mehr zugehen. Kleinhirnläsionen lassen sich durch die begleitende Asynergie und Dysmetrie, Intentionstremor, pathologische Befunde beim Romberg-Versuch, Finger-Nase- und Knie-Hakken-Versuch sowie durch Dysdiadochokinese erkennen.

Der Gang mit den kleinen trippelnden Schritten („marche à petits pas") weist auf einen Parkinsonismus hin. Charakteristisch ist beim Parkinson-Kranken auch die fehlende Mitbewegung der Arme (Akinesie).

Haut und Gesicht

Veränderungen der Haut liefern als der sichtbare Spiegel verborgener Erkrankungen der inneren Organe häufig wertvolle diagnostische Hinweise.

Die Hautfarbe ist nicht nur abhängig von den in der Haut eingelagerten Pigmenten (z.B. Melanin), sondern auch von der Durchblutung und dem Hämoglobinwert.

Melanin ist das wichtigste Pigment der Haut; es wird in den Melanozyten gebildet und in die Epidermiszellen (Keratinozyten) eingelagert.

Veränderung der Hautfarbe

Blässe

Eine blasse Hautfarbe tritt häufig als Normvariante auf und sollte nur in Verbindung mit der Inspektion der Schleimhäute beurteilt werden. Diese sollte sich nicht nur auf die Konjunktiven beschränken, die häufig entzündlich gerötet sind und so den Untersucher fehlleiten können.

Mehrere Faktoren können zu Hautblässe führen:

- verminderter Hämoglobingehalt des Blutes (Anämie),
- verminderte Durchblutung,
- vermindertes Durchschimmern des roten Blutfarbstoffes aufgrund einer Verquellung der Haut.

Eine Anämie ist gekennzeichnet durch eine Blässe der Haut, Lippen, Zunge, Mundhöhle und des Nagelbettes.

Bei älteren Menschen sollte jedoch immer ein Malignom ausgeschlossen werden (z.B. Verdacht auf Dickdarmkarzinom). Alkoholiker neigen zum Folsäuremangel. Der Vitamin-B_{12}-Mangel (z.B. bei Perniziosa) kann zusätzlich zur Anämie auch zu einer funikulären Spinalerkrankung mit Schädigung der Hinterstränge (spinale Ataxie) und/oder der Seitenstränge (spastische Parese, Pyramidenbahnzeichen) führen. Begleitende Lymphknotenvergrößerungen, Petechien und Infektanfälligkeit deuten auf Lymphome oder Leukämien als Ursache für die Anämie hin. Gleichzeitiges Auftreten von Anämie und Ikterus findet sich bei hämolytischen Anämien (Familienanamnese? Medikamenteneinnahme? Milzgröße?).

Schockzustände, wie sie z.B. durch akuten Blutverlust ausgelöst werden, führen durch die Kreislaufzentralisation ebenfalls zu einer Hautblässe. Charakteristische Schocksymptome sind Unruhe, Luftnot, Kaltschweißigkeit, Tachykardie und Neigung zur Hypotonie. Auch schwere Erkrankungen des Herzens und der Herzklappen führen zu einer verminderten Hautdurchblutung und Blässe. Die durch periphere Vasokonstriktion bei Glomerulonephritiden hervorgerufene Blässe der Haut geht charakteristischerweise mit einer arteriellen Hypertonie einher; gleichzeitig kann auch ein Hautödem vorhanden sein.

Beim Myxödem (Abb. 14.7) verhindert die Verquellung von Kutis und Subkutis ein Durchschimmern der Gefäße. Die Rotfärbung der vergrößerten Zunge weist hier auf das Fehlen einer Anämie hin.

Zyanose

Haut und Schleimhäute nehmen ein bläuliches Kolorit an (Zyanose), wenn sich in ihren Kapillaren deoxygeniertes Hämoglobin in einer Konzentration von mindestens 5 g% befindet. Unter ansonsten gleichen Bedingungen wird eine Zyanose bei Vorliegen einer Anämie später und schwächer manifest; bei schwerer Anämie ist sie trotz massiven Sauerstoffmangels gar nicht mehr zu beobachten.

Die Zuordnung als periphere, zentrale oder enterogene Zyanose erlaubt eine Einengung der in Frage kommenden Differentialdiagnosen.

Eine periphere Zyanose ist auf eine verminderte Blutflußgeschwindigkeit in den Kapillaren zurückzuführen, die zu einer erhöhten Sauerstoffausschöpfung im Gewebe führt. Sie findet sich

- in umschriebenen Körperarealen bei lokaler Vasokonstriktion (z. B. Finger, Nase und Ohren bei Kälte),
- generalisiert bei vermindertem Herzzeitvolumen (z. B. Pumpschwäche des Herzens).

In grenzwertigen Fällen kann die Zyanose durch körperliche Aktivität verstärkt werden. Da Wärme den kapillaren Blutfluß erhöht, sind physiologisch (Zunge) oder künstlich (Hände im heißen Wasserbad) erwärmte Körperteile nicht zyanotisch.

Bei einer zentralen Zyanose ist bereits vor Erreichen der Mikrozirkulation zuviel deoxygeniertes Hämoglobin im Blut, so daß unabhängig vom kapillaren Blutfluß auch in gut durchbluteten Körperarealen eine Blaufärbung auftritt (Mundschleimhaut und Zunge). Drei Mechanismen können zu einer zentralen Zyanose führen:

- verminderte Oxygenierung des Blutes in der Lunge (Pneumonie, Emphysem, Lungenfibrose etc.),
- Rechts-Links-Shunt (Herzfehler, z. B. Fallot-Tetralogie),
- Übermaß an deoxygeniertem Hämoglobin (Absolutwert) trotz regelrechter Sauerstoffsättigung des Blutes (Polycythaemia vera).

Die Polycythaemia vera läßt sich durch die Bestimmung eines Blutbildes und der Sauerstoffsättigung im Blut meist leicht erkennen. Pulmonal bedingte Zyanosen lassen sich durch Sauerstoffzufuhr bessern oder beheben. Im Gegensatz dazu verändert sich eine Zyanose bei Rechts-Links-Shunt unter Sauerstoffzufuhr nicht.

Die enterogene Zyanose wird durch Hämoglobinveränderungen verursacht, die – im Gegensatz zum hellroten CO-Hb bei Kohlenmonoxidvergiftung – eine blaue Farbe zeigen. Zu nennen sind hier das Met- und das Sulph-Hämoglobin. Bei entsprechendem klinischem Verdacht (Medikamenteneinnahme!) können diese Hämoglobine spektroskopisch nachgewiesen werden.

Gelbliche Hautverfärbung

Bei der gelblichen Verfärbung der Haut sind neben den Leber- und Gallenwegskrankheiten hämolytische Anämien und eine perniziöse Anämie in Erwägung zu ziehen.

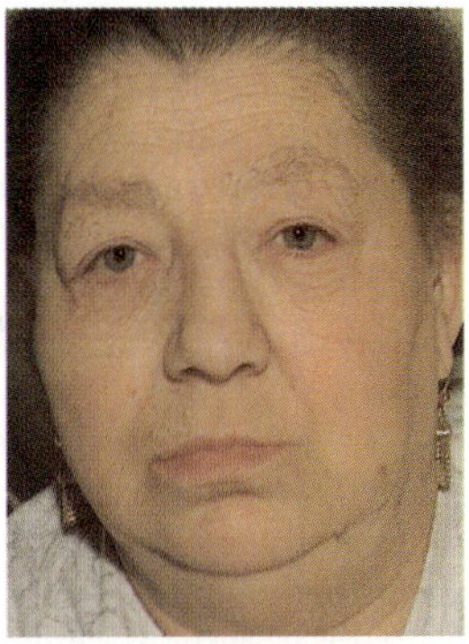

a

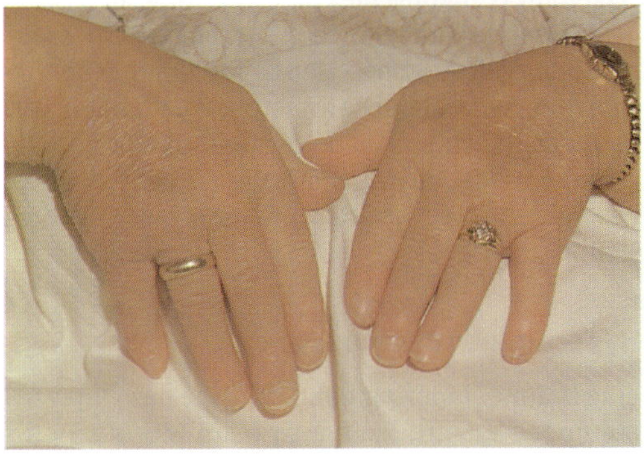

b

Abb. 14.7 Patientin mit Myxödem. **a** Gesicht mit blasser Haut und Schwellung der Subkutis. **b** Teigige Schwellung der blassen Haut an den Händen.

Eine erhöhte Konzentration von Gallenfarbstoff führt zu einer Gelbfärbung von Skleren, Haut und Schleimhäuten. Der Ikterus ist am frühesten (ab einer Konzentration von 2 mg/dl im Serum) an den Skleren zu erkennen. Pathogenetisch können drei Mechanismen zugrundeliegen:

- erhöhter Abbau roter Blutkörperchen (hämolytischer Ikterus),
- hepatozelluläre Dysfunktion, die sich meist durch verminderte Exkretion des konjungierten Bilirubins manifestiert (hepatozellulärer Ikterus),
- Behinderung des Galleabflusses aus der Leber ins Duodenum (posthepatischer Ikterus, Verschlußikterus).

Der Sklerenikterus sollte von Fettskleren unterschieden werden, die durch Lipideinlagerungen in die Skleren älterer Menschen zustande kommen und im Gegensatz zum homogenen Bild beim Ikterus durch die unregelmäßige Anordnung gelblicher Flecken charakterisiert sind.

Der hepatozelluläre und posthepatische Ikterus gehen mit lehmfarbenem Stuhl und bierbraunem Urin (nur nach Konjugation in den Hepatozyten ist das Bilirubin wasserlöslich) einher. Sie unterscheiden sich hierdurch vom seltenen hämolytischen Ikterus, dessen Erscheinungsbild meist durch die vorherrschende Anämie geprägt ist. Cholestatische Syndrome sind häufig von einem quälenden Juckreiz begleitet (auf Kratzspuren achten).

Auf eine Leberzirrhose, die wie die chronische Hepatitis meist nur in akuten Schüben mit einem Ikterus einhergeht, deuten Hodenatrophie, Gynäkomastie, weiblicher Behaarungstyp, Spider naevi, Palmarerythem sowie ein auffallend blasses Nagelbett (Leukonychie) hin (Abb. 14.**4**, 14.**5**).

Differentialdiagnostisch ist bei einem braunen oder gelb-braunen Hautkolorit und Leberzirrhose an eine Hämochromatose zu denken; oft liegt zusätzlich ein Diabetes mellitus vor („Bronzediabetes"). Den Organstörungen geht die Hyperpigmentation jedoch oft um Jahre voraus (Frühdiagnose!).

Hyperpigmentierung

Eine braune Hyperpigmentation, die das ganze Integument betrifft, liegt auch beim Morbus Addison vor (S. 196 u. Abb. 7.**28**). Im Gegensatz zu den differentialdiagnostisch in Erwägung zu ziehenden Schwermetalleinlagerungen (z.B. Silber: Argyrose) sind hier sonnenexponierte und mechanisch beanspruchte Stellen dunkler als die übrige Haut (z.B. Nasenrücken an der Stelle, an der der Brillensteg aufliegt). Charakteristisch ist die Hyperpigmentation auch der Handlinien und der Mundschleimhaut.

In Tab. 14.**1** sind einige wichtige Ursachen für Hyperpigmentierungen der Haut aufgelistet.

Tabelle 14.**1** Ursachen für Hyperpigmentierungen der Haut

Genetische Ursachen
- Neurofibromatosis von Recklinghausen
- Acanthosis nigricans
- Peutz-Jeghers-Syndrom
- Cronkhite-Canada-Syndrom
Chemische, medikamentöse und physikalische Ursachen
- Ovulationshemmer und ACTH (Pigmentflecken im Gesicht)
- Zytostatika (z.B. 5-Fluorouracil, Bleomycin) (Abb. 14.**9**)
- Chlorpromazin, Arsen, Chloroquin, Phenytoin, Phenacetin
- Gold (Chrysiasis), Silber (Argyrose)
- Ionisierende Strahlen, Verbrennungen, chronisches Trauma
Endokrinologische Störungen
- Morbus Addison, Status nach Adrenalektomie
- Hypophysentumoren
- Hyperthyreose (Jellinek-Zeichen; selten!)
- Östrogentherapie
- Paraneoplastische MSH-Produktion (z.B. kleinzelliges Bronchial-Ca.)
Stoffwechselkrankheiten
- Hämochromatose
- Porphyria cutanea tarda
- Morbus Wilson
Entzündungen und Infektionen
- Lupus erythematodes
- Psoriasis
- Herpes zoster (Abb. 14.**10**)
- Ulcus cruris
- Malaria
Tumoren
- Malignes Melanom
- Urticaria pigmentosa (generalisierte Mastozytose)
Verschiedene Ursachen
- Morbus Whipple
- Leberzirrhose
- Sprue
- Vit.-B_{12}-Mangel
- chronische Unterernährung
- chronische interstitielle Nephritis

Die häufigste Form umschriebener Hyperpigmentation findet sich bei chronisch-venöser Stauung an den unteren Extremitäten. Durch protrahierten Übertritt kleiner Mengen an Erythrozyten in das Interstitium kommt es hier schließlich zur Einlagerung von Hämosiderin. Die Suche nach Krampfadern sollte sich anschließen, wobei eine erhöhte Thrombose- und Emboliegefahr bei diesen Erkrankungen zu beachten ist (S. 36 ff u. Abb. 14.**23**).

Lokale Hyperpigmentationen können sich auch nach einer Strahlenbehandlung (Grundkrankheit erfragen!) entwickeln.

Bei der Neurofibromatose (v. Recklinghausen) finden sich neben Pigmentnaevi („Milchkaffeeflecken“ = Café-au-lait-Flecken) multiple knotige, weiche Neurinome bzw. Neurofibrome des peripheren Nervensystemes (Abb. 14.**8 a, b**). Infolge einer umschriebenen Rarefizierung der elastischen Fasern lassen sich diese Tumore teilweise durch eine Hauthernie eindrücken („Klingelknopf-Phänomen“). Bei der autosomal dominant erblichen Krankheit ist auch das zentrale und vegetative Nervensystem betroffen (S. 197).

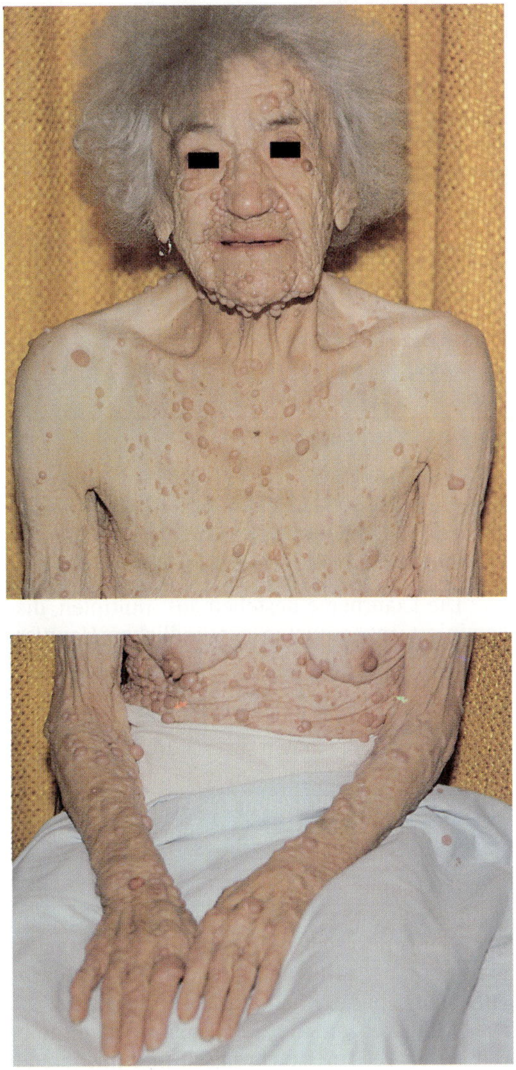

a

b

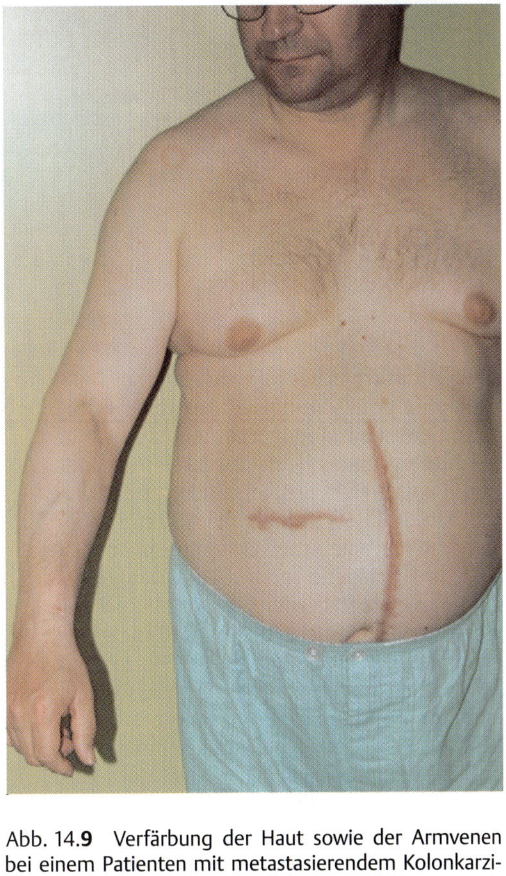

Abb. 14.**9** Verfärbung der Haut sowie der Armvenen bei einem Patienten mit metastasierendem Kolonkarzinom und Therapie mit hochdosierter 5-Fluorouracilsäure.

Abb. 14.**8 a, b** Patientin mit Neurofibromatose (v. Recklinghausen). Neben Pigmentnaevi finden sich am gesamten Integument multiple Neurinome bzw. Neurofibrome. Es bestehen gleichzeitig ein Phäochromozytom sowie Kiefer-/Zahnanomalien.

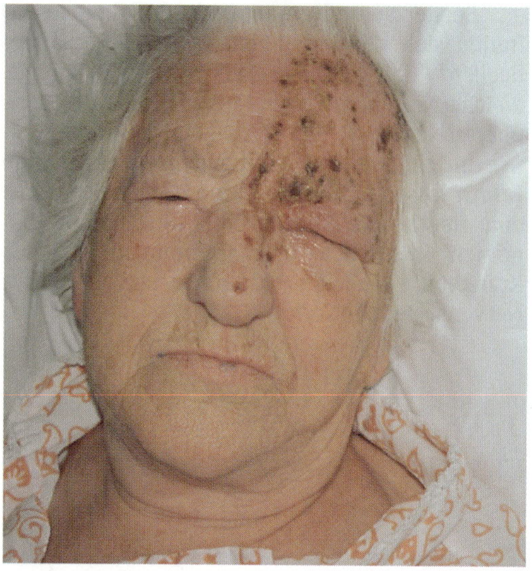

Abb. 14.**10** Patientin mit Herpes zoster. Trigeminus I: hämorrhagisch-nekrotische Effloreszenzen.

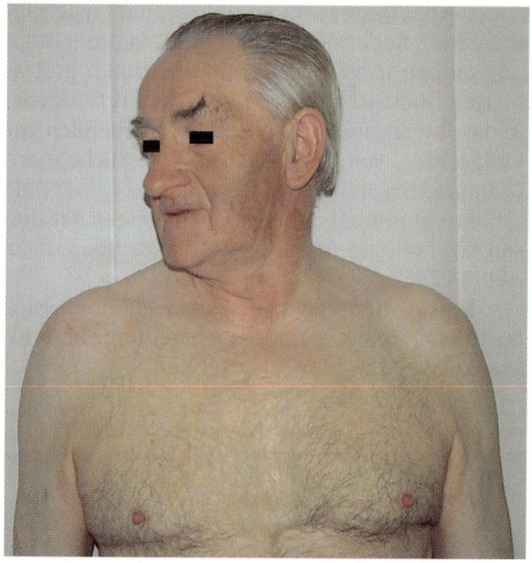

Abb. 14.**11** Vitiligo: Die depigmentierten Areale im Bereich der Stirn und des Kinns heben sich deutlich von der sonnengebräunten Haut im Wangenbereich ab. Die Haut am Thorax ist blaß, weil hier keine Sonnenexposition stattgefunden hat.

Hypopigmentierung

Beim Albinismus liegt ein angeborener Defekt der Melaninproduktion mit konsekutiver Depigmentation des gesamten Integumentes sowie des Augenhintergrundes (rot durchschimmernde Augen!) vor. Wegen des verminderten Schutzes gegen UV-Strahlen treten gehäuft aktinische Schäden und Plattenepithelkarzinome an der Haut auf.

Umschriebene erworbene Depigmentation finden sich bei der Vitiligo (Weißfleckenkrankheit). Die Depigmentationen sind meist symmetrisch ausgebildet (Abb. 14.**11**). Die Vitiligo wird vermutlich durch Autoimmunprozesse verursacht und kann mit anderen Autoimmunerkrankungen einhergehen (z. B. Hypothyreose durch Hashimoto-Thyreoiditis, Morbus Basedow, perniziöse Anämie, Diabetes mellitus, Morbus Addison, Uveitis, Alopecia areata).

Relativ häufig und meist bei jungen Erwachsenen tritt die Tinea versicolor auf. Die depigmentierten Herde stehen oft in Gruppen oder/und konfluieren; mit einem Holzspatel lassen sich hobelspanähnliche Schuppen abkratzen. Bevorzugte Lokalisationen sind die vordere und hintere Schweißrinne des oberen Rumpfes, da der Pilz das feuchte Milieu bevorzugt. Entsprechend sollte nach Krankheiten mit erhöhter Schweißneigung gefahndet werden (z. B. Tuberkulose).

Erytheme und Exantheme

Erytheme lassen sich als mehr oder weniger umschriebene hyperämiebedingte Hautrötungen beschreiben. Am bekanntesten ist das lokalisierte Erythem bei Hautverbrennungen z. B. nach einem Sonnenbrand.

Die Exantheme bestehen aus multiplen, disseminiert angeordneten entzündlichen Hautveränderungen (Effloreszenzen), die vergänglich sind. Generalisierte Exantheme treten z. B. bei Scharlach, Masern und Röteln auf; aber auch als Medikamentennebenwirkung (durch Antibiotika, Heparin, Benzodiazepine, Barbiturate) sowie nach Infusion von Erythrozytenkonzentraten sind diffuse morbilliforme oder skarlatiforme Exantheme bekannt (Abb. 14.**12**).

Ein schmetterlingsförmiges, ziegel- bis bläulichrotes Erythem, das symmetrisch im Nasen- und Wangenbereich angelegt ist und bei Sonnenexposition verstärkt aufblüht, lenkt den Verdacht auf einen Lupus erythematodes (Abb. 8.**13**, S. 229). Die Effloreszenzen sind kleinfleckig oder konfluierend. Der Verlauf ist chronisch-intermittierend,

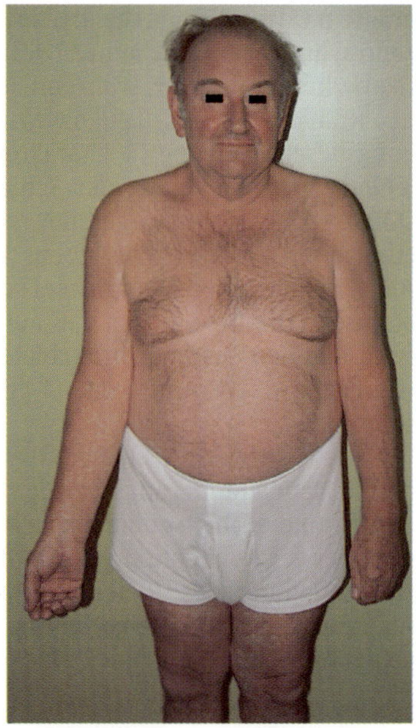

Abb. 14.**12** Arzneimittelexanthem nach Einnahme von Ampizillin.

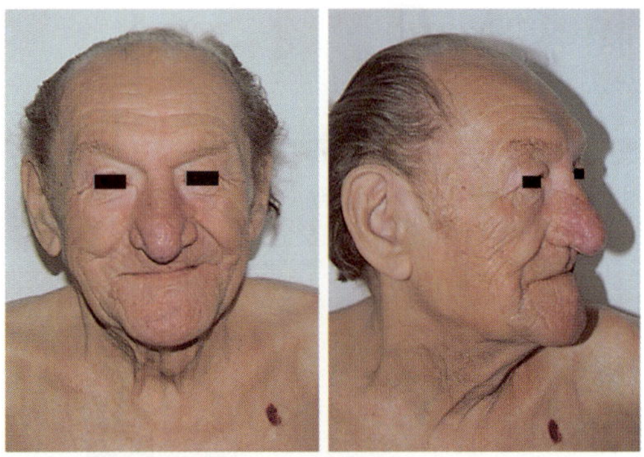

Abb. 14.**13** Patient mit Rhinophym.

akute Exazerbationen wechseln mit Phasen der Remission. Betroffen sind meist Frauen zwischen dem 20. und 40. Lebensjahr. Weitere häufige Symptome sind Abgeschlagenheit, Fieber und Gelenkschmerzen. Daneben können praktisch alle Organsysteme betroffen sein. Medikamenteninduzierte Formen des Lupus, die bei 20% der mit Procainamid und bei 10% der mit Hydralazin behandelten Patienten auftreten, zeigen praktisch nie eine Beteiligung von Niere und Gehirn.

Die Hauteffloreszenzen bei der Dermatomyositis (S. 235) sind gekennzeichnet durch den häufigen Befall der Augenlider, die beim Lupus regelhaft ausgespart sind. Daneben kann aber auch bei der Dermatomyositis ein schmetterlingsförmiger Befall wie beim Lupus erythematodes auftreten. Die Effloreszenzen der Dermatomyositis zeigen eine weinrote Farbe und eine bisweilen stark ausgeprägte Ödemneigung, die neben der Muskelschwäche zum charakteristischen weinerlichen Gesichtsausdruck beiträgt. Die Erytheme neigen zu großflächiger Ausbreitung, nach einiger Zeit bilden sich Teleangiektasien. Schließlich kann das gesamte Integument poikilodermisch umgebaut sein. Ein wichtiger Befund ist die zunehmende Schwäche vor allem der rumpfnahen Muskulatur, die schmerzhaft sein kann. Häufig ist die Dermatomyositis mit Neoplasien vergesellschaftet, so daß bei Erwachsenen eine gezielte Tumorsuche eingeleitet werden sollte.

Durch Manipulation im Gesichtsbereich kann es zum Erysipel kommen, das sich meist durch seine Asymmetrie vom Lupus und von der Dermatomyositis unterscheidet. Charakteristisch sind der akute Verlauf mit hohem Fieber sowie die flammende Rötung mit zungenartigen Ausläufern. Die Bildung von Blasen und Nekrosen ist möglich. Als besondere Gefahr droht im Gesicht die Entwicklung einer lebensbedrohlichen Sinus-cavernosus-Thrombose. Ein Erysipel tritt auch häufig an der unteren Extremität auf. Als Eintrittspforte für die Erreger (β-hämolysierende Streptokokken) dienen meist Fußmykosen, aber auch Ulcera cruris und sonstige Läsionen.

Beim Rhinophym (Abb. 14.**13**), einer Manifestationsart der Rosazea, ist die Nase infolge einer Talgdrüsen- und Bindegewebshypertrophie rot aufgetrieben und hat eine höckrige Oberfläche. Aus den grobporigen Follikelöffnungen läßt sich eingedickter Talg in großen Mengen exprimieren. Gehäuft tritt das Rhinophym bei Alkoholabusus auf („Säufernase"), es kann jedoch auch auf andere internistische Erkrankungen hindeuten (z.B. Polyzythämie). Die Rosazea kann sich auch auf Wangen und Stirn mit Rötung, Ödem, Papeln und Pusteln ausbreiten; im Gegensatz zur Akne fehlen jedoch Komedonen.

Eine akute entzündliche Rötung der Haut findet sich auch bei der Urtikaria und beim Quincke-Ödem; es kommt hier zu einer Ödembildung in der Dermis bzw. Subkutis. Allergische, physikalische (Auslösung durch Kälte, Wärme, Druck, Reiben) und cholinerge Formen sind bekannt. Neben der akuten Rötung und Schwellung (bei ausgeprägtem Ödem können die urtikariellen Quaddeln zentral auch weiß erscheinen) besteht bei der Urtikaria immer Juckreiz, während Fieber, allgemeines Krankheitsgefühl, Leukozytose und Blutsenkungsbeschleunigung charakteristischerweise fehlen. Eine Beteiligung der Schleimhäute beim Quincke-Ödem kann wegen der möglichen Verlegung der Luftwege akut lebensbedrohlich sein. Allergische Formen (Anamnese!) deuten auf eine atopische Diathese hin, so daß auf mögliche weitere Allergien (Asthma bronchiale; Medikamentenallergien, z.B. Antibiotika!) geachtet werden sollte.

Die Neurodermitis (Abb. 14.**14**) ist eine chronische Hautveränderung, die meist bei Atopikern auftritt und deshalb ebenfalls zu besonderer Vorsicht bei der Applikation von Medikamenten und zur Befragung des Patienten nach bekannten Allergien (Heuschnupfen, Rhinitis, Asthma) Anlaß geben sollte. Die häufig juckenden Effloreszenzen sind meist am Kopf, Hals, Handrücken und an den Beugen der Extremitäten ausgebildet und bestehen aus konfluierenden Papeln, die zu einer Lichenifikation (Vergröberung der Hautfälterung) führen. Reize, die normalerweise zu einer Rötung der Haut führen (z.B. Reiben), bewirken bei Neurodermitikern meist ein Abblassen der Haut (negativer Dermographismus).

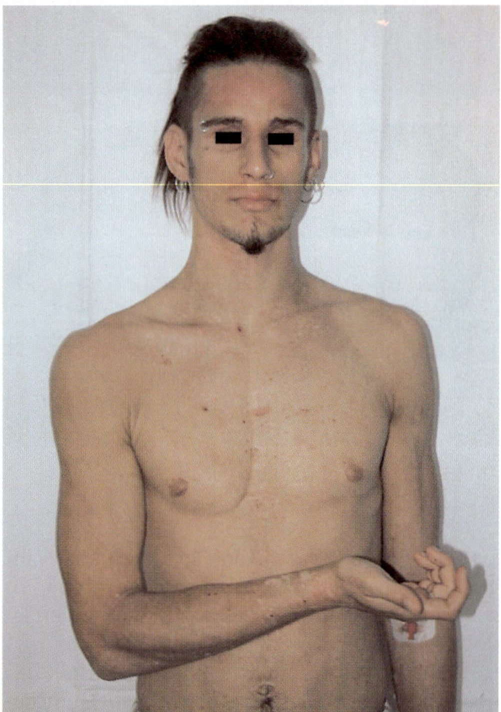

Abb. 14.**14** 21jähriger Patient mit Neurodermitis. Ekzematöse Hautveränderungen fanden sich im Gesicht, am Stamm und an den Extremitäten. Am Handgelenk Vitiligo.

Veränderungen der Halsregion

Bei der Betrachtung der Halsregion wird auf Vergrößerungen der Schilddrüse und Lymphknoten geachtet. Des weiteren bietet die Inspektion der Halsvenen eine einfache Möglichkeit, den Füllungsdruck im venösen System zu kontrollieren. Auch die Arterien der Halsregion (S. 33 ff) sowie die Halswirbelsäule können Sitz von Erkrankungen sein. Krankheiten der Speicheldrüsen (Entzündungen, Tumore) sind bei Schwellungen im oberen Halsbereich ebenfalls in Erwägung zu ziehen (S. 277).

Lymphknotenvergrößerungen

Vergrößerungen der Halslymphknoten finden sich bei entzündlichen und neoplastischen Prozessen, die ihren primären Sitz im Hals-Kopf-Bereich haben, aber auch im Rahmen generalisierter Erkrankungen. Supraklavikuläre Lymphknotenvergrößerungen können auch auf thorakale und abdominale Primärtumoren hindeuten. Kriterien zur Beurteilung von Lymphknotenvergrößerungen am Hals unterscheiden sich nicht von denen für andere Körperregionen.

Lokalisation

Das Befallsmuster erlaubt die gezielte Untersuchung des regionären Abflußgebietes auf entzündliche oder neoplastische Prozesse. Generalisierte Lymphknotenvergrößerungen finden sich bei Viruserkrankungen (z.B. infektiöse Mononukleose), Toxoplasmose, Morbus Boeck, Lymphomen sowie chronischen Leukämien. Abb. 14.**15** zeigt eine Patientin mit einem hochmalignen Non-Hodgkin-Lymphom, bei der u.a. ein Befall zervikaler und präaurikulärer Lymphknoten nachweisbar ist.

Eine isolierte Lymphknotenvergrößerung links supraklavikulär kann die Metastase eines Magenkarzinoms sein („Virchow-Drüse"). Ein Bronchialkarzinom kann ebenfalls in die Halslymphknoten metastasieren.

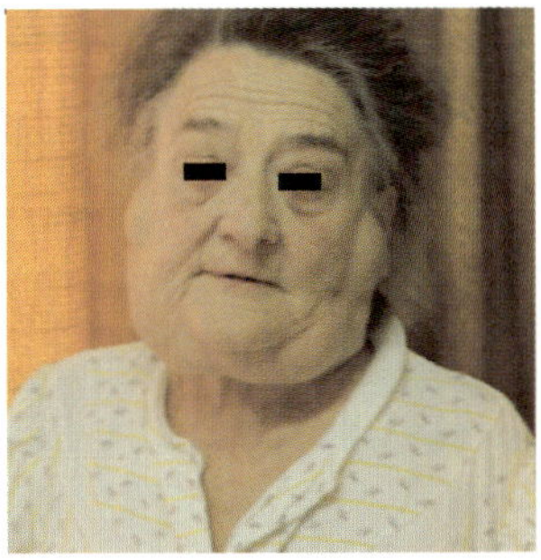

Abb. 14.**15** Patientin mit einem Non-Hodgkin-Lymphom.

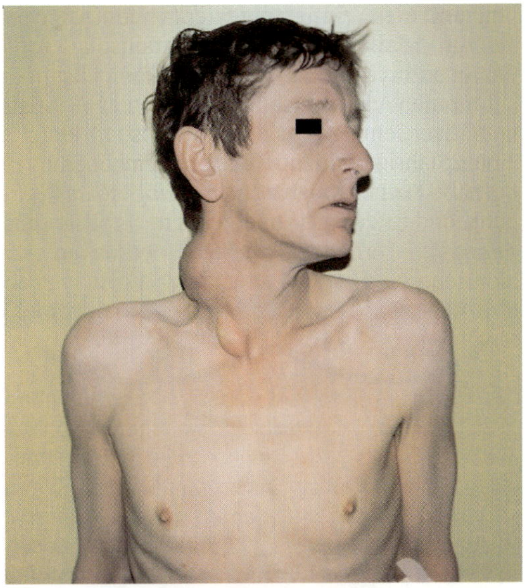

Abb. 14.**16** 43jähriger Patient mit Lymphknotenmetastase eines Larynxkarzinoms.

Konsistenz und Verschieblichkeit

Eine derbe, bretttharte Konsistenz deutet insbesondere bei unregelmäßiger Kontur auf ein Karzinom hin. Abb. 14.**16** zeigt einen Patienten mit derber, nicht verschieblicher, hühnereigroßer Lymphknotenmetastase eines Larynxkarzinoms.

Bei Tuberkulose und anderen chronischen Entzündungen sowie bei Leukämien und Lymphomen sind die Lymphknoten mäßig fest. Bei akutentzündlichen Prozessen fühlen sie sich weich an; Fluktuationen deuten auf eine Einschmelzung hin.

Lymphknoten können zwar selten auch bei Entzündungen mit der Umgebung verbacken sein, bei fehlender Verschieblichkeit ist jedoch in erster Linie an ein Karzinom zu denken. Lymphome und chronische Leukämien führen in der Regel nicht zu einer Infiltration umgebender Strukturen.

Schmerzhaftigkeit

Druckschmerzhaftigkeit deutet ebenso wie Rötung und lokale Überwärmung auf eine akute Entzündung hin. Lymphknoten mit Lymphom- und Karzinombefall sind in der Regel nicht schmerzhaft.

Veränderungen bei Erkrankungen der Schilddrüse

Die gesunde Schilddrüse ist weder sichtbar noch gut palpabel. Schilddrüsenvergrößerungen werden nach klinischen Kriterien in verschiedene Stadien eingeteilt (S. 178 ff). Eine diffuse euthyreote Struma im Stadium II läßt sich ohne weiteres erkennen (Abb. 14.**17**). Gesichert wird die Diagnose durch Palpation und Sonographie der Schilddrüse. Eine Funktionsdiagnostik erfolgt durch die Messung der Schilddrüsenhormone im Blut; Sonogra-

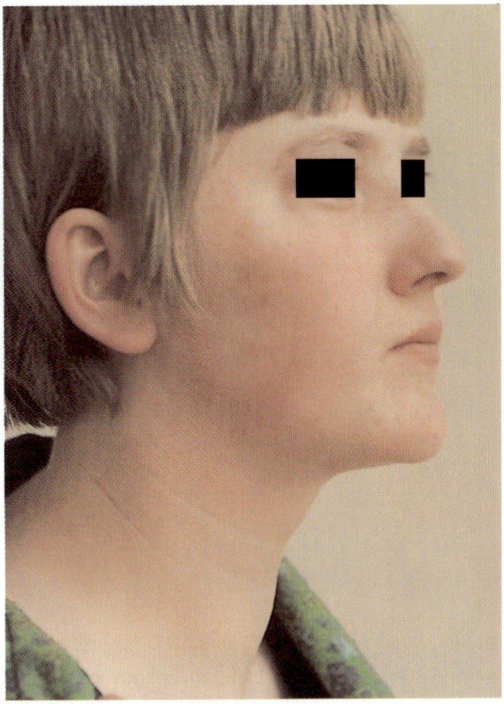

Abb. 14.**17** Patientin mit Struma Grad II.

phie und evtl. Szintigraphie der Schilddrüse werden im Rahmen der Lokalisationsdiagnostik durchgeführt (Abb. 14.**18**). Beim dekompensierten autonomen Adenom ist die Therapie der Wahl die operative Hemithyreoidektomie. Abb. 14.**19** zeigt eine 25jährige Patientin nach einem operativen Eingriff (Kocher-Kragenschnitt). Ein leichtes Narbenkeloid ist deutlich zu erkennen.

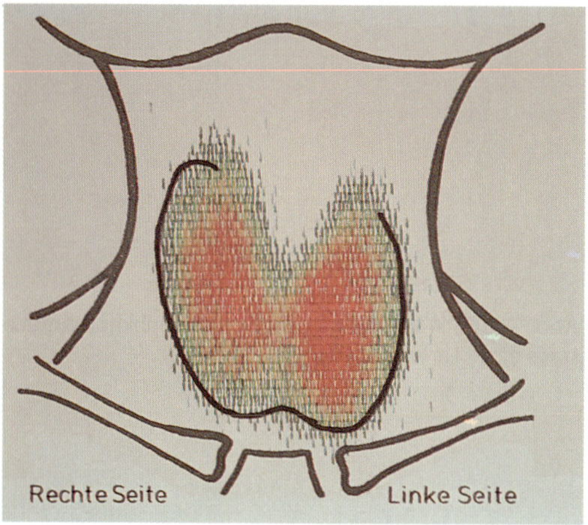

Abb. 14.**18** Technetium^{99m}-Szintigramm bei einer Struma Grad II.

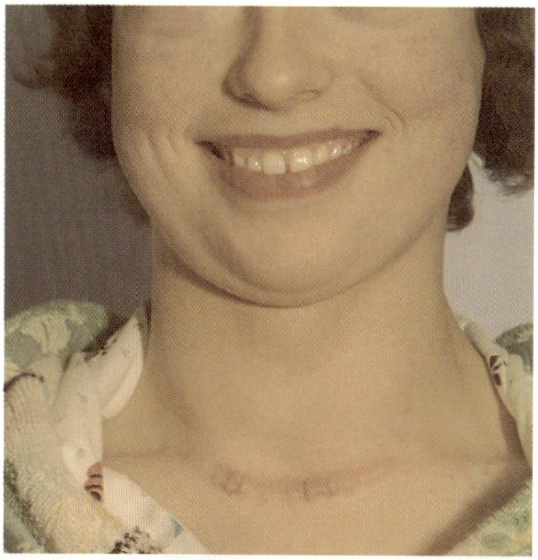

Abb. 14.**19** Zustand nach operativer Entfernung eines dekompensierten autonomen Adenoms; Narbenkeloidbildung.

Venöse Stauung bzw. Einflußstauung

Ursachen einer venösen Stauung im Halsbereich sind

- die Stauungsinsuffizienz des Herzens (Rechtsherzinsuffizienz, Pericarditis constrictiva) (S. 2 ff, 9 f),
- die sog. obere Einflußstauung als Folge einer Abflußbehinderung im Bereich der V. cava superior (Abb. 14.**20**).

Zusätzlich zu der auch bei der kardialen Stauung bestehenden Füllung der Halsvenen zeigen sich bei der oberen Einflußstauung meist Umgehungskreisläufe am Hals bzw. am Körperstamm. Häufige Ursachen sind große retrosternale Strumen, aber auch Lymphome, lokal infiltrierende Karzinome, Lymphknotenmetastasen und sonstige Mediastinaltumoren. Der Verdacht auf eine mediastinale Obstruktion kann durch weitere Zeichen einer Infiltration des Mediastinums (z. B. Heiserkeit infolge Läsionen des N. laryngeus recurrens, Horner-Syndrom, Dysphagie etc.) erhärtet werden.

Extremitäten

Bei der Inspektion von Gelenken sind Kontur, Stellung, Farbe, Schmerzcharakter sowie das spezifsche Verteilungsmuster der Alterationen zu beachten.

Klassische Entzündungszeichen mit ausgeprägter Rötung finden sich an Gelenken nur bei bakteriell bedingten Entzündungen und bei der Gicht. Letztere manifestiert sich bei bevorzugt am Großzehengrundgelenk (Podagra) sowie Daumengrundgelenk (Chiragra) (Abb. 14.**21**). Eine schmerzhafte Rötung mit spindelförmiger Schwellung *eines* Kniegelenkes sollte bei Erwachsenen immer an eine Gonokokkenarthritis denken lassen.

Degenerative Veränderungen zeigen sich durch kolbige Auftreibungen der Gelenkflächen und finden sich an den Händen häufig an den Mittel- und Endgelenken (Bouchard- bzw. Heberden-Knoten). Die schmerzhaften Schwellungen bei der rheumatoiden Arthritis sind hingegen an der Handwurzel oder/und an den Grundgelenken lokalisiert; in Spätstadien finden sich als typische Befunde Schlottergelenk, ulnare Deviation der Finger sowie Knopfloch- und Schwanenhalsdeformität. Die Psoriasisarthritis kann sich als Transversaltyp (Befall aller Grundgelenke) oder durch den Befall im Strahl („Wurstfinger") manifestie-

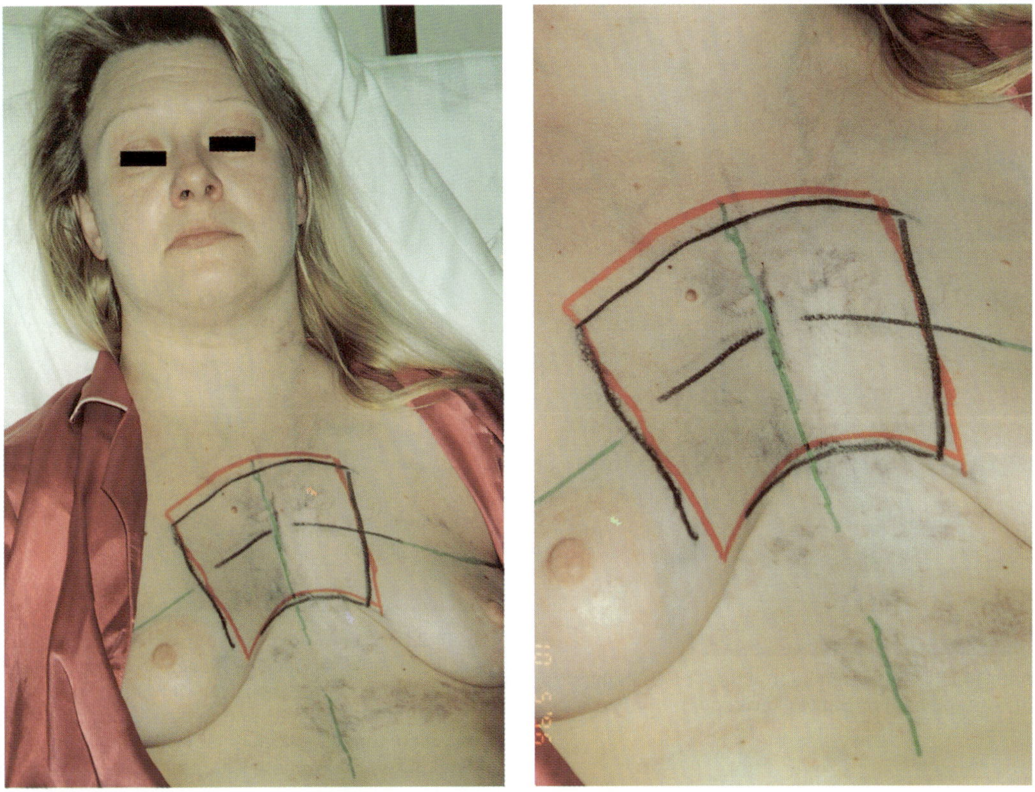

a b

Abb. 14.**20** a, b Patientin mit oberer Einflußstauung bei Mediastinaltumor. Neben Lid- und Gesichtsschwellung finden sich Umgehungskreisläufe an Hals, Thorax und oberem Abdomen. Eingezeichnet sind die Bestrahlungsfelder.

ren. Die typischen Nagelveränderungen (psoriatischer Ölfleck, Tüpfelnägel) und Hauteffloreszenzen tragen hier zur ätiologischen Klärung bei.

Trommelschlegelfinger und Uhrglasnägel können idiopathisch auftreten. Oft sind sie jedoch mit Lungen- und Herzerkrankungen assoziiert, seltener mit Lebererkrankungen. Das erstmalige Auftreten bei einem Erwachsenen ist immer verdächtig auf ein Malignom (Bronchialkarzinom).

Die Dupuytren-Kontraktur mit knotiger Schrumpfung der Palmarfaszie und Kontraktur eines oder mehrerer Finger kann idiopathisch oder in Verbindung mit einem alkoholischen Leberschaden auftreten (Abb. 14.**22**).

Varizen sind an der unteren Extremität häufig zu beobachten; als Risikofaktor für Thombosen und Embolien verdienen sie besondere Aufmerksamkeit. Thrombosen können sich durch eine Umfangszunahme und Überwärmung im Vergleich zur Gegenseite, Druckschmerzhaftigkeit im Verlauf der tiefen Venen, Schmerzen im Unterschenkel bei Dorsalflexion des Fußes und eindrückbares Ödem zu erkennen geben. In vielen Fällen sind sie durch eine klinische Untersuchung jedoch nicht

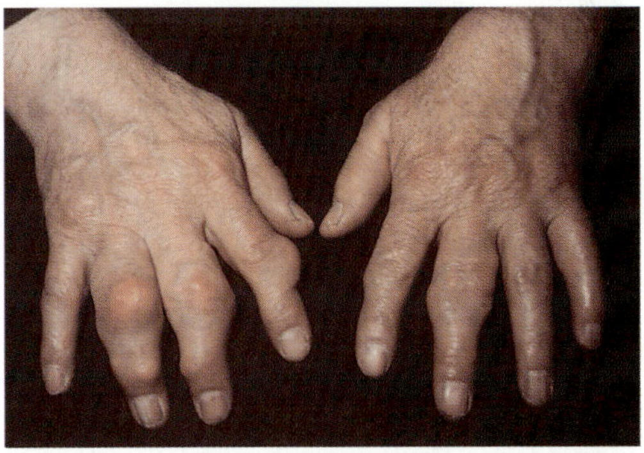

Abb. 14.**21** Ausgeprägte Gicht; deutliche Tophi an den Händen.

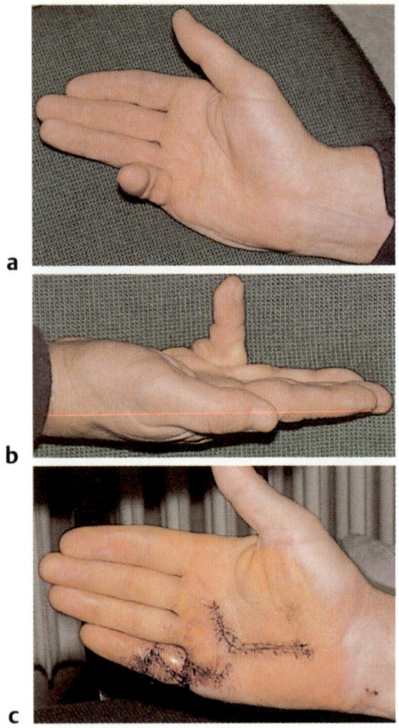

Abb. 14.**22** Dupuytren-Kontraktur des 5. Strahles (**a**, **b**); Zustand nach operativer Revision (**c**).

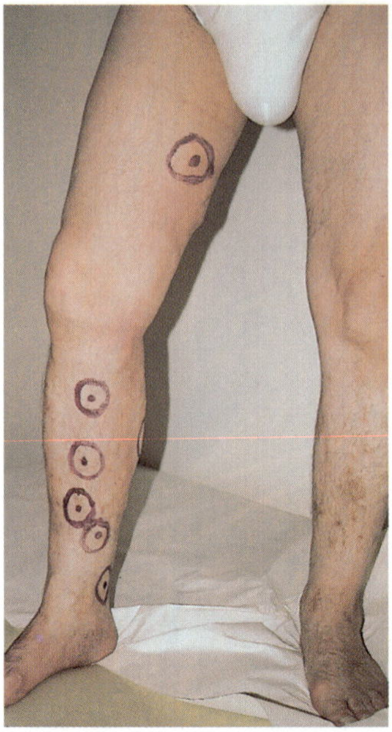

Abb. 14.**23** Stammvarikosis der V. saphena magna mit zusätzlicher variköser Degeneration der hinteren Bogenvene am rechten Unterschenkel. Insuffiziente Perforatoren (Dodd, Boyd, Cockett) sind farbig markiert (Operationsvorbereitung). Deutlich ist die livide Verfärbung der Fußhaut in Folge der venösen Stase zu erkennen.

aufdeckbar. Bräunliche Hyperpigmentationen, die meist im Bereich des medialen Malleolus an der unteren Extremität auftreten, deuten auf eine lang anhaltende venöse Stase hin. Die trophischen Störungen können an dieser Stelle schließlich zu venösen Ulzera führen (Abb. 14.**23**, 14.**24**, 14.**25**).

Arterielle Durchblutungsstörungen betreffen meist die untere Extremität. Chronische Durchblutungsstörungen führen zu Claudicatio intermittens („Schaufensterkrankheit") und in ausgeprägten Fällen zum Ruheschmerz. Bei schwerer chronischer arterieller Verschlußerkrankung sind Hautblässe oder -zyanose, verminderte Hauttemperatur, glatte, glänzende Haut und Haarverlust an den Beinen zu beobachten. Plötzlich auftretender Schmerz, einhergehend mit Blässe, Pulslosigkeit, verminderter Hauttemperatur und Parästhesien im betroffenen Bein, sollte zur umgehenden Klinikeinweisung wegen des Verdachtes auf einen akuten Arterienverschluß führen.

Intermittierende Durchblutungsstörungen der Finger mit Aufeinanderfolgen von Blässe, Zyanose und Schmerz werden als Raynaud-Syndrom bezeichnet, welches isoliert oder im Rahmen von

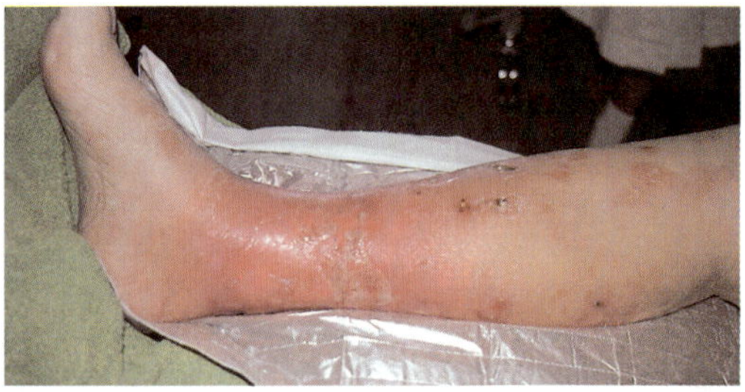

Abb. 14.**24** Spätes Stadium einer chronisch-venösen Insuffizienz mit „Gamaschenatrophie" und Ulkus sowie Sklerose von Haut und Unterhaut. Sekundäre ekzematöse Veränderungen.

Kollagenosen (Lupus erythematodes, Sklerodermie) auftreten kann. Schließlich kann es durch Gefäßverschluß zur Gangrän der Finger mit schwärzlicher Verfärbung der Haut kommen.

Eine Gangrän an den Zehen ist die Folge einer arteriellen Durchblutungsstörung, meist im Rahmen einer diabetischen Angiopathie (Abb. 14.**26**).

Das Erythema nodosum tritt als rötlich-blauer, druckschmerzhafter, nie ulzerierender Knoten

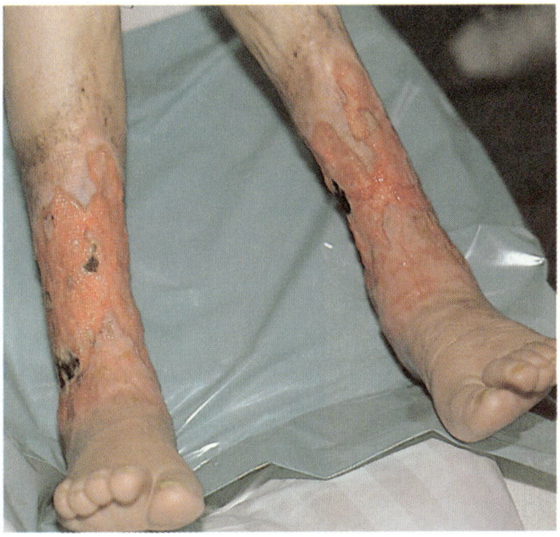

Abb. 14.**25** Ausgeprägtes Spätstadium einer chronisch-venösen Insuffizienz: Gamaschenulzera beidseitig mit Sklerose von Haut, Unterhaut, Fettgewebe und Muskelfaszie. Die Hyperpigmentationen im Randbereich sind deutlich zu erkennen.

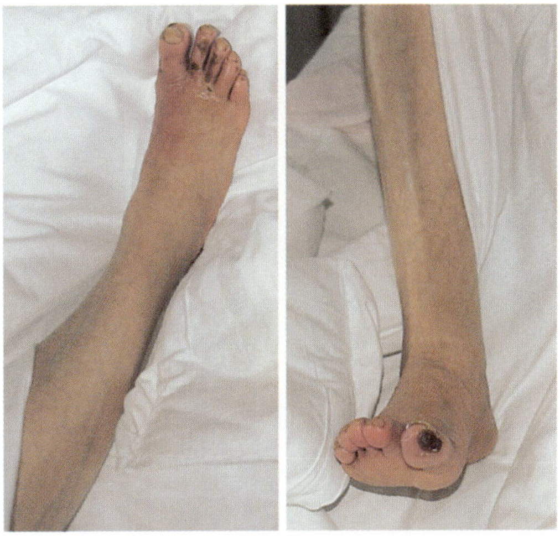

a b

Abb. 14.**26 a, b** Diabetische Gangrän als diabetisches Spätsyndrom mit Makro- und Mikroangiopathie. Durch Tragen von zu engem Schuhwerk entwickelte sich eine Gangrän an den Zehen I – III des rechten Fußes. Die rötlich-glänzende Haut an den Zehen IV und V deutet auf eine auch hier bestehende kritische Durchblutungsstörung hin.

meist an den Streckseiten der Unterschenkel, selten an den Vorderarmen oder Oberschenkeln auf (Abb. 14.**27**). Im Lauf der Zeit verfärben sich diese Hautareale analog einem Hämatom (Fehldiagnose: Hämatom!). Zugrunde liegt dem Erythema nodosum eine Immunreaktion auf verschiedene Faktoren. Neben streptokokkenallergischen Prozessen findet sich ein Erythema nodosum bei Morbus Boeck (Löfgren-Syndrom), Tbc, Yersinien- und Chlamydien-Infektionen, Colitis ulcerosa und Morbus Crohn. Auch nach Einnahme verschiedener Medikamente (Ovulationshemmer, Bromide, Salizylate, Antibiotika) kann es auftreten.

Das zirkumskripte prätibiale Myxödem ist selten (anterolateraler Bereich der Unterschenkel) und tritt bei Morbus Basedow oftmals zusammen mit einer endokrinen Ophthalmopathie auf (Abb. 14.**28**).

Flohstichartige Einblutungen in die Haut treten bei Thrombopenien (Abb. 14.**29**) (Medikamentenanamnese!) und anderen Formen der Purpura auf. Flächenhafte Blutungen nach kleinen Traumen können auf eine Koagulopathie hindeuten; häufig sieht man sie jedoch auch bei atrophischer

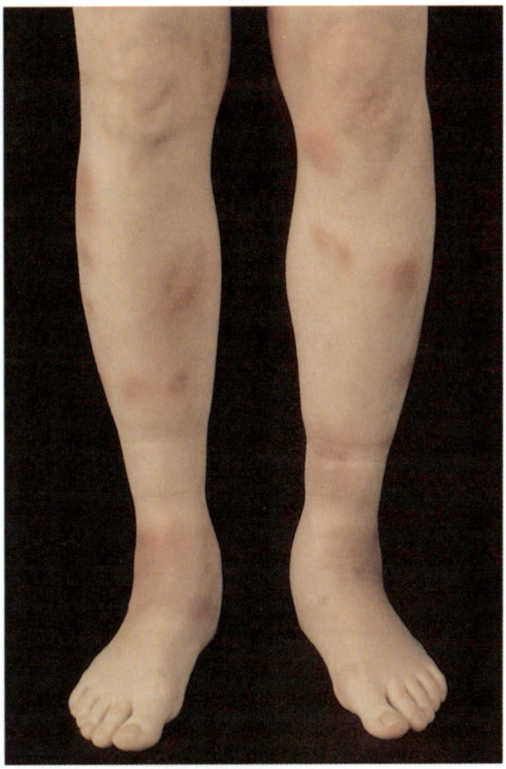

Abb. 14.**27** Erythema nodosum bei Morbus Crohn. ▶

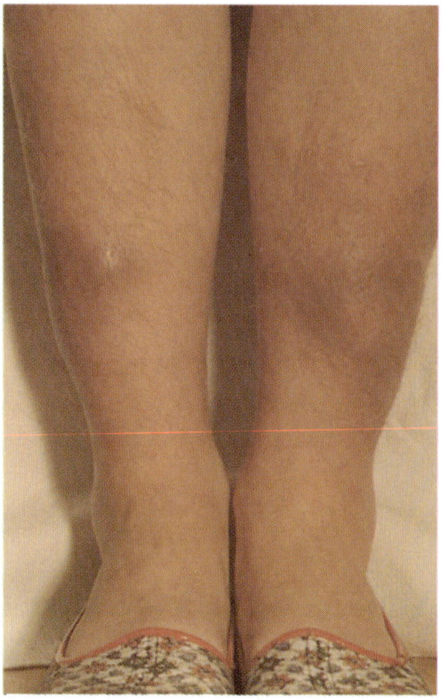

Abb. 14.**28** Zirkumskriptes, prätibiales Myxödem (Apfelsinenhaut) bei Morbus Basedow.

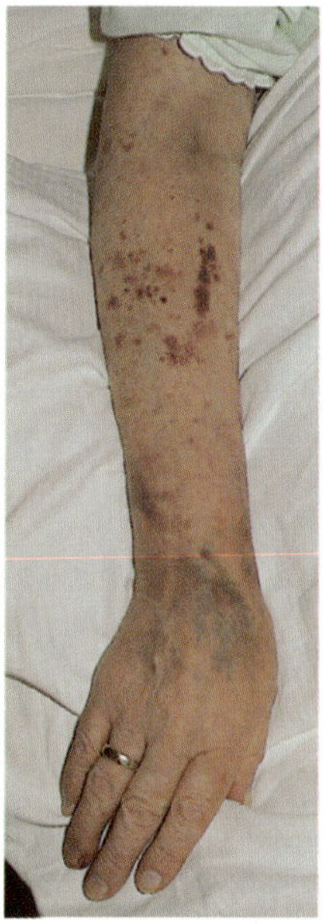

Abb. 14.**30** Dünne Haut mit Petechien und Sugillationen nach mehrmonatiger Gabe von synthetischen Glukokortikoiden.

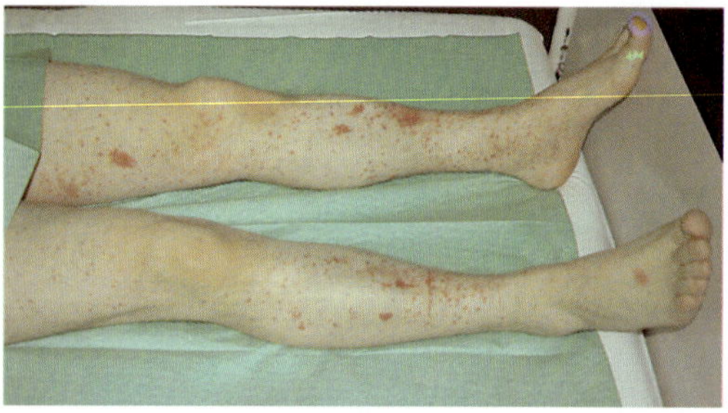

Abb. 14.**29** Flohstichartige Einblutungen in die Haut sowie gleichzeitig bestehende Thrombopenie nach Einnahme eines Penizillinpräparates.

Haut, z.B. bei alten Menschen oder nach mehrmonatiger Steroidtherapie (Abb. 14.**30**).

Sprache und Stimme

Sprach- und Sprechstörungen beruhen auf

- Veränderungen der Sprechmotorik (Dysarthrie),
- anatomischen Läsionen der Sprachregionen im Gehirn (Aphasie),
- Störungen des Denkens bei Psychosen.

Neurologisch bedingte Sprachstörungen sollten gegenüber mechanischen Störungen der Sprechmotorik (z.B. bei großen Rachenmandeln, Kehlkopferkrankungen) abgegrenzt werden.

Bei der Parkinson-Krankheit wird die Sprache in den fortgeschrittenen Stadien derart leise und darüber hinaus monoton, daß die Verständigung deutlich erschwert ist. Die kortikale Dysarthrie – hervorgerufen durch kortikale Minderdurchblutung – ist durch eine verwaschene, stockende und mühevolle Sprache gekennzeichnet.

Störungen der Stimme (Dysphonie, Aphonie) können auftreten bei:

- primären oder sekundären Erkrankungen des Kehlkopfes (Laryngitis, Tumoren),
- Stimmbruch,
- vor Menstruationen und in der Menopause,
- endokrinen Erkrankungen (Hypothyreose, Akromegalie, Virilismus),
- exzessivem Nikotinabusus,
- Therapie mit anabolen Steroiden bei Frauen.

Heiserkeit ist ein häufiges Symptom und in der Regel harmlos und reversibel. Bei längerer Dauer (nach spätestens 4 Wochen) sollte eine diagnostische Klärung herbeigeführt werden.

Ursachen der Heiserkeit können sein:

- Überanstrengung der Stimmbänder,
- Laryngitiden (viral, bakteriell, Zigarettenrauch),
- Larynxtumore (Sängerknötchen, Papillome, Karzinome),
- Läsionen des N. recurrens (Halsverletzungen, Tumoren im Hals- und Thoraxbereich), Mediastinaltumoren sowie Schilddrüsenvergrößerungen (Struma, Karzinom),
- Entzündungen (Poliomyelitis, Mononukleose),
- Intoxikation (Thallium, Blei, Arsen, Botulismus).

Eine näselnde Sprache weist auf Affektionen im Bereich des Nasenrachenraumes (deutlich vergrößerte Tonsillen, Tonsillarabszeß, Nebenhöhlenentzündungen, Tumoren) hin.

Geruch

Jeder Mensch hat einen ihm eigenen Körpergeruch, der mehr oder weniger intensiv ist und durch hygienische Maßnahmen oder Parfum abgeschwächt bzw. verändert werden kann.

Gerüche sind äußerst schwierig zu beschreiben; darüber hinaus ist das Geruchsempfinden interindividuell sehr verschieden. Häufig spiegeln Gerüche Stoffwechselkrankheiten oder Intoxikationen wieder. Gerüche der Atemluft können einige diagnostische Informationen liefern.

Schlechter Mundgeruch (Foetor ex ore) wird oft bei Paradontopathien sowie Affektionen von Zähnen, Nase und Tonsillen gefunden. Seltener ist er Ausdruck einer Krankheit des Ösophagus (z.B. Ösophagusdivertikel, Achalasie, Karzinom) oder des Magens (Magenentleerungsstörung; zerfallendes Magenkarzinom).

Als Halitosis wird der schlechte Geruch aus dem Mund durch die Atemluft bezeichnet. Eine süßlich-faulige Atemluft findet sich bei Lungenabszeß, Empyem oder internasalen Fremdkörpern.

Der süßlich-erdige, leberähnliche Atemgeruch bei hepatischer Enzephalopathie (Foetor hepaticus) wird auf Methylmerkaptane zurückgeführt.

Die Atemluft des ketoazidotisch entgleisten Diabetikers wird azetonartig, fruchtig („Apfelkeller") beschrieben.

Charakteristisch für die Urämie ist die urinartige Atemluft.

Die Behandlung zielt – sofern möglich – auf die Grunderkrankung. Im übrigen beschränkt man sich auf symptomatische Maßnahmen, z.B. die Anwendung von Chlorophyll-Präparaten. Beim aus zahnärztlicher Sicht nicht erklärbaren Foetor ex ore sollten weitere Untersuchungen zum Nachweis bzw. Ausschluß der oben genannten Erkrankungen veranlaßt werden.

15 Referenzliste für Laboratoriumswerte bei Erwachsenen

H. Wagner

Abkürzungen:

B = Blut
E = EDTA-Blut
F = Stuhl (Fäzes)
L = Liquor cerebrospinalis
P = Plasma
S = Serum
SU = Sammelurin in 24 Stunden
U = Urin
m = männlich
w = weiblich

Parameter	Referenzbereich konventionelle Benennung	SI-Einheiten
	Klinische Chemie	
Alpha-Amylase (gesamt) (S/P) im Urin	< 120 U/l < 600 U/l	< 2,0 µkat/l < 10,0 µkat/l
Alkalische Phosphatase (S/P))	60 – 170 U/l	< 3,0 µkat/l
Ammoniak	< 80 µg/dl	< 48,0 µmol/l
Bilirubin (gesamt) (S/P)	< 1,3 mg/dl	< 22,2 µmol/l
Direktes Bilirubin (S)	< 0,25 mg/dl	< 4,3 µmol/l
Blutkörperchen-Senkungsgeschwindigkeit (BSG) (Zitratblut)		
w	6 – 11 mm (nach 1 h) 6 – 20 mm (2 h)	
m	3 – 8 mm (nach 1 h) 5 – 18 mm (2 h)	
Chlorid (S)	96 – 107 mval/l	96 – 107 mmol/l
Cholinesterase (CHE) (S)	3500 – 8500 U/l	58 – 142 µkat/l
Kreatinin (S) (enzymatisch)		
w	< 0,9 mg/dl	< 80 µmol/l
m	< 1,1 mg/dl	< 97 µmol/l
Kreatinin (SU)	1 – 1,5 g/24 h	
Kreatinkinase aktiviert (S) (CK-NAC akt.)		
w	< 70 U/l	< 1,17 µkat/l
m	< 80 U/l	< 1,13 µkat/l
Kreatinkinase-Isoenzym CK-MB (S)	< 10 U/l	< 0,17 µkat/l
Eisen (S)		
w	60 – 140 µg/dl	10,7 – 25,1 µmol/l
m	80 – 150 µg/dl	14,3 – 26,9 µmol/l
Eiweiß (gesamt)		
(S)	6,6 – 8,7 g/dl	
(SU)	< 150 mg/24 h	
(L)	15 – 45 mg/dl	

Parameter	Referenzbereich konventionelle Benennung	SI-Einheiten
Eiweißfraktionen Elektrophorese (S)		
Albumin	58,5–70,0%	36–50 g/l
Alpha-1-Globuline	1,72–4,2%	1–4 g/l
Alpha-2-Globuline	5,3–11,5%	5–9 g/l
Betaglobulin	8,2–13,4%	6–11 g/l
Gammaglobulin	11,5–19,8%	8–15 g/l
Ferritin (S)		
w	8–140 ng/ml	8–140 µg/l
m	30–300 ng/ml	30–300 µg/l
Glukose		
(B)	70–100 mg/dl	3,89–5,55 mmol/l
(U)	< 15 mg/dl	< 0,83 mmol/l
(L)	34–90 mg/dl	1,88–5,00 mmol/l
HbA1	4–8% des Gesamthämoglobins (Hb)	
HbA1 c	2,7–6,6% des Gesamthämoglobins (Hb)	
Glutamat-Oxalazetat-Transaminase (GOT) ≙ Aspartat-Aminotransferase (ASAT) (S)	w < 15 U/l m < 18 U/l	< 0,25 µkat/l < 0,30 µkat/l
Glutamat-Pyruvat-Transaminase (GPT) = ≙ Alanin-Aminotransferase (ALAT) (S)	w < 17 U/l m < 22 U/l	< 0,28 µkat/l < 0,37 µkat/l
Gamma-Glutamyl-Transferase (Gamma-GT) (S)	w < 18 U/l m < 28 U/l	< 0,30 µkat/l < 0,47 µkat/l
Harnsäure (S)		
w	2,4–5,7 mg/dl	142–339 µmol/l
m	3,4–7,0 mg/dl	202–416 µmol/l
Harnstoff-N (S)	4,7–23,3 mg/dl	1,7–8,3 mmol/l
Immunglobuline (S)		
IgA	85–450 mg/dl	0,85–4,50 g/l
IgG	800–1800 mg/dl	8,00–18,0 g/l
IgM	w 70–280 mg/dl m 60–250 mg/dl	0,70–2,80 g/l 0,60–2,50 g/l
IgE	< 100 IU/ml	< 240µg/l
Kalium (S)	3,5–5,1 mval/l	3,5–5,1 mmol/l
Kalzium (S)	8,6–10,2 mg/dl	2,1–2,55 mmol/l
Kupfer (S)	65–165 µg/dl	10,2–26,0 µmol/l
Laktat		
(B)	9–16 mg/dl	1,0–1,8 mmol/l
(P)	5,7–22 mg/dl	0,63–2,44 mmol/l
Laktat-Dehydrogenase (LDH) (S)	< 240 U/l	< 4,0 µkat/l
Lipase (S)	< 190 U/l	< 3,17 µkat/l
Lipidstatus (S)		
Cholesterin	< 200 mg/dl	< 5,2 mmol/l
Triglyzeride	< 150 mg/dl	< 1,82 mmol/l
HDL-Cholesterin		
w	> 45 mg/dl	> 0,9 mmol/l
m	> 35 mg/dl	
LDL-Cholesterin	< 150 mg/dl	< 3,87 mmol/l
Lipoprotein (a)	< 20 mg/dl	< 200 mg/l

Parameter	Referenzbereich konventionelle Benennung	SI-Einheiten
Magnesium (S)		0,66 – 0,91 mmol/l
Natrium (S)		135 – 150 mmol/l
Phosphat (S)		0,81 – 1,62 mmol/l
Transferrin (S)	200 – 400 mg/dl	2 – 4 g/l
	Blutgerinnung	
Blutungszeit (nach Duke)	2 – 5 min	
Thromboplastinzeit (Quick-Test) (P)	70 – 120 % (0,9 – 1,1 JNR)	
PTT (partielle Thromboplastinzeit) (P)	28 – 40 s	
TZ (Thrombinzeit) (P)	16 – 20 s	
Fibrinogen (P)	170 – 350 mg/dl	1,7 – 4,0 g/l
Antithrombin III (AT III)	80 – 120 %	
	Rotes Blutbild	
Hämoglobin (E)		
w	12 – 16 g/dl	7,45 – 9,93 mmol/l
m	14 – 18 g/dl	8,69 – 11,16 mmol/l
Erythrozyten		
w	4,0 – 5,2 Mio/µl	4,0 – 5,2 T/l
m	4,6 – 5,9 Mio/µl	4,6 – 5,9 T/l
Mittleres Zellvolumen (MCV)	83 – 103 μm^3	83 – 103 fl
Mittleres Zellhämoglobin (MCHc, HbE)	27 – 34 pg	1,67 – 2,1 fmol
Mittlere Zellhämoglobin-Konzentration (MCHC)	30 – 36 g Hb/dl Ery	19 – 22 mmol/l
Hämatokrit (HKT)		
w	37 – 47 %	
m	42 – 52 %	
	Weißes Blutbild	
Leukozyten	4000 – 10 000/µl	4 – 10 G/l
Differentialblutbild	(%)	(absolute Zahlen/µl)
basophile Granulozyten	0 – 1	0 – 90
eosinophile Granulozyten	2 – 4	80 – 360
neutrophile Stabkernige	3 – 5	120 – 150
neutrophile Segmentkernige	50 – 70	2000 – 6300
Lymphozyten	22 – 50	1320 – 3240
Monozyten	2 – 6	80 – 540
Thrombozyten	150 000 – 350 000/µl	150 – 350 G/l
Retikulozyten	5 – 15 %	20 000 – 75 000/µl
Lymphozyten-Differenzierung		
Lymphozyten	22 – 50 %	
B-Lymphozyten	7 – 23 rel. %	
T-Lymphozyten	60 – 85 rel. %	
T-Helferzellen	30 – 62 rel. %	
T-Suppressorzellen	21 – 49 rel. %	
Natürliche Killerzellen	5 – 29 rel. %	

Parameter	Referenzbereich konventionelle Benennung	SI-Einheiten
pH	7,35–7,45	
Blutgase (Kapillarblut)		
pO_2	65–100 mmHg	8,66–13,3 kPa
pCO_2	35–45 mmHg	4,67–6,00 kPa
Basenüberschuß	–2 bis +3 mmol/l	–2 bis +3 mmol/l
	Hormone	
Thyreoideastimulierendes Hormon (TSH, basal) (S)	0,25–1,5 μU/ml	
Thyroxin (T_4) (S)	5,0–12,0 μg/dl	65–155 nmol/l
Trijodthyronin (T_3) (S)	0,9–2,0 ng/ml	1,38–3,10 nmol/l
Thyroxin, freies (fT_4) (S)	1,0–2,3 ng/dl	12,8–29,6 pmol/l
T_3, freies (fT_3) (S)	2,2–5,6 pg/ml	3,39–8,62 pmol/l
Thyroxinbindendes Globulin (S)	9,6–18,5 μg/ml	9,6–18,5 mg/l
Luteinisierendes Hormon (LH) (S)		
w	zyklusabhängig (0,7–78,9 mU/ml)	
m	2,0–18,0 mU/ml	
Follikelstimulierendes Hormon (FSH) (S)		
w	zyklusabhängig (2,0–22,0 mU/ml)	
m	3,0–7,0 mU/ml	
Östradiol (S)		
w	zyklusabhängig (10–375 pg/ml)	0,04–1,38 nmol/l
m	< 44 pg/ml	< 0,16 nmol/l
Prolaktin (S)		
w	0,62–15,6 ng/ml	
m	0,62–12,5 ng/ml	
Somatotropes Hormon (STH) (basal) (S)	1,3–3,0 ng/ml	
Adrenokortikotropes Hormon (ACTH) (basal) (S)	6,0–80,0 pg/ml	1,32–17,6 pmol/l
Kortisol (S)		
vormittags	50–250 ng/ml	0,14–0,69 μmol/l
nachmittags	20–120 ng/ml	0,05–0,33 μmol/l
Aldosteron (basal) (S)	12–125 pg/ml	33,2–346 pmol/l
Insulin (basal) (S)	5,0–20,0 μU/ml	
C-Peptid (S)	1,0–2,5 ng/ml	0,37–1,2 mmol/l
Gastrin (basal) (S)	< 100 pg/ml	< 50 pmol/l
Testosteron (S)		
w	0,2–0,8 ng/ml	0,69–2,77 nmol/l
m	3,0–10,0 ng/ml	10,4–34,7 nmol/l
	Tumormarker	
CEA (Karzinoembryonales Antigen) (S)	< 5 ng/ml	
TPS (Tissue Polypeptide Specific Antigen) (S)	< 55 U/l	
AFP (Alpha-1-Fetoprotein) (S)	< 5 ng/ml	
Beta-HCG (Humanes Chorion-Gonadotropin) (S)	< 5 mU/ml	

Parameter	Referenzbereich konventionelle Benennung	SI-Einheiten
CA 19–9 (Carbohydrate Antigen) (S)	< 37 U/ml	
PSA (Prostataspezifisches Antigen) (S)	< 4,0 ng/ml	
Beta-2-Mikroglobulin (S)	< 2 mg/l	
	Rheumatologie	
Rheumafaktor-Bestimmung		
nephelometrisch	< 30 IU/ml	
Waaler-Rose-Test (S)	< 10 IU/ml	
CRP (C-reaktives Protein) (S)	< 0,5 mg/dl	
Anti-Streptolysin-Titer (ASL) (S)	< 200 IU/ml	
Anti-Staphylolysin-Titer (S)	< 2 IU/ml	
Zirkulierende Immunkomplexe (S)		
C1 q-IgG	< 35 µg/ml	
C3 d-IgG	< 9 µg/ml	
Antinukleäre Antikörper (S)	negativ	
Antikörper gegen Doppelstrang-DNS (S)	< 5 U/ml	
ANCA (antineutrophile zytoplasmatische Antikörper) (S)	negativ	
	Vitamine	
Vitamin A	20–80 µg/dl	0,7–2,8 µmol/l
Vitamin B_1	1,6–4,4 µg/dl	47–130 nmol/l
Vitamin B_2	49–104 µg/l	0,13–0,28 µmol/l
Vitamin B_6	3,6–18 µg/l	21–106 nmol/l
Vitamin B_{12}	310–1100 pg/ml	229–812 pmol/l
Vitamin C (Ascorbinsäure)	6,0–25 mg/l	34,1–141 µmol/l
Vitamin D_3	700–3100 U/l	18–122 nmol/l
Vitamin E	5–20 µg/ml	12–48 µmol/l
	Spontanurin	Bestimmung:
Leukozyten	negativ	mit Teststreifen
Nitrit	negativ	"
pH	4,8–7,5	"
Eiweiß	negativ	"
Glukose	negativ	"
Ketonkörper	negativ	"
Urobilinogen	negativ	"
Bilirubin	negativ	"
Erythrozyten	negativ	"
Hämoglobin	negativ	"
Dichte	1,003–1,040 g/ml	mit Dichtemesser
Sediment		
Erythrozyten	0–1/Gesichtsfeld	mikroskopisch bei
Leukozyten	1–4/Gesichtsfeld	Vergrößerung
Zylinder	keine	1:400 nach Zentri-
Plattenepithelien	< 10/Gesichtsfeld	fugation im Spitz-
Nierenepithelien	keine	röhrchen
Trichomonaden	keine	

Literatur

Beutler, E., Lichtmann, M. A., Coller, B. S., Kipps, Th. J. (Hrsg.): Hematology, 5. Aufl. McGraw-Hill, New York 1995

Brandt, Th., Dichgans, J., Diener, H. C. (Hrsg.): Therapie und Verlauf neurologischer Erkrankungen, 2. Aufl. Kohlhammer, Stuttgart 1993

Bundschuh, G., Schneeweiss, B., Bräuer, H.: Biotest, Lexikon der Immunologie, 2. Aufl. Medical Service, München 1992

Classen, M., Diehl, V., Kochsiek, K. (Hrsg.): Innere Medizin, 3. Aufl. Urban & Schwarzenberg, München 1995

Classen, M., Siewert, J. R.: Gastroenterologische Diagnostik. Schattauer, Stuttgart 1993

Dilling, H., Reimer, Ch.: Psychiatrie und Psychotherapie. Springer, Berlin 1995

Domschke, W., Konturek, S. J.: Der Magen. Springer, Berlin 1993

Fabel, H.: Pneumologie, 2. Aufl. Urban & Schwarzenberg, München 1995

Gerlach, U., van Husen, N., Wagner, H., Wirth, W.: Innere Medizin für Pflegeberufe, 4. Aufl. Thieme, Stuttgart 1994

Gräfenstein, K. (Hrsg.): Klinische Rheumatologie, Diagnostik – Klinik – Behandlung, 2. Aufl. Ecomed, Landsberg 1994

Gresser, U., Hiddemann, W., Seeger, W. (Hrsg.): Innere Medizin. Springer, Heidelberg 1996

Gross, R., Schölmerisch, P., Gerok, W.: Die Innere Medizin, 9. Aufl. Schattauer, Stuttgart 1996

Hahn, E. G., Riemann, J. F. (Hrsg.): Klinische Gastroenterologie, 3. Aufl. Thieme, Stuttgart 1996

Heimpel, H., Hoelzer, D., Lohrmann, H.-P., Seifried, E.: Hämatologie in der Praxis, 2. Aufl. Fischer, Stuttgart 1996

Hoffbrand, A. V., Pettit, J. E., Schmidt, R. W.: Klinische Hämatologie, Atlas. Gower Medical Publishing, London 1989

Kappert, A.: Lehrbuch und Atlas der Angiologie, 12. Aufl. Huber, Bern 1989

Klippel, J. H., Dieppe, P. A. (Hrsg.): Rheumatology. Mosby, St. Louis 1994

Lawin, P.: Praxis der Intensivbehandlung, 6. Aufl. Thieme, Stuttgart 1995

Mehnert, H., Schöffling, K., Standl, E., Usadel, K. H. (Hrsg.): Diabetologie in Klinik und Praxis, 3. Aufl. Thieme, Stuttgart 1994

Mettenkofer, H.-J.: Rheumatologie: Diagnostik – Klinik – Therapie. Thieme, Stuttgart 1996

Neuerburg-Heusler, D., Hennerici, D. (Hrsg.): Gefäßdiagnostik mit Ultraschall, 2. Aufl. Thieme, Stuttgart 1995

Nieschlag, E., Behre, H. M. (Hrsg.): Andrologie. Springer, Berlin 1996

Ottenjann, R., Classen, M. (Hrsg.): Gastroenterologische Endoskopie, 2. Aufl. Enke, Stuttgart 1991

Paumgartner, G., Riecker, G. (Hrsg.): Therapie innerer Krankheiten, 8. Aufl. Springer, Heidelberg 1995

Poeck, K.: Neurologie, 9. Aufl. Springer, Berlin 1994

Reinwein, D., Benker, G.: Klinische Endokrinologie und Diabetologie, 2. Aufl. Schattauer, Stuttgart 1992

Riecker, G. (Hrsg.): Klinische Kardiologie, 3. Aufl. Springer, Berlin 1993

Ringe, J. D.: Osteoporose. Thieme, Stuttgart 1995

Roskamm, H., Reindell, H. (Hrsg.): Herzkrankheiten, 4. Aufl. Springer, Heidelberg 1996

Siegenthaler, W. (Hrsg.): Differentialdiagnose innerer Krankheiten, 19. Aufl. Thieme, Stuttgart 1996

Siegenthaler, W. (Hrsg.): Klinische Pathophysiologie, 8. Aufl. Thieme, Stuttgart 1996

Thomas, L. (Hrsg.): Labor und Diagnose, 4. Aufl. Med. Verlagsges. Marburg 1992

Tischendorf, W. (Hrsg.): Der diagnostische Blick. Atlas zur Differentialdiagnose innerer Krankheiten, 5. Aufl. Schattauer, Stuttgart 1995

Vosberg, H., Wagner, H.: Schilddrüsenkrankheiten – Diagnostik und Therapie. Thieme, Stuttgart 1991

Wiedemann, H.-R., Kunze, J.: Atlas der klinischen Syndrome – für Klinik und Praxis, 4. Aufl. Schattauer, Stuttgart 1995

Zeidler, H. (Hrsg.): Rheumatologie, Teil A und B. Urban & Schwarzenberg, München 1990

Ziegler, R., Pickardt, C. R., Willig, R.-P.: Rationelle Diagnostik in der Endokrinologie. Thieme, Stuttgart 1993

Sachverzeichnis

A

B

C

D

E

F

H

I

L

M

Q

R

S

T

U